Alles über
Verbrauchs-steuerung

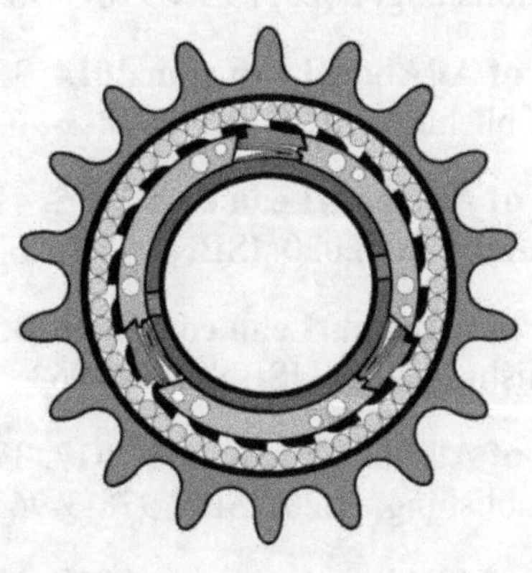

Andere Bücher von Christoph Roser

All About Pull Production: Designing, Implementing, and Maintaining Kanban, CONWIP, and Other Pull Systems in Lean Production. 479 Seiten, AllAboutLean.com Publishing 2021. ISBN 978-3-96382-028-1 (Englische Ausgabe dieses Buches)

„Faster, Better, Cheaper" in the History of Manufacturing: From the Stone Age to Lean Manufacturing and Beyond, 439 Seiten, Productivity Press, 2016. ISBN 978-1-49875-630-3.

Fertigungstechnik für Führungskräfte. 2. überarbeitete und erweiterte Auflage, 293 Seiten, AllAboutLean.com Publishing, 2019. ISBN 978-3-96382-004-5 (Grundlagen Fertigungstechnik für meine Vorlesungen)

Collected Blog Posts of AllAboutLean.com 2013, 112 Seiten, AllAboutLean.com Publishing, 2020. ISBN 978-3-96382-007-6.

Collected Blog Posts of AllAboutLean.com 2014, 332 Seiten, AllAboutLean.com Publishing, 2020. ISBN 978-3-96382-010-6.

Collected Blog Posts of AllAboutLean.com 2015, 413 Seiten, AllAboutLean.com Publishing, 2020. ISBN 978-3-96382-013-7.

Collected Blog Posts of AllAboutLean.com 2016, 352 Seiten, AllAboutLean.com Publishing, 2020. ISBN 978-3-96382-016-8.

Collected Blog Posts of AllAboutLean.com 2017, 371 Seiten, AllAboutLean.com Publishing, 2020. ISBN 978-3-96382-019-9.

Collected Blog Posts of AllAboutLean.com 2018, 384 Seiten, AllAboutLean.com Publishing, 2020. ISBN 978-3-96382-022-9.

Collected Blog Posts of AllAboutLean.com 2019, 339 Seiten, AllAboutLean.com Publishing, 2020. ISBN 978-3-96382-025-0.

Collected Blog Posts of AllAboutLean.com 2020, 356 Seiten, AllAboutLean.com Publishing, 2021. ISBN 978-3-96382-030-4.

Alles über Verbrauchssteuerung

Planung, Umsetzung und Pflege von Kanban, CONWIP und anderen Pull-Systemen in der Schlanken Produktion

Mit einem Vorwort von John Shook

Christoph Roser

AllAboutLean.com Publishing
Offenbach, Deutschland 2021

Autor, Umschlaggestaltung und Illustration: Christoph Roser
Übersetzung: Christoph Roser
Lektorat: Anke Roser
Verlag: AllAboutLean.com Publishing, Christoph Roser, Hafeninsel 14, 63067 Offenbach, Deutschland, gedruckt von Amazon oder Ingram Spark.

ISBN der verschiedenen Versionen:

- 978-3-96382-035-9 Hardcover
- 978-3-96382-033-5 Taschenbuch
- 978-3-96382-034-2 E-Book

Die Deutsche Nationalbibliothek verzeichnet diese Publikation in der Deutschen Nationalbibliografie; detaillierte bibliografische Daten sind im Internet über http://dnb.dnb.de abrufbar.

Version 1.00 10.01.2022 Erste deutsche Ausgabe

A Blind Date on Valentine's Day in the Haymarket.

Haftungsausschuss

Dieses Buch wurde mit großer Sorgfalt und viel Aufwand erstellt. Ich halte den Inhalt für richtig und die Empfehlungen für sinnvoll. Aber wie in jeder Arbeit kann es Fehler und Irrtümer geben, wenngleich ich hoffe, dass es nur wenige sind. Aufgrund der Vielzahl unterschiedlicher Fertigungen und anderer Systeme musste ich mit Verallgemeinerungen und Annahmen arbeiten, die möglicherweise nicht auf alle Systeme zutreffen.

Die Nutzung dieses Buches und die Umsetzung der darin enthaltenen Informationen erfolgen ausdrücklich auf eigenes Risiko. Sowohl der Verlag als auch der Autor können für etwaige Unfälle und Schäden jeder Art, die sich aufgrund der Anwendung der in diesem Buch aufgeführten Empfehlungen und Hinweise ergeben, aus keinem Rechtsgrund eine Haftung übernehmen. Haftungsansprüche gegen den Verlag und den Autor für Schäden materieller, körperlicher oder ideeller Art, die durch die Nutzung oder Nichtnutzung der Informationen bzw. durch die Nutzung fehlerhafter und/oder unvollständiger Informationen verursacht wurden, sind grundsätzlich ausgeschlossen, ebenso wie Rechts- und Schadenersatzansprüche. Weder der Verlag noch der Autor übernehmen eine Gewähr für die Aktualität, Korrektheit, Qualität und Vollständigkeit der bereitgestellten Informationen. Druckfehler und Falschinformationen können nicht vollständig ausgeschlossen werden.

Bitte verklagen Sie mich nicht.

Inhaltsverzeichnis

Stimmen zu „Alles über Verbrauchssteuerung"

In diesem Buch werden Sie viele Techniken und Werkzeuge finden, die Ihnen helfen Ihre Lieferketten neu zu konfigurieren. Aber was noch wichtiger ist: Durch die Darstellung zahlreicher verschiedener Ansätze und Methoden wird dieses Buch Sie dazu bringen, Ihre Strategie zu überdenken, zu überlegen, was Ihr Wertstrom leisten muss und warum. Dieses Buch gibt Ihnen ein Werkzeug an die Hand, um Wertströme für die sich schnell entwickelnden Komplexitäten des einundzwanzigsten Jahrhunderts zu schaffen, überall und in jeder Branche.

John Shook
Vorsitzender, Lean Global Network

Nach dem Lean-Prinzip „Flow where you can, pull where you can't" *stellt Christoph Roser Methoden der Verbrauchssteuerung umfassend und praxisnah vor. Das Buch ist sehr lesenswert für alle, die sich mit* Mura *(d.h. Variabilität in den Wertströmen) beschäftigen, und ist meine Empfehlung für Studenten und Industriepraktiker gleichermaßen.*

Dr.-Ing. Jochen Deuse
Professor, Leiter des Instituts für Produktionssysteme, TU Dortmund; Direktor Centre for Advanced Manufacturing, University of Technology Sydney, Australien

Prof. Dr. Roser ist ein unersetzlicher Experte in der Lehre und im Studium von Produktionssteuerungen. Er hat sowohl brillantes akademisches Talent als Forscher als auch reiche technische Fähigkeiten als Praktiker und Berater. Er verfügt über langjährige Erfahrung und viel Wissen sowohl in Europa als auch in Japan. Die Leser werden mit Sicherheit viele wertvolle Erkenntnisse und neue Ideen aus seinem Buch über die Verbrauchsteuerung gewinnen.

Dr. Masaru Nakano
Professor, Keio Universität, Tokyo; ehemaliger Toyota Manager

Prof. Roser ist die Anlaufstelle für alles, was mit Lean zu tun hat. Mit diesem umfassenden Buch über die Verbrauchssteuerung hat er ein maßgebendes Werk geschrieben. Es ist sehr empfehlenswert für jeden, der die Verbrauchssteuerung von Toyota wirklich verstehen will.

Dr. Torbjørn Netland
*Professor of Production and Operations Management,
ETH Zürich*

Mit diesem tief recherchierten und durchdachten Buch geht Prof. Roser über die normalen Erklärungen von Verbrauchssteuerung hinaus, um die Verbrauchssteuerung in ihrer bestechenden Einfachheit zu zeigen. Die Ergebnisse liefern eine überzeugende Darstellung und ein vertrauenswürdiges Handbuch.

Peter Willats
*Professor, University of Buckingham, Großbritannien;
Mitbegründer Kaizen Institute of Europe*

Dieses Buch ist bei weitem die beste und umfassendste Erklärung von Verbrauchssteuerungen. Es ist erstaunlich reichhaltig, einschließlich Warnungen, häufigen Fehlern und Anwendbarkeit verschiedener Verbrauchssteuerungen. Ich bin mir sicher, dass es DAS Standard-Nachschlagewerk zu Verbrauchssteuerungen werden wird.

Dr. John Bicheno
*Emeritierter Professor für Lean Enterprise,
University of Buckingham, Großbritannien*

Das Buch bietet gut strukturierte, tiefgehende Einblicke in die Anwendung von Verbrauchssteuerungen, von Kanban bis hin zu weniger bekannten, aber leistungsfähigen Alternativen. Das Buch ist eine wertvolle Quelle für Studenten und Praktiker in der Industrie, vom Lean-Experten bis zum Produktionsleiter.

Dr.-Ing. Ralph Richter
*Ehemaliger Leiter des Bosch-Produktionssystems
und Werksleiter bei Bosch*

Vorwort von John Shook, Vorsitzender, Lean Global Network

Christopher Roser hat ein zeitgemäßes und wichtiges Buch geschrieben. Globale Lieferketten haben in jeder Branche Probleme. Diese Tatsache ist nichts Neues, obwohl die Bedingungen, während ich diese Zeilen im Jahr 2021 schreibe, noch schlimmer sind als sonst. Neu ist nicht, dass es Probleme gibt, sondern die Tatsache, dass jetzt jeder weiß, dass es Probleme gibt. Ebenfalls nicht neu ist die Tatsache, dass die Methode, die die Situation dramatisch verbessern könnte, für das Versagen verantwortlich gemacht wird: Die von Toyota vor mehr als einem halben Jahrhundert entwickelte Verbrauchssteuerung, auch bekannt als Just-in-Time.

VERBRAUCHSSTEUERUNG?

Was ist eine Verbrauchssteuerung? Ich werde hier nicht versuchen zusammenzufassen, was Professor Roser ein ganzes Buch lang im Detail erklärt – seien Sie darauf vorbereitet, dass Sie einige Energie aufwenden müssen, um den in diesem Buch beschrieben verschiedenen Methoden gerecht zu werden! Ich möchte hier nur ein paar Worte zum Kontext sagen.

Die definitive akademische Definition von Verbrauchssteuerung wurde von Wallace Hopp und Mark Spearman angeboten. In Ihrem einflussreichen Artikel von 2004 behaupten Sie, dass das definierende Merkmal einer Verbrauchssteuerung das Vorhandensein von Bestandsgrenzen sei: *„Eine Verbrauchssteuerung ist ein System, das explizit die Menge an Arbeitsbestand begrenzt, die sich im System befinden kann."* [1]

Mit dieser einfachen und falschen Definition wurde viel Schaden angerichtet. Da Verbrauchssteuerungen durch Versuch und Irrtum bei Toyota zu einer Zeit entwickelt wurde, als man keinen Zugang zu Automobilzulieferern hatte und daher innovativ sein *musste*, beginnt „Verbrauchssteuerung" an einem ganz anderen Ausgangspunkt. Die Lagerhaltung war nicht das Hauptproblem, das man bei Toyota zu lösen versuchte (und ist es auch heute nicht). Das entscheidende zu lösende Problem der Lieferkette (oder in der Sprache der Schlanken Produktion: des Wertstroms) ist, dass jeder Punkt in der Kette zu jedem Zeitpunkt genau weiß, was er herstellen oder transportieren muss. Dies bringt in der Tat das Problem der Lagerhaltung mit sich. Die Lagerhaltung führt zu vielen anderen damit verbundenen Problemen

---

[1] Wallace J. Hopp und Mark L. Spearman, *To Pull or Not to Pull: What Is the Question?*, *Manufacturing & Service Operations Management* 6, Nr. 2 2004: 133–48.

(u. a. auch zu Transport- und Handhabungskosten). Aus diesem Grund neigen Fachleute, Akademiker und sogar Praktiker dazu, sich auf die Haufen von Produkten zu konzentrieren, die wir als Lagerbestand bezeichnen, ohne die tieferen Ursachen zu verstehen. Die Haufen sind da. Sie wachsen weiter. Sie blockieren unsere Sicht.

Eine Verbrauchssteuerung nähert sich dem Problem der Gestaltung der Lieferkette aus einer ganz anderen Perspektive. Wie können wir die gesamte Arbeit, das gesamte Material und die gesamte *Zeit*, die in einer langen Lieferkette anfallen, so organisieren, dass die Lieferkette so effektiv und effizient wie möglich arbeitet? Wie können wir erreichen, dass jeder Schritt genau das produziert, was der nächste Schritt benötigt, zu dem Zeitpunkt, zu dem er es braucht und in exakt der richtigen Menge? Ist ein Top-Down-Planungsprozess der beste Weg, jeden Schritt in einem großen Liefersystem zu informieren, was er wann herstellen soll? Ein solcher Ansatz könnte funktionieren, wenn alles nach besagtem Plan abliefe. Aber in der realen Welt ist das leider selten der Fall. Dinge gehen schief. Maschinen laufen nicht mehr. Lastwagen gehen kaputt. Menschen machen Fehler. Und überhaupt: In der heutigen Welt treffen Kunden Entscheidungen oft in letzter Minute. Menschen ändern ihre Meinung. Wie können wir also all diese Komplexität organisieren, wenn der Anfang der Lieferkette auf der anderen Seite der Erde und ein halbes Jahr vom Kunden entfernt ist?

Das sind die Probleme, die Verbrauchssteuerungen aus einer unkonventionellen Reihe von Annahmen heraus angehen. Ein minimaler Lagerbestand ist sicherlich wünschenswert, aber die Festlegung von Lagerbestandsgrenzen ist keineswegs das entscheidende Merkmal. Der benötigte Bestand ist das Ergebnis von Maßnahmen und Entscheidungen, zur Problemlösung – vor allem um sicherzustellen, dass was benötigt wird auch dort ist, wo es gebraucht wird und wann es gebraucht wird.

Toyota entdeckte schon früh, dass die Automobilindustrie eine Vielzahl sehr komplexer Probleme mit sich bringt, die über die offensichtlichen Probleme der Entwicklung, des Baus und der Vermarktung des Produkts hinausgehen. Es müssen Mitarbeiter eingestellt und geschult werden, Teile und Materialien beschafft werden, Produkte verkauft und gewartet werden, und man muss sich mit gesetzlichen Vorschriften auseinandersetzen. Und dann ist da noch das heikle Problem, die vielen tausend Teile und Materialien zu verwalten, die in einem Auto verbaut werden. So einfach es auch klingen mag, so schwierig kann es sein diese Materialien in ein Produkt zu verwandeln.

Der Gründer des Autokonzerns Toyota, Kiichiro Toyoda, erfand das Konzept – und sogar den kuriosen Namen – von „Just in Time" (JIT) in den 1930er Jahren auf einer Studienreise nach Großbritannien. Er verpasste am

Bahnhof einen Zug, was ihm eine nie vergessene Lektion über den Wert von Pünktlichkeit erteilte und die Einsicht inspirierte, dass man niemals versäumen sollte *pünktlich* dort anzukommen, wo man sein muss. Als seine Firma herausfand, wie man die von ihm entworfenen Autos tatsächlich bauen konnte, stand die Fabrik vor dem Problem, dass ihr ständig Teile und Materialien fehlten. Als Start-up hatte das junge Unternehmen nicht das Kapital für große Lagerbestände. Die Lösung bestand darin, Teile und Materialien täglich und *Just in Time* zur Fertigung oder Montage anzuliefern.

Ein Jahrzehnt später begann Kiichiros Werksleiter Taiichi Ohno mit einfachen Verbrauchssteuerungen in der Fabrik zu experimentieren. Er stellte fest, dass den Arbeitern in den nachgelagerten Prozessen häufig die Materialien fehlten, die sie für ihre Arbeit benötigten, während die vorgelagerten Prozesse damit beschäftigt waren das Falsche zu produzieren. Er beschloss die Richtung des Informationsflusses umzukehren, der den einzelnen Arbeitsschritten vorschrieb, was zu produzieren und zu bewegen war. (Wie Christoph Roser erläutern wird, war Ohno nicht der erste, der dieses Problem mit „Verbrauchssteuerung" angegangen ist. Aber er war der erste, der einen systematischen Weg zu einer nachhaltig gestalteten Verbrauchssteuerung gefunden hat.)

Am Ende setzten sich zwei einfache Regeln durch: 1) Nie zu viel und 2) nie zu wenig zu produzieren oder zu transportieren.

In der Tat eine einfache Idee. Aber um diese einfachen Regeln in der realen Welt zu verwirklichen, muss man die Dinge auf den Kopf stellen: Ziehen (*Pull*, oder Verbrauchssteuerung), nicht schieben (*Push*, oder Plansteuerung). Beginnen Sie damit, einzelne Prozesse zu verbinden. Lassen Sie die Produktion fließen, wo immer es möglich ist. Wo Sie sie nicht von Wertschöpfungsschritt zu Wertschöpfungsschritt fließen lassen können, verbinden Sie verschiedene Prozesse durch einen Mechanismus (wie Kanban), damit nachgelagerte Prozesse von vorgelagerten Prozessen das abrufen können, was sie brauchen, und zwar genau dann, wenn sie es brauchen. Einfach! Und genial!

Aber einfach heißt nicht leicht und genial nicht unbedingt intuitiv.

Meine erste Erfahrung mit der Verbrauchssteuerung von Toyota fand in der ersten Hälfte des Jahres 1984 in der Stanzerei des Toyota-Montagewerks Takaoka statt. Toyota bereitete sich auf die Inbetriebnahme von NUMMI (New United Motor Manufacturing Inc.) vor, dem Joint Venture mit General Motors in Fremont, Kalifornien. Mein Aha-Erlebnis – „Oh, *das* ist also Just in Time!" – kam nicht während, sondern nach meiner Werksschulung, bei der ich alles über das Toyota Produktionssystem (TPS) lernen sollte.

Obwohl ich noch neu in dem Prozess war, hatte ich bereits die Aufgabe Besuchern, meist von General Motors, das TPS zu erklären. Ich hatte zwar genug gelernt, um eine grundlegende Erklärung über Kanban und Verbrauchssteuerung vs. Plansteuerung abzugeben, aber so richtig verstanden hatte ich es nicht. Als ich eines Tages kritisch gefragt wurde, was Verbrauchssteuerung wirklich sei und warum sie solche Bedeutung habe, frustrierte ich sowohl mich als auch einen bestimmten Produktionsleiter von GM mit meinen Antworten.

Er war ein Praktiker aus dem mittleren Management mit jahrzehntelanger Erfahrung und setzte mich unter Druck: „Ich versteh's nicht. Ja und? Ich höre, was Sie sagen, aber ich sehe den Knackpunkt nicht. Warum sollte ich mich um 'Verbrauchssteuerung statt Plansteuerung' kümmern? Ich sehe den Vorteil nicht." Ich war genauso frustriert wie er und verärgert darüber, dass er die gleichen Erklärungen, die für andere ausreichten, nicht verstehen konnte. Unsere Frustrationslevel stiegen, während wir uns gegenseitig anspornten. Ich erinnere mich, wie mein Gesicht rot wurde, als ich merkte, dass ich es nicht gut erklären konnte, weil ich selbst nicht *wirklich* verstanden hatte, was der Knackpunkt war. Ich verstand die Grundlagen in Bezug auf die Schritte in der Fertigung. Und ich verstand bis zu einem gewissen Grad, was Verbrauchssteuerung ist und warum sie, abstrakt gesehen, unkonventionell ist. Aber ich wusste nicht, wie ich die Punkte miteinander verbinden sollte und hatte nicht ganz verstanden, was an *Just in Time* und Verbrauchssteuerung so revolutionär war.

Ich denke meine Frustration – zuerst gegenüber meinem Gast und dann langsam, aber stetig auch gegenüber mir selbst – war der Funke, der zur Einsicht und zu meinem Aha-Moment führte. Ich war plötzlich, endlich, von der Macht all dieser schnellen Wiederbeschaffungsschleifen beeindruckt, die sich scheinbar endlos in der gesamten Lieferkette wiederholten. Die kleine Schleife des Material- und Informationsflusses, die wir beobachteten, war fraktal. Wir beobachteten am Ende einer großen Pressenlinie, wie der gestanzte Stahl alle paar Minuten zu einem nur wenige Gehminuten entfernten Lager transportiert wurde. Dieses Lager war dann in ähnlicher Weise mit dem nachfolgenden Prozess (der Karosserieschweißerei) verbunden. Und solche Schleifen spielten sich in der gesamten Lieferkette ab. Am nächsten Tag besuchten wir einige externe Zulieferer, die per Kanban mit dem Montagewerk verbunden waren: Sie pendelten bis zu acht Mal pro Tag zwischen den beiden Fabriken. Ich verstand: Es ist ein *System* mit Rückkopplungsschleifen, das sich selbst korrigiert und in der Tat revolutionär ist.

Innerhalb weniger Monate war NUMMI in Betrieb und die Welt außerhalb Toyotas sah zum ersten Mal eine erfolgreiche, funktionierende Verbrauchssteuerung. Dennoch ist das, was Beobachter an der Oberfläche wahrnehmen können – wie zum Beispiel niedrige Bestände – lediglich das Ergebnis. Die

Arbeit hinter den Kulissen, um ein System auszuführen, das so einfach aussieht, ist in Wahrheit nur trügerisch einfach. Toyota hatte eine ganze Abteilung eingerichtet, um jeden Aspekt der Gestaltung und des Betriebs seiner Lieferketten zu erneuern. Bis heute ist es selten, das Unternehmen (insbesondere außerhalb der Automobilindustrie) bereit sind, in die Entwicklung der organisatorischen Fähigkeiten zu investieren, die für eine erfolgreiche Umstellung auf eine Verbrauchssteuerung erforderlich sind. (Toyota betrachtet die Umstellung von Plansteuerung auf Verbrauchssteuerung als definierendes Merkmal der übergeordneten Funktionsweise von *Just-in-Time* – was wiederum eine Hauptkomponente des Toyota-Produktionssystems ist. Aber Verbrauchssteuerung ist nur ein Teil von *Just in Time*, zusammen mit den Konzepten und Praktiken der Taktzeit und der Schaffung eines kontinuierlichen Flusses.)

MISSVERSTÄNDNISSE, IRRTÜMER, VERWIRRUNG UND FEHLER

Es ist in der Tat bedauerlich, dass der praktikabelste Weg zur Behebung der Probleme von Lieferketten häufig für ihr Scheitern verantwortlich gemacht wird. Akademiker (wie die oben erwähnten) haben kein Monopol auf die Verbreitung von Missverständnissen über die Dynamik von Lieferketten. In regelmäßigen Abständen veröffentlichen sogar die angesehensten Zeitschriften Artikel, die die Schuld an der Lieferkrise auf *Just in Time* oder *Lean Manufacturing* schieben. Warenknappheit wie nach 9/11, während der großen Rezession 2008-09 oder während der Covid-19-Pandemie führt immer wieder zu unsinnigen Erklärungen wie diesem Leitartikel im Wall Street Journal Ende 2020:

> *„Warum gibt es immer noch nicht genügend Papierhandtücher? Schuld ist die Schlanke Produktion. Das jahrzehntelange Bestreben durch niedrige Lagerbestände mehr Gewinn zu erzielen, ließ viele Hersteller unvorbereitet, als Covid-19 zuschlug. Und es ist unwahrscheinlich, dass die Produktion in nächster Zeit signifikant ansteigt.“*[2]

Jetzt, im Frühjahr 2021, betrifft die jüngste globale Lieferkettenkrise auch Produkte, die herausfordernder sind als Toilettenpapier, wie z. B. Halbleiter und Geopolitik. Globale Lieferketten, die drei Jahrzehnte lang die niedrigsten Stückpreise in China gesucht haben, werden rückgängig gemacht. Das Pendel schwingt wieder in die andere Richtung. Bei alldem gibt es aber einen besseren Weg.

---

[2] Sharon Terlep und Annie Gasparro, *Why Are There Still Not Enough Paper Towels?*, *Wall Street Journal*, 2020, Abschn. US.

EIN WEG NACH VORN

Hier kommt nun Christoph Rosers zeitgemäßes Exposé „Alles über Verbrauchssteuerung" ins Spiel Das Buch ist kein Pamphlet für Gelegenheitsleser von 1500-Wort-Vereinfachungen in den sozialen Medien. Der Inhalt erfordert von Ihnen, lieber Leser, etwas Arbeit.

Christoph Roser hat Jahrzehnte damit verbracht, verschiedene Dimensionen des Lean-Denkens und der Lean-Praxis zu untersuchen. Als Forscher in den Toyota Central Research and Development Laboratories in Nagoya, Japan hatte er direkten Zugang zu Wissen über Praktiken und Vorgehensweisen, die für die Mission von Toyota wesentlich sind. Von dort aus erweiterte er sein Wissen zur Schlanken Produktion durch seine Arbeit bei McKinsey & Company und verschiedenen Abteilungen der Bosch-Gruppe. Rosers Nachforschungen werden durch seine Forschung und Lehre als Professor für Produktionswirtschaft an der Hochschule für Technik und Wirtschaft in Karlsruhe fortgesetzt. Ergänzend zu diesem Buch gibt es viele Möglichkeiten von Rosers Expertise zu profitieren, und zwar durch mehr als 50 akademische Zeitschriftenartikel, Hunderte von Beiträgen auf seinem Blog *AllAbout-Lean.com* und sein Buch *Faster, Better, Cheaper in the History of Manufacturing*.

Auf diesen Seiten finden Sie viele Techniken und Werkzeuge, die Ihnen helfen werden Ihre Lieferkettenabläufe neu zu konfigurieren. Aber noch wichtiger ist, dass der Autor Sie durch die Erforschung zahlreicher Ansätze und Methoden dazu herausfordert, Ihre Strategie zu überdenken und zu überlegen, was Ihr Wertstrom leisten muss und warum. Wie können Sie erreichen, dass jeder Artikel zur richtigen Zeit am richtigen Ort ist? Wie können Sie dafür sorgen, dass Tausende von Menschen und Prozessen eines erweiterten Wertstroms die richtige Arbeit zur richtigen Zeit verrichten? Die Entwickler von Wertströmen haben unzählige Probleme zu lösen – und ebenso viele Ansätze, um sie anzugehen. Die Umstellung auf Verbrauchssteuerung ist eine technische Herausforderung, aber sie erfordert auch einen grundlegenden Wandel in der Denkweise nicht nur von Supply-Chain-Experten, sondern auch von Führungskräften. Dieses Buch gibt Ihnen die Mittel und Methoden an die Hand, um Lieferketten für die sich schnell entwickelnde Komplexität des einundzwanzigsten Jahrhunderts zu gestalten, überall und in jeder Branche.

John Shook
Vorsitzender, Lean Global Network,
Ann Arbor, Michigan, USA

Danksagung

Es ist fertig! Dies ist mein erstes Buch, das sich ausschließlich mit der Schlanken Produktion beschäftigt. Fast drei Jahre des Schreibens und Bearbeitens, des Erstellens von Bildern, des Gestaltens des Covers und vieler anderer Aufgaben waren nötig, bis ich Ihnen dieses Werk präsentieren konnte. Dabei ist noch nicht einmal das Schreiben von fast einem Jahrzehnt an Blog-Beiträgen mitgezählt, die ebenfalls zu diesem Buch beigetragen haben – wobei diese Beiträge erheblich überarbeitet und modifiziert worden sind. Ich hoffe aufrichtig, dass Ihnen dieses Buch bei Ihrer Arbeit helfen wird.

Ich hätte es aber nicht ohne die Hilfe anderer schreiben können. Deshalb möchte ich mich besonders bei allen Rezensenten bedanken, die Feedback gegeben und dieses Buch besser gemacht haben. Das sind, in alphabetischer Reihenfolge, Michel Baudin, John Bicheno, Karl Ludwig Blocher, Jochen Deuse, Björn Johansson, David Lenze, Masaru Nakano, Torbjørn Netland, Ralph Richter, John Shook, Ambika Sriramakrishna, Rajan Suri, Matthias Thürer, Cheong Tsang, Mark Warren, und Peter Willats. Besonderer Dank gilt auch John Shook, der nicht nur das Vorwort geschrieben hat, sondern mir auch Feedback zum Manuskript gab.

Ich möchte mich zudem bei meiner Lektorin für die englische Ausgabe, Christy Distler, bedanken. Da englische Rechtschreibung und Grammatik nicht meine Stärke sind, hatte sie alle Hände voll zu tun. Vielen Dank auch an Iryna Makarevych für ihre Hilfe bei der Umschlaggestaltung und beim Innenlayout.

Für die Ihnen vorliegende, von mir selbst übersetzte deutsche Version möchte ich mich ebenso bei meiner Lektorin Anke Roser bedanken. Mein Deutsch ist nicht perfekt (insbesondere die Kommasetzung). Zudem nimmt eine Übersetzung viele sprachliche Knoten aus dem Englischen mit. Diese wieder zu korrigieren, war eine größere Aufgabe.

Die meisten der Bilder sind meine eigenen. Gelegentlich verwende ich aber auch Bilder von anderen. Einige davon waren gemeinfrei oder unter einer Creative-Commons-Lizenz zu bekommen. Für andere habe ich die Rechte erworben. Vielen Dank an die Schöpfer dieser Darstellungen. Da ich ein großer Fan und Unterstützer der Creative-Commons-Lizenz bin, möchte ich mich besonders bei denjenigen bedanken, die ihre Bilder kostenlos oder unter einer Creative-Commons-Lizenz zur Verfügung gestellt haben. Eine detaillierte Auflistung der Bilder anderer Autoren finden Sie am Ende dieses Buches im Bildnachweis.

Normalerweise würde dieses Buch siebzig Jahre nach meinem Tod, gemeinfrei werden, was hoffentlich noch sehr weit in der Zukunft liegt. Ich finde diese Dauer jedoch übertrieben. Ich glaube, dass dreißig Jahre nach der Veröffentlichung viel angemessener sind. Daher werde ich dieses Werk am 1. Januar 2052, aber nicht früher, unter die *Creative Commons Attribution Share Alike 4.0 International License* (CC-BY-SA 4.0, oder *Namensnennung – Weitergabe unter gleichen Bedingungen 4.0 Internationale Lizenz*) stellen. Details zu dieser Lizenz finden Sie unter https://creativecommons.org/licenses/by-sa/4.0/deed.de. Das gilt nur für diese Ausgabe und nicht für zukünftige, aktualisierte Ausgaben, obwohl diese ähnliche Lizenzrechte haben könnten.

Nebenbei bemerkt: Falls Sie sich über die Kugellager auf dem Titel wundern... Ich habe ziemlich viel darüber nachgedacht, wie der Titel aussehen sollte. Zuerst hatte ich ein Kanban-Diagramm, aber das sah einfach hässlich aus. Ein Kugellager dagegen ist eine schöne Illustration für Verbrauchssteuerung oder Kanban. Die Kugeln drehen sich in einer Schleife, genau wie Kanban in einer Verbrauchssteuerung. Drei Kugellager repräsentieren eine Reihe von Kanbanschleifen. Daher glaube ich, dass diese drei Kugellager eine passende Illustration für Verbrauchssteuerungen sind.

Vor allem aber hoffe ich, dass „Alles über Verbrauchssteuerung" Ihnen helfen wird, Ihre Fertigung zu verbessern und die Wettbewerbsfähigkeit und den Gewinn Ihres Unternehmens zu steigern!

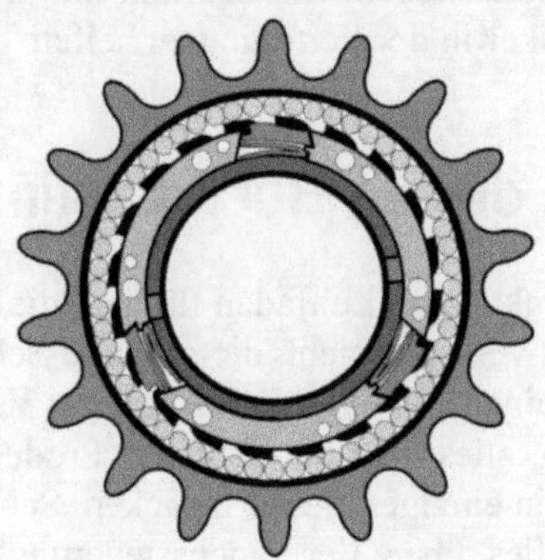

Kapitel 1
Einleitung

Eine Verbrauchssteuerung ist ein hervorragendes Werkzeug, um einen Materialfluss zu optimieren und seinen Bestand zu begrenzen. Mit sehr wenigen Ausnahmen profitieren fast alle Produktionssysteme von der Verbrauchssteuerung. Sie ist daher einer der Eckpfeiler der Schlanken Produktion.

Die Verbrauchssteuerung wird auch oft mit dem englischen Begriff „*Pull Production*" oder „*Pull-Prinzip*" bezeichnet, im Gegensatz zu „*Push*" für die Plansteuerung. In diesem Buch habe ich konsistent die Begriffe Verbrauchssteuerung und Plansteuerung verwendet. Generell werden aber auch im Deutschen oft die englischen Begriffe eingesetzt.

Dieses Buch zur Verbrauchssteuerung ist **für den Praktiker geschrieben**. Der Fokus liegt auf dem **tatsächlichen Einsatz von Verbrauchs-steuerungen in der realen Welt**. Bevor wir jedoch mit den eigentlichen Details zu Verbrauchssteuerungen beginnen, möchte ich Ihnen einige Hinweise geben, für wen dieses Buch gedacht ist und wann Sie eine Verbrauchssteuerung nutzen sollten. Außerdem gebe ich Ihnen einige Hinweise zum Lesen dieses Buches sowie einen kurzen Abriss zur Geschichte von Verbrauchssteuerungen.

In diesem Buch gehe ich im Detail auf die **Auswahl, Planung, Umsetzung und Pflege der verschiedenen Typen von Verbrauchssteuerungen ein.**

Das Buch basiert auf meinen praktischen Erfahrungen bei der Implementierung und Anwendung von Verbrauchssteuerungen in der Produktion. Es erklärt aber auch die dahinterliegenden Theorien. Das primäre Ziel dieses Buches ist es, dem Praktiker in der Fertigung zu helfen.

1.1 Für wen dieses Buch bestimmt ist

Dieses Buch ist ein praktischer Leitfaden für alle, die Verbrauchssteuerungen nutzen wollen. Es versucht nicht, die gesamte Schlanke Produktion zu erklären, sondern hat einen **strengen Fokus auf die Verbrauchssteuerung**. Ich finde es schwierig, alles über die Schlanke Produktion (im Englischen *Lean Production*) in ein einziges Buch zu packen. Schließlich war es schon schwierig genug, „Alles über Verbrauchssteuerung" in einem einzigen Buch unterzubringen!

Dieses Buch konzentriert sich stark auf die praktische Anwendung. Es legt mehr Wert auf Funktionalität als auf Theorie, auch wenn ich die dahinterliegenden Zusammenhänge aufzeige. Es ist keine abstrakte, philosophische Diskussion über die Schlanke Produktion, sondern ein Buch, das Ihnen hilft, die Ärmel hochzukrempeln und Ihre Arbeit zu erledigen. Es ist **für den Praktiker geschrieben**, insbesondere für **kleine und mittleren Unternehmen**, die vielleicht keine eigene Abteilung für Schlanke Produktion haben. Wenn Sie für ein kleines oder mittleres Unternehmen (oder einen Teil davon) verantwortlich sind und Verbrauchssteuerung nutzen wollen, dann ist dieses Buch für Sie. Natürlich kann es aber auch in **größeren Konzernen** eingesetzt werden. Es dient zudem als hilfreiches **Nachschlagewerk für Studierende und Forschende der Schlanken Produktion**.

Dieses Buch dient als Leitfaden für alle, die mit der Fertigung zu tun haben. Es kann **Führungskräften einer Fertigung** helfen, vom Vorarbeiter über das mittlere Management bis hin zum COO und CEO. Es ist auch relevant für **Personen, die eine Fertigung unterstützen**. Dazu können Mitarbeiter oder Dienstleister gehören, welche Planung, Umsetzung und Pflege solcher Systeme durchführen, wie z. B. Mitarbeiter in der Instandhaltung, in der Produktionsplanung, im Erstellen von Fertigungssystemen, in der Industrietechnik und andere. Im weiteren Sinne kann dieses Buch bei **jeder Art von Systemen helfen, die Verbrauchssteuerungen verwenden könnten, einschließlich Gesundheitswesen, Dienstleistungen, Verwaltung, Militär, Regierung, Banken** und viele mehr.

Da Menschen in der Industrie unter ständigem Zeitdruck stehen, habe ich dieses Buch so aufgebaut, dass es ein **selektives Lesen** unterstützt. Natürlich würde es mich freuen, wenn Sie dieses Buch von Buchdeckel bis Buchdeckel lesen würden. Aber ich verstehe auch, wenn **Sie einfach nur eine**

Lösung für Ihr Problem brauchen... und zwar schnell! Daher weise ich bereits am Anfang darauf hin, welche Art von Verbrauchssteuerung für Sie nützlich sein könnte – und welche nicht. Das Buch ist so strukturiert, dass Sie zu den für Sie interessanten Teilen springen und weniger relevante auslassen können. Aus dem gleichen Grund habe ich jeweils eine Liste der Variablen in der Nähe der Formeln, welche diese verwenden, auch wenn ich die Variablen vielleicht schon vorher erklärt habe. Eine vollständige Liste der Variablen finden Sie zudem im Anhang. Das Inhaltsverzeichnis hat ebenfalls ein paar Ebenen mehr als vielleicht ästhetisch ansprechend ist. Aber das hilft Ihnen auch, schnell zu finden, was Sie brauchen. **Fett gedruckter Text hebt wichtige Punkte hervor** und unterstützt Sie dabei, den Text nach den für Sie relevanten Teilen querzulesen.

Dieses Buch sollten Sie idealerweise lesen, bevor Sie eine Verbrauchssteuerung in Ihrem System implementieren. Es kann aber auch nützlich sein, wenn Sie bereits eine bestehende Verbrauchssteuerung haben und diese verbessern oder pflegen wollen. Insgesamt ist das Ziel dieses Buches, Ihnen zu helfen **loszulegen und Ihre Branche zu organisieren!**

1.2 Wann brauchen Sie eine Verbrauchssteuerung?

Die Verbrauchssteuerung ist Teil des kontinuierlichen Verbesserungsprozesses in der Schlanken Produktion – oft mit dem japanischen Begriff *Kaizen* bezeichnet. **Die Schlanke Produktion sollte immer mit einem Problem beginnen** und von dort aus auf eine Lösung hinarbeiten. Von oben herab per „Order di Mufti" zu entscheiden, dass man eine Verbrauchssteuerung braucht und dann nach einem passenden Problem zu suchen, ist der falsche Weg. **Wenn das einzige Werkzeug, das Sie haben, ein Hammer ist, wird alles wie ein Nagel aussehen.**

Daher ist der erste Schritt herauszufinden, **welches Problem Sie lösen wollen.** Normalerweise lautet die Antwort, dass es nur drei Probleme gibt: Qualität, Kosten und Lieferzeit (das bekannte QKL-Dreieck). Dieses Dreieck beinhaltet jedoch alle Probleme, die ein Produktionssystem normalerweise haben kann (vorausgesetzt, die Sicherheit der Mitarbeiter ist gewährleistet und die Polizei sucht nicht nach Ihnen). Versuchen Sie näher einzugrenzen, welches dieser Probleme wo für Sie am relevantesten ist.

Eine Verbrauchssteuerung kann Ihnen bei der **Verbesserung der Durchlaufzeiten** und damit **der Lieferzeiten** helfen, was vor allem bei Auftragsfertigung oft sehr relevant ist. Verbrauchssteuerung ist eine gute Lösung, um Ihren Materialfluss zu stabilisieren und zu steuern. Das reduziert die Durchlaufzeiten und verbessert die Liefererfüllung.

Eine Verbrauchssteuerung kann auch helfen **Kosten zu reduzieren**. Es gibt jedoch viele Möglichkeiten, Kosten zu reduzieren. Dazu gehören Designänderungen, Prozessoptimierung und andere Vermeidung von Verschwendungen. Wenn die Kosten Ihr größtes Problem sind, ist die Verbrauchssteuerung hier eine mögliche Antwort, aber nicht die einzige und auch nicht immer die beste. Eine Verbrauchssteuerung kann jedoch den **Bestand reduzieren**, was viele Vorteile hat, einschließlich der Kostenreduzierung.

Die Implementierung von Verbrauchssteuerung ist auch ein Weg, um **Qualifikationen in der Schlanken Produktion für Sie und Ihre Mitarbeiter aufzubauen**. Es hilft auch, **Vertrauen in die Schlanke Produktion zu fassen**. Durch die Einführung einer Verbrauchssteuerung werden die Mitarbeiter mit den zugrundeliegenden Prinzipien der Schlanken Produktion vertraut. Dies kann einen kulturellen Wandel in Richtung kontinuierlicher Verbesserung und Schlanke Produktion unterstützen. Wenn der Aufbau von Fachwissen und Vertrauen Ihr Ziel ist, sollten Sie ein Verbrauchssteuerung einführen, bei der die Erfolgsaussichten hoch sind. Wenn Sie das schwierigste Produktionssystem zuerst angehen mit einer Belegschaft, für die Verbrauchssteuerung noch neu ist, kann das zu Misserfolgen und damit zu Misstrauen gegenüber Verbrauchssteuerungen und der Schlanken Produktion führen.

Aber auch hier gilt: **Beginnen Sie mit dem Problem und arbeiten Sie sich von dort aus vorwärts**.

1.3   Empfehlung zum Lesen dieses Buches

Die Verbrauchssteuerung ist eines der Schlüsselkonzepte der Schlanken Produktion. Obwohl es nicht von Toyota stammt, machte das Toyota Produktionssystem Verbrauchssteuerung im Allgemeinen und Kanban im Besonderen berühmt. Es half Toyota, zum größten Automobilhersteller der Welt zu werden. Dieses Buch beschreibt in erster Linie Verbrauchssteuerung in der Produktion, Fertigung und Logistik. Eine Verbrauchssteuerung kann jedoch auch in vielen anderen Bereichen eingesetzt werden, z. B. im Service, im Gesundheitswesen, in Call-Centern, im Einzelhandel, in der Verwaltung, in der Entwicklung oder im Bauwesen.

Das Konzept der Verbrauchssteuerung wird jedoch oft missverstanden. Es wird häufig über die Richtung des Informationsflusses definiert, während es in Wirklichkeit um die **Begrenzung des Bestands in Kombination mit einem System zum Wiederbeschaffen dieses Bestands geht**. Immer wenn ein Teil das System verlässt, wird ein neues Teil produziert oder geliefert. Immer wenn ein Auftrag abgeschlossen ist, wird der nächste Auftrag für die Produktion freigegeben. Somit verhindert die Verbrauchssteuerung eine Überproduktion. Mehr dazu finden Sie in Kapitel 2.

Dieses Buch kann von der ersten bis zur letzten Seite gelesen werden, es erlaubt aber auch ein selektives Lesen. Die bekannteste Variante der Verbrauchssteuerung ist Kanban, aber es gibt viele weitere. Wenn Sie kundenspezifische Produkte oder Produkte in kleinen Stückzahlen herstellen, sollten Sie auch CONWIP (für Englisch *Constant Work in Process*, ungefähr übersetzt als *Konstanter Arbeitsbestand*) lesen. Sie können aber CONWIP überspringen, wenn Sie nur Lagerfertigung haben. Falls Sie nur Fließfertigung haben, können Sie auch POLCA (auf Englisch *Paired-Cell Overlapping Loops of Cards with Authorization*) ignorieren.

Ziel ist es, Ihnen über die reine Theorie hinaus praktische Ratschläge zu geben. Ich will Ihnen bei der Entscheidung helfen, die richtige Verbrauchssteuerung zu finden, zu planen, zu implementieren und zu warten. Kapitel 3 vergleicht die verschiedenen Ansätze zur Verbrauchssteuerung. Dieses Kapitel hilft Ihnen bei der Auswahl der für Ihre Situation am besten geeigneten Verbrauchssteuerung. Wie in Abbildung 1 dargestellt, hilft Ihnen Kapitel 3 zu entscheiden, welche Verbrauchssteuerung für Sie am relevantesten ist.

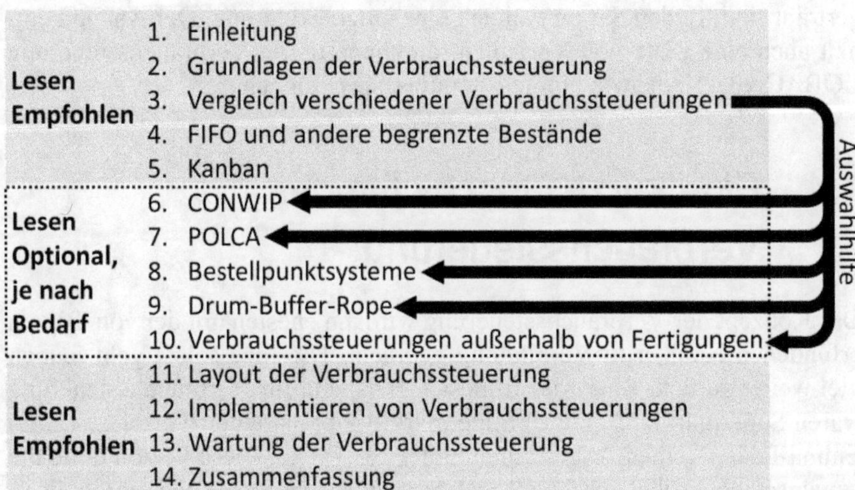

Abbildung 1: Übersicht über die Kapitel dieses Buches (Bild: Roser)

Kapitel 4 zeigt Details von FIFO und dessen Varianten. Kapitel 5 stellt das wichtige Kanbansystem vor. Kapitel 2 bis Kapitel 5 sollten Sie unabhängig von der von Ihnen gewählten Verbrauchssteuerung lesen, da dort viele

Grundlagen enthalten sind, die auch für andere Ansätze hilfreich sein werden. Kapitel 6 bis Kapitel 10 können Sie jedoch je nach Interesse selektiv lesen. Kapitel 6 stellt CONWIP für die Auftragsfertigung vor. Kapitel 7 stellt POLCA für die Werkstattfertigung vor. Kapitel 8 beschreibt Bestellpunktsysteme, die sich gut für den Einkauf eignen. Kapitel 9 erklärt das bei Anhängern der *Theory of Constraints* beliebte *Drum-Buffer-Rope.*

Kapitel 10 geht auf Verbrauchssteuerungen außerhalb der traditionellen Fertigung und Logistik ein. Dazu gehören das Gesundheitswesen, das Projektmanagement, die Entwicklung, die Verwaltung und das Bauwesen. Dieses Kapitel ist keine detaillierte Behandlung dieser Themen, sondern soll Ihnen Anregungen für die Anpassung der Verbrauchssteuerung außerhalb der Fertigung geben.

Kapitel 11 geht näher auf die Auslegung der Verbrauchssteuerung ein. Es hilft Ihnen bei der Entscheidung, wo Ihre Verbrauchssteuerungsschleifen beginnen und enden sollten. Kapitel 12 beschreibt, wie man eine Verbrauchssteuerung implementiert, und Kapitel 13, wie man sie wartet und pflegt. Das Lesen von Kapitel 11 bis Kapitel 13 ist wiederum für alle empfohlen, da diese Informationen für alle Verbrauchssteuerung relevant sind.

In diesem Buch verwende ich Hunderte von Illustrationen. Viele von ihnen basieren lose auf der Wertstromanalyse (oder auf Englisch *Value Stream Mapping*, oft abgekürzt als *VSM*). Falls Sie mit der Wertstromanalyse nicht vertraut sind, finden Sie im Anhang eine kurze Erklärung. Der Anhang enthält auch eine Liste von Variablen, die theoretische Verbrauchssteuerung COBACABANA sowie einige Literaturempfehlungen.

1.4   Eine kurze Geschichte der Verbrauchssteuerung

Das Konzept der Verbrauchssteuerung wird am ehesten mit der von Toyota erfundenen Kanban in Verbindung gebracht. Die Idee selbst geht jedoch viel weiter zurück. Eines der frühesten Beispiele für Verbrauchssteuerung waren Supermärkte. Bevor es Supermärkte gab, hatte der typische „Tante-Emma-Laden" einen Angestellten hinter der Theke. Diese Person holte die gewünschten Artikel aus dem Regal, berechnete die Preise und schloss dann den Handel ab, indem sie den Kunden die Waren gegen Geld aushändigte. Ein Beispiel für einen typischen Lebensmittelladen um 1900 ist in Abbildung 2 dargestellt.

Abbildung 2: Ein traditioneller Lebensmittelladen um 1900, mit Angestellten hinter der Theke (Bild: unbekannter Autor, Gemeinfrei)

Die amerikanische Supermarktkette *Piggly Wiggly* änderte dieses Konzept 1916 radikal mit ihrer Filiale in Memphis, Tennessee, USA. Der Kunde betrat den Laden, holte sich, was er wollte, und ging dann zur Kasse, um zu bezahlen. *Piggly Wiggly* war der erste moderne Supermarkt, ein System, das Sie sicherlich kennen. Alle Artikel sind mit Preisen beschriftet. Sie haben einen Korb oder einen Einkaufswagen, und die einzige menschliche Interaktion ist das Bezahlen an der Kasse. Das war eine radikale Veränderung für die damalige Zeit, mit großen Einsparungen bei den Lohnkosten, welche die Verluste durch Diebstahl bei weitem übertrafen. Heutzutage ist dieses Vorgehen die Norm in den meisten Einzelhandelsgeschäften. Einer der ersten Piggly Wiggly-Supermärkte aus dem Jahr 1918 ist in Abbildung 3 dargestellt.

Abbildung 3: Der erste Piggly Wiggly-Supermarkt in Memphis, Tennessee, wurde 1916 eröffnet. Foto von 1918. (Bild: Clarence Saunders, Gemeinfrei)

Der interessante Teil, nämlich die Verbrauchssteuerung, fand jedoch hinter den Kulissen statt. Piggly Wiggly hatte ein System mit einem Ziellagerbestand. Jeden Tag wurde einfach nachbestellt, was verkauft wurde. Dieses System, das regelmäßig nur nachbestellt, um den Bestand wieder auf das Zielniveau aufzufüllen, war ein **Bestellpunktsystem** und damit eine Verbrauchssteuerung.

Die Idee eines Supermarktes half Toyota auch bei der Entwicklung von Kanban. Taiichi Ohno war bei Toyota der Treiber für die Entwicklung der Schlanken Produktion. Zu Beginn war Toyota eine Spinnerei und Weberei. Ihr Hauptkonkurrent, *Nichibo* (auch bekannt als *Dai Nippon Spinning*), übertraf *Toyoda*[3] wesentlich in der Qualität bei gleichzeitig geringeren Kosten. Ohno und sein Team studierten die Vorgehensweise von Nichibo. Unter anderem lernten sie, dass Nichibo viel weniger Lagerbestände hatte und Material in kleineren Chargen produzierte. Diese Einsicht half Toyota später bei der Entwicklung von Kanban.

Ohno war – wie viele andere Japaner zu dieser Zeit – sehr interessiert an den viel fortschrittlicheren Technologien und Methoden der Vereinigten Staaten. Damals gab es in Japan noch keine Supermärkte im Einzelhandel. Von diesen hatte Ohno jedoch schon in der Oberschule gehört, als ein Klassenkamerad eine Präsentation über seinen Besuch in den USA hielt. Dazu gehörten auch Bilder von modernen Supermärkten[4]. Er nahm die Inspiration (und den Namen *Supermarkt* für den verwalteten Bestand) aus Amerika für sein Produktionssystem bei Toyota mit. Die erste Implementierung dieser Supermärkte bei Toyota erfolgte durch Taiichi Ohno im Jahr 1948[5].

Ab 1953 schrieben die Arbeiter kleine Zettel, um der Produktion mitzuteilen, welche Teile nachzuproduzieren waren. Bald wurden aus diesen handgeschriebenen Zettelchen farblich gekennzeichnete Karten. Taiichi Ohno besuchte erst 1956 selbst die Vereinigten Staaten und sah dort seinen ersten Einzelhandels-Supermarkt. Zu dieser Zeit wurde der Materialfluss in seiner

---

[3] Der Familienname ist Toyoda mit einem „D“. Die Automobilfirma änderte ihren Namen in Toyota mit einem „T“, um die internationale Aussprache zu erleichtern und um eine glücksbringende Anzahl von Strichen in der japanischen Schrift トヨタ zu haben. Daher heißen heute einige Unternehmen der Gruppe Toyoda (z. B. Toyoda Gosei) und andere Toyota (z. B. Toyota Motor).

[4] Masaaki Sato, *The Toyota Leaders: An Executive Guide* New York: Vertical, 2008.

[5] Christoph Roser, *„Faster, Better, Cheaper“ in the History of Manufacturing: From the Stone Age to Lean Manufacturing and Beyond*, 1. Aufl. Productivity Press, 2016.

Fertigung aber bereits größtenteils per Verbrauchssteuerung mit Karten gesteuert, obwohl sie noch nicht als **Kanban** bekannt waren[6].

Erst 1964 wurden diese Karten als Kanban bezeichnet. Im Japanischen wird *Kanban* als 看板 geschrieben. Während es üblicherweise mit „Karte" übersetzt wird, ist die ursprüngliche Bedeutung „Aushängeschild", „Reklametafel" oder „Türschild". Kanban ist der Name für das Schild über einem Geschäft. Ein Beispiel für eine traditionelle Kanban über einem modernen Geschäft ist in Abbildung 4 dargestellt.

Abbildung 4: Traditionelles, geschnitztes Kanban-Schild aus Holz über dem Eingang eines modernen Modegeschäfts in Ginza, Tokio, Japan (Bild: Roser)

Im traditionellen Japan **repräsentiert diese Kanban den Ruf und die Ehre des Geschäfts**. Vielleicht haben Sie mal einen kitschigen Kung-Fu-Film gesehen, in dem der Bösewicht in eine andere Trainingshalle (*Dojo*) geht, den Meister besiegt und dann das Schild (die *Kanban*) des Dojos stiehlt oder

---

[6] Bitte beachten Sie, dass Ohno nicht der Einzige war, der mit solchen Verbrauchssteuerungen experimentierte. Zum Beispiel verwendete auch Lockheed 1954 ähnliche Systeme bei der Produktion von Düsenflugzeugen.

zerstört. Diese Zerstörung der Kanban ist ein zusätzlicher Akt der Demütigung für den besiegten Dojo-Meister, da damit auch „seine Ehre" zerstört ist.

Man sagt, dass Taiichi Ohno diese Karten für sein Produktionssystem Kanban nannte, um die Wichtigkeit dieser Informationen für das ordnungsgemäße Funktionieren des Produktionssystems zu betonen. Die Kanban ist die Ehre der Fabrik, und man darf diese nicht verlieren! Dieses Kanbansystem als Teil des Toyota-Produktionssystems trug enorm zu Toyotas Erfolg bei. Toyota gilt immer noch als das finanziell erfolgreichste große Automobilunternehmen und ist das Vorbild für die Schlanke Produktion.

Die westliche Welt bemerkte erstmals während der Ölkrise 1973 die stark unterschiedliche Leistung der Autohersteller, obwohl die Schlanke Produktion selbst erst um 1990 populär wurde. Als die Mitglieder der Organisation erdölexportierender Länder (*Organization of the Petroleum Exporting Countries,* oder kurz *OPEC*) ein Ölembargo ausriefen, wurde das Benzin weltweit schnell knapp. Die Autoverkäufe gingen zurück. Den Tankstellen ging der Sprit aus, wie in Abbildung 5 dargestellt.

Abbildung 5: „No Gas" („Kein Benzin") an einer Tankstelle während der Ölkrise 1973 (Bild: David Falconer, Gemeinfrei)

Vor allem die amerikanischen Autohersteller mit ihren spritfressenden Fahrzeugen hatten Probleme. Sie hatten bald enorme Überbestände von unverkauften Fahrzeugen. Toyota hingegen konnte die Produktion einigermaßen gut herunterfahren. Nach der Krise hatten die Autobauer das umgekehrte Problem, die Produktion wieder hochzufahren. Mit Hilfe ihrer Verbrauchssteuerung gelang dies Toyota auch viel besser.

Ein Bericht des *Massachusetts Institute of Technology* (MIT) und das darauffolgende Buch „*The Machine that changed the World*"[7] fassten diese Entwicklungen zusammen. Dieses Buch machte das Toyota Produktionssystem und damit die Verbrauchssteuerung zum Benchmark für die restliche Welt. Der Bericht zeigte viele Details auf, die für die westliche Welt sehr peinlich waren. Amerikanische Autobauer brauchten doppelt so viel Arbeitszeit, um ein Auto herzustellen wie Toyota. Deutsche Autobauer brauchten genauso viele Mitarbeiter am Ende des Bandes zur Problembehebungen, wie um die Autos vorher zu produzieren. In so ziemlich allen Aspekten schnitt Toyota viel besser ab als der Rest der Welt. Damit begann das Interesse am Toyota Produktionssystem (TPS), welches später im Englischen in *Lean Production*, bzw. auf Deutsch in **Schlanken Produktion** umbenannt wurde. In der westlichen Welt wird Kanban manchmal sogar als Synonym für Verbrauchssteuerung verwendet, da es die bekannteste Verbrauchssteuerung ist.

Es gibt jedoch noch weitere Verbrauchssteuerungen, wie wir später in diesem Buch sehen werden. Ihre Geschichte ist zwar nicht so umfangreich, aber ich möchte trotzdem kurz ihren Ursprung erwähnen. Chronologisch die nächstes ist **Drum-Buffer-Rope** (auf Deutsch lose übersetzt *Trommel-Puffer-Seil*). Dieser Ansatz wurde von Eliyahu Goldratt als Teil der „*Theory of Constraints*" (TOC) mit dem Buch „*The Goal*" im Jahr 1984 geprägt[8]. Der Begriff *Drum-Buffer-Rope* erhielt seinen Namen jedoch erst später in seinem Buch *The Race*[9].

Goldratt ließ sich dabei von vielen anderen Quellen inspirieren, meist aber ohne diese zu nennen. Es gibt viele ähnliche, aber weniger berühmte Methoden von anderen, die *The Goal* vorausgingen, wie z. B. *Systems Dynamics* von Jay Forrester um 1950; die *Critical Path Method* von Morgan R. Walker ebenfalls um 1950; *Program Evaluation and Review Technique* (*PERT*) der US Navy in 1957; und Wolfgang Mewes' *Bottleneck-focused Strategy* von 1963. Viele andere angesehene Wissenschaftler behaupten,

---

[7] James P. Womack, *The Machine That Changed the World: Based on the Massachusetts Institute of Technology 5-Million-Dollar 5-Year Study on the Future of the Automobile* New York: Rawson Associates, 1990.

[8] Eliyahu M. Goldratt und Jeff Cox, *The Goal: A Process of Ongoing Improvement*, 2. Aufl. North River Press, 1992.

[9] Eliyahu M. Goldratt und Robert E. Fox, *The Race* Croton-on-Hudson, New York, USA: North River Press Inc., 1986.

dass die Methoden von Goldratt oft mathematisch unsauber und anderen Ansätzen unterlegen sind[10, 11].

Goldratt rührte die Werbetrommel für seine Methoden, gerade als die Schlanke Produktion im Westen auf dem Vormarsch war. Etliche Amerikaner lehnten die „japanische" Schlanke Produktion ab und bevorzugten den „westlichen" Israeli Goldratt. In den Köpfen der Amerikaner war Japan immer noch der Feind, der im Zweiten Weltkrieg mit zwei Atombomben besiegt wurde. Goldratt gewann an Popularität, und auch nachdem er 2011 verstorben war, behielten seine Methoden eine starke Anhängerschaft.

Eine weitere Verbrauchssteuerung namens **CONWIP** (aus dem englischen *Constant Work in Process*) wurde in einem oft zitierten Aufsatz von Hopp und Spearman im Jahr 1990 geprägt[12]. Sie wird für die Auftragsfertigung verwendet, ist der Kanban sehr ähnlich und ebenfalls einfach zu bedienen. Allerdings ist die Methode in der Regel nicht unter dem Namen CONWIP bekannt und hat oft nicht einmal einen richtigen Namen. Ein häufiges Beispiel ist ein Fließband, bei der die begrenzte Anzahl von Plätzen auf der Linie den maximalen Bestand definiert. Die Methode ist sehr wichtig, aber es fehlt ihr an einem anerkannten Namen. In diesem Buch werde ich den Namen CONWIP verwenden, um die Details hinter der Methode zu erklären. Falls Ihnen der Name nicht gefällt, nehmen Sie gerne einen anderen. Der Ansatz selbst ist sehr hilfreich.

Das weniger bekannte **POLCA** zur Verbrauchssteuerung wurde von Rajan Suri in den 1990er Jahren entwickelt. Sein erstes Buch, *Quick Response Manufacturing: A Companywide Approach to Reducing Lead Times*, wurde 1998 veröffentlicht[13]. POLCA hat eine kleine, aber engagierte Gruppe von Anhängern. Wenn Sie POLCA anwenden wollen, ist aber ein neueres Buch von Suri, *The Practitioner's Guide to POLCA*, hilfreicher[14].

---

[10] Dan Trietsch, *Why a Critical Path by Any Other Name Would Smell Less Sweet? Towards a Holistic Approach to PERT/CPM, Project Management Journal* 36 2005: 27–36.

[11] Dan Trietsch, *From Management by Constraints (MBC) to Management by Criticalities (MBC II), Human Systems Management* 24 2005: 105–15.

[12] Mark L. Spearman, David L. Woodruff, und Wallace J. Hopp, *CONWIP: a pull alternative to kanban, International Journal of Production Research* 28, Nr. 5 1990: 879–94.

[13] Rajan Suri, *Quick Response Manufacturing: A Companywide Approach to Reducing Lead Times* Portland, Oregon, USA: Taylor & Francis Inc., 1998.

[14] Rajan Suri, *The Practitioner's Guide to POLCA: The Production Control System for High-Mix, Low-Volume and Custom Products* Productivity Press, 2018.

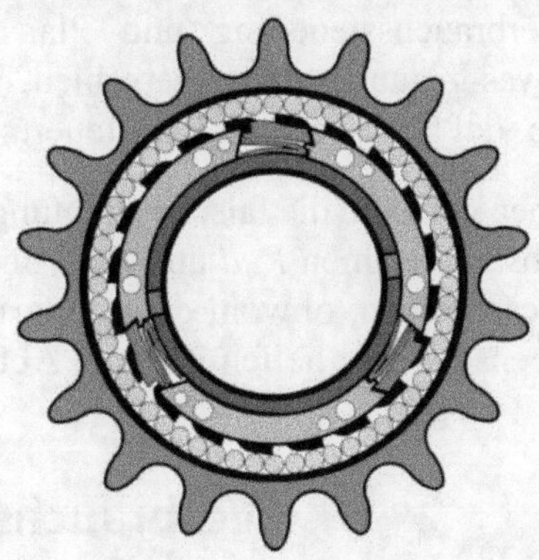

Kapitel 2
Grundlagen der Verbrauchssteuerung

Verbrauchssteuerung ist im Innersten eine strukturierte Art, Ihren Materialfluss zu verwalten. **Sie haben eine Bestandsgrenze. Immer wenn ein Teil oder ein Auftrag das System verlässt, ersetzt das System automatisch dieses Teil (wenn es sich um eine Lagerfertigung handelt) oder gibt den nächsten Auftrag frei (wenn es sich um eine Auftragsfertigung handelt).** Somit steuern diese Begrenzung des Lagerbestands und das automatische Wiederbeschaffen den Start der Produktion zusätzlicher Teile oder Aufträge und verhindern die Überlastung des Systems sowie seine versehentliche Unterauslastung. Es gibt jedoch viele Missverständnisse darüber, was „Verbrauchssteuerung" eigentlich ist, insbesondere im Gegensatz zur Plansteuerung.

2.1 Missverständnisse zur Verbrauchssteuerung und Plansteuerung

Eines der wichtigsten Merkmale der Schlanken Produktion ist die **Verwendung von Verbrauchssteuerung statt Plansteuerung**. Im Englischen heißt Verbrauchssteuerung *Pull* und Plansteuerung *Push*. Während so ziemlich jeder weiß (zumindest in der Theorie), wie man Verbrauchssteuerung mit Kanban umsetzt, sind die zugrundeliegenden fundamentalen Unterschiede zwischen Verbrauchssteuerung und Plansteuerung wesentlich schwammiger. Doch was genau ist der Unterschied? Und was macht Verbrauchssteuerungen so viel besser als die Plansteuerungen?

Die meisten Definitionen gehen in die falsche Richtung oder sind zumindest etwas verwirrend. Selbst die Namen *Pull* und *Push* sind nicht gut geeignet, um das Konzept zu beschreiben, obwohl diese Begriffe sogar bei Toyota verwendet werden. Ebenso wenig helfen gängige Abbildungen wie Abbildung 6.

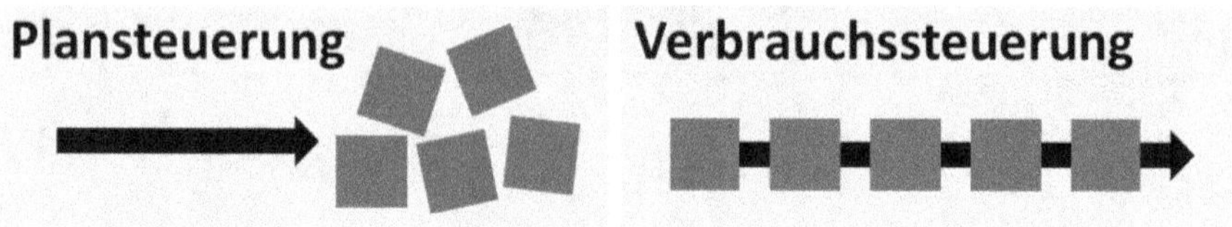

Abbildung 6: Verwirrende Abbildung für Plansteuerung und Verbrauchssteuerung. Ähnliche Abbildungen werden oft für Plansteuerung und Verbrauchssteuerung verwendet. Leider sind solche Illustration und sogar die Namen Push *und* Pull *sehr irreführend. (Bild: Roser)*

Lassen Sie mich Ihnen eine Auswahl verschiedener Definitionen von Plansteuerung und Verbrauchssteuerung zeigen. Es handelt sind zwar nicht um tatsächlichen Zitate, aber ähnliche Beschreibungen sind überall im Internet und in anderen Quellen zu finden.

2.1.1   Irrtum 1: Lagerfertigung und Auftragsfertigung

Plansteuerung ist Lagerfertigung, nicht basierend auf dem tatsächlichen Bedarf. Verbrauchssteuerung ist eine Auftragsfertigung, die auf der tatsächlichen Nachfrage basiert.

Oft werden Plansteuerung und Verbrauchssteuerung (fälschlicherweise) durch Lagerfertigung (auf Englisch *Make-to-Stock*) und Auftragsfertigung (auf Englisch *Make-to-Order*) erklärt, ähnlich dem fiktiven Zitat oben und visualisiert in Abbildung 7. Eine Plansteuerung stellt angeblich Produkte her, ohne dass ein konkreter Kundenwunsch vorliegt (Lagerfertigung). Eine Verbrauchssteuerung produziert vermeintlich nur dann, wenn eine Anfrage des Endkunden nach einem Produkt vorliegt (Auftragsfertigung).

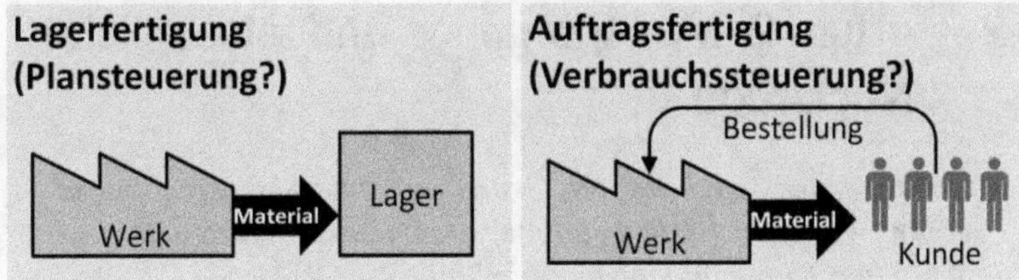

Abbildung 7: Falsches Konzept von Plansteuerung als Lagerfertigung und Verbrauchssteuerung als Auftragsfertigung (Bild: Roser)

Das ist eine sehr falsche Beschreibung von Plansteuerung und Verbrauchssteuerung. Sogar Toyota produziert einige seiner Autos auf Vorrat, ohne eine spezifische Kundenbestellung dafür zu haben. Es ist also durchaus möglich, eine Lagerfertigung mit Verbrauchssteuerung zu betreiben. Kanban ist ein gutes Beispiel einer Verbrauchssteuerung für die Lagerfertigung.

Außerdem wäre die Verbrauchssteuerung nach dieser Definition Jahrhunderte alt, denn die Auftragsfertigung ist ein uraltes Konzept. Jeder Schuster vor der industriellen Revolution fertigte Schuhe nur dann an, wenn ein Kunde sie anforderte. Allerdings waren diese Schuster alles andere als „schlank" und meist umgeben von Bergen von Material.

Wenn Sie schließlich von einem nachfolgenden Lager einen Auftrag für einen Lagerfertigungsartikel erhalten, handelt es sich sowohl um eine Lagerfertigung als auch um einen Auftrag, wie in Abbildung 8 dargestellt. Ist dieser Ansatz nun eine Verbrauchssteuerung oder eine Plansteuerung?

Abbildung 8: Wenn Plansteuerung eine Lagerfertigung und Verbrauchssteuerung eine Auftragsfertigung wäre, was wäre dann eine Bestellung aus dem Lager? (Bild: Roser)

Manchmal wird die obige Definition dann insofern angepasst, als der *Auftrag* bei der *Auftragsfertigung* kein Endkunde sein muss, sondern auch eine Zwischenstufe sein kann. Aber auch bei der Lagerfertigung muss irgendwo jemand den Auftrag zur Produktion geben. Hier wäre dieser *Jemand* der Kunde, und jede Lagerfertigung wäre identisch mit der Auftragsfertigung.

2.1.2 Irrtum 2: Marktprognose und tatsächliche Nachfrage

Plansteuerung wird auf der Grundlage einer Marktprognose geplant. Verbrauchssteuerung wird auf der Grundlage der tatsächlichen Kundennachfrage geplant.

Diese (ebenfalls falsche!) Definition verwendet etwas andere Worte, ist aber ansonsten ähnlich wie die obigen Definitionen für Lagerfertigung und Auftragsfertigung. Keine Fabrik produziert etwas, wenn sie nicht erwartet, den Artikel irgendwann an einen Kunden zu verkaufen. Dieses Beispiel ist in Abbildung 9 und Abbildung 10 visualisiert.

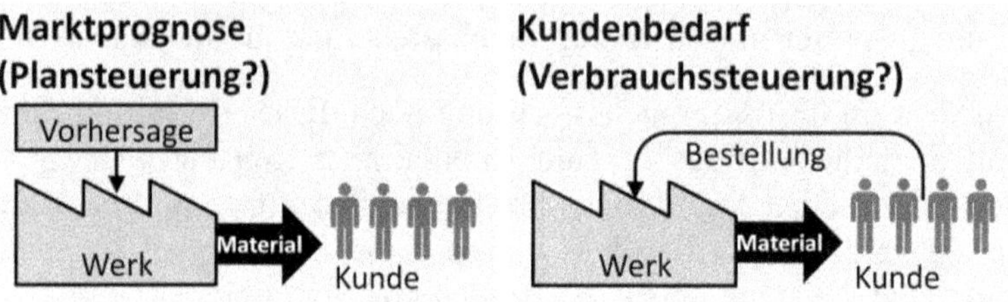

Abbildung 9: Falsches Modell für Plansteuerung und Verbrauchssteuerung basierend auf einer Prognose (Bild: Roser)

Jede Prognose wird durch tatsächliche Kundenaufträge beeinflusst. Die Prognose versucht lediglich, zukünftige Kundenaufträge vorherzusagen. Viele Lagerfertigungen basieren auf einer Prognose, in der Hoffnung, dass der Kunde kommt und die Produkte schließlich kauft.

Abbildung 10: Am Ende muss ein Signal vom Kunden kommen. (Bild: Roser)

2.1.3 Irrtum 3: Richtung des Informationsflusses

Der Unterschied zwischen Plansteuerung und Verbrauchssteuerung ist die Richtung des Informationsflusses.

Plansteuerung hat einen zentralen Produktionsplan, und die Informationen fließen in die gleiche Richtung wie das Material. Verbrauchssteuerung hat einen Informationsfluss entgegengesetzt zum Materialfluss.

Oft wird der grundlegende Unterschied zwischen Plansteuerung und Verbrauchssteuerung als der Unterschied zwischen einem zentralen Produktionsplan und Informationen direkt von den Kunden gesehen, wie in Abbildung 11 links dargestellt. Wenn es einen zentralen Produktionsplan gibt, handelt es sich vermeintlich um Plansteuerung. Wenn die Aufträge direkt vom Kunden kommen, handelt es sich angeblich um Verbrauchssteuerung.

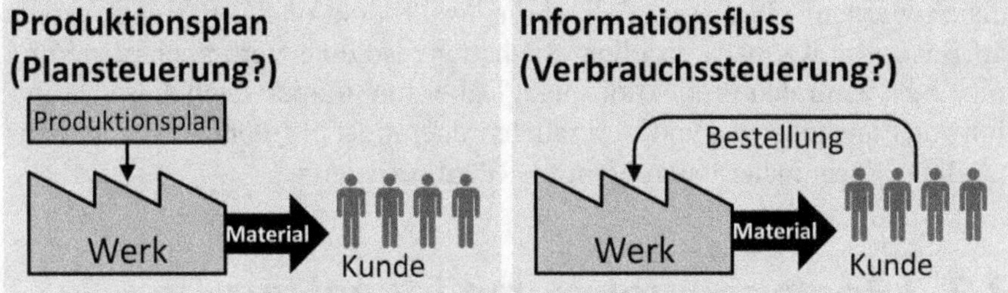

Abbildung 11: Irreführendes Modell für Plansteuerung und Verbrauchssteuerung basierend auf der Richtung des Informationsflusses (Bild: Roser)

Diese Erklärung wird auch bei Toyota oft verwendet und ist als solche nicht falsch. Allerdings glaube ich, dass diese Definition Verbrauchssteuerung nur auf einem sehr hohen Niveau beschreibt und leicht missverstanden werden kann. Wir haben hier wieder die gleichen Probleme wie zuvor. Der Produktionsplan basiert auf den erwarteten Anforderungen des Kunden, wie in Abbildung 12.

Abbildung 12: Wenn der Kundeninput in den Produktionsplan einfließt, wäre es dann Plansteuerung oder Verbrauchssteuerung? (Bild: Roser)

2.1.4 Irrtum 4: ERP und Kanban

ERP ist Plansteuerung, Kanban ist Verbrauchssteuerung.

Ein gut implementiertes Kanbansystem (d.h. nicht nur ein Werk, in der jedes Papier auf wundersame Weise *Kanban* heißt) ist in der Tat eine Verbrauchssteuerung. Es ist jedoch nicht die einzige Möglichkeit, eine Verbrauchssteuerung zu erstellen. Sie könnten auch CONWIP, POLCA, Bestellpunkt oder andere Methoden verwenden.

Des Weiteren muss ein Kanbansystem nicht zwingend auf Papierkanbans basieren. Ein Kanbansystem kann auch durch ein digitales ERP-System realisiert werden[15]. In diesem Fall würde der Produktionsplan seine Aufträge auf Basis von Kanbans erstellen. Sie hätten also eine Verbrauchssteuerung mit einem zentralen Produktionsplan. Daher funktioniert auch diese Definition von Plansteuerung und Verbrauchssteuerung nicht, denn es ist durchaus möglich, Verbrauchssteuerung mit ERP zu realisieren.

2.2 Bestandsgrenze mit Signal zur Wiederbeschaffung!

Alle obigen Definitionen tun sich schwer, die Verbrauchssteuerung wirklich zu verstehen. Die Verwirrung kommt wahrscheinlich von den eher unglücklichen englischen Bezeichnungen *Push* und *Pull*, welche irreführend sind. Bedauerlicherweise heißt dies auf Englisch nun mal so. Bezüglich des echten Unterschiedes zwischen Plansteuerung und Verbrauchssteuerung haben Hopp und Spearman eine wesentlich bessere Definition. Sie beschreiben eine explizite **Begrenzung des Bestands**, was für mich die Hälfte einer Verbrauchssteuerung ausmacht.

> *Eine Verbrauchssteuerung ist ein System, das den Arbeitsbestand im System explizit begrenzt. [...] Eine Plansteuerung ist ein System, das keine explizite Begrenzung des Arbeitsbestandes im System hat[16].*

---

[15] ERP steht für *Enterprise Resource Planning* und ist ein Softwaresystem zur Verwaltung Ihres Unternehmens. Die größten Anbieter von ERP-Systemen sind SAP und Oracle.

[16] Wallace J. Hopp und Mark L. Spearman, *To Pull or Not to Pull: What Is the Question?*, *Manufacturing & Service Operations Management* 6, Nr. 2 2004: 133–48.

In dieser Definition fehlt jedoch das **Signal, wenn ein Artikel das System verlässt. Dieses Signal muss bei Lagerfertigung eine Nachproduktion auslösen oder bei Auftragsfertigung den nächsten Auftrag freigeben**. Daher lautet meine Definition von Plansteuerung und Verbrauchssteuerung wie folgt. Diese Verbrauchssteuerung ist auch in Abbildung 13 dargestellt.

- Eine Verbrauchssteuerung muss eine **explizite Grenze für den Bestand** oder die vorhandene Arbeitslast haben!
- Eine Verbrauchssteuerung muss **ein Signal auslösen, wenn ein Artikel oder eine Charge von Artikeln das System verlässt**. Bei Materialchargen kann das Signal entweder mit dem ersten oder dem letzten Artikel einer Charge erfolgen.
- Dieses Signal muss die **Wiederbeschaffung für Lagerteile initiieren oder den nächsten Auftrag für Auftragsfertigung freigeben**. Die Wiederbeschaffung bzw. die Freigabe muss die gleiche Menge bzw. die gleiche Arbeitslast aufweisen wie die Artikel, die das System verlassen haben.
- Ein System, das eine dieser drei oben genannten Anforderungen nicht erfüllt, ist eine Plansteuerung.

Abbildung 13: Verbrauchssteuerungen sind Systeme mit einem festen Bestandslimit für den Bestand und einem Signal zum Wiederbeschaffen. (Bild: Roser)

Immer wenn ein Artikel das System verlässt und der Bestand unter den Sollwert fällt, müssen Maßnahmen ergriffen werden, um den Bestand wieder auf den Sollwert zu erhöhen. Die Erreichung des Sollwerts bedeutet in der Regel Produktion oder Beschaffung. Es hat nichts mit dem physischen Ziehen oder Schieben von Material oder Informationen zu tun.

Eine echte Verbrauchssteuerung beginnt neue Transport- oder Fertigungsaufträge nur, wenn die Bestandsgrenze noch nicht erreicht ist. Es stoppt, wenn die Bestandsgrenze erreicht ist. In diesem Fall kann die Produktion erst wieder beginnen, wenn ein anderes fertiges Teil das System verlässt.

Auch bei Plansteuerung hat jede Fertigung irgendwann eine Obergrenze für den Bestand. Diese wird jedoch nicht rational festgelegt, sondern ist zufällig durch den verfügbaren Platz bestimmt. Wenn der gesamte verfügbare Platz mit Bestand vollgestopft ist, wird die Produktion irgendwann stoppen. Diese Grenze ist jedoch nicht genau definiert, da sie von der Kreativität der Staplerfahrer abhängt, immer noch mehr Platz für die Artikel zu finden. Außerdem kann der Platz von jeder Art von Teil belegt werden. Ein Teil, das den Platz vielleicht dringender braucht, kann Pech haben, nur weil ein anderes, weniger wichtiges Teil bereits dort abgelegt wurde.

Ein Kanbansystem hat z. B. eine Begrenzung des Bestandes für jeden Teiletyp. Sie können nicht mehr Material haben, als die Anzahl Ihrer Kanbans erlaubt. Diese Grenze wird explizit durch die Anzahl der Kanbans definiert. Wenn ein Artikel das System verlässt, ist die Kanban das Signal, genau diesen Artikel wieder aufzufüllen.

Analog dazu wird bei CONWIP ein Auftrag aus dem Rückstand der offenen Aufträge nur dann gestartet, wenn eine freie CONWIP-Karte verfügbar ist. Ein Auftrag wird bei CONWIP zwar nicht abgelehnt, muss aber dennoch warten, bis ein Platz in Form einer freien CONWIP-Karte verfügbar ist.

Insgesamt sind die Plansteuerung und Verbrauchssteuerung in vielen Quellen irreführend oder falsch definiert. Das liegt wahrscheinlich daran, dass die englischen Bezeichnungen *Push* und *Pull* selbst ziemlich irreführend sind. Diese Verwirrung ist bedauerlich, da Verbrauchssteuerung eines der Schlüsselelemente eines erfolgreichen Fertigungssystems ist. Der Hauptunterschied ist die Bestandsgrenze in Verbindung mit dem Signal für eine Wiederbeschaffung. **Eine Verbrauchssteuerung hat ein explizites Limit für den Bestand.** Dieses Limit gilt bei Lagerfertigung für jedes Teil separat, und bei Auftragsfertigung für alle Aufträge zusammen. **Wenn ein Teil das System verlässt, erzeugt es ein Signal zum Start eines Prozesses, der die Bestandsgrenze wieder erreicht.** Dieses Erreichen der Bestandsgrenze kann entweder durch Nachproduktion oder -lieferung oder durch die Freigabe des nächsten Auftrags geschehen. Wenn Sie eine solche klar definierte Bestandsgrenze mit einem Signal zur Wiederbeschaffung haben, dann haben Sie eine Verbrauchssteuerung und damit Zugang zu allen Vorteilen einer Schlanken Produktion. **Wenn es keine klar definierte Bestandsgrenze oder kein Signal zum Auffüllen gibt, haben Sie eine Plansteuerung**.

2.3   Alternativen zu einer Bestandsgrenze

Der Schlüssel zu jeder Verbrauchssteuerung ist eine Grenze für den Bestand. Das System strebt automatisch an, diese Bestandsgrenze zu erreichen. Wenn ein Artikel das System verlässt, wird ein anderer Artikel zur

Produktion im System freigegeben. Diese Bestandsgrenze wird bei Lagerfertigung häufig als eine **Anzahl von Produkten** für einen Produkttyp definiert.

Es gibt jedoch auch andere Möglichkeiten, wie man diese Bestandsgrenze definieren kann. Die Begrenzung der Anzahl von Produkten ist bei der Lagerfertigung von Einzelteilen üblich. Wenn Sie jedoch eine Auftragsfertigung haben, können Sie die **Anzahl der Aufträge** oder die **Anzahl der Bestellungen** in Ihrem System begrenzen.

Um die Genauigkeit der Bestandsgrenze für Aufträge mit stark unterschiedlichen Arbeitsinhalten zu erhöhen, ist es auch möglich, nicht die Anzahl der Aufträge oder Teile, sondern die **Arbeitslast** dieser Aufträge oder Teile zu begrenzen. Diese Steuerung über die Arbeitslast wird üblicherweise als **Workload Control** bezeichnet, der deutsche Begriff Auslastungssteuerung ist hier weniger üblich. Anstatt das System auf eine Anzahl von Teilen zu begrenzen, wird die Arbeit im System auf eine Anzahl von Bearbeitungs- oder Prozessstunden begrenzt.

Ein neuer Auftrag wird nur gestartet, wenn er die Arbeitslast nicht über diese Grenze hebt. Dieser Ansatz ist Standard bei Drum-Buffer-Rope, kann aber auch an jede der anderen in diesem Buch vorgestellten Verbrauchssteuerungen angepasst werden. Das Messen der Arbeitslast anstatt des simplen Zählens einer Menge ergibt eine bessere Verbrauchssteuerung, insbesondere für Aufträge mit stark unterschiedlichen Arbeitsinhalten.

Es ist nicht so, dass die Arbeitslast ein Näherungswert für die Menge ist. Vielmehr ist die Menge ein Näherungswert für die Arbeitslast. Was wir in unserer Verbrauchssteuerung wirklich begrenzen wollen, ist die Arbeitslast. Insbesondere für die Auftragsfertigung ist dies präziser als eine Begrenzung der Anzahl der Aufträge.

Eine einfache Begrenzung der Anzahl von Aufträgen macht keinen Unterschied zwischen kleinen, einfachen und großen, aufwändigen Aufträgen. Das Ermitteln und Überwachen der Arbeitslast erfordert jedoch deutlich mehr Aufwand als das bloße Zählen der Aufträge. Für die meisten Fälle ist daher eine einfache Begrenzung der Menge ausreichend, und die wesentlich umständlichere Begrenzung der Arbeitslast ist in der Regel nicht erforderlich.

In der Prozessindustrie wird die Produktion nicht immer in Stückzahlen beziffert. Häufig wird die Produktionsleistung in kontinuierlichen Mengen wie Liter, Kilogramm, Kubikmeter, etc. gemessen. Hier können Sie die **kontinuierliche Menge** begrenzen, um eine Verbrauchssteuerung zu etablieren.

Das funktioniert auch bei komplett kontinuierlichen Prozessen, bei denen es einen ununterbrochenen Fluss Ihres Produkts gibt. Ein Beispiel wäre das Wasserwerk, in dem Leitungswasser in einem kontinuierlichen Prozess hergestellt wird. Ihr Bestandslimit für die kontinuierliche Menge wäre Ihre Speicherkapazität (Wasserturm, Zisterne, etc.). Das Wasserwerk produziert Wasser, bis die Tanks voll sind, dann stoppt es. Wenn der Füllstand in Ihren Tanks sinkt, beginnen Sie wieder zu produzieren.

Wenn Ihre Prozessindustrie dagegen in Chargen arbeitet (eine Flasche Bier, ein Fass Whiskey usw.), dann kann eine einfach durch Zählen gemessene Charge ein angemessener Ersatz für eine kontinuierliche Menge sein. Hier reicht eine „normale" Verbrauchssteuerung, in der die Anzahl der Chargen begrenzt ist.

Sie finden auch andere Ansätze für Obergrenzen von Verbrauchssteuerungen außerhalb der Produktion. Sie können eine Grenze für die Anzahl der gleichzeitig beantworteten **Anrufe** in einem Call-Center haben, oder die Anzahl der **Kunden** für Ihr Geschäft. Sie können die Anzahl der **Patienten** in Ihrem Krankenhaus begrenzen (weisen Sie aber bitte keine Notfälle ab!), oder separat für einzelne Abteilungen wie Radiologie, Therapie, Labor, etc. Sie können die Anzahl der **in Bearbeitung befindlichen Belege** für Ihre Buchhaltung begrenzen.

In der Softwareentwicklung oder im technischen Design liegt die Grenze oft bei der Anzahl der **Projekte**, die gleichzeitig bearbeitet werden. Diese Grenze muss nicht unbedingt für die gesamte Abteilung gelten, sondern kann auch für einzelne Programmierer oder Designer angewandt werden. Es kann auch einzelne Grenzen für verschiedene Stufen entlang der Wertschöpfungskette geben, wie „Angebote schreiben", „entwerfen", „entwickeln" oder „testen".

Die Möglichkeiten sind hier so endlos wie die Industrie, und viele verschiedene Grenzen sind denkbar. **Legen Sie ein Limit in Einheiten fest, die ungefähr Ihrer Arbeitslast entsprechen und idealerweise leicht zu messen sind. Erstellen Sie einen Prozess, um das Limit zu überwachen. Geben Sie mehr Arbeit frei, wenn der Ist-Stand unter dieses Limit fällt.** Falls dieses System auch noch leicht zu verstehen und zu überwachen ist, dann haben Sie eine Verbrauchssteuerung.

2.4 Warum Verbrauchssteuerungen so überlegen sind

Verbrauchssteuerungen haben Toyota und vielen anderen Unternehmen zum Erfolg verholfen. Es ist allgemein anerkannt, dass Verbrauchssteuerungen viel besser sind als Plansteuerungen. Aber warum macht diese Begrenzung des Bestandes einen so großen Unterschied? Warum sind Verbrauchssteuerungen den Plansteuerungen weit überlegen? Die Verbrauchssteuerung hat mehrere vorteilhafte Effekte. Der wichtigste ist die Begrenzung des Bestandes. Verbrauchssteuerung hilft Ihnen, Ihren Bestand auf einem guten Niveau zu halten. Es gibt auch noch weitere positive Auswirkungen von Verbrauchssteuerung auf Ihr Produktionssystem. Aber lassen Sie uns zunächst einen genaueren Blick auf den Bestand werfen.

2.4.1 Sie kontrollieren den Bestand

Der optimale Zustand vieler Leistungsindikatoren ist oft entweder ein Maximum (z. B. Produktivität, Liefergeschwindigkeit) oder ein Minimum (z. B. Fehler, Kosten). Bei Beständen verhält es sich jedoch anders. „Zu viel" kann genauso schlecht sein wie „zu wenig". Finden Sie einen guten Mittelweg mit genau der richtigen Menge an Beständen. Für eine kontinuierlich gute Leistung sollten Sie dann dauerhaft nahe an diesem idealen Punkt bleiben.

Eine Studie ergab, dass der durchschnittliche Lagerbestand von US-Fertigungsunternehmen zwischen 1986 und 2000 von 96 Tagen auf 81 Tage sank[17]. Fast die gesamte Reduzierung betraf den Bestand an unfertigen Erzeugnissen und nicht den Bestand an fertigen Erzeugnissen. Diese Studie ergab auch, dass Unternehmen mit vergleichsweise hohen Beständen die schlechteste Kursentwicklung am Aktienmarkt hatten. Unternehmen mit den kleinsten Lagerbeständen schnitten deutlich besser ab. Überraschenderweise schnitten Unternehmen mit nur leicht unterdurchschnittlichen Lagerbeständen am besten ab. Dieses Beispiel zeigt, dass ein zu starker oder zu schneller Abbau der Bestände wenig Nutzen bringt, zu große Bestände aber noch schlechter sind.

---

[17] Hong Chen, Murray Z. Frank, und Owen Q. Wu, *What Actually Happened to the Inventories of American Companies Between 1981 and 2000?*, *Management Science*, 2005.

Andere Quellen zeigen, dass der Trend zum Abbau der Bestände anhält[18]. Toyota ist eines der schlanksten Unternehmen, die ich kenne. Sie haben nur einen Bestand von zwei Stunden in ihrem Wareneingang und nicht viel mehr in der Fertigung selbst. Gute westliche Unternehmen haben oft Bestände für zwei Tage im Wareneingang. Ein durchschnittliches westliches Unternehmen hat jedoch oft über zwei Wochen oder noch mehr Bestand allein im Wareneingang.

Der Lagerbestand ist eine der sieben Arten von Verschwendung (auf Japanisch *Muda*) in der Schlanken Produktion. Ein zu hoher Lagerbestand hat viele negative Nebeneffekte und verursacht versteckte und weniger versteckte Kosten. Neben dem offensichtlich **gebundenen Kapital** fallen **Lagerhaltung, Handling, Steuern, Versicherung, Verwaltung, Überalterung** und **Diebstahl** an, um nur die wichtigsten Auswirkungen zu nennen.

Darüber hinaus, und wahrscheinlich schlimmer als alle vorherigen negativen Effekte zusammen, **macht ein großer Bestand Ihr System träge.** Wenn die Kundennachfrage konstant bleibt und Sie Ihren Bestand erhöhen, brauchen alle Teile länger, bis sie den Kunden erreichen. Die Durchlaufzeit erhöht sich. Neu eingeführte Produkte oder neue Aufträge brauchen also länger, bis sie auf den Markt kommen. Doch gerade in der heutigen schnelllebigen Zeit können es sich Unternehmen schlecht leisten, neue Produkte zu verzögern, wenn sie zuerst die alten Produkte produzieren und/oder abverkaufen müssen. Ähnliches gilt für eine Änderung am Produkt oder die Behebung eines neu entdeckten systematischen Fehlers. Je höher Ihr Bestand, desto mühsamer ist es, alles zu reparieren.

Insgesamt kosten Sie sowohl der Aufwand als auch die Verzögerungen im Schnitt zwischen 30% und 65% des Warenwerts pro Jahr[19]. Ein durchschnittlicher Lagerbestand von einer Million Euro kostet Sie also zwischen 300 000 und 650 000 Euro pro Jahr. Ich bin mir nicht sicher, ob alle Unternehmen realisiert haben, welche enormen Kosten mit dem Lagerbestand verbunden sind.

Aber reduzieren Sie auch nicht zu viel. Viele Unternehmen reduzieren ihre Bestände, einfach nur weil Toyota es auch tut. Doch die simple Reduzierung des Bestands bringt weitere Probleme mit sich.

In jedem Produktionssystem gibt es Schwankungen. Es werden unterschiedliche Produkte produziert. Teile können früher oder später eintreffen.

---

[18] The Economist, *Supple Supplies - Businesses Are Proving Quite Resilient to the Pandemic | Briefing*, The Economist, 2020.

[19] Helen Richardson, *Control your costs–then cut them, Transportation & Distribution* 36, Nr. 12 1995: 94.

Prozesse dauern länger als erwartet oder sind schneller. Mitarbeiter können verfügbar sein oder nicht. Das Material fließt nicht mit gleichmäßiger Geschwindigkeit, sondern bewegt sich oft in Wellen, manchmal schneller und manchmal langsamer.

Schwankungen haben Sie insbesondere, wenn Sie nicht den Gesamtbestand betrachten, sondern jeden einzelnen Teiletyp. Der Bestand Ihrer einzelnen Teiletypen wird proportional viel stärker schwanken als Ihr Gesamtbestand über alle Teiletypen hinweg. Ihr Materialfluss auf Basis der einzelnen Teiletypen ist viel ungleichmäßiger. Der Effekt ist bei anderen Schwankungen ähnlich. Generell gilt: Je kleiner Ihre produzierte Menge eines Produkts ist, desto stärker schwankt sie.

Die Reduzierung von Schwankungen ist ein wesentlicher Bestandteil der Schlanken Produktion. Insbesondere das Nivellieren zielt darauf ab, Schwankungen in der Produktion zu reduzieren. Es gibt jedoch noch weitere mögliche Methoden, wie z. B. die Reduzierung von Teilevarianten, das Austakten von Linien, vorbeugende Instandhaltung und viele mehr.

Auch bei größten Anstrengungen werden Sie nicht alle Schwankungen eliminieren können. Eine zweite Möglichkeit ist, diese Schwankungen zu entkoppeln. Dabei hilft Ihnen der **Bestand**. Je nach Verbrauchssteuerungsschleife kann dies Rohstoffe, Umlaufbestand (auf Englisch *Work in Process* oder *WIP*) und Endprodukte umfassen. Bestände können zur Entkopplung genutzt werden. Ein schwankender Pufferbestand entkoppelt die Schwankungen zwischen Prozessen. Dadurch können die Maschinen und Mitarbeiter mit einer konstanten Geschwindigkeit arbeiten. Sie können den Kunden trotz schwankender Nachfrage mit Material versorgen. Wenn Sie jedoch Ihren Bestand reduzieren, sinkt Ihre Fähigkeit, diese Schwankungen zu entkoppeln. Schwankungen werden sich mehr auf andere Prozesse auswirken und Ihnen Probleme bereiten.

Neben dem Bestand gibt es zwei weitere Möglichkeiten, Schwankungen zu entkoppeln. Nach dem Bestand ist die zweite Möglichkeit die Anpassung der Kapazität. Sie fahren Ihre Kapazität hoch, wenn sie benötigt wird, und reduzieren sie, wenn sie nicht benötigt wird. In den meisten modernen Produktionssystemen ist dies jedoch oft nicht kurzfristig machbar. Zum Entkoppeln von mittelfristigen oder langfristigen Schwankungen ist es aber eine oft genutzte Methode.

Wenn Sie Ihre Schwankungen nicht durch Bestände oder Kapazitäten entkoppeln können, gilt automatisch die dritte Möglichkeit: **Zeit**! In Ihrer Produktion wird es viele Wartezeiten geben. Mitarbeiter, Maschinen und Kunden werden alle auf Material warten. Je mehr Sie den Bestand reduzieren, desto schlechter werden Ihre Auslastung und Ihre Liefererfüllung sein. Insgesamt werden Ihre Kosten steigen, da viele Prozesse wegen

Materialmangel leerlaufen. Gleichzeitig werden Sie unzufriedene Kunden haben, die auf Ihre Produkte warten – wenn sie nicht ohnehin schon zur Konkurrenz gewechselt sind.

Wenn Sie Ihren Bestand zu stark reduzieren, sinkt Ihre Effizienz, und Ihre Kosten steigen. Das kann schnell teurer werden als der eigentliche Pufferbestand. Erschwerend kommt hinzu, dass Sie Ihren Bestand auch nicht wirklich verringern. Wenn im System aufgrund von Materialmangel die Ausbringung sinkt, Sie aber trotzdem für die volle Kapazität Teile bestellen, werden Sie am Ende trotzdem mit Bergen von Material dastehen. Nur, dass es meistens die falschen Teile sind. Wenn Sie 100 Teiletypen benötigen, um ein Produkt herzustellen, aber eines aufgrund von Schwankungen fehlt, können Sie nichts fertigen. Dann liegen die anderen 99 Teile herum, können aber wegen eines fehlenden Teils nicht verbaut werden und verursachen Kosten.

Insgesamt **kann ein zu geringer Lagerbestand genauso schlecht oder sogar schlechter sein als ein zu hoher Lagerbestand.** Irgendwo dazwischen gibt es einen guten Mittelweg, bei dem Ihre Gesamtkosten minimal sind. Ihr System arbeitet am besten, wenn nicht zu viel, aber auch nicht zu wenig Bestand vorhanden ist. Diesen idealen Bestandspunkt zu finden ist schwierig, und es ist so gut wie unmöglich ihn in der Praxis zu berechnen. Glücklicherweise ist dieser Punkt normalerweise eher ein breiteres Tal. Daher hat ein kleines bisschen mehr oder weniger Bestand keine so drastischen Auswirkungen. Bitte denken Sie auch daran, dass ein solcher idealer Bestandspunkt nicht statisch ist. Er kann sich von selbst ändern, oder – viel besser – Sie können Ihr System verbessern, um ein gutes Bestandsniveau auf ein noch besseres Bestandsniveau zu verschieben.

Während die meisten Unternehmen verstehen, dass eine Schlanke Produktion eine Reduzierung der Bestände beinhaltet, übersehen sie oft, dass auch Schwankungen reduziert werden müssen. Möchtegern-Schlanke-Produktions-Unternehmen, die den Bestand einfach zu sehr reduzieren, haben dann zu wenig Bestand. Dadurch sinken die Leistung und die Liefererfüllung. Diese Unternehmen sollten eigentlich den Bestand erhöhen.

Vergessen Sie auch nicht, dass es möglich ist, die zugrunde liegenden Zusammenhänge zu ändern, indem man das System selbst verbessert (oder, wenn es schiefläuft, verschlechtert). Insgesamt ist es für den Erfolg des Unternehmens wichtig, die richtige Menge an Beständen zu haben. **Eine Verbrauchssteuerung hilft Ihnen, auf einem oder in der Nähe eines guten Bestandsniveaus zu bleiben.** Eine Verbrauchssteuerung hilft Ihnen zudem, Kosten und Verzögerungen aufgrund von zu wenig oder zu viel Bestand zu vermeiden.

2.4.2 Sie reduzieren und stabilisieren die Durchlaufzeit

Verbrauchssteuerungen kontrollieren und verwalten den Bestand. Die Durchlaufzeit wird hauptsächlich durch den Bestand beeinflusst. Der Zusammenhang zwischen Bestand, Durchlaufzeit und Ausbringung wird durch das Gesetz von Little beschrieben, welches ich Ihnen in Kapitel 5.4.1.3 zeigen werde.

Verbrauchssteuerungen helfen Ihnen, sowohl den Bestand zu reduzieren als auch ihn stabil zu halten. Dadurch wird nicht nur die Durchlaufzeit reduziert, sondern auch deren Schwankung. Gerade diese Verringerung der Schwankungen macht es viel einfacher, Ihr System zu planen. *Just in Time* (JIT) ist ohne eine gute Verbrauchssteuerung so gut wie unmöglich.

Bitte beachten Sie, dass die Verbrauchssteuerung den Bestand zwar begrenzt, die Bestände aber dennoch unterhalb dieser Grenze schwanken können. Bei Kanbansystemen zum Beispiel könnten theoretisch alle Kanbans mit dem zugehörigen Material im Supermarkt stehen. Wir hätten unseren Maximalbestand im Supermarkt. Es ist aber auch möglich, dass alle Kanbans auf die Produktion warten und wir keinen physischen Bestand hätten. Die Realität liegt meist irgendwo dazwischen. Allerdings werden diese Materialschwankungen wahrscheinlich kleiner sein als bei einer Plansteuerung. Ein wichtiger Faktor dabei ist, dass bei einer Verbrauchssteuerung das Signal für die Wiederbeschaffung fast automatisch erfolgt, während es bei einer Plansteuerung verzögert sein kann, bis irgendwann ein Mensch reagiert und die Produktion startet.

Bedenken Sie aber, dass eine Verbrauchssteuerung einen Fehlbestand nicht verhindert, wenn andere Probleme größere Schwankungen verursachen als die, für die Ihre Verbrauchssteuerung ausgelegt wurde. Wenn Ihre Lieferanten Sie im Stich lassen, wird Ihnen irgendwann das Material ausgehen, ganz gleich, welche Art von Verbrauchssteuerung oder Plansteuerung Sie verwenden. Wenn eine Maschine langfristig ausfällt, dann kann eine Verbrauchssteuerung einen Fehlbestand auch nicht verhindern. Das Gleiche gilt, wenn die Nachfrage Ihre Kapazität übersteigt. Keine Verbrauchssteuerung (oder Plansteuerung) kann Ihnen dabei helfen, wenn Sie nicht ausreichend produzieren können.

2.4.3 Sie machen es (fast) automatisch

Eine Verbrauchssteuerung ist ein automatisches System, das Ihren Bestand in der Nähe des idealen Bestandes unterhalb eines bestimmten Bestandslimit hält. Dieses Erreichen des Bestandslimit gilt unabhängig davon, ob Sie

Verbrauchssteuerung mit Kanban (für Lagerfertigung), CONWIP (für Auftragsfertigung) oder einem anderen System oder einer Kombination davon implementieren. Wenn das System funktioniert, braucht es nur ein wenig Pflege, z. B., um nach verlorenen Karten zu suchen oder die Anzahl der Karten gelegentlich zu aktualisieren.

2.4.4 Sie sind für nahezu jedes Produktionssystem geeignet

Verbrauchssteuerungen eignen sich für fast jedes Produktionssystem, egal ob Sie einige wenige Teiletypen in Massenproduktion herstellen (oft *High-Volume-Low-Mix* genannt) oder jedes einzelne Produkt individuell ist (oft *Low-Volume-High-Mix* genannt). Verbrauchssteuerungen funktionieren für Fließfertigungen und Werkstattfertigungen – und sogar für Baustellenfertigungen wie im Schiffsbau (begrenzen Sie die Anzahl der im Bau befindlichen Schiffe auf Ihre Kapazität). Verbrauchssteuerung kann für diskrete Produktion (Dinge, die man zählen kann, wie Schrauben oder Autos), für kontinuierliche Produktion (Chemikalien, Öle, Gase) und sogar für digitale Berechnung und Informationsverarbeitung eingesetzt werden. Verbrauchssteuerung kann in administrativen Prozessen, für Dienstleistungen, Produktdesign oder in Krankenhäusern genutzt werden (obwohl insbesondere für Letzteres die Priorisierung sehr wichtig ist!).

2.4.5 Sie sind robust!

Es gibt verschiedene Möglichkeiten Ihr Produktionssystem zu steuern. Sie könnten anhand der verfügbaren Kapazität und der erforderlichen Termine planen. Das entspricht der herkömmlichen Plansteuerung. Leider sind sowohl die Kapazität als auch Termine in der Regel recht volatil und können sich schnell ändern. Daher ist es schwierig im Voraus zu planen. Änderungen des Produktionsplans sind häufig nötig, um sich an veränderte Situationen anzupassen. Insgesamt ist es nicht leicht, mit der konventionellen Plansteuerung zuverlässig zu planen.

Bei der Verbrauchssteuerung hingegen planen Sie lediglich die Bestandsgrenze für ein System zur automatischen Nachproduktion oder Freigabe der nächsten Aufträge. Insbesondere bei der Freigabe von Aufträgen in der Auftragsfertigung beinhaltet die Verbrauchssteuerung in der Regel eine Priorisierung der wartenden Aufträge. Es besteht keine Notwendigkeit, die Kapazität oder die Termine im Detail zu planen, solange Ihr System über genügend Kapazität und Material verfügt. **Eine Verbrauchssteuerung eliminiert einen großen Teil Ihres Planungsaufwands und damit auch viele Möglichkeiten für Fehler.**

Außerdem sind Verbrauchssteuerungen sehr robust gegenüber der Bestandsgrenze. Es spielt keine Rolle, ob Ihre Bestandsgrenze etwas zu hoch oder etwas zu niedrig ist. Ihr System wird wahrscheinlich trotzdem gut funktionieren, auch wenn Sie nicht die perfekte Bestandsgrenze haben. Geringfügige Änderungen dieser Bestandsgrenze führen nicht zu größeren Änderungen in der Leistung. Die Verbrauchssteuerung ist insgesamt sehr robust und unempfindlich gegenüber Schwankungen im System.

Verbrauchssteuerungen sind toll, weil sie eine Obergrenze für den Bestand haben und – wenn sie richtig eingerichtet sind – den Bestand nahe am idealen Punkt zwischen zu viel und zu wenig Bestand halten können. Verbrauchssteuerungen können dies mit Kanban, CONWIP oder anderen Ansätzen. Sie können in fast jedem Produktionssystem verwendet werden. Wenn Sie also Ihr System von einer Plansteuerung auf eine Verbrauchssteuerung umstellen können, tun Sie es! Es wird Ihnen helfen, Ihre Industrie zu organisieren.

2.5 Was hilft Ihnen bei Verbrauchssteuerungen?

Verbrauchssteuerungen sind sehr nützliche Werkzeuge für Fertigungen und andere Arten von Systemen. Die Vorteile können durch andere Eigenschaften Ihres Systems verstärkt (oder abgeschwächt) werden. Die Verbrauchssteuerung profitiert von vielen anderen Methoden aus dem Werkzeugkasten der Schlanken Produktion sowie von der zugrunde liegenden Philosophie derselben. Die meisten dieser Werkzeuge helfen Ihnen, die Bestandsgrenze (oder das Arbeitslastlimit) zu senken, wodurch Sie noch effizienter produzieren können.

Dieses Kapitel zeigt Ihnen Kriterien, welche Ihnen bei einer Verbrauchssteuerung helfen können. Bei manchen der unten aufgelisteten Kriterien kann es sein, dass Sie zuerst das Kriterium auf ein Mindestmaß verbessern müssen, bevor Sie eine Verbrauchssteuerung implementieren können. Andere sind von Vorteil für das System der Verbrauchssteuerung, aber nicht zwingend erforderlich. Falls Ihr größtes Problem die Sicherheit Ihrer Mitarbeiter sein sollte, versteht es sich von selbst, dass dieses dann auch oberste Priorität vor allem anderen haben sollte.

2.5.1 Stabilität der Prozesse

Eine wichtige Grundlage für jede Verbrauchssteuerung ist ein einigermaßen stabiles System. Die Prozesse im System sollten stabil laufen, ohne übermäßige Ausfallzeiten oder andere Störungen. Ein stabiles System ist von Vorteil, aber es ist auch keine binäre Ja-/Nein-Situation. Sie können auch für weniger stabile Systems Verbrauchssteuerungen implementieren. Jedoch benötigen Sie eine größere Bestandsgrenze, um Eventualitäten abzudecken. Je stabiler das System läuft, desto niedriger kann Ihre Bestandsgrenze sein.

Wenn Ihre Prozessstabilität sehr schlecht ist, sollten Sie Zeit und Energie investieren, um die Stabilität zu verbessern, bevor Sie Verbrauchssteuerungen implementieren. Große Instabilitäten würden zu sehr großen Bestandsgrenzen führen. Da

s würde wiederrum eine Menge anderer Probleme erzeugen. Daher wird ein zumindest einigermaßen stabiles System oft als Voraussetzung für eine gute Verbrauchssteuerung gesehen. Instabilitäten führen bei unzureichenden Pufferbeständen entweder zu großen Beständen oder zu fehlendem Material trotz Verbrauchssteuerung.

2.5.2   Materialverfügbarkeit

Diese Stabilität erstreckt sich auch auf die Materialverfügbarkeit. Verbrauchssteuerungen gehen davon aus, dass die benötigten Materialien aus den vorhergehenden Prozessen verfügbar sind. Damit die Verbrauchssteuerung funktioniert, sollte dies (meistens) der Fall sein. Zugegeben, auch den besten Fertigungen wird irgendwann einmal das Material fehlen. Dann ist zusätzlicher Aufwand nötig, um das Problem wieder in den Griff zu bekommen, was wiederum zu Verzögerungen in den nachgelagerten Prozessen führen kann. Je höher Ihre Materialverfügbarkeit ist, desto stabiler kann Ihr Produktionssystem laufen. Je stabiler Ihr Produktionssystem ist, desto niedriger kann der Bestand sein. **Wenn Ihre Materialverfügbarkeit sehr weit von den Erwartungen abweicht, sollten Sie Zeit und Energie investieren, um diese zu verbessern, bevor Sie Verbrauchssteuerungen implementieren.**

2.5.3   Qualität

Das ultimative Ziel ist zwar null Fehler, aber nur wenige Werke können es erreichen. Für eine gute Verbrauchssteuerung brauchen Sie eine vernünftige Produkt- (oder Service-)Qualität. Je besser Ihre Qualität ist, desto weniger Aufwand ist nötig, um Qualitätsprobleme zu beheben. Dementsprechend kann Ihr Produktionssystem stabiler laufen. **Wenn Ihre Qualität sehr weit von den Erwartungen abweicht, sollten Sie Zeit und Energie in die**

Verbesserung der Qualität investieren, bevor Sie Verbrauchssteuerungen implementieren.

2.5.4 Fluss-Prinzip

Das Fluss-Prinzip ist ein wichtiges, aber auch sehr allgemeines Konzept in der Schlanken Produktion. Es ist eher eine Philosophie als eine Methode. Ihr Material sollte sich entlang des Wertstroms bewegen, anstatt herumzuliegen und zu warten. In der Realität sind jedoch Wartezeiten kaum vermeidbar. Dieses Fluss-Prinzip zu verbessern, ist nicht nur für die Verbrauchssteuerung, sondern für das gesamte System von Vorteil. Gleichzeitig hilft Ihnen eine gute Verbrauchssteuerung auch, das Fluss-Prinzip zu verbessern. Am einfachsten ist dies in einer Fließfertigung. Es ist immer empfehlenswert, eine Werkstattfertigung in eine Fließfertigung umzuwandeln, wenn man kann.

Häufig wird in dem Kontext der englische Begriff *One-Piece-Flow* verwendet, allerdings oft mit unterschiedlichen Definitionen. Beim *One-Piece-Flow* bewegt sich ein Teil direkt nach der Fertigstellung in einem Prozess flussabwärts. Es wird nicht in einer Charge gesammelt, bevor die gesamte Charge bewegt wird. Einige Definitionen verlangen auch, dass es keine Bestandspuffer zwischen den Prozessen gibt, was aber in der Realität oft sehr unpraktisch ist. Manchmal wird es auch als Losgröße eins definiert, aber das ist etwas anderes. *One-Piece-Flow* funktioniert auch mit größeren Losgrößen, solange ein einzelnes Teil nicht auf das gesamte Los warten muss, bevor es weiterbewegt wird.

Verbrauchssteuerung hilft es, wenn Ihr Material tatsächlich fließt und nicht im Lager stillsteht, unabhängig davon, wie Sie das Fluss-Prinzip definieren. Doch auch die besten Unternehmen haben Material im Lager, und ein gewisser Stillstand beim Material ist unvermeidlich. Ein Mangel an Prozessstabilität, Materialverfügbarkeit und Qualität kann wichtiger sein als die Implementierung einer neuen Verbrauchssteuerung. Es ist jedoch selten, dass ein unzureichendes Fluss-Prinzip die Implementierung einer Verbrauchssteuerung verhindert. Dennoch **ist ein besseres Fluss-Prinzip für eine Verbrauchssteuerung von Vorteil.**

2.5.5 Kleine Losgrößen

Ähnlich wie beim Fluss-Prinzip sind kleine Losgrößen für Verbrauchssteuerungen nicht unbedingt erforderlich, können aber die Funktion von Verbrauchssteuerungen verbessern. Wie wir später bei der Berechnung der Bestandsgrenze sehen werden, hat die Losgröße einen überproportionalen

Einfluss auf diese Grenze. Kleinere Losgrößen ermöglichen kleinere Bestandsgrenzen. **Das ultimative Ziel ist eine Losgröße von eins**. Dies ist aber bei größeren Umrüstzeiten schwer zu erreichen. Eine Reduzierung dieser Umrüstzeiten ermöglicht Ihnen kleinere Losgrößen. Ich habe bei der Firma Denso sogar eine Losgröße eins für den automatisierten Aluminiumdruckguss gesehen, was ziemlich beeindruckend war[20].

2.5.6   Nivellierung

Ein weiterer Faktor zur Verbesserung Ihrer Verbrauchssteuerung ist die Nivellierung (auf Englisch *Leveling* oder *Levelling*, es wird aber oft auch das japanische Wort *Heijunka* verwendet). Es gibt verschiedene Methoden des Nivellierens. Sie können nach **Produktmenge** nivellieren oder nach **Produktvarianten**. Bitte vermeiden Sie zweiwöchige oder längere Nivellierungsmuster, die oft als EPEI-Nivellierung (aus dem Englischen *Every Part Every Interval*) bezeichnet werden. Diese sind sehr schwer durchzuhalten. Das Chaos einer kurzfristigen Änderung dieser langfristigen Muster ist oft größer als der Nutzen der eigentlichen Nivellierung. EPEI-Nivellierungen sind oft klassische *Verschlimmbesserungen*[21].

Das Nivellieren Ihres **täglichen Produktionsplans in eine Sequenz mit kleinen Losgrößen** ist jedoch für die meisten Produktionssysteme möglich[22]. Sie können auch versuchen Ihre **Kapazität** zu nivellieren, indem Sie jeden Tag ähnliche Gesamtmengen produzieren[23]. Wie bei den kleinen Losgrößen und dem Fluss-Prinzip ist die Nivellierung nicht unbedingt eine Voraussetzung für Verbrauchssteuerung, obwohl Verbrauchssteuerung und Ihr gesamtes Unternehmen insgesamt davon profitieren würden.

---

[20] Christoph Roser, *Toyota's and Denso's Relentless Quest for Lot Size One*, in *Collected Blog Posts of AllAboutLean.Com 2016*, Collected Blog Posts of AllAboutLean.Com 4 Offenbach, Germany: AllAboutLean.com Publishing, 2020, 250–55.

[21] Christoph Roser, *Theory of Every Part Every Interval (EPEI) Leveling & Heijunka*, in *Collected Blog Posts of AllAboutLean.Com 2014*, Collected Blog Posts of AllAboutLean.Com 2 Offenbach, Germany: AllAboutLean.com Publishing, 2020, 287–92.

[22] Christoph Roser, *Introduction to One-Piece Flow Leveling – Part 1 Theory*, in *Collected Blog Posts of AllAboutLean.Com 2015*, Collected Blog Posts of AllAboutLean.Com 3 Offenbach, Germany: AllAboutLean.com Publishing, 2020, 1–5.

[23] Christoph Roser, *An Introduction to Capacity Leveling*, in *Collected Blog Posts of AllAboutLean.Com 2014*, Collected Blog Posts of AllAboutLean.Com 2 Offenbach, Germany: AllAboutLean.com Publishing, 2020, 281–86.

2.6 Wann Verbrauchssteuerungen NICHT gut sind

Verbrauchssteuerungen sind insgesamt sehr robust und stabil und für fast jedes Produktionssystem gut geeignet. Verbrauchssteuerungen können auch außerhalb der normalen Industrie eingesetzt werden (z. B. im Gesundheitswesen, beim Militär, in Call-Centern und anderen Dienstleistungsbranchen, bei Banken oder in der Datenverarbeitung). Verbrauchssteuerungen sind für fast jedes Produktionssystem sehr empfehlenswert. Allerdings gibt es – sehr wenige – Ausnahmen.

2.6.1 Mangelnde Kontrolle über ankommende Teile

Damit Verbrauchssteuerungen funktionieren, müssen Sie **die Anzahl der ankommenden neuen Teile oder Aufträge kontrollieren.** Das ist normalerweise in einer Fertigung der Fall. Neue Teile kommen nur an, wenn Sie sie diese explizit bestellen oder produzieren. Ohne eine Bestellung oder einen Fertigungsauftrag erhalten Sie keine Teile. Sie können also den maximalen Bestand begrenzen, indem Sie einfach nicht mehr bestellen oder produzieren, sobald Sie diese Grenze erreichen. Gegenbeispiele wären die Schuhreparatur, der Einzelhandel oder das Kopieren von Schlüsseln. Die meisten solchen Unternehmen haben normalerweise keinen Einfluss darauf, wann ein Kunde auftaucht. Sie begrenzen in der Regel nicht die Anzahl der Kunden im Laden. Stattdessen müssen, wenn viele Kunden kommen, diese warten. Wenn nur sehr wenige Kunden kommen, muss das Personal warten. Es gibt in der Regel keine definierte Obergrenze für die Anzahl der Kunden, auch wenn das Geschäft irgendwann einfach so voll ist, dass niemand mehr hineinkann.

Oft ist es aber auch möglich, die Anzahl der Kunden zu begrenzen. Restaurants werden normalerweise durch die Anzahl der Sitzplätze begrenzt. Während der Coronavirus-Krise 2020 wurden viele Geschäfte angewiesen, die Anzahl der Kunden zu limitieren. Es ist durchaus möglich, eine solche Obergrenze zu schaffen. Selbst wenn nicht, ist es auch möglich, die unkontrollierte Ankunft von Kunden oder Teilen zu entkoppeln und mittels Verbrauchssteuerungen die schwankende Nachfrage zu bedienen. Zum Beispiel können Restaurants durchaus eine Verbrauchssteuerung für die Bestellung und Zubereitung von Nahrungsmitteln nutzen, trotz stark schwankenden Kundenzahlen.

2.6.2 Schwierig oder kostspielig zu stoppende Prozesse

Ein weiteres Argument gegen Verbrauchssteuerung ist, wenn **es sehr teuer oder unmöglich ist, einen Prozess abzuschalten**. Selbst wenn die Kunden weniger kaufen, müssen Sie möglicherweise doch produzieren und einen Bestand aufbauen, um die noch größeren Kosten für das Abschalten Ihres Prozesses zu vermeiden. Ein Beispiel sind Hochöfen zur Stahlverhüttung. Solche Öfen werden häufig nach dem Hochfahren zwanzig Jahre lang ohne Unterbrechung genutzt, bis die Innenauskleidung zu dünn wird und ersetzt werden muss. Das Abschalten und Wiederanfahren eines Hochofens ist sehr teuer, so dass Unternehmen versuchen es zu vermeiden.

Ein anderes Beispiel sind Ölplattformen, bei denen die Hauptkostentreiber das Aufstellen der Plattform und das Bohren nach Öl sind. Ist die Plattform einmal in Betrieb, ist es oft wirtschaftlich sinnvoll, diese weiter zu betreiben, auch wenn die Nachfrage und der Ölpreis sinken. Zum Beispiel kann es bei der Ölförderung aus Ölsand erforderlich sein den Boden zu erhitzen, um den Teer zu verflüssigen. Ein Abschalten würde nicht nur viel Energie zum Wiederaufheizen erfordern, sondern könnte auch die gesamte Ausbringung des Bohrlochs dauerhaft reduzieren.

Ein Bestandspuffer nach einem solchen teuren Prozess entkoppelt den Materialfluss. Dadurch wird vermieden, dass Material unkontrolliert in den restlichen Wertstrom geschoben wird. Auch bei einer plangesteuerten Materialquelle ist eine nachgeschaltete Verbrauchssteuerung durchaus möglich, sofern diese durch einen Puffer entkoppelt wird. Beachten Sie jedoch, dass dieser Puffer sehr groß werden kann.

2.6.3 Sehr lange Wiederbeschaffungszeit

Verbrauchssteuerungen sind auch schwierig, **wenn Sie sehr lange Wiederbeschaffungszeiten haben.** Dies gilt insbesondere dann, **wenn die Haltbarkeit Ihres Produkts deutlich kürzer ist als Ihre Wiederbeschaffungszeit.** Nehmen Sie zum Beispiel einen Erdbeerbauern. Der Bauer muss lange im Voraus entscheiden, welche und wie viele Pflanzen er anbaut. Sobald die Erdbeeren erntereif sind, muss er sie zu den jeweiligen Marktpreisen verkaufen, unabhängig vom tatsächlichen Bedarf. Es gibt nur wenige Möglichkeiten, Erdbeeren über längere Zeiträume zu lagern. Eine Produktion nach Bedarf ist hier schwierig.

Noch extremer wäre die Situation eines Waldbesitzers, der Holz produziert. Je nach Art des Holzes kann es Jahrzehnte dauern, bis der Baum gefällt werden kann. In solchen Situationen ist es sehr schwierig, eine

Verbrauchssteuerung aufzubauen, auch wenn die Menge meist durch die verfügbare Anbaufläche begrenzt ist. Aber auch hier können große Lagerbestände die Wälder von den nachgelagerten Sägewerken entkoppeln und den Einsatz von Verbrauchssteuerung flussabwärts vom Lager der Baumstämme ermöglichen.

2.6.4 Sehr kurze Haltbarkeitsdauer

Eine Plansteuerung kann besser sein als eine Verbrauchssteuerung, wenn das Produkt nur eine **sehr kurze Haltbarkeit** hat. Größere Bestandsgrenzen können dazu führen, dass der Bestand in Ihrem Lager verdirbt. Es gibt zwar Maßnahmen, um auch bei kürzeren Haltbarkeitsdauern eine Verbrauchssteuerung einzuführen wie im Kapitel 5.7.5 beschrieben. Sollten diese aber nicht ausreichen, dann kann eine Plansteuerung eventuell der bessere Weg sein. Sie sollten jedoch zunächst andere Ansätze ausprobieren, um den Bestand zu reduzieren oder die Lagerfähigkeit zu verlängern.

2.6.5 Hohes Maß an Kontrolle und hervorragendes Verständnis

Eine Plansteuerung kann auch besser sein als eine Verbrauchssteuerung, wenn Sie **eine sehr hohe Kontrolle über Ihr System und ein hervorragendes Verständnis der anstehenden Schwankungen haben.** Das bedeutet: Sie können Plansteuerung verwenden, wenn Sie in Ihrem Produktionssystem nahezu alles wissen und alles sehen. Selbst dann würde eine Verbrauchssteuerung noch funktionieren. Es ist aber denkbar, dass eine Plansteuerung einer Verbrauchssteuerung überlegen ist, wenn Sie ein so exzellentes Verständnis für Ihr System haben. Eine Verbrauchssteuerung reagiert sofort, wenn ein Teil verbraucht oder fertiggestellt wird. Eine Plansteuerung, die von Menschen, Computern oder künstlicher Intelligenz gesteuert wird, müsste eine Verbrauchssteuerung übertreffen. Bei gleichem Bestand sollte sie eine bessere Verfügbarkeit, eine bessere Auslastung, eine bessere Durchlaufzeit oder eine Kombination davon ergeben. Alternativ sollten Sie bei gleicher Verfügbarkeit, Auslastung oder Durchlaufzeit einen niedrigeren Bestand haben.

Wenn also das Wissen des Menschen, der Computer oder der künstlichen Intelligenz über die zukünftigen Schwankungen und Störungen außergewöhnlich ist, könnte eine Plansteuerung besser steuern als eine Verbrauchssteuerung. Doch ich glaube, solche Unternehmen sind so selten wie Einhörner. Zwar trifft man manchmal auf Manager, die glauben, dass sie oder ihre Organisation allwissend sind (meist in den höheren Rängen, weit weg von der Fertigung), aber das ist selten tatsächlich der Fall.

2.6.6 Ungültige Gründe für Plansteuerung

Einige Quellen erwähnen die **Verwendung von Plansteuerung, wenn die Nachfrage außerordentlich hoch ist**. Davon würde ich aber abraten. Während der Coronavirus-Pandemie im Jahr 2020 war die Nachfrage nach Masken zum Beispiel viel höher als das Angebot. Die Idee bei der Verwendung von Plansteuerung ist es, so viel wie möglich zu produzieren und sich keine Gedanken über Bestandsgrenzen zu machen.

Allerdings wird jede Nachfragespitze enden, entweder weil die Nachfrage sinkt oder weil, wie bei den Masken im Jahr 2020, das Angebot steigt. An diesem Punkt wird Ihre Plansteuerung überlaufen und Ihr Bestand gerät außer Kontrolle. Sie müssen abwägen, ob Plansteuerung das Risiko eines Überbestands wert ist, sobald sich die Nachfrage und das Angebot normalisieren. Ich würde auch hier empfehlen, Verbrauchssteuerung zu verwenden und eventuell die Bestandsgrenzen anzupassen, anstatt die ganze Verbrauchssteuerung gegen eine unkontrollierte Plansteuerung einzutauschen.

In ähnlicher Weise könnten Sie **Plansteuerungen verwenden, wenn das Angebot Ihrer Zulieferer äußerst gering ist**. Allerdings würde ich hier aus ähnlichen Gründen davon abraten würde. Nehmen wir wieder die Pandemie 2020 als Beispiel: Die Kunden haben viel mehr Masken bestellt als sie brauchten, in der Hoffnung, dass wenigstens einige davon geliefert würden. Sie bestellten das Doppelte ihres Bedarfs, in der Hoffnung, wenigstens die Hälfte zu bekommen. Dieser „Trick" mag Ihrem Unternehmen einen Vorteil bringen oder auch nicht, aber wenn es alle machen, werden alle schlechter dastehen. Und wieder riskieren Sie, dass viel zu viel Bestand ankommt, sobald sich das Angebot normalisiert. Diese negative Auswirkung auf die Lieferkette ist als Peitschenschlag-Effekt (oder auf Englisch *Bullwhip-Effekt*) bekannt. Nutzen Sie diesen „Trick" daher auf Ihr eigenes Risiko.

Abgesehen von den oben genannten Beispielen tue ich mir schwer, Situationen zu finden, bei denen Plansteuerungen besser sind als Verbrauchssteuerungen. In der Literatur kann man zwar wissenschaftliche Artikel finden, die behaupten, dass eine Plansteuerung in manchen Fällen besser sei als eine Verbrauchssteuerung, doch wenn man genauer hinsieht, stellt man in der Regel fest, dass die Autoren einfach nicht verstanden haben, was eine Verbrauchssteuerung wirklich ist. Eine Verbrauchssteuerung ist fast immer viel besser im Umgang mit Schwankungen und schneller bei der Wiederherstellung Ihres Bestandspuffers als eine Plansteuerung.

Die Verbrauchssteuerung kümmert sich um die tägliche Produktion. Wenn Sie bevorstehende größere Schwankungen kennen, sollten Sie besser die Verbrauchssteuerung anpassen. Schwankungen könnten saisonale

Nachfrageänderungen sein. Oder Ihr Containerschiff mit Material steckt im Suezkanal fest. Oder alle Ihre Produkte sind bei der Qualitätsprüfung durchgefallen und müssen neu produziert werden. Oder es gibt einen Run auf Ihre Produkte, nur weil Beyoncé gesagt hat, dass sie diese liebt. Oder Ihre Produkte liegen wie Blei in den Regalen, nur weil Beyoncé gesagt hat, dass sie diese hasst. Oder... oder... oder... Sie kennen sicher viele solcher Beispiele in Ihrer Branche.

2.7 Bei welchen Problemen hilft eine Verbrauchssteuerung NICHT?

Eine Verbrauchssteuerung ist ein großartiges Werkzeug, um Ihren Materialfluss zu verbessern. Es ist jedoch keine allumfassende Universallösung für all Ihre Probleme. Hier sind ein paar Beispiele, bei denen Verbrauchssteuerung Ihnen nicht helfen wird. Eine Verbrauchssteuerung macht es in der Regel aber auch nicht schlimmer.

2.7.1 Ungenügende Kapazität

Ich werde manchmal gefragt, ob Verbrauchssteuerung bei einem Mangel an Produktionskapazität helfen kann. Nein! **Eine Verbrauchssteuerung hilft nicht, wenn Sie nicht genügend Produktionskapazitäten haben**. Eine Verbrauchssteuerung kann helfen, die richtigen Teile zu produzieren, aber wenn Ihr Produktionssystem einfach zu klein ist, hilft Verbrauchssteuerung leider auch nicht. Wenn Ihr System 100 Teile pro Tag herstellen kann, Sie aber 200 pro Tag benötigen, wird eine Verbrauchssteuerung dieses Problem nicht beheben. Sie müssen andere Lösungen finden, z. B. den Engpass zu ermitteln und zu verbessern[24, 25].

Abgesehen davon gibt es natürlich Nebenwirkungen einer Verbrauchssteuerung, die sich positive auf Ihre Kapazität auswirken können. Eine Verbrauchssteuerung hilft Ihnen Ihr System reibungsloser laufen zu lassen und

---

[24] Christoph Roser, *Mathematically Accurate Bottleneck Detection 1 – The Average Active Period Method*, in *Collected Blog Posts of AllAboutLean.Com 2014*, Collected Blog Posts of AllAboutLean.Com 2 Offenbach, Germany: AllAboutLean.com Publishing, 2020, 133–36.

[25] Christoph Roser, *The Bottleneck Walk – Practical Bottleneck Detection Part 1*, in *Collected Blog Posts of AllAboutLean.Com 2014*, Collected Blog Posts of AllAboutLean.Com 2 Offenbach, Germany: AllAboutLean.com Publishing, 2020, 1.

reduziert das Chaos. Weniger Chaos bedeutet oft, dass sich Ihre Fertigung mehr auf die Produktion konzentrieren kann und Sie weniger Wartezeiten für Materialien oder Suchen nach Aufträgen haben. Daher kann eine Verbrauchssteuerung einen positiven Einfluss auf die Kapazität Ihres Produktionssystems haben. Aber **eine Verbrauchssteuerung sollte nicht Ihr Hauptaugenmerk sein, wenn Sie Kapazitätsprobleme haben**.

2.7.2 Qualitätsprobleme

Eine Verbrauchssteuerung hilft nicht bei Qualitätsproblemen. Eine Verbrauchssteuerung sagt Ihrem System, *was* und *wann* es produzieren soll, aber es sagt Ihrem System nicht, *wie* es produzieren soll. Daher wird die Qualität normalerweise nicht durch eine Verbrauchssteuerung beeinflusst. Aber auch hier kann es positive Nebeneffekte geben. Weniger Chaos dank einer Verbrauchssteuerung kann Fehler und Irrtümer reduzieren, daher könnte eine Verbrauchssteuerung die Qualität verbessern. Kleinere Lose in der Verbrauchssteuerung erlauben es Ihnen auch, Qualitätsprobleme früher zu finden. **Wenn Ihr größtes Problem jedoch die Qualität ist, dann sollte eine Verbrauchssteuerung nicht der Schwerpunkt Ihrer Verbesserungsbemühungen sein.**

2.7.3 Störungen und Materialmangel

Eine Verbrauchssteuerung hilft Ihnen auch nicht bei instabilen Prozessen und unzuverlässiger Logistik. Eine **Verbrauchssteuerung hilft nicht, wenn Ihre Prozesse häufig gestört sind. Eine Verbrauchssteuerung hilft nicht, wenn Ihr Lieferant oder Ihre Logistik Sie im Stich lassen.** Häufige Stillstände und Materialmängel sorgen für Chaos, egal ob es sich um eine Plansteuerung oder eine Verbrauchssteuerung handelt. Materialmangel stürzt ebenfalls ein Produktionssystem ins Chaos. In solchen Fällen sollte Ihr Fokus auf Verbesserung der Stabilität in Ihrem System liegen. Können Sie die Häufigkeit und/oder Dauer von Störungen reduzieren, z. B. mit Hilfe von *Total Productive Maintenance* (TPM) oder anderen Methoden? Können Sie für eine stabilere Materialversorgung sorgen?

Eine Verbrauchssteuerung hilft, das Chaos zu reduzieren. Diese Reduzierung des Chaos kann positive Nebeneffekte haben. Zum Beispiel können die Ursachen von Störungen aufgrund von Verbrauchssteuerung früher verstanden werden. Aber auch hier gilt: **Wenn Ihr größtes Problem eine instabile Produktion oder eine unzuverlässige Logistik ist, sollten Sie mit einer Verbrauchssteuerung warten und zuerst diese Instabilitäten reduzieren.**

Kapitel 3
Vergleich verschiedener Verbrauchssteuerungen

Es gibt viele Möglichkeiten, eine Verbrauchssteuerung aufzubauen. Alle haben gemein, dass das Material auf eine obere Bestandsgrenze innerhalb der Verbrauchssteuerungsschleife begrenzt wird. Wenn Material diese Schleife verlässt, erzeugt das System ein Signal zum Nachfüllen. Dieses steuert den Materialfluss für ein Segment Ihres Wertstroms. Dieses Segment liegt in der Regel zwischen einem Lager am Ende und einem anderen Lager oder einem Produktionsprozess flussaufwärts. Bei Kanban würde man dies als Kanbanschleife bezeichnen, ähnlich wie bei CONWIP die CONWIP-Schleife. Ein Beispiel für eine Kanbanschleife ist in Abbildung 14 dargestellt.

Die bekannteste Methode der Verbrauchssteuerung ist Kanban, doch auch da gibt es verschiedene Varianten. Es gibt aber noch andere Verbrauchssteuerungen, wie CONWIP, Drum-Buffer-Rope, POLCA oder Bestellpunktsysteme.

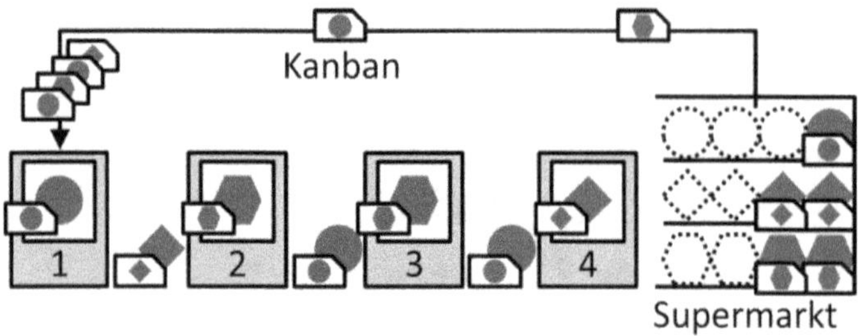

Abbildung 14: Beispiel für eine typischen Kanbanschleife über vier Prozesse. Das Material mit Kanbans fließt von links nach rechts in den Supermarkt. Nach der Entnahme eines Teils aus dem Supermarkt fließen die Kanbans wieder zurück an den Anfang der Schleife. (Bild: Roser)

3.1 Kriterien für die Auswahl der Verbrauchssteuerung

Je nach Fertigung eignen sich unterschiedliche Verbrauchssteuerungen besser oder weniger gut. Lassen Sie mich Ihnen die relevanten Entscheidungskriterien aufzeigen, bevor ich Ihnen bei der Entscheidung helfe, welche Verbrauchssteuerung für Sie am besten ist.

3.1.1 Lagerfertigung vs. Auftragsfertigung

Es gibt verschiedene Kriterien, die Sie bei der Auswahl Ihrer Verbrauchssteuerung beachten müssen. Das wohl wichtigste Kriterium ist, ob Ihr Prozess dem Kundenauftrag vorausgeht oder ob der Kundenauftrag dem Prozess vorausgeht. **Wurde der Artikel vor dem Kundenauftrag produziert, transportiert oder eingekauft – oder erst nach dem Kundenauftrag?**

Wenn die Produkte vor einem bestimmten Kundenauftrag produziert werden und die fertigen Produkte normalerweise im Lager auf einen Kundenauftrag warten, spricht man von **Lagerfertigung** (oder auf Englisch *Make-to-Stock*, oft abgekürzt als *MTS*). Werden die Produkte erst nach einem bestimmten Kundenauftrag produziert, spricht man von **Auftragsfertigung** (oder auf Englisch *Make-to-Order*, oft abgekürzt als *MTO*).

Ähnliche Systeme gibt es für den Einkauf. Sie werden oft als ***Purchase-to-Stock (PTS)*** oder ***Purchase-to-Order (PTO)*** bezeichnet. Für eine Verbrauchssteuerungen ist es jedoch unerheblich, ob Sie die Produkte bezahlen oder nicht, daher wäre es genauer, diese als ***Ship-to-Stock (STS)*** oder ***Ship-to-Order (STO)*** zu bezeichnen. *Ship-to-Stock* kann auch von einer

Verbrauchssteuerung profitieren. *Ship-to-Order* wird jedoch in der Regel nicht per Verbrauchssteuerung verwaltet. Sie kaufen oder schicken einfach, was Sie benötigen. Nur wenn unregelmäßig große Ship-to-Order-Prozesse den Lieferanten zu überfordern drohen, sollten Sie eventuell Ihre Bestellmenge durch eine Verbrauchssteuerung begrenzen. Aber selbst dann ist dies unüblich.

Die Entwicklung und Konstruktion basieren in der Regel auf einem kundenspezifischen Auftrag. Sie entwickeln dasselbe Produkt nicht zweimal. Daher wäre die Entwicklung immer ein *Development-to-Order*.

Im Folgenden werden wir diese Konzepte der Einfachheit halber als Lagerfertigung und Auftragsfertigung bezeichnen, obwohl sie in ähnlicher Form auch für den Einkauf, die Entwicklung und andere gelten.

In der Industrie wird manchmal die Unterscheidung zwischen *High-Volume-Low-Mix* (wenige Varianten in großen Stückzahlen) und *Low-Volume-High-Mix* (viele Varianten in geringen Stückzahlen) verwendet. Ersteres sind oft Lagerfertigungen, und Letzteres oft Auftragsfertigungen. Diese Unterscheidung nach Stückzahl ist aber nicht das wichtigste Kriterium für Verbrauchssteuerungen. Bei Verbrauchssteuerungen ist die Schlüsselfrage stets, ob Sie immer ein Produkt auf Lager haben wollen (Lagerfertigung) oder ob Sie nur produzieren, wenn ein Auftrag vorliegt und der Kunde auf jeden Fall warten muss (Auftragsfertigung).

In der Regel eignet sich ein Produkt mit hohen Stückzahlen und geringen Varianten gut für die Lagerfertigung und ein Produkt mit niedrigen Stückzahlen und vielen Varianten gut für die Auftragsfertigung. Es kann jedoch Fälle geben, in denen Sie sich entscheiden, ein Massenprodukt auf Bestellung oder kleine Stückzahlen auf Lager zu produzieren. **Daher ist das Kriterium Auftragsfertigung und Lagerfertigung der Schlüsselfaktor für die Auswahl einer Verbrauchssteuerung**, wie in Abbildung 15 dargestellt. Dieses Kriterium ist wahrscheinlich der wichtigste Faktor für die Auswahl Ihrer Verbrauchssteuerung, da Lagerfertigung und Auftragsfertigung **zwei grundlegend unterschiedliche Ziele** verfolgen.

Bei der Lagerfertigung ist es das Ziel, immer Produkte auf Lager zu haben und dabei trotzdem so wenig Lagerbestand wie möglich zu benötigen. Sie produzieren typischerweise große Mengen an identischen Produkten (*High-Volume-Low-Mix*). Der Kundenauftrag löst eine Lieferung des Artikels auf Lager aus, was wiederum die Nachproduktion eines identischen Artikels anstößt. Der Artikel wurde im Voraus produziert, und der Kunde muss (im Idealfall) nicht warten.

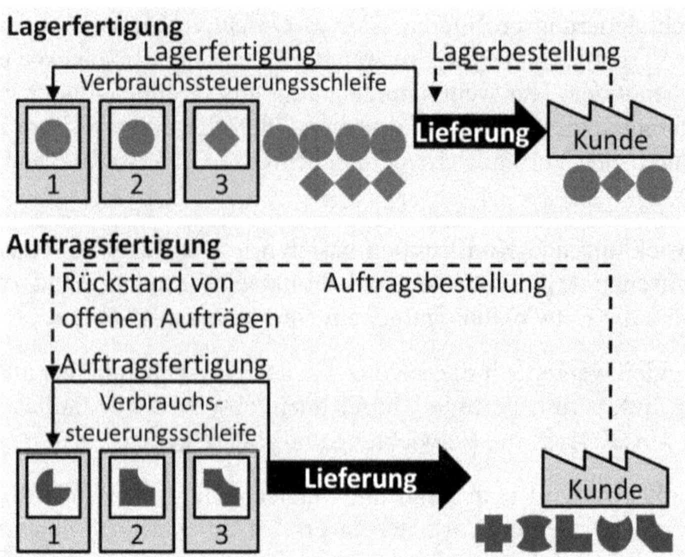

Abbildung 15: Visualisierung einer Lagerfertigung und einer Auftragsfertigung. Beachten Sie den Unterschied am Ende der Verbrauchssteuerungsschleifen und den Eingangspunkt der Bestellung. (Bild: Roser)

Bei der Auftragsfertigung beginnt die Produktion erst nach einem Kundenauftrag. Sie haben normalerweise einen Rückstand an offenen Aufträgen. Dieser Rückstand kann nach Priorität sortiert werden. Außerdem wird ein fertiges Teil in der Regel sofort nach der Fertigstellung ausgeliefert, und Sie haben nur einen geringen oder gar keinen Bestand an Fertigwaren. **Bei der Auftragsfertigung ist es daher das Ziel, die Durchlaufzeit zwischen Auftragseingang und Auslieferung des Produkts zu minimieren und gleichzeitig die Systemauslastung einigermaßen hochzuhalten.** Sie produzieren typischerweise viele verschiedene Produkte in kleinen Stückzahlen oder sogar komplette Einzelstücke (*Low-Volume-High-Mix*). Erst nach einem Kundenauftrag beginnt die Produktion. Der Kunde muss nach einer Bestellung immer auf die Lieferung warten.

Ein guter Nutzungsgrad bei der Auftragsfertigung bedeutet hier nicht eine Systemauslastung von 100%, und auch nicht eine hohe Auslastung aller Prozesse. Insbesondere bei schlecht ausgetakteten Systemen, wie sie in Werkstattfertigungen häufig vorkommen, werden viele Prozesse oft im Leerlauf sein. Wenn Sie die Auslastung solcher selten benötigten Prozesse künstlich erhöhen, erhöhen sich der Bestand und die Durchlaufzeit Ihres Produktionssystems.

Eine wichtige Auswirkung des Faktors Lagerfertigung oder Auftragsfertigung ist der Detailgrad, der für die Verbrauchssteuerung erforderlich ist.

Für die Auftragsfertigung reicht es aus, nur eine gemeinsame Bestands-grenze für alle Teiletypen innerhalb Ihrer Verbrauchssteuerungs-schleife zu haben. Die verschiedenen Teile tragen alle zur gleichen Bestandsgrenze bei. **Für die Lagerfertigung hingegen müssen Sie für jeden einzelnen Teiletyp, der sich in Ihrer Verbrauchssteuerungsschleife befindet, eine eigene Bestandsgrenze festlegen.**

Leider haben Sie nicht immer ein System, das reine Lagerfertigung oder reine Auftragsfertigung ist. Viele von Ihnen werden Systeme haben, die eine Mischung aus beidem sind. Möglicherweise haben Sie Ihre Rennerprodukte auf Lager, falls ein Kunde einen Artikel bestellt (Lagerfertigung). Ihre exotischeren und seltener bestellten Artikel werden jedoch nur produziert, wenn ein bestimmter Kunde diesen Artikel anfordert (Auftragsfertigung). Beides kann im gleichen Fertigungssystem produziert werden. In diesem Fall bräuchten Sie eine Verbrauchssteuerung, die beide Situationen bewältigen kann. **Diese Mischung aus Auftragsfertigung und Lagerfertigung ist in der Regel eine Kombination aus zwei verschiedenen Verbrauchs-steuerungen**, oft Kanban und CONWIP wie in Abbildung 16 dargestellt. Solche Kombinationen von Verbrauchssteuerungen sind absolut machbar und können eine Mischung aus Auftragsfertigung und Lagerfertigung handhaben.

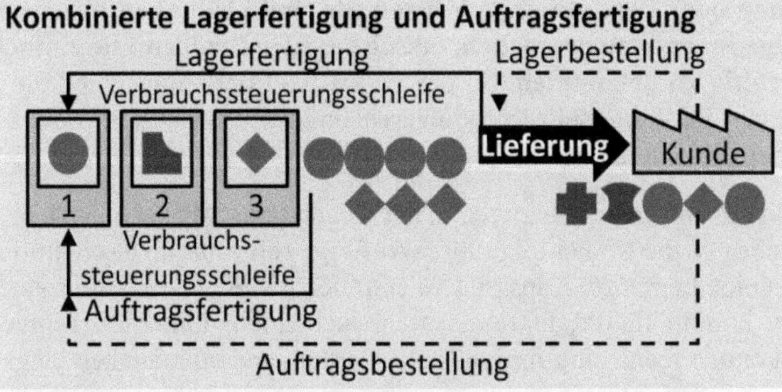

Abbildung 16: Visualisierung einer Produktion mit sowohl Lager-fertigung als auch Auftragsfertigung, bei der zwei verschiedene Verbrauchssteuerungen kombiniert werden. (Bild: Roser)

Sie können auch kundenspezifische, auftragsbezogene Endprodukte mit Standardteilen fertigen, welche Sie in größeren Mengen auf Lager halten. In diesem Fall kann es sich bei dem letzten Teil oder den letzten Teilen Ihres Wertstroms um eine Auftragsfertigung oder ein gemischtes System handeln, während die vorgelagerten Systeme Lagerfertigungen sein können, wie in Abbildung 17 dargestellt. Hier kann es ratsam sein, verschiedene Verbrauchssteuerungsschleifen für verschiedene Segmente des Wertstroms zu erstellen, wobei die nachgelagerten Schleifen Auftragsfertigungen und die vorgelagerten Lagerfertigungen sind. Oft ist es sinnvoll, bei der Bildung von Varianten Verbrauchssteuerungsschleifen zu trennen. In Kapitel 11 finden Sie weitere Details zur Auslegung von Verbrauchssteuerungsschleifen.

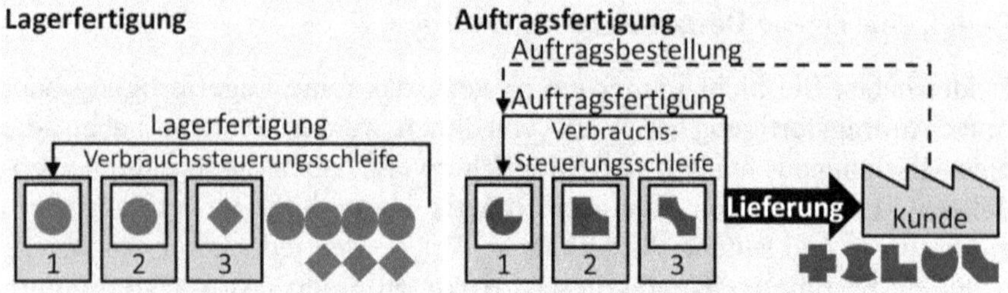

Abbildung 17: Lagerfertigung vor einer Auftragsfertigung (Bild: Roser)

3.1.2 Produktion/Entwicklung vs. Beschaffung

Ein zweiter wichtiger Faktor ist die **Kapazität Ihres Systems. Können Sie alle gewünschten Artikel auf einmal beschaffen (häufig im Einkauf), oder müssen Sie einen Artikel nach dem anderen erzeugen (häufig Entwicklung oder Produktion)? Müssen Sie sich Gedanken über die Reihenfolge Ihrer Artikel machen, oder ist es kein Problem, sie einfach alle gleichzeitig zu bekommen?** In der Praxis liegt der Unterschied oft darin, ob Sie die Produkte selbst produzieren und/oder entwickeln oder ob Sie diese bei Lieferanten bestellen.

Produktionsanlagen produzieren in der Regel einen Artikel nach dem anderen. Daher ist die Reihenfolge Ihrer Aufträge relevant. Ihr Produktionssystem hat eine begrenzte Kapazität. Wenn Sie zu viel auf einmal produzieren wollen, kommt Ihr Produktionssystem nicht mehr hinterher. Einige Produkte können rechtzeitig fertiggestellt werden, andere brauchen länger.

Wenn Sie jedoch verschiedene Artikel bei verschiedenen Lieferanten bestellen, müssen Sie sich meist keine Gedanken über die Reihenfolge Ihrer Bestellung machen. Sie denken nicht darüber nach, ob Sie zuerst Teil A bei Lieferant X und dann Teil B bei Lieferant Y bestellen sollen. Sie bestellen einfach alles gleichzeitig. Auch wenn Sie mehrere Teile beim gleichen Lieferanten bestellen, machen Sie sich selten Gedanken über die Reihenfolge der Bestellung. Sie überlassen dieses Problem den Lieferanten.

In der Realität hat natürlich auch der Einkauf von Artikeln eine Kapazitätsgrenze. Wenn Sie bei einem kleineren Lieferanten zu viel auf einmal bestellen, kann er nicht schnell genug produzieren, und Ihre Lieferungen kommen zu spät. Daher ist die Unterscheidung nach Kapazität fließend – im Gegensatz zu Auftragsfertigung und Lagerfertigung.

3.1.3 Fließfertigung vs. Werkstattfertigung

Ein weiterer, weniger wichtiger Faktor, der für die Auswahl der Verbrauchssteuerung Ihrer Produktion (nicht den Einkauf) relevant ist, ist die Frage, ob Sie eine Werkstattfertigung oder eine Fließfertigung haben. Beispiele sind in Abbildung 18 dargestellt.

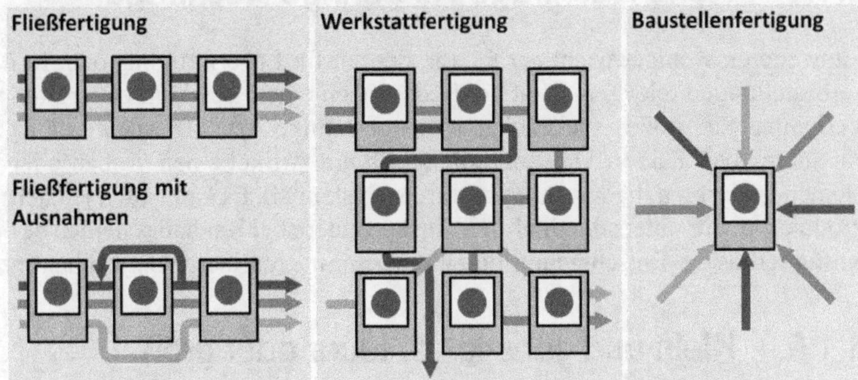

Abbildung 18: Veranschaulichung einer normalen Fließfertigung, einer Fließfertigung mit einigen Ausnahmen, einer Auftragsfertigung und einer Baustellenfertigung. Die verschiedenen Pfeile stellen unterschiedliche Materialflüsse dar. (Bild: Roser)

Fließfertigungen (auch bekannt als „Flussorientierte Fertigungen" oder im Englischen als *Flow Shop*) **sind viel einfacher zu handhaben**. Wenn Sie Ihr System in eine Fließfertigung umwandeln können, ist das fast immer von Vorteil. Sie brauchen nur den ersten Prozess zu steuern; die anderen werden in der Regel automatisch über eine FIFO (*First-In-First-Out*) gesteuert.

Werkstattfertigungen (auch bekannt als „Verrichtungsorientierte Fertigung", oder im Englischen als *Job Shop*) **sind viel aufwändiger und chaotischer**. Sie müssen nicht nur allgemein festlegen, was in Ihrem System produziert werden soll, sondern Sie müssen jeden Prozess in der Werkstattfertigung separat steuern. POLCA ist auf Werkstattfertigungen spezialisiert, erfordert aber etwas mehr Aufwand. CONWIP kann ebenfalls für Werkstattfertigungen verwendet werden. Eine andere Methode, COBACABANA, ist auch auf Werkstattfertigungen spezialisiert, aber es gibt noch kein funktionierendes Beispiel in der realen Welt. Daher finden Sie COBACABANA im Anhang.

Bei gemischten Systemen, die einige Elemente von Fließfertigungen und einige Elemente von Werkstattfertigungen aufweisen, müssen Sie sich überlegen, welches Konzept besser zu Ihrem System passt. Haben Sie Ihre Prozesse in einer Reihenfolge angeordnet, die zu den meisten Produkten passt? Dann ist es wahrscheinlich eher eine Fließfertigung. Konnten Sie keine Reihenfolge finden, da viele verschiedene Produkte unterschiedliche Abläufe haben? Dann sind Sie wahrscheinlich näher an einer Werkstattfertigung.

3.1.4 Hohe Nachfrage vs. geringe Nachfrage

Ein weiterer, weniger wichtiger Faktor, der nur für Lagerfertigung oder Lagerbestellungen relevant ist, ist der Bedarf nach einem bestimmten Artikel. Verkaufen Sie große Stückzahlen oder nur wenige Artikel? Auch dies ist ein subjektiver Faktor. Die Beurteilung, ob ein Artikel einen großen oder kleinen Bedarf hat, hängt stark von Ihrem System ab. Es kann auch je nach Produkttyp sehr unterschiedlich sein. Insbesondere bei Kanbansystemen beeinflusst dies die Entscheidung für eine bestimmte Variante von Kanban.

3.1.5 Klein und günstig vs. teuer oder groß

Ein weiterer Faktor bei Lagerfertigungen sind die Kosten und der Aufwand den Artikel im Lager zu haben. Meistens basiert dies auf dem Wert und der Größe des Artikels. **Wenn es sich um einen teuren Artikel handelt, möchten Sie wahrscheinlich nicht zu viel Kapital in überschüssigen Beständen binden. Wenn der Artikel groß ist, möchten Sie wahrscheinlich nicht zu viel Lagerplatz verbrauchen.** In beiden Fällen können Sie zusätzlichen Aufwand betreiben, um den Bestand und damit das gebundene Kapital oder den benötigten Lagerplatz zu reduzieren. Wenn Sie z. B. Autos herstellen, möchten Sie nicht zu viele teure und sperrige Motorblöcke auf Lager haben.

Wenn die Artikel aber weder groß noch teuer sind, ist Ihnen vermutlich der Bestand ziemlich egal, solange Sie genug haben. Etwas „zu viel" Material tut hier nicht weh. Daher können Sie hier eine Methode wählen, die zwar nicht den geringsten Bestand hat, aber einfacher ist und weniger organisatorischen Aufwand bedeutet. Nehmen wir wieder das Beispiel des Autobaus. Es ist Ihnen wahrscheinlich egal, ob Sie 500 Blechschrauben zu je 1 Cent im Bestand haben (in Summe €5) oder 5000 Schrauben (in Summe €50), solange Sie genug haben und der Bestand Ihnen nicht durch das Bestandsmanagement wertvolle Zeit raubt.

3.1.6 Diskrete vs. kontinuierliche Größen

Viele Produktionssysteme messen die Bestandsgrenze in Stückzahlen oder als eine Anzahl an Aufträgen. In diesem Fall repräsentiert eine Kanban- oder CONWIP-Karte einfach eine bestimmte Anzahl von Stücken oder Aufträgen. Andere Produktionssysteme hingegen produzieren kontinuierliche Mengen wie Liter oder Kubikmeter. Auch dann kann eine Karte, je nach System, eine feste Menge an Produkten oder Arbeit repräsentieren. Oft ist das eine Verpackungsgröße des Endprodukts oder eine Losgröße in der Produktion.

Es gibt jedoch auch Produktionsanlagen in der Prozessindustrie, die in **wirklich kontinuierlichen Mengen** produzieren, wie z. B. ein Wasserwerk, bei dem die Menge in Kubikmetern gemessen wird. In diesem Fall sind alle kartenbasierten Systeme weniger geeignet. Anstelle von Karten müsste man die Menge in der Produktion überwachen und immer bis zur Bestandsgrenze auffüllen. Die meisten Verbrauchssteuerungen können dafür angepasst werden, v. a. Bestellpunktsysteme sind grundsätzlich sehr gut für diese kontinuierlichen Systeme geeignet.

3.2 Welche Verbrauchssteuerung ist die richtige für Sie?

In einer akademischen Publikation werden normalerweise zuerst alle Optionen im Detail erklärt, bevor diese dann am Ende verglichen werden. Natürlich würde es mich freuen, wenn Sie dieses Buch von vorne bis hinten durchlesen würden. Ich gehe aber davon aus, dass Sie in der Industrie sind, unter Zeitdruck stehen und nur nach einer Lösung für Ihr Problem suchen. Daher möchte ich nicht, dass Sie fünfzig Seiten über CONWIP lesen, nur um dann festzustellen, dass CONWIP für Ihre auftragsbezogene Fertigung nicht funktioniert. Deshalb gebe ich Ihnen zuerst eine Übersicht, welche Verbrauchssteuerungen für Sie eventuell geeignet sind, auch wenn ich die Details hierzu erst später erklären werde.

3.2.1 Eignung von Verbrauchssteuerungen

Lassen Sie mich Ihnen zunächst eine (zugegebenermaßen sehr subjektive) Bewertung und Gegenüberstellung der verschiedenen Verbrauchssteuerungen geben. In Abbildung 19 zeige ich, welche Arten von Verbrauchssteuerungen mit Lagerfertigung, Auftragsfertigung, *Ship-to-Stock*, *Ship-to-Order* und Fließfertigung bzw. Werkstattfertigung sowie Prozessindustrie kompatibel sind. Bitte beachten Sie, dass alle Kanbansysteme und Bestellpunktsysteme grundsätzlich nicht mit der Auftragsfertigung kompatibel sind. Beachten Sie auch, dass Sie, wenn Sie Artikel auf Basis eines Kundenauftrags bestellen oder liefern, nicht wirklich eine Verbrauchssteuerung benötigen. Sie müssen die Artikel lediglich so bestellen oder versenden, dass sie pünktlich ankommen.

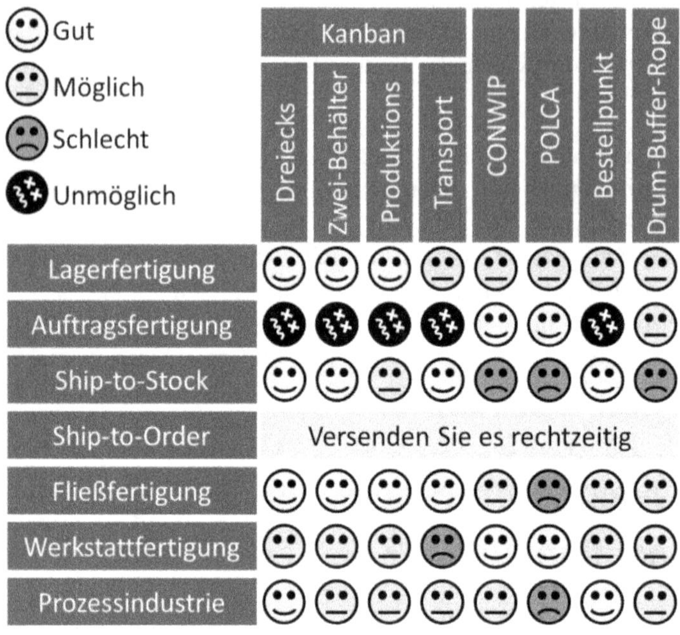

Abbildung 19: Eignung verschiedener Verbrauchssteuerungen für unterschiedliche Anforderungen (Bild: Roser)

3.2.2 Entscheidungsbaum für Verbrauchssteuerungen

Um Ihnen bei der Entscheidung zu helfen, welche Verbrauchssteuerung Sie verwenden sollten, habe ich Entscheidungsbäume erstellt. Diese sind in Abbildung 20 und Abbildung 21 dargestellt. Diese Empfehlungen enthalten eine Menge Annahmen und Verallgemeinerungen und sind daher nicht allgemeingültig. Insgesamt sind die empfohlenen Systeme jedoch machbar. Aufgrund der Vielfalt der Optionen habe ich diese in einen Entscheidungsbaum für Produktion oder Entwicklung in Abbildung 20 und einen Entscheidungsbaum für den Einkauf in Abbildung 21 aufgeteilt.

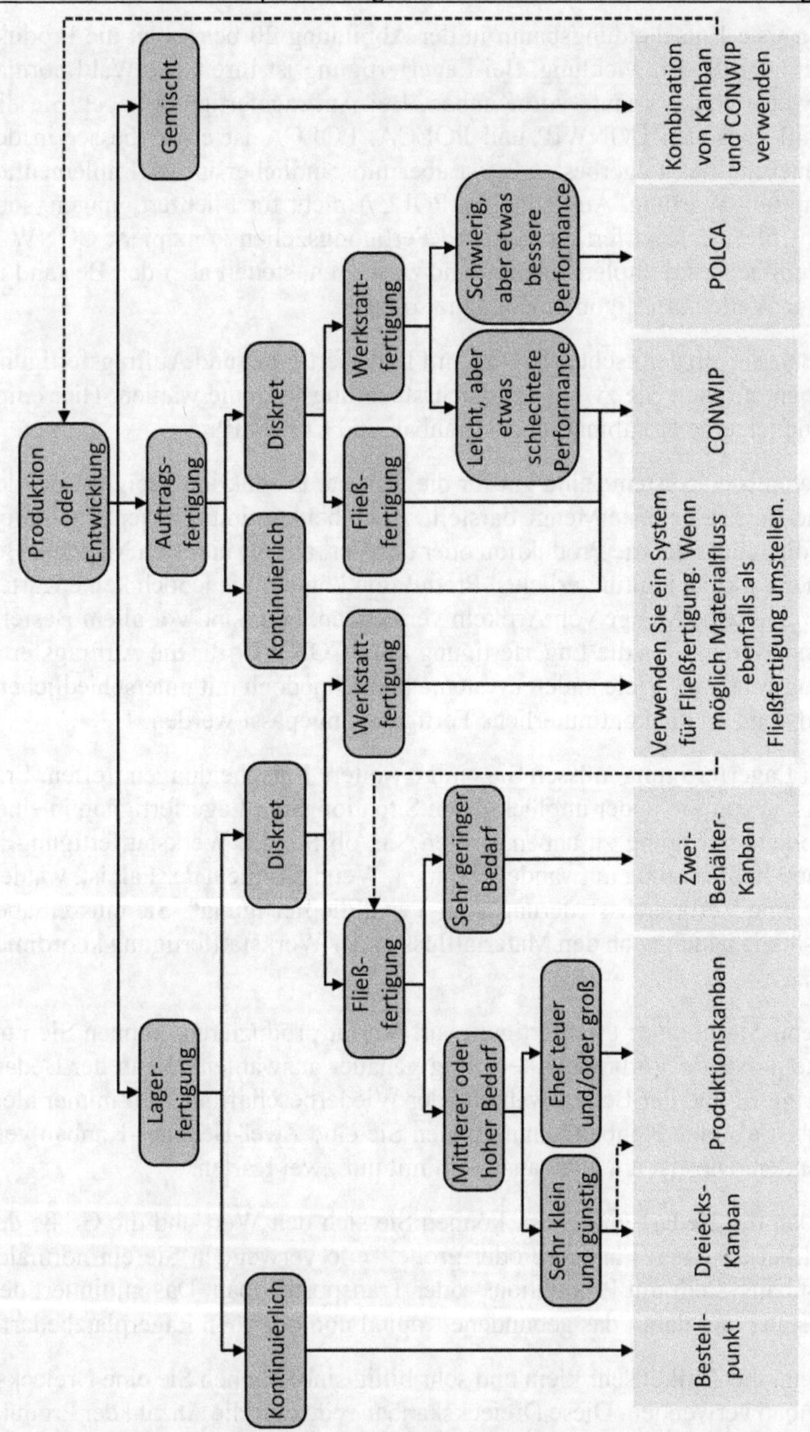

Abbildung 20: Entscheidungsbaum zur Auswahl einer Verbrauchssteuerung für Produktion & Entwicklung (Bild: Roser)

Der erste Entscheidungsbaum in der Abbildung 20 betrachtet die Produktion oder die Entwicklung. Bei Lagerfertigung ist Ihre beste Wahl normalerweise eine Variante von Kanban. Bei Auftragsfertigung haben Sie die Wahl zwischen CONWIP und POLCA. POLCA ist etwas besser in der Steuerung des Lagerbestands, ist aber umständlicher in der Implementierung und Wartung. Außerdem ist POLCA nicht für Fließfertigungen, sondern für Werkstattfertigungen und Fertigungszellen konzipiert. CONWIP ist einfacher zu implementieren und zu warten, steuert aber den Bestand in einer Werkstattfertigung nicht ganz so gut.

Wenn Sie ein gemischtes System mit Lagerfertigung und Auftragsfertigung haben, müssen Sie zwei Verbrauchssteuerungssysteme wählen. Hier empfehle ich eine Kombination aus Kanban und CONWIP.

Die meisten Systeme sind gut für die diskrete Produktion geeignet, bei der eine Karte eine feste Menge darstellt. Auch bei kontinuierlicher Produktion erfolgt entweder die Produktion oder der Verkauf oft in festen Mengen. Bei einer wirklich kontinuierlichen Produktion können Sie jedoch keine Karten für eine feste Menge von Artikeln verwenden. Hier sind vor allem Bestellpunktsysteme für die Lagerfertigung oder CONWIP für die Auftragsfertigung geeignet. Viele andere Systeme können jedoch mit unterschiedlichem Aufwand an die kontinuierliche Fertigung angepasst werden.

Bei Lagerfertigung müssen Sie einige weitere Entscheidungen treffen. Erstens: Wenn Sie in der unglücklichen Situation sind, Lagerfertigung in einer Werkstattfertigung zu haben, prüfen Sie, ob Sie die Werkstattfertigung in eine Fließfertigung umwandeln können. Wenn das nicht der Fall ist, wählen Sie eine Verbrauchssteuerung vom Typ „Fließfertigung". Sie müssen aber zusätzlich auch noch den Materialfluss in der Werkstattfertigung koordinieren.

Wenn Sie in einer Fließfertigung auf Vorrat produzieren, können Sie nun eine passende Verbrauchssteuerung genauer auswählen. Wenn der Bedarf gering ist und der Bedarf während der Wiederbeschaffungszeit immer kleiner ist als eine Kanban, dann können Sie eine Zwei-Behälter-Kanban verwenden. Dies ist ein Kanbansystem mit nur zwei Karten.

Wenn der Bedarf größer ist, können Sie sich den Wert und die Größe der Artikel ansehen. Für teure oder große Teile verwenden Sie ein normales Kanbansystem mit Produktions- oder Transportkanban. Das minimiert den Bestand und damit das gebundene Kapital und/oder den Lagerplatzbedarf.

Wenn die Artikel sehr klein und sehr billig sind, können Sie eine Dreieckskanban verwenden. Diese Dreieckskanban reduziert die Anzahl der Produktionsaufträge oder Bestellvorgänge auf Kosten eines etwas größeren

Bestands. Eine normale Kanban geht hier natürlich auch, wenn Ihnen kleinere Losgrößen wichtiger sind als die Anzahl der Produktionsaufträge.

Einfacher ist der Entscheidungsbaum für den Einkauf, der in Abbildung 21 dargestellt ist. Wenn Sie *Ship-to-Order* betreiben, brauchen Sie überhaupt keine Verbrauchssteuerung. Sie bestellen oder liefern einfach alle Artikel so, dass sie pünktlich ankommen. Wenn die Artikel für Ihre eigene Produktion benötigt werden, entscheidet die Verbrauchssteuerung der Produktion, wann was zu produzieren ist. Ihre Ship-to-Order-Artikel werden von dieser Auftragsfertigung abgeleitet. Da Sie erst dann produzieren können, wenn alle benötigten Teile da sind, ist die Lieferzeiten Teil der Gesamtdurchlaufzeit für den Kundenauftrag.

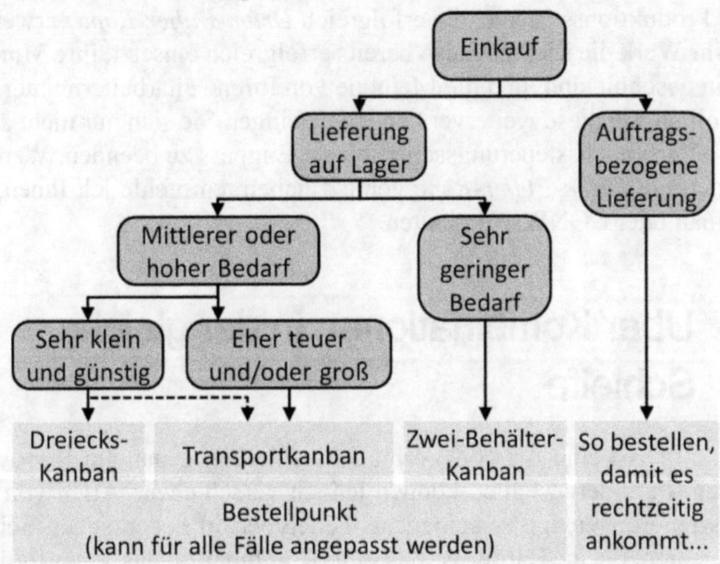

Abbildung 21: Entscheidungsbaum zur Auswahl der Verbrauchssteuerung für den Einkauf (Bild: Roser)

Wenn Sie Artikel auf Lager bestellen (*Ship-to-Stock*), ist der Entscheidungsbaum ähnlich wie bei den Auftragsfertigung-Fließfertigungen. Wenn die Nachfrage sehr gering ist, stellen Sie sicher, dass Sie immer mindestens zwei Artikel oder Chargen im Umlauf haben. Wenn ein Artikel verbraucht ist und nachbestellt wird, stellt der zweite Artikel die Materialverfügbarkeit sicher.

Wenn der Bedarf höher ist, können Sie Dreieckskanban für sehr billige und sehr kleine Artikel verwenden, oder Transportkanban für größere oder teurere Artikel – ähnlich wie bei der Lagerfertigung. Für alle Ship-to-Stock-Methoden sind Bestellpunktsysteme eine mögliche Alternative. Bei Bestellpunktsysteme können Sie die Bestellpunkte und Bestellmengen anpassen, um ein breites Spektrum an Verhaltensweisen ähnlich den verschiedenen Kanbansystemen zu erreichen.

Sie fragen sich vielleicht, welche Entscheidungen Sie treffen müssen, um zu *Drum-Buffer-Rope* zu gelangen, denn keine der oben genannten Entscheidungen empfiehlt *Drum-Buffer-Rope*. Die Methode ist aus meiner Sicht Kanban und CONWIP unterlegen. *Drum-Buffer-Rope* verlangt, dass die Verbrauchssteuerungsschleife vor dem Engpass endet, was aus meiner Sicht eine völlig unnötige Einschränkung ist. Wenn man diese Einschränkung ignoriert, ist das System eigentlich sehr ähnlich zu CONWIP und durchaus praktikabel. Aber dann können Sie auch gleich CONWIP verwenden.

Es gibt Produktionssysteme, die erfolgreich *Drum-Buffer-Rope* verwenden. Wenn Ihr Werk die Methode also bereits erfolgreich einsetzt, Ihre Mitarbeiter darin geschult sind, und die Methode von Ihren Mitarbeitern unterstützt wird, sollten Sie diese weiterverwenden. Zwingen Sie sich nur nicht künstlich, die Verbrauchssteuerungsschleifen am Engpass zu beenden. Wenn Sie aber noch nie *Drum-Buffer-Rope* genutzt haben, empfehle ich Ihnen, sich an Kanban oder CONWIP zu halten.

3.3 Über Kombinationen in der gleichen Schleife

Manchmal passt eine Art von Verbrauchssteuerung genau auf Ihre Anforderungen. In anderen Fällen können jedoch verschiedene Arten von Verbrauchssteuerungen für verschiedene Teiletypen in der gleichen Schleife besser geeignet sein. Häufig ist das eine Kombination aus Lagerfertigung und Auftragsfertigung. Diese Kombination würde normalerweise zwei verschiedene Verbrauchssteuerungen benötigen. Die Abbildung 22 zeigt eine (wiederum sehr subjektive) Kompatibilität der verschiedenen Verbrauchssteuerungen innerhalb derselben Schleife.

Generell ist jedes Kanbansystem mit jedem anderen Kanbansystem kompatibel. Sie ändern lediglich einige Informationen auf der Kanban. CONWIP ist Kanban sehr ähnlich und daher auch sehr kompatibel mit Kanban. **Für eine Kombination aus Lagerfertigung und Auftragsfertigung empfiehlt sich daher ein Mix aus Kanban und CONWIP.**

Bestellpunktsysteme werden meist für den Einkauf verwendet, wo Sie sich nicht wirklich um Kompatibilität kümmern müssen. Die Art und Weise, wie Sie eine Sorte von Artikel bestellen, kann völlig unabhängig von der Art und Weise sein, wie Sie eine andere Sorte von Artikel bestellen. Sie sollten aber Ihre Mitarbeiter nicht mit zu vielen verschiedenen Systemen verwirren.

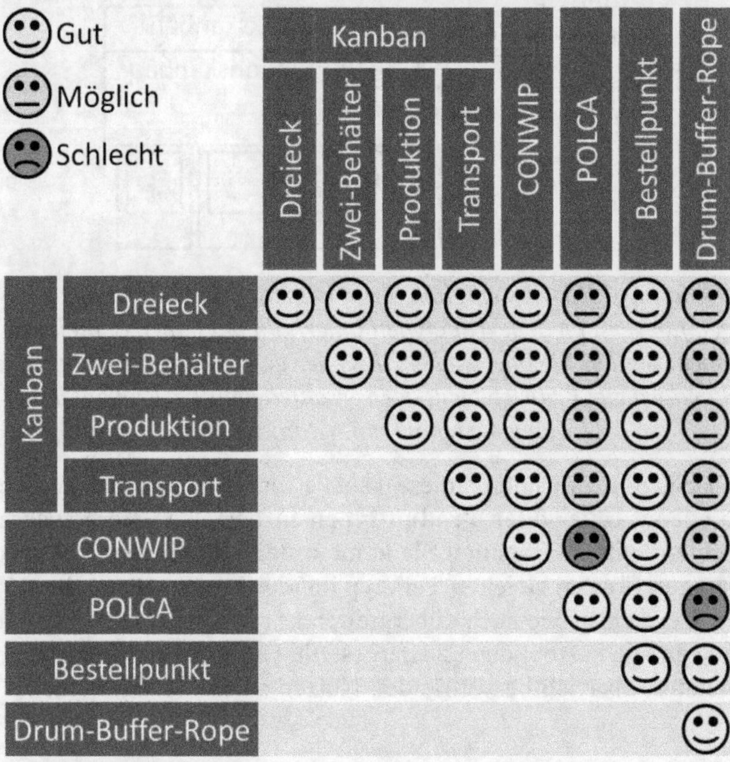

Abbildung 22: Kompatibilität verschiedener Typen von Verbrauchssteuerungen innerhalb derselben Schleife (Bild: Roser)

Es kann möglich sein, Verbrauchssteuerungen mit POLCA oder *Drum-Buffer-Rope* zu kombinieren. Das ist jedoch entweder umständlich oder noch umständlicher.

Im Allgemeinen gilt: Je weniger verschiedene Systeme Sie haben, desto weniger verwirrend ist es für Ihre Mitarbeiter. Wenn Sie verschiedene Systeme verwenden, stellen Sie sicher, dass Ihr erster Prozess in der Schleife einen guten Standard dafür hat, welches Signal Vorrang vor welchem anderen Signal hat, wie in Abbildung 23 dargestellt.

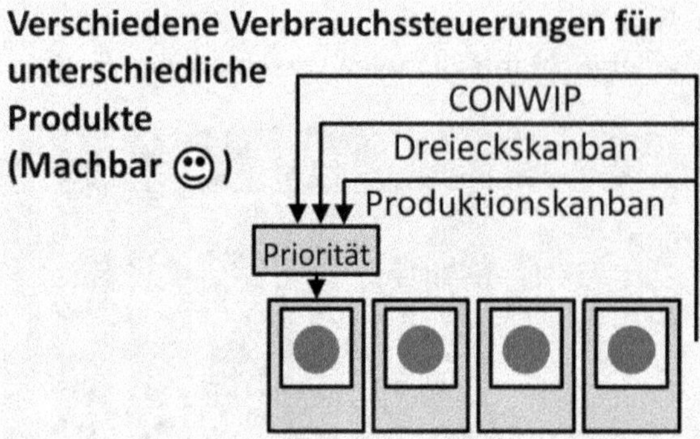

Abbildung 23: Es ist möglich, verschiedene Verbrauchssteuerungen für verschiedene Teiletypen innerhalb derselben Schleife zu haben. Stellen Sie aber sicher, dass der erste Prozess einen guten Standard zur Priorisierung der verschiedenen Verbrauchssteuerungs-Signale hat. (Bild: Roser)

Bitte beachten Sie auch, dass diese Tabelle für Verbrauchssteuerungen für **verschiedene Teile- oder Produkttypen** in derselben Verbrauchssteuerungsschleife gilt. **Verwenden Sie keine unterschiedlichen Verbrauchssteuerungen für den gleichen Teiletyp im gleichen Segment Ihres Wertstroms.** Vermeiden Sie auch „übergreifende", verschachtelte Verbrauchssteuerungen wie in Abbildung 24 dargestellt. Diese finden Sie manchmal in der Literatur, aber ich bezweifle den Nutzen solcher verschachtelter Systeme.

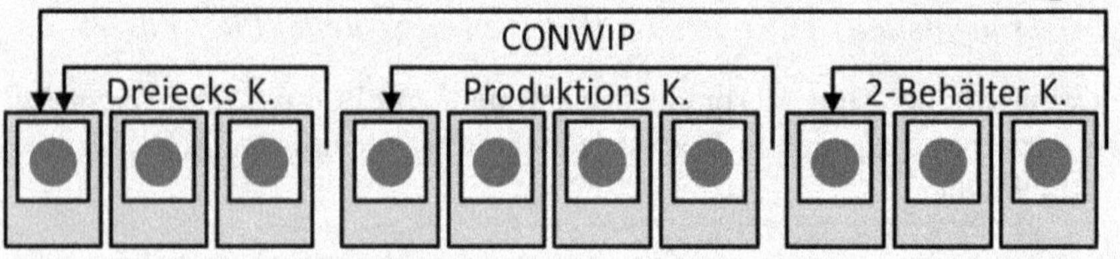

Abbildung 24: Verschachtelte Verbrauchssteuerungsschleifen sind nicht ratsam. (Bild: Roser)

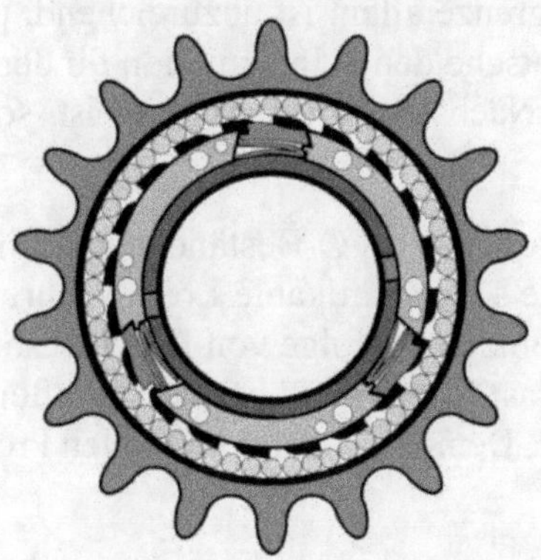

Kapitel 4
FIFO und andere begrenzte Bestände

Eine einfache, aber meist nur partielle Möglichkeit, eine Verbrauchssteuerung zu erstellen, ist die Begrenzung der Bestände in den Prozessen und vor allem zwischen den Prozessen. Solche Pufferbestände sind meist in einer FIFO-Reihenfolge organisiert. FIFO steht hier für das englische *First-In-First-Out*. Das bedeutet: Das Teil, das als erstes in der Reihenfolge hineingeht, kommt am anderen Ende auch als erstes wieder heraus. Andere Arten der Bestandsführung oder auch das komplette Fehlen derselben sind ebenfalls möglich, solange es eine **fixe Bestandsgrenze** gibt. FIFO ist jedoch keine vollständige Verbrauchssteuerung, da das Signal zur Reproduktion fehlt. Daher ist es schwierig, Verbrauchssteuerung nur mit FIFO zu realisieren, aber FIFO hilft enorm.

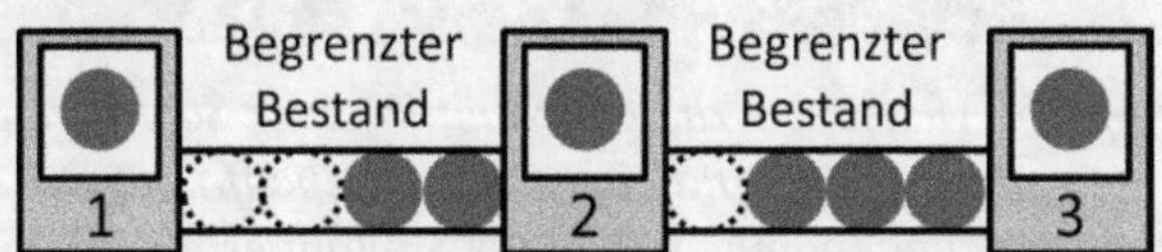

Abbildung 25: Beispiel für begrenzte Bestände (Bild: Roser)

Daher wird ein Bestand mit begrenzter Größe nur selten allein als Verbrauchssteuerung verwendet und normalerweise nur als Teil einer größeren Verbrauchssteuerung eingesetzt. Abbildung 25 zeigt ein grundlegendes

Beispiel, bei dem der Puffer zwischen den Stationen auf maximal vier Plätze begrenzt ist.

Eine solche Bestandsgrenze allein ist unzureichend, um die Produktion zu steuern. Es fehlt die entscheidende Information für den ersten Prozess in der Reihenfolge, was als Nächstes zu produzieren ist, sobald ein Platz in der FIFO frei wird.

Eine Produktion, die rein auf FIFO-Beständen zwischen den Prozessen basiert, wäre daher keine sehr praktikable Lösung. Ihre gesamte Wertschöpfungskette wäre eine einzige Abfolge von FIFO-Beständen und nicht wirklich steuerbar. Auch das Zusammenführen und Aufteilen von Materialflüssen, z. B. bei Montage, Demontage oder parallelen Prozessen, wäre schwierig zu handhaben.

Wenn die begrenzten Bestände durchgängig eine definierte Reihenfolge haben (z. B. FIFO, LIFO oder FEFO, siehe unten), würden Sie enorm an Flexibilität in Ihrer Wertschöpfungskette verlieren. Die Reihenfolge der Fertigungsaufträge am Anfang der Wertschöpfungskette würde unverändert durch die Wertschöpfungskette fließen. Die erste Schraube müsste bereits einem fertigen Auto zugeordnet sein, in das diese schließlich eingebaut wird. Alle Montagestellen bräuchten Komponenten und Teile in genau der richtigen Reihenfolge. Ein durchgängiges FIFO wäre im großen Maßstab ein logistischer Albtraum.

Als Teil einer übergeordnete Verbrauchssteuerungsschleife ist FIFO jedoch sehr nützlich, effizient und empfehlenswert. Abbildung 26 zeigt ein Beispiel für eine FIFO mit Personen, die an einer Bushaltestelle in Japan warten, wobei dieses Beispiel keine harte Obergrenze kennt.

Abbildung 26: Menschen, die geordnet in einer Schlange an der Bushaltestelle warten, sind eine FIFO-Reihenfolge. Das Bild wurde in Japan aufgenommen, wo das Schlangestehen lange Tradition hat. (Bild: Roser)

Bessere Ansätze für die Verbrauchssteuerung wie Kanban, CONWIP, POLCA usw. brechen den Wertstrom in kleinere, überschaubare Sequenzen auf und erlauben mehr Flexibilität. Nichtsdestotrotz sind auch hier begrenzte Bestände ein entscheidendes Element dieser

Verbrauchssteuerungen. FIFO wird für Kanban und CONWIP empfohlen. Eine Kanbanschleife, die nicht durchgängig FIFO verwendet, bleibt hinter ihren Möglichkeiten zurück. Daher möchte ich meine Diskussion über Verbrauchssteuerungen mit begrenzten Beständen beginnen. Sie werden ein entscheidendes Element von weiterer Verbrauchssteuerungen sein, auch wenn begrenzte Bestände selten allein verwendet werden.

4.1 Grundlagen

FIFO kommt aus dem englischen *First-In-First-Out* und ist ein nahezu narrensicheres Element des Materialflusses. Der erste Artikel, der in den FIFO-Bestand kommt, ist auch der erste Artikel, der ihn am anderen Ende verlässt, d.h. die Artikel behalten ihre Reihenfolge bei. FIFO ist ein wichtiger Bestandteil jedes schlanken Materialflusses. Es ist ein sehr einfacher Weg, um sowohl den Materialfluss als auch den Informationsfluss zu definieren. Abbildung 27 zeigt ein einfaches schematisches Beispiel für eine FIFO.

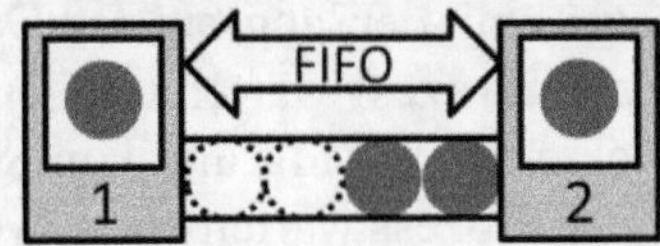

Abbildung 27: Schematische Darstellung eines FIFO (Bild: Roser)

4.1.1 Gründe für FIFO: Entkopplung

Verschiedene Prozesse haben in der Regel unterschiedliche Zykluszeiten[26], um Teile zu bearbeiten. Selbst bei einer gut ausbalancierten Linie gibt es leichte Unterschiede in der Zykluszeit. Folglich müssen schnellere Prozesse auf langsamere Prozesse warten. In einer Welt ohne Schwankungen oder Variationen würde sich das nie ändern, und die schnelleren Prozesse müssten immer auf den langsamsten Prozess (d. h. den Engpass) warten. Kein noch so großer Puffer würde daran etwas ändern.

Stellen Sie sich drei statische Prozesse vor, wie in Abbildung 28 dargestellt, wobei der mittlere Prozess immer der langsamste ist. Alle Bestände davor sind immer voll, und alle vorgelagerten Prozesse sind nach jedem Teil

---

[26] Der Begriff Zykluszeit wird oft mit unterschiedlichen Definitionen verwendet. Hier ist die Zykluszeit die Zeit, die benötigt wird, um ein Teil unter idealen Bedingungen (d. h. ohne Verluste oder Probleme) zu bearbeiten. Wenn Sie die durchschnittlichen Verluste mit einbeziehen, wäre dies die Taktzeit (d. h. die durchschnittliche Zeit pro Teil).

blockiert. Ebenso ist der gesamte Bestand danach leer, und alle nachgelagerten Prozesse warten nach jedem Teil auf Material. Auch hieran ändert keine Bestandsmenge im Vorfeld und auch kein freier Platz im Nachgang etwas.

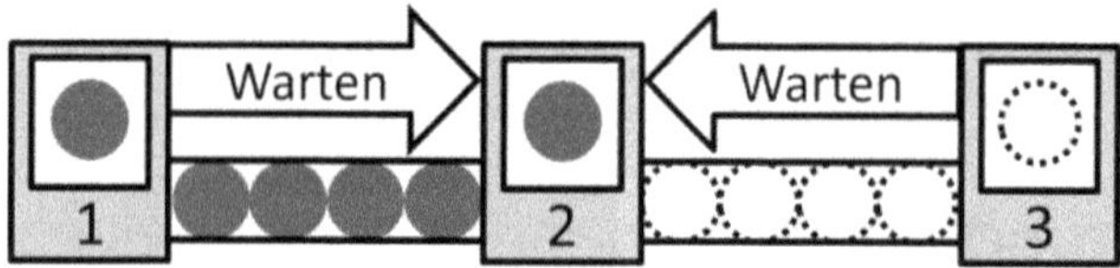

Abbildung 28: Schematische Darstellung von zwei FIFOs für ein statisches System ohne Schwankungen (Bild: Roser)

In der realen Welt sind Prozesse jedoch nicht statisch, sondern dynamisch. Manchmal dauert ein Prozess länger oder kürzer als normalerweise. In diesem Fall kann ein Pufferbestand die Auslastung und den Durchsatz des Systems verbessern, indem Schwankungen entkoppelt werden. FIFO hat jedoch weitere Vorteile gegenüber einem allgemeinen Puffer.

Im Idealfall sollte der Prozess mit der langsamsten Durchschnittsgeschwindigkeit nie auf einen anderen Prozess warten müssen (weder aus Materialmangel noch, weil er blockiert ist). Aufgrund von Schwankungen kann es jedoch vorkommen, dass der Prozess warten muss, weil ein anderer Prozess vorübergehend langsamer ist. Dieses Warten kann durch einen Pufferbestand vermieden werden. Wenn der folgende Prozess temporär langsamer wäre, würde der vorausgehende normalerweise langsamste Prozess Bestand auffüllen. Wäre der vorausgehende Prozess temporär langsamer, würde der normalerweise langsamste Prozess danach Material aus einem Pufferbestand entnehmen.

Abbildung 29 zeigt Ihnen die genannten Beispiele. Im ersten Beispiel ist der letzte Prozess vorübergehend langsamer und der mittlere Prozess füllt den Bestand auf. Im zweiten Beispiel ist der erste Prozess vorübergehend langsamer und der mittlere Prozess entnimmt Teile aus dem vorhandenen Bestand.

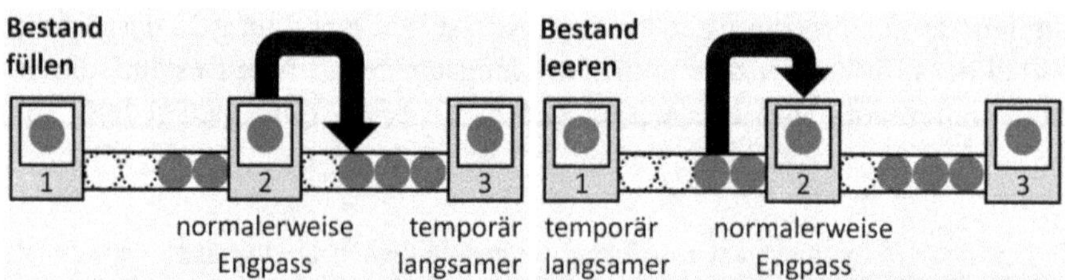

Abbildung 29: Füllen und Leeren von FIFO aufgrund von Schwankungen (Bild: Roser)

Das funktioniert für jede Art von Puffer. Ein FIFO hat jedoch weitere Vorteile. Zunächst möchte ich aber auf die FIO-Regeln eingehen.

4.1.2 FIFO-Regel 1: Kein Überholen

Für FIFO sind grundsätzlich zwei Regeln wichtig. Das erste Teil, das in den Bestand geht, ist auch das erste Teil, das hinten wieder herauskommt. Daher auch der Name FIFO für *First-In-First-Out*. Die Reihenfolge der Teile muss eingehalten werden. Kein Teil kann ein anderes Teil in der FIFO überholen. Es kann sich auch kein Teil von außen hineindrängen. Ein Überholen, wie in Abbildung 30 dargestellt, ist nicht erlaubt.

Abbildung 30: FIFO-Regel 1: Kein Überholen im FIFO! (Bild: Roser)

Diese Regel ist wichtig, um Schwankungen in der Durchlaufzeit zu reduzieren. Ein Ziel der Schlanken Produktion ist es, einen reibungslosen Materialfluss zu haben. Wenn sich Teile überholen, dann wird die Wartezeit für die anderen Teile länger. Wenn dies häufig geschieht, kann die Wartezeit potenziell **viel länger** sein. Irgendwann sind die wartenden Teile dann zu spät dran.

Stellen Sie sich vor, Sie stehen an der Supermarktkasse und vor Ihnen stehen zehn Leute in der Schlange. Sie können abschätzen, wie lange es dauern wird, bis Sie bezahlt haben und gehen können. Nun stellen Sie sich vor, dass sich jemand mit einer Premium-Mitgliedschaft an der Schlange vorbei vordrängeln darf. Sicherlich werden Sie länger warten müssen. Stellen Sie sich nun vor, dass jede dritte Person so eine Premium-Mitgliedschaft hat. Ihre Wartezeit kann sehr unangenehm werden. Stellen Sie sich schließlich vor, dass alle außer Ihnen Premium-Mitglieder sind. Sie werden wahrscheinlich erst bedient, wenn der Laden schließt und keine neuen Kunden mehr hinzukommen.

Teile regen sich nicht auf, wenn sie länger in der Schlange warten. Kunden aber sehr wohl (ebenso wie Ihre Freunde und Familie, wenn Sie nicht mit den Einkäufen aus dem Supermarkt irgendwann nach Hause kommen). **Daher ist es bei FIFO wichtig, die Reihenfolge einzuhalten.** Sie können zwar manchmal auch diese Regeln brechen, wie ich Ihnen später noch zeigen werde, aber das sollte dann eine Ausnahme sein.

4.1.3 FIFO-Regel 2: Klar definierte Bestandsgrenzen

Die zweite Regel besagt, dass **FIFO eine klar definierte Bestandsgrenze haben muss. Wenn das FIFO voll ist, muss der vorhergehende Prozess stoppen.** Eine Überfüllung, wie in Abbildung 31 dargestellt, ist nicht erlaubt. Der Grund für diese Regel ist die Vermeidung von Überproduktion, was FIFO im Besonderen und Verbrauchssteuerung im Allgemeinen so viel besser macht als Plansteuerung.

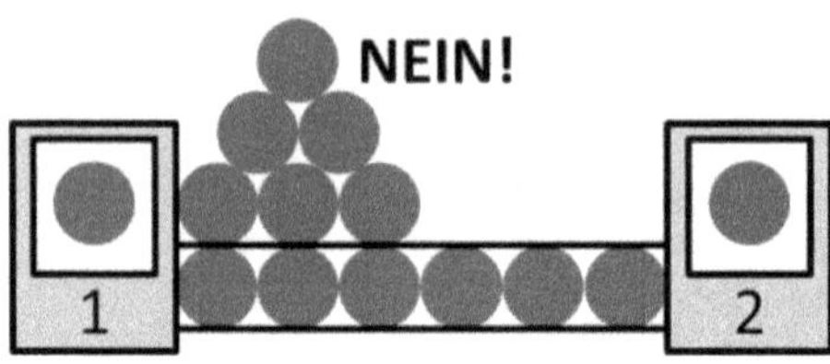

Abbildung 31: FIFO-Regel 2: Kein Überfüllen! (Bild: Roser)

Es gibt übrigens keine explizite Regel für einen Mindestbestand. Der minimale Bestand einer FIFO ist automatisch null. Da es unmöglich ist, weniger als null Teile im FIFO zu haben, brauchen wir hierfür keine zusätzliche Regel. Wenn keine Teile vorhanden sind, stoppt der nachgelagerte Prozess automatisch aufgrund von Teilemangel.

4.1.4 Wann Sie die FIFO-Regeln brechen können

Manche Regeln kann man dehnen. Andere kann man brechen. Die beiden obigen Regeln machen einen Bestand zu einer FIFO. Diese Regeln sind sehr sinnvoll und sollten befolgt werden. Es kann jedoch manchmal Fälle geben, in denen Sie die Regeln brechen können. Seien Sie sich nur darüber im Klaren, dass Sie durch das Brechen dieser Regeln an anderer Stelle Probleme schaffen, die Sie vielleicht noch nicht einmal sehen können. Je öfter Sie die FIFO-Regeln brechen, desto mehr andere Probleme bekommen sie. Die Frage ist: Ist es das wert? Manchmal ja!

Nehmen Sie zum Beispiel an, dass Ihnen Teile fehlen, um das nächste Produkt im FIFO zu bearbeiten (die nötigen Teile werden erst drei Tage später eintreffen). Nun haben Sie zwei Möglichkeiten:

- Stoppen Sie die Fertigung, bis die fehlenden Teile drei Tage später eintreffen.
- Nehmen Sie die Produkte vorübergehend aus der FIFO (und ändern Sie damit die Reihenfolge).

Puristen würden sagen, dass man die Regeln niemals brechen darf. Die Praxis hat mich aber gelehrt, dass es manchmal notwendig sein kann, die Regeln zu brechen. Im obigen Beispiel würde ich die FIFO-Reihenfolge ändern, das Produkt, das ich nicht weiterverarbeiten kann aus der FIFO nehmen und mit dem nachfolgenden Produkt weiterarbeiten. Nachdem die fehlenden Teile eingetroffen sind, würde ich das Produkt wieder in die FIFO einreihen, möglicherweise sogar ganz vorne in der Reihenfolge.

Um es klar zu sagen: Ich mache das nicht gerne. Noch weniger gefällt es mir aber, die Produktion für drei Tage zu stoppen, bis die fehlenden Teile eintreffen.

Achten Sie aber darauf, dass Sie nicht zu viele Ausnahmen machen. Andernfalls bringen Sie nicht nur Ihr System durcheinander, sondern Sie bringen Ihren Mitarbeitern auch bei, dass Regeln optional sind. Am schlimmsten ist, dass Sie den Druck zur Verbesserung aus dem System nehmen. Vermeiden Sie es daher soweit es geht, die Regeln zu brechen.

4.2 Varianten

Es gibt ein paar Varianten, die FIFO ähnlich sind. Sie unterscheiden sich vor allem in ihrer Reihenfolge. Lassen Sie mich Ihnen einen Überblick geben.

4.2.1 First-Expired-First-Out (FEFO) und Varianten

FIFO ist normalerweise der Bestand der Wahl für viele Verbrauchssteuerungen. Es gibt jedoch ein paar Varianten. Bei FIFO wird das älteste Teil (das erste in der Reihe) zuerst entnommen. FEFO kommt aus dem Englischen für *First-Expired-First-Out* und bedeutet, dass das Teil mit dem **frühesten Verfallsdatum** als erstes entnommen wird. Dieses Vorgehen ist besonders wichtig, wenn die Zeit zwischen Produktion und Verfall bei verschiedenen Teilen desselben Produkts unterschiedlich oder sehr kurz sein kann.

Wenn Sie z. B. Joghurt aus sehr frischer Milch herstellen, ist dieser länger haltbar als wenn Sie Milch verwenden, die zwar noch gut genug, aber nicht mehr ganz so frisch ist. Sie wollen den Joghurt mit dem frühesten Verfallsdatum zuerst verkaufen. Daher würden Sie den Joghurt aus nicht ganz so frischer Milch früher verkaufen, auch wenn er später hergestellt wurde.

Dieser Ansatz kann für verderbliche Produkte wie viele Lebensmittel oder einige Arzneimittel sowie für einige chemische Produkte mit kurzer Haltbarkeit, etwa Klebstoffe, verwendet werden. Allerdings ist er mit wesentlich mehr Aufwand verbunden. Das Verfallsdatum muss für den gesamten Bestand des jeweiligen Artikels nachverfolgt werden. Wann immer ein Artikel benötigt wird, muss derjenige mit dem frühesten Verfallsdatum gefunden und abgerufen werden. Das auf Papier zu tun ist schwierig, ebenso wie das Auffinden des tatsächlichen Artikels im Lager. In der Regel wird ein ERP- oder ein anderes Computersystem eingesetzt, um die Vielzahl der Daten im Blick zu behalten. Dennoch ist es ein zusätzlicher Aufwand.

Außerdem ist ein Lagersystem erforderlich, bei dem auf jedes Teil jederzeit zugegriffen werden kann. Ein Warteschlangensystem ähnlich einer FIFO würde z. B. nicht funktionieren, es sei denn, man könnte ein Teil aus der Mitte der Schlange herausholen. Normale Lagerregale, die von Computersystemen verwaltet werden, sind hier meist der richtige Weg.

Insgesamt sollten Sie FEFO vermeiden, es sei denn es gibt einen wichtigen Grund dafür. Glücklicherweise haben die meisten Industrieprodukte eine sehr lange Haltbarkeit, so dass die Reihenfolge der Produktion auch eine gute Reihenfolge für die Entnahme ist.

Es gibt ähnliche und verwandte Ansätze, die etwas andere Daten verwenden. Anstelle des frühesten Verfallsdatums, nach dem das Produkt nicht mehr gut ist, können Sie das verwandte **früheste Mindesthaltbarkeitsdatum** verwenden, nach dem das Produkt noch gut sein kann, was aber nicht garantiert ist.

In einer weiteren Variante, die sich besonders für die Auftragsfertigung eignet, können Sie immer das Teil entnehmen, das den **frühesten Fälligkeitstermin** hat. Wenn Auftrag A in zehn Tagen und Auftrag B in acht Tagen fällig ist, hat Auftrag B Vorrang vor Auftrag A.

Eine noch feinere Anpassung besteht darin, die verbleibenden Tage bis zum Fälligkeitsdatum durch den verbleibenden Arbeitsinhalt zu dividieren, um den **höchsten Prozentsatz der Arbeit bis zum Fälligkeitsdatum zu** ermitteln. Nehmen Sie für das obige Beispiel an, dass Sie für Auftrag A noch 7 Tage Arbeit benötigen und für Auftrag B nur noch 3 Tage. A muss also an $7/10 = 70\%$ der verbleibenden Tage bearbeitet werden. An Auftrag B müssen dagegen nur $3/8 = 37,5\%$ der verbleibenden Tage gearbeitet werden. In diesem Fall würde Auftrag A eine höhere Priorität haben.

Eng damit verbunden ist der **kleinste verbleibende Zeitpuffer bis zum Fälligkeitstermin**. Auftrag A benötigt 7 Tage Arbeit und ist in 10 Tagen fällig, daher beträgt der Sicherheitspuffer 3 Tage. Auftrag B benötigt 3 Tage Arbeit und ist in 8 Tagen fällig, der Puffer beträgt also 5 Tage. Auch hier würde Auftrag A zuerst abgearbeitet werden. Die Zahlenbeispiele sind auch in der Tabelle 1 unten dargestellt.

Auftrag	Fällig in x Tagen	Verbleibende Arbeit (Tage)	%Arbeit in Restzeit	Zeitpuffer (Tage)
A	10	7	70%	3
B	8	3	37,5%	5

Tabelle 1: Beispieldaten für FEFO-Varianten

Es gibt wahrscheinlich noch weitere mögliche Varianten, je nachdem, welche Daten in Ihrem Unternehmen für Ihre Produkte verwendet werden. **All diese Ansätze sind jedoch ein größerer Aufwand als eine FIFO und sollten nur verwendet werden, wenn FIFO nicht gut genug ist.**

4.2.2 Last-In-First-Out (LIFO)

Mehr der Vollständigkeit halber denn als Empfehlung möchte ich Ihnen kurz LIFO vorstellen. LIFO kommt aus dem Englischen für *Last-In-First-Out* und ist genau das Gegenteil von FIFO. Bei dieser Methode wird das neueste Teil zuerst und das älteste Teil zuletzt entnommen. Dieser sehr minderwertige Ansatz hat das Risiko, dass alte Teile noch älter werden und schließlich verfallen. **Ihre LIFO-Durchlaufzeit wird sehr große Schwankungen aufweisen, obwohl sich die durchschnittliche Durchlaufzeit im Vergleich zu einer FIFO nicht ändert.**

Abbildung 32: Von oben hinzugefügte und entnommene Kohle als Beispiel für LIFO (Bild: Peabody Energy, Inc. unter der CC-BY 3.0 Lizenz)

LIFO wird jedoch manchmal aufgrund von physischen Beschränkungen des Lagers verwendet. Wenn Sie zum Beispiel Schüttgut wie Kohle, Eisenerz oder Holzspäne verwenden, haben Sie möglicherweise einen großen Haufen davon. Es ist am einfachsten, Material von oben hinzuzufügen und zu entnehmen. In diesem Fall wird das zuletzt hinzugefügte Material auch zuerst entnommen, wie in Abbildung 32 dargestellt. Die Lagerung erfolgt also nach LIFO.

Ein besserer Ansatz wäre die Verwendung eines Silos, bei dem das Material von oben zugeführt und von unten entnommen wird. Dieses Silo würde einer FIFO entsprechen. Allerdings wäre ein teures Silo erforderlich.

Ein anderes Beispiel für LIFO wäre ein Bündel von CD- oder DVD-Disks auf einer zentralen Stange, auf der sie nur von oben hinzugefügt und entfernt werden können. Ein drittes Beispiel schließlich ist ein traditionelles Kartoffellager, bei dem die Kartoffeln lediglich in ein Kellerlager geschaufelt werden. Die Beispiele sind in Abbildung 33 visualisiert.

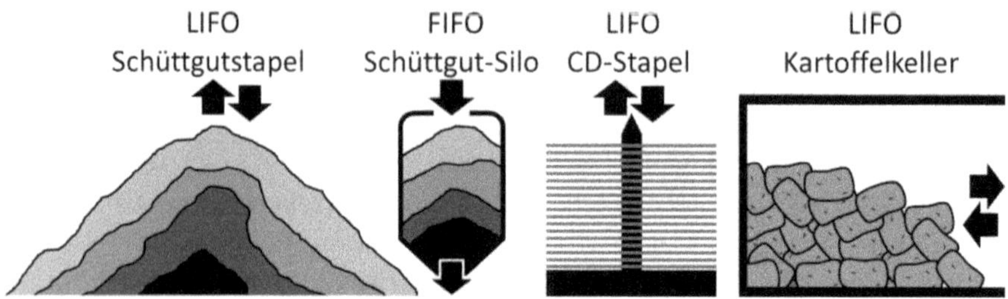

Abbildung 33: Beispielhafte Darstellung eines Schüttgutstapels (LIFO) und eines Silos (FIFO) sowie eines CD-Stapels und eines Kartoffelkellers (beides LIFO). Die Abbildungen haben unterschiedliche Maßstäbe. (Bild: Roser)

Um eine übermäßige Alterung der Produkte zu vermeiden, ist es notwendig den gesamten Speicher gelegentlich komplett zu leeren. Dieses Leeren kann ohne Unterbrechung der Produktion erfolgen, wenn Sie z. B. zwei Stapel haben und Sie den ersten vollständig leeren, bevor Sie mit dem zweiten Stapel beginnen. Insgesamt wird LIFO zwar manchmal in der Industrie verwendet, aber **vermeiden Sie LIFO, wenn Sie es können**.

4.2.3   Sonstige begrenzten Bestände

Es gibt noch weitere Möglichkeiten einen Puffer mit begrenzter Größe zu haben, mit anderen Regel als FIFO, FEFO oder LIFO. Und es gibt die Möglichkeit überhaupt keine Regeln für die Reihenfolge einzusetzen. Da der Puffer in seiner Größe begrenzt ist, kann er trotzdem Teil einer Verbrauchssteuerung sein.

Allerdings müssen Sie der Fertigung sagen, in welcher Reihenfolge die Produkte bearbeitet werden sollen. Wenn Sie keine Regel für die Reihenfolge haben, dann wird die Reihenfolge nicht zufällig sein, sondern davon abhängen, welche Aufträge den Mitarbeitern besser gefallen als andere. Die unbeliebten Aufträge, die viel Aufwand erfordern, schmutzig, laut oder unangenehm sind oder einfach weniger leistungsbezogenes Entgelt einbringen als andere, werden liegenbleiben. Die beliebten Aufträge hingegen werden im Eiltempo abgearbeitet.

Je nach Bedarf kann es noch weiter ausgefeilte Regeln geben. Zum Beispiel verwendet POLCA eine Regel für Werkstattfertigungen, die auf dem Fälligkeitsdatum des nächsten Auftrags und der Verfügbarkeit der nachfolgenden Prozesse basiert. Wichtig ist, dass Sie den Bestand begrenzen, um eine gute Verbrauchssteuerung zu etablieren. **Wenn Sie keinen besonderen Grund für einen anderen begrenzten Bestand haben, empfehle ich schlicht und einfach FIFO.**

4.3 Elemente

Das Schlüsselelement einer FIFO ist ein Bestand. **Dieser Bestand muss eine begrenzte Kapazität haben und eine FIFO-Reihenfolge verwenden.** Beides könnte durch explizite Regeln festgelegt werden, was auch manchmal mit digitalen Lagerverwaltungssystemen gemacht wird.

In der Regel ist es jedoch viel einfacher und besser, eine FIFO so zu bauen, dass Sie die Regeln nicht ohne großen Aufwand brechen können. **Machen Sie es schwierig die Reihenfolge zu ändern. Erschweren Sie es mehr Teile als vorgesehen hinzuzufügen.** Oft wird das durch ein spezielles Förderband, eine Rutsche oder eine Bahn mit begrenztem Platz erreicht. Bei der in Abbildung 34 gezeigten Getränkeabfüllanlage ist es beispielsweise schwierig, mehr Flaschen einzubringen als der Platz zulässt. Auch die Reihenfolge lässt sich nur schwer ändern.

Abbildung 34: Getränkeabfüllanlage als Beispiel für FIFO (Bild: mulderphoto mit Genehmigung)

4.4 Berechnungen

Ein wichtiger Faktor ist die Größe Ihres Pufferbestands. Sie ist unabhängig davon, ob es sich um FIFO, LIFO, FEFO oder ein anderes System handelt. Ein Puffer wirkt in zwei Richtungen:

- Ein **leerer Platz** bedeutet, dass der vorangehende Prozess seine Produkte in den Puffer abgeben und mit dem nächsten Produkt fortfahren kann. **Wenn der Puffer voll ist, muss der vorangehende Prozess anhalten.**
- **Material im Pufferbestand** bedeutet, dass der nachfolgende Prozess Material hat, um weiterzuarbeiten. **Wenn der Puffer leer ist, hat der nachfolgende Prozess kein Material mehr zum Weiterarbeiten und muss daher anhalten.**

Für ein statisches System ohne jegliche Störungen oder sonstige Änderungen der Zykluszeit würden wir keine Puffer benötigen. Wenn wir Puffer hätten, wären alle Puffer vor dem Engpass voll und alle Puffer danach leer.

In der Realität hat jedoch **jedes System zufällige Schwankungen**. Ein System kann Störungen haben, die einen Prozess für Minuten, Stunden oder (hoffentlich nicht) Tage anhalten. Aber Sie können auch kleinere Variationen haben, die Sie gar nicht bemerken. Wenn ein durchschnittliches Teil acht Minuten dauert, wird es Ihnen wahrscheinlich nicht auffallen, wenn ein Teil drei Sekunden länger und ein anderes Teil einen Sekundenbruchteil weniger braucht. Ohne Puffer würde jedoch jede dieser zufälligen Schwankungen das gesamte System beeinflussen. Zu jedem beliebigen Zeitpunkt würde der zu diesem Zeitpunkt langsamste Prozess die Geschwindigkeit der Anlage bestimmen. **Ohne Puffer würde Ihr System immer mit der langsamsten möglichen Geschwindigkeit laufen.**

Mit Puffern können Sie jedoch diese Geschwindigkeitsunterschiede abfangen. Läuft ein Prozess vorübergehend schneller als üblich, leert sich der Puffer davor und der Puffer danach füllt sich. Läuft der Prozess wieder langsamer, verändert sich der Puffer entsprechend, wie in Abbildung 35 visualisiert. Gäbe es keinen Puffer, würden alle Schwankungen zu Verzögerungen für das gesamte System führen. Ein Puffer kann daher vor bevorstehenden Problemen warnen, z. B. wenn ein Prozess langsamer läuft als geplant.

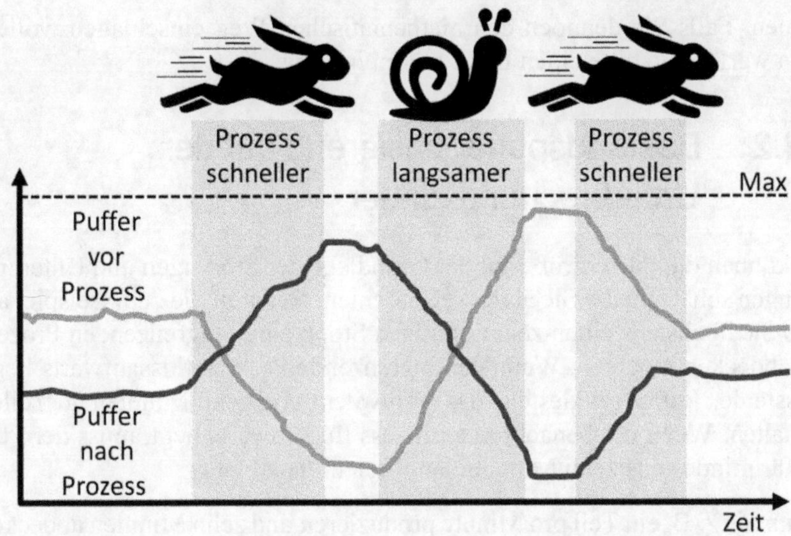

Abbildung 35: Veränderung des Bestands im Puffer vor und nach einem Prozess in Abhängigkeit von der Prozessgeschwindigkeit (Bild: Roser)

Die Größe des Puffers hängt davon ab, welche dieser Schwankungen Sie puffern möchten. **Je größer der Puffer ist, desto mehr Schwankungen werden gepuffert und desto höher sind Ihre Auslastung und Ihre Produktivität.** Jedoch, **je größer der Puffer ist, desto länger ist auch die Durchlaufzeit und desto größer sind der Bestand und die Kosten.** Insgesamt ist die Puffergröße ein **Kompromiss zwischen Auslastung und Produktivität auf der einen Seite und der Durchlaufzeit und den Bestandskosten auf der anderen Seite.** In der Schlanken Produktion geht die Tendenz eindeutig zu kleineren Puffern, d. h. im Zweifelsfall sollte man den kleineren Puffer wählen.

4.4.1 Mathematischer Ansatz (nicht empfohlen)

Es ist möglich eine gute Puffergröße zu berechnen oder zu simulieren. Der Vorgang ist jedoch umständlich und erfordert viele Daten, die Sie möglicherweise gar nicht haben. Kennen Sie die Standardabweichung Ihrer Zykluszeit und der Störungen? Wahrscheinlich kennen Sie nicht einmal die mittlere Zeit zwischen den Störungen und die mittlere Zeit einer Reparatur für Ihre Prozesse. Daher empfehle ich dringend einen praktischeren Ansatz zu wählen. Falls Sie dennoch den mathematischen Weg einschlagen wollen, dann werfen Sie bitte einen Blick auf mein Blog[27, 28].

4.4.2 Bestandspuffer basierend auf der Unterbrechungsdauer

Sie können die Puffergröße auf der Grundlage der Störungen und Unterbrechungen schätzen, die Sie abdecken möchten. Nehmen Sie zum Beispiel an, dass Sie höchstens einen zehnminütigen Stopp eines angrenzenden Prozesses abdecken möchten. Wenn der angrenzende Prozess flussaufwärts liegt, müsste der Puffer mindestens das Äquivalent von zehn Minuten an Teilen enthalten. Wenn der benachbarte Prozess flussabwärts liegt, muss der Puffer für mindestens zehn Minuten lang freien Platz bieten.

Wenn Sie z. B. ein Teil pro Minute produzieren und zehn Minuten abdecken wollen, bräuchten Sie Platz für zehn Teile. Wenn Sie jedoch alle fünf Sekunden ein Teil produzieren, würden zehn Minuten einen Puffer von 120 Teilen erfordern. Bei schnellen Zykluszeiten und langen abzudeckenden Zeitspannen wird die Anzahl der Teile schnell sehr groß. Bitte beachten Sie, dass sich auch so nicht die gewünschte Abdeckung garantieren lässt. Wenn der vorgelagerte Puffer bereits leer oder der nachgelagerte Puffer bereits voll ist, dann wird eine Unterbrechung des angrenzenden Prozesses nicht mehr abgedeckt.

Es gibt viele zusätzliche Effekte, die dazu führen, dass der Puffer bei Bedarf nicht ganz leer oder voll ist. Auch weiter vor- und nachgelagerte Puffer beeinflussen die tatsächlichen Pufferbestände. Daher enthält dieser Ansatz auch einige Ungenauigkeiten.

4.4.3 Schätzung des Bestandspuffers

Ein ähnlicher Ansatz besteht darin, jemanden aus der Fertigung heranzuziehen, der mit diesen oder ähnlichen Prozessen vertraut ist. Lassen Sie die Person eine Schätzung der Puffergröße abgeben. Wenn möglich, lenken Sie

---

[27] Christoph Roser, *Determining the Size of Your FiFo Lane – The FiFo Formula*, in *Collected Blog Posts of AllAboutLean.Com 2014*, Collected Blog Posts of AllAboutLean.Com 2 Offenbach, Germany: AllAboutLean.com Publishing, 2020, 185–91.

[28] Christoph Roser, *The FiFo Calculator – Determining the Size of Your Buffers*, in *Collected Blog Posts of AllAboutLean.Com 2014*, Collected Blog Posts of AllAboutLean.Com 2 Offenbach, Germany: AllAboutLean.com Publishing, 2020, 209–12.

die Person eher in Richtung eines kleineren Puffers als eines größeren. Passen Sie die Größe des Puffers an, wenn das beobachtete Verhalten des Systems nicht Ihren Erwartungen entspricht.

Ja, das ist der aktuelle Stand der Technik für die Bestimmung von Puffergrößen in Fabriken: **eine Expertenschätzung** (was wiederum nichts anderes ist als eine wilde Vermutung von jemandem, der zumindest nicht völlig ahnungslos ist).

4.4.4   Allgemeine Regeln für Puffergrößen

Hier sind noch ein paar Vorschläge, die Ihnen bei der Platzierung Ihrer Pufferkapazitäten helfen können.

- Puffer sind vor und nach den Engpässen wichtiger als im Bereich der Nicht-Engpässe.
- Wenn die Zykluszeiten Ihrer Prozesse gekoppelt sind und sich alle Teile immer zur gleichen Zeit bewegen (z. B. wie bei einem Förderband oder einer getakteten Linie, bei der die Teile alle gleichzeitig bewegt werden), werden normalerweise keine Puffer benötigt.
- Wenn bei einer Mehrmaschinenbedienung die Prozesse sowieso auf den Mitarbeiter warten, ist kein Puffer nötig. Ein Puffer wäre hier ein zusätzlicher Handhabungsaufwand ohne einen Vorteil für die Produktivität.
- Wenn die Zykluszeiten Ihrer Prozesse nicht miteinander verknüpft sind und sich verschiedene Teile zu unterschiedlichen Zeiten bewegen können, sollten Sie in der Regel mindestens eine Pufferkapazität von einer Einheit (ein Teil oder eine Kiste mit Teilen) zwischen den Prozessen haben.
- Manuelle Stationen benötigen möglicherweise etwas weniger Puffer, weil Mitarbeiter etwas schneller bzw. langsamer arbeiten können und werden, wenn sie das Gefühl haben, dass sie andere ausbremsen bzw. von anderen ausgebremst werden.
- Puffer vor dem größten Engpass sind in der Regel voll. Puffer nach dem größten Engpass sind in der Regel leer. Daher haben Puffer nach dem Engpass eine viel geringere Auswirkung auf den Bestand und die Durchlaufzeit, während sie ähnliche Vorteile wie Puffer vor dem Engpass haben.

4.5 Vorteile

Eine FIFO hat eine ganze Reihe von Vorteilen. Erstens **ist eine FIFO ein klar definierter Materialfluss**. Das Material zwischen zwei Prozessen ist immer auf die FIFO-Kapazität begrenzt. Sie vermeidet die Aufhäufung von Material vor dem Engpass, wie in Abbildung 36 dargestellt.

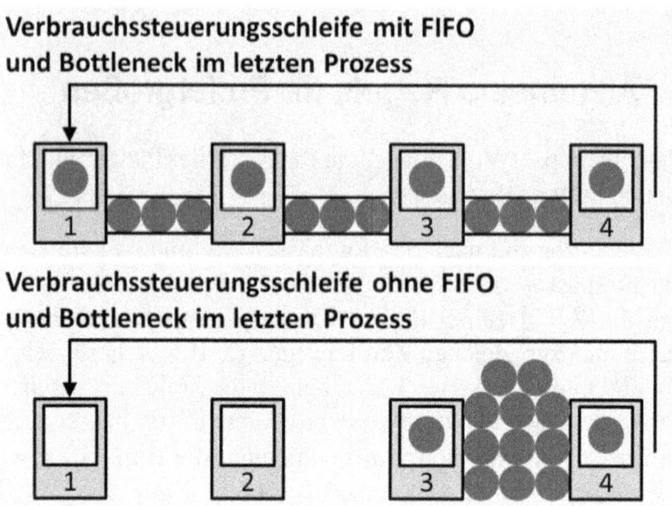

Abbildung 36: Vergleich einer Verbrauchssteuerung mit und ohne FIFO (Bild: Roser)

Weiterhin können Sie den Bestand zwischen zwei Prozessen nicht überfüllen – und somit auch **nicht das gesamte System**. Daher handelt es sich um einen schlanken Materialfluss. Ihr System ist immer noch in der Lage (relativ schnell) auf Änderungen der Nachfrage zu reagieren. Ihr Gesamtbestand ist gedeckelt. Systematische Fehler werden früher erkannt. Alle sieben Arten von Verschwendung (von denen die Überproduktion die schlimmste ist) werden reduziert[29]. Insgesamt ist ein begrenzter Bestand effizienter.

Es besteht zudem ein **klar definierter Informationsfluss**. Sie müssen nur dem ersten Prozess sagen, was zu tun ist. Alle anderen Prozesse machen einfach das, was über die FIFO kommt. Das macht eine FIFO **einfach zu steuern** und nimmt Ihnen eine Menge Verwaltungsaufwand ab. In einem FIFO-System müssen Sie nur den ersten Prozess steuern, eventuell mit einer

---

[29] Zur Erinnerung: Die sieben Arten von Verschwendung sind Transport, Bewegung, Warten, Überbearbeitung, Defekte, Bestand und (am schlimmsten) Überproduktion.

Verbrauchssteuerung, alle anderen Prozesse werden automatisch mitgesteuert.

FIFO hilft auch beim **visuellen Management**. Es ist in der Regel leicht zu erkennen, wie voll eine FIFO ist. Das gibt Ihnen viele Hinweise auf den Zustand des Systems, beispielsweise rund um den Engpass. Wenn Sie oder Ihre Mitarbeiter bemerken, dass eine FIFO ungewöhnlich voll oder ungewöhnlich leer wird, können Sie prüfen, warum das so ist. Eventuell können Sie ein Problem beheben, bevor es kritisch wird. Unterschätzen Sie niemals die Möglichkeit, direkt vor Ort zu sehen, was in Ihrem System vor sich geht.

4.6 Nachteile

Es gibt nur wenige Nachteile von FIFO. Normalerweise ist FIFO ein hervorragend guter Ansatz für den Materialfluss, es sei denn, es gibt einen guten Grund, etwas anderes zu verwenden.

4.6.1 Etwas organisatorischer Aufwand

FIFO bietet möglicherweise etwas weniger Platz für Material als ein ungeordneter Haufen. Es kann etwas mehr Aufwand erfordern eine FIFO einzurichten, verglichen mit einem einfachen Haufen an Material. Aber diese Nachteile sind in der Regel gering im Vergleich zu den Vorteilen. Ein FIFO macht es etwas schwieriger, die Reihenfolge zu ändern oder mehr Teile als beabsichtigt zu puffern – aber das ist ja gerade der Sinn von FIFO. Wenn Sie die Reihenfolge häufig ändern, benötigen Sie möglicherweise keine FIFO.

4.6.2 Mögliche Blockierung beim Aufteilen von Materialflüssen

Es gibt jedoch ein potenzielles Problem mit FIFOs. Eine FIFO kann andere Prozesse blockieren, wenn sich der Materialfluss aufspaltet. Ein Beispiel für eine solche Blockierung ist in Abbildung 37 dargestellt. Der Materialfluss teilt sich nach Prozess 1 auf. Alle Sechsecke werden bei Prozess 2 verarbeitet. Alle Kreise werden bei Prozess 3 verarbeitet. Leider hat Prozess 3 eine Störung und das FIFO vor Prozess 3 ist voll. Das wiederum hindert Prozess 1 daran, den bereits fertiggestellten Kreis in Richtung Prozess 3 abzugeben. Obwohl Prozess 2 leerläuft, müssen die Sechsecke vor Prozess 1 warten, bis das Problem bei Prozess 3 gelöst ist. Eine solche Blockierung würde normalerweise einen manuellen Eingriff erfordern.

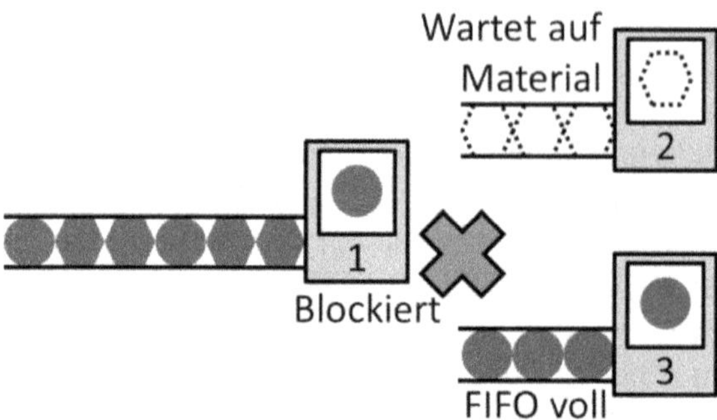

*Abbildung 37: Beispiel für eine Systemblockade mit zwei nachfol-
genden FIFOs (Bild: Roser)*

Das in der Abbildung 37 gezeigte Beispiel ist in Werkstattfertigungen sehr
häufig anzutreffen, allerdings meist mit einer höheren Teilevielfalt. In der
Realität ist es natürlich so, dass bei einer solchen Blockade die Mitarbeiter
manuell eingreifen. Sie ändern die Reihenfolge und bringen den Materialfluss wieder in Gang, denn das ist das kleinere Übel. Um solche Blockaden
in Werkstattfertigungen komplett zu vermeiden, bräuchten Sie entweder unendlich viele Puffer, was unpraktisch ist. Alternativ müssten Sie im Voraus
die Reihenfolge ändern bevor das System blockiert. POLCA hat standardmäßig einen Anti-Blockier-Mechanismus eingebaut.

Eine ähnliche Situation besteht in Abbildung 38, wo es nur einen einzigen
FIFO nach dem ersten Prozess gibt. Auch hier kann der Kreis an der ersten
Position der FIFOs nicht zum Prozess 3 weiterfließen. Da es sich um eine
FIFO handelt, sind alle weiteren Teile in der FIFO blockiert, was dazu führt,
dass der Prozess 2 in diesem Beispiel ebenfalls leerläuft.

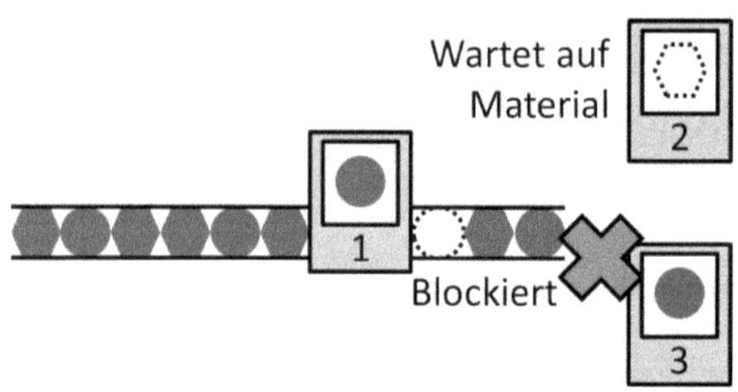

*Abbildung 38: Beispiel für eine Systemblockade mit nur einer
nachfolgenden FIFO (Bild: Roser)*

Die Situation in Abbildung 38 kann vermieden werden, indem nach Prozess
1 keine FIFO verwendet wird, sondern nur ein allgemeiner Bestandspuffer.
Aber das verschiebt das Problem nur nach hinten, da ein begrenzter Nicht-

FIFO-Bestand immer noch voll werden und den ersten Prozess blockieren kann, wie in Abbildung 39 dargestellt.

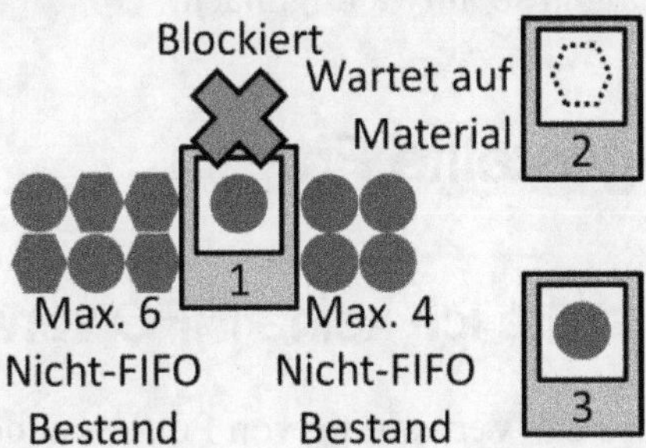

Abbildung 39: Beispiel für eine Systemblockade ohne FIFO, aber mit begrenzten Beständen (Bild: Roser)

Werkstattfertigungen mit mehreren sich überschneidenden Materialflüssen sind besonders anfällig für solche Blockaden. Eine Lösung besteht darin, **keine Bestände mit einer festen Obergrenze zu verwenden**, auch wenn es physikalisch gesehen irgendwann eine Grenze geben wird. Diese flexiblen Bestände werden oft mit dem Wechseln von Mitarbeitern an andere Prozesse mit mehr wartenden Aufträgen kombiniert. Wenn es mehrere Prozesse innerhalb einer größeren Verbrauchssteuerungsschleife gibt, kann die größere Schleife den Bestand immer noch begrenzen. In diesem Fall sollten die einzelnen nachgelagerten Prozesse jedoch in der Lage sein, alle Teile der größeren Verbrauchssteuerungsschleife in einem Puffer unterzubringen.

Eine andere und wahrscheinlich bessere Lösung, die z. B. von POLCA verwendet wird, besteht darin, **einen Auftrag nur dann zu starten, wenn auch nachgelagert freie Pufferplätze oder Prozesskapazitäten vorhanden sind**, die diesen Auftrag auch tatsächlich aufnehmen können. POLCA hat hier für jeden möglichen Pfad im Materialfluss eine eigene Schleife.

Normalerweise wird bei einem generischen System die FIFO-Reihenfolge geändert, wenn kein freier Pufferplatz nach dem Prozess verfügbar ist. Im Beispiel in Abbildung 37 würde das bedeuten den letzten Kreis bei Prozess 1 nicht zu starten und stattdessen zum nächsten Sechseck zu springen, für das im folgenden FIFO Platz vorhanden ist. Der letzte Kreis würde vor dem Prozess 1 warten, bis am nachfolgendem FIFO für den Prozess 3 ein Platz frei wird.

Im Beispiel in Abbildung 39, würde dies die Beachtung der Teiletypen im Nicht-FIFO-Bestand erfordern. Prozess 1 hätte ein Sechseck produzieren sollen, als der zweite Pufferbestand nur noch einen Platz frei hatte und ansonsten mit Kreisen voll war. Hier wäre entweder ein Nicht-FIFO-Bestand oder ein Supermarkt vor Prozess 1 erforderlich. In jedem Fall muss Prozess 1 die Möglichkeit haben, anhand der nachgelagerten Lager- oder

Prozesskapazität zu entscheiden, welche Teile als nächstes produziert werden sollen. In vielen Werkstattfertigungen wird all das manuell gesteuert, was Werkstattfertigungen so aufwändig macht.

4.7   Häufig gestellte Fragen

4.7.1   Wann sollte ich keine FIFO verwenden?

FIFO wird sehr häufig zur Verwaltung von Puffern in der Verbrauchssteuerung verwendet. Allzu oft höre ich jedoch die Behauptung, dass der gesamte Materialfluss FIFO sein MUSS. Das ist nicht so. Es gibt seltene, aber mögliche Situationen, in denen Sie KEINE FIFO verwenden sollten.

4.7.1.1   Material in Gebinden, Behältern oder Kisten

FIFO im strengsten Sinne ist schwierig einzuhalten, wenn Ihr Material in größeren Chargen oder Kisten eintrifft. Eine solche Kiste ist in Abbildung 40 veranschaulicht. Wenn Sie Ihre Teile in Kisten oder Chargen transportieren oder verarbeiten, wird es schwierig sein eine FIFO innerhalb der Kiste einzuhalten. Es ist möglich eine kreative Nummerierung zu verwenden, aber wenn es keinen zwingenden Grund dafür gibt, ist der Nutzen oft den Aufwand nicht wert. Natürlich sollten die Kisten oder Behälter selbst in FIFO sein, nur die Teile darin befinden sich in einer zufälligen Reihenfolge.

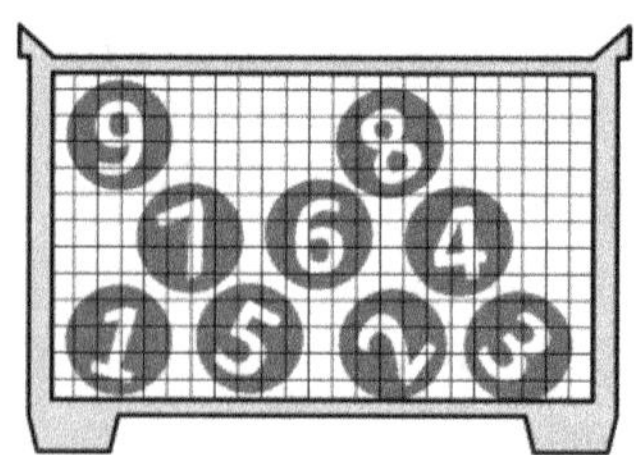

Abbildung 40: Illustration von nicht sequenziertem Material in einem Gebinde (Bild: Roser)

4.7.1.2   Priorisierung und andere Sequenzierungsregeln

Manchmal ist es sinnvoll Ihre Produktionsreihenfolge zu priorisieren oder zu sequenzieren. So wie die Polizei oder ein Krankenwagen in der Rettungsgasse andere Autos überholen kann, so können auch Teile andere in der Produktionslinie überholen. Manchmal kann das Ihrer Produktion helfen.

Sie haben vielleicht häufige Rennerprodukte und selten verkaufte exotische Produkte. Es kann sinnvoll sein, dass Rennerprodukte auf Lager gebaut werden. Wenn Ihre exotischen Produkte auch auf Lager gebaut werden, steigt Ihr Bestand überproportional an. Sie können sich dafür entscheiden, exotische Produkte nur auf Bestellung (Auftragsfertigung) zu fertigen oder versuchen, den Bestand zu reduzieren. In diesem Fall kann eine schnellere Durchlaufzeit für exotische Produkte hilfreich für die Kundenzufriedenheit sein. Durch die **Priorisierung von Produkten der Auftragsfertigung** können Sie die Durchlaufzeit verkürzen und die Liefererfüllung und den Bestand für exotische Produkte deutlich verbessern. Gleichzeitig erhöht sich der Bestand für Rennerprodukte nur geringfügig.

Ein anderes Beispiel kann sein, wenn **bei der Produktion oder Planung etwas schiefläuft.** Ein Auftrag oder ein Teil wurde vergessen, verzögert, übersehen, verpfuscht oder geändert, und nun schreit der wichtigste Kunde nach Teilen. (Vielleicht ist Ihnen ein solches Szenario bekannt, mir ging es jedenfalls schon öfters so.) In diesem Fall kann es möglich sein das Problem zu reduzieren, indem man diese Aufträge vorzieht. **Das Erfolgsgeheimnis zum Priorisieren ist, es selten zu tun.** Nur ein oder zwei von zehn Teilen sollten priorisiert werden, andernfalls kann das gesamte System ins Chaos gestürzt werden.

Ein weiterer Grund FIFO zu brechen ist eine **Rüstoptimierung**. In vielen Systemen kann das Umrüsten in einer bestimmten Reihenfolge einfacher sein. Beim Spritzgießen kann es zum Beispiel einfacher sein, mit einer hellen Farbe zu beginnen und mit den nächsten Aufträgen allmählich zu dunkleren Farben überzugehen. Auf diese Weise müssen Sie Ihre Maschine weniger reinigen, da ein Fleck aus hellerem Kunststoff auf dunklerem Kunststoff viel weniger auffällt. Im Gegensatz dazu kann eine Verschmutzung aus dunklerem Kunststoff klare oder weiße Teile ruinieren. In einem solchen Fall kann es von Vorteil sein, die aus dem vorherigen Prozess stammende Reihenfolge zu ändern und die Teile für eine bessere Rüstreihenfolge neu zu sortieren.

Wenn verschiedene Prozesse in Ihrem Wertstrom unterschiedliche Rüstreihenfolgen haben, können Sie die Reihenfolge mehr als einmal ändern. Insgesamt werden dadurch die Umrüstkosten gesenkt, allerdings auf Kosten eines höheren Bestands und einer längeren Durchlaufzeit. Die reine Theorie in der Schlanken Produktion wäre natürlich, das Rüsten komplett zu eliminieren und eine Losgröße von eins mit einer Umrüstzeit von null zu haben. Bis Sie dies jedoch erreicht haben, können Sie sich dafür entscheiden, FIFO zu ändern, um Ihre Rüstreihenfolge zu optimieren.

Es läuft hinaus auf eine Abwägung zwischen dem Nutzen des Vorziehens eines Teils oder Auftrags auf der einen und dem nötigen Aufwand sowie dem daraus entstehenden leicht erhöhten Chaos auf der anderen Seite. Das Ändern der FIFO-Reihenfolge sollte eine Ausnahme sein. Wenn Sie die Reihenfolge häufig ändern, machen Sie es bitte richtig und erstellen Sie Standards und Regeln für die Änderung der Reihenfolge.

4.7.1.3 Parallele Bahnen für Material

Ein weiteres Beispiel für die Änderung der Reihenfolge ist, wenn Sie ein längeres FIFO benötigen, aber hierfür nicht genügend Platz in der Fertigung haben. In diesem Fall können Sie das FIFO in verschiedene parallele Bahnen aufteilen, wie in Abbildung 41 beispielhaft gezeigt. Die Herausforderung besteht hier darin, das FIFO über mehrere parallele Bahnen aufrechtzuerhalten. Sowohl der Quell- als auch der Zielprozess müssen beim Hinzufügen oder Entfernen von Teilen Regeln befolgen, um die FIFO-Reihenfolge über mehrere Bahnen hinweg aufrechtzuerhalten.

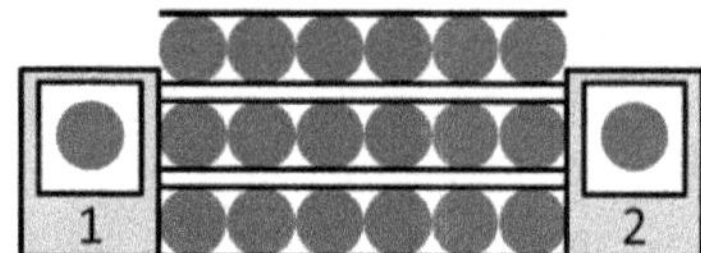

Abbildung 41: Darstellung von drei parallelen FIFO-Bahnen
(Bild: Roser)

Ich habe verschiedene Ansätze gesehen, die versuchen ein solches System zu steuern und dem Benutzer zu signalisieren, wo er Teile hinzufügen oder entfernen soll. Das können aufwändige digitale Signale sein, mechanische Barrieren oder auch nur billige Plastikblumentöpfe als Markierung auf den Artikeln. All dies erforderte viel Sorgfalt beim Einlagern oder Entnehmen aus den FIFOs. Manchmal möchten Sie die FIFO-Reihenfolge aufrechterhalten. In anderen Situationen kann es einfacher sein die FIFO-Reihenfolge zu ignorieren und sowohl die Bahn für die Einlagerung als auch für die Auslagerung nach dem Zufallsprinzip zu wählen. Dieses Zufallsprinzip führt zwar nicht zu einer strikten FIFO-Reihenfolge, erleichtert aber die Steuerung. Wenn Ihre Mitarbeiter einen Standard für parallele FIFO-Bahnen nicht perfekt befolgen, wird es höchstwahrscheinlich sowieso Vertauschungen in der Reihenfolge geben.

Seien Sie sich jedoch des hohen Risikos bewusst, dass einige Produkte übermäßig lange in den Bahnen verbleiben. Das kann entweder zufällig geschehen oder weil sie schwieriger sind und der nachfolgende Prozess die leichten, einfachen Produkte bevorzugt. Vor allem Letzteres kommt häufiger vor als Sie glauben!

Ein weiterer Nachteil ist, dass die Produkte möglicherweise unterschiedlich lange in den Bahnen verbleiben und dass die Rückverfolgbarkeit im

Fehlerfall nicht mehr gegeben ist. Wenn zum Beispiel der Zielprozess einen Fehler bemerkt, wird es schwieriger festzustellen, welche Teile in den parallelen FIFO-Bahnen das gleiche Problem haben oder was die Ursache im Vorprozess war.

Ich würde striktes FIFO in parallelen Bahnen nur dann durchführen, wenn es einen klaren Vorteil durch die Beibehaltung der Reihenfolge gibt. Solch ein Vorteil könnte z. B. bei schnell alternden Produkten wie Milch oder anderen Lebensmitteln der Fall sein, bei häufig aktualisierten Produkten oder wenn FIFO Ihnen in Ihrem speziellen Fall wirklich hilft, Probleme zurückzuverfolgen.

Allerdings habe ich in der Vergangenheit auch gelegentlich die Reihenfolge in parallelen Bahnen gebrochen. Die Mitarbeiter konnten nach dem Zufallsprinzip in jeder beliebigen Spur etwas hinzufügen und entfernen. Das zufällige Hinzufügen und Entfernen ist nicht ganz FIFO, aber in meiner Situation gab es ohnehin kein System, um Probleme nachzuverfolgen – was an sich natürlich schon ein weiteres Problem war. Die Produkte alterten auch nicht wirklich, und auch die Konstruktion wurde nur selten geändert. Man musste aber bei einer Konstruktionsänderung besonders aufpassen, dass man die alten und die neuen Produkte nicht verwechselte. Es war keine perfekte Lösung, aber zu diesem Zeitpunkt war es aus meiner Sicht die beste Option.

Es läuft alles auf einen Kompromiss hinaus: Der Aufwand für die Aufrechterhaltung von FIFO gegenüber den Vorteilen, die FIFO mit sich bringt. Ich hatte Situationen, in denen ich mich entschieden habe, die Reihenfolge zu ändern. Natürlich wäre es am besten, den Bestand so zu reduzieren, dass nur noch eine einzige FIFO-Bahn nötig ist; dann wäre das ganze Problem eliminiert.

4.7.1.4 Unterschiedliche Lagerhaltungskosten

Ein weiteres Beispiel, bei dem es wirtschaftlich sinnvoll sein kann, die Reihenfolge zu ändern, sind Unterschiede bei den Lagerkosten. Nehmen Sie zum Beispiel an, dass Ihr Lager voll ist und Sie Platz in einem externen Lager mieten müssen. Ihr eigenes Lager ist bereits abbezahlt, egal wie viele Produkte sich dort befinden. Das externe Lager berechnet Ihnen jedoch die Kosten pro Lagerplatz und Tag.

In diesem Fall ist es sinnvoll, das eigene Lager vollständig aufzufüllen, bevor Sie das externe Lager in Anspruch nehmen. Ebenso sollten Sie zuerst aus dem externen Lager liefern bevor Sie Ihr eigenes Lager leeren, um die Lagerkosten zu reduzieren. Insgesamt wird die Reihenfolge nicht mehr FIFO sein, sondern möglicherweise sogar eher LIFO.

Auch hier gibt es einige Vorbehalte. Stellen Sie sicher, dass Ihre Produkte nicht alt werden, während sie in Ihrem Lager liegen. Und natürlich kann die beste Option darin bestehen, Ihren Bestand insgesamt zu reduzieren, obwohl das natürlich leichter gesagt als getan ist.

4.7.1.5 Werkstattfertigungen

Eine strenges FIFO in Werkstattfertigungen kann zum Blockieren des Systems führen, wie in Kapitel 4.6.2 gezeigt. Ein volles FIFO kann dazu führen, dass alles andere warten muss, bis der Prozess für das nächste Teil bereit ist. Solch eine Blockade kann ein manuelles Eingreifen erfordern.

Sie werden die Reihenfolge vermutlich sowieso oft ändern, wenn der Materialfluss nicht für alle Teile identisch ist. Dies kann z. B. bei Verzweigungen, Schleifen oder dem Überspringen von Prozessen der Fall sein. In diesem Fall werden die Teile das System in einer anderen Reihenfolge verlassen als sie hineingekommen sind. Je unregelmäßiger Ihr Materialfluss ist, desto mehr wird die FIFO-Reihenfolge durcheinandergebracht.

Die Reihenfolge wird bei Auftragsfertigung in Werkstattfertigungen fast immer durcheinandergebracht. Wenn der Wertstrom für jedes Teil anders ist, dann ist auch die Reihenfolge, in der die Teile das System betreten und verlassen fast immer unterschiedlich. Der Versuch FIFO-Regeln für kundenindividuelle Aufträge in einer Werkstattfertigung zu etablieren führt fast immer zu Problemen. Die meisten Werkstattfertigungen haben jedoch auch einen Vorrat an Standardkomponenten wie Schrauben, Bleche oder Rohre. Diese könnten natürlich über eine FIFO verwaltet werden.

4.7.2 Muss die FIFO mit der Bestandsgrenze übereinstimmen?

Nehmen wir an, Sie haben ein Kanbansystem, das Ihren Bestand innerhalb des Systems auf 100 Teile begrenzt. Müssen alle 100 Teile in die FIFO passen? Eindeutig nein. Sie können weniger Platz in der FIFO haben als die maximale Anzahl der Teile. Die Teile könnten im Supermarkt warten oder als Kanban in der Warteschlange für die Produktion.

Sie können sich auch ein System vorstellen, bei dem Sie mehr Platz in der FIFO haben als Ihre Bestandsgrenze benötigt, da eine größeres FIFO in der Regel die Prozessauslastung erhöht. Dies ist jedoch weniger sinnvoll. Um ein schlankes System zu erhalten, würde ich ein **zu großes FIFO vermeiden**. In jedem Fall sind die Bestimmung der Bestandsgrenze für Ihre Verbrauchssteuerung und die FIFO-Kapazität separate Entscheidungen.

Kapitel 5
Kanban

Kanban ist die bekannteste Art der Verbrauchssteuerungen. Oft wird Kanban sogar als Synonym für alle Verbrauchssteuerungen gesehen, obwohl es viele Möglichkeiten gibt, Verbrauchssteuerung ohne Kanban zu implementieren. Dieses Kapitel konzentriert sich auf Kanban, erklärt aber auch Zusammenhänge, die für andere Verbrauchssteuerungen relevant sind. Eine Kanban wird an allen Teilen in der Verbrauchssteuerungsschleife angebracht. Wenn ein Teil die Schleife verlässt, signalisiert die Kanban die Wiederbeschaffung für genau dieses Teil.

5.1 Grundlagen

Ein Kanbansystem ist wahrscheinlich die einfachste Möglichkeit, eine Verbrauchssteuerung für Lagerartikel zu erstellen. Sie haben einen Bestand am Ende Ihres Wertstromsegments. Dieser Bestand wird Supermarkt genannt. Alle Artikel in der Kanbanschleife, einschließlich der Artikel im Supermarkt, sind mit einer Kanban versehen. Die Kanban hat Informationen über den Typ und die Anzahl des Artikels.

Immer wenn der nächste Prozess oder Kunde einen Artikel aus dem Supermarkt entnimmt, wird die entsprechende Kanban an den Anfang der Kanbanschleife geschickt. Damit wird eine Reproduktion oder Nachbestellung eines Artikels des gleichen Typs gestartet. Das klassische Kanbansystem für die Produktion ist auch als **Produktionskanban** bekannt. Kanban kann aber auch Artikel liefern oder nachbestellen. In diesem Fall würde man von einer **Transportkanban** sprechen. Die Abbildung 42 zeigt eine Produktionskanban über vier Prozesse.

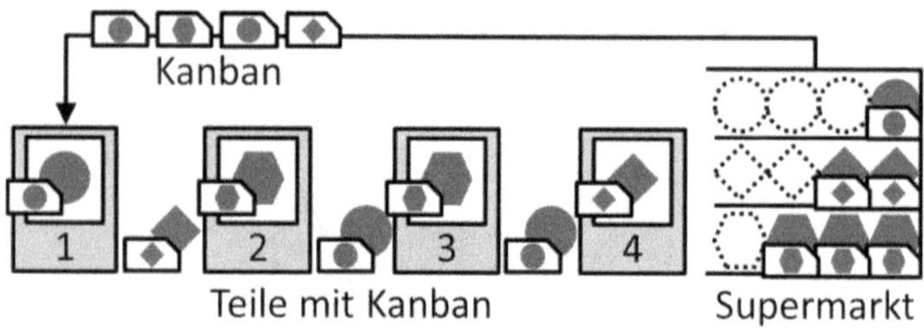

Abbildung 42: Schematisches Beispiel für eine Produktionskanban. An jedem Teil ist eine Kanban angebracht. (Bild: Roser)

Eine Kanban ist also im Grunde eine Information, die an den Artikeln im Kanbankreislauf angebracht ist. Oft handelt es sich um ein gedrucktes Stück Papier oder eine Karte, obwohl auch andere Formen denkbar sind, einschließlich des Behälters selbst oder einer digitalen Version. Eine der grundlegenden Regeln von Kanban ist, dass **jedes Teil eine Kanban hat, die an das Teil oder den Behälter mit den Teilen angebracht ist** (mit Ausnahme der Dreieckskanban).

Kanban sind in der Regel nur dazu geeignet, Lagerbestand wieder aufzufüllen. Die Kanban beschreibt genau, welches Teil in welcher Menge sie repräsentiert. Nur dieses Teil in dieser Menge wird wiederbeschafft. Grundsätzlich werden Kanbans dazu verwendet, einen Lagerbestand mit Teilen oder Produkten aufzufüllen. **Kanbans eignen sich nicht für Auftragsfertigung,** für die Sie nur produzieren oder beschaffen, nachdem ein Kundenauftrag vorliegt.

Eine Kanban repräsentiert mindestens ein Teil. **Eine Kanban kann aber auch mehrere Teile repräsentieren.** In diesem Fall startet die Kanban nicht die Wiederbeschaffung von einem Teil, sondern die Wiederbeschaffung von so vielen Teilen, wie auf der Kanban angegeben sind.

Die Summe der Teile, die durch alle Kanbans eines Teiletyps repräsentiert werden, ist die Bestandsgrenze für diesen Teiletyp. Sie können nie mehr Teile haben als entsprechende Kanbans. Die Kanban signalisiert auch die Wiederbeschaffung. Es handelt sich also um eine Verbrauchssteuerung. Sie können jedoch weniger Teile im Kreislauf haben als Kanban, wenn einige Kanbans auf die Wiederbeschaffung warten, wie in Abbildung 42 dargestellt. Die Bestimmung der Anzahl an Kanbans ist ein wenig knifflig, aber

das Ziel ist ein Kompromiss zwischen einem geringen Bestand und einer trotzdem guten Materialverfügbarkeit.

5.2 Varianten

Neben der normalen Produktionskanban gibt es weitere Varianten für die Wiederbeschaffung von Teilen. Ich zeige Ihnen die gängigsten Kanbanvarianten.

5.2.1 Transportkanban

Die Transportkanban ist nahezu identisch mit der Produktionskanban. Anstatt jedoch die verbrauchten Teile zu reproduzieren, werden sie lediglich aus einem vorgelagerten Bestand oder vom Lieferanten nachgeliefert. Je nach Position im Wertstrom spricht man auch von „Lieferantenkanban" zwischen Lieferanten und Produktion oder „Kundenkanban" zwischen Produktion und Kunde. Ich denke jedoch, dass diese zusätzlichen Unterscheidungen nicht nötig sind. Ein Beispiel für eine grundlegende Transportkanban ist in Abbildung 43 dargestellt.

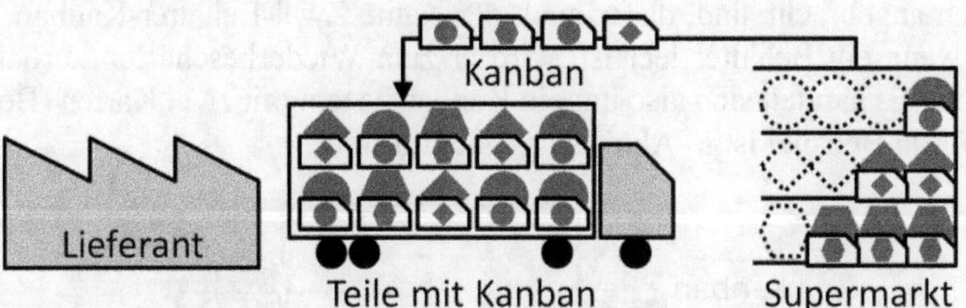

Abbildung 43: Vereinfachtes schematisches Beispiel für eine Transportkanban (Bild: Roser)

Der Hauptunterschied zur Produktionskanban besteht darin, dass ein Produktionsprozess normalerweise eine begrenzte Kapazität hat. Wenn zehn Kanbans gleichzeitig eintreffen, kann der Produktionsprozess sie trotzdem nur nacheinander verarbeiten, was zu einer Verzögerung führen kann.

Ein Lager kann jedoch meist sofort mehrere Kanbans versorgen. Wenn zehn Kanbans gleichzeitig eintreffen, werden einfach zehn Teile aus dem vorhergehenden Bestand entnommen. Daher ist die Wiederbeschaffungszeit oft viel kürzer, begrenzt nur durch die Verzögerung beim Absenden der Bestellung und die Zeit für den Transportvorgang. Dies setzt natürlich voraus, dass der liefernde Bestand die gewünschten Teile vorrätig hat.

Eine solche Transportkanban kann zwischen weit entfernten Beständen liegen, wie z. B. zwischen Ihrem Lieferanten und Ihrem eigenen Werk. Die Bestände können aber auch näher beieinander innerhalb des eigenen Werks liegen. Ein **Milk-Run**, bei dem Material entlang einer festen Route und mit festen Zeitabständen angeliefert wird, wird häufig mit Transportkanbans realisiert.

Sie sollten **eine Transportkanban einsetzen, wenn der dafür nötige Aufwand den Vorteil eines näher gelegenen Lagers rechtfertig.** In diesen Kontext gehören auch Situationen, in denen der **ursprüngliche Bestand zu viel Platz benötigt**, um in der Nähe des nachfolgenden Prozesses gelagert zu werden. Ein kleinerer Bestand am Prozess, welcher durch eine Transportkanban versorgt wird, ist hier eine bessere Möglichkeit. Siehe hierzu auch Kapitel 11.2.8 und 11.2.9 für Details.

5.2.2 Zwei-Behälter-Kanban

Eine weitere Variante von Kanban ist die Zwei-Behälter-Kanban (manchmal auch nur „Zwei-Behälter-System" genannt oder auf Englisch *Two-Bin-Kanban*). Sie haben nur zwei Kanbans pro Teiletyp. Anstelle von bedruckten Papierkarten handelt es sich oft um Etiketten, die an den Behältern oder Boxen angebracht sind, daher auch der Name Zwei-Behälter-Kanban. Immer wenn ein Behälter leer ist, wird er zum Wiederbeschaffen zurückgeschickt. Es handelt sich also um ein Kanbansystem mit zwei Karten (Behältern). Ein Beispiel ist in Abbildung 44 dargestellt.

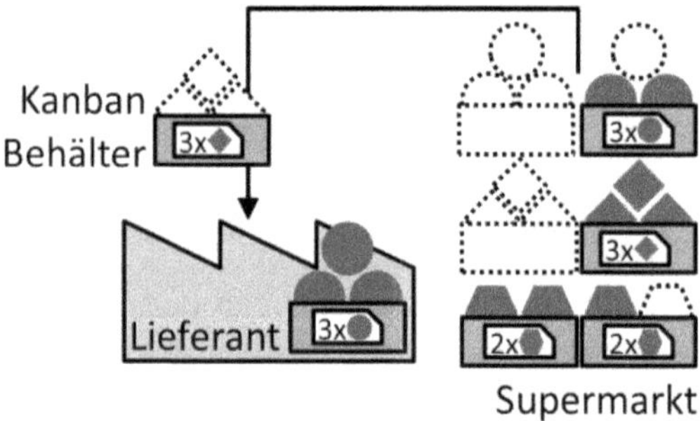

Abbildung 44: Beispiel für eine Zwei-Behälter-Kanban. Da dies sowohl mit Reproduktion als auch mit Nachbestellung funktioniert, wird ein generisches Lieferantensymbol als Quelle verwendet. Ein Behälter mit Kreisen wird gerade vom Lieferanten geliefert; ein Behälter mit Rauten ist bestellt. (Bild: Roser)

Das System wird für Teile verwendet, wenn **die Wiederbeschaffungszeit eines Behälters viel kürzer ist als die Zeit, um die Teile in einem Behälter zu verbrauchen** (d. h. das System kann einen Behälter schneller

produzieren oder bestellen als der Kunde ihn verbrauchen kann). Sie benötigen mindestens zwei Kanbans. Andernfalls riskieren Sie, dass Ihnen die
Teile fehlen, wenn der einzige Behälter leer ist, was mit zwei Behältern vermieden werden kann. Gängige Beispiele sind kleinere Teile mit geringem
Verbrauch oder Ersatzteile. Abbildung 45 zeigt eine Variante einer solchen
Zwei-Behälter-Kanban, die in einem Krankenhaus für einen lokalen Bestand an Medikamenten eingesetzt wird.

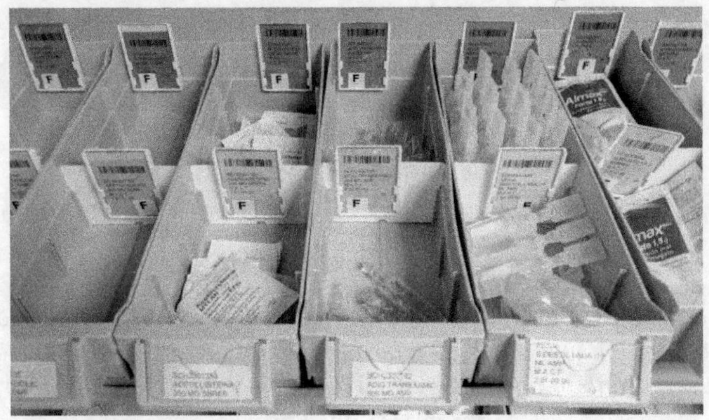

*Abbildung 45: Variante einer Zwei-Behälter-Kanban in einem
Krankenhaus. Wenn die vordere Box leer ist, wird die vordere
weiße Kanban entfernt, und die Medikamente werden nach vorne
geschoben. Wenn die zweite Box ebenfalls leer ist, signalisiert die
zweite rote Kanban eine hohe Dringlichkeit. Aufgenommen im
Consorci Sanitary Garraf bei Barcelona. (Bild: Roser)*

5.2.3 Dreieckskanban

Die Dreieckskanban (oder auf Englisch *Triangle Kanban*) erfordert den geringsten Aufwand zur Wiederbeschaffung, da es nur eine Kanban pro Teiletyp gibt. Dadurch wird seltener, aber mehr bestellt. Der Name rührt daher,
dass die Kanban bei Toyota ursprünglich aus Blechschnittabfällen hergestellt wurde. Dreieckige Stücke lassen sich leichter aus Schnittabfällen
schneiden als quadratische. Es kann jedoch jede beliebige Form für die Kanban verwendet werden, auch rechteckiges Papier funktioniert hervorragend.
Bei Toyota nennt man das auch *Signal-Kanban* (信号かんばん). Der Ansatz ähnelt sehr dem in Kapitel 8 gezeigten Bestellpunkt.

Während die meisten Kanbanvarianten explizit für jedes Teil oder jeden
Behälter eine Kanban vorsehen, **gibt es bei der Dreieckskanban nur eine
einzige Kanban für jede Materialart**. Diese Kanban wird an einem der
letzten Teile im verfügbaren Bestand angebracht. Die Teile werden normal

verbraucht. Das Erreichen der Dreieckskanban bedeutet, dass gerade noch so viel Material vorhanden ist, dass die Wiederbeschaffungszeit inklusive einer gewissen Sicherheit abgedeckt ist. Die Dreieckskanban wird dann verwendet, um eine größere Menge dieser Materialart nachzubestellen oder zu reproduzieren, um den Bestand wieder aufzufüllen. Die Karte wird dann wieder an einem der letzten Teile im Bestand angebracht, wie auf der Karte angegeben. Ein Beispiel ist in Abbildung 46 dargestellt.

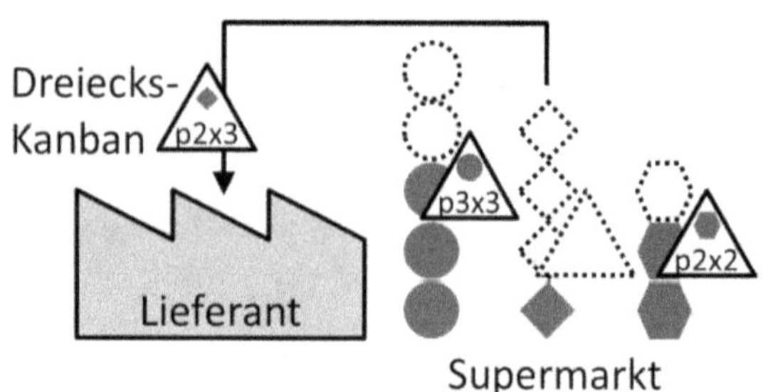

Abbildung 46: Beispiel für eine Dreieckskanban. Die Kanban zeigt die Position von unten p2 oder p3 und die Menge 2 oder 3. Die Dreieckskanban für Rauten wird gerade nachbestellt oder reproduziert. (Bild: Roser)

Bei einer Dreieckskanban werden Teile in größeren Mengen bestellt. Im Vergleich zu einer normalen Kanban pro verbrauchtem Teil (oder einer Charge von Teilen) **erhalten Sie eine Dreieckskanban weniger häufig, aber für eine größere Menge**. Die Dreieckskanban widerspricht dem Grundgedanken des Nivellierens (kleine Mengen häufiger). Wenn es jedoch keine oder nur geringe Kapazitätsbeschränkungen gibt oder wenn die ungleichmäßige Bestellung kein Problem darstellt, kann eine Dreieckskanban den Bestellaufwand reduzieren. Eine Dreieckskanban wird manchmal auch eingesetzt, wenn die Umrüstzeiten sehr groß sind, da sie die Häufigkeit des Rüstens durch größere Losgrößen reduziert. Dennoch ist eine direkte Reduzierung der Umrüstzeit z. B. durch SMED (aus dem englischen *Single Minute Exchange of Die*) deutlich vorzuziehen.

Die Abbildung 47 zeigt ein Beispiel für eine Dreieckskanban mit einer dreieckigen Form, sie könnte aber auch jede beliebige andere Form haben (siehe Kapitel 5.3.1.1). Es gibt jedoch einen wesentlichen Unterschied zum normalen Kanban. **Eine Dreieckskanban muss die Information enthalten, an welches Teil in der Reihenfolge die Karte angebracht werden soll.** Wenn die Kanban zusammen mit den wiederbeschafften Teilen ins Lager zurückkehrt, müssen die Lagerarbeiter wissen, an welches Teil sie die Kanban anhängen sollen. Empfehlenswert ist es FIFO einzuhalten, so dass die ältesten Teile zuerst verbraucht werden und die neu ankommenden Teile erst danach.

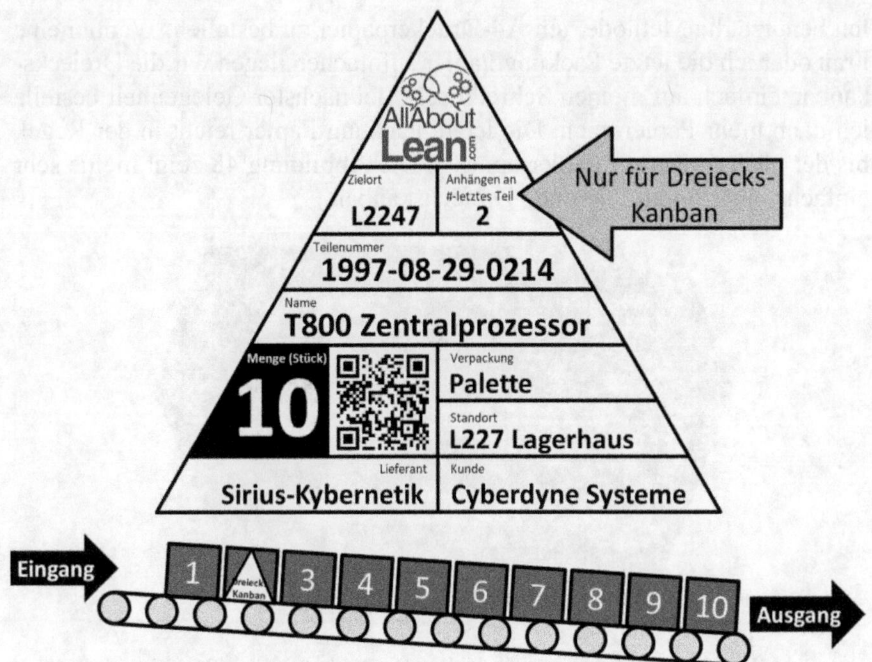

Abbildung 47: Beispiel für eine typische Dreieckskanban. Bitte beachten Sie, dass das Feld mit der Position der Kanban spezifisch für Dreieckskanban ist. Die Anbringung der Kanban an das zweitletzte Teil ist ebenfalls für eine FIFO-Rollenbahn visualisiert.
(Bild: Roser)

Eine Dreieckskanban funktioniert am besten für Materialien, die Sie auf Lager haben wollen, die klein sind, von geringem Wert sind und die Sie problemlos in großen Mengen wiederbeschaffen können. Sie reduziert die Wiederbeschaffungshäufigkeit und damit den Bestellaufwand. Effektiv **reduzieren Sie den Bestellaufwand bzw. die Wiederbeschaffungshäufigkeit auf Kosten eines höheren Bestandes**.

Ich habe Dreieckskanban häufig bei Bürobedarf gesehen und auch selbst verwendet. Man schickt nicht jedes Mal eine Bestellung raus, wenn jemand einen blauen Stift nimmt. Stattdessen nehmen Sie, wenn Sie die letzte Schachtel blauer Stifte geöffnet haben, die Dreieckskanban und bestellen fünf weitere Schachteln blauer Stifte nach. Diese fünf Schachteln sollten für einige Zeit reichen, bevor Sie wieder bestellen müssen. Es gibt auch kein Problem, wenn Sie zufällig je fünf Schachteln blaue, rote, grüne und schwarze Stifte zur gleichen Zeit bestellen, da diese „Nachfragespitze" die Lieferkapazität des Lieferanten nicht überfordern wird.

Die Dreieckskanban wird auch oft zum Auffüllen der Kaffee-Ecke mit Kaffeebohnen, Milch, Zucker und anderen Verbrauchsmaterialien verwendet.

Ich benutze die Methode, um A4-Druckerpapier zu bestellen. Wenn meine Frau oder ich die letzte Packung Papier aufmachen, legen wir die Dreieckskanban einfach auf meinen Schreibtisch. Bei nächster Gelegenheit bestelle ich dann mehr Papier nach. Die letzte Packung Papier reicht in der Regel, bis der nächste Karton Papier eintrifft. Die Abbildung 48 zeigt meine sehr einfache, aber funktionierende Dreieckskanban.

Abbildung 48: Meine vereinfachte Dreieckskanban für die Nachbestellung von A4-Druckerpapier. Wenn das letzte Packet mit 500 Blatt angebrochen wird, bestelle ich einen Karton mit 2500 Blatt nach. (Bild: Roser)

Ein weiterer Vorteil der Dreieckskanban und deren Verwendung für Büromaterialien ist, dass sich eine hervorragende Schulungsmöglichkeit zum Thema Verbrauchssteuerung für Ihre Mitarbeiter ergibt. Eine stetige Versorgung mit Kaffee ist sicherlich motivierend für Ihre Mitarbeiter. Es ist ein System, das einfach ist und keinen großen Aufwand erfordert.

5.2.4   Kanban für kontinuierliche Mengen

Die meisten Kanbansysteme begrenzen die Anzahl an Teilen. Eine Kanban repräsentiert eine bestimmte Anzahl von Artikeln. Es kann jedoch Situationen geben, in denen Sie eine **kontinuierliche Menge** als Bestandsgrenze verwenden möchten. Anstelle von Stückzahlen kann der Bestand in einer kontinuierlichen Menge als Liter, Kilogramm oder Kubikmeter gemessen werden. Sie könnten auch die **Arbeitslast** innerhalb des Systems begrenzen, obwohl dies für Kanban weniger Sinn macht. Die Umstellung der Messung von einer Teileanzahl auf einen kontinuierlichen Wert ist einfach. Sie ändern einfach die Einheit auf der Kanbankarte von „Anzahl der Teile" in die von Ihnen benötigte Einheit. Die zugrunde liegenden Berechnungen für die Bestandsgrenze bleiben gleich.

Sie haben aber grundsätzlich verschiedene Möglichkeiten für die Kanban. Der einfachere Weg ist, das System so einzurichten, dass **eine Kanban eine feste Menge repräsentiert** und die Rückgabe einer solchen Kanban an den ersten Prozess das Wiederbeschaffen von genau dieser Menge veranlasst. Das ist praktisch, wenn Ihr Kunde die Produkte auch in bestimmten festen Mengen bestellt. Stellen Sie sich eine Kiste Bier vor. Eine Kanban repräsentiert eine feste Anzahl von Kästen Bier. Eine zurückkommende Kanban löst die Nachbestellung dieser Menge Bier aus. Jetzt zählen Sie aber effektiv wieder Produkte, was eine normaler Kanban ja auch tut.

Schwieriger wird es, wenn der Kunde **unterschiedliche fixe Mengen** verlangt. Stellen Sie sich eine Flasche, eine Kiste, ein Fass und einen Tankwagen voll Bier vor. Sie können unterschiedliche Kanbans für die verschiedenen Mengen verwenden oder den Wertstrom in separate Schleifen entkoppeln, wenn der kontinuierliche Strom von Bier in Flaschen, Fässer oder Tankwagen abgefüllt wird.

Am schwierigsten wird es, wenn der Kunde gar keine festen Bestellgrößen hat, sondern einen wirklich **kontinuierlichen Bedarf**. Stellen Sie sich ein Wasserwerk vor, bei dem jede Menge möglich ist – von einem einzigen Tropfen bis zu einem Schwimmbad voller Wasser. In diesem Fall können Sie nicht mehr die normale Papierkanban verwenden, sondern müssten ein Signal senden, um „jede" Menge nachzufüllen. Sie können auch nicht wirklich Kanbankarten an den Produkten anbringen.

Sie benötigen eine andere Art der Überwachung der Gesamtmenge in der Produktion oder im Lager und müssen die Lücke immer bis zur Bestandsgrenze auffüllen. **Eine Papierkanban ist nicht mehr das richtige Werkzeug für dieses kontinuierliche Bedarfssystem.** Theoretisch wäre es zwar machbar, ein digitales System wäre jedoch vermutlich geeigneter. Noch einfacher zu verwenden wäre in diesem Fall ein Bestellpunktsystem.

Wir erreichen auch einen kontinuierlichen Wert, wenn wir die **Arbeitslast** im System begrenzen. Für Kanban macht das aber keinen Sinn, da eine normale Kanban immer eine bestimmte Menge an identischen Artikeln darstellt. Diese zu reproduzieren, hätte die gleiche Arbeitslast zur Folge. Daher ist die Messung von Kanbans nach Arbeitslast ein unnötiger Zusatzaufwand. Sowohl das Zählen von Teilen als auch das Messen der Arbeitslast für den gleichen Teiletyp würde funktionieren, aber Letzteres erfordert viel mehr Aufwand ohne großen Nutzen. Dies wird später anders sein, wenn wir über Systeme für die Auftragsfertigung wie CONWIP sprechen.

5.3 Elemente

FIFO und Warteschlangen für die Produktion sind bei allen Produktionssystemen üblich. Eine typische Kanbanschleife beinhaltet natürlich auch Kanbans, einen Supermarkt und einen Kanbanbriefkasten. Sie kann zudem eine Sequenzierung oder Losgrößenbildung beinhalten. Eine Übersicht ist in der Abbildung 49 dargestellt.

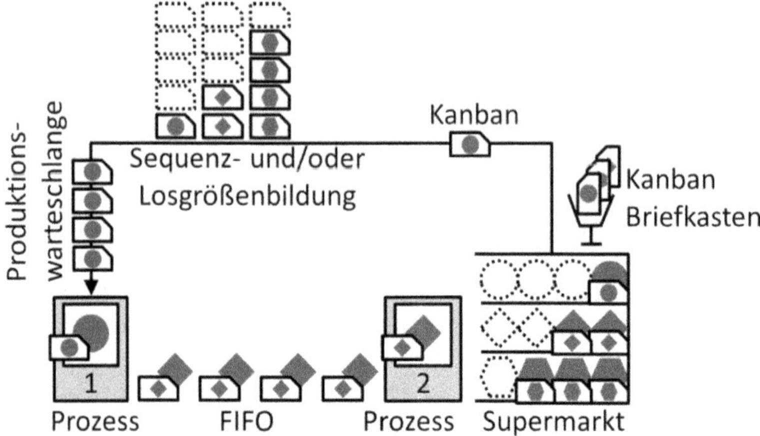

Abbildung 49: Übersicht über die Elemente einer Kanbanschleife. Die Sequenzierung in diesem Beispiel erzeugt Losgrößen von fünf Kanbankarten. (Bild: Roser)

5.3.1 Kanban

Eine Kanban ist im Grunde eine Information zur Wiederbeschaffung von Teilen. Die Wiederbeschaffung kann eine Reproduktion, eine Nachbestellung, eine logistische Kette oder jede Art von Prozess sein, der Sie mit mehr Teilen versorgen kann. In seiner einfachsten Form muss es also heißen *„mach mir diese Menge dieses Teils"* oder *„bring mir so viele von diesem Teil"*. Während solche sehr einfachen Kanbansysteme möglich sind, hilft es in der Regel, weitere Informationen auf der Kanban aufzunehmen. In diesem Abschnitt werde ich sehr detailliert darauf eingehen, wie eine Kanban aussehen kann und welche Informationen auf die Karte kommen sollen und können. Normalerweise enthalten Kanbans eine Menge Daten.

Es gibt aber auch sehr einfache Kanbansysteme, die nur das Nötigste an Informationen enthalten, wie z. B. die Unterlegscheiben-Kanban in Kapitel 5.3.1.1.5 oder das „Kanbanlose Kanbansystem" in Kapitel 5.3.1.1.7. Allgemein gilt: Weniger ist mehr! Überfrachten Sie die Kanban nicht mit Daten, die selten benötigt werden oder sich häufig ändern. Abbildung 50 zeigt eine typische Produktionskanban.

Abbildung 50: Beispiel für die möglichen Informationen auf einer Kanban (Bild: Roser)

5.3.1.1 Physische (oder digitale) Form von Kanban

Kanbans enthalten Informationen über die Art und Anzahl der zu produzierenden Produkte. In manchen Fabriken ist eine Kanban ein einfaches Blatt Papier. Leider haben in vielen Fabriken die Mitarbeiter die Angewohnheit, zufällig in Materialbehältern gefundene Papierblätter wegzuwerfen. Im oft unübersichtlichen Arbeitsumfeld kann eine wichtige Papierkanban wie ein unwichtiges Blatt Altpapier weggeworfen werden. Wenn Kanbans fehlen, fehlt auch die Versorgung mit Material. **Verlorene Kanbans reduzieren die Materialversorgung und bringen Ihr System durcheinander!**

In einem anderen Beispiel hat ein nordeuropäisches Werk seine Kanbans in Plastikhüllen laminiert. Leider eigneten sich diese laminierten Kanbans im Winter hervorragend als Eiskratzer für Autos. Sie verschwanden in jedem Winter schnell, da die Mitarbeiter sie zum Freikratzen der Scheiben ihrer Fahrzeuge benutzten. Dementsprechend fehlten die Kanbans für die Produktion.

Eine Kanban kann viele verschiedene Formen haben, z. B. Papier, Papier in einer Schutzhülle, digital, eine Schachtel oder ein Behälter, ein Stück Blech oder so ziemlich alles, was Informationen transportieren kann. Ich bevorzuge oft Behälter oder Bleche als Kanbans, da sie weniger leicht verloren gehen können. Sie sind außerdem oft einfacher zu implementieren und zu visualisieren als digitale ERP-Kanbans. Es gibt hier verschiedene Möglichkeiten.

5.3.1.1.1 Digitale Kanban

Sie können Kanbans als Teil Ihres ERP-Systems implementieren. Anstatt Kanbans wiederzuverwenden, werden die Informationen einfach bei jedem Durchlauf neu auf ein Blatt Papier gedruckt oder auf einem Monitor angezeigt. Das klingt zwar nach der einfachsten Lösung, hat aber das Problem, dass sowohl **die Implementierung als auch spätere Änderungen am System einen Programmierer oder ERP-Spezialisten erfordern.**

Meiner Erfahrung nach sind diese in der Regel Mangelware, und das Warten auf die Softwareexperten kann die Implementierung ziemlich verzögern. Toyota versucht aktiv, ERP von der Fertigungssteuerung fernzuhalten. Digitale Kanbans machen am meisten Sinn für Schleifen über größere Entfernungen, wie zum Beispiel in Lieferketten. Für Systeme, die sich in unmittelbarer Nähe zueinander befinden, etwa in der Fertigung, sollten Sie jedoch rein digitale Systeme vermeiden. Ein Kompromiss ist oft eine Papierkarte, die in regelmäßigen Abständen gescannt und digital verarbeitet wird. Wenn es Unstimmigkeiten zwischen Papier- und digitalen Kanbans gibt, müssen Sie festlegen, welches System das andere überstimmen kann.

5.3.1.1.2 Papierkanban

Sehr verbreitet sind Kanbans aus Papier. Diese könnten in einem ERP-System auch für den einmaligen Gebrauch bedruckt werden. Wenn das Papier mehrfach verwendet werden soll, müsste es gegen Abnutzung und Verschmutzung geschützt werden. Es könnte laminiert oder in eine Kunststoffhülle gesteckt werden. Letzteres macht es einfacher, das Papier auszutauschen. Solche Kunststoffhüllen gibt es auch mit Aufhängern oder Löchern, um sie an das Teil zu hängen. Sie können auch Klebestreifen verwenden, um sie dauerhaft an einen Ort zu kleben oder Magnetstreifen, um sie vorübergehend an ferromagnetischen Metallen wie Stahlregalen oder gusseisernen Teilen zu befestigen. Beispiele sind in Abbildung 51 dargestellt.

Abbildung 51: Auswahl von Papierkanbans in Hüllen verschiedener Größen und Farben. Stift rechts als Maßstab. (Bild: Roser)

5.3.1.1.3 Kanban aus stabilem Kunststoff oder Blech

Ich habe auch stabilere Kanbans aus Kunststoff oder Blech verwendet. Sie enthalten zwar die gleichen Informationen wie normale Kanbans, aber durch den Kunststoff oder das Blech sind die Kanbans viel schwerer und stabiler. Während Papier versehentlich weggeworfen werden kann, ist es bei einer massiveren Kanban viel unwahrscheinlicher, dass sie versehentlich verschwindet. Dadurch wird das Risiko Kanbans zu verlieren reduziert. In der Praxis handelt es sich immer noch um eine bedruckte Papierkanban, die jedoch an einem Stück Kunststoff oder Blech befestigt ist.

Abbildung 52 zeigt eine kleine Kunststoff-Kanban mit magnetischer Rückseite, die in einem Krankenhaus zur Medikamentenversorgung verwendet wird. Da sich die Medikamente oft in kleinen Schachteln befinden, muss auch die Kanban klein sein, weshalb viele zusätzliche Informationen weggelassen werden.

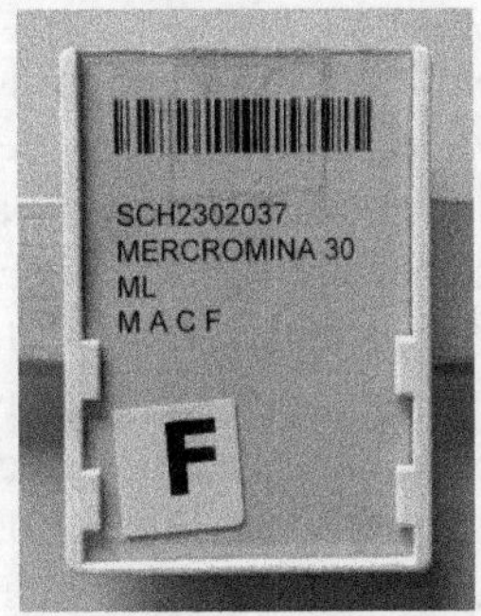

Abbildung 52: Eine sehr kleine Kanban mit Abmessungen von ca. 3 x 5 cm. Hergestellt aus Kunststoff mit einer magnetischen Rückseite. Verwendet im Consorci Sanitary Garraf bei Barcelona. (Bild: Roser)

5.3.1.1.4 Kanban-Behälter, Box oder Container

Die Informationen der Kanban können auch dauerhaft an einer Box oder einem Behälter angebracht werden. Damit wird der Behälter zur Kanban. Der Behälter hat eine passende Größe, um das gesamte Material der Kanban aufzunehmen. Die in Kapitel 5.2.2 beschriebene Zwei-Behälter-Kanban verwendet häufig solche Behälter als Kanban. Wenn die Kanbans fest an dem Behälter angebracht sind, ist darauf zu achten, dass der Behälter nicht mit dem Material die Verbrauchssteuerung verlässt, sondern zur Wiederbeschaffung an den Anfang der Verbrauchssteuerungsschleife zurückkehrt. Die Abbildung 53 zeigt Beispiele für Behälter als Kanban. In der Fertigung sind Behälter als Kanban oft einfacher und intuitiver zu handhaben, da es keine separate Karte gibt, die bewegt werden muss. Im Hinblick auf das visuelle Management ist ein leerer Behälter auch ein deutlicheres Signal für einen Materialbedarf als eine Karte.

Abbildung 53: Beispiele für Behälter als Kanban (Bild: Roser)

5.3.1.1.5 Eindeutig identifizierbare Artikel als Kanban

Abhängig von der Komplexität der Produkte im Kanbankreislauf benötigen Sie möglicherweise nicht viele Informationen. Jeder Artikel, der eindeutig identifiziert und einem Teil zugeordnet werden kann, reicht als Information zur Wiederbeschaffung. Toyota verwendet manchmal einfach farbige Unterlegscheiben oder Kugeln, um den vorgelagerten Prozess darüber zu informieren, was zu produzieren ist. Ein Beispiel ist in Abbildung 54 dargestellt. Eine Unterlegscheibe mit einem runden Loch bedeutet ein rundes Teil, eine Unterlegscheibe mit einem sechseckigen Loch bedeutet ein sechseckiges Teil und so weiter. Solch ein System eignet sich nur für nahe beieinander liegende Prozesse mit wenigen Produktvarianten. Solange die Information für den liefernden Prozess eindeutig ist, funktionieren auch diese Systeme. Abbildung 55 zeigt eine weitere, sehr einfache Kanban, die zum Nachfüllen von Wasserflaschen in einem Hotel auf Teneriffa verwendet wird.

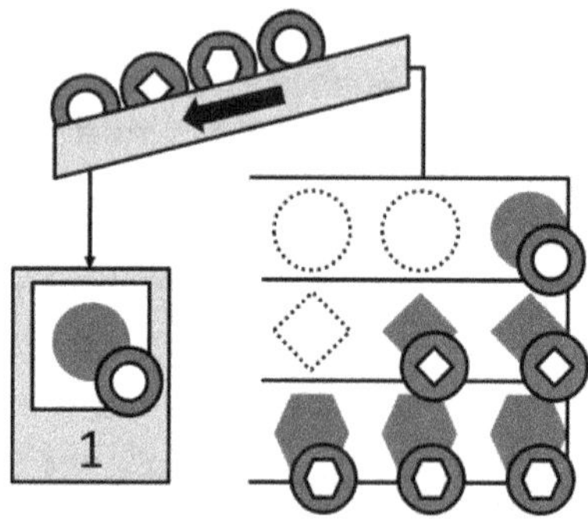

Abbildung 54: Beispiel für ein einfaches Kanbansystem mit Unter-
legscheiben (Bild: Roser)

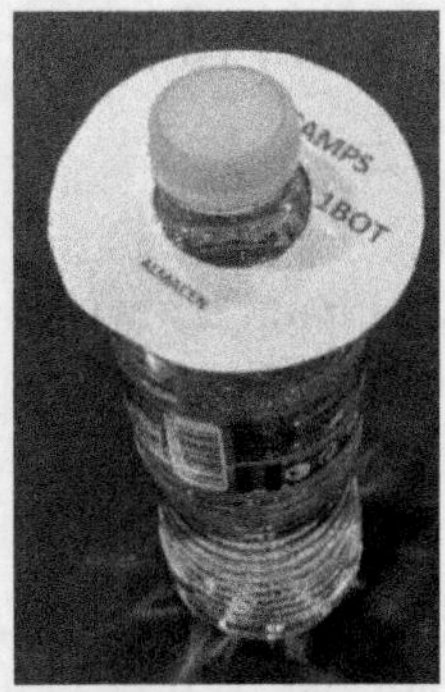

Abbildung 55: Eine einfache ringförmige Papierkanban für Flaschen aus dem Grand Tacande Hotel auf Teneriffa. (Bild: Roser)

5.3.1.1.6 Lichtsignal-Kanban

Die Information zur Produktion kann auch durch Lichtsignale vermittelt werden. Je nachdem, welches Licht aufleuchtet, muss der Mitarbeiter ein bestimmtes Teil nachlegen. Die Lichter können eine andere Form oder Farbe haben oder eine Kombination aus mehreren Lichtern sein, solange es eine klare Beziehung zwischen dem Licht und dem Teil gibt. Ausgefeiltere digitale Systeme sind leicht vorstellbar.

5.3.1.1.7 Kanbanlose Kanban

Die absolut einfachste Kanban ist natürlich gar keine Kanban. Wenn der liefernde Prozess und der Supermarkt direkt nebeneinander liegen und die Produktvielfalt gering ist, kann der Mitarbeiter einfach angewiesen werden, den Supermarkt immer aufzufüllen. Der Mitarbeiter würde mit dem Teiletyp beginnen, der die meisten freien Plätze hat oder – wenn alle Teiletypen die gleiche Bestandsgrenze haben – mit den wenigsten Teilen. Dies ist in Abbildung 56 dargestellt. Der Mitarbeiter sieht, dass die größte Lücke bei den runden Teilen ist und produziert daher ein rundes Teil nach. Es ist immer noch ein Kanbansystem, auch wenn es keine tatsächlichen Kanbans mehr gibt.

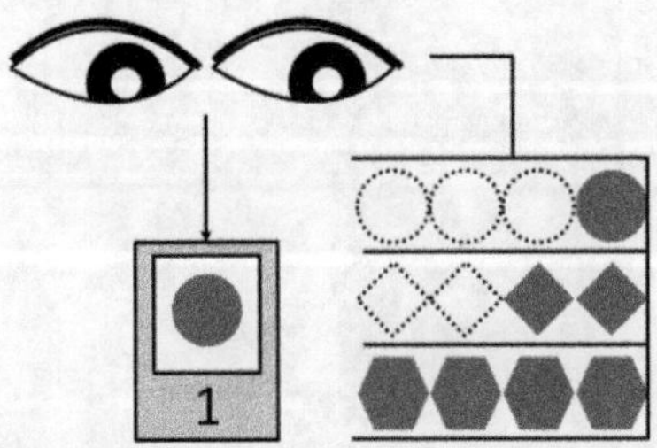

Abbildung 56: Beispiel für ein extrem einfaches Kanbansystem ohne Kanban (Bild: Roser)

5.3.1.2 Informationen auf der Kanban

Es gibt eine Vielzahl von Informationen, die auf eine Kanban aufgenommen werden können. Einige davon sind sehr nützlich, andere sind optional oder sogar unnötig. Versuchen Sie sich auf die wichtigen Daten zu konzentrieren und reduzieren Sie die optionalen Elemente so weit wie möglich.

5.3.1.2.1 Informationen zum Teil

Eine Kanban steht für ein oder mehrere Teile. Daher benötigen Sie zuallererst Informationen, die sich auf das Teil beziehen. In allen folgenden Beispielen gehe ich davon aus, dass Sie eine gedruckte Kanban haben (eine Karte oder ein Etikett auf einem Behälter). Für digitale Kanbans sind die benötigten Daten ähnlich, aber hier können Sie sie in Ihrem ERP-System verknüpfen.

Teilenummer: Die wahrscheinlich wichtigste Information ist die Teilenummer. In einem ordentlichen modernen Fertigungssystem hat jeder Teiletyp eine eindeutige Teilenummer, normalerweise eine alphanumerische Zeichenfolge. Sie könnte z. B. so aussehen: 13261-74040. Der Computer kann das Teil anhand dieser Nummer eindeutig identifizieren. Nebenbei bemerkt, verwendet Toyota manchmal auch zusätzliche kürzere dreistellige Codes, die nur innerhalb eines bestimmten Bereichs des Wertstroms gültig sind. Diese drei Ziffern sind leichter zu merken und helfen den Anwendern, das Teil innerhalb ihres eigenen Arbeitsbereichs zu identifizieren. Wenn Sie planen gedruckte Kanbans in Sortierfächer zu stecken, sollten Sie die Teilenummer auch seitlich auf den Rand zu drucken. Dadurch wird die Teilenummer sichtbar, auch wenn die Karte in einem Fach steckt, wie in Abbildung 57 gezeigt.

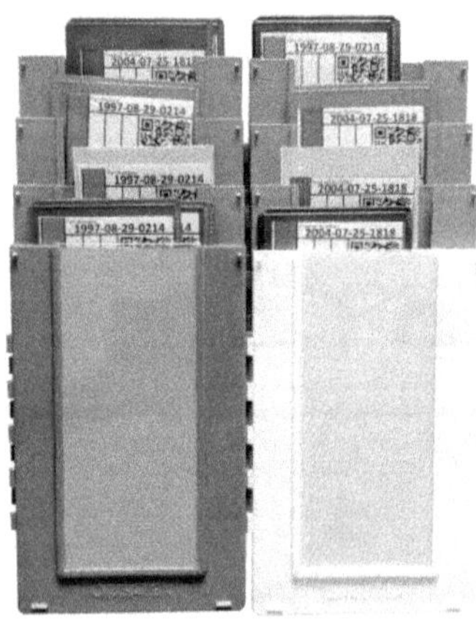

Abbildung 57: Seitlich auf den Rand einer Kanban gedruckter Text ist in gängigen Kanban-Sortiersystemen sichtbar. (Bild: Roser)

Teilename: Menschen kennen selten alle Teilenummern (obwohl sich die Leute, die mit diesen Nummern arbeiten, oft eine ganze Menge davon merken). In jedem Fall hilft es, im Klartext aufzuschreiben, um was für ein Teil es sich handelt.

Menge: Die Angabe bezieht sich auf die Menge der Teile, für die diese Kanban steht, manchmal auch Anzahl der Teile pro Kanban genannt (oder Englisch *Number of Parts per Kanban*, abgekürzt *NPK*). Eine Kanban kann genau ein Teil darstellen. Wenn Sie jedoch viele Teile dieses Typs im System haben, kann es sinnvoll sein, eine Kanban für eine Kiste oder einen Behälter mit mehreren Teilen zu verwenden. Eine Kanban kann z. B. für eine Kiste mit zwanzig Teilen stehen oder für eine Gitterbox mit zweihundert. Wenn Sie mehrere Teile mit einer Kanban abbilden, empfehle ich dringend, einen hierfür passenden Behälter oder eine Kiste zu benutzen. Auf diese Weise ist es einfacher, beim Entleeren den Überblick über die Teile zu behalten. Wenn Sie kleinere Verpackungseinheiten in einem größeren Gebinde haben (z. B. Kisten auf einer Palette), können Sie diese Information ebenfalls angeben (z. B. *zwanzig Packungen zu je fünf Teilen*). Es kann hilfreich sein, diese sehr wichtige Zahl grafisch hervorzuheben. Zum Beispiel wird in der Abbildung 50 die Mengenangabe weiß auf schwarz gedruckt und dadurch hervorgehoben. Das reduziert die Verwechslungsgefahr mit einer anderen Zahl auf der Karte.

Einheit: Sie bezieht sich auf die Menge. Wenn Ihre Kanban für Schrauben eine Menge von zwanzig angibt, bedeutet das dann: zwanzig Schrauben? Oder zwanzig Packungen mit je fünfzig Schrauben? Oder zwanzig Kilogramm Schrauben? Oft mag es offensichtlich sein, aber es ist besser, die Einheit anzugeben.

Bild: Es ist nicht üblich, aber Sie könnten ein Bild des Teils auf die Kanban drucken. Das könnte zwar für die handelnden Personen hilfreich sein, ist aber mit viel Arbeit verbunden. Zudem werden viele Ihrer Teile sehr ähnlich aussehen. Normalerweise vermeide ich Bilder von Teilen auf einer Kanban.

5.3.1.2.2 Informationen zum Materialfluss

Kanbans enthalten in der Regel auch Informationen zum Materialfluss. Woher kommt das Material? Wohin geht es?

Art der Kanban: Es gibt verschiedene Arten von Kanbans. Am häufigsten wird zwischen einer Produktionskanban und einer Transportkanban unterschieden. Eine Produktionskanban veranlasst die Nachproduktion eines neuen Teils. Eine Transportkanban bestellt ein neues Teil aus einem vorhergehenden Bestand oder beim Lieferanten. Eine weitere Möglichkeit ist eine Dreieckskanban. Es ist hilfreich auf der Kanban zu vermerken, ob es sich um eine Produktionskanban, eine Transportkanban oder eine

Dreieckskanban handelt. Das vermeidet Verwechslungen. Sie können auch verschiedene Farben zur Unterscheidung verwenden. Außerdem können sich je nach Typ die folgenden Informationen leicht unterscheiden.

Losgröße: Im einfachsten Fall produzieren Sie in Losgrößen von genau einer Kanban. Es kann aber sein, dass Sie z. B. wegen des Umrüstaufwands eine größere Losgröße wählen, die mehrere Kanbans umfasst. Hier kann es hilfreich sein, die Losgröße in Anzahl Teilen oder Anzahl Kanbans auf die Kanbankarte zu schreiben. Vergessen Sie nicht, die Einheit der Losgröße (Teile, Kanban etc.) hinzuzuschreiben. Klären Sie auch, ob es sich um eine Mindestlosgröße handelt und ein Los auch mehr Kanbans umfassen kann oder ob das Los genau diese Größe haben muss, nicht eine Kanban mehr oder weniger. Eine Änderung der Losgröße würde jedoch einen Neudruck aller Kanbans erfordern. Es kann einfacher sein, diese Losgröße nicht auf die Kanban aufzunehmen.

Verpackung: Eine Kanban kann auch Informationen zur Verpackung enthalten. Handelt es sich um eine Palette, eine Gitterbox, eine Pappschachtel, eine Industrie-Kunststoffbox in Standardgröße usw.? Diese Information hilft Ihnen zu wissen, wie die Artikel zu verpacken sind.

Ursprung oder Quelle: Woher kommt das Material? Bei einer Transportkanban kann dies das Lager oder der Bestand sein, aus dem das Material entnommen wird. Bei einer Produktionskanban kann es sich um die Produktionslinie handeln, die dieses Teil produziert. Die Information zum Ursprung kann auch mehrere Varianten haben. Sie könnten die Quelle als Text angeben, wie er den Mitarbeitern bekannt ist (z. B. *„Gehäuselinie"* oder *„Wareneingang"*). Sie könnten aber auch eine ERP-Nummerierung für die Bestände oder Anlagen verwenden (z. B. *„L23-5"* oder *„1225/4"*). Bei Schleifen zwischen Werken könnten Sie nicht nur die Linie oder den Bestand, sondern ggf. auch das Werk oder Lager hinzufügen (z. B. *„München Ost"* oder *„Bielefeld II"*). Sie könnten auch den ERP-Code für diese Standorte hinzufügen.

Ziel oder Senke: Wohin geht das Material? Da es sich um eine Kanban handelt, sollte das Ziel ein Supermarkt sein. Auch hier schreiben Sie auf die Karte, wohin das Material geht. Dies kann in menschenlesbarer Form oder unter Verwendung eines ERP-Codes erfolgen, möglicherweise auch mit dem Standort des Werks.

5.3.1.2.3 Informationen zum Informationsfluss

Nach den Informationen zum Teil und Materialfluss betrachten wir nun den Informationsfluss.

Indexnummer: Zunächst ist es sehr hilfreich, Ihre Kanbans zu nummerieren. Wenn Sie zwanzig Kanbans für einen einzelnen Teiletyp haben, können Sie diese von eins bis zwanzig nummerieren. Das hilft, wenn Sie nach verlorenen Kanbans suchen wollen. Wenn z. B. alle Kanbans außer Nr. 13 wiederholt den Supermarkt durchlaufen, dann ist Kanban Nr. 13 vermutlich verloren gegangen und muss ersetzt werden. Wenn Sie jedoch eine neue Kanban mit der Nummer 13 drucken und die vermisste Kanban mit der Nummer 13 dann wiederauftaucht, haben Sie nun **zwei** Kanbans mit der Nummer 13, was zu Verwirrung führen kann. Eine **Seriennummer** für die Kanban könnte dieses Problem vermeiden. Andererseits erfordert eine einzelne, eindeutige Seriennummer mehr Verwaltungsaufwand. Wenn Ihre Kanbans von einem ERP-System verwaltet werden, ist eine solche Seriennummer häufig. Manchmal ist auch das **Datum des Drucks** der Kanban auf der Karte enthalten.

Anzahl der Kanbans: Wie viele Kanbans befinden sich in der Schleife für diese Teilenummer? Die Information kann hilfreich für jeden sein, der das System überprüft. Andererseits ist es in einem Kanbansystem normal, durch Hinzufügen und Entfernen von Kanbans die Anzahl der Kanbans zu verbessern. In diesem Fall müssten Sie zum Aktualisieren dieser Zahl entweder alle Kanbans in der Schleife austauschen oder Sie haben bei einigen Kanbans eine falsche Gesamtzahl. Alternativ könnten Sie diese Information auch einfach ganz weglassen.

Kanbanschleife: Sie können der Kanbanschleife einen Namen und/oder eine Nummer geben, um die zugehörige Kanbanschleife eindeutig zu identifizieren. Dies wird nicht immer gemacht, kann aber je nach Situation hilfreich sein.

Durchlaufzeit: Manchmal enthalten Kanban zusätzliche Daten wie Durchlaufzeit oder Wiederbeschaffungszeit. Ich persönlich finde das weniger hilfreich, da sich die Durchlaufzeit stark ändern kann. Außerdem würde ich diese Information auf einer Kanban nicht benötigen. Trotzdem machen es manche so. Entscheiden Sie selbst, ob es für Sie hilfreich ist oder nicht.

Kontaktperson/Abteilung: Die Kanban kann auch einen Kontaktnamen der Person oder Abteilung enthalten, die die Karten ausgestellt hat und sich um die Pflege der Kanbans kümmert. Auch das ist jedoch nicht üblich und möglicherweise auch nicht notwendig.

Druckdatum und Fälligkeitsdatum: Dies ist möglich für Kanbans, die bei jedem Umlauf aus einem ERP-System neu gedruckt werden. In diesem Fall können Sie die zusätzlichen Informationen wie Druckdatum bzw. -uhrzeit oder Fälligkeitsdatum bzw. -uhrzeit für diesen Zyklus der Kanbans einfügen. Diese Informationen sind jedoch umständlich, wenn Sie die Kanban wiederverwenden. Andererseits ist die Information sehr hilfreich, wenn es sich um eine eng verwandte CONWIP-Karte für kundenindividuelle Produkte handelt.

Position im Stapel (nur für Dreieckskanban): Nur bei Dreieckskanban müssen Sie auch wissen, an welchem Teil oder an welcher Stelle des Materialbestandes Sie die Dreieckskanban hinzufügen sollen. Soll die Karte an das letzte Teil, das vorletzte Teil oder das drittletzte Teil usw. angebracht werden?

5.3.1.2.4 Weitere Informationen

Die Kanban kann von Menschen gelesen werden. Heutzutage ist es aber oft nützlich, Daten auch in einer maschinenlesbaren Form zu haben.

1D/2D-Barcode: Ein digitaler Code entweder als klassischer Barcode oder als 2D-Code, der mehr Informationen speichern kann. Hier erleichtert ein einfacher Handscanner die Übertragung der Informationen von der Kanban in Ihr ERP-System erheblich. Unterschätzen Sie aber nicht den Aufwand für die Implementierung der Software für diese Art von System. Ein 2D-Code kann viel mehr Informationen speichern und ist unter Umständen zukunftssicherer als ein 1D-Barcode. In der Vergangenheit hatte Toyota bis zu neun verschiedene Barcodes auf einer Kanban, was sehr umständlich wurde. Daraufhin entwickelte Denso, ein Unternehmen der Toyota-Gruppe, 1994 den QR-Code. Er wurde so konzipiert, dass er resistent gegen Schmutz ist. Dieser einzige QR-Code ersetzte die neun verschiedenen Barcodes auf einer Toyota-Kanban. Abbildung 58 zeigt als Beispiel einen Barcode und einen QR-Code.

Abbildung 58: Beispiel für einen 1D-Barcode und einen QR-Code (Bild: Roser)

RFID: Eine weitere Option ist die Integration eines RFID-Chips (wobei RFID hier aus dem Englischen für *Radio Frequency Identification* steht). Anstatt mit einem Laserscanner überträgt RFID die Informationen der Kanban per Funk über eine kleine Antenne, die auf der Karte eingebettet ist. Das funktioniert zwar auch wenn die Karte verschmutzt ist oder sich nicht in der Sichtlinie befindet. Aber dieser Ansatz hat dafür andere Probleme (z. B. mit der Abschirmung durch Metallteile). Ein RFID-Chip kostet auch mehr als ein Barcode, der als Teil einer gedruckten Kanban oft fast keine zusätzlichen Kosten verursacht.

Firmenlogo: Oft enthalten die Kanbans ein Logo oder den Namen des Unternehmens. Streng genommen ist dies nicht notwendig (die Mitarbeiter kennen üblicherweise die Firma, in der sie arbeiten), aber Unternehmen machen so etwas gerne.

5.3.1.3 Tipps für die Gestaltung von Kanbankarten

Beim Design einer Kanban sind ein paar Dinge zu beachten.

Prioritäten: Welche Informationen brauchen Sie wirklich? Sie haben nur begrenzten Platz, also nutzen Sie ihn für die nötigen Informationen und überladen Sie die Kanban nicht. Einige Informationen auf der Karte sind wichtiger als andere. Zum Beispiel sind der **Teilename, die Teilenummer, die Menge** und **der Barcode** oder **2D-Code** wahrscheinlich die wichtigsten Informationen. Ebenfalls wichtig sind **die Quelle** und **das Ziel**. Ein Fehler hier würde zu etlichen Folgeproblemen führen. Die Indexnummer der Kanbans wird dagegen weniger häufig benötigt. Die Wichtigkeit sollte sich in der Schriftgröße wiederfinden. Manche Informationen werden vielleicht gar nicht benötigt. Denken Sie auch daran, dass sich Informationen ändern können. Wenn Sie z. B. die Losgröße, die Gesamtzahl der Kanbans oder die Durchlaufzeit hinzufügen, müssen Sie alle Kanbans austauschen, wenn sich diese Werte ändern.

Lesbarkeit: Drucken Sie die wichtigen Informationen in einer größeren Schrift. Denken Sie daran, dass nicht alle Ihre Mitarbeiter Kleingedrucktes gut lesen können. Zumindest die wichtigsten Informationen sollten gut lesbar sein. Wenn Sie Ihre Papierkanban in Fächer stecken, können Sie die Teilenummer seitlich am Rand aufdrucken. Auf diese Weise können Ihre Mitarbeiter die Teilenummer lesen, ohne die Kanban herausnehmen zu müssen. Ein Beispiel ist in Abbildung 57 dargestellt.

Beschriftungen: Es sollte offensichtlich sein, aber beschriften Sie alle Felder der Kanban. Wenn Sie ein Feld mit der Zahl „*20*" haben, hilft es zu wissen, ob dies die Menge, die Verpackungsart oder der ERP-Code für die Quelle ist. Manchmal können Sie auch Einheiten angeben (z. B. „*1000 Stück*" oder „*250 Liter*").

Farben: Sie können Kanbans in verschiedenen Farben verwenden und so Ihre Mitarbeiter unterstützen. Sie könnten z. B. Produktionskanban und Transportkanban farblich unterscheiden. Sie könnten auch Rennerprodukte von Exoten farblich abheben, den Ursprung oder das Ziel verdeutlichen oder über Farben Prioritäten aufzeigen. Für Papierkanbans können Sie farbiges Papier, farbige Kunststoffhüllen oder Kombinationen daraus verwenden. Zu viele Farbkombinationen können die Mitarbeiter aber auch verwirren.

Eindeutigkeit: Vermeiden Sie Entscheidungen oder Optionen für die Mitarbeiter. Wenn eine Transportkanban zum Beispiel Teile entweder aus „*Lager A*" oder „*Lager B*" holen könnte, führt das zu Verwirrung und Verschwendung. Das Gleiche gilt für alle „*Wenn... dann...*" Informationen. Anweisungen wie „*Wenn Lager A mehr Teile hat als Lager B, dann benutze Lager A*" sind ein Zeichen für ein schlecht durchdachtes und verwirrendes Kanbansystem. Glücklicherweise scheint so etwas sehr selten zu sein.

Insgesamt ist die eigentliche Gestaltung der Kanbans nicht ganz so einfach. Bitte nehmen Sie sich für die Gestaltung der Kanbans Zeit. Nur weil Sie die Information haben, heißt das noch lange nicht, dass sie auch auf der Kanban notwendig ist. **Weniger ist mehr!**

5.3.1.4 Beispiel: Eine Transportkanban von Toyota

Die Abbildung 59 zeigt ein Foto von einer Kanban von Toyota in Japan. Ich habe das Bild während einer Werksbesichtigung von Toyota mit Erlaubnis fotografiert. Das Papier ist etwa 210 mm breit und ca. 100 mm hoch, wie ein in drei Teile geschnittenes A4-Papier. In einem Toyota-Werk werden solche einfachen Ausdrucke an Behältern befestigt oder in Hüllen eingelegt, die am Material befestigt werden. Speziell für Lieferungen vom Zulieferer werden diese Karten bei jedem Einsatz neu gedruckt.

Abbildung 59: Transportkanban von Toyota (Bild: Roser)

Die Karte enthält mehrere Elemente. Ich habe im Folgenden die verschiedenen Bereiche der Karte übersetzt und erklärt. Abbildung 60 zeigt die Übersetzung der Bereiche der Karte von Abbildung 59. Eine ausführliche Erklärung folgt weiter unten.

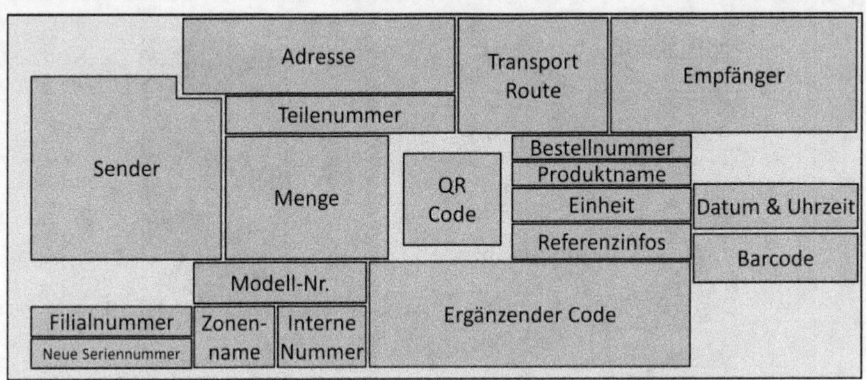

Abbildung 60: Transportkanban von Toyota mit englischem Text für ausgewählte Felder (Bild: Roser)

5.3.1.4.1 Informationen zum Teil

- **Teilenummer** (品番; *Hinban*): Die Teilenummer des Produkts. In diesem Beispiel steht *42450-12200-0* für eine Toyota-Hinterradnabe.
- **Produktname** (品名; *Hinmei*): Das durch diese Kanban dargestellte Produkt ist eine *Achsnabe (*RR アクスルハブ & ベアリン; RR *akusuru habu & bearin)*. Dieses Produkt ähnelt dem Produkt in Abbildung 61 für einen Opel Vectra.

Abbildung 61: Radnaben eines Opel Vectra (Bild: Cschirp unter der CC-BY 3.0 Lizenz)

- **Referenzinformation** (参考情報; *Sankō jōhō*): Zusätzliche Informationen zum Produkt, hier *142L*. Dies ist ein interner Toyota-Code für einen Toyota ZR-Motor, der im Toyota Auris, Yaris, Corolla und anderen verwendet wird, wie in Abbildung 62 dargestellt.

Abbildung 62: Toyota 2ZR-FE Motor (Bild: Ypy31, Gemeinfrei)

- **Modell-Nr.** (型番; *Kataban*): Die Modellnummer ist *3DACF027F-11NS*, für eine *Schrägkugellager-Nabeneinheit*.
- **Menge** (収容数; *Shūyō-sū*): *Acht Behälter, die jeweils vier Teile enthalten*. Beachten Sie, dass diese äußerst wichtige Information nicht nur sehr groß, sondern zur besseren Hervorhebung auch weiß auf schwarz gedruckt ist.
- **Einheitensymbol** (ユニット記号; *Unitto kigo*): Platz für die Einheit (z. B. Liter oder Kilogramm). Dies wird hier leer gelassen, da die Einheit die Stückzahl ist.

5.3.1.4.2 Informationen zum Ursprung

- **Versand von** (出荷場; *Shukkaba*): Die Artikel kommen aus dem *Kokubu-Werk* des Automobilzulieferers *JTEKT*, Teil des Toyota Keiretsu (Konglomerat) (7372-A ジェイテクト国分名張; *7372-A JTEKT Kokubu Nabari)*. JTEKT liefert z. B. Lenkungssysteme und Komponenten für den Antriebsstrang. Das Kokubu-Werk liegt in der Nähe von Osaka, was bedeutet, dass es mindestens drei Stunden Fahrt zum Takaoka-Werk sind. Das ist für Toyota-Verhältnisse ziemlich weit weg. Der Code unter der Sendung, *7372-0423-04 18:34*, enthält das Datum 23. April, das mit dem Datum auf der rechten Seite der Karte übereinstimmt.
- **Filialnummer** (枝番; *Edaban*): *8314* ist ein interner Code für den Standort innerhalb des JTEKT-Werks.

5.3.1.4.3 Informationen zum Ziel

- **Versand an** (受入; *Ukei*): Das Ziel der Karte ist das *Toyota Motor Corporation Werk Takaoka, Standort 1000-K 07* (トヨタ自動車 高岡工 受人; *Toyotajidōsha, Takaoka Ko Shunin)*. Beachten Sie, wie diese wichtige Information ebenfalls zur besseren Hervorhebung weiß auf schwarz gedruckt ist.

- **Empfang** (搬入コース; *Han'nyū kōsu*): Hier *G 09*, ein Toyota interner Routencode.
- **Adresscode** (所番地; *Tokoro banchi*): Der genaue Zielort, an den das Teil gehen muss, hier *7SN-27-4*. Beachten Sie, dass diese wichtige Information sehr groß gedruckt ist.

5.3.1.4.4 Informationen zur Kanban

- **Neu ausgegebene Seriennummer** (再発行連番; *Sai hakkō renban*): Die Seriennummer der Kanbans ist *1-96578*.
- **Bestellnummer** (オーダー No; *Order No.*): Die Bestellnummer lautet *2013/04/23-15*, was darauf hinweist, dass es sich um die 15. Nachbestellung vom 23. April 2013 handelt.
- **Datum und Uhrzeit** (4 月 23 日 04 便 7372 00:25; *4 gatsu 23 nichi 04 ben*): Das Datum und die Uhrzeit für die Karte, mit der Angabe *23. April, 00:25 Uhr*. Es gibt zusätzliche Servicenummern *04* und *7372*, die Sie auch im Abschnitt „Sendung von" wiederfinden.

5.3.1.4.5 Zusätzliche Informationen

- **QR-Code**: Interner Code zum Scannen innerhalb von Toyota. Falls es jemanden interessiert, der Code hier enthält 152 Bytes und sagt *JT7372AKOB 1000K07 10042304092013042315 Z5760 8424501220000000040FTP342 83147SN -27-4 2*. Viele der anderen Informationen finden Sie hier in diesem QR-Code wieder.
- **Barcode**: Der Barcode enthält hier keine Informationen. Vielleicht ein historisches Überbleibsel?
- **Zonenname** (ゾーン名; *Zōn-mei*): Unbenutzte Bezeichnung für einen Zonennamen.
- **Firmeninterne Nummer** (社内背番号; *Shanai sebangō*): Weitere Informationen, die innerhalb von Toyota verwendet werden. Die interne Nummer ist *65*.
- **Ergänzungscode** (補助コード; *Hojo kōdo*): Dies ist ein Ergänzungscode *FGPO/OORQK 010/010*.

5.3.1.5 Beispiel: Eine Dreieckskanban von Toyota

Abbildung 63 zeigt eine ältere Dreieckskanban von Toyota in situ an einer Stanzpresse. Diese Dreieckskanban ist eine ältere Kanban ohne Barcode, die im *Toyota Commemorative Museum of Industry and Technology* in Nagoya ausgestellt ist. Sie enthält weniger Informationen, funktioniert aber immer noch als Kanban. Gehen wir die Kanban von oben nach unten durch.

Abbildung 63: Beispiel für eine Dreieckskanban aus Blech im Toyota Commemorative Museum of Industry and Technology, Nagoya, Japan (Bild: Roser)

- **Teilenummer** (品番; *Hinban*): Die Teilenummer des Produkts, hier *13261-74040*. Das erste Zeichen des Textes ist in der Abbildung 63 nicht sichtbar, da die Kanban hinter einem Rohr hängt, aber es ist das Gleiche wie auf der modernen Kanban oben. Die Nummern beziehen sich auf geschmiedete Stahlteile.
- **Menge** (収容数; *Shūyō-sū*): Es sollen *500* Stück pro Behälter sein. Dies ist nicht die Gesamtmenge eines Loses, sondern nur die Behältermenge.
- **Referenznummer** (基準数; *Kijun-sū*): Wenn der Bestand dieses Niveau erreicht hat, wird eine Reproduktion mit der Dreieckskanban gestartet. Die Zahl *2* steht hier für zwei Behälter bzw. 1000 Teile. Wenn der verbleibende Bestand diese Menge erreicht, wird eine Nachproduktion mit der Dreieckskanban gestartet. Diese Information ist einzigartig für die Dreieckskanban und findet sich nicht bei anderen Kanbanvarianten. Bei Toyota wird dies manchmal auch *Bestellpunkt* (発注点; *Hotsuchuu-ten*) genannt. Wenn der Produktionslauf abgeschlossen ist, definiert diese Nummer auch die Position, an der die Dreieckskanban angebracht ist. In diesem Beispiel ist die Kanban am vorletzten Behälter angebracht.
- **Los** (ロット; *Rotto*): Die Produktionsmenge beträgt *4000* Stück. Die Dreieckskanban repräsentiert eine Produktion von 4000 Stück. Dies entspricht acht Behältern mit je 500 Stück.
- **Linie** (ライン; *Rain*): Diese Kanban ist für die Maschine *ER2500*.

In der Abbildung 64 sehen Sie links unten wieder die Kanban. Rechts hinten befinden sich zwei weitere Teiletypen (13261-74040 für 500 Pleuelstangen und 41314-20020 für 60 Flansche), ebenfalls mit Dreieckskanban. Beide sollen auf der ER2500-Maschine gefertigt werden.

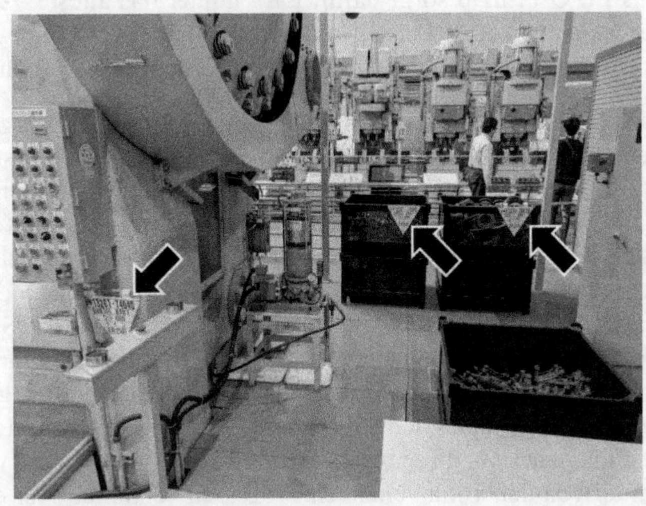

Abbildung 64: Verwendung der Dreieckskanban aus Blech im Toyota Commemorative Museum of Industry and Technology, Nagoya, Japan. Die Kanbans sind mit Pfeilen hervorgehoben. (Bild: Roser)

5.3.2 Supermarkt

Supermärkte sind Bestände am Ende einer Kanbanschleife. Da Supermärkte Teile von Kanbansystemen sind, sind sie nur für Lagerware sinnvoll, die Sie vorrätig haben. Allerdings ist nicht jeder Bestand ein Supermarkt.

5.3.2.1 Was einen Bestand zu einem Supermarkt macht

Ein Supermarkt ist nicht einfach irgendein Bestand. Ein Supermarkt ist ein nach bestimmten Regeln organisierter Bestand. Drei Hauptbedingungen definieren einen Supermarkt:

1) **Die Produkte werden nach Teiletyp getrennt gelagert**: In einem Supermarkt werden die Teile getrennt entsprechend des Teiletyps gelagert. Idealerweise werden sie in physischen Gruppen gelagert, was eine einfache Beobachtung des aktuellen Zustands ermöglicht. Das hilft bei der Visualisierung. Alternativ können sie auch lediglich digital in einem ERP-System gruppiert werden – hierbei muss man die Daten analysieren, um zu sehen, ob der Bestand zur Neige geht.

2) **FIFO wird eingehalten**: Das erste Teil eines Typs, das in den Supermarkt gegangen ist, ist auch das erste Teil, das entnommen wird. Das FIFO-Prinzip sorgt dafür, dass immer das älteste Teil zuerst verwendet wird. Alternativ könnten es auch FEFO (*First-Expired-First-Out*) oder ähnliche Ansätze sein. Siehe Kapitel 4.2 für Details.

3) **Ein Teil, das den Supermarkt verlässt, gibt ein Signal zur Wiederbeschaffung**: Die Voraussetzung für eine Verbrauchssteuerung ist, dass jedes Teil, das das System verlässt (meist aus dem Supermarkt) ein Signal zur Wiederbeschaffung der Teile gibt (die Kanban). Befindet sich der Supermarkt am Ende einer Produktionslinie, ist es das Signal für die Nachproduktion. Befindet sich der Supermarkt am Ende eines Transports, handelt es sich um das Signal für die Nachlieferung. Für einen funktionierenden Supermarkt ist es unerlässlich, ein solches Signal zu geben. Für einen reibungsloseren Ablauf gehört daher der Supermarkt zum Wiederbeschaffungsprozess und wird von diesem auch verwaltet. Der Supermarkt wird also immer von den vorangehenden Prozessen verwaltet. Nur ein teilespezifisches FIFO zu haben (die ersten beiden Bedingungen), ergibt noch keinen Supermarkt, sondern lediglich einen netten Bestand.

5.3.2.2 Der (optionale) Mindestbestand

Manche Supermärkte, unter anderem bei Toyota, nutzen auch einen teilespezifischen **Mindestbestand**. Dabei handelt es sich um ein Warnsignal für einen bevorstehenden Fehlbestand – oft auch mit dem englischen Begriff *Stock-Out* bezeichnet. Die Verwendung eines solchen Mindestbestands ist fast immer möglich, allerdings nicht immer nötig. Nutzen Sie einen Mindestbestand im Supermarkt, wenn er Ihnen helfen kann *Stock-Outs* zu vermeiden. Vor allem bei größeren und unübersichtlichen Kanbansystemen kann dieses Vorgehen sinnvoll sein. In einem kleinen Kanbankreislauf haben die Mitarbeiter oft einen guten Überblick über die Situation. Daher können sie selbstständig reagieren, wenn der Vorrat zur Neige geht. In größeren und schwer zu überblickenden Verbrauchssteuerungen ist das vielleicht nicht gegeben. In jedem Fall ist der Mindestbestand optional und Teil der Bestandsgrenze, die durch alle Kanbans für diesen Teiletyp repräsentiert wird.

Es ist durchaus möglich, Supermärkte ohne Mindestmengen einzurichten. Ein Mindestbestand kann später jederzeit hinzugefügt werden, wenn Sie ihn brauchen. Die meisten Kanbansysteme, die ich gesehen habe, hatten keinen Mindestbestand. Und wenn sie einen hatten, wurde er nicht immer genutzt.

Wenn der Bestand im Supermarkt unterhalb des Mindestbestands liegt, läuft etwas schief. Es besteht das Risiko keine Teile mehr zu haben. Wenn Ihr

Supermarkt unter diesen Mindestbestand fällt, prüfen Sie, ob weitere Teile dieses Typs bald fertiggestellt werden. Wenn keine weiteren Teile in Kürze verfügbar sein werden, müssen Sie möglicherweise die Produktion neu priorisieren, um Engpässe zu vermeiden.

Bitte verwechseln Sie einen Mindestbestand nicht mit einem Bestand, der nicht angetastet werden darf. Wenn Sie die Teile benötigen, verwenden Sie sie, auch wenn Ihr Bestand unter den Mindeststand fällt. Aber finden Sie heraus, warum Ihnen die Teile ausgehen, bevor sie zur Neige gehen und verhindern Sie dies.

Der Mindestbestand in einem Supermarkt ähnelt der Tankanzeige in Ihrem Auto, wie in Abbildung 65 dargestellt. Wenn Ihr Auto nur noch wenig Kraftstoff hat, blinkt eine Warnleuchte und vielleicht ertönt auch ein Warnton. Das gibt Ihnen Zeit zu tanken, bevor Sie mit Ihrem Fahrzeug liegen bleiben.

Abbildung 65: Die Kraftstoffanzeige in einem Auto warnt auch bei einem Mindestbestand. (Bild: Roser)

Wenn die Warnleuchte jedoch erst aufleuchtet, wenn Sie nur noch für drei Kilometer Kraftstoff haben, dann ist es wahrscheinlich viel zu spät. Ihr Mindestbestand ist also zu niedrig. Geht die Warnung hingegen schon bei einer halben Tankfüllung an, ist sie eher lästig als hilfreich. In diesem Fall ist Ihr Mindestbestand zu hoch. Wenn Ihre Warngrenze auf 25% eingestellt ist, aber die Anzeige fünfmal am Tag blinkt, dann ist Ihr Kraftstofftank zu klein! Das Gleiche gilt für Supermärkte.

Manche Leute sind von einem Mindestbestand begeistert und wollen mehr. Dann fügen sie auch einen gelben Bereich als Vorwarnung hinzu und einen grünen Bereich, in dem alles in Ordnung ist. Davon rate ich ab. Das ist zu viel visuelles Management, oder zu viel „5S". Nehmen Sie wieder Ihre Tankanzeige als Beispiel. Brauchen Sie wirklich eine Warnung, dass *„nur noch 75%"* des Kraftstoffs vorhanden sind? Brauchen Sie wirklich einen gelben und einen grünen Bereich? Wenn Sie zu viele grüne, gelbe und rote Farben haben, wie in Abbildung 66 illustriert, verwirrt das und führt dazu, dass man die Warnungen ignoriert. Erwarten Sie auf jeden Fall nicht, dass die Mitarbeiter in der Fertigung diese Signale beachten.

Abbildung 66: Zu viele verschiedene Farbstufen haben wenig Nutzen und verwirren nur die Mitarbeiter. (Bild: Roser)

Manchmal wird sogar vorgeschlagen im Supermarkt einen **maximalen Füllstand** zu verwenden, der das beliefernde System zum Anhalten zwingt. Das ist unnötig, überflüssig und gefährlich! **Nur ein Mangel an Kanbans sollte Prozesse zum Stillstand bringen.** Wenn ein Supermarkt bei Erreichen eines „Maximums" an Teilen die vorgelagerten Prozesse stoppt, muss man entweder die FIFO-Reihenfolge durcheinanderbringen oder riskieren, dass die Teile für die anderen Teiletypen ausgehen.

Wie auch immer: Ein Mindestbestand in einem Supermarkt ist ein nützliches Warnsignal vor einem drohenden *Stock-Out*. So haben Sie Zeit zu reagieren und ihn zu verhindern. Normalerweise beinhalten die Gegenmaßnahmen ein gewisses Maß an Problembewältigung – oder auf Englisch *Firefighting*. Auch wenn ich ein chaotisches *Firefighting* nicht besonders mag, ist es hier vielleicht das kleinere Übel.

Wenn Sie den Mindestbestand erreichen, dann haben Sie zu wenige Kanbans mit Material dieses Teiletyps im Supermarkt. Dafür gibt es viele mögliche Gründe. Vielleicht können Sie aufgrund von **Rohmaterialmangel** nicht produzieren. In diesem Fall sollte das Problem bereits eskaliert worden sein, aber jetzt ist ein guter Zeitpunkt, um es mit noch größerer Dringlichkeit erneut zu eskalieren.

Eine andere Möglichkeit ist, dass die **kritischen Kanbans lediglich verzögert sind, weil andere Kanbans vor ihnen liegen**. Das Problem ist viel einfacher zu beheben. Priorisieren Sie die benötigten Kanbans einfach an die erste Stelle in der Warteschlange der Produktion. Achten Sie aber darauf, dass genügend Zeit für die Logistik zum Transport des Materials eingeplant wird! Je nach Dringlichkeit können Sie auch mit der Logistik eskalieren, um die Materiallieferung für diese dringenden Kanbans zu beschleunigen. Wenn Sie ohnehin eine priorisierte Warteschlange für die Produktion haben, stellen Sie die dringenden Kanbans in die Warteschlange für priorisierte Teile. Abbildung 67 zeigt ein Beispiel für solch eine Eskalation. Die Kreise sind unter ihrem Mindestbestand. Im Rahmen der Eskalation wird eine der entsprechenden Kanbans an den Anfang der Warteschlange für die Produktion verschoben.

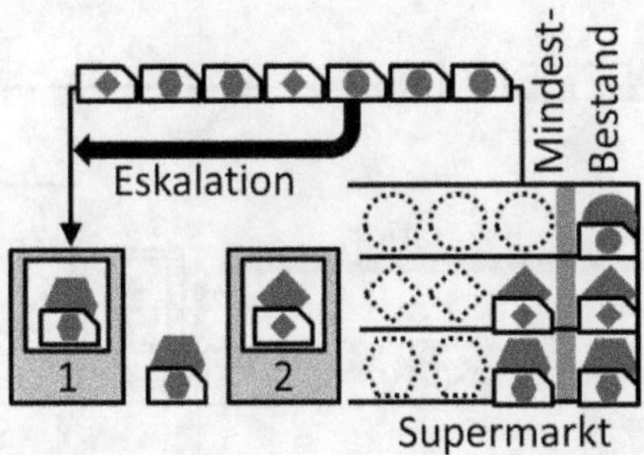

Abbildung 67: Beispiel-Eskalation bei Erreichen des Mindestbestands durch Vorziehen einer Kanban in der Warteschlange der Produktion (Bild: Roser)

Im besten Fall stellen Sie fest, dass **die benötigten Teile bereits in Produktion oder Lieferung sind** und ohnehin in Kürze im Supermarkt eintreffen werden. Hier müssen Sie wahrscheinlich gar nichts tun. Das Problem ist bereits gelöst, und neue Artikel werden eintreffen, bevor Ihr Supermarkt leer ist. Im Beispiel in Abbildung 68 haben die Kreise ebenfalls ihren Mindestbestand erreicht. Es sind jedoch bereits mehrere Kreise in der Produktion. Daher ist keine Eskalation erforderlich.

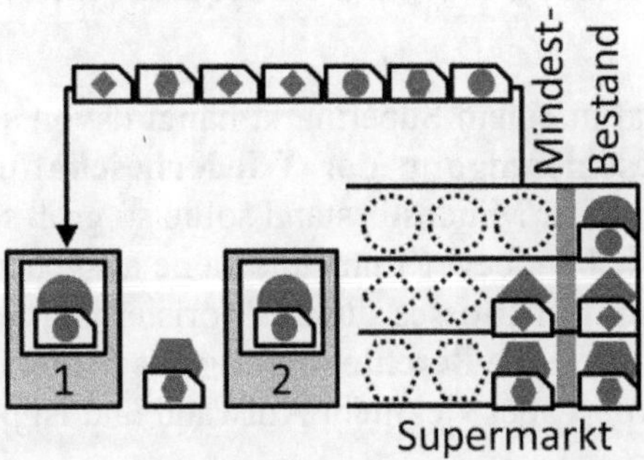

Abbildung 68: Wenn kritische Produkte ohnehin bald fertiggestellt werden, ist möglicherweise keine Eskalation erforderlich. (Bild: Roser)

Es gibt eine Komplikation für **Kanbansysteme mit einer sehr langen Durchlaufzeit**. In solchen Kanbansystemen sind oft die meisten Kanbans in Wiederbeschaffung. Abhängig von Ihrem Mindestbestand reicht es möglicherweise nicht aus, eine Kanban an den Anfang der Warteschlange für die Produktion zu stellen. Es kann notwendig sein, Aufträge, die sich bereits in der Produktion befinden, zu priorisieren. Und es kann nötig sein, Teile in der Produktion an das Ende ihrer jeweiligen Warteschlange zu verschieben. Ein Beispiel ist in Abbildung 69 dargestellt. Ein Kreis, der sich bereits in der Produktion befindet, wird im FIFO nach vorne verschoben, um einen *Stock-Out* zu verhindern.

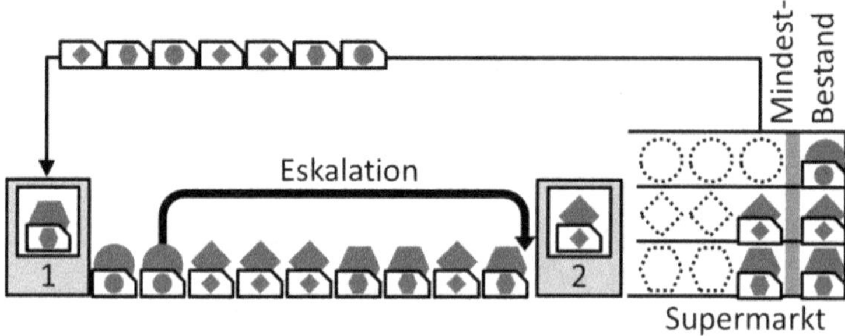

Abbildung 69: Bei langen Durchlaufzeiten kann es notwendig sein, bereits in der Produktion befindliche Teile neu zu sequenzieren. (Bild: Roser)

Das Umpriorisieren von Teilen, die sich bereits in der Produktion befinden, erlaubt niedrigere Mindestbestände. Diese Umpriorisierung kann bei Systemen mit sehr langen Wiederbeschaffungszeiten sogar notwendig sein, um zu große Mindestbestände zu vermeiden, die zu viele Warnungen verursachen würden. Verschieben von Material in der Produktion sollte aber normalerweise vermieden werden. Abhängig von Ihrem System **kann es das Chaos erhöhen und zu Folgeproblemen führen**. Das Verschieben von Material ist auch viel mehr Aufwand als das bloße Verschieben einer Kanbankarte.

Der Mindestbestand in einem Supermarkt hängt davon ab, welche Eskalationen Sie zur **Beschleunigung der Wiederbeschaffungszeit** ergreifen wollen oder können. Der Mindestbestand sollte so groß sein, dass Sie noch Zeit zum Handeln haben, bevor Ihnen die Teile ausgehen. Eine **Beschleunigung des Informationsflusses** durch Priorisierung der kritischen Teile ist fast immer möglich. Eine **Beschleunigung des Materialflusses** ist ebenfalls möglich, erfordert aber viel mehr Aufwand und ist potenziell viel chaotischer.

Der Mindestbestand sollte den Kundenbedarf während einer solchen beschleunigten Wiederbeschaffungszeit abdecken können. Wie viele Teile wird der Kunde nachfragen, während Sie die Wiederbeschaffung eskalieren? Ihre Annahmen sollten die Zeit einschließen, die benötigt wird, um zu bemerken, dass Sie den Mindestbestand erreicht haben und um die Gegenmaßnahmen zu starten. Sie können auch eine kleine Sicherheit für unvorhergesehene Ereignisse einplanen.

Die Implementierung des Mindestbestands kann eine so einfache Maßnahme sein wie ein farbiger Bereich im Supermarkt. Wenn der Bestand unter diesen Bereich fällt, haben Sie den Mindestbestand erreicht. Es könnte auch ein Lichtsignal oder Ähnliches sein oder ein Teil eines digitalen Systems. Der schwierigere Teil besteht darin die Mitarbeiter zu schulen. Sie müssen den Mindestbestand verstehen und tatsächlich reagieren, wenn sie diesen erreichen. Ein Mindestbestand hilft nicht, wenn er von den Mitarbeitern ignoriert wird.

Möglicherweise stellen Sie fest, dass Ihnen trotz Notfall-Eskalationen immer noch häufig das Material ausgeht. Überwachen Sie insbesondere bei einem neu eingeführten Mindestbestand, wie oft Sie diesen erreichen und wie oft dieser tatsächlich zu Eskalationen geführt hat. **Wenn Sie nicht schnell genug reagieren können, dann ist Ihr Mindestbestand zu niedrig.** Sie haben nicht genug Zeit, um einen *Stock-Out* zu verhindern. In diesem Fall können Sie den Mindestbestand erhöhen. Alternativ können Sie das Eskalationsverfahren ändern und die Wiederbeschaffungszeit noch weiter beschleunigen. Wenn Sie andererseits immer großzügig Zeit haben, dann ist Ihr Mindestbestand möglicherweise zu groß.

Wenn Sie den Mindestbestand zu oft erreichen, haben Sie möglicherweise zu wenige Kanbans oder einen zu großen Mindestbestand. Eine höhere Bestandsgrenze (d. h. mehr Kanbans) würde die Häufigkeit des Erreichens des Mindestbestands verringern. Wenn Sie den Mindestbestand nie erreichen, haben Sie vielleicht zu viele Kanbans – was aber das kleinere Übel ist. Insgesamt basiert diese Feinabstimmung (wie bei vielen Methoden der Schlanken Produktion) auf der **Beobachtung des Systems und darauf basierenden Anpassungen**.

Beachten Sie, dass der Bestellpunkt der in Kapitel 8 gezeigten Bestellpunktmethode manchmal auch als Mindestbestand bezeichnet wird. Seine Funktion ist jedoch eine völlig andere. Der Bestellpunkt bei der Bestellpunktmethode ist ein Signal zum Auffüllen. Dieser Bestellpunkt wird regelmäßig erreicht. Der Bestellpunkt sollte groß genug sein, um zuverlässig und ohne Stress innerhalb der normalen Wiederbeschaffungszeit aufgefüllt werden zu können. Das ist etwas ganz anderes als ein Mindestbestand in einem Supermarkt. Letzterer ist ein Warnsignal, bei dessen Erreichen die Wiederbeschaffung ungeplante Notfallmaßnahmen nutzt. Der Mindestbestand sollte nur selten erreicht werden. Bitte verwechseln Sie diese beiden Begriffe nicht, auch wenn sie einen ähnlichen Namen haben können.

5.3.2.3 Physische Form des Supermarktes

Der Supermarkt kann verschiedene physische Formen haben. Häufig anzutreffen sind **Roll- oder Gleitbahnen**. Hier wird ein Behälter von hinten zugeführt und gleitet oder rollt nach vorne, bis er auf den nächsten Teil oder die Vorderseite der Bahn stößt. Abbildung 70 zeigt ein Regal mit solchen Rollbahnen für kleine Kisten.

Abbildung 70: Ein kleiner Supermarkt mit Rollbahnen an der Hochschule Karlsruhe. Ansicht der Vorderseite und Detail der Rückseite (Bild: Roser)

Solche Regale gibt es für Behälter in verschiedenen Größen, von kleinen Kisten bis hin zu Paletten. Sie können Rollen über die gesamte Breite der Bahn haben oder kleinere Rollen auf jeder Seite der Bahn. Auch einfache Rutschen sind möglich. Die Schwerkraft lässt den Behälter langsam zum Ende der Bahn rollen oder gleiten. Kleine Behälter können auch von Hand über eine horizontale Rutsche geschoben werden. Rollbahnen für Paletten haben sogar manchmal Bremsen am Ende, so dass die Paletten langsamer werden, bevor sie gegen den Endanschlag stoßen. Dadurch wird verhindert, dass Teile bei einem abrupten Stopp herausfallen.

Vielleicht haben Sie auch ein einfaches Regal, und die Mitarbeiter **organisieren die FIFO-Reihenfolge von Hand**. Ein Beispiel aus einem Krankenhaus ist in Abbildung 71 dargestellt. Dieses Vorgehen bedeutet jedoch zusätzlichen Aufwand und birgt das Risiko, die FIFO-Reihenfolge durcheinander zu bringen.

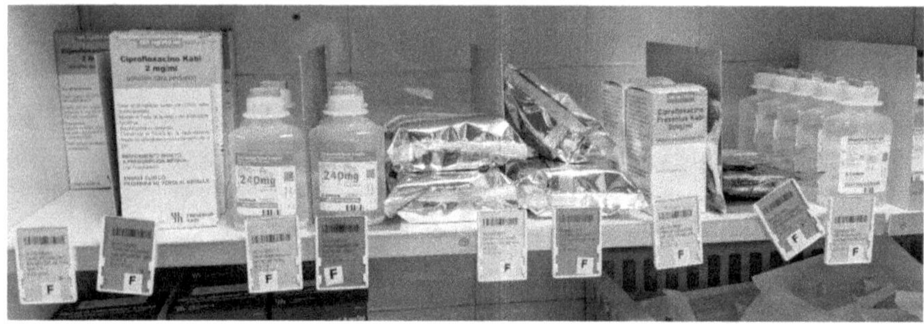

Abbildung 71: Detail eines medizinischen Supermarkts mit einem normalen Regal im Consorci Sanitary Garraf bei Barcelona (Bild: Roser)

Für eine kleinere Anzahl von Paletten können auch zwei einfache **Schienen auf dem Boden** verwendet werden, die etwa 5 cm hoch sind und eine großzügige Palettenbreite Abstand haben. Der Gabelstaplerfahrer setzt die Palette am Anfang ein und schiebt sie dann vorwärts, bis zur nächsten Palette oder zum Ende der Bahn. Das ist billiger als ein Rollensatz, erfordert aber zusätzlichen Aufwand vom Staplerfahrer, möglicherweise zusätzliche Laufwege der Person, die das Material entnimmt und verursacht mehr Verschleiß am Boden und an den Paletten. Ich persönlich bevorzuge Rollenbahnen.

Das gesamte System kann auch **digital** aufgebaut sein. Ein Computer oder ERP-System überwacht den Standort jeder Palette oder Kiste in einem normalen Lager. Wann immer Material benötigt wird, ermittelt der Computer das älteste Material dieser Art im Lager und gibt dieses Material frei. Die Logik im Computer hält also FIFO für jeden Teiletyp aufrecht. Das hat den Vorteil, dass das Lager effizienter genutzt werden und mehr Material aufnehmen kann. Der Bestand eines Teils ist nicht durch die Länge einer Gasse begrenzt. Allerdings ist die digitale Variante aufwändig in der Programmierung, schwieriger zu ändern oder zu aktualisieren und weniger robust als eine einzelne Rollbahn. Vor allem fehlt es an der einfachen Visualisierung. Bei einer rollenden Bahn können Sie direkt vor Ort sehen, wie viel Material Sie wovon haben. In einem digitalen System müssen Sie die Informationen auf einem Computer „nachschlagen".

5.3.3 Kanbanbriefkasten

Ein Kanbanbriefkasten (oder auch *Kanbanbox*) ist eine Art Briefkasten im Supermarkt. Immer wenn Material verbraucht wird, muss die Kanban an den Anfang der Verbrauchssteuerungsschleife zurückkehren. Allerdings hat die Person, die das Material abholt, selten die Zeit (oder das Interesse), die Kanban zurückzugeben. Um den Prozess zu vereinfachen, wird oft ein kleiner Briefkasten oder eine Box am Supermarkt angebracht, in welche die Kanbans geworfen werden. In regelmäßigen Abständen (dreißig Minuten, eine Stunde, zwei Stunden, etc.) kommt eine für den Supermarkt zuständige Person, holt die Karten aus dieser Box und bringt sie zum nächsten Schritt im Informationsfluss. Abbildung 72 zeigt zwei Beispiele für solche Kanbanbriefkästen, eins mit einer Kunststoffbox, ein anderes mit Magnetschienen.

Diese Person bringt dann die Kanbans zum nächsten Schritt in der Kanbanschleife. Dieser nächste Schritt kann die Warteschlange für die Produktion, eine Losgrößenerzeugung oder eine andere Art von Prozess sein, bei dem die Kanbans in eine Reihenfolge gebracht werden.

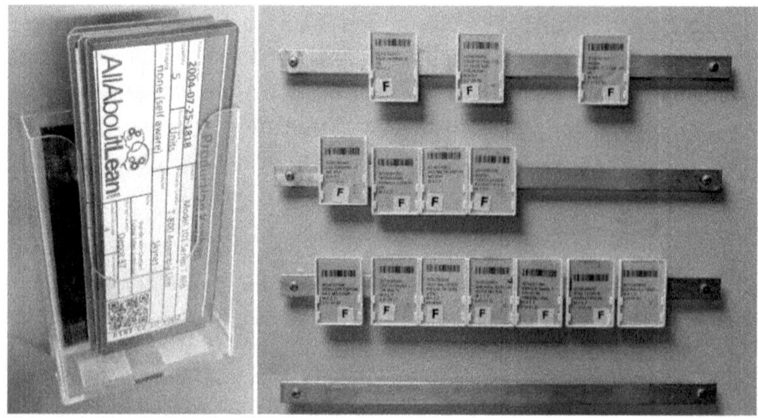

Abbildung 72: Links eine gängige Ausführung eines einfachen Kanbanbriefkasten aus Kunststoff mit Magnetstreifen, der an einem Stahlregal befestigt werden kann. Der Kanbanbriefkasten rechts verwendet magnetische Kanbans im Consorci Sanitary Garraf Hospital bei Barcelona. (Bild: Roser)

Für das visuelle Management könnten Sie z. B. eine Leuchte installieren, die nach einem vorgegebenen Zeitintervall angeht. Das ist dann das Signal, um den Kanbanbriefkasten zu leeren und die Kanbans zum nächsten Schritt zu transportieren. Eine Reset-Taste schaltet das Licht aus, bis das nächste Zeitintervall abgelaufen ist. Dieses Vorgehen kann helfen den regelmäßigen Standard für den Transport von Kanbans aus dem Kanbanbriefkasten einzuhalten.

Wenn die Kanbans von einem ERP-System verwaltet werden, kann die für den Supermarkt zuständige Person die Kanbans aus dem Briefkasten nehmen und die Informationen in das ERP-System scannen oder eintippen. Das ist notwendig, damit das System weiß, was verbraucht wurde und was wiederbeschafft werden muss. Auch dieser Vorgang sollte entweder sofort oder in regelmäßigen Abständen erfolgen.

5.3.4 Sequenzierung

Die einfachsten Kanbansysteme verwenden überhaupt keine explizite Sequenzierung. Alle zurückkommenden Kanbans werden einfach in die Warteschlange für die Produktion eingefügt, sinngemäß „Wer zuerst kommt, malt zuerst". Das ist denn eine FIFO. Oft gibt es jedoch gute Gründe eine andere Reihenfolge zu erstellen. Bei Toyota ist diese Sequenzierung entscheidend für die Nivellierung. Bei Transportkanbans ist eine Sequenzierung weniger üblich, da hier einfach Material aus dem vorhergehenden

Bestand entnommen wird. Bei Produktionskanbans ist jedoch die Reihenfolge der Produktion oft sehr wichtig.

Im Folgenden zeige ich Ihnen einige der häufigsten Gründe für die Sequenzierung. Diese können auch in Kombinationen auftreten (z. B. eine Kombination aus einer Rüstreihenfolge und einer Losgrößenbildung). Die Abbildung 73 zeigt Beispiele für Kanbanboards, die Ihnen bei der Organisation Ihrer Kanbans helfen können. Ähnliche Systeme für das Nivellieren werden oft auch als *Heijunka-Box* oder *Heijunka-Board* bezeichnet, angelehnt an den japanischen Begriff für Nivellierung, *Heijunka*.

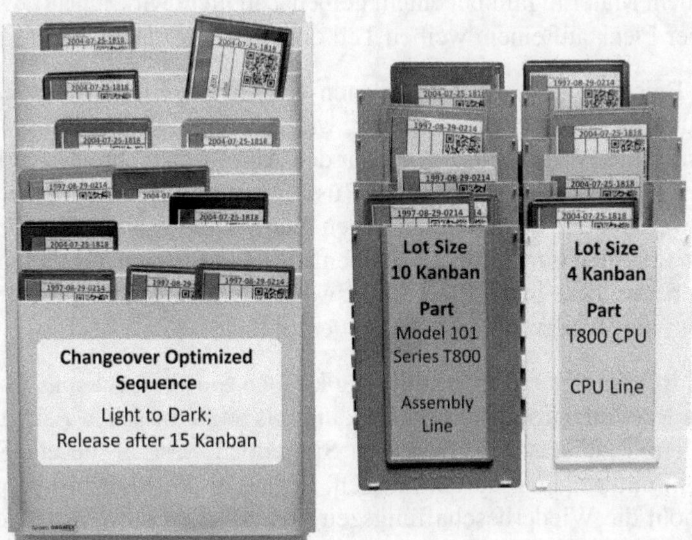

Abbildung 73: Beispiele für Kanbanboards zur Unterstützung bei der Sequenzierung oder Losbildung von Kanbans (Bild: Roser)

5.3.4.1 Losgrößenbildung

Einer der häufigsten Gründe für Sequenzierung ist die Bildung von Losgrößen. In der Schlanken Produktion ist die ideale Losgröße eins. Aber vielleicht haben Sie diese Ebene der Vollkommenheit noch nicht erreicht. Daher werden an einem Punkt im Informationsfluss Kanbans gesammelt und nur dann weitergeleitet, wenn sie mindestens oder genau die erforderliche Losgröße erreicht haben.

Die Mitarbeiter ziehen es oft vor, die Losgrößen so groß wie möglich zu machen, um den Umrüstaufwand zu reduzieren. Dies erhöht jedoch die Wiederbeschaffungszeit und damit Ihren Bestand, wie wir später noch sehen werden. Stellen Sie sicher, dass Ihre Mitarbeiter nicht in diese

Versuchung geraten. Für ein schlankes System sollten Sie versuchen die Losgrößen so klein wie möglich zu gestalten[30].

5.3.4.2 Rüstreihenfolgebildung

Ebenso kann es eine Rüstreihenfolgebildung geben, um das Umrüsten zu erleichtern. Zum Beispiel ist es bei vielen farbgebenden Prozessen üblich, von hell nach dunkel zu gehen. Das Spritzgießen in mehreren Farben beginnt mit der hellsten Farbe klar oder weiß, gefolgt von immer dunkleren Farben, bis es mit der dunkelsten Farbe schwarz endet. Ein winziger Fleck aus weißem Material fällt bei einem gelben Teil nicht wirklich auf, während ein gelber Fleck auf einem weißen Teil ein auffälliger Fehler sein kann.

Andere Beispiele sind Teile, bei denen eine Art des Umrüstens nur eine Anpassung des Werkzeugs erfordert, während ein anderes Umrüsten den Austausch eines Werkzeugs oder sogar den Austausch mehrerer Werkzeuge erfordert. Das Erstellen einer guten Rüstreihenfolge ist eine kleine Kunst, und ich werde hier nicht ins Detail gehen. Seien Sie sich nur dessen bewusst, dass das Erstellen einer solchen Reihenfolge Wartezeiten für die Kanbans erzeugt, bevor diese in die Produktionswarteschlange gegeben werden, was wiederum die Wiederbeschaffungszeit erhöht.

Ähnlich wie bei der Losgrößenbildung können Sie versucht sein, eine aufwändige Rüstreihenfolge zu erstellen, um das letzte bisschen Zeit aus dem Rüsten herauszuquetschen. Beachten Sie jedoch, dass in diesem Fall die Kanbans immer länger warten müssen, bis sie in die Reihenfolge passen. Dies erhöht die Wiederbeschaffungszeit und erfordert entweder einen größeren Supermarkt mit mehr Kanbans, oder es besteht die Gefahr, dass das Material im Supermarkt ausgeht[31].

5.3.4.3 Perlenketten

Bei sehr kleinen Losgrößen kann die Reihenfolge auch angepasst werden, um eine gleichmäßige Verteilung der Arbeitslast der Prozesse zu erreichen. In der Automobilindustrie dauert beispielsweise die Montage von vier Türen länger als die Montage von zwei Türen. Wenn also viele viertürige Modelle auf der Linie kommen, kann die Türmontage überlastet sein. Wenn

---

[30] Christoph Roser, *How to Determine Your Lot Size – Part 1*, in *Collected Blog Posts of AllAboutLean.Com 2017*, Collected Blog Posts of AllAboutLean.Com 5 Offenbach, Germany: AllAboutLean.com Publishing, 2020, 12–16.

[31] Christoph Roser, *Changeover Sequencing – Part 1*, in *Collected Blog Posts of AllAboutLean.Com 2017*, Collected Blog Posts of AllAboutLean.Com 5 Offenbach, Germany: AllAboutLean.com Publishing, 2020, 149–54.

danach viele zweitürige Modelle kommen, ist diese Station schlecht ausgelastet. Wenn Sie jedoch zwischen zwei- und viertürigen Modellen abwechseln, dauert die Türmontage bei den viertürigen Modellen etwas länger, was jedoch durch das nächste zweitürige Modell wieder ausgeglichen wird. Insgesamt hat die Station dann eine normale Arbeitslast. Dieses Vorgehen wird in der Schlanken Produktion gerne als Perlenkette bezeichnet. Auch eine solche Perlenkette ist eher eine Kunst als eine Wissenschaft, kann aber in die Kanbansequenzierung einfließen[32,33,34, 35]. Allerdings erzeugt dies zusätzliche Wartezeiten für die Kanbans und erhöht dadurch auch die Wiederbeschaffungszeit und den benötigten Bestand.

5.3.4.4 Nivellierung

Nivellierung hat das Ziel die Produktionsreihenfolge möglichst gleichmäßig zu verteilen. Das Thema ist sehr beliebt – zumindest beim Management in größeren Unternehmen. Es ist voll mit Schlagwörtern wie *EPEI* (*Every Part Every Interval*), *PFEP* (*Plan for Every Part*) und *Heijunka* („Nivellierung" auf Japanisch). Die Mitarbeiter in der Fertigung sehen das jedoch oft ganz anders und sind häufig viel weniger begeistert vom Nivellieren als das Management. Nivellierung kann eine große Hilfe für Ihr Produktionssystem sein. Leider waren viele Implementierungen, die ich außerhalb von Toyota gesehen habe, fehlerhafte Versuche mit einer hochkomplexen Nivellierung, die das Chaos vergrößerten anstatt es zu reduzieren.

Es gibt verschiedene Arten des Nivellierens. Einige Varianten des Nivellierens sind durchaus machbar, während andere wesentlich schwieriger sind. Die schwierigeren können die meisten Unternehmen einfach (noch) nicht durchführen. Im Allgemeinen können Sie **das Volumen nivellieren** (gleiche Menge jeden Tag über alle Teile) und **die Vielfalt nivellieren** (mischen

---

[32] Christoph Roser, *Mixed Model Sequencing – Introduction*, in *Collected Blog Posts of AllAboutLean.Com 2019*, Collected Blog Posts of AllAboutLean.Com 7 Offenbach, Germany: AllAboutLean.com Publishing, 2020, 128–32.

[33] Christoph Roser, *Mixed Model Sequencing – Basic Example Introduction*, in *Collected Blog Posts of AllAboutLean.Com 2019*, Collected Blog Posts of AllAboutLean.Com 7 Offenbach, Germany: AllAboutLean.com Publishing, 2020, 143–47.

[34] Christoph Roser, *Mixed Model Sequencing – Complex Example Introduction*, in *Collected Blog Posts of AllAboutLean.Com 2019*, Collected Blog Posts of AllAboutLean.Com 7 Offenbach, Germany: AllAboutLean.com Publishing, 2020, 159–64.

[35] Christoph Roser, *Mixed Model Sequencing – Summary*, in *Collected Blog Posts of AllAboutLean.Com 2019*, Collected Blog Posts of AllAboutLean.Com 7 Offenbach, Germany: AllAboutLean.com Publishing, 2020, 189–93.

Sie Ihre Teiletypen so viel wie möglich bei so kleinen Losgrößen wie möglich).

Die **kleinstmögliche Losgröße zu verwenden ist immer vorteilhaft** und für alle Unternehmen machbar. Auch der Versuch, **die kleinen Losgrößen gleichmäßig nach Produkttyp über den Tag zu verteilen**, ist fast immer möglich. Beides ist für Verbrauchssteuerungen sehr nützlich. Es wird sogar oft argumentiert, dass eine Nivellierung die Voraussetzungen für eine Verbrauchssteuerung sei. Ich glaube aber, dass Nivellieren für eine Verbrauchssteuerung nicht zwingend nötig ist. Ich sehe Nivellieren eher als eine Möglichkeit, den Bestand zu reduzieren und damit den Aufbau einer Verbrauchssteuerung zu erleichtern. Daher empfehle ich, kleine Losgrößen und gleichmäßige Tagesmengen zu verwenden. Eine Nivellierung kann man während der Einführung einer Verbrauchssteuerung machen, oder auch davor oder danach.

Vermeiden Sie aber längere Nivellierungsmuster, etwa ein zweiwöchiges Nivellierungsmuster, denn sie sind sehr anspruchsvoll und erfordern einen hohen Reifegrad Ihres Produktionssystems. Wenn Sie nicht einmal morgen zuverlässig das produzieren können, was Sie heute geplant haben, wird ein mehrwöchiges Muster das Chaos vergrößern und Ihre Fertigung in Aufruhr versetzen. Im besten Fall wird Ihnen der Versuch eines solchen längeren Nivellierungsmuster zeigen, dass Ihr System nicht so gut ist wie Sie dachten. In diesem Fall sollten Sie zu den Grundlagen zurückkehren. Etablieren Sie den Materialfluss. Nutzen Sie Standards, um diesen zu stabilisieren. Implementieren Sie eine Verbrauchssteuerung. Reduzieren Sie Losgrößen und andere Schwankungen und erstellen Sie einen täglichen Mix.

Insgesamt kann Ihnen Nivellierung bei Verbrauchssteuerungen helfen, ist aber keine Voraussetzung. Mein Rat ist, Ihre Losgrößen so weit wie möglich zu reduzieren, sich an die Grundlagen des Nivellierens zu halten, einschließlich kleiner Losgrößen und einer täglichen Reihenfolge, und ein gutes Kanbansystem zum Laufen zu bringen. Längere Nivellierungsmuster sind sehr anspruchsvoll und sollten in den allermeisten Unternehmen vermieden werden.

5.3.5 Warteschlange für die Produktion

Das nächste gemeinsame Element nach der Sequenzierung ist die Warteschlange für die Produktion, v. a. bei Produktionskanbans (d. h., wenn die Verbrauchssteuerungsschleife ein Produktionssystem beinhaltet). Das Element ist weniger üblich für Transportkanbans, die aus einem vorgelagerten Bestand wiederbeschaffen. Allgemein gilt: Wenn Sie nicht genug Kapazität haben, um jeden ankommenden Kanban sofort zu bedienen, brauchen Sie eine Warteschlange.

Die Produktionswarteschlange ist eine Reihenfolge von Kanbans, die darauf warten produziert zu werden. In ihrer einfachsten Form handelt es sich um eine simple Warteschlange ohne Priorisierung. Aber auch hier können Sie eine Priorisierung der Aufträge vorsehen. Sie können eine Warteschlange für normale Aufträge und eine Warteschlange für dringende Aufträge haben. Widerstehen Sie aber der Versuchung mehr als zwei Warteschlangen für die Priorisierung zu haben[36]. Die Ausnahme ist, wenn Sie Patienten in der Notaufnahme eines Krankenhauses priorisieren, wo teilweise wirklich jede Sekunde zählt.

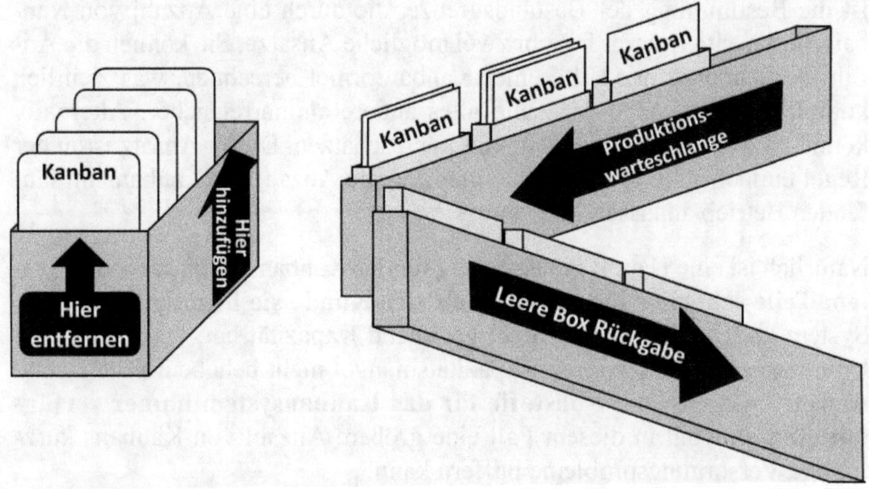

Abbildung 74: Zwei Optionen zum Erstellen einer physischen Warteschlange für die Produktion. Das linke Bild zeigt eine Box, bei der Kanbans von hinten hinzugefügt und von vorne entfernt werden. Das rechte Bild zeigt Metallboxen mit Kanbans, die eine Rutsche hinunterrutschen; die leeren Boxen kehren auf einer anderen Rutsche zurück. (Bild: Roser)

Solche Warteschlangen für die Produktion können verschiedene Formen haben. Sie könnten eine Liste in einem Computer sein. Sie könnten eine Abfolge von Kanbans in einem Stapel sein, bei der man immer darauf achten muss, dass die älteste Kanban auf der einen Seite entfernt und die

---

[36] Christoph Roser, *How to Prioritize Your Work Orders – Basics*, in *Collected Blog Posts of AllAboutLean.Com 2016*, Collected Blog Posts of AllAboutLean.Com 4 Offenbach, Germany: AllAboutLean.com Publishing, 2020, 156–59.

neueste von der anderen Seite hinzugefügt wird. Eine andere Variante bei Toyota ist eine Rutsche mit kleinen Metallboxen, die jeweils eine oder mehrere Kanbans enthalten. Es gibt eine Rutsche mit Boxen, die mit einer oder mehreren Kanbans gefüllt sind. Eine zweite Rücklaufrutsche hat leere Boxen, die wieder mit zurückkommenden Kanbans gefüllt werden. Mehrere Kanbans in einer Rutsche ermöglichen das einfache Erzeugen von Losgrößen, wie in Abbildung 74 visualisiert.

5.4 Kanbanberechnung

Eine häufige und knifflige Frage bei der Gestaltung eines Kanbansystems ist die Bestimmung der Bestandsgrenze, die durch eine Anzahl von Kanbans repräsentiert wird. Es gibt zwei mögliche Ansätze. Sie können die Anzahl der Kanbans mit Hilfe einer Kanbanformel berechnen, was ziemlich komplex und ungenau ist – und alles andere als narrensicher. Alternativ können Sie die Anzahl der Kanbans auch schätzen. Dieser Ansatz ist in der Regel einfacher. In jedem Fall sollten Sie die Anzahl der Kanbans im laufenden Betrieb anpassen.

Natürlich ist eine Hauptvoraussetzung für das Kanbansystem, dass **das System Teile schneller liefern kann als der Kunde sie benötigt**. Wenn Ihr System zu langsam ist und nicht genügend Kapazität hat, wird auch eine Unmenge an Kanbans Ihren Kapazitätsmangel nicht beheben. Eine zweite Annahme ist, dass die **Rohstoffe für das Kanbansystem immer verfügbar sind**, obwohl in diesem Fall eine größere Anzahl von Kanbans kurzfristige Versorgungsprobleme puffern kann.

5.4.1 Grundlagen

Für Ihr Verständnis werde ich die Formel auf den nächsten Seiten entwickeln, anstatt die vollständige Formel direkt zu präsentieren. In jedem Fall gibt es nicht die eine „richtige" Kanbanformel, sondern nur verschiedene Varianten zum Schätzen der Anzahl der Kanbans. Dieses Unterkapitel enthält auch grundlegende Informationen für die Berechnung anderer Verbrauchssteuerungssysteme.

5.4.1.1 Zur Genauigkeit der Kanbanberechnung

Kanbanformel, Kanbanberechnung... das klingt wie Physik oder Forschung, auf jeden Fall sehr präzise. Aber lassen Sie mich in einem Punkt ganz klar sein: **Die Kanbanberechnung ist nicht präzise!** Die Kanbanberechnung ist nichts anderes als eine sehr grobe Abschätzung mit vielen Annahmen.

Geringfügig abweichende, aber ebenfalls valide Annahmen können die Anzahl der Kanbans leicht um 30% oder mehr verändern. Ich zeige Ihnen im Folgenden die Annahmen und deren Auswirkungen auf, um Ihnen die Ungenauigkeit der Kanbanformel zu verdeutlichen.

Die Anzahl der Kanbans definiert die Leistung einer Verbrauchssteuerung. Wenn Sie zu wenige verwenden, werden Sie ständig Probleme mit Unterbrechungen, wartenden Mitarbeitern und Prozessen, fehlenden Produkten und verpassten Lieferungen haben. Wenn Sie zu viele verwenden, verschwenden Sie Platz und Geld für unnötigen Bestand. Wenn Sie die Wahl haben zwischen verpassten Lieferungen und wartenden Mitarbeitern oder etwas mehr Lagerbestand in der Fertigung, würde ich mich natürlich für etwas mehr Lagerbestand entscheiden. Daher ist es üblich, bei der Kanbanberechnung auf der konservativen Seite zu bleiben.

Die Lagerfertigung ist in der Regel ein Kompromiss zwischen der Verfügbarkeit der fertigen Produkte und dem Bestand. Die Verfügbarkeit hat in der Regel eine höhere Priorität. **Im Zweifelsfall verwenden Sie lieber mehr Kanbans und passen später das laufende System an.** Glücklicherweise sind Verbrauchssteuerungen sehr robust, und kleine Unterschiede in der Anzahl der Kanbans haben keine großen Auswirkungen auf die Leistung.

Im Folgenden finden Sie die mathematischen Berechnungen (sprich: Schätzungen!) zur Ermittlung der Anzahl an Kanbans. Ich werde die Kanbanformel Schritt für Schritt entwickeln, um die zugrunde liegenden Zusammenhänge transparenter zu machen. Wichtig: **Sie müssen dies für jeden Teiletyp, den Sie in Ihren Kanbankreislauf haben, separat berechnen.** Berechnen Sie es nicht zusammen für die Summe aller Teiletypen und teilen Sie dann die Kanbans nach dem Volumen der Teiletypen auf. Das wird nicht funktionieren! Wenn Sie die Anzahl der Kanbans zusammen für die Summe aller Teiletypen berechnen, dann kann es sein, dass Sie zwar Teile auf Lager haben, aber wahrscheinlich die falschen.

5.4.1.2   Die Basis: der Kundentakt

Der Kundenbedarf im Verhältnis zur verfügbaren Produktionszeit bestimmt die Anforderungen an unsere Verbrauchssteuerung. Die durchschnittliche Zeit zwischen den vom Kunden bestellten Teilen ist die Grundlage für die Berechnung der Anzahl der Kanbans oder anderer Bestandsgrenzen einer Verbrauchssteuerung. Das nennt man den **Kundentakt**. Auch im Englischen wird hier das deutsche Wort *Takt* oder *Takt Time* verwendet. Dieses deutsche Wort kam im zweiten Weltkrieg von der Junkers-Flugzeugfertigung in Deutschland zur Mitsubishi Zero-Fertigung in Japan, zu Toyota und von dort zur Schlanken Produktion.

Um den Kundentakt für einen Teiletyp zu berechnen, müssen Sie zunächst entscheiden, welchen Zeitraum Sie betrachten wollen. Das kann z. B. eine Woche oder ein Monat sein. Dann müssen Sie die **Arbeitszeit** schätzen, d. h. die Zeit, in der Ihr System während dieses Zeitraums tatsächlich in Betrieb ist. Als nächstes müssen Sie den **Bedarf für diesen Teiletyp während dieses Zeitraums** schätzen. Dabei handelt es sich um die Gesamtzahl der Teile für diesen Teiletyp, die die Kunden in diesem Zeitraum voraussichtlich bestellen werden. **Der Kundentakt für einen Teiletyp ist die verfügbare Arbeitszeit Ihres Systems, geteilt durch den Bedarf für diesen Teiletyp in diesem Zeitraum** – wie in Formel 1 dargestellt. Der Kundentakt ist die durchschnittliche Zeit zwischen einem Kundenbedarf innerhalb der Arbeitszeit. Der Takt wird als Zeit pro Teil oder Menge gemessen. Der Kehrwert wäre die Bedarfshäufigkeit für diesen Teiletyp, gemessen in Teilen oder Menge pro Zeit.

$$TT_n = \frac{TW}{D_n} = \frac{1}{DF_n}$$

Formel 1: Kundentakt für Teiletyp n

Die Variablen für Formel 1 und Formel 2 sind wie folgt (eine Liste aller in diesem Buch verwendeten Variablen finden Sie im Anhang):

D_n	Bedarf an Teiletyp n innerhalb eines Zeitraums (Menge)
DF_n	Bedarfshäufigkeit für Teiletyp n (Menge pro Zeit)
Q_n	Produzierte gute Menge von Teiletyp n (Menge)
T	Dauer allgemein (Zeit)
TL_n	Linientakt für Teiletyp n (Zeit pro Menge)
TP_n	Durchsatz für Teiletyp n (Menge pro Zeit)
TT_n	Kundentakt für Teiletyp n (Zeit pro Menge)
TW	Arbeitszeit eines Systems (Zeit)

Die **Arbeitszeit** bedarf etwas mehr Diskussion. Der übliche Ansatz ist, die Arbeitszeit Ihrer Anlage zu verwenden. Wenn Ihre Linie 5 Tage pro Woche mit 7 Stunden pro Tag arbeitet, dann haben Sie eine Gesamtarbeitszeit von 35 Stunden pro Woche. Wenn Ihr Gesamtbedarf 2100 Teile pro Woche beträgt, dann ist Ihr Kundentakt 35 Stunden geteilt durch 2100 Teile oder 1 Minute pro Teil.

Das ist leicht zu verstehen, wenn alle Prozesse in der Schleife die gleichen Arbeitszeiten haben. Gerade in der Logistik kann es jedoch vorkommen, dass verschiedene Teile der Verbrauchssteuerungsschleifen mit unterschiedlichen Arbeitszeiten arbeiten. Der Lieferant hat vielleicht eine 5-Tage-Arbeitswoche, aber der LKW-Fahrer fährt auch am Wochenende oder bis spät in der Nacht. Sie müssen die Arbeitszeit nehmen, die Ihre Verbrauchssteuerungsschleife am besten repräsentiert. Das kann sogar ein

Rund-um-die-Uhr-Zeitraum von 7 Tagen pro Woche mit 24 Stunden pro Tag sein.

Ähnlich wie den Kundentakt gibt es den **Linientakt**. Der Kundentakt ist die durchschnittliche Zeit zwischen einem Kundenbedarf innerhalb der Arbeitszeit. Der Linientakt ist die durchschnittliche Zeit zwischen der Produktion eines guten Produktes. Achten Sie darauf, dass Sie nur qualitativ gute Teile zählen und Defekte und Ausschuss ausschließen. Formel 2 zeigt die Berechnung des Linientakts für einen Teiletyp basierend auf der produzierten Menge dieses Teiletyps n.

$$TL_n = \frac{TW}{Q_n} = \frac{1}{TP_n} \approx TT_n$$

Formel 2: Linientakt für Teiletyp n

Dieser Linientakt ist der Kehrwert der Produktionsfrequenz, die auch als Durchsatz bezeichnet wird. Es gibt einige fast philosophische Diskussionen, wann man den Kundentakt und wann den Linientakt, oder ähnlich die Bedarfshäufigkeit oder den Durchsatz, verwenden sollte. In der Realität macht das meist kaum einen Unterschied.

Bei einem guten Produktionssystem ist der Kundentakt dem Linientakt sehr ähnlich. Für ein normales Produktionssystem sollten die durchschnittliche Anzahl der produzierten Produkte und die durchschnittliche Anzahl der zu produzierenden Produkte sehr nahe beieinander liegen. Bestellt der Kunde weniger, wird die Arbeitszeit bei diesem System so lange reduziert, bis der Linientakt wieder ungefähr dem Kundentakt entspricht. Ähnlich verhält es sich, wenn der Kunde mehr bestellt. Dann werden eventuell Überstunden und Sonderschichten zunehmen oder das System wird schneller gemacht, bis der Kundentakt und der Linientakt wieder ähnlich sind. Ich ziehe es vor, den Kundentakt für die Berechnung der Anzahl der Kanbans zu verwenden, aber Sie können auch den Linientakt zu verwenden, wenn Sie sich damit wohler fühlen und dieser dem Kundentakt ähnelt.

Bitte unterscheiden Sie unbedingt zwischen dem Kunden- bzw. Linientakt eines **Teiletyps** und dem kombinierten Kunden- bzw. Linientakt über **alle Teiletypen**! Für die Kanbanberechnung benötigen Sie höchstwahrscheinlich beides. Sie benötigen z. B. den Kundentakt für den aktuellen Teiletyp, um eine Zeit in eine Anzahl von Kanbans umzurechnen, wie in Formel 11 dargestellt. Sie benötigen jedoch auch den Kundentakt über alle Teile, wenn Sie die Zeit in der Warteschlange für die Produktion berechnen. **Achten Sie darauf, dass Sie die verschiedenen Taktzeiten nicht verwechseln!**

Formel 3 zeigt Ihnen, wie Sie die Kundentakte für mehrere Teiletypen kombinieren können. Die Formel 4 berechnet die kombinierte Bedarfshäufigkeit für mehrere Teiletypen. Es kann jedoch einfacher sein, die Formel 1 unter Verwendung des Gesamtbedarfs für alle Teiletypen zu ändern. Dies wird in Formel 5 gezeigt, wobei der kombinierte Bedarf einfach die Summe der einzelnen Bedarfe ist, wie in Formel 6 gezeigt.

$$TT_{All} = \frac{1}{\sum_{n=1}^{m} \frac{1}{TT_n}}$$

Formel 3: Kombinierter Kundentakt für m verschiedene Teiletypen

$$DF_{All} = \sum_{n=1}^{m} DF_n$$

Formel 4: Kombinierte Bedarfshäufigkeit für m verschiedene Teiletypen

$$TT_{All} = \frac{TW}{D_{All}} = \frac{1}{DF_{All}}$$

Formel 5: Kombinierter Kundentakt über alle Teiletypen

$$D_{All} = \sum_{n=1}^{m} D_n$$

Formel 6: Gesamter Bedarf über alle Teiletypen

Die Variablen für Formel 3 zu Formel 6 sind wie folgt:

D_n	Bedarf an Teiletyp n innerhalb eines Zeitraums (Menge)
D_{All}	Bedarf an allen Teiletypen innerhalb eines Zeitraums (Menge)
DF_n	Bedarfshäufigkeit für Teiletyp n (Menge pro Zeit)
DF_{All}	Bedarfshäufigkeit über alle Teiletypen (Menge pro Zeit)
m	Anzahl aller Teiletypen in der Verbrauchssteuerungsschleife (ohne Einheit)
n	Generischer Verweis auf einen Teiletyp (ohne Einheit)
TT_n	Kundentakt für Teiletyp n (Zeit pro Menge)
TT_{All}	Kundentakt über alle Teiletypen (Zeit pro Menge)
TW	Arbeitszeit eines Systems (Zeit)

Wenn Sie mehrere Kanbanschleifen hintereinander haben, ist der relevante Kundentakt immer die Arbeitszeit der Kanbanschleife geteilt durch den Bedarf des nachfolgenden Systems. Damit werden Bedarfssteigerungen entlang des Wertstroms aufgrund von Qualitätsverlusten berücksichtigt. Der Takt ändert sich auch mit der Anzahl der Teilkomponenten. Wenn Ihr

Kundentakt für ein Auto 60 Sekunden pro Auto beträgt, dann ist der Kundentakt für Ihre Räder 15 Sekunden, da Sie vier Räder für ein Auto benötigen. Wie auch immer, in den meisten Fällen sollte der Takt für das nächste Segment im Wertstrom ziemlich nah am Endkundentakt liegen, nur angepasst an die Anzahl der Unterkomponenten und die Arbeitszeit.

5.4.1.3 Umrechnen von Teilen in Karten in Zeit und zurück

Das Ziel der Kanbanformel ist es, eine obere Bestandsgrenze zu berechnen. Sie lässt sich als eine Menge von Artikeln auszudrücken oder als eine Anzahl von Kanbans oder – auch das ist möglich – als eine Zeit.

Einige Variablen für die Kanbanberechnung sind **Zeiten**, die in eine Stückzahl und dann in eine Anzahl von Kanbans umgerechnet werden müssen. Diese Zeiten könnten z. B. Umrüstzeiten sein. Weitere Variablen für die Kanbanberechnung sind **Mengen oder Stückzahlen**, die ebenfalls in eine Anzahl von Kanbans umgerechnet werden müssten. Diese Mengen könnte z. B. der Bestand im Produktionssystem sein. Schließlich sind manche Variablen für die Kanbanberechnung am besten eine **Anzahl von Kanbans**, bei denen keine Umrechnung notwendig ist – beispielsweise die Losgröße.

Die Umrechnung einer Art von Einheit in eine andere ist daher wichtig für die Kanbanberechnung. Um eine Zeiteinheit in eine Anzahl von Teilen umzurechnen, benötigen Sie den Kundentakt oder die Bedarfshäufigkeit. Dieser Takt kann über alle Teiletypen oder nur für einen bestimmten Teiletyp oder für eine Gruppe von Teiletypen erfolgen.

Dividiert man die Zeit durch den Kundentakt oder multipliziert sie mit der Bedarfshäufigkeit, so erhält man die Menge, die in dieser Zeit produziert werden kann oder sollte, wie in Formel 7 dargestellt. Die Umkehrung der Umrechnung einer Menge in eine Zeit ist in Formel 8 zu sehen.

Formel 8 ist eigentlich eine berühmte Formel, das Gesetz von Little (auch bekannt als Littles Theorem, Satz von Little oder auf Englisch *Little's Law*). Das Gesetz von Little war lange Zeit bekannt und wurde einfach als wahr angenommen, bevor es von John Little 1961 wissenschaftlich bewiesen wurde[37]. Das Gesetz gibt die Beziehung zwischen der Durchlaufzeit, der Anzahl der Artikel im System und dem Kundentakt oder der

---

[37] John D. C. Little, *A Proof for the Queuing Formula: L = λW, Operations Research* 9, Nr. 3 1961: 383–87.

Bedarfshäufigkeit an[38]. Das Gesetz ist recht einfach, ziemlich präzise und meiner Meinung nach auch mathematisch schön.

$$Q = \frac{T}{TT} = T \cdot DF$$

Formel 7: Umrechnung einer Zeit in eine Menge

$$T = Q \cdot TT = \frac{Q}{DF}$$

Formel 8: Umrechnung einer Menge in eine Zeit

Die Variablen für Formel 7 zu Formel 12 in diesem Abschnitt sind wie folgt:

DF   Bedarfshäufigkeit (Menge pro Zeit)
DF_n Bedarfshäufigkeit für Teiletyp n (Menge pro Zeit)
$NC_{Kanban,n}$ Anzahl der Kanbans für Teiletyp n (Anzahl Karten)
NPC_n Anzahl der Teile pro Kanban für Teiletyp n (Menge pro Karte)
Q   Quantität allgemein (Menge)
Q_n Produzierte gute Menge von Teiletyp n (Menge)
T   Dauer allgemein (Zeit)
TT   Kundentakt (Zeit pro Menge)
TT_n Kundentakt für Teiletyp n (Zeit pro Menge)

Sie können auch eine Menge in eine Anzahl von Kanbans umrechnen. Oft repräsentiert eine Kanban genau ein Teil. In diesem Fall ist die Anzahl der Teile pro Kanban für diesen Teiletyp eins, und die Bestandsgrenze für diesen Teiletyp ist gleich der Anzahl der Kanbans. Wenn eine Kanban jedoch eine größere Menge repräsentiert, dann müssen Sie die Menge durch die Anzahl der Teile pro Kanban für diesen Teiletyp dividieren, um die Anzahl der Kanbans zu erhalten, wie in Formel 9 dargestellt. Die Umkehrung der Umrechnung einer Anzahl von Kanbans in eine Menge ist in Formel 10 zu sehen.

$$NC_{Kanban,n} = \frac{Q_n}{NPC_n}$$

Formel 9: Umrechnung einer Menge in eine Anzahl von Kanbans

---

[38] In der Originalliteratur wird die Nomenklatur üblicherweise als Verweildauer, Bestand und Ankunftsrate bezeichnet. Ich habe dies hier geändert, damit es besser zum Thema des Buches passt.

$$Q_n = NC_{Kanban,n} \cdot NPC_n$$

Formel 10: Umrechnung einer Anzahl von Kanbans in eine Menge

Durch Kombination von Formel 7 und Formel 9 können Sie eine Zeit in eine Anzahl von Kanbans umrechnen, wie in Formel 11 gezeigt. Die Umkehrung der Umrechnung einer Anzahl von Kanbans in eine Zeit zeigt Formel 12.

$$NC_{Kanban,n} = \frac{T}{TT_n \cdot NPC_n} = \frac{T \cdot DF_n}{NPC_n}$$

Formel 11: Umrechnung einer Zeit in eine Anzahl von Kanbans

$$T = NC_{Kanban,n} \cdot TT_n \cdot NPC_n = \frac{NC_{Kanban,n} \cdot NPC_n}{DF_n}$$

Formel 12: Umrechnung einer Anzahl von Kanbans in eine Zeit

5.4.1.4 Die Basis der Kanbanformel

Formel 11 ist die Grundlage der Kanbanberechnung, wenn die Zeit die Wiederbeschaffungszeit ist. Dies ergibt die fundamentale Formel zur Berechnung der Anzahl der Kanbans oder der Bestandsgrenze für so ziemlich jede Verbrauchssteuerung, wie in Formel 13 dargestellt. Verwenden Sie diese aber noch nicht, da es viele Komplikationen bei ihrer Berechnung gibt, insbesondere bei der Behandlung von Schwankungen.

$$NC_{Kanban,n} = \frac{RT_n}{TT_n \cdot NPC_n} = \frac{RT_n \cdot DF_n}{NPC_n}$$

Formel 13: Basisformel zur Berechnung der Anzahl der Kanbans. Bitte nicht so verwenden, da die Formel keine Schwankungen berücksichtigt.

Die Variablen für die Formel 13 sind wie folgt:

DF_n Bedarfshäufigkeit für Teiletyp n (Menge pro Zeit)
$NC_{Kanban,n}$ Anzahl der Kanbans für Teiletyp n (Anzahl Karten)
NPC_n Anzahl der Teile pro Kanban für Teiletyp n (Menge pro Karte)
RT_n Wiederbeschaffungszeit für Teiletyp n (Zeit)
TT_n Kundentakt für Teiletyp n (Zeit pro Menge)

Die Herausforderung hierbei ist die Berechnung der Wiederbeschaffungszeit und – was noch schwieriger ist – die Frage, welche Schwankungen berücksichtigt werden sollen. **Eine Verbrauchssteuerung für die**

Lagerfertigung muss konservativ sein und die meisten Schwankungen über die Bestandsgrenze abdecken. Dieser konservative Ansatz gewährleistet eine hohe Liefertreue. Bei Auftragsfertigungen hingegen hängt die Liefertreue hauptsächlich von der Durchlaufzeit ab, und es können häufig Durchschnittswerte zur Bestimmung der Bestandsgrenze verwendet werden.

Daher ist es schwierig, Formel 13 direkt zu verwenden. Im Folgenden zeige ich Ihnen die wichtigsten Faktoren, die die Anzahl der Kanbans beeinflussen, bevor ich näher auf die Berechnung der verschiedenen Elemente für die verschiedenen Arten von Kanbansystemen eingehen werde.

5.4.1.5 Einflussfaktoren für die Anzahl der Kanbans

Die Anzahl der Kanbans im Speziellen oder die Bestandsgrenze für eine Verbrauchssteuerung im Allgemeinen hängt hauptsächlich von zwei Faktoren ab: Wiederbeschaffungszeit und Kundenbedarf. Lassen Sie mich Ihnen noch ein wenig Theorie vermitteln, bevor ich Ihnen abschließend (meine Version der) Kanbanformel zeige.

5.4.1.5.1 Die Wiederbeschaffungszeit

Die Wiederbeschaffungszeit ist die Zeit, die eine Kanban für einen Umlauf in der Verbrauchssteuerungsschleife benötigt. Wenn ein Teil aus dem Supermarkt entnommen wird, wird die Kanban zur Wiederbeschaffung zurückgeschickt. Die Zeit zwischen dem Verlassen des Supermarktes und der Rückkehr in den Supermarkt mit einem neuen Teil wird daher als **Wiederbeschaffungszeit** bezeichnet (oder auf Englisch *Replenishment Time*). Für die Kanbanberechnung wird diese Wiederbeschaffungszeit benötigt, um die Anzahl der Kanbans abzuschätzen. Der Kunde muss mit Produkten versorgt werden, während der Supermarkt wieder aufgefüllt wird, wie in der Abbildung 75 für Produktions- und Transportkanbans visualisiert.

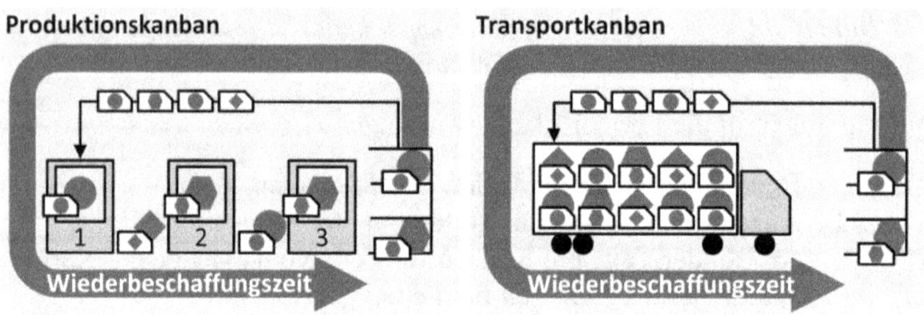

Abbildung 75: Visualisierung der Wiederbeschaffungszeit für Produktionskanban und Transportkanban (Bild: Roser)

Sie benötigen genügend Kanbans, um diese Wiederbeschaffungszeit für diesen Teiletyp abzudecken. Diese Zeit kann über Formel 11 in eine Menge und damit in eine Anzahl von Kanbans umgerechnet werden. Wenn die Anzahl Kanbans die durchschnittliche Wiederbeschaffungszeit repräsentiert, dann haben Sie im Durchschnitt ein Artikel im Supermarkt. Für ein theoretisches, vollkommen stabiles Produktionssystem mit vollkommen regelmäßigen Kundenbedarfen ohne jegliche Schwankungen basiert die Anzahl der Kanbans einfach auf der durchschnittlichen Wiederbeschaffungszeit, wie in Formel 14 angegeben. Aber das ist nicht realistisch. Beachten Sie auch, dass der Kundentakt der Kundentakt für **diesen spezifischen Teiletyp** sein muss.

$$NC_{Kanban,n} = \frac{RT_{\varnothing,n}}{TT_n \cdot NPC_n} = \frac{RT_{\varnothing,n} \cdot DF_n}{NPC_n}$$

Formel 14: Berechnung der Anzahl der Kanbans für ein perfekt stabiles System ohne Schwankungen, weder in der Wiederbeschaffung noch beim Bedarf

Die Variablen für Formel 14 und Formel 15 sind wie folgt:

DF_n — Bedarfshäufigkeit für Teiletyp n (Menge pro Zeit)

$NC_{Kanban,n}$ — Anzahl der Kanbans für Teiletyp n (Anzahl Karten)

NPC_n — Anzahl der Teile pro Kanban für Teiletyp n (Menge pro Karte)

$RT_{Max,n}$ — Maximal berücksichtigte Wiederbeschaffungszeit für Teiletyp n (Zeit)

$RT_{\varnothing,n}$ — Durchschnittliche Wiederbeschaffungszeit für Teiletyp n (Zeit)

S — Sicherheitsfaktor (Anzahl Karten)

TT_n — Kundentakt für Teiletyp n (Zeit pro Menge)

Perfekt stabile Systeme gibt es jedoch nur in der Theorie und niemals in der Realität. Egal was Sie tun, Sie werden Schwankungen haben. Sowohl die Wiederbeschaffungszeit als auch der Kundenbedarf schwanken. In der Produktion können Schwankungen durch vorübergehenden Materialmangel, Störungen, Wartung, Rüsten, Änderungen im Produktmix und eine Vielzahl anderer Gründe verursacht werden. Die Verwendung der durchschnittlichen Wiederbeschaffungszeit in Formel 14 würde bedeuten, dass Sie im Durchschnitt ein Teil im Supermarkt haben – was bedeutet, dass Sie die Hälfte der Zeit keines haben! Wenn die Kunden immer auf Ihr Teil warten würden, hätten Sie eine Liefererfüllung von null Prozent, da Ihre Schlange an Kunden immer länger wird.

Ein Kanbansystem will aber meist eine hohe Liefererfüllung. Auch unter widrigen Umständen soll Material für die nachfolgenden Prozesse im Supermarkt vorhanden sein. Um trotz Schwankungen eine gute Materialverfügbarkeit zu haben, ist es daher ratsam die **Wiederbeschaffungszeit sehr konservativ zu schätzen**. Dies ist in Formel 15 dargestellt, wobei der

Kundentakt wieder derjenige für den spezifischen Teiletyp ist. Außerdem haben wir einen Sicherheitsfaktor hinzugefügt.

$$NC_{Kanban,n} = \frac{RT_{Max,n}}{TT_n \cdot NPC_n} + S = \frac{RT_{Max,n} \cdot DF_n}{NPC_n} + S$$

Formel 15: Anzahl der Kanbans des Teiletyps n für ein schwankendes Produktionssystem, aber immer noch mit einem perfekt stabilen Kunden, unter Verwendung einer konservativen Wiederbeschaffungszeit

Bitte beachten Sie, dass diese konservative Schätzung nur für Lagerfertigung oder Lagerbestellungen sehr empfehlenswert ist, da das Ziel dieser Systeme eine hohe Materialverfügbarkeit ist. Ganz anders bei Auftragsfertigungen, bei denen die Produktion oder Beschaffung erst nach einer Bestellung durch den Kunden beginnen kann. Folglich muss jeder Kunde automatisch auf die Bestellung warten. Eine Auftragsfertigung hat also ganz andere Ziele als eine Lagerfertigung. Bei der Auftragsfertigung ist das Ziel anstatt einer hohen Materialverfügbarkeit ein Kompromiss zwischen einer kurzen Durchlaufzeit und einer guten Prozessauslastung. Daher können Sie für Auftragsfertigungen durchschnittliche Wiederbeschaffungszeiten verwenden, wie wir in Kapitel 6.4.1 sehen werden.

5.4.1.5.2 Die Kundennachfrage

Eine Quelle der Schwankung ist das Produktionssystem. Die zweite Schwankungsquelle ist die Kundennachfrage. Wäre die Kundennachfrage bei einer Bestellgröße von einer Kanban vollkommen stabil, wäre die Formel 15 absolut ausreichend, um die Anzahl der Kanbans zu berechnen. Aber auch die Kundennachfrage schwankt.

Es gibt zwei Hauptfaktoren. Erstens kann Ihr Kunde größere Mengen bestellen. Wenn Ihr Wiederbeschaffungssystem auf einen Artikel im Supermarkt ausgelegt ist, dann wird ein Kunde, der zwei Teile auf einmal bestellt, warten müssen. Daher müssen **größere Kundenbestellungen** bei der Kanbanberechnung berücksichtigt werden.

Zweitens: Auch bei kleineren Losgrößen kann Ihr Kunde einen **Spitzenbedarf** haben. Er kann vorübergehend mehr als üblich bestellen. Angenommen ihre Kunden bestellen im Durchschnitt 100 Teile pro Monat. Es können aber auch mal 130 Teile sein, und Sie wollen trotzdem liefern. Um diese Nachfragespitze abzudecken, benötigen Sie zusätzliche Kanbans, die diese 30 Teile repräsentieren. Daher erhöhen größere Bestellungen und Spitzenbedarfe auch die Anzahl der Kanbans, wie wir später in den Kapiteln 5.4.2.1.8 und 5.4.2.1.9 sehen werden.

5.4.2 Die Berechnung der Produktionskanban

Lassen Sie mich mit der Kanbanformel für Produktionskanban beginnen. Die Hauptschwierigkeit besteht hier darin, die Wiederbeschaffungszeit zu bestimmen. Hier gibt es viele verschiedene Elemente, die zur Wiederbeschaffungszeit und deren Schwankungen beitragen können. Außerdem ist diese Berechnung nur eine mögliche Art, die Anzahl der Kanbans zu berechnen. Es gibt viele verschiedene Varianten der Kanbanformel. Ich erwarte nicht, dass Sie diese Formel buchstabengetreu befolgen. Verstehen Sie stattdessen die Faktoren, die die Anzahl der Kanbans beeinflussen und wie diese berechnet werden könnten.

5.4.2.1 Elemente der Berechnung von Produktionskanbans

Die Wiederbeschaffungszeit ist die Zeit zwischen dem Verlassen der Kanban aus dem Supermarkt und der Rückkehr des wiederbeschafften Teils mit derselben Kanban in den Supermarkt. Sie ist jedoch mit ihren Fluktuationen schwierig zu messen. In ähnlicher Weise ist auch der Spitzenbedarf des Kunden nur schwer genau zu bestimmen. Abbildung 76 zeigt die möglichen Einflussfaktoren, die zur Anzahl der Kanbans beitragen. Es gibt viele verschiedene Möglichkeiten, wie diese Werte bestimmt werden können oder sogar, welche man einbeziehen sollte. Je nach Vorliebe kann die Kanbanformel ganz anders aussehen und auch zu leicht unterschiedlichen Ergebnissen führen.

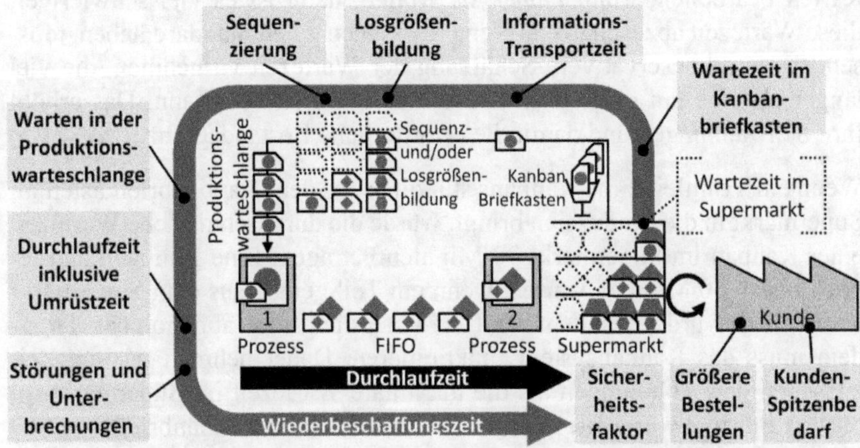

Abbildung 76: Elemente, welche die Anzahl der Produktionskanbans beeinflussen. Die Wartezeit im Supermarkt in gestrichelten Klammern ist nicht relevant. (Bild: Roser)

Bitte beachten Sie, dass **die Wartezeit im Supermarkt NICHT Teil der Wiederbeschaffungszeit ist**. Nachdem ein Teil aus dem Supermarkt entnommen worden ist, wollen wir Nachschub wieder in den Supermarkt bringen. Der Supermarkt ist unser Puffer gegen Schwankungen in der Lagerfertigung. Da das Ziel der Lagerfertigung eine gute Materialverfügbarkeit und damit eine gute Liefererfüllung ist, wird dieser Supermarktbestand benötigt, um die Schwankungen zu entkoppeln. Da die Karten mit Produkten im Supermarkt bereits auf den Kunden warten und nicht andersrum, wird diese Wartezeit nicht in die Wiederbeschaffungszeit einbezogen. Daher spielt die Wartezeit im Supermarkt keine Rolle. Dies wird später einer der Hauptunterschiede gegenüber der Auftragsfertigung sein, da diese andere Ziele hat und die Wiederbeschaffungszeit andere Start- und Endpunkte hat.

5.4.2.1.1 Wartezeit im Kanbanbriefkasten

Das erste Element ist die Wartezeit der Kanbans im Kanbanbriefkasten des Supermarktes. Die Kanban wartet dort, nachdem ein Teil aus dem Supermarkt entnommen wurde. So einen Briefkasten gibt es sowohl für physische Kanbans als auch für digitale Kanbans, die eine Wartezeit bis zum Scannen oder allgemein der Dateneingabe haben können. Verwenden Sie hier nicht den Durchschnitt, sondern eine vernünftige Worst-Case-Annahme, um die Materialverfügbarkeit im Supermarkt sicherzustellen.

Es ist sehr hilfreich einen klaren und übersichtlichen Standard für den Transport oder das Einscannen der Kanbans zu haben. Wenn der Standard nicht eingehalten wird oder es keinen Standard gibt und die Teamleiter die Karten bearbeiten, *wann immer sie wollen*, dann ist es viel schwieriger, diese Wartezeit abzuschätzen. Wenn Sie keinen guten Standard haben, müssen Sie eine konservativere Schätzung der Wartezeit vornehmen, die viel länger als eine auf einen Standard basierende Zeit sein kann. Das erhöht Ihre Schwankungen und damit die erforderliche Bestandsgrenze.

Wenn ein Teamleiter die Kanbans stündlich aus dem Kanbanbriefkasten im Supermarkt in die Produktion bringt, würde die durchschnittliche Wartezeit einer Kanban im Supermarkt 30 Minuten betragen. Eine Kanban kann jedoch bis zu 60 Minuten warten, wenn ein Teil gerade aus dem Supermarkt entnommen wurde, nachdem der Teamleiter die Karten abgeholt hat. Trotzdem muss das Kanbansystem funktionieren. Daher nehmen wir die Zeit zwischen den Abholungen als die maximale Wartezeit im Supermarkt. In diesem Beispiel würde die Worst-Case-Wartezeit im Kanbanbriefkasten 60 Minuten betragen.

5.4.2.1.2 Zeit für den Transport der Information

Die Kanban muss vom Kanbanbriefkasten zurück zum Sequenzierungs- und Losgrößenbildungsprozess und von dort weiter in die Warteschlange der Produktion transportiert werden. Bei digitalen Systemen liegt diese Transportzeit in der Größenordnung von Millisekunden, und selbst bei physischen Kanbans beträgt sie selten mehr als ein paar Minuten. Daher ist diese Informationstransportzeit in der Regel viel kleiner als die anderen Elemente der Wiederbeschaffungszeit. **In den meisten Fällen kann die Informationstransportzeit getrost ignoriert werden**, da sie keinen großen Unterschied macht. Sie sollten die Informationstransportzeit nur dann in die Berechnungen einbeziehen, wenn sie sehr lang ist.

5.4.2.1.3 Wartezeit für Losgrößenbildung

Die Anzahl der Kanbans hängt auch von der Wartezeit Ihrer Kanbans zur Losgrößenbildung ab. Hier müssen wir unterscheiden zwischen der **Losgröße in Teilen** und der **Losgröße in Kanban**. Für die Ermittlung der Wartezeit ist die in Kanban gemessene Losgröße relevant.

Wenn Ihre Losgröße 100 Teile beträgt, Ihre Kanban aber 100 Teile repräsentiert, dann ist Ihre Losgröße eine einzelne Kanban. Dies wäre auch der einfachste Fall, da bei einer Losgröße von einer Kanban die Kanban überhaupt nicht warten muss. Wenn Ihre Losgröße eine einzige Kanban ist, haben Sie keine zusätzliche Wartezeit für die Losgrößenbildung. **Bei einer Losgröße von einer Kanban können Sie die Wartezeit für die Losgrößenbildung ignorieren.**

Wenn Ihre Losgröße jedoch mehrere Kanbans beträgt, muss die erste Kanban in einem Los auf weitere Kanbans warten, bis das Los vollständig ist. Wenn Ihre Losgröße z. B. 7 Kanbans beträgt, muss die erste Kanban auf 6 weitere warten, die zweite auf 5 weitere, die dritte auf 4 weitere, usw. Bei einer Losgröße von 7 Kanbans muss eine Kanban durchschnittlich auf 3 weitere Kanbans warten, bis das Los voll ist. Bei der Messung der Wartezeiten müssen wir aber nicht die Durchschnittswerte nehmen, sondern den schlechtesten Fall. In diesem Beispiel mit einer Losgröße von 7 Kanbans müsste eine Kanban also im schlimmsten Fall auf 6 weitere Kanbans warten. Oder allgemeiner ausgedrückt: **Eine Kanban muss höchstens auf eine ganze Losgröße in Kanbans minus eins warten**. Für eine Losgröße von einer Kanban würde dies wiederum zu einer Wartezeit von null führen.

Größere Losgrößen führen zu größeren Wartezeiten bei der Losgrößenbildung. Sie führen aber auch zu noch größeren Wartezeiten später in der Produktionswarteschlange! **Die große Auswirkung der Losgröße auf die Anzahl der Kanbans und damit auf den Gesamtbestand und die Durchlaufzeit ist ein Grund, warum die Schlanke Produktion versucht, die Losgrößen möglichst klein zu halten.**

Wir könnten nun die in Kanban gemessene Wartezeit in eine tatsächliche Wartezeit nach Formel 12 umrechnen, da die Wiederbeschaffungszeit als

Zeiteinheit gemessen wird. Später in der Kanbanformel wollen wir aber die Wiederbeschaffungszeit wieder in eine Anzahl von Kanbans gemäß Formel 11 umrechnen. Ich empfehle, dieses Hin- und Her-Rechnen zu vermeiden und einfach die Wartezeit für die Losgrößenbildung als Anzahl der Kanbans darzustellen. Dies erleichtert die weiteren Berechnungen.

5.4.2.1.4 Wartezeit für Sequenzierung

Auch durch zusätzliche Sequenzierungsregeln kann eine Wartezeit entstehen, etwa durch eine Rüstreihenfolge, eine Priorisierungsreihenfolge usw. Es ist schwierig diese Berechnung zu verallgemeinern. Ich kann nur mit Sicherheit sagen: **Wenn Sie keine Sequenzierung haben, ist die dazugehörige Wartezeit null und kann ignoriert werden**.

Wenn Sie eine Sequenzierung haben, müssen Sie deren Beitrag zur Wiederbeschaffungszeit ermitteln. Wenn Ihr Standard z. B. darin besteht, immer 10 Losgrößen an Kanbans zu sammeln, bevor Sie eine Rüstreihenfolge erstellen, dann müsste eine Kanban im schlimmsten Fall auf 9 weitere Lose warten. Bitte beachten Sie, dass es sich um **9 Losgrößen** von Kanbans handelt, nicht um neun Kanbans.

Das klingt ähnlich wie die Wartezeit für die Losgrößenbildung, aber es gibt einen entscheidenden Unterschied. Beim Warten auf Losgrößenbildung muss eine Kanban auf weitere Kanbans genau **des gleichen Teiletyps** warten. Wir können diese Anzahl von Kanbans einfach direkt als Teil der Wiederbeschaffungszeit verwenden. Beim Warten auf die Sequenzierung muss ein einzelnes Los von Kanbans auf weitere Lose von Kanbans eines **beliebigen Teiletyps** warten, wenn Sie mehrere Produkte auf dem System produzieren.

Sie können also die Anzahl der Kanbans nicht direkt in die Kanbanformel einsetzen. Stattdessen müssen Sie die Anzahl der Kanbans mit Hilfe des **kombinierten Kundentakts für alle Teile** in eine Zeiteinheit umrechnen, ähnlich wie in Formel 12. Später müssen Sie diese Wartezeit wieder in eine Anzahl von Kanbans umrechnen, ähnlich wie in Formel 11, jetzt aber mit dem **Kundentakt für diesen speziellen Teiletyp**. Achten Sie darauf, dass Sie nicht den kombinierten Kundentakt für alle Teiletypen mit dem Kundentakt eines bestimmten Teiletyps verwechseln! Verwechseln Sie außerdem nicht eine Kanban mit einer Losgröße von Kanbans.

5.4.2.1.5 Warten in der Produktionswarteschlange

Eine sequenzierte Losgröße wird möglicherweise nicht sofort verarbeitet. Es kann bereits andere Kanbans in der Produktionswarteschlange geben, die auf die Verarbeitung warten. Wir müssen diese **Wartezeit in der Produktionswarteschlange** berücksichtigen. Sie macht in der Regel einen großen

Teil der Wiederbeschaffungszeit aus – oftmals bis zu 50%. Leider ist auch dies sehr schwer abzuschätzen. Ich habe oben betont, dass die Kanbanberechnung nur eine sehr grobe Schätzung ist. Die Wartezeit in der Produktionswarteschlange übertrifft in Bezug auf die Ungenauigkeit der Schätzung alle anderen Elemente. Die Wartezeit für andere Losgrößen oder Kanbans kann stark schwanken. Sie müssen auch berücksichtigen, ob Sie nur eine Warteschlange für die Produktion haben oder mehrere. Im letzteren Fall kann es sich um eine Priorisierung von exotischen Teilen handeln oder um eine Kombination mit CONWIP.

Beginnen wir mit dem etwas einfacheren Fall einer **einzelnen Warteschlange für die Produktion**. Es ist möglich, diese Wartezeit mit dem Gesetz von Little zu messen, aber es ist schwierig, diese theoretisch zu ermitteln.

Zur Vereinfachung gehe ich **davon aus, dass vor jedem Los eine Losgröße jedes anderen Rennerprodukts (das mehrere Kanbans sein kann) wartet**[39]. Nehmen Sie zum Beispiel an, Sie haben 10 Produkttypen, von denen 3 häufige Rennerprodukte sind, und jedes von diesen hat eine Losgröße von 4 Kanbans. Hier kann das zuletzt eingetroffene Los der Rennerprodukte-Kanbans auf 2 weitere Losgrößen an Rennerprodukten warten, die insgesamt 8 Kanbans ausmachen. Eine Kanban für ein Exotenprodukt muss auf alle 3 Losgrößen von Rennerprodukten bzw. 12 Kanbans warten, wie in der Abbildung 77 dargestellt. Aber auch hier handelt es sich nur um eine sehr grobe Abschätzung.

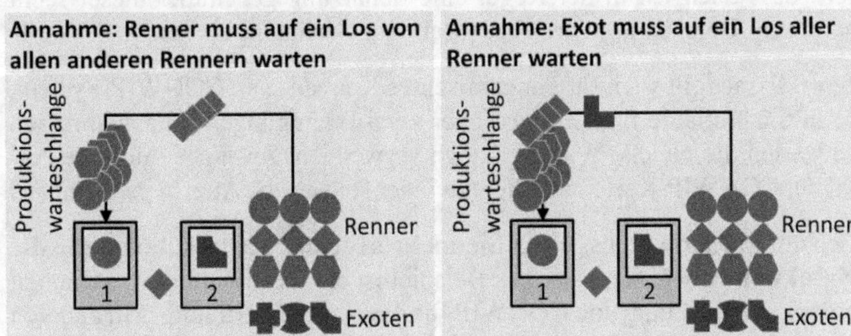

Abbildung 77: Darstellung der Schätzung der Wartezeit in der Warteschlange für die Produktion bei Rennerprodukten und Exoten (Bild: Roser)

---

[39] Vielen Dank an Holger Friebe, der mir diesen Trick (und viele andere) beigebracht hat.

Hier sind Abweichungen von ±30% leicht möglich, je nach Ihren Annahmen. Es wäre übrigens auch eine Verschwendung Ihrer Zeit, die anderen Faktoren der Kanbanformel in hoher Präzision zu bestimmen, da diese Schätzung der Wartezeit in der Produktionswarteschlange jegliche andere Präzision negiert. **Es ist fast unmöglich, hier genaue Daten zu erhalten, aber Sie können diese Wartezeit in der Produktionswarteschlange nicht ignorieren, da sie einen großen Teil der Wiederbeschaffungszeit ausmacht!**

Wie bei der obigen Losgröße kann auch die Wartezeit für andere Lose in Kanbans ausgedrückt werden. Ähnlich wie bei der Sequenzierung können wir diese jedoch nicht einfach zur Anzahl der Kanbans für unseren Teiletyp addieren, da die Warteschlange für die Produktion Kanbans für alle Teile enthalten kann, die im System produziert werden. Daher müssen wir diese Wartezeit in der Produktionswarteschlange von einer Anzahl von Kanbans in eine tatsächliche Wartezeit umrechnen, indem wir den **kombinierten Kundentakt für alle Teiletypen** verwenden. Später müssen wir sie wieder in eine Anzahl von Kanbans umrechnen, aber jetzt unter Verwendung des **Kundentakts für diesen speziellen Teiletyp**. Auch diese Berechnung muss **für jeden Teiletyp separat durchgeführt werden**. Unterschiedliche Losgrößen für unterschiedliche Teiletypen können zu unterschiedlichen Ergebnissen führen.

Seien Sie vorsichtig, um die Taktzeiten hier nicht zu verwechseln. Falls Sie diese Komplexität der Berechnung langsam nervös macht, seien Sie versichert, dass auch ich in der Regel eine Schätzung gegenüber dieser recht komplexen Berechnung vorziehe. (Mehr zur Schätzung später.)

Dieser Ansatz gilt auch für ein gemischtes Kanban- und CONWIP-System, wie in 6.2.3 erläutert, allerdings unter zwei Bedingungen. Erstens müssen alle Karten die gleiche Warteschlange verwenden. Zweitens muss die Anzahl der CONWIP-Karten deutlich geringer sein als die Anzahl der Kanbans.

Noch komplexer wird es, wenn Sie **mehr als eine Warteschlange für die Produktion** haben. Ein gängiges Beispiel ist die Verwendung von Kanban für die Lagerfertigung und CONWIP für die Auftragsfertigung. Mit anderen Worten, in getrennten Produktionswarteschlangen kann eine CONWIP-Karte für die Auftragsfertigung Vorrang vor einer Kanban für die Lagerfertigung haben, um schnellere Lieferungen von CONWIP-Produkten an den Kunden zu ermöglichen. Ich werde solche gemischten Systeme in Kapitel 6.2.4 genauer beschreiben. Eine Karte für die Warteschlange mit höherer Priorität wird eine viel kürzere Wartezeit haben als eine Karte für die Warteschlange mit niedrigerer Priorität. Der Nutzen oder die Verzögerung hängen stark von der Anzahl der priorisierten Kanban- oder CONWIP-Karten ab.

Wenn der Anteil der priorisierten Karten unter 20% liegt, ist es einfach. Sie können davon ausgehen, dass die Wartezeit in der priorisierten Warteschlange für die Produktion nahe null ist und dass die Erhöhung der Wartezeit für die nicht priorisierten Karten vernachlässigbar ist[40]. Die Abbildung 78 zeigt ein Beispiel für die Änderungen der Wartezeiten für priorisierte und nicht priorisierte Teile in Abhängigkeit vom Anteil der priorisierten Teile, basierend auf der Arbeit meines Masterstudenten Yannic Jäger[41,42]. Bis zu einem Anteil von etwa 20 bis 30% an priorisierten Teilen kann man die Wartezeit für priorisierte Teile oft auf null setzen und die Wartezeit für nicht priorisierte Teile auf Basis der oben erläuterten Abschätzung ermitteln. Natürlich wäre aber eine tatsächliche Messung besser.

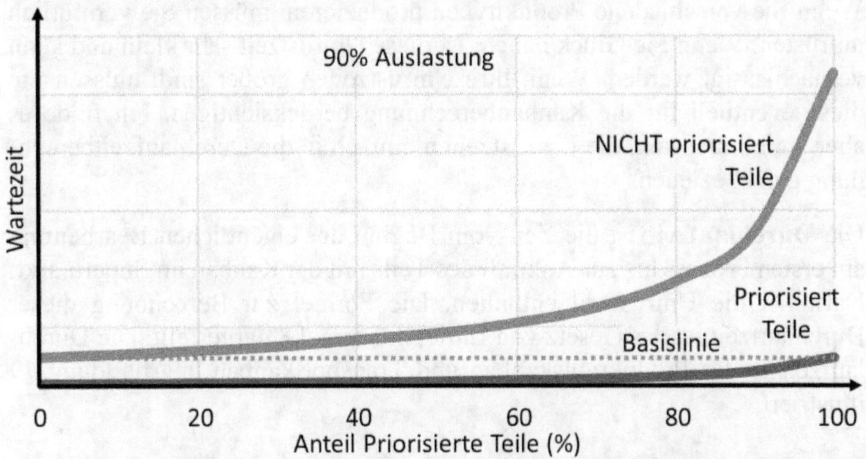

Abbildung 78: Beispiel für die Veränderung der Wartezeiten für priorisierte und nicht priorisierte Teile in Abhängigkeit vom Anteil der priorisierten Teile (Bild: Roser)

Wenn der Anteil der priorisierten Karten steigt, wird der Wartezeitvorteil für die priorisierten Karten geringer und die Wartezeiten für die nicht priorisierten Karten werden problematisch. Der genaue Effekt hängt stark von

---

[40] Christoph Roser, *Effect of Prioritization on Waiting Times*, in *Collected Blog Posts of AllAboutLean.Com 2018*, Collected Blog Posts of AllAboutLean.Com 6 Offenbach, Germany: AllAboutLean.com Publishing, 2020, 113–20.

[41] Yannic Jäger, *Einfluss von Priorisierung auf das Verhalten eines Produktionssystems* Master Thesis, Karlsruhe, Germany, Karlsruhe University of Applied Sciences, 2017.

[42] Yannic Jäger und Christoph Roser, *Effect of Prioritization on the Waiting Time*, in *Proceedings of the International Conference on the Advances in Production Management System* International Conference on the Advances in Production Management System, Seoul, Korea, 2018.

Ihrem System ab und ist schwer zu verallgemeinern. Wenn Sie sich Sorgen machen, woher Sie diese Zahlen nehmen sollen, möchte ich Sie nochmal daran erinnern, dass die Kanbanformel nichts weiter ist als eine grobe Schätzung hinterlegt mit etwas Mathematik. Nehmen Sie einfach Ihre beste Vermutung über die Veränderungen der Wartezeit und passen Sie die Anzahl der Kanbans später an, wenn das System läuft. In jedem Fall müssten solche zusätzlichen Wartezeiten abgeschätzt und zur Kanbanberechnung hinzugezählt werden. Bitte berücksichtigen Sie dies bei der Wartezeit, wenn Sie mehrere Warteschlangen für die Produktion haben.

5.4.2.1.6 Durchlaufzeit inklusive Rüsten

Wenn Sie verschiedene Produkttypen produzieren, müssen Sie vermutlich umrüsten. Wenn Sie Glück haben, ist diese Umrüstzeit sehr klein und kann vernachlässigt werden. Wenn Ihre Umrüstzeiten größer sind, müssen Sie diese eventuell für die Kanbanberechnung berücksichtigen. Ich finde es aber am einfachsten, die Umrüstzeiten einfach in die Durchlaufzeitberechnung einzubeziehen.

Die **Durchlaufzeit** ist die Zeit vom Beginn der eigentlichen Bearbeitung am ersten Prozess bis zur Ankunft des Teils mit der Kanban im Supermarkt. Darin ist die Umrüstzeit enthalten. Die Formel zur Berechnung dieser Durchlaufzeit ist das Gesetz von Little, in Formel 8 dargestellt. Die Durchlaufzeit ist für Produktionskanban und Transportkanban in Abbildung 79 illustriert.

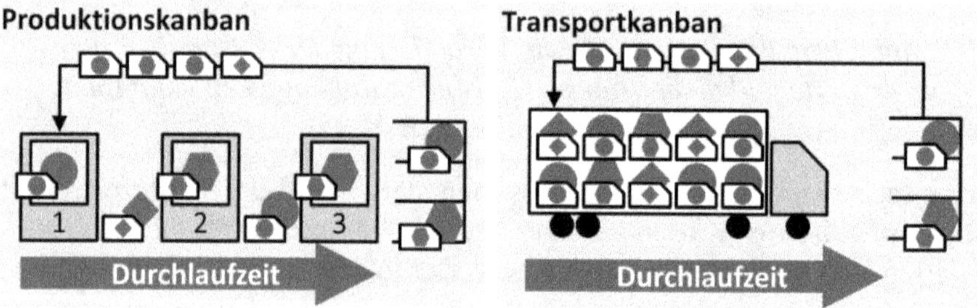

Abbildung 79: Darstellung der Durchlaufzeit für die Produktionskanban und Transportkanban (Bild: Roser)

Nehmen Sie zum Beispiel an, dass Sie einen Bestand von 150 Teilen im System haben und dass pro Stunde im Schnitt 5 Teile fertig werden. In diesem Fall beträgt die Gesamtdurchlaufzeit 30 Stunden (150 Teile geteilt durch 5 Teile pro Stunde). Ein gutes Beispiel ist das Warten an der Kasse im Supermarkt. Wenn 15 Personen vor Ihnen stehen und das Kassenpersonal im Durchschnitt 3 Personen pro Minute bedient, müssen Sie 15/3 = 5 Minuten warten.

Das Gesetz von Little ist allgemein gültig und ziemlich genau… wenn Sie gute Daten hierzu haben. Leider ist dies nicht immer der Fall. Welche Zahl soll man für die Teile in Ihrem System verwenden? Natürlich kann man den Bestand jetzt zählen, aber ist die Zahl morgen noch gültig? Im Hinblick auf die Kanbanberechnung empfehle ich einen konservativen Ansatz. Nehmen Sie die maximale Anzahl von Teilen, die in Ihr System passen (d. h. nehmen Sie an, dass alle Ihre FIFOs voll sind und alle Ihre Prozesse ausgelastet sind). Das kann passieren oder auch nicht, aber Sie wollen ja, dass Ihr Kanbansystem funktioniert, auch wenn es passiert.

Zweitens: Wie schnell verlassen Ihre Teile das System? Hier müssen wir den **Linientakt oder Kundentakt über alle Teile** verwenden. Dies hat den Vorteil, dass es auch die durchschnittlichen Verluste des Systems, einschließlich der Umrüstzeit, beinhaltet.

Wenn Ihre Durchlaufzeit Verzögerungen für die Verarbeitung von Chargen oder den Versand beinhaltet, müssen Sie das natürlich auch berücksichtigen. Wenn Ihre Kanbanschleife zum Beispiel den Versand aus China beinhaltet, dann dauert der Versand zwei Monate, einschließlich Zoll, egal wie viele Teile auf dem Schiff sind. In diesem Fall würde die Durchlaufzeit zwei Monate betragen. Ähnlich verhält es sich, wenn Ihre Umrüstzeit nur für das aktuell berechnete Teil sehr groß ist. Dann müssen Sie dies ebenfalls zur Durchlaufzeit addieren.

5.4.2.1.7 Störungen und Unterbrechungen

Auch das Produktionssystem wird Fluktuationen haben. Nicht alles wird nach Plan verlaufen und manchmal wird es zu Verzögerungen kommen. Die obige Durchlaufzeit ist ein Durchschnitt, der die gemittelten Störungen und anderen Verluste bereits beinhaltet. Zur Berechnung haben wir den durchschnittlichen Kundentakt oder Linientakt des Systems verwendet. Daher haben wir die **langfristigen durchschnittlichen Verluste bereits berücksichtigt**.

Was wir nicht berücksichtigt haben, sind **kurzfristige Probleme**. Nehmen Sie zum Beispiel an, dass Ihr System technische Probleme hat und für zwei Stunden ausfällt. Sie können sich dafür entscheiden, genügend Kanbans im System zu haben, um diese zwei Stunden abzudecken, bis das System wieder läuft und aufholen kann. Wenn Sie Störungen von bis zu vier Stunden Dauer abdecken wollen, benötigen Sie das Äquivalent von vier Stunden in Kanbans.

Unabhängig davon, welche Störung Sie abdecken wollen, können Sie sich leider leicht ein Problem vorstellen, das länger dauert, auch wenn es unwahrscheinlich ist. Hier müssen Sie entscheiden, was Sie abdecken wollen. Sie müssen entscheiden, **an welchem Punkt Sie lieber in den sauren**

Apfel beißen und Fehlbestände akzeptieren, als ständig irrsinnige Mengen an Material bereitzuhalten.

Diese Entscheidung sollte auf den bisherigen Erfahrungen mit der Zuverlässigkeit Ihres Systems beruhen. Sie basiert auch auf der Menge des Ärgers, die Ihr Unternehmen bekommt, wenn eine Kundenlieferung verzögert wird. Denken Sie daran, dass wir bisher immer konservative Schätzungen für andere Faktoren verwendet haben. Es ist unwahrscheinlich, dass alle möglichen Worst-Case-Schwankungen zur gleichen Zeit auftreten. Kanbans, die zur Abdeckung einer Art von Schwankung hinzugefügt wurden, können auch eine andere Art von Schwankung abdecken, solange diese nicht gleichzeitig auftreten. Diese Abdeckung für Störungen und andere Ausfälle wird oft als Zeit angegeben, die später in der Kanbanformel in eine Anzahl von Kanbans umgerechnet wird.

5.4.2.1.8 Größere Bestellungen

Die Kundenbestellung schwankt ebenfalls. Wenn weniger bestellt wird, ist das in der Regel kein Problem für das Produktionssystem. Der Supermarktbestand vergrößert sich – was natürlich nicht gut für das Unternehmen ist. Kritisch wird es aber, wenn der Kunde mehr bestellt als der Durchschnitt. Hier sind zwei Faktoren wichtig.

Sie werden wahrscheinlich manchmal **größere Bestellungen** haben. Nicht alle Kunden bestellen ihre Produkte einzeln. Es ist eher üblich, dass ein Kunde mehrere Teile gleichzeitig bestellt. Ein Kunde kann alle benötigten Artikel in einer Bestellung pro Woche oder sogar pro Monat oder pro Jahr zusammenfassen.

Das Kanbansystem stellt bis jetzt jedoch nur sicher, dass Sie zu jedem Zeitpunkt Teile im Äquivalent von einer Kanban in Ihrem System haben. Wenn Ihr Kunde mehr als eine Kanban an Teilen in einem Auftrag bestellt, müssen Sie weitere Kanbans hinzufügen. Bitte beachten Sie, dass eine Kanban mehr als ein Teil repräsentieren kann. Sie berechnen dies, indem Sie die größte erwartete Bestellung nehmen und sie nach Formel 9 in eine Anzahl von Kanbans umrechnen. Als nächstes subtrahieren Sie eine Kanban, da diese aufgrund des normalen Verhaltens der Kanbanschleifen bereits im Supermarkt vorhanden sein sollte. Die resultierenden zusätzlichen Kanbans sollten keine negative Zahl ergeben, sondern mindestens 0.

Nehmen Sie zum Beispiel an, dass Ihr Kunde möglicherweise bis zu 200 Teile auf einmal bestellt. Bei 20 Teilen pro Kanban sind das 10 Kanbans. Reduziert um 1 Kanban, die ohnehin im Supermarkt sein sollte, bleiben 9 Kanbans übrig. Sie müssen also 9 zusätzliche Kanbans zu Ihrer Gesamtzahl an Kanbans hinzufügen.

5.4.2.1.9 Bedarfsspitzen

Zweitens können Ihre Kunde manchmal einen höheren **Spitzenbedarf** haben als im Durchschnitt. Das kann ein Problem sein, auch wenn die Bestellungen selbst eher klein sind. Wenn die Kunden insgesamt vorübergehend mehr bestellen, benötigen Sie möglicherweise zusätzliche Kanbans.

Sie müssen abschätzen, wie hoch ein möglicher zusätzlicher Spitzenbedarf innerhalb einer Wiederbeschaffungszeit sein könnte. Sie könnten einen Prozentsatz verwenden, aber es wird später einfacher sein, wenn Sie es als Menge angeben.

Sie müssen zunächst schätzen, wie viele Teile Ihr Kunde normalerweise während der Wiederbeschaffungszeit bestellt, basierend auf dem Kundentakt. Zweitens müssen Sie abschätzen, wie hoch die maximale Anzahl von Teilen sein könnte, die der Kunde während der Wiederbeschaffungszeit bestellt. Genauer gesagt: Welche maximale Anzahl von Teilen wollen Sie abdecken. **Die Lücke zwischen dem „normalen" Bedarf und dem „maximalen" Bedarf während einer Wiederbeschaffungszeit ist der Spitzenbedarf**, den Sie zur Bestandsgrenze hinzufügen müssen.

Auch dies ist ein schwammiger Teil der Berechnung. Es kann sein, dass Sie weder Ihre Wiederbeschaffungszeit noch den Spitzenbedarf Ihrer Kunden genau kennen. Dieser Spitzenbedarf überschneidet sich auch manchmal, aber nicht immer mit großen Bestellungen. Aber machen Sie sich nicht zu viele Gedanken über die Genauigkeit; nehmen Sie einfach Ihre beste Schätzung.

Wenn es sich um einen **saisonalen Bedarf** handelt, den Sie im Voraus kennen, können Sie alternativ vor Saisonbeginn zusätzliche Kanbans hinzufügen und diese nach Saisonende wieder entfernen. Möglicherweise müssen Sie aber auch unvorhersehbare Bedarfsspitzen abdecken, z. B. aufgrund des Wetters, eines Modewechsels, eines Medienhypes usw.

5.4.2.1.10 Sicherheitsfaktor

Der letzte Faktor für die Kanbanberechnung ist der Sicherheitsfaktor. Da wir für die meisten anderen Elemente konservative Werte verwenden, ist er in der Regel nicht erforderlich. Die obigen Elemente der Kanbanberechnung sind – trotz ihrer Unsicherheiten – in der Regel recht konservativ. Sie können vielleicht sogar mit weniger Kanbans auskommen. In vielen Betrieben haben die Mitarbeiter in der Fertigung jedoch bereits negative Erfahrungen mit zu knappen Kalkulationen des Managements gemacht. Dies hat die Leistung des Betriebs beeinträchtigt und damit Probleme verursacht, insbesondere für die Mitarbeiter in der Fertigung. Außerdem können Ihre

Probleme größer werden als Sie denken. Daher kann ein Sicherheitsfaktor hilfreich sein.

Der Sicherheitsfaktor ist eine Möglichkeit, Ihren Mitarbeitern ein zusätzliches Sicherheitsgefühl zu geben. Ich berechne meist zuerst die Anzahl Kanbans ohne Sicherheit und addiere danach einen Sicherheitsfaktor. Die Berechnung der Anzahl von Kanbans ohne Sicherheit gibt mir ein besseres Gefühl dafür, wie viel Sicherheit angemessen wäre.

Der Sicherheitsfaktor ist entweder eine Anzahl von Kanbans oder ein Prozentsatz, der auf die Kanbanberechnung aufgeschlagen wird. Bei einer geringen Anzahl von Kanbans kann es auch genügen, einfach auf die nächste ganze Zahl aufzurunden. Streng genommen ist die Sicherheit unnötig, aber die paar zusätzlichen Kanbans sind in der Regel das gute Gefühl in der Fertigung wert.

5.4.2.1.11 Andere Elemente

Die oben genannten Elemente sind die häufigsten, die in eine Kanbanberechnung eingehen, ergänzt um einige weniger häufige Elemente. Abhängig von Ihrem Produktionssystem kann es in seltenen Fällen weitere Faktoren geben. Wenn z. B. Ihr Sequenzierungsprozess von einer Führungskraft durchgeführt wird, welche nur einmal pro Woche Zeit hat, dann haben Sie möglicherweise eine zusätzliche Verzögerung für die Sequenzierung. Sie bräuchten mehr Kanbans, um diese Verzögerung zu überbrücken oder Ihre Warteschlange für die Produktion könnte leerlaufen, bis die Führungskraft wieder Zeit zum Sequenzieren hat.

Ein anderes Beispiel wäre ein gemischtes System, das sowohl Kanban als auch CONWIP verwendet. In diesem Fall muss ggf. die zusätzliche Verzögerung für Kanban aufgrund von CONWIP-Karten in die Kanbanberechnung einbezogen werden.

Andere ungewöhnliche Elemente in Ihrem System können ebenfalls eine Verzögerung der Wiederbeschaffungszeit verursachen. Oder es gibt besondere Faktoren im Verhalten Ihres Kunden, die Sie in die Berechnung einbeziehen müssten. Versuchen Sie herauszufinden, ob diese einen wesentlichen Beitrag zu Ihrer Anzahl an Kanban leisten. Wenn nicht, ignorieren Sie sie. Wenn sie einen Unterschied machen, kümmern Sie sich nicht zu sehr um Präzision, sondern nehmen Sie Ihre beste Schätzung.

5.4.2.2 Formel für Produktionskanban

Jetzt haben wir alles zusammen, was wir brauchen, um die Anzahl der Kanbans zu schätzen. Die Tabelle 2 gibt Ihnen einen Überblick über die verschiedenen Elemente, einschließlich der Einheiten, der Relevanz und ob die

Werte für verschiedene Teiletypen normalerweise unterschiedlich sind. Die Tabelle zeigt auch die Variablen des Elements.

Gruppe	Element	Einheit	In der Regel teile-spezifisch?	Normalerweise relevant?	Variable
Wiederbeschaffungszeit	Wartezeit im Kanbanbriefkasten	Zeit	Nein	Ja	WB
	Informations-transportzeit	Zeit	Nein	Selten	TI
	Losgrößenbildung	Kanban	Ja	Wenn Losgröße > 1 Kanban	KL
	Sequenzierung	Zeit	Vielleicht	Nur bei Sequenzierung	WQ
	Produktions-warteschlange	Zeit	Ja	Ja	WP
	Durchlaufzeit	Zeit	Nein	Ja	LT
	Störungen und Unterbrechungen	Zeit	Selten	Ja	BD
Ander Kunde	Größere Bestellungen	Menge	Ja	Ja	OS
	Bedarfsspitzen	Menge	Ja	Ja	PD
	Sicherheitsfaktor	Kanban	Oft	Ja	S
	Andere Elemente	???	???	Nein	k. A.

Tabelle 2: Übersicht der Elemente, die zur Anzahl der Produktionskanbans beitragen

Um Ihre Anzahl der Kanbans für den gewählten Produkttyp in der Kanban-schleife zu ermitteln, müssen Sie lediglich die Elemente in Tabelle 2 in Kanban umrechnen und aufsummieren. Einige Elemente sind bereits in Kanbans gemessen und können einfach addiert werden. Zeiten und Mengen müssen mit Formel 11 und Formel 9 in Kanbans umgerechnet werden.

Es ist wahrscheinlich, dass Sie die Anzahl der Kanbans für mehrere Teiletypen in Ihrem System berechnen müssen. Denken Sie daran, dass **für jeden Teiletyp in Ihrem Kanbankreislauf die Anzahl der Kanbans separat berechnet werden muss**. Einige Elemente der Kanbanformel sind spezifisch für den Teiletyp. Andere Elemente können für jeden Teiletyp in Ihrem System gleich sein. Tabelle 2 zeigt auch, wo Sie eventuell ein Element für jeden Teiletyp separat neu berechnen müssen.

Einige dieser Elemente kommen in fast jedem System vor, während andere nur manchmal relevant sind. Auch hier gibt Ihnen die Tabelle 2 einen

Hinweis darauf, welches Element Sie berücksichtigen müssen. Schließlich habe ich in Tabelle 2 auch die Variablen aufgenommen, die ich für die Gleichungen in diesem Buch verwende.

Der Sicherheitsfaktor sollte am Ende hinzugefügt werden. Er wird oft verwendet, um die resultierende Anzahl der Kanbans auf die nächstgrößere ganze Zahl zu runden. Die vollständige Kanbanformel für Produktionskanban ist in Formel 16 dargestellt.

$$NC_{Kanban,n} = \frac{WB + TI + WQ_n + WP_n + LT + BD}{TT_n \cdot NPC_n} +$$

$$+ \left(\frac{OS_{Max,n}}{NPC_n} - 1\right) + (KL_n - 1) + \frac{PD_n}{NPC_n} + S$$

Formel 16: Die Kanbanformel für Produktionskanban

Die Variablen für die Formel 16 sind wie folgt:

BD   Zeit zur Abdeckung von Unterbrechungen und Störungen (Zeit)
KL_n Losgröße als Anzahl Kanbans für Teiletyp n (Anzahl Karten)
LT   Durchlaufzeit (Zeit)
$NC_{Kanban,n}$ Anzahl der Kanbans für Teiletyp n (Anzahl Karten)
NPC_n Anzahl der Teile pro Kanban für Teiletyp n (Menge pro Karte)
$OS_{Max,n}$ Größte erwartete Bestellmenge für Teiletyp n (Menge)
PD_n Bedarfsspitzen für Teiletyp n (Menge)
S   Sicherheitsfaktor (Anzahl Karten)
TI   Dauer für den Transport von Informationen (Zeit)
TT_n Kundentakt für Teiletyp n (Zeit pro Menge)
WB   Wartezeit im Kanbanbriefkasten (Zeit)
WP_n Wartezeit in der Warteschlange für die Produktion für Teiletyp n (Zeit)
WQ_n Wartezeit für die Sequenzierung von Teiletyp n (Zeit)

Hier kommt ein kleiner Trick für alle komplexen Berechnungen: Ich schließe alle Einheiten der Variablen in die Berechnung ein und kürze redundante Einheiten heraus. Am Ende sollte nur noch die Einheit übrig sein, die ich berechnen möchte. Wenn nicht, dann liegt wahrscheinlich ein Fehler vor. Das empfiehlt sich auch für Formel 16. Wenn Ihr Ergebnis z.B. „Kanban-Stunden pro Sekunde" ergibt, dann haben Sie möglicherweise die Zeiteinheiten verwechselt. Mit diesem Trick lassen sich zwar nicht alle, aber doch ziemlich viele Fehler vermeiden.

Bedenken Sie aber, dass es sich hier nur um eine sehr grobe Schätzung handelt und nicht um die einzige Möglichkeit, die Anzahl der Kanbans zu berechnen. Es gibt viele verschiedene Varianten der Formel, oft mit unterschiedlichen Eingaben und Annahmen. Noch einmal: Solche Kanbanformeln sind nicht wie in der Physik, wo es nur eine einzige gültige Formel gibt. Die Kanbanformel ist nur eine Schätzung. Daher bevorzuge ich anstelle der Berechnung oft eine Schätzung. Ein Berechnungsbeispiel finden Sie in Kapitel 5.4.2.4.

5.4.2.3 Die Toyota-Formel

Die Formel 16 ist eine Möglichkeit, die Anzahl der Kanbans zu berechnen. Aber auch hier gilt, dass sie trotz des Anscheins mathematischer Genauigkeit nur eine Schätzung ist. Sie ist auch bei weitem nicht die einzige Formel, die es gibt, um die Anzahl der Kanbans zu bestimmen. Als Alternative möchte ich Ihnen die Toyota-Formel[43] in Formel 17 zeigen, als Beispiel dafür, dass es noch weitere Formeln gibt. Es gibt keine einzige richtige Kanbanformel; alle sind nur unterschiedliche Ansätze für eine Schätzung. Sie unterscheiden sich vor allem in der Art und Weise, wie man die Wiederbeschaffungszeit berechnet und wie man Unsicherheiten und Schwankungen einbezieht.

$$NC_{Kanban,n} = \frac{TWT_n + PT_n}{TT_n \cdot NPC_n} \cdot (1 + \alpha)$$

Formel 17: Die „Toyota-Formel" für die Anzahl der Produktions-kanbans

Die Variablen sind hier wie folgt:

$NC_{Kanban,n}$ Anzahl der Kanbans für Teiletyp n (Anzahl Karten)
NPC_n Anzahl der Teile pro Kanban für Teiletyp n (Menge pro Karte)
PT_n Summe aller Prozesszeiten für Teiletyp n (Zeit)
TT_n Kundentakt für Teiletyp n (Zeit pro Menge)
TWT_n Summe aller Transport- und Wartezeiten für Teiletyp n (Zeit)
α Sicherheitsfaktor (Prozent)

Wenn Sie Formel 17 mit Formel 16 vergleichen, werden Sie viele Ähnlichkeiten feststellen. Wie bei so ziemlich allen Kanbanformeln basiert sie auf der Wiederbeschaffungszeit geteilt durch den Kundentakt und die Anzahl der Teile pro Kanban. Die Wiederbeschaffungszeit wird hier weniger detailliert ermittelt. Toyota verwendet die Wartezeiten und Informationstransportzeiten als eine Variable und die Summe der Prozesszeiten als eine weitere. Zusammen ergeben diese die Wiederbeschaffungszeit. Toyota

---

[43] Koichi Shimokawa u. a., *The Birth of Lean* Cambridge, Massachusetts: Lean Enterprise Institute, Inc., 2009.

überlässt es aber Ihnen herauszufinden, wie Sie diese Zeiten erhalten, während meine Formel 16 Ihnen eine genauere Anleitung zur Ermittlung der einzelnen Werte gibt.

Für den Sicherheitsfaktor verwendet Toyota einen Prozentsatz statt eines absoluten Wertes, aber der Effekt ist derselbe. Als Ohno und sein Team diese Formel entwickelten, bestand Ohno auf diesen Sicherheitsfaktor α, um subjektive menschliche Erfahrungen in die Formel einfließen zu lassen. Dieser Sicherheitsfaktor wird bei Toyota als sehr wichtig angesehen.

In der Toyota-Formel fehlen jedoch alle Elemente, die mit Schwankungen zusammenhängen. Dazu gehören die Schwankungen der Wiederbeschaffungszeit, die größeren Bestellungen und der Spitzenbedarf des Kunden, den wir innerhalb unserer Wiederbeschaffungszeit abdecken wollen. Das ist kein Versehen, sondern basiert auf dem besonderen Ansatz, mit dem Toyota seine Produktion steuert.

Beginnen wir mit den **Schwankungen der Wiederbeschaffungszeit**. Auch wenn Toyota diese Schwankungen recht gut im Griff hat, gibt es trotzdem Schwankungen wie ungeplante Stopps, Störungen oder sonstige Verzögerungen. Allerdings werden diese Schwankungen bei Toyota in Japan nicht mit Beständen (d. h. Kanban), sondern mit Kapazitäten ausgeglichen. Eine Schicht bei Toyota in Japan endet nicht, wenn die Zeit abgelaufen ist. Die Schicht endet, wenn die Zielvorgabe der Produktion erreicht ist. Wenn also Probleme zu einer Verzögerung in der Produktion führen, wird die Schicht einfach bis zu maximal 2 Stunden verlängert. Ähnlich, aber weniger häufig, können die Mitarbeiter auch früher nach Hause gehen, wenn weniger Probleme auftreten.

Da Toyota Produktionsschwankungen mit der Kapazität entkoppeln kann, ist es nicht nötig diese mit dem Bestand zu entkoppeln (d. h. Kanban). Bitte beachten Sie, dass in vielen Teilen der Welt die Gewerkschaften Ihnen den Kopf abreißen würden, wenn Sie das versuchen würden. Auch Fertigungsmitarbeiter wollen einigermaßen planbare Arbeitszeiten. Daher entkoppeln Sie besser diese Schwankungen zumindest kurzfristig mit dem Bestand und nicht mit der Kapazität. Planen Sie die Anzahl der Kanbans entsprechend, um solche Schwankungen abzudecken.

Außerdem muss Toyota die Nachfrageschwankungen der Kunden nicht abdecken. Das gilt sowohl für die **größten Bestellungen** als auch für die **Bedarfsspitzen** der Kunden. Toyota schafft es, ein extrem stabiles und nivelliertes Produktionssystem über den größten Teil seiner Lieferkette zu haben. Ich habe Tier-3-Zulieferer von Toyota besucht und dort den Produktionsplan für den Monat gesehen. Jeder Tag hatte genau die gleiche Menge für die gleichen Teile. Es gab keine Abweichung. Wenn Toyota an jedem Tag des Monats 637 Autos herstellt, dann wird der Zulieferer jeden Tag 637

Lenkräder herstellen, und der Unterlieferant wird jeden Tag 637 Lenkradbezüge fertigen. Diese tägliche Quote kann zum Monatsende geändert werden, aber nur mit Vorankündigung und begrenzt (beispielsweise so, dass sich mit einer Vorankündigung von dreißig Tagen die Menge um nicht mehr als 10% ändern darf).

Daher gibt es in der Toyota-Lieferkette eigentlich keine Kundenschwankungen. Die Schwankungen des Endkunden sind entkoppelt über den Bestand beim Händler und von der Zeit, die der Kunde auf das Auto warten muss. Daher muss Toyota die Kundenschwankungen nicht in seine Formel einbeziehen. Vielleicht ist Ihre Fertigung aber nicht ganz so nivelliert wie Toyota. Abhängig vom Grad der Kundenschwankungen sollten Sie besser zusätzliche Kanbans zur Abdeckung dieser Schwankungen einplanen.

5.4.2.4 Beispiel Produktionskanbanberechnung

Im Folgenden gebe ich Ihnen ein Beispiel für die Berechnung der Anzahl der Produktionskanbans. Zuerst gebe ich Ihnen alle Parameter und Informationen zum System. Danach werde ich Schritt für Schritt die Anzahl der Kanbans berechnen.

Für ein besseres Verständnis können Sie zunächst versuchen es selbst zu berechnen und erst im zweiten Schritt Ihre Berechnungen mit dem hier angegebenen Beispiel vergleichen. Da es eine ganze Reihe von Annahmen geben wird, kann Ihr Ergebnis in Abhängigkeit von diesen Annahmen etwas von meinem abweichen. Versuchen Sie diese Unterschiede zu verstehen und herauszufinden, ob sie auf unterschiedlichen Annahmen oder auf einem tatsächlichen Fehler beruhen. Hoffentlich werden Sie eine ähnliche Anzahl von Kanbans erhalten.

5.4.2.4.1 Das Beispielsystem

Abbildung 80: Das Beispielsystem produziert gelbe, rote und blaue Spielzeugautos. (Bild: Roser)

Das Beispielsystem für die Lagerfertigung produziert Holzspielzeugautos in drei verschiedenen Farben, rot, blau und gelb, wie in Abbildung 80 dargestellt. Rot und blau sind sehr beliebt, gelb dagegen ist ein exotisches

Produkt mit einer sehr geringen Nachfrage. Da die Nachfrage unterschiedlich ist, haben sie auch unterschiedliche Losgrößen und eine unterschiedliche Anzahl von Teilen pro Kanban.

Die Produktionsplanung schätzt für jedes dieser Produkte den erwarteten monatlichen Bedarf für die kommenden Monate sowie die größten erwarteten Einzelaufträge und die Bedarfsspitzen. Eine Übersicht dieser Daten einschließlich der Losgröße und der Anzahl der Teile pro Kanban finden Sie in Tabelle 3.

Farbe	Losgröße (Autos)	Anzahl Teile pro Kanban	Erwarteter monatlicher Bedarf (Autos)	Größte Aufträge (Autos)	Bedarfsspitzen (Autos)
Rot	560	80	10 000	200	650
Blau	300	50	4000	120	420
Gelb	30	10	200	60	80
Gesamt	k. A.	k. A.	14 200	k. A.	k. A.

Tabelle 3: Übersicht der Daten für die Beispielberechnung der Produktionskanbans

Das Produktionssystem selbst ist sehr einfach. Ein Fräsvorgang schneidet die Form des Autos aus einem Holzbrett. In einem zweiten Prozess wird das Auto lackiert. In der Endmontage werden die Räder angebracht – und das Auto ist fertig. Zwischen den drei Prozessen gibt es FIFOs mit einer maximalen Kapazität von 100 Autos, obwohl sich im Durchschnitt nur 50 Autos in jedem FIFO befinden. Jeder Prozess kann maximal ein Auto zu einem Zeitpunkt aufnehmen. Der grundlegende Wertstrom ist in Abbildung 81 dargestellt.

Das Produktionssystem arbeitet an 20 Tagen im Monat mit je einer Schicht von jeweils 7 Stunden. Der Vorarbeiter holt die Kanbans jede Stunde aus dem Kanbanbriefkasten und bringt sie zur Losgrößenbildung. Der Weg vom Kanbanbriefkasten zur Losgrößenbildung dauert etwa 3 Minuten. Nachdem genügend Kanbans eines Wagentyps für eine Losgröße vorhanden sind, wandern die Kanbans für diesen Teiletyp zur Sequenzierung.

Um die Umrüstzeit zu reduzieren, erfordert der Lackierprozess eine Farbreihenfolge von gelb über rot nach blau. Die Sequenzierung wartet bis mindestens 1000 Autos aus der Losgrößenbildung bereit sind und gibt sie dann nacheinander an die Warteschlange für die Produktion frei. Das Management hat entschieden 2 Stunden für Störungen und andere Ausfälle abdecken zu wollen. Für längere Ausfälle wird ein *Stock-Out* gegenüber einem permanenten Überbestand bevorzugt.

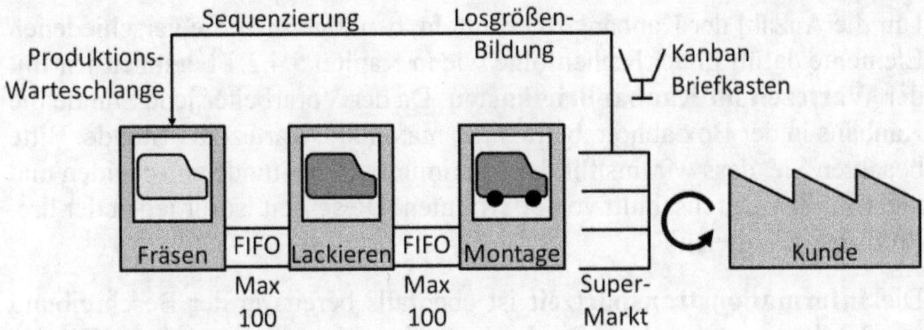

*Abbildung 81: Wertstrom des Beispielsystems für die Produktions-
kanban (Bild: Roser)*

5.4.2.4.2 Berechnung der Elemente

Eine wichtige Größe für viele der nachfolgenden Berechnungen ist der
Kundentakt. Wir haben den erwarteten monatlichen Bedarf aus Tabelle 3.
Die Gesamtarbeitszeit beträgt 20 Tage pro Monat mit einer Schicht pro Tag
und sieben Stunden pro Schicht, also insgesamt 140 Arbeitsstunden pro
Monat. Dividiert man die Arbeitszeit durch den Bedarf, so erhält man den
Kundentakt. In unserem Beispiel wäre es jedoch eine ziemlich kleine Zahl,
wenn man sie in Stunden pro Stück misst. Daher multiplizieren wir die 140
Stunden mit 3600 Sekunden pro Stunde, um 504 000 Sekunden Arbeitszeit
pro Monat zu erhalten. Nun können wir den Kundentakt für alle Teile sepa-
rat und auch als kombinierten Kundentakt über alle Teile berechnen. Die
Berechnung des Kundentakts für die roten Autos ist in Formel 18 dargestellt.
Eine Übersicht finden Sie in Tabelle 4.

$$TT_{Rot} = \frac{TW}{D_{Rot}} =$$

$$= \frac{20d \cdot 7\frac{h}{d}}{10\,000\ \text{Autos}} = \frac{140\ h}{10\,000\ \text{Autos}} = \frac{504\,000\ s}{10\,000\ \text{Autos}} = 50{,}4\frac{s}{\text{Auto}}$$

Formel 18: Kundentaktberechnung für das rote Auto

Farbe	Erwartete monatliche Nachfrage (Autos)	Kundentakt (Sekunden/Auto)
Rot	10 000	50,4
Blau	4000	126,0
Gelb	200	2520
Gesamt	14 200	35,5

Tabelle 4: Kundentakte für das Beispiel Produktionskanban

Um die Anzahl der Kanbans zu ermitteln, benötigen wir die verschiedenen Elemente dafür. In der Reihenfolge wie in Kapitel 5.4.2.1 beginnen wir mit der **Wartezeit im Kanbanbriefkasten**. Da der Vorarbeiter jede Stunde die Kanbans in der Box abholt, beträgt die maximale Wartezeit 1 Stunde. Bitte beachten Sie, dass wir uns für das Maximum von 1 Stunde entscheiden und nicht für den Durchschnitt von 30 Minuten. Diese Zeit ist für jeden der drei Produkttypen gleich.

Die **Informationstransportzeit** ist ebenfalls bereits in der Beschreibung mit 3 Minuten angegeben. Da diese im Vergleich zu den anderen Werten recht klein ist, würde ich sie normalerweise ignorieren, aber für ein besseres Verständnis lassen wir sie in der Formel.

Die **Wartezeit für die Losgrößenbildung** ist abhängig von der Losgröße. Da diese für jeden Produkttyp unterschiedlich ist, müssen wir sie für jeden Produkttyp separat ermitteln. Am einfachsten ist es, die Losgröße in Stück zu nehmen, sie durch die Anzahl der Teile pro Kanban zu teilen und so die Losgröße als Anzahl der Kanbans zu erhalten. Wir könnten nun die durchschnittliche Wartezeit als eine Anzahl an Kanban berechnen. Da es sich jedoch um eine Lagerfertigung handelt, benötigen wir die maximale Wartezeit, die sich aus der Anzahl der Kanbans in einem Los minus eins ergibt. Rote Autos mit einer Losgröße von 7 Kanbans müssen also maximal auf 6 andere Kanbans warten, blaue Autos auf 5 und gelbe Autos auf 2, bevor das jeweilige Los vollständig ist. Eine Übersicht über die Daten finden Sie in Tabelle 5.

Farbe	Losgröße (Autos)	Anzahl der Teile pro Kanban	Losgröße (Kanban)
Rot	560	80	7
Blau	300	50	6
Gelb	30	10	3

Tabelle 5: Losgrößen für das Beispiel der Produktionskanban

Der knifflige Teil ist die **Wartezeit für die Sequenzierung**. Sie ist bestenfalls eine Schätzung, und je nachdem, wie Sie die Sache angehen, kann Ihre Zahl anders aussehen. Denken Sie daran, dass die gesamte Kanbanformel nur eine Schätzung ist und geringe Unterschiede keine Rolle spielen. Der Standard verlangt mindestens das Äquivalent von 1000 Teilen, die zur Sequenzierung bereit sind, bevor die Rüstreihenfolge erstellt wird. Es wäre möglich eine genauere durchschnittliche Wartezeit mit Hilfe der Warteschlangentheorie oder von Simulationsdaten zu ermitteln, aber das ist für die meisten Kanbanberechnungen zu komplex. Daher verwende ich hier einfach die Zeit, die benötigt wird, um 1000 Teile anzusammeln. Da diese Teile von beliebiger Farbe sein können, muss ich den kombinierten Kundentakt über alle Teiletypen von 35,5 Sekunden pro Teil aus Tabelle 4 verwenden. Die Multiplikation von 1000 Teilen mit 35,5 Sekunden pro Teil ergibt eine Wartezeit in der Sequenzierung von 35 493 Sekunden oder etwa 9 Stunden 52 Minuten. Dies ist für alle Teiletypen gleich.

Wahrscheinlich können Sie schon einige Probleme in diesem Ansatz erkennen. Das erste Los aus der Losgrößenbildung müsste weniger warten als das letzte Los. Unsere Losgrößen unterscheiden sich jedoch je nach Produkttyp. Wir hätten entscheiden können, wann wir welche Losgröße verwenden und dieses eine Los von der Gesamtsumme abziehen, aber das würde nur noch weitere Fragen aufwerfen. Insgesamt gibt es keine perfekte Antwort auf die Frage nach der Wartezeit für die Sequenzierung. Sie könnten diese tatsächlich messen oder höhere Mathematik und Simulationen verwenden, was alles schwierig und aufwändig ist. Allerdings sollten wir im Hinterkopf behalten, dass diese Wartezeit wahrscheinlich ein wenig zu hoch angesetzt ist. Vielleicht könnte man später auch den Sicherheitsfaktor etwas kleiner machen.

Auch die **Wartezeit in der Produktionswarteschlange** ist eine unsaubere Berechnung. In Kapitel 5.4.2.1.5 habe ich meinen Ansatz vorgestellt, wenn auch mit wenig Anspruch auf wissenschaftliche Genauigkeit. Jedes Los muss auf ein Los jedes anderen Rennerproduktes warten. Also müssten rote Renner auf ein Los von blauen Teilen warten, blaue Renner auf ein Los von roten Teilen und gelbe Exoten auf ein Los von roten und ein Los von blauen Teilen. Die Wartezeit für ein Los eines bestimmten Teiletyps ist die Losgröße in Stück multipliziert mit dem Kundentakt für diesen Teiletyp.

Zum Beispiel dauert es 560-mal den Takt von 50,4 Sekunden oder 28 224 Sekunden, bis ein Los von roten Autos zusammen ist. Rot wartet auf ein Los von Blau, Blau wartet auf ein Los von Rot, und Gelb wartet auf die Summe von je einem Los von Rot und Blau. Diese Wartezeit ist also für jeden Produkttyp unterschiedlich. Die Übersicht ist in Tabelle 6 dargestellt.

Farbe	Losgröße (Autos)	Kundentakt (Sekunden/ Auto)	Losgröße (Sekunden)	Wartezeit in der Warteschlange für Produktion (Sekunden)
Rot	560	50,4	28 224	37 800 (Blau)
Blau	300	126,0	37 800	28 224 (Rot)
Gelb	30	2520	75 600	66 024 (Rot + Blau)

Tabelle 6: Wartezeit in der Produktionswarteschlange für das Beispiel

Die **Durchlaufzeit** kann mit Hilfe des Gesetzes von Little bestimmt werden. Wir haben im Durchschnitt 50 Teile in den FIFOs sowie eines in jedem Prozess, also insgesamt 103 Teile im System. Wir wollen aber nicht im

Durchschnitt Material im Supermarkt haben, sondern so gut wie immer. Daher müssen wir den ungünstigsten Fall annehmen. Das wären zwei volle FIFOs mit je 100 Teilen und einem Teil in jedem Prozess für insgesamt 203 Teile. Multipliziert man dies mit dem **Kundentakt über alle Teile** von 35,5 Sekunden pro Teil, erhält man eine Gesamtdurchlaufzeit im schlimmsten Fall von 7205 Sekunden. Dies ist für alle Teiletypen gleich.

Die zusätzliche Zeit zur Abdeckung von **Unterbrechungen und Störungen** wurde vom Management auf 2 Stunden festgelegt und wird später einfach in die Kanbanberechnung einbezogen.

Der **größte erwartete Kundenauftrag** in der Tabelle 3 ist der größte erwartete Auftrag, welcher die Menge einer Kanban übersteigt. Später in der Kanbanformel werden wir die Menge in eine Anzahl von Kanbans umrechnen und eine Kanban abziehen. Dies ergibt die zusätzlichen Kanbans, die benötigt werden, um diese größte Bestellung abzudecken.

Die **Bedarfsspitzen** sind ebenfalls bereits in der Tabelle 3 angegeben. Bitte beachten Sie, dass diese spezifisch sind für den Teiletyp. Beachten Sie außerdem, dass Renner oft weniger schwanken relativ zur Gesamtmenge und Exoten eher mehr, wie es auch hier der Fall ist.

Der **Sicherheitsfaktor** wird später hinzugefügt, da wir zunächst die Anzahl der Kanbans ohne den Sicherheitsfaktor berechnen wollen. Wir haben keine **weiteren Elemente**, die wir in die Berechnung der Anzahl der Kanbans einbeziehen wollen.

5.4.2.4.3 Ergebnisse der Beispielrechnung

Die Tabelle 7 zeigt eine Übersicht über die Elemente für die Anzahl der Produktionskanbans, die wir bisher ermittelt haben. Bitte beachten Sie, dass es sich um unterschiedliche Einheiten handelt.

Für spätere Berechnungen müssten einheitliche Zeiteinheiten verwenden. Wir rechnen daher alle Zeiten in Sekunden um, da unser Kundentakt ebenfalls in Sekunden pro Teil gemessen wird. Diese können wir nun in die Berechnung unserer Anzahl der Produktionskanbans mit Formel 16 einfügen. Die Berechnung mit Zahlen für das rote Auto ist in Formel 19 dargestellt, inklusive der entsprechenden Einheiten. Achten Sie darauf, dass sich alle Einheiten gegenseitig aufheben und Sie am Ende nur „Kanban" erhalten.

Element	Einheit	Rote Autos	Blaue Autos	Gelbe Autos	Variable
Wartezeit im Kanbanbriefkasten	Stunden (Sekunden)	1 (3600)	1 (3600)	1 (3600)	WB
Informationstransportzeit	Minuten (Sekunden)	3 (180)	3 (180)	3 (180)	TI
Losgrößenbildung	Kanban	7	6	3	KL
Sequenzierung	Sekunden	35 493	35 493	35 493	WQ
Produktionswarteschlange	Sekunden	37 800	28 224	66 024	WP
Durchlaufzeit	Sekunden	7205	7205	7205	LT
Störungen und Unterbrechungen	Stunden (Sekunden)	2 (7200)	2 (7200)	2 (7200)	BD
Größere Bestellungen	Autos	200	120	60	OS
Bedarfsspitzen	Autos	650	420	80	PD

Tabelle 7: Elemente für die Berechnung der Anzahl von Produkti-onskanbans, noch ohne Sicherheit

$$NC_{Kanban,Rot} = \frac{WB + TI + WQ_{Rot} + WP_{Rot} + LT + BD}{TT_{Rot} \cdot NPC_{Rot}} +$$

$$+ \left(\frac{OS_{Max,Rot}}{NPC_{Rot}} - 1\right) + (KL_{Rot} - 1) + \frac{PD_{Rot}}{NPC_{Rot}} + S=$$

$$= \frac{3600s + 180s + 35\,493s + 37\,800s + 7205s + 7200s}{50{,}4\,\frac{s}{Stück} \cdot 80\,\frac{Stück}{Kanban}} +$$

$$+ \left(\frac{200\,Stück}{80\,\frac{Stück}{Kanban}} - 1\,Kanban\right) + (7\,Kanban - 1\,Kanban) + \frac{650\,Stück}{80\,\frac{Stück}{Kanban}}$$

$$+ S = 38{,}3\,Kanban + S$$

Formel 19: Die Kanbanformel für Produktionskanban für das Bei-spiel der roten Autos

Wenn Sie sich an dieser Stelle Sorgen über die Komplexität der Berechnung machen: Später stelle ich Ihnen einen Ansatz zur Schätzung vor. Wie auch immer, ohne die Sicherheit erhalten wir eine Gesamtsumme von 38,3 Kanbans für das rote Auto. Ähnliche Berechnungen würden 27,8 Kanbans für blaue Autos und 19,8 Kanbans für gelbe Autos ergeben.

Jetzt können wir die Sicherheit hinzufügen. Da wir bereits eine sehr konservative Schätzung für die Wartezeit auf die Sequenzierung hatten, brauchen wir wahrscheinlich nur wenig Sicherheit, und ich würde die Anzahl der Kanbans einfach auf die nächste ganze Zahl aufrunden. Wenn Sie sich damit jedoch unwohl fühlen, können Sie auch mehr hinzufügen. Die Sicherheit wird oft als Prozentsatz ausgedrückt, und es werden 10% oder noch mehr hinzugefügt.

Wenn wir einfach großzügig aufrunden, könnten wir am Ende 40 Kanbans für die roten Autos, 30 Kanbans für die blauen Autos und 22 Kanbans für die gelben Autos verwenden, wie in Tabelle 8 gezeigt. Der Sicherheitsfaktor würde also zwischen 4% und 10% der Gesamtzahl der Kanbans liegen, wobei der größte Prozentsatz für das am stärksten schwankende Exotenprodukt der gelben Autos gilt. Wenn Sie die Berechnung selbst durchgeführt haben, sollten Sie irgendwo in der Nähe dieser Zahl liegen, obwohl eine Differenz von 30% bei leicht abweichenden Annahmen durchaus möglich ist.

Farbe	Anzahl der Kanbans ohne Sicherheit	Sicherheit (Kanban)	Anzahl der Kanbans mit Sicherheit	Sicherheit (Prozent)
Rot	38,3	1,7	40	4,2%
Blau	27,8	2,2	30	7,3%
Gelb	19,8	2,2	22	10%

Tabelle 8: Anzahl der Kanbans ohne und mit Sicherheit für das Beispiel der Produktionskanban

Es ist auch möglich, die einzelnen Beiträge zur Anzahl der Kanbans zu ermitteln. Die Visualisierung in Form eines Wasserfalldiagramms ist in Abbildung 82 für das Beispiel des roten Autos dargestellt. Hier sind die größten Faktoren die Produktionswarteschlange, die Sequenzierung und die Auswirkung der Bedarfsspitze. Wenn Sie Ihren Bestand reduzieren wollen, müssen Sie die Losgröße verringern. Eine kleinere Losgröße würde Ihre Sequenzierung, die Wartezeit in der Produktionswarteschlange und die Zeit für die Losgrößenbildung reduzieren. Es könnte auch die Bedarfsspitzen reduzieren. Eine Reduzierung aller Losgrößen um die Hälfte würde die Anzahl der Kanbans und damit den Gesamtbestand um 30% verringern. Die Informationstransportzeit hingegen hätte man getrost ignorieren können.

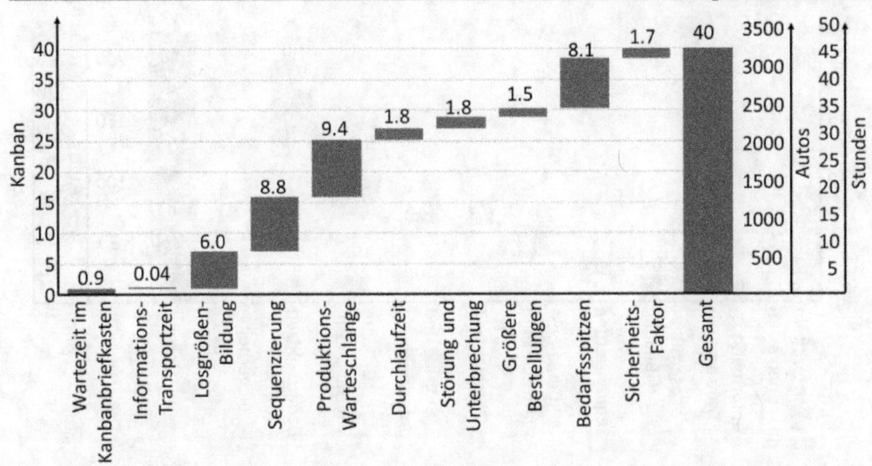

Abbildung 82: Wasserfalldiagramm für das Beispiel des roten Autos (Bild: Roser)

Die Abbildung 82 zeigt in erster Linie die Anzahl der Kanbans. Da diese jedoch leicht in Teile oder Zeiten umgewandelt werden kann, sind auch die Achsen für die Anzahl der Autos und die Zeit in Stunden angegeben. Die Abbildung 83 zeigt das gleiche Diagramm für das blaue Auto, bei dem die Bedarfsspitzen den größten Einfluss haben, gefolgt von der Sequenzierung und der Losgrößenbildung. Die Abbildung 84 zeigt das gleiche Diagramm für das gelbe Auto. Wie bei Exoten üblich, haben Schwankungen wie größere Bestellungen und Bedarfsspitzen den größten Einfluss auf die Anzahl der Kanbans.

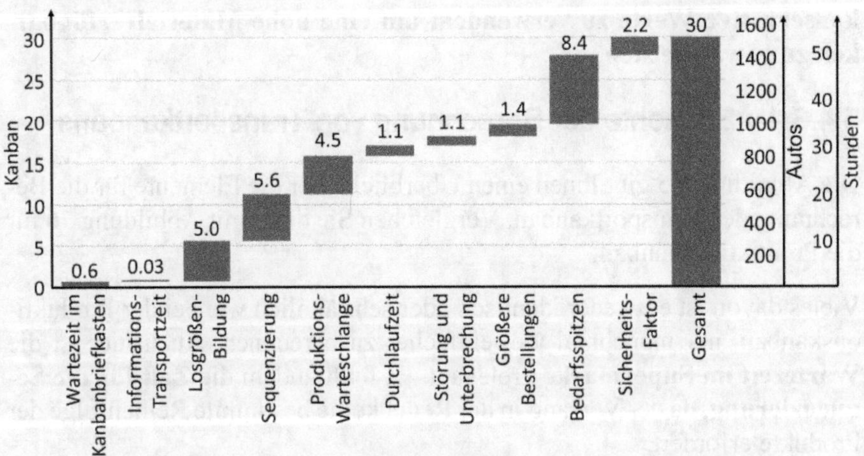

Abbildung 83: Wasserfalldiagramm für das Beispiel des blauen Autos (Bild: Roser)

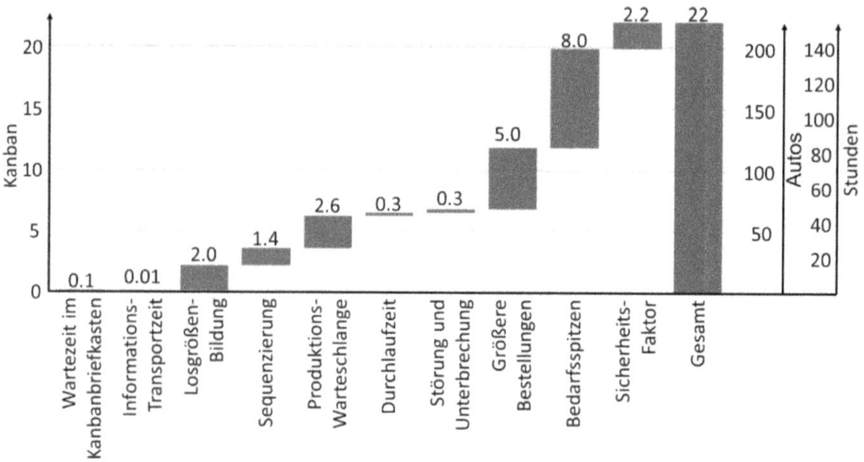

Abbildung 84: Wasserfalldiagramm für das Beispiel des gelben Autos (Bild: Roser)

5.4.3 Die Berechnung der Transportkanban

Die Berechnung der Transportkanban ist der Berechnung von Produktions-kanbans sehr ähnlich, aber einfacher. Da Sie die Artikel nicht produzieren müssen, wird die gesamte Berechnung der Wiederbeschaffungszeit stark vereinfacht. Ein wesentlicher Unterschied ist jedoch, dass Ihr Kundentakt in der Logistik auf einem anderen Zeitraum basieren kann als in Ihrem Produktionssystem. Verwenden Sie die Zeitspanne, die Ihr System am besten repräsentiert. Außerdem ist es, ähnlich wie bei Produktionskanban, sinnvoll **konservative Werte zu verwenden, um eine hohe Materialverfügbarkeit zu gewährleisten**.

5.4.3.1 Elemente der Berechnung von Transportkanbans

Die Abbildung 85 gibt Ihnen einen Überblick über die Elemente für die Be-rechnung der Transportkanban. Vergleichen Sie diese mit Abbildung 76 für die Produktionskanban.

Vieles davon ist entweder identisch oder sehr ähnlich wie bei der Produkti-onskanban, nur manchmal viel einfacher zu berechnen. Auch hier ist die **Wartezeit im Supermarkt** irrelevant. Es fehlt zudem die **Zeit für die Se-quenzierung**, da der Versand in der Regel keine bestimmte Reihenfolge der Produkte erfordert.

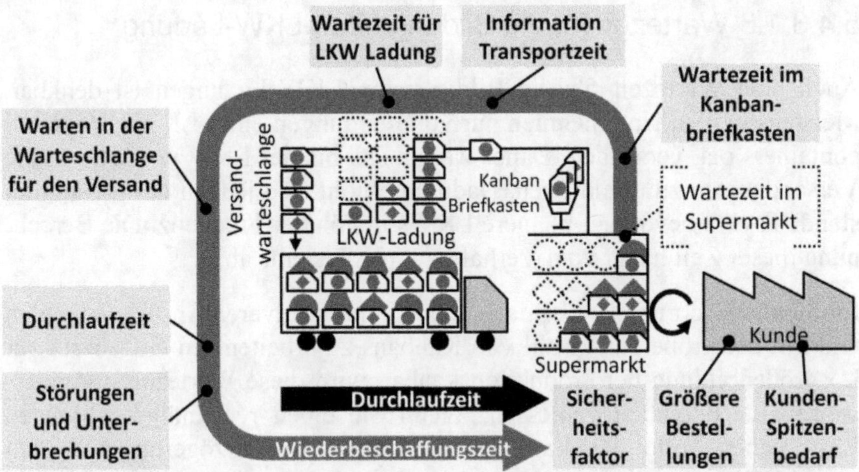

Abbildung 85: Elemente, welche die Anzahl der Transportkanbans beeinflussen. Die Wartezeit im Supermarkt in gestrichelten Klammern ist nicht relevant. (Bild: Roser)

Auch die **Losgrößenbildung wird** in der Regel nicht mehr benötigt und stattdessen durch die Wartezeit für eine LKW-Ladung ersetzt. Es kann Ausnahmen geben, wie z. B. für eine Ship-to-Line- und Just-in-Sequence-Anlieferung, bei der die Artikel direkt nacheinander an die Produktionslinie geliefert werden. In diesem Fall müssten Sie die Sequenzierung in die Wiederbeschaffungszeit einbeziehen. Aber auch dann ist diese viel einfacher zu berechnen, da Sie nur die Artikel in der richtigen Reihenfolge aus den vorgelagerten Beständen entnehmen müssen.

5.4.3.1.1 Wartezeit im Kanbanbriefkasten

Die Wartezeit im Kanbanbriefkasten ist identisch mit dem entsprechenden Vorgang bei der Produktionskanban. Wenn es eine regelmäßige Abholung gibt, ist die relevante Zeit der Abstand zwischen den Abholungen. Das berücksichtigt auch den schlimmsten Fall, wenn eine Kanban in den Briefkasten gelegt wird, kurz nachdem die Abholung den Briefkasten geleert hat.

5.4.3.1.2 Zeit für den Transport der Information

Die Zeit für den Transport der Information ist einfach die Zeit, die für den Transport der Kanbans benötigt wird. Für Produktionskanban kann dies vernachlässigbar sein. Für digitale Transportkanbans können Sie diese Mikrosekunden-Verzögerung ebenfalls ignorieren. Für physische Transportkanbans kann es jedoch eine durchaus relevante Verzögerung sein, wenn Sie die Kanbans physisch zum Anfang der Schleife zurücktransportieren müssen.

5.4.3.1.3 Wartezeit für die Bildung einer LKW-Ladung

Auch eine Wartezeit für die Bildung von LKW-Ladungen ist denkbar. Meistens wollen Unternehmen nur volle Ladungen eines LKWs, Versandcontainers o.ä. versenden. Daher warten sie, bis der LKW voll ist, um die Versandkosten zu minimieren. Dadurch erhöht sich jedoch der Gesamtbestand. Toyota bevorzugt kleinere LKWs in höherer Frequenz. Die Berechnung dieser Zeit hängt vom Verhalten Ihres Systems ab.

Empfehlenswert ist hier ebenfalls, einen konservativeren Ansatz zu wählen und mit der größeren Anzahl von Kanbans zu arbeiten. Im Gegensatz zur Losgrößenbildung bei Produktionskanban wird diese Wartezeit normalerweise als Zeiteinheit gemessen. Wenn Sie einen regelmäßig fahrenden LKW haben, sollte die Wartezeit die Worst-Case-Verzögerung zwischen zwei LKWs einschließen.

5.4.3.1.4 Wartezeit in der Warteschlange für den Versand

Die Wartezeit in der Warteschlange für den Versand ist ähnlich wie die Wartezeit in der Warteschlange für die Produktion, aber viel einfacher zu berechnen. Wie lange muss ein Auftrag warten, bis ein LKW bereit ist und beladen werden kann? Hier kann z. B. die Sequenzbildung für eine Just-in-Sequence-Lieferung beinhaltet sein, die sich auch mit den Wartezeiten für eine LKW-Ladung überschneiden und dementsprechend eventuell vernachlässigbar sein kann.

Aber auch andere Verzögerungen können sich ergeben, beispielsweise eine Verspätung aufgrund eines fehlenden Fahrers oder aufgrund der Verschiebung der Abfahrt auf den nächsten Tag, wenn der LKW sein Ziel nicht mehr am gleichen Tag erreichen kann. Ob Sie derartige Fälle einbeziehen wollen, hängt von den Details Ihres Systems ab.

5.4.3.1.5 Durchlaufzeit

Die Durchlaufzeit ist einfach die Zeit, die benötigt wird, um die Artikel zu verladen und an den Bestimmungsort zu bringen. Man könnte sie auch als Lieferzeit oder Versandzeit bezeichnen. Als solche ist sie der Durchlaufzeit in der Produktion ähnlich, aber meist viel einfacher zu berechnen. Sie sollten auch hier eine konservative Zahl heranziehen, da die Durchlaufzeit auch den Verkehr während der Hauptverkehrszeit abdecken sollte.

5.4.3.1.6 Störungen und Unterbrechungen

Je nachdem, wie konservativ Ihre Schätzungen bisher sind, können Sie zusätzliche Zeit für Unterbrechungen und Störungen hinzufügen, ähnlich wie bei der Produktionskanban. So kann z. B. ein Unfall passieren, und selbst wenn Ihr LKW nicht daran beteiligt war, kann er trotzdem im Stau stecken bleiben. Auch hier werden Sie nicht alle Eventualitäten abdecken können. Lassen Sie Ihren Bestand nicht ausufern für das minimale Risiko, dass Sie ihn tatsächlich benötigen.

5.4.3.1.7 Größere Bestellungen

Mit der Schätzung des Effekts von größeren Bestellungen verhält es sich genauso wie bei der Produktionskanban. Man nimmt den größten vernünftigerweise zu erwartende Auftrag umgerechnet in Kanbans minus eine Kanban. Es ist durchaus möglich, dass der größte Kundenauftrag zugleich auch der durchschnittliche Kundenauftrag ist. Dies ist häufig der Fall, wenn es sich bei dem Kunden z. B. um ein Produktionssystem handelt, das jeden Bedarf ohne Verzögerung weiterleitet.

5.4.3.1.8 Bedarfsspitzen

Ebenso muss das System Bedarfsspitzen abdecken. Was ist der größte zusätzliche Bedarf des Kunden, den Sie innerhalb einer Wiederbeschaffungszeit erwarten? Die Differenz zwischen dem durchschnittlichen und dem größten Bedarf ist der Spitzenbedarf. Diese Anzahl von Teilen muss in eine Anzahl von Kanbans umgerechnet und zur Summe addiert werden.

5.4.3.1.9 Sicherheitsfaktor

Darüber hinaus können Sie einen Sicherheitsfaktor als absolute Anzahl von Kanbans oder als Prozentsatz hinzufügen. Je nachdem, wie konservativ Ihre anderen Schätzungen sind, können Sie einen größeren oder kleineren Sicherheitsfaktor haben. Ähnlich wie bei der Produktionskanban handelt es sich hier auch um einen Wohlfühlfaktor für die Mitarbeiter in der Fertigung oder in der Logistik.

5.4.3.1.10 Andere Elemente

Ähnlich wie bei der Produktionskanban kann es auch andere ungewöhnliche Elemente geben, die Ihre Wiederbeschaffungszeit oder die Schwankungen der Kundennachfrage beeinflussen. In der Regel sind sie aber selten und werden wahrscheinlich nicht auf Ihr System zutreffen.

5.4.3.2 Formel für Transportkanban

Die hier gezeigten Elemente decken die meisten Berechnungen für Transportkanban ab. Aber wenn Ihre Transportkanban zusätzliche Verzögerungen oder Schwankungen aufweist, beziehen Sie diese bitte in die Berechnung ein. Tabelle 9 gibt Ihnen einen Überblick über diese Elemente.

Gruppe	Element	Einheit	In der Regel teile-spezifisch?	Normalerweise relevant?	Variable
Wiederbeschaffungszeit	Wartezeit im Kanbanbriefkasten	Zeit	Nein	Vielleicht	WB
	Informations-transportzeit	Zeit	Nein	Nein	TI
	Wartezeit für LKW-Ladung	Zeit	Nein	Vielleicht	WT
	Warten in der Versandwarteschlange	Zeit	Nein	Vielleicht	WS
	Durchlaufzeit	Zeit	Nein	Ja	LT
	Störungen und Unterbrechungen	Zeit	Nein	Ja	BD
Kunde	Größere Bestellungen	Menge	Ja	Ja	OS
	Bedarfsspitzen	Menge	Ja	Ja	PD
Ander	Sicherheitsfaktor	Kanban	Oft	Ja	S
	Andere Elemente	???	???	Nein	k. A.

Tabelle 9: Übersicht der Variablen, die zur Anzahl der Transport-kanbans beitragen können

Ausgehend von diesen Elementen können Sie die Anzahl der Transportkanbans berechnen. Elemente, die Zeiten oder Mengen sind, müssten mit Formel 11 und Formel 9 in eine repräsentative Anzahl von Kanbans umgerechnet werden. Die vollständige Kanbanformel für Transportkanbans ist in Formel 20 dargestellt. Ähnlich wie bei Produktionskanban in Formel 16 empfehle ich, bei der gesamten Berechnung Einheiten zu verwenden und zu überprüfen.

$$NC_{Kanban,n} = \frac{WB + TI + WT + WS + LT + BD}{TT_n \cdot NPC_n} +$$

$$+ \left(\frac{OS_{Max,n}}{NPC_n} - 1 \right) + \frac{PD_n}{NPC_n} + S$$

Formel 20: Die Kanbanformel für Transportkanban

Die Variablen für die Formel 20 sind wie folgt:

BD   Zeit zur Abdeckung von Unterbrechungen und Störungen (Zeit)
LT   Durchlaufzeit (Zeit)
$NC_{Kanban,n}$ Anzahl der Kanbans für Teiletyp n (Anzahl Karten)

NPC_n Anzahl der Teile pro Kanban für Teiletyp n (Menge pro Karte)

$OS_{Max,n}$ Größte erwartete Bestellmenge für Teiletyp n (Menge)

PD_n Bedarfsspitzen für Teiletyp n (Menge)

S   Sicherheitsfaktor (Anzahl Karten)

TI   Dauer für den Transport von Informationen (Zeit)

TT_n Kundentakt für Teiletyp n (Zeit pro Menge)

WB   Wartezeit im Kanbanbriefkasten (Zeit)

WS   Wartezeit in der Warteschlange für den Versand (Zeit)

WT   Wartezeit für das Erstellen Wagenladung (Zeit)

5.4.3.3 Beispiel Transportkanbanberechnung

Wie für die Produktionskanban gebe ich Ihnen auch für die Transportkanban eine detaillierte Beispielrechnung. Ich werde Ihnen alle notwendigen Parameter zur Verfügung stellen, damit Sie die Berechnung selbst ausprobieren können, bevor Sie sich meine Musterlösung anschauen. Da es eine ganze Reihe von Annahmen geben wird, kann Ihr Ergebnis etwas von meinem abweichen. Versuchen Sie, diese Unterschiede zu verstehen und herauszufinden, ob sie auf unterschiedlichen Annahmen oder auf einem tatsächlichen Fehler beruhen.

5.4.3.3.1 Das Beispielsystem

Das Beispiel für die Transportkanban folgt dem Beispiel der Produktionskanbans bei der Herstellung von Spielzeugautos in drei verschiedenen Farben. Die Räder für die Spielzeugautos werden bei einem Lieferanten eingekauft und zur Endmontage an den Fertigungsstandort transportiert. Ein Satz von vier Rädern mit gelben, roten oder blauen Radkappen wird benötigt, um ein Auto in der entsprechenden Farbe zu montieren. Die Räder und die Endprodukte sind in Abbildung 86 dargestellt.

Abbildung 86: Das Beispielsystem transportiert die Räder für die Spielzeugautos mit gelben, roten und blauen Radkappen. (Bild: Roser)

Die Kundennachfrage bleibt insgesamt gleich, aber jedes Auto braucht vier Räder. Daher ist der Bedarf der Fertigung an Rädern genau viermal so groß wie der Bedarf des Kunden an fertigen Autos. Dabei gehen wir davon aus, dass Defekte und Ausschuss vernachlässigbar sind.

Unser Transportsystem kann jede Losgröße handhaben. Daher müssen wir keine Losgrößen bilden, unsere Standard-Losgröße ist eine Kanban. Die Anzahl der Teile pro Kanban wird ebenfalls benötigt. Das Management hat der Einfachheit halber entschieden, dass eine Kanban für Rädern zu einer Kanban für Autos passen soll. Da ein Auto vier Räder hat, ist die Anzahl der Teile pro Kanban für die Räder viermal so groß wie die Anzahl der Teile pro Kanban für Autos für die jeweilige Farbe. Tabelle 10 fasst diese Daten zusammen.

Farbe	Anzahl der Teile pro Kanban	Erwarteter monatlicher Bedarf (Räder)	Bedarfsspitzen (Räder)
Rot	320	40 000	1300
Blau	200	16 000	680
Gelb	40	800	70
Gesamt	k. A.	56 800	k. A.

Tabelle 10: Übersicht der Parameter für die Beispielberechnung der Transportkanbans

Das Produktionssystem entnimmt kontinuierlich Räder aus dem Bestand. Sobald eine neue Kanban begonnen wird, wird die vorherige Kanban an den Lieferanten zurückgegeben. Deshalb haben wir keine großen Bestellungen, sie sind alle jeweils eine Kanban. Allerdings haben wir Bedarfsspitzen. Die Bedarfsspitzen des Endkunden werden durch das Produktionssystem zu einem gewissen Grad gepuffert. Daher sind die Bedarfsspitzen für die Räder in diesem Beispiel kleiner als für Autos.

Beachten Sie jedoch, dass das nicht immer der Fall ist und dass ein Peitschenschlageffekt Schwankungen verstärken kann, je weiter man in der Lieferkette zurückgeht. In unserem Beispiel sind aber die Bedarfsspitzen für die Räder geringer als für die Endprodukte, was auch insofern angepasst ist, als es vier Räder pro Auto gibt. Der erwartete Gesamtbedarf ist ebenfalls in Tabelle 10 angegeben.

Abbildung 87 zeigt den Wertstrom für die Transportkanban. Die Kanbans werden einmal pro Stunde gescannt. Anschließend sendet das ERP-System die Bestellung digital an den Lieferanten. Der Lieferant versendet die Produkte, sobald ein LKW mit 10 000 Rädern voll ist. Der LKW selbst benötigt für die Fahrt inklusive Be- und Entladen im Schnitt rund fünf Stunden. Zu Stoßzeiten oder bei Unfällen kann es jedoch deutlich länger dauern. Das

Management hat entschieden, dass es für diese Störungen drei zusätzliche Stunden für den Versand einplanen möchte. Sowohl das Kunden- als auch das Lieferantenlager sind täglich 16 Stunden geöffnet, bei etwa 20 Arbeitstagen pro Monat. Die LKW-Fahrer in unserem Beispiel werden jedoch nicht abfahren, wenn sie es nicht am selben Tag schaffen können. Wenn bis zum Ende des Tages weniger als 6 Stunden verbleiben, wartet der LKW bis zum nächsten Tag.

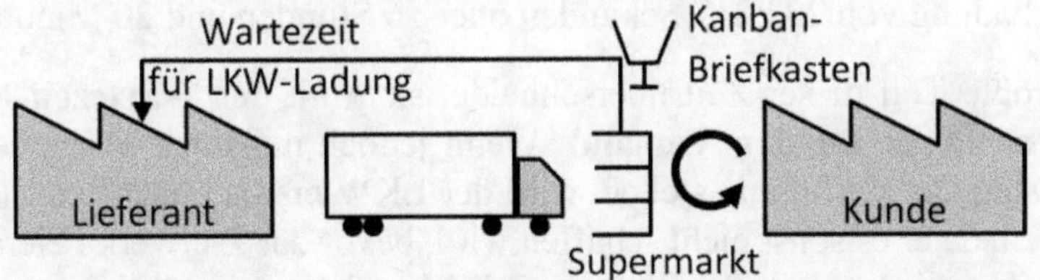

Abbildung 87: Wertstrom für das Beispiel der Transportkanban
(Bild: Roser)

5.4.3.3.2 Berechnung der Elemente

Wie bei der Produktionskanban ist eines der ersten Dinge, die wir berechnen müssen, der **Kundentakt**. Im Vergleich zum Kundentakt der Produktionskanbans gibt es jedoch zwei große Unterschiede. Den ersten habe ich schon erwähnt: Wir brauchen viermal so viele Räder wie Autos. Der zweite ist, dass auch der Zeitraum ein anderer ist als bei Produktionskanban. Sowohl der Lieferant als auch der Kunde können 16 Stunden pro Tag LKWs senden und empfangen, bei etwa 20 Tagen pro Monat. Die LKW-Fahrer fahren auch nur während dieser Stunden, da sie sonst ihre Ware nicht abladen können. Unser Zeitraum beträgt also 20 Tage, mit 16 Stunden pro Tag, also 320 Stunden. Dividiert man diese Zeit durch den Bedarf, erhält man den Kundentakt für die jeweilige Farbe und auch für alle Teile zusammen, wie in Tabelle 11 dargestellt.

Farbe	Erwarteter monatlicher Bedarf (Räder)	Kundentakt (Sekunden/Rad)
Rot	40 000	28,8
Blau	16 000	72,0
Gelb	800	1440
Gesamt	56 800	20,3

Tabelle 11: Kundentakte für das Beispiel der Transportkanban

Die Kanbans im Kanbanbriefkasten werden jede Stunde abgeholt, daher beträgt die **Wartezeit im Kanbanbriefkasten** maximal eine Stunde. Um auf der sicheren Seite zu sein, verwenden wir den schlimmsten Fall und nicht den Durchschnitt. Nach dem Scannen werden die Kanbans vom ERP-System digital verschickt, daher ist die **Zeit für den Transport der Information** nahe null und kann getrost vernachlässigt werden.

Die **Wartezeit für die Bildung einer LKW-Ladung** ist jedoch wichtiger. Der LKW fährt nur, wenn 10 000 Teile vorhanden sind. Multipliziert man dies mit dem Kundentakt über alle Teiletypen von 20,3 Sekunden pro Rad einer beliebigen Farbe, erhält man eine Wartezeit für die Bildung einer LKW-Ladung von 202 817 Sekunden oder 56 Stunden und 20 Minuten.

Der größte Teil dieser Zeit überschneidet sich mit der **Wartezeit in der Warteschlange für den Versand**. Wenn jedoch nur noch 6 Stunden am Arbeitstag zur Verfügung stehen, wird der LKW erst am nächsten Morgen abfahren, da er es sonst nicht schaffen wird, bevor das Zielwerk Feierabend macht. Um eine stabile Versorgung mit Material zu gewährleisten, sollte die maximal mögliche Wartezeit von 6 Stunden in der Warteschlange für den Versand mit eingerechnet werden. Sie können leicht erkennen, dass je mehr Sie in die Details der Kanbanberechnung gehen, desto häufiger „Was-Wäre-Wenns" und „Wenn-Danns" auftauchen, die eine präzise Berechnung unmöglich machen. Versuchen Sie nicht, perfekte Präzision zu erreichen, denn das ist bei realen Systemen fast unmöglich. Letztendlich müssen Sie Ihre beste Schätzung nehmen und damit arbeiten. Passen Sie die Anzahl der Kanbans aber immer an, wenn das System in Betrieb ist.

Die **Durchlaufzeit** wurde bereits mit 5 Stunden angegeben, ebenso die Zeit für zusätzliche **Störungen und andere Ausfälle** mit 3 Stunden. Aufgrund der ständigen Nachfrage eines Produktionssystems haben wir keine **größeren Bestellungen** und unser „größter Auftrag" ist eine Kanban. Da wir ohnehin planen mindestens eine Kanban im Supermarkt zu haben, hat dieser Faktor keinen zusätzlichen Einfluss auf die Berechnung. Trotzdem behalte ich den Faktor aus pädagogischen Gründen hier in der Formel. Die **Bedarfsspitzen** sind ebenfalls bereits in Tabelle 10 angegeben. Bitte beachten Sie, dass sie spezifisch für den Teiletyp sind. Der **Sicherheitsfaktor** wird später hinzugefügt, da wir zunächst die Anzahl der Kanbans ohne Sicherheitsfaktor berechnen wollen. Wir haben keine **weiteren Elemente**, die wir in die Berechnung der Anzahl der Kanbans einbeziehen wollen.

5.4.3.3.3 Ergebnisse der Beispielrechnung

Tabelle 12 zeigt eine Übersicht der Elemente für die Berechnung der Transportkanbans. Bitte beachten Sie, dass einige dieser Werte unterschiedliche Einheiten haben.

Für spätere Berechnungen müssten wir die Zeiten in konsistente Einheiten umrechnen. Wir rechnen sie in Sekunden um, da unser Kundentakt ebenfalls in Sekunden pro Teil gemessen wird und können sie nun in die Berechnung unserer Anzahl von Transportkanbans aus Formel 20 einsetzen.

Element	Einheit	Rote Räder	Blaue Räder	Gelbe Räder	Variable
Wartezeit im Kanban-briefkasten	Stunden (Sekunden)	1 (3600)	1 (3600)	1 (3600)	WB
Informations-transportzeit	Sekunden	0	0	0	TI
Wartezeit für LKW-Ladung	Sekunden	202 817	202 817	202 817	WT
Warten in der Versand-warteschlange	Stunden (Sekunden)	6 (21 600)	6 (21 600)	6 (21 600)	WS
Durchlaufzeit	Stunden (Sekunden)	5 (18 000)	5 (18 000)	5 (18 000)	LT
Störungen und Unterbrechungen	Stunden (Sekunden)	3 (10 800)	3 (10 800)	3 (10 800)	BD
Größere Bestellungen	Räder	320	200	40	OS
Bedarfsspitzen	Räder	1300	680	70	PD

Tabelle 12: Elemente für die Anzahl der Transportkanbans, noch ohne Sicherheit

$$NC_{Kanban,Rot} = \frac{WB + TI + WT + WS + LT + BD}{TT_{Rot} \cdot NPC_{Rot}} +$$

$$+ \left(\frac{OS_{Max,Rot}}{NPC_{Rot}} - 1 \right) + \frac{PD_{Rot}}{NPC_{Rot}} + S =$$

$$= \frac{3600s + 0 + 202\,817s + 21\,600s + 18\,000s + 10\,800s}{28{,}8\,\frac{s}{Stück} \cdot 320\,\frac{Stück}{Kanban}} +$$

$$+ \left(\frac{320\,Stück}{320\,\frac{Stück}{Kanban}} - 1\,Kanban \right) + \frac{1300\,Stück}{320\,\frac{Stück}{Kanban}} + S =$$

$$= 31{,}9\,Kanban + S$$

Formel 21: Die Kanbanformel für Transportkanban für das Beispiel des roten Rades

Wir können die Informationstransportzeit weglassen, da sie null ist. Wir können auch das Element für die großen Bestellungen eliminieren, da wir keine Bestellungen haben, die größer als eine Kanban sind. Die Berechnung der verbleibenden Elemente mit Zahlen für die roten Räder ist in Formel 21, einschließlich der entsprechenden Einheiten, dargestellt. Stellen Sie sicher, dass sich alle Einheiten gegenseitig aufheben und Sie am Ende nur „Kanban" erhalten.

Die Berechnung ergibt insgesamt 31,9 Kanbans für das rote Rad ohne Sicherheitsfaktor. Für die Produktionskanban sagte mir mein Bauchgefühl, dass wir oft konservative Zahlen gewählt haben, und daher hatte ich nur einen kleinen Sicherheitsfaktor. Für die Transportkanban fühle ich mich etwas weniger sicher und nehme daher einen etwas größeren Sicherheitsfaktor. Die Anzahl der Kanbans für alle Radfarben ohne und mit Sicherheit ist in Tabelle 13 dargestellt. Die prozentuale Sicherheit bezieht sich auf die Gesamtzahl der Kanbans, inklusive Sicherheit. Wenn Sie die Berechnung selbständig durchgeführt haben, sollten Sie zu einigermaßen ähnlichen Zahlen kommen, obwohl Unterschiede von bis zu 30% durchaus möglich sind.

Farbe	Anzahl der Kanbans ohne Sicherheit	Sicherheit (Kanban)	Anzahl der Kanbans mit Sicherheit	Sicherheit (Prozent)
Rot	31,9	3,1	35	8,8%
Blau	21,2	3,8	25	15,1%
Gelb	6,2	1,8	8	22,4%

Tabelle 13: Anzahl der Kanbans ohne und mit Sicherheit für das Beispiel Transportkanban

Mit dieser Formel können Sie auch analysieren, welche Faktoren Ihre Anzahl an Kanbans und damit den Bestand nach oben treiben. Abbildung 88 zeigt das Wasserfalldiagramm der Anzahl der Kanbans für das rote Rad. Ein solches Wasserfalldiagramm visualisiert die Größenordnung der verschiedenen Einflussfaktoren auf die Anzahl der Kanbans. Das wiederum ermöglicht die Fokussierung auf die größeren Elemente, wenn Sie die Anzahl der Kanbans und damit Ihren Bestand reduzieren wollen.

Da sich nur die Bedarfsspitzen und die Sicherheit zwischen den Produkttypen unterscheiden, würden die Wasserfalldiagramme für die verschiedenen Teiletypen in diesem Beispiel sehr ähnlich aussehen. Daher wird hier nur das Diagramm für rote Räder gezeigt. Der Maßstab wäre jedoch aufgrund der unterschiedlichen Taktzeiten und Anzahl der Teile pro Kanban unterschiedlich. Abbildung 88 enthält zur Information ebenfalls die Achsen in Stück und in Stunden.

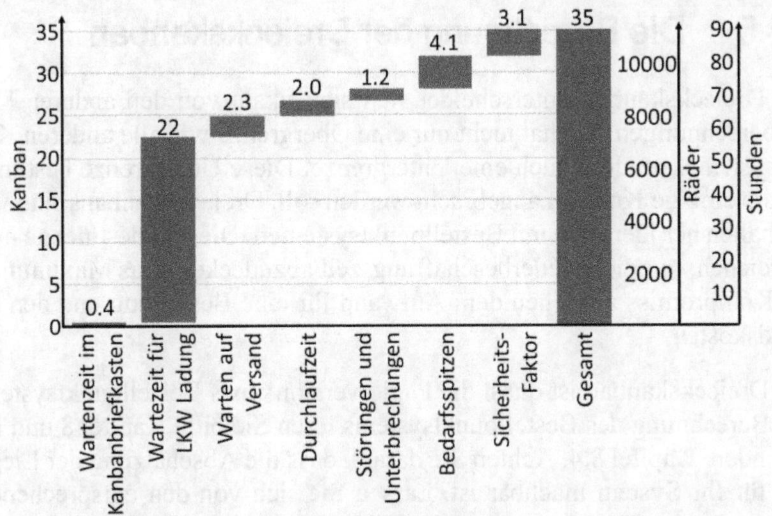

Abbildung 88: Wasserfalldiagramm für das Beispiel des roten Rads (Bild: Roser)

Der Hauptfaktor für die Anzahl der Kanbans und damit für den Bestand ist die Wartezeit für eine LKW-Ladung. Diese macht zwei Drittel aller Kanbans aus. Wenn Sie also die Anzahl der Kanbans und den Bestand reduzieren möchten, sollten Sie häufiger kleinere LKWs einsetzen oder LKWs fahren, die nicht ganz voll sind. Toyota bevorzugt aus genau diesem Grund oft den häufigeren Einsatz kleinerer LKWs.

5.4.4 Die Berechnung der Zwei-Behälter-Kanban

Die Berechnung hier ist identisch mit der Berechnung der Produktions- bzw. Transportkanban. Allerdings gibt es die Einschränkung, dass Sie nur zwei Kanbans (zwei Behälter) haben können. Daher müssten Sie die Formel so anpassen, dass Sie zwei Kanbans erhalten. Wenn Sie weniger haben, runden Sie einfach auf. Wenn Sie mehr haben, können Sie die Anzahl der Teile pro Kanban erhöhen oder die Wiederbeschaffungszeit reduzieren. **Wenn Sie die Anzahl der Kanbans nicht auf zwei reduzieren können, dann ist das entsprechende Teil in Ihrem System nicht für eine Zwei-Behälter-Kanban geeignet.**

Das Gleiche gilt für eine Schätzung der Anzahl an Kanbans. Wenn Sie glauben, dass ein System mit zwei Kanbans funktionieren wird, dann können Sie die Zwei-Behälter-Kanban verwenden. Wenn nicht, passen Sie die Anzahl der Teile pro Kanban an oder reduzieren Sie die Wiederbeschaffungszeit. Wenn Sie das System nicht auf zwei Kanbans reduzieren können, ist da betreffende Teil in Ihrem System nicht für ein Zwei-Behälter-Kanban geeignet.

5.4.5 Die Berechnung der Dreieckskanban

Die Dreieckskanban unterscheidet sich signifikant von den anderen Kanbanberechnungen. Sie hat nicht nur eine Obergrenze wie alle anderen Kanbansysteme, sondern auch eine Untergrenze. Diese Untergrenze bestimmt, wo die **einzige Kanban** angebracht werden soll. Dreieckskanbans sind vom Verhalten her identisch mit Bestellpunktsystemen. Die Mindestmenge muss ausreichen, um die Wiederbeschaffungszeit abzudecken. Das Maximum ist ein Kompromiss zwischen dem Aufwand für eine Bestellung und den Bestandskosten.

Die Dreieckskanban ist quasi die Papierversion eines Bestellpunktsystems. Zur Berechnung des Bestellpunktsystems lesen Sie bitte Kapitel 8 und insbesondere Kapitel 8.4. Achten Sie darauf, dass die Abschätzung der Lieferzeit für Ihr System machbar ist. Lassen Sie sich von den entsprechenden Elementen der Berechnung von Produktionskanban oder Transportkanban inspirieren. Auch hier gilt, dass Sie wegen der allgemeinen Ungenauigkeit von Kanbanberechnungen diese Werte auch schätzen können.

5.4.6 Die Berechnung für kontinuierliche Mengen

Die Kanbanformel für kontinuierliche Mengen wie Volumen oder Masse ähnelt der Formel für „normale" Produktions- oder Transportkanbans in Formel 16 und Formel 20. Ihre Kanban repräsentiert einfach eine kontinuierliche Menge anstelle einer Anzahl von Teilen. Tatsächlich sind die Formeln identisch, wenn eine Kanban immer die gleiche Menge repräsentiert. Diese Menge könnte eine Endverpackungseinheit sein, wie eine Kiste oder ein Fass. Sie könnte auch eine Losgröße darstellen, wenn Sie in Chargen produzieren. In diesem Fall ist es eigentlich unnötig, kontinuierliche Mengen zu verwenden, denn das bloße Zählen von Behältern oder Chargen ist viel einfacher.

Wenn der Verbrauch in unterschiedlichen Mengen erfolgt, funktioniert es trotzdem mit Kanban. Bei einem Behälter mit Teilen wird die Kanban entweder mit dem ersten oder dem letzten verbrauchten Teil freigegeben, wie in Kapitel 5.7.1 besprochen. Analog dazu könnte ein Endlosmengen-Kanban freigegeben werden, wenn ein Behälter angebrochen wird oder komplett leer ist. Damit wird dann eine Wiederbeschaffung dieser Menge gestartet. Auch hier ist in der Regel eine diskrete „stückbezogene" Kanban ausreichend und wesentlich einfacher zu handhaben.

5.4.7 Die Alternative: Schätzung

Oben gehe ich im Detail auf die Berechnung der Kanban ein. Diese Berechnung ist jedoch komplex und ihr Ergebnis ist nichts weiter als eine sehr grobe Schätzung. Daher ist eine alternative Methode zur Bestimmung der Anzahl der Kanbans, grob gesagt: *„Nimm einfach genug und schau, ob du die Anzahl der Kanbans später reduzieren kannst"*.

Bei der Bestimmung der Anzahl der Kanbans können Sie anstatt einer Berechnung auch schätzen. Dazu brauchen Sie ein wenig Erfahrung, aber es ist machbar. Ich empfehle dies nicht allein zu tun. Machen Sie es stattdessen in einer Gruppe, zu der auch ein Mitarbeiter oder Teamleiter aus der betroffenen Fertigung gehört. Wenn Sie sich unsicher fühlen, können Sie die Kanbanformel zu Hilfe nehmen und die verschiedenen Faktoren in der Kanbanformel abschätzen.

Natürlich ist auch diese Schätzung nicht sehr präzise. Ich wähle in der Regel eine konservative Zahl, bei der die Anzahl der Kanbans auf jeden Fall ausreicht. Zu viele Teile zu haben ist meist besser als verpasste Lieferungen oder untätige Mitarbeiter.

„Aber geht es bei der Schlanken Produktion nicht vor allem darum, Bestände zu reduzieren?" Nicht immer, aber dieses Ziel ist ein wichtiger Aspekt der Schlanken Produktion. Überprüfen Sie bereits bei der Implementierung, ob die Anzahl der Kanbans zum System passt und justieren Sie sie bei Bedarf die Anzahl nach oben oder unten.

5.5 Vorteile

Der Vorteil von Kanban ist den Vorteilen von Verbrauchssteuerung im Allgemeinen sehr ähnlich. Die Methode hält den Bestand unter Kontrolle und vereinfacht und beschleunigt die Wiederbeschaffung von Artikeln. Was die Verbrauchssteuerung betrifft, **ist Kanban eine der einfachsten und intuitivsten Verbrauchssteuerungen**, die sich leicht auf viele Lagerfertigungen anwenden lässt. Dadurch ist sie **einfach zu verwalten** und nimmt weniger wertvolle Zeit der Führungskräfte und Mitarbeiter in Anspruch.

Kanban **kann helfen Probleme aufzuzeigen**. Es ist leicht zu erkennen, wenn in einem Supermarkt das Material zur Neige geht. Das erlaubt rechtzeitige Gegenmaßnahmen. Ein gutes Kanbansystem beinhaltet deswegen auch oft viele vorteilhafte Aspekte des visuellen Managements. Insgesamt ist Kanban ein hervorragender Ansatz für die Lagerfertigung.

5.6 Nachteile

Kanban ist ein recht vielseitiges System. Seine größte Einschränkung ist, dass **Kanban nur für die Lagerfertigung oder Lagerbestellung geeignet ist**. Es ist **absolut inkompatibel mit Auftragsfertigung oder Ship-to-Order**. Wenn das Auftragsfertigungsprodukt jedoch mit Normteilen erstellt wird, kann Kanban natürlich zur Verwaltung dieser Ship-to-Stock-Teile oder Lagerfertigungsteile verwendet werden.

Kanban hat auch **Probleme mit großen Schwankungen**. Wenn Ihr Bedarf für ein Teil diesen Monat 10, nächsten Monat 2000 und den Monat danach 300 beträgt, haben Sie zwei Möglichkeiten. Entweder Sie müssen das System regelmäßig anpassen, wenn Sie die Schwankungen vorher kennen. Wenn Ihnen die Schwankungen nicht im Voraus bekannt sind, müssen Sie das Kanbansystem für den größten erwarteten Bedarf einrichten. Das führt dazu, dass man viel Material auf Lager hat, obwohl man es nur sehr selten braucht. Aufgrund dieses Zusammenhangs zwischen Schwankungen und Bestand wird bei Kanbansystemen oft eine Nivellierung empfohlen.

Dass große Schwankungen problematisch sind, gilt jedoch für alle Systeme, egal ob es eine Verbrauchssteuerung ist oder ein Plansteuerung. Kanbans werden aber normalerweise sowieso regelmäßig angepasst, insbesondere um saisonale Schwankungen abzudecken. Ansonsten sind Kanbans ein großartiges Werkzeug, und ich bin ein großer Fan von Kanban für die Lagerfertigung.

5.7 Häufig gestellte Fragen

5.7.1 Kanban entfernen nach dem ersten oder letzten Teil?

Wenn Ihre Kanban nur ein Teil repräsentiert, wird sie direkt beim Entnehmen eines Teiles aus dem Supermarkt in den Kanbanbriefkasten oder zum Scannen verschoben. Wenn Ihre Kanban jedoch mehrere Teile repräsentiert, kann sie mit der Entnahme des ersten Teils oder mit der Entnahme des letzten Teils oder mit der Entnahme eines beliebigen Teils dazwischen verschoben werden – wie in Abbildung 89 dargestellt.

Abbildung 89: Es ist möglich die Kanban mit dem ersten Teil oder mit dem letzten Teil zurückzuschicken. Vermeiden Sie aber das Zurückschicken für ein beliebiges Teil. (Bild: Roser)

All diese Möglichkeiten sind machbar. Wenn Sie **die Kanban mit dem ersten Teil verschieben**, wird die Information über den Verbrauch eines Teils schneller weitergeleitet. Toyota bevorzugt diesen Ansatz. Allerdings haben Sie jetzt Material ohne Kanban in Ihrem Supermarkt.

Wenn Sie **die Kanban mit dem letzten Teil verschieben**, ist an allem Material immer eine Kanban angebracht, obwohl die Menge vielleicht nicht ganz stimmt. Dafür verzögert sich der Informationsfluss um fast eine Kanban. Wenn Sie also Ihren Kanban mit dem letzten Teil verschieben, benötigen Sie einfach eine Kanban zusätzlich im System, um diese Verzögerung in der Wiederbeschaffungszeit abzudecken. Auf der anderen Seite haben Sie jetzt die Möglichkeit, die Kanban dauerhaft an einem Behälter anzubringen. Sowohl das Verschieben der Kanbans mit dem ersten Teil als auch das Verschieben mit dem letzten Teil sind denkbare Optionen. Ich bevorzuge jedoch Letzteres, da alles Material immer eine Kanban hat, auch wenn es sich nicht um eine volle Kiste mit Teilen handelt.

Das **Verschieben der Kanbans mit einem beliebigen Teil dazwischen** ist nicht so gut, da es die Leute verwirren wird. Ist ein Behälter mit nur noch einem Teil einer, an dem die Kanban fehlt oder wurde sie bereits weitergeleitet? Manchmal wird die Information schneller, manchmal langsamer fließen. Vermeiden Sie daher diese Zwischenlösungen.

In einigen Fällen gibt es eine klare Antwort auf die Frage, wann die Kanban bewegt werden soll. **Wenn die Kanban dauerhaft an einer Kiste oder einer anderen Art von Behälter befestigt ist, ist es sinnvoll die Kiste (die Kanban) erst nach dem letzten Teil zu bewegen, wenn die Kiste leer ist.** Es wäre schwierig, die Kiste mit der Kanban zu bewegen, während die restlichen Teile ohne die Kiste noch im Supermarkt verbleiben.

Die Mitarbeiter legen manchmal bei einem fast leeren Behälter die restlichen Teile einfach in den nächsten Behälter und schicken den leeren Behälter zurück. Das wäre ähnlich wie das Verschieben der Kanbans mit beliebigen Teilen dazwischen, löst aber das Problem der Kanbanzuordnung. Das

Vorgehen ist nicht ideal, aber der Aufwand es zu verbieten und das Verbot durchzusetzen ist den Nutzen meist nicht wert.

Wenn Sie also Kisten oder Behälter als Kanbans verwenden, schicken Sie die Kanban (den Behälter) mit dem letzten Teil zurück. Ansonsten empfehle ich, die Kanban sowieso mit dem letzten Teil zurückzuschicken, um immer eine Kanban am Material zu haben. Das ist auch kompatibel mit Behälter-Kanban. Es ist jedoch ebenso möglich, die Kanban mit dem ersten Teil zurückzuschicken, aber mischen Sie diese Systeme nicht in der gleichen Produktionsfläche, da es die Mitarbeiter verwirren würde.

5.7.2   Physische oder digitale Kanban?

Die Kanban kreist in der Kanbanschleife. Die Information auf einer ankommenden (digitalen oder physischen) Kanban signalisiert den Start der Produktion oder Lieferung. Die Information wandert dann mit dem Teil durch den Produktions- oder Lieferprozess. Wenn das Teil die Schleife verlässt, wird die Information an den Anfang zurückgeführt und der Prozess beginnt von Neuem (siehe Abbildung 90).

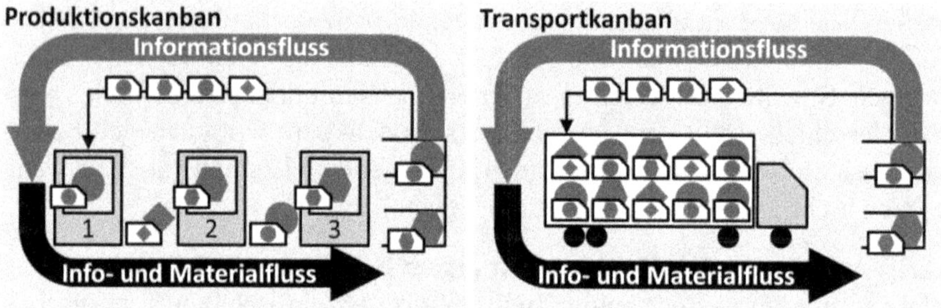

Abbildung 90: Darstellung des Informationsflusses und des Informations- und Materialflusses für Produktions- und Transportkanban (Bild: Roser)

Für den zum Kunden gehenden Material- und Informationsfluss ist die Information an das Teil angebracht und bewegt sich mit dem Teil. Daher kann der Informationsfluss flussabwärts zum Kunden nicht schneller sein als das Teil. Unabhängig davon, ob es sich um physische oder digitale Informationen handelt, ist die Geschwindigkeit die gleiche wie die des entsprechenden Teils. Daher können wir beim Materialfluss die Geschwindigkeit nicht durch die Wahl einer digitalen oder physischen Kanban beeinflussen.

Flussaufwärts sind die Informationen jedoch auf sich allein gestellt. Daher sollten die (physischen oder digitalen) Informationen auf dem Rückweg so schnell wie möglich bewegt werden. Je schneller die Bewegung der

Information, desto kürzer die Wiederbeschaffungszeit. Sobald die Information wieder in der Produktionswarteschlange ist, muss sie warten und die Geschwindigkeit ist nicht mehr relevant.

Digitale Informationen können sich viel schneller bewegen als physische Informationen. Daher wird die digitale Information immer schneller sein – sobald die Information im Computer ist. Das Bild kann jedoch gemischter sein, wenn wir die umgebenden Vorgänge berücksichtigen. Unabhängig davon, ob das System physisch oder digital ist, beginnt der Informationsfluss mit der Entnahme des Teils. Üblicherweise werden die Karten an einem Kanbanbriefkasten gesammelt. Physische Karten werden in regelmäßigen Abständen zum ersten Prozess zurücktransportiert.

Bei digitalen Systemen ist hier das Scannen (Barcode, RFID-Chips o. ä.) oder die anderweitige Eingabe der Daten in das System erforderlich. Das kann geschehen, während das Teil aus dem Bestand genommen wird oder kurz danach für einen Stapel an Karten. Sobald die Daten im Cyberspace sind, bewegen sie sich wieder extrem schnell. Am anderen Ende können sie auf einem Monitor erscheinen. Handelt es sich um einen Ausdruck, müsste der wiederum transportiert werden. Abbildung 91 veranschaulicht einige mögliche Optionen.

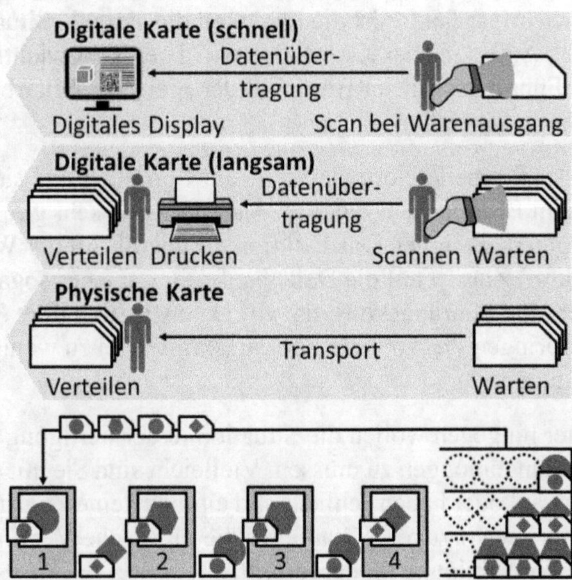

Abbildung 91: Vergleich der Geschwindigkeit und Komplexität der digitalen Kanban mit physischen Karten (Bild: Roser)

Je nachdem, wie die Erfassung und die Verteilung der digitalen Informationen gehandhabt werden, können sie sogar langsamer sein als physische Informationen. Auf jeden Fall wird es auf kurzen Strecken keinen großen

Unterschied geben. Eine physische Karte kann ein bis zwei Stunden für den Transport benötigen. Digitale Systeme können ebenfalls dreißig Minuten bis zwei Stunden für das Scannen und Verarbeiten der Daten benötigen. Insgesamt hat das keinen großen Einfluss auf eine Wiederbeschaffungszeit, die Tage betragen kann.

Ganz anders sieht es jedoch bei größeren Entfernungen aus. Hier übertrifft die elektronische Übertragung von Daten die von physischen Daten deutlich. Angenommen Sie erhalten Ihre Artikel in Amerika per Schiff von einem Lieferanten in China. Würden Sie die Nachbestellinformationen per Post versenden? Per Schiff würde das die Wiederbeschaffungszeit um Wochen verlängern. Auf dem Luftweg würde es immer noch Tage hinzufügen. Eine digitale Übertragung hingegen würde fast sofort erfolgen und selbst mit Bearbeitung nur Minuten oder Stunden dauern.

Es spricht also viel dafür, digitale Übertragungen für große Entfernungen zu nutzen. Dabei muss die Distanz nicht so groß sein wie bei Amerika und China. Selbst wenn Ihr Lieferant in der nächsten Stadt sitzt, kann eine digitale Übertragung von Vorteil sein. Aber bevor Sie sich allein aufgrund der Geschwindigkeit des Informationsflusses entscheiden, beachten Sie bitte, dass es noch mehr Dinge zu berücksichtigen gibt.

Ein weiterer wichtiger Faktor ist die Fähigkeit die aktuelle Situation zu verstehen. Welche Aufträge oder Karten sind wo? Hier ist es wichtig, zwischen der Sicht der Führungskraft im Büro und der Sicht des Mitarbeiters in der Fertigung zu unterscheiden.

Die Führungskraft arbeitet normalerweise am Computer und sieht die aktuelle Situation im ERP-System. Digitale Kanbans sind sehr gut für den Einsatz mit Computern geeignet. Das funktioniert überall auf der Welt, solange die Führungskraft Zugriff auf die Datenbank hat. Oft ist es sogar der bevorzugte Weg für eine Führungskraft, um auf Daten zuzugreifen. Meiner Meinung nach verbringen viel zu viele Führungskräfte viel zu wenig Zeit in der eigenen Fertigung.

Die Mitarbeiter hingegen wollen die Situation in der Fertigung sehen, ohne sich in ein System einloggen zu müssen. Vielleicht sind Sie mit dem System auch nicht vertraut oder haben schlicht und einfach keine Zugriffsrechte auf die Daten. Daher bevorzugen Mitarbeiter die physische Version der Informationen, wie in Abbildung 92 dargestellt.

Abbildung 92: Beispiel für die typische, aber sehr unterschiedliche Art und Weise, wie Führungskräfte und Mitarbeiter auf Daten zugreifen (Bilder: Thomas Karol, Gemeinfrei und style-photographs mit Genehmigung)

Führungskräfte (und viele Menschen im Allgemeinen) sehen die Welt oft nur aus ihrer eigenen Sicht. Sie denken, wenn es für sie gut ist, wird es auch für alle anderen gut sein. Leider ist das nicht unbedingt der Fall. Gerade bei fertigungsbezogenen Daten haben die Leute in der Fertigung viel häufiger und dringender das Bedürfnis die Situation zu verstehen als eine Führungskraft, die die Daten vielleicht gar nicht ansieht, aber trotzdem auf einen digitalen Zugriff besteht.

In Summe ist eine physische Darstellung von Daten oft viel vorteilhafter für die Fertigung, in der die Mitarbeiter die anstehenden Aufträge kennen müssen, um Material bereitzustellen und die Besetzung der Prozesse zu planen. Dies knüpft sehr eng an das visuelle Management an.

Wenn es hingegen keine Fertigung gibt, sondern nur die Logistik, dann ist das etwas weniger relevant. Der LKW-Fahrer wird den LKW nicht öffnen, um zu prüfen, was geladen ist, sondern auf die Ladepapiere verweisen. Wenn Sie sich also nicht in einer Werkshalle befinden, dann ist der Nutzen von physischen Daten viel geringer.

Die Schlanke Produktion lebt und atmet mit der kontinuierlichen Verbesserung. Die Fähigkeit zur kontinuierlichen Verbesserung ist in physischen Systemen **viel, viel einfacher**. Die Änderung der Handhabung von Informationen ist bei einer Papierkarte viel unkomplizierter als in einem digitalen System. Die Überprüfung der Arbeitsauslastung und des Lagerbestands zur Anpassung des Personalbestands oder der Anzahl der Karten ist in physischen Systemen ebenfalls deutlich einfacher.

Natürlich kann all das auch in digitalen Systemen erfolgen. Allerdings braucht man hier einen Programmierer oder Spezialisten für die Anpassung der Daten im digitalen System. Und der Bedarf an Programmierern ist immer viel größer als deren tatsächliche Verfügbarkeit. Sie müssen die

Programmierer hinzuziehen, ihnen vermitteln, was sie tun sollen und dann hoffen, dass sie verstanden haben, was eigentlich Ihre Absicht war. Selbst wenn die Programmierer Ihnen tatsächlich das programmiert haben, was Sie wollten, ist es schwierig Dinge durch Versuch und Irrtum zu verbessern. Sobald Computersysteme involviert sind, gerät die kontinuierliche Verbesserung ins Stocken. In jedem Fall ist die Wahl zwischen einer physischen und einer digitalen Kanban nicht immer einfach.

Sie denken vielleicht: *Wenn sowohl physische als auch digitale Systeme Vorteile haben, könnte ich dann beide Systeme verwenden und die Vorteile beider Systeme kombinieren?* **Tun Sie das bloß nicht!**

Ernsthaft, tun Sie es nicht. Zum einen werden Sie die doppelte Arbeit haben, weil Sie zwei Systeme erstellen. Aber das viel größere Problem ist, dass diese beiden Systeme irgendwann Differenzen haben werden. Das digitale System sagt A und das reale System sagt B. Was tun Sie? Der Mitarbeiter in der Fertigung braucht ein einziges klares Signal, nicht zwei sich widersprechende Meldungen. Während in der Theorie alles funktioniert, wird die Situation in der Realität viel chaotischer sein. Tun Sie Ihren Mitarbeitern einen Gefallen und nutzen Sie keine Karten zusätzlich zu einem digitalen System (oder andersherum).

Es ist jedoch in Ordnung Papierversionen des digitalen Systems auszudrucken. Es ist auch möglich Karten zu scannen, um das digitale System zu aktualisieren. Aber nur einer kann Herr der Daten sein. Entweder sind die Karten nur eine dumme Kopie der digitalen Welt, oder die digitale Welt ist nur ein dummer Zähler der physischen Karten. Wenn es Unterschiede zwischen den Systemen gibt, muss eins davon gegenüber dem anderen nachgeben – und die physischen Informationen sind mit größerer Wahrscheinlichkeit die richtigen. Hier einen guten Standard zu entwickeln ist aufwändig.

Was sollten Sie also tun? Meine Empfehlung ist, digitale Informationen für längere Strecken (über verschiedene Werke hinweg) zu nutzen. Dadurch erhalten Sie eine schnellere Wiederbeschaffungszeit. Da es sich wahrscheinlich nicht um eine Produktionslinie, sondern um einen Logistikprozess handelt, ist das visuelle Management nicht ganz so kritisch. Für Ihren Informationsfluss innerhalb des Werks sind physische Informationen jedoch möglicherweise viel einfacher zu verstehen und zu verbessern. Andererseits kann es schwierig sein, sich vom dominierenden (erdrückenden?) ERP-System zu lösen, das alles andere regelt.

5.7.3   Wie groß sollte der Supermarkt sein?

Die Frage nach der Größe des Supermarkts ist knifflig. Im Idealfall **sollte der Supermarkt das gesamte Material aufnehmen können, das durch**

Kanbans repräsentiert wird, d. h. er sollte in der Lage sein den gesamten im System zulässigen Bestand zu fassen. Im besten Fall haben Sie also einen Supermarkt, der groß genug ist, um alle Ihre Kanbans aufzunehmen.

In einem normalen System warten jedoch viele der Kanbans auf die Bearbeitung oder sind gerade in Bearbeitung. Ihr Supermarkt ist möglicherweise nicht vollständig gefüllt. Oft ist die Hälfte der Kanbans über alle Produktvarianten hinweg nicht im Supermarkt und der Supermarkt ist insgesamt nur halb voll. Daher kann es verschwenderisch sein den gesamten Platz für Artikel zu reservieren, die nur selten tatsächlich da sind. Es ist aber durchaus möglich, dass sich alle Teile eines Teiletyps irgendwann im Supermarkt befinden.

Die Wiederbeschaffungszeit ist der wichtigste Faktor, der die Wahrscheinlichkeit beeinflusst, dass alle Teile eines Teiletyps im Supermarkt vorhanden sind. Die folgenden Abbildungen zeigen das Histogramm des Supermarktbestands für drei Beispiele. Alle drei Beispiele hatten eine Auslastung von 90%, vergleichbare Schwankungen und eine Liefererfüllung von 99,9%. Der einzige Unterschied war die Dauer der Wiederbeschaffungszeit und die entsprechende Anzahl an Kanbans.

Abbildung 93 zeigt das Supermarkt-Bestandshistogramm eines Beispiels mit einer extrem kurzen Wiederbeschaffungszeit. Sie betrug nur etwa zwei Zykluszeiten. Dadurch befindet sich der größte Teil der Bestandsgrenze immer im Supermarkt. Der Supermarkt ist bei diesem Teiletyp manchmal sogar zu 100% gefüllt. Der mittlere Füllstand lag bei etwa 76% der Bestandsgrenze.

Abbildung 93: Supermarkt-Bestandshistogramm für ein System mit einer sehr schnellen Wiederbeschaffungszeit von etwa zwei Zykluszeiten (Bild: Roser)

Die Abbildung 94 zeigt das Supermarkt-Histogramm eines Beispiels mit einer schnellen, aber nicht extrem schnellen Wiederbeschaffungszeit. Die Wiederbeschaffungszeit betrug etwa zehn Zykluszeiten. Im Durchschnitt befand sich der größte Teil des Bestands noch im Supermarkt. Der mittlere Füllgrad lag bei 68%. Obwohl er manchmal nahe dran war, enthielt der Supermarkt jedoch nie 100% der Bestandsgrenze.

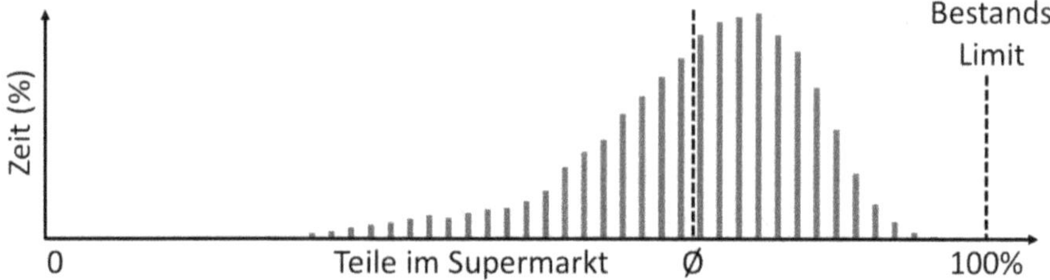

Abbildung 94: Supermarkt-Bestandshistogramm für ein System mit einer schnellen Wiederbeschaffungszeit von etwa zehn Zyklen (Bild: Roser)

Schließlich zeigt die Abbildung 95 eine längere Wiederbeschaffungszeit von etwa 100 Zyklen. Jetzt wartet der größte Teil der Kanbans auf die Produktion oder ist in Arbeit. Normalerweise befand sich weniger als die Hälfte des Lagerbestands im Supermarkt. Im Durchschnitt waren nur 28% der Bestandsgrenze im Supermarkt. Der maximale Supermarktbestand lag nie über 50% der Bestandsgrenze. Bei dem in Abbildung 95 gezeigten System wäre es möglich gewesen den Supermarkt kleiner als das Bestandlimit zu machen. Ich würde aber den Supermarkt nicht zu knapp machen. Jedes Mal, wenn Ihr Bestand die Kapazität des Supermarkts überschreitet, müssen Sie Sonderaktionen starten, um den Bestand irgendwo unterzubringen... und auch wieder zu finden.

Abbildung 95: Supermarkt-Bestandshistogramm für ein System mit einer langsamen Wiederbeschaffungszeit von ca. 100 Zykluszeiten (Bild: Roser)

In der Realität können Sie leicht Systeme finden, die noch längere Wiederbeschaffungszeiten von 1000 oder mehr Zyklen haben. Hier wird noch weniger von Ihrer Bestandsgrenze im Supermarkt sein.

Seien Sie sich jedoch dessen bewusst, dass der Supermarktbestand auch von der „Klumpigkeit" Ihres Materialflusses beeinflusst wird. Je größer Ihre Losgrößen sind, desto mehr wird Ihr Supermarktbestand zwischen (fast?) leer und (fast?) voll schwanken. Eine Nivellierung kann hier auch dazu beitragen das Risiko zu verringern, dass sich alle Teile gleichzeitig im Supermarkt befinden.

Ich habe solche Supermärkte gesehen, die kleiner waren als die Bestandsgrenze und doch meistens ausreichend groß. In den seltenen Fällen eines vollen Supermarkts wurde das Material in einem allgemeinen Bereich als eine Art Überlauflager gelagert. Diese Lagerung an anderer Stelle ist natürlich ein großer zusätzlicher Aufwand und sollte in der Regel vermieden werden. Es ist auch aufwändiger hier FIFO einzuhalten. Daher sind Supermärkte, in die nicht alle Kanbans passen möglich, aber riskant.

Wenn Sie unsicher sind, welcher Fall auf Sie zutrifft, machen Sie den Supermarkt groß genug für alle Kanbans. Das gilt auch einfach dann, wenn Sie genügend Platz für einen Supermarkt haben,. Wenn Sie nicht genügend Platz haben, versuchen Sie die Wiederbeschaffungszeit zu verkürzen und damit die Anzahl der Kanbans zu reduzieren, bis diese wieder in den verfügbaren Platz passen. Nur wenn alle anderen Möglichkeiten versagen, sollten Sie den Supermarkt kleiner machen als alle Kanbans.

Bitte bereiten Sie einen „Plan B" vor, falls Sie mehr Produkte fertigstellen als Platz im Supermarkt ist. Denn ein Supermarkt, der überlaufen kann, wird auch irgendwann überlaufen. Deshalb empfiehlt es sich einen Plan B zu haben, der regelt, was dann zu tun ist. Ihre Mitarbeiter werden zusätzliche Zeit und Energie benötigen, um diesen Plan B zu bewältigen.

5.7.4   Wo soll der Supermarkt sein?

Hier muss man unterscheiden zwischen Kanbansystemen, die reproduzieren und Kanbansystemen, die nachbestellen. Der Supermarkt wird immer von den Systemen verwaltet, die ihn versorgen. Daher sind Supermärkte für **Produktionskanban** am besten gleich am Ende des Produktionssystems angesiedelt. So wird die Entfernung sowohl für den Material- als auch für den Informationsfluss reduziert. Wenn Sie den Supermarkt für ein Produktionssystem am Standort des Kunden ansiedeln, wird er umständlicher. **Für Produktionskanban sollte der Supermarkt in der Nähe des letzten Prozesses der Verbrauchssteuerungsschleife des Produktionssystems liegen**.

Auf der anderen Seite geht es bei **Transportkanban** darum, die Distanz zwischen einem Lager und einem anderen zu überbrücken. Daher sollte bei Transportkanban der Supermarkt in der Nähe des Bedarfs sein. Zum Beispiel holt ein Milk Run mit Kanban das Material aus einem Lager ab und bringt es in einen Supermarkt, der direkt bei den Produktionsprozessen liegt. **Für Transportkanban sollte sich der Supermarkt in der Nähe des Verbrauchs befinden.**

5.7.5 Was ist mit Produkten mit kurzer Haltbarkeit?

Verderbliche Produkte können kurze Haltbarkeitsdauern haben, etwa Lebensmittel oder Medikamente. Bei größeren Wiederbeschaffungszeiten kann das dazu führen, dass Produkte länger im Lager bleiben als die nutzbare Haltbarkeitsdauer vorsieht. Wenn Ihr Joghurt eine Haltbarkeitsdauer von sieben Tagen ab Herstellungsdatum hat, können Sie keinen Bestand für zehn Tage vorhalten. Selbst ein Bestand von vier Tagen kann zu viel sein, wenn Sie den Rest der Wertschöpfungskette mit einbeziehen. Dazu gehören auch die Kunden, die Produkte wünschen, die nicht gleich am Tag des Einkaufs ablaufen.

Es gibt mehrere Ansatzpunkte, wie Sie ein solches Problem angehen können. Sie könnten **die Wiederbeschaffungszeit reduzieren**, einschließlich der Losgrößen sowie die Schwankungen verringern und damit **die Bestandsgrenze senken**. Sie könnten die Bestandsgrenze aber auch direkt senken und **ein höheres Risiko von Fehlbeständen akzeptieren**. Wenn beides nicht möglich ist, wie zum Beispiel bei kritischen Medikamenten, müssen Sie eventuell **abgelaufene Produkte entsorgen.**

Sie könnten **von Lagerfertigung zu Auftragsfertigung wechseln** und nur produzieren, wenn der Kunde bestellt. In diesem Fall ist es aber garantiert, dass der Kunde warten muss. Ähnlich könnten Sie **von einer Verbrauchssteuerung zu einer Plansteuerung wechseln**, obwohl Sie damit alle Vorteile der Verbrauchssteuerung verlieren würden. Schließlich könnten Sie versuchen das Produkt zu verändern, um die **Lagerdauer zu erhöhen**. Je nachdem, welche Maßnahmen Sie ergreifen, können hier zusätzliche Kosten entstehen.

5.7.6 Kann ich nur eine einzige Kanban haben?

Abhängig von Ihren Systemparametern kann es sein, dass Ihre Kanbanberechnung nur eine einzige Kanban ergibt. Ist das machbar? In der Regel nicht. Eine Kanban haben Sie, wenn Ihr Bedarf viel langsamer ist als die Wiederbeschaffungszeit. Das könnte mit einer einzelnen Kanban funktionieren, birgt aber ein erhöhtes Risiko für Fehlbestände. In den meisten Fällen werden mindestens zwei Kanbans dringend empfohlen.

Nehmen wir den einfachen Fall, dass **eine Kanban ein Teil repräsentiert**. Der Kunde nimmt ein Teil. Wenn der Kunde wiederkommt, haben Sie das Teil im Supermarkt schon längst wieder produziert oder beschafft. In diesem Fall würde eine einzige Kanban ausreichen. Allerdings müssten Sie auch Schwankungen berücksichtigen. Wenn der Kunde normalerweise langsamer ist als Ihre Wiederbeschaffungszeit, aber in seltenen Fällen schneller, dann müsste Ihr Kunde in seltenen Fällen warten. Schätzen Sie ab, wie wahrscheinlich es ist, dass der Kunde zweimal während einer längeren Wiederbeschaffungszeit kommt. Lohnt es sich, eine zweite Kanban und damit ein zweites Teil (fast) immer im Bestand zu haben? In den meisten Fällen ist eine zweite Kanban jedoch empfehlenswert, um das Risiko von Fehlbeständen zu reduzieren.

Anders ist es, wenn **eine Kanban mehrere Teile repräsentiert**. Die Zeit zum Wiederbeschaffen einer Kanban ist immer noch viel schneller als der Verbrauch von Teilen, welche durch eine Kanban repräsentiert werden. Nun kann der Kunde aber kleinere Mengen als eine Kanban entnehmen. Nehmen wir an, es handelt sich um eine Montagelinie, bei der eine einzige Kanban eine Kiste mit 60 Schrauben repräsentiert. Es dauert 1 Stunde, um eine Kiste aus dem Lager wiederzubeschaffen, aber eine Kiste reicht für 5 Stunden Produktion. Das könnte doch mit einer Kiste klappen, oder?

FALSCH! Eine Kiste mit 60 Schrauben reicht vielleicht für 5 Stunden, aber die Montage nimmt alle 5 Minuten eine Schraube aus der Kiste! Während eine leere Kiste innerhalb einer Stunde wieder aufgefüllt wird, sucht der Mitarbeiter alle 5 Minuten nach der nächsten Schraube. In der Zeit, die es dauert, bis die nächste Kiste eintrifft, verpasst die Montagelinie 12 Takte wegen 12 fehlender Schrauben. In diesem Fall sollten Sie auf jeden Fall eine zweite Kanban hinzufügen (d. h. eine zweite Kiste), um diese Zeit zu überbrücken. Alternativ könnten Sie auch kleinere Kisten verwenden, die vielleicht 20 statt 60 Schrauben enthalten und häufiger wiederbeschaffen. Dieses Beispiel ist die Zwei-Behälter-Kanban, welche ich Ihnen in Kapitel 5.2.2 vorgestellt habe.

5.7.7 Wie viele Teile sollte eine Kanban repräsentieren?

Im der *perfekten Schlanken Produktion* repräsentiert eine Kanban ein Teil. Das wäre das schlankste mögliche System. Für viele Kanbansysteme ist es jedoch nicht umsetzbar. Eine Kanban repräsentiert oft mehrere Teile. Beachten Sie, dass innerhalb einer Verbrauchssteuerungsschleife **die Anzahl der Teile pro Kanban für alle Kanbans eines Teiletyps identisch sein sollte**.

Wenn Ihr Produktionssystem mit Losgrößen arbeitet, sollte eine Kanban nie mehr als eine Losgröße sein. Es macht keinen Sinn, wenn eine Kanban mehr als eine Losgröße darstellt, da Sie dann nie nur ein Los produzieren können. Es ist jedoch sinnvoll, wenn eine Losgröße eine ganzzahlige Anzahl von Kanbans darstellt. **Die Anzahl der Teile pro Kanban sollte daher ein**

ganzzahliger Divisor der Losgröße sein. Wenn Ihre Losgröße z. B. 100 Teile beträgt, könnte Ihre Kanban 10 Teile für 10 Kanbans pro Los darstellen; oder 20 für 5 Kanbans pro Los; oder 25 für 4; oder 50 für 2; oder 100 für 1 Kanban pro Los. 100 ist durch 1, 2, 4, 5, 10, 20, 25, 50 und 100 teilbar. Das sind Ihre Möglichkeiten für die Anzahl der Teile pro Kanban. Wenn Ihre Kanban 30 Teile repräsentieren würde, dann würde eine Losgröße 3,33 Kanban betragen, was viele Folgeprobleme nach sich zöge.

Die Anzahl der Teile pro Kanban wird auch durch die Behältergröße beeinflusst. **Die Kanban sollte nicht mehr Teile darstellen als in eine Kiste passen**. Wenn in Ihre Kiste 10 Teile passen, dann sollte eine Kanban nicht 11 Teile repräsentieren. Es ist möglich, dass eine Kanban weniger Teile repräsentiert als in die Kiste passen. Dies wird manchmal bei Massenartikeln gemacht, bei denen die Kiste nicht vollständig gefüllt ist. Vermeiden Sie es jedoch weniger zu verwenden, wenn die Packeinheit vorgesehene Plätze oder Blister für jedes Teil hat. Sonst wären in diesem Fall ein oder mehrere Plätze von vornherein leer. Das ist so als würde man eine Pralinenschachtel öffnen und eine Position des Packungsblisters leer vorfinden, was die Abbildung 96 ziemlich deprimierend macht.

Abbildung 96: Nur 19 Artikel in einen Blister für 20 zu packen ist mehr als nur ärgerlich! (Bild: Roser)

Schließlich sollten Sie im Sinne der Schlanken Produktion **die Anzahl der Teile pro Kanban so gering wie möglich halten**. Eine geringere Anzahl von Teilen sorgt für einen schnelleren Informations- und Materialfluss und reduziert den Bestand. Im Zweifelsfall entscheiden Sie sich daher am besten für die kleinere Zahl. Und... denken Sie daran, dass sowohl die Losgröße als auch die Kistengröße Werte sind, die Sie beeinflussen können!

5.7.8 Kann ich Kanban für Werkstattfertigungen verwenden?

Kanbans werden für die Lagerfertigung (d. h. die Massenproduktion identischer Teile) verwendet und sind in der Regel gut für Fließfertigungen geeignet. Wenn Sie eine Werkstattfertigung für Lagerfertigung verwenden, sollten Sie prüfen, ob Sie die Produktion auf eine Fließfertigung umstellen können. Eine Fließfertigung ist viel, viel einfacher zu verwalten als eine Werkstattfertigung.

Es kann jedoch Situationen geben, in denen jeder Produkttyp – auch wenn er in großen Mengen für das Lager produziert wird – einen anderen Weg durch Ihr System hat. Oder Sie produzieren hauptsächlich Auftragsfertigung oder allgemein *Low-Volume-High-Mix*, haben aber auch sehr wenige Produkte im *High-Volume-Low-Mix* für die Lagerfertigung, die durch dieselbe Werkstattfertigung fließen. In diesem Fall kann eine Kombination aus Kanban für Lagerfertigungsteile und CONWIP für Auftragsteile die beste Lösung sein, auch bei Werkstattfertigung.

In jedem Fall ist es durchaus möglich eine Lagerfertigung in einer Werkstattfertigungen mit Kanban anzustoßen. Allerdings ist ein zusätzlicher Aufwand erforderlich, um den Materialfluss zu steuern, da die Prozessreihenfolge organisiert werden muss, in der die Teile bearbeitet werden. Bei einer Fließfertigung würde das alles fast automatisch über eine FIFO erfolgen. Das Kanbansystem kümmert sich auch nicht um die Auslastung einer Werkstattfertigung. Einige Prozesse könnten überlastet sein, anderen fehlen Aufträge.

Doch das ist das generelle Problem jeder Werkstattfertigung, und bisher gibt es noch keine gute Lösung, um das Chaos in einer Werkstattfertigung gut zu beherrschen. Wenn Sie Kanban einsetzen wollen, um in einer Werkstattfertigung auf Lager zu produzieren: nur zu. Es ist möglich. Aber mit all den üblichen Problemen der Steuerung des Materialflusses, der Prozessauslastung und der Terminierung innerhalb der Werkstattfertigung ist es besser, wenn Sie zuerst Ihre Werkstattfertigung in eine Fließfertigung umwandeln und erst danach eine Verbrauchssteuerung implementieren.

5.7.9 Kann ich eine Excel-Datei für die Berechnung verwenden?

Ja, das können Sie. Viele Firmen tun das. Meiner Erfahrung nach passieren jedoch oft Fehler aufgrund einer Verwechslung der Einheiten oder eines Missverständnisses darüber, was wo eingetragen werden soll. Wenn Ihre

Excel-Datei eine Losgröße als Anzahl von Kanbans erwartet, Ihre Mitarbeiter sie aber als Anzahl von Teilen eingeben, werden die Ergebnisse falsch sein. Stellen Sie sicher, dass Sie Ihre Mitarbeiter hier gut schulen. Stellen Sie außerdem klar, was die Definition und Einheit für jedes einzutragende Feld in der Excel-Tabelle ist. Ein mathematisch fundiertes Excel-File zur Kanbanberechnung wird leicht dadurch falsch, dass die Mitarbeiter falsche Zahlen eingeben.

5.7.10 Wann und wie sollte ich zusätzliche Kanbans verwenden?

Die Anzahl der Kanbans wird durch Berechnung oder Schätzung ermittelt. Sie sollte gelegentlich angepasst werden, um das Kanbansystem an das sich ändernde Umfeld anzugleichen. Alltägliche normale Schwankungen werden durch Bestandspuffer und ggf. durch Kapazitätsanpassungen entkoppelt.

Manchmal haben Sie jedoch seltenere und größere Schwankungen. Diese können **unerwartet** sein. Zum Beispiel geht eine Maschine plötzlich kaputt und es dauert Tage, um die Ersatzteile zu besorgen. Schwankungen können auch **vorhersehbar** sein. In diesem Fall können sie vorab eingeplant werden. Sie wissen zum Beispiel, dass sich Ihre Skischuhe im Herbst wegen der Saisonkurve viel besser verkaufen als im Frühjahr. Oder Sie haben eine geplante jährliche Wartung, die einen Prozess für eine Woche lahmlegt.

Je nach Situation können Sie bei seltenen und großen Schwankungen das Problem manchmal durch zusätzliche Kanbans abmildern. Es würde keinen Sinn machen, die Verbrauchssteuerung für diese wenigen und seltenen, aber außergewöhnlich großen Schwankungen einzurichten, nur um für den Rest der Zeit tonnenweise Material herumstehen zu haben.

Die Idee der zusätzlichen Kanbans ist einfach. Sie halten einen Stapel Extra-Kanbans vor, um sie vorübergehend in das System einzubringen. Sobald die Schwankung vorüber ist, werden diese Karten wieder entfernt. Sie bauen einen temporären Bestand für die Dauer des außergewöhnlichen Ereignisses auf und entfernen die Kanbans wieder, nachdem die Situation vorüber ist.

Diese Extra-Kanbans können Ihnen manchmal sehr gut, manchmal aber auch gar nicht helfen. Das Ziel der Extra-Kanbans ist es Schwankungen mit zusätzlichem Bestand zu entkoppeln, was jedoch nicht immer möglich ist.

- Es hängt davon ab, ob die Schwankungen vorübergehend **die Kapazität oder die Nachfrage reduzieren** (z. B. Störungen, Wartung) oder ob sie **die Kapazität oder die Nachfrage erhöhen** (z. B. Hochsaison).

- Es kommt auch auf die **Lage des Engpasses an**. Es macht keinen Sinn den Bestand zu erhöhen, wenn die verlorene Zeit am Engpass ohnehin nie aufgeholt werden kann.

- Schließlich kommt es darauf an, ob Sie **die Störung vorher kennen** und darauf reagieren können (z. B. Saisonalität, geplante Wartung) oder ob Sie diese **erst kennen, wenn die Störung eintritt** (z. B. Maschinenstörung).

Insgesamt können zusätzliche Kanbans nur dann helfen, wenn der Aufbau eines zusätzlichen Bestandspuffers (d. h. zusätzliche Kanbans) hilfreich ist. Lassen Sie mich ein paar Beispiele anführen. Das Beispiel in der Abbildung 97 zeigt drei Verbrauchssteuerungsschleifen hintereinander. Der Prozess in der letzten Schleife hat eine Störung, deren Behebung länger dauern wird. Der Engpass liegt irgendwo vor diesem gestörten Prozess. In diesem Fall bietet es sich an, die Anzahl der Kanbans in der Verbrauchssteuerungsschleife vor der Störung vorübergehend zu erhöhen. Der Engpass kann weiterarbeiten und den Bestand aufbauen. Nach Beendigung der Unterbrechung können die nachfolgenden Prozesse den Bestand wieder abbauen. Dadurch wird der Kapazitätsverlust aufgrund der Unterbrechung reduziert.

Abbildung 97: Es ist möglich, nach einer Störung temporäre Kanbans am Engpass hinzuzufügen, wenn die Störung flussabwärts des Engpasses liegt. (Bild: Roser)

Anders ist es jedoch, wenn die Unterbrechung in einem Prozess vor dem Engpass stattfindet, wie in Abbildung 98. Hier müsste man die Unterbrechung im Voraus kennen, um in der Schleife vor der Unterbrechung einen Bestand aufzubauen. Während der Unterbrechung arbeitet der Engpass mit dem Bestand weiter, der in Vorbereitung auf die Unterbrechung aufgebaut wurde. Dies funktioniert natürlich nur bei Unterbrechungen, die vorher bekannt sind, wie z. B. geplante Wartungsarbeiten.

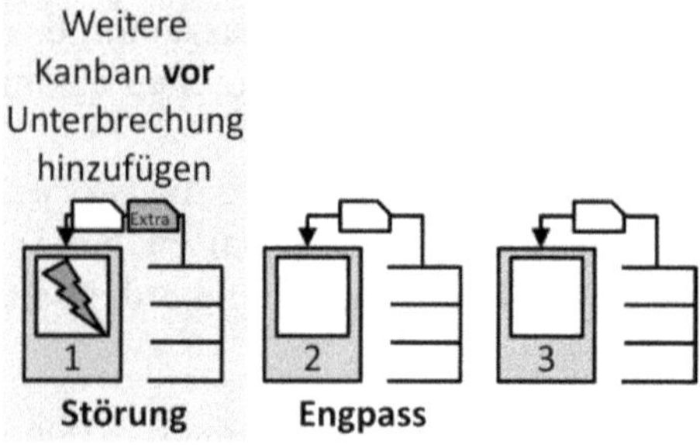

Abbildung 98: Es ist möglich an einem gestörten Prozess vor der Unterbrechung temporäre Kanbans hinzuzufügen, wenn die Unterbrechung vor dem Engpass liegt. (Bild: Roser)

Es ist auch möglich, dass eine Störung die Kapazität nicht verringert, sondern die Kapazität oder die Nachfrage erhöht. Das häufigste Beispiel ist die Saisonalität, bei der Kunden vorübergehend mehr Teile bestellen als die Anzahl, für welche die Verbrauchssteuerung ausgelegt wurde. In der Regel wird dieses Problem durch eine saisonale Anpassung der Verbrauchssteuerungen und der bereitgestellten Produktionskapazität behoben. Es ist auch möglich durch zusätzliche Kanbans im Vorfeld einen Bestand aufzubauen, wenn die Kapazität für den Spitzenbedarf nicht ausreicht, wie in Abbildung 99 zu sehen ist. Auch hier müsste man dies im Vorfeld wissen, um sich vorzubereiten.

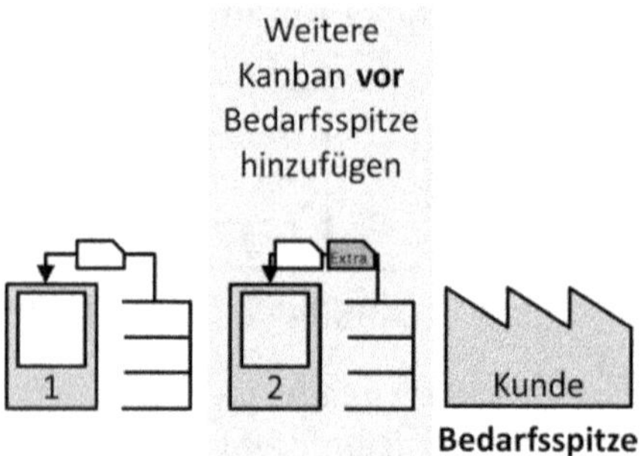

Abbildung 99: Es ist möglich vor einem Bedarfsanstieg temporäre Kanbans vor dem Prozess oder Kunden einzufügen. (Bild: Roser)

In manchen Fällen können Störungen jedoch nicht mit zusätzlichen Kanbans behoben werden. Dies könnte eine Störung vor dem Engpass sein, wie in Abbildung 98, die wir aber nicht vorher kennen. In diesem Fall können wir nicht nachträglich zusätzliche Teile für den Engpass anfertigen.

Abbildung 100 ist zeigt Beispiel, bei dem die Störung am Engpass auftritt. Mehr Teile vor dem Engpass zu haben hilft nicht, da der Engpass nach

Behebung der Störung ohnehin nicht mehr Teile verwenden kann als vom vorhergehenden Prozess bereitgestellt werden.

Abbildung 100: Beispiel einer Störung am Engpass, bei der zusätzliche Kanbans nicht helfen (Bild: Roser)

Insgesamt sollten Sie für Ihr System durchdenken, ob zusätzliche Kanbans helfen können oder nicht. Im schlimmsten Fall schaffen Sie zusätzlichen Bestand ohne Nutzen für die Produktion.

Es ist hilfreich, wenn diese **zusätzlichen Kanbans deutlich als temporär gekennzeichnet sind**. Neben einer zusätzlichen Beschriftung könnten sie zur leichteren Identifizierung auch eine andere Farbe haben. Auf diese Weise ist es einfacher die Kanbans zu entfernen, wenn sie nicht mehr benötigt werden.

Sie sollten auch überlegen, wie viele zusätzliche Kanbans Sie hinzufügen. Was ist genug, um die Unterbrechung abzudecken? Wie sehr wären Sie durch den verfügbaren Lagerraum eingeschränkt? Oft kann es sinnvoll sein nur einen Teil der Unterbrechung abzudecken, um übermäßige Lager- und Bearbeitungsgebühren zu vermeiden.

Die zusätzlichen Kanbans werden in die Liste der zu produzierenden Kanbans aufgenommen. Idealerweise handelt es sich nicht um viele Kanbans desselben Teiletyps, sondern um eine **Mischung in geeigneten Losgrößen**. Wenn Sie später diese zusätzlichen Kanbans wieder entfernen möchten, **entfernen Sie nur die Karten, die nicht zu einem Teil gehören**. Wenn eine solche Karte an einem Artikel im Supermarkt angebracht ist, dann müssen Sie warten bis der Artikel aus dem Supermarkt genommen wird. Bei Exoten können Sie auch eine Extra-Kanban mit einer normalen Kanban tauschen, welche vor der Sequenzierung entnommen wurde.

Bitte beachten Sie, dass es sich hierbei **nicht um eine ausgefallene neue Methode der Verbrauchssteuerung handelt, sondern nur um eine schnelle Behebung der Symptome eines anderen Problems**. Viel besser wäre es natürlich, die Störung von vornherein zu verhindern. Besser als zusätzliche Kanbans für Schwankungen zu haben ist es, keine großen Schwankungen zu haben, auch wenn das leichter gesagt als getan ist. Daher ist **die**

Verwendung von Extra-Kanbans in der Regel eher ein Zeichen für andere Probleme als für eine gute Produktion.

5.7.11 Wie verwende ich Kanban bei Milk Runs?

Ein Milk Run ist eine zyklische Lieferung von Teilen. Dies ist in der Fertigung üblich, wird aber auch werks- oder lagerübergreifend eingesetzt. Der Milk Run transportiert die Artikel zu einem Supermarkt, der näher am Zielort liegt. In der Fertigung werden die physischen Kanbans häufig in Form von beschrifteten Kisten zurückgegeben, die wieder befüllt werden. Der Milk Run innerhalb des Werks ist oft ein kleines Fahrzeug, das einen Zug von Anhängern mit Materialien zieht. Werks- oder lagerübergreifend ist es in der Regel ein LKW. Im letzteren Fall werden häufig digitale Kanbans eingesetzt, um die Geschwindigkeit zu erhöhen.

Ein Milk Run ist sehr gut für Transportkanban geeignet. Es handelt sich um eine zyklische Lieferung, was die Berechnung erleichtert. Nehmen wir ein einfaches Beispiel, bei dem der Milk Run jede Stunde fährt und die Kanbans an Kisten angebracht sind. Im günstigsten Fall dauert die Wiederbeschaffungszeit einen Zyklus (eine Stunde). Der Milk Run holt die Kiste genau dann ab, wenn sie leer ist und ersetzt sie beim nächsten Zyklus (eine Stunde später) durch eine volle Kiste. Im ungünstigsten Fall hat der Milk Run die leere Kiste jedoch knapp verpasst. Einen Zyklus später holt er die leere Kiste ab und ersetzt sie einen weiteren Zyklus später durch eine volle Kiste. Im schlimmsten Fall benötigt eine Lieferung mit einem Milk Run also zwei Zyklen, um die Teile wieder aufzufüllen (zwei Stunden in unserem Beispiel). Daher **beträgt die Wiederbeschaffungszeit für einen Milk Run mit physischen Kanbans zwei Zyklen plus zusätzliche Schwankungen**[44].

Bei Milk Runs über größere Entfernungen mit digitalen Kanbans ist die Wiederbeschaffungszeit etwas geringer. Ohne zu sehr ins Detail zu gehen, **ist die Wiederbeschaffungszeit für einen Milk Run mit digitalem Kanban die Zeit für einen Zyklus des Milk Runs, plus die Zeit für den Informationsfluss der Kanban vom Supermarkt zur Quelle des Materials, plus die erneute Hinfahrt des Milk Runs, plus zusätzliche**

---

[44] Christoph Roser, *Calculating the Material for Your Milk Run*, in *Collected Blog Posts of AllAboutLean.Com 2018*, Collected Blog Posts of AllAboutLean.Com 6 Offenbach, Germany: AllAboutLean.com Publishing, 2020, 268–72.

Schwankungen[45]. Sie beschleunigen die Wiederbeschaffungszeit durch das Ersetzen des physischen Informationstransports durch einen digitalen Informationstransport.

Das Material am Zielort sollte ausreichen, um den Worst-Case-Bedarf während der Wiederbeschaffungszeit abzudecken, ähnlich wie bei jeder anderen Transportkanban.

5.7.12 Was ist bei sehr unterschiedlichen Zykluszeiten?

Sie können innerhalb Ihrer Verbrauchssteuerungsschleife unterschiedliche Teiletypen haben. Im Idealfall haben diese Teiletypen mit Kanban ähnliche Zykluszeiten an den Prozessen. Manchmal haben Sie jedoch auch bei Lagerfertigung Teiletypen mit stark unterschiedlichen Zykluszeiten. Unterschiedliche Zykluszeiten sind Schwankungen und können Ihnen Probleme bereiten.

Lassen Sie mich ein Beispiel machen. Ihr System mit vier Prozessen hat zwei verschiedene Teiletypen. Teiletyp A benötigt bei jedem Prozess 6 Minuten. Teiletyp B benötigt bei jedem Prozess 60 Minuten, eine Verzehnfachung. Der Produktmix hat einen erheblichen Einfluss auf die Durchlaufzeit. Unter sonst gleichen Bedingungen verzehnfacht sich die Durchlaufzeit, wenn Sie nur den Teiletyp B produzieren. Das muss bei der Wiederbeschaffungszeit in der Kanbanberechnung berücksichtigt werden.

Bei kleinen Losgrößen bräuchten Sie große Puffer zwischen den Prozessen, um die Auslastung einigermaßen hochzuhalten, was die Durchlaufzeit noch weiter erhöht. Eine Alternative könnte sein, größere Lose zu haben. Die erste Schicht fertigt nur Teile A und die zweite Schicht nur Teile B. In diesem Fall können Sie **das als zwei getrennte Systeme berechnen**, eines für Teil A mit einer kurzen Durchlaufzeit und eines für Teil B mit einer langen Durchlaufzeit.

Je nachdem, wie viel Aufwand Sie betreiben wollen, können Sie sich auch die Puffer zwischen den Prozessen ansehen. Der Bestands- oder Platzpuffer zwischen den Prozessen wird benötigt, um Schwankungen in den Bearbeitungszeiten zu entkoppeln. Wenn die Durchlaufzeiten für Teil B länger sind als für Teil A, werden auch die Schwankungen größer sein. Oft ist der

---

[45] Christoph Roser, *External Milk Runs*, in *Collected Blog Posts of AllAboutLean.Com 2018*, Collected Blog Posts of AllAboutLean.Com 6 Offenbach, Germany: AllAboutLean.com Publishing, 2020, 286–93.

Anstieg der Schwankungen jedoch geringer als der Anstieg der Bearbeitungszeiten. Wenn Teil B zehnmal länger braucht, dann sind die Schwankungen vielleicht nur achtmal so groß. Die Details hängen stark von Ihrem Produktionssystem ab.

Daher könnten Sie für das Teil mit einer längeren Zykluszeit mit weniger Pufferbestand auskommen. Sie könnten die Puffergröße für den Produktionslauf mit der größeren Zykluszeit etwas reduzieren. Auf der anderen Seite könnte es umständlich sein, dies zwischen verschiedenen Produkttypen anzupassen. Ich habe auch schon von funktionierenden Produktionssystemen gehört, bei denen eine zweite CONWIP-Verbrauchssteuerungsschleife die Kanban-Verbrauchssteuerungsschleife überlagert. Die CONWIP-Verbrauchssteuerungsschleife misst die Auslastung im System. Eine Kanban kann nur dann in die Warteschlange der Produktion gelangen, wenn genügend freie Arbeitslast vorhanden ist – wie in Abbildung 101 visualisiert. Es hängt von Ihrem System ab, ob der Nutzen den Aufwand wert ist.

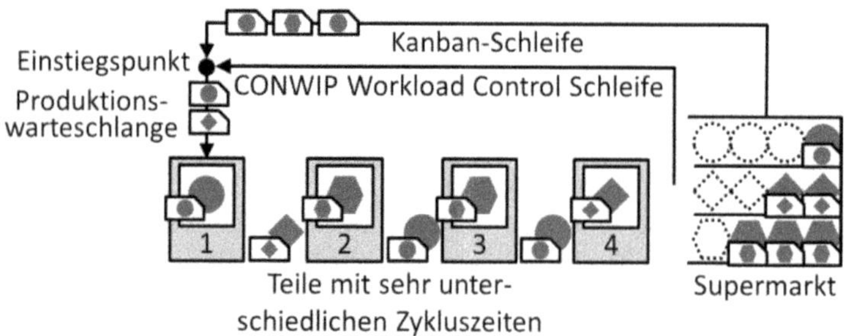

Abbildung 101: Beispiel mit einer überlappenden CONWIP- und Kanbanschleife für Lagerfertigung mit sehr unterschiedlichen Zykluszeiten (Bild: Roser)

5.7.13 Was sind die sechs Regeln von Toyota für Kanban?

Toyota hat im Rahmen seiner Richtlinien für Kanban „sechs Regeln für Kanban" aufgestellt. Sie finden sich z. B. im *Toyota Production System Handbook* von 1973. Das Toyota-Handbuch listet sechs Regeln als Voraussetzungen für ein Kanbansystem auf. Bitte beachten Sie, dass oft alles von Toyota als absolute Wahrheit angesehen wird, welche unbedingt befolgt werden muss. Diese sechs Regeln machen für mich in der Tat Sinn. Allerdings habe ich das Gefühl, dass Toyota die Voraussetzungen mit anderen Faktoren wie Leistung und Wartung des Systems verwechselt. Ähnlich scheint es auch einige Lücken in diesen Regeln zu geben. Eine wichtige Regel, die ich vermisse, ist zum Beispiel, dass „jedes Material im System mit einer Kanban versehen sein muss".

Viele weitere Informationen wären hilfreich, um ein Kanbansystem zu erstellen. Was muss auf eine Kanban? Wie sollte ein Supermarkt aussehen? Wie bestimme ich die Anzahl der Kanbans? Die berühmten „sechs Regeln für Kanban" von Toyota lassen viele solcher wichtigen Details offen. Daher eignen sich diese Regeln mehr zur Inspiration und weniger als Schritt-für-Schritt-Anleitung zum Aufbau einer Verbrauchssteuerung. Wie auch immer, hier sind die Regeln und ihre Erklärungen.

5.7.13.1 Keine fehlerhaften Produkte zum nächsten Prozess

Die erste Regel ist sehr sinnvoll. Defekte sind eine der sieben Arten von Verschwendung. Ein fehlerhaftes Teil weiter zu bearbeiten ist Aufwand, der keinen Nutzen bringt. Je später man einen Fehler findet, desto teurer ist er. Daher gilt das Ziel, Fehler frühzeitig zu erkennen. Nur gute Produkte dürfen in den Supermarkt. So werden kostspielige Folgefehler vermieden und auch systematische Fehler früher erkannt. Idealerweise sollte jeder Prozess in jedem Schritt in der Lage sein Fehler zu erkennen. Im Japanischen nennt man dies *Jidoka* (oder auf Englisch als *Autonomation* übersetzt). Diese Regel ist wichtig, egal ob Sie eine Verbrauchssteuerung oder eine Plansteuerung haben.

5.7.13.2 Nächster Prozess kommt zum Abholen der Teile

Das Kanbansystem muss wissen, wie viele Teile es im System hat, um weitere Artikel nachzuliefern. Deshalb ist der Supermarkt mit Artikeln in der Verantwortung des beliefernden Prozesses. Der nachfolgende Prozess weiß am besten, wann er mehr Material benötigt. Daher ist es sinnvoll, dass der Folgeprozess bei Bedarf kommt und die Artikel aus dem Supermarkt entnimmt. Wäre der Supermarkt in der Verantwortung des Folgeprozesses, dann bestünde die Gefahr von Verzögerungen, Lücken und Fehlern im Informationsfluss. Informationen für die Wiederbeschaffung könnten zu spät oder gar nicht kommen.

5.7.13.3 Nur die vom Folgeprozess abgeholte Menge auffüllen

Diese Regel ist eines der Schlüsselelemente des Kanbansystems. Die Idee ist, nur zu reproduzieren oder nachzubestellen, was verbraucht wurde. Wenn der nächste Prozess vier Teile abholt, stoßen Sie die Produktion von genau vier weiteren von diesen Teilen an – nicht mehr und nicht weniger. So können Sie eine Obergrenze für den Bestand einhalten. Es erfordert auch eine Methode, um die Wiederbeschaffung zu starten, wenn ein Teil das System verlässt. Zusammen ist dies die Definition der Verbrauchssteuerung wie in Kapitel 2.2 beschrieben.

5.7.13.4 Fluktuationen reduzieren

Dieser Schritt ist ein wichtiger Teil der Schlanken Produktion. Er wird in der westlichen Welt oft unterschätzt. Das Kanbansystem sollte in der Lage sein, Teile zuverlässig innerhalb der Wiederbeschaffungszeit aufzufüllen. Das Kanbansystem geht auch davon aus, dass im Supermarkt immer Material für den Folgeprozess vorhanden ist. Große Schwankungen bedeuten entweder, dass zeitweise kein Material im Supermarkt vorhanden ist, oder es werden viel größere Lagerbestände benötigt, um diese Schwankungen abzudecken. Beides ist nicht gut. Ersteres führt zu Stillständen und anschließendem Materialmangel im Folgeprozess. Das zweite erhöht die negativen Auswirkungen der Lagerhaltung. Daher ermöglicht eine reduzierte Fluktuation, einschließlich einer gewissen Form von Nivellierung, eine kostengünstigere und effizientere Produktion. Seien Sie jedoch gewarnt, dass die Reduzierung von Schwankungen eine nie endende, harte Sisyphusarbeit ist.

5.7.13.5 Kanban ist ein Mittel zur Feinabstimmung

Im Laufe der Zeit werden sich die Anforderungen an Ihr System ändern, ebenso wie das System selbst. Passen Sie daher das System an. Die Anpassung der Anzahl der Kanbans ist ein Ansatz zur Feinabstimmung Ihrer Produktion. Wenn Ihr Bedarf oder Ihre Wiederbeschaffungszeit steigt, benötigen Sie mehr Kanbans, um diesen Bedarf zu decken (vorausgesetzt, Sie haben genug Kapazität). Wenn Ihr Bedarf oder Ihre Wiederbeschaffungszeit sinkt, kommen Sie möglicherweise mit weniger Kanbans aus. Das lässt sich leicht nachvollziehen, indem Sie den Bestand im Supermarkt überwachen. Wenn Ihr Supermarkt oft Fehlbestände hat, benötigen Sie möglicherweise mehr Kanbans. Wenn Ihr Supermarkt nie leer ist, können Sie mit weniger Kanbans auskommen.

5.7.13.6 Stabilisierung und Rationalisierung des Prozesses

Die letzte Regel zielt darauf ab das System zu stabilisieren. Wenn Sie Ihren Kanbankreislauf etablieren, müssen Sie viel Aufwand betreiben, um die vielen (kleinen?) Probleme des neu implementierte Kanbansystems zu beheben, die Standards für das neue System zu erstellen und sicherzustellen, dass die neuen Standards tatsächlich gut sind und auch befolgt werden. Das ist eigentlich das *Check* und *Act* des PDCA-Zyklus. Prüfen Sie sorgfältig, ob das Kanbansystem tatsächlich gut funktioniert; verbessern Sie es, wenn es das nicht tut. Der Erfolg eines Kanbansystems hängt von guten Standards ab. Wie bei allen Projekten in der Schlanken Produktion ist **das sorgfältige Prüfen der Funktion und das Lösen von Problemen enorm wichtig, um nicht mit einem nicht funktionierenden System und frustrierten Mitarbeitern zu enden.**

Kapitel 6

CONWIP

CONWIP steht für den englischen Begriff *Constant Work in Process* (lose übersetzt als *Konstanter Arbeitsbestand*) und wurde 1990 von Mark Spearman und Wallace Hopp entwickelt[46]. Es ist fast identisch mit Kanban, jedoch mit einem wesentlichen Unterschied. Eine Kanban ist fest einem Teiletyp zugeordnet. **CONWIP-Karten hingegen wechseln bei jedem Durchlauf in der Verbrauchssteuerungsschleife den Teiletyp**. Dadurch ist CONWIP gut für die Auftragsfertigung geeignet. CONWIP ist das Auftragsfertigung-Äquivalent zur Kanban für die Lagerfertigung.

CONWIP wird in der Fertigung häufig verwendet, manchmal sogar ohne zu erkennen, dass es sich um eine Verbrauchssteuerung handelt. Ein gängiges Beispiel ist eine auftragsbezogene Fertigungslinie mit einem begrenzten Bestand innerhalb der Linie. Immer wenn ein ungenutzter Platz am Anfang der Linie frei wird, wird der verfügbare Auftrag mit der höchsten Priorität zugewiesen. Das ist eine einfache CONWIP Verbrauchssteuerung.

Es ist mir aber sehr schwergefallen, dieses Kapitel zu benennen. Dieser grundlegende Ansatz der Verbrauchssteuerung für die Auftragsfertigung ist

---

[46] Mark L. Spearman, David L. Woodruff, und Wallace J. Hopp, *CONWIP: a pull alternative to kanban*, *International Journal of Production Research* 28, Nr. 5 1990: 879–94.

durchaus relevant, aber es fehlt ein bekannter und einprägsamer Name. Der Begriff CONWIP ist in der Industrie noch nicht weit verbreitet. Einige Autoren (wie ich) sprechen von CONWIP. Andere verwenden den Begriff Kanban, was ich aber für verwirrend halte. Bei Toyota nennen sie es eine *Verbrauchssteuerung vom Typ B*, also für Auftragsfertigung. Typ A wäre für Lagerfertigung mit Kanban. Typ C wäre ein gemischtes System sowohl für die Lagerfertigung als auch für die Auftragsfertigung. Allerdings werden die Bezeichnungen Typ A, B und C außerhalb von Toyota nicht wirklich verwendet. Manche Autoren sprechen auch von einem Tunnel-Kanban, aber der Begriff Tunnel-Kanban wird bei Toyota auch wieder in einem anderen Zusammenhang verwendet.

Um noch verwirrender zu sein – und um zu zeigen, dass die Nomenklatur in der Schlanken Produktion alles andere als standardisiert ist – kann man Kanban sogar CONWIP nennen, indem man die CONWIP-Karte als teilespezifisch definiert. Dies wird als *S-Closed CONWIP*[47] oder manchmal auch als *m-CONWIP* bezeichnet. Die Verwirrung hört damit nicht auf. Einige Autoren bezeichnen jede Verbrauchssteuerung in Fließfertigungen als Kanban und jede Verbrauchssteuerung in Werkstattfertigungen als CONWIP.

Insgesamt herrscht hier ein ziemliches Durcheinander. In Ermangelung eines besseren Namens werde ich in diesem Buch den Ansatz, bei dem die Karten bei jedem Umlauf ihre Teilezuordnung ändern, als CONWIP bezeichnen. Aber bitte lassen Sie sich durch die Verwirrung über die Benennung nicht von den Vorteilen dieser Methode ablenken. Wenn Ihnen der Name CONWIP nicht gefällt, können Sie gerne einen anderen Namen verwenden. **Es ist mir egal, wie Sie es nennen, solange es funktioniert!**

6.1 Grundlagen

CONWIP ist der Kanban sehr ähnlich. Der Unterschied ist, dass die CONWIP-Karte nicht mit einem bestimmten Teiletyp verbunden ist, sondern eine generische Karte für jede Art von Auftrag ist. **Damit eignet sich CONWIP hervorragend für die Auftragsfertigung.** Es könnte auch für Ship-to-Order verwendet werden, aber es in der Regel unnötig, die Gesamtzahl der Bestellungen über alle Produkte hinweg zu begrenzen.

Abbildung 102 zeigt den grundlegenden Informations- und Materialfluss in CONWIP. Jedes Teil oder jeder Auftrag in der Verbrauchssteuerung

---

[47] Izak Duenyas, *A Simple Release Policy for Networks of Queues with Controllable Inputs, Operations Research* 42, Nr. 6 1994: 1162–71.

werden mit einer CONWIP-Karte versehen. Verlässt das Teil oder der Auftrag das System (z. B. wenn es verkauft wird, nachgelagert verwendet wird, usw.), werden die Informationen aus der Karte entfernt. Anschließend kehrt die leere CONWIP-Karte zum Einstiegspunkt am Anfang der Schleife zurück. Auf Englisch wird dieser Punkt *System Entry Point* genannt. Diese Karte ist jetzt nicht mehr mit einem Teiletyp oder Auftrag verbunden. Auf ihrem Weg zum Anfang der Schleife trifft sie am Einstiegspunkt auf den Rückstand an offenen Aufträgen (oft wird hier auch der englische Begriff *Backlog* verwendet).

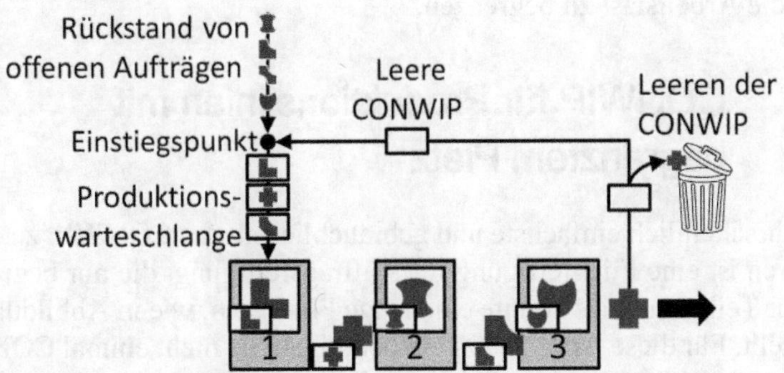

Abbildung 102: Schematisches Beispiel für CONWIP (Bild: Roser)

Dieser Rückstand an offenen Aufträgen ist eine Liste von Aufträgen, die produziert werden müssen. Sie ist nach Priorität sortiert. Der erste Teil im Rückstand ist der dringendste. Wenn eine leere CONWIP-Karte zurückkommt, wird der nächste Auftrag im Rückstand der zurückkommenden Karte am Einstiegspunkt zugewiesen, wozu man manchmal auch *Matchmaking* sagt (sinngemäß auf Deutsch etwa „Verkuppeln").

Die Karte ist somit ein Signal, dass Kapazität verfügbar ist. Der Rückstand definiert, was mit der Kapazität zu tun ist. Nachdem die CONWIP-Karte am Einstiegspunkt des Systems einem Auftrag zugeordnet worden ist, wartet sie in der Warteschlange für die Produktion, bis das System den Auftrag beginnen kann. Der Auftrag wird dann produziert. Wenn das fertige Produkt das System verlässt, wiederholt sich der Kreislauf und die leere CONWIP-Karte geht zurück zum Einstiegspunkt des Systems. **Eine CONWIP-Karte ist also wie eine Kanban, mit dem Unterschied, dass die Karte am Einstiegspunkt immer wieder neu dem Auftrag im Rückstand mit der höchsten Priorität zugeordnet wird**.

CONWIP funktioniert sowohl für Fließfertigungen als auch für Werkstattfertigungen und sogar für Projekt-Shops, wie wir weiter unten sehen werden. Ähnlich wie bei Kanban läuft der Materialfluss in einer Fließfertigung fast automatisch über FIFO. Für Werkstattfertigungen müssen Sie jedoch zusätzliche Arbeit für das Routing des Auftrags, die Zuordnung der

Mitarbeiter, die Prozessauslastung und die Verfolgung der Termine investieren – so wie in jeder anderen Werkstattfertigung auch.

6.2 Varianten

Für CONWIP gibt es eine ganze Reihe von Varianten. Einige beziehen sich auf die Umsetzung der Bestandsgrenze. Andere sind gemischte Systeme, meist kombiniert mit Kanban. Es gibt auch die Möglichkeit, statt des Bestands die Arbeitslast zu begrenzen.

6.2.1 CONWIP für Produktionslinien mit begrenztem Platz

Die wahrscheinlich einfachste und gebräuchlichste Art CONWIP zu implementieren ist eine Fließfertigung für Auftragsfertigung, die nur begrenzten Platz für Teile hat. Dies könnte eine lange FIFO sein, wie in Abbildung 103 dargestellt. Für diese Art von System benötigen Sie nicht einmal CONWIP-Karten, was die Sache wesentlich einfacher macht. Der Ansatz hat auch keinen speziellen Namen, obwohl das Prinzip dahinter CONWIP ist.

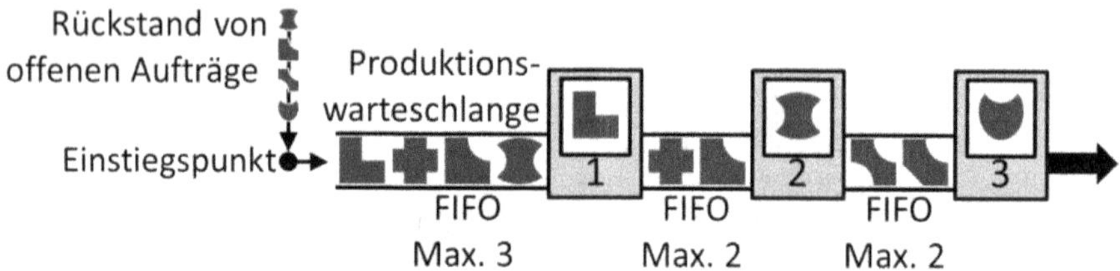

Abbildung 103: Beispiel für CONWIP in einer Produktionslinie mit begrenztem Platz (Bild: Roser)

Das Beispiel der Produktionslinie in Abbildung 103 hat drei Prozesse und sieben FIFO-Plätze für insgesamt zehn Plätze für Produkte. Das entspricht zehn CONWIP-Karten. Immer wenn sich ein freier Platz an der Warteschlange für die Produktion öffnet, wird der nächste offene Auftrag aus dem Rückstand der offenen Aufträge in das System eingefügt. Es können nie mehr Aufträge im System sein als diese zehn Plätze in der Produktionslinie.

Solch eine FIFO-Sequenz ist wahrscheinlich die häufigste Art von Produktionssystemen, die dem CONWIP-Prinzip folgt, auch wenn es selten als CONWIP bezeichnet wird. Es ist auch **eine der einfachsten Möglichkeiten CONWIP zu implementieren**. Sie müssen sich nicht einmal um CONWIP-Karten kümmern. Sie müssen nur dafür sorgen, dass es ein Limit für den Bestand gibt und die Priorisierung im Rückstand der offenen Aufträge organisieren.

Hier zeigt sich einer der Gründe, warum es so vorteilhaft ist Ihre Produktion als Fließfertigung und nicht als Auftragsfertigung zu gestalten. Ein gängiges Fließfertigungs-Beispiel ist die Endmontagelinie in der Automobilindustrie, wo oft jedes Auto anders ist. Eine solche Linie ist in Abbildung 104 dargestellt. Ein anderes Beispiele ist der Flugzeugbau bei Boeing oder Airbus: Auch große Verkehrsflugzeuge werden oft in einer solchen Fertigungslinie montiert. Werkzeugmaschinen von Trumpf oder MAN Dieselmotoren für Containerschiffe sind weitere Beispiele für ebenfalls stark individualisierte Einzelanfertigungen.

Abbildung 104: Eine Endmontage im Automobilbau ist ein typisches Beispiel für ein CONWIP-System mit begrenztem Platz. Es können nie mehr Autos in der Anlage sein als es Plätze gibt. (Bild: Siyuwj unter der CC-BY-SA 3.0-Lizenz)

6.2.2 CONWIP für Baustellenfertigung

Ein (fast) automatischer Weg CONWIP zu etablieren kann in der Baustellenfertigung erfolgen. In einer Fließfertigung oder einer Werkstattfertigung bewegen sich die Produkte durch das System. In einer Baustellenfertigung bewegt sich das Produkt selbst nicht, und das gesamte Material, die Arbeitskräfte und die Maschinen kommen an den Produktionsstandort. Ein gängiges Beispiel ist der Schiffsbau. Das Schiff im Trockendock bewegt sich überhaupt nicht. Das Material, die Maschinen und die Arbeitskräfte kommen zum Schiff. In diesem Fall können Sie nicht mehr Schiffe in der Produktion haben als in Ihre Trockendocks passen.

Daher ist der Arbeitsinhalt durch die Anzahl der verfügbaren Trockendocks begrenzt. Immer wenn ein Schiff fertiggestellt wird, wird ein Trockendock frei. Der dringlichste Auftrag aus dem Rückstand der offenen Aufträge wird dann diesem Trockendock zugewiesen. Das Trockendock ist also quasi eine CONWIP-Karte.

6.2.3   Kanban-CONWIP-System mit kombinierter Warteschlange

Die Verbrauchssteuerungsschleifen bei Kanban und bei CONWIP sind sich sehr ähnlich. Daher ist es einfach ein gemischtes System zu erstellen. Normalerweise wird **Kanban für Lagerfertigung** verwendet, bei der die Teile einen Pufferbestand im Supermarkt haben. **CONWIP wird für Auftragsfertigung** verwendet, bei der in der Regel keine fertigen Produkte auf Lager sind, sondern direkt zum Kunden gehen. Wann immer eine Kanban zurück kommt, werden die entsprechenden Teile produziert. Immer wenn eine leere CONWIP-Karte zurückkommt, wird der dringendste Auftrag aus dem Rückstand an offenen Aufträgen produziert.

Sowohl Kanbans als auch CONWIP-Karten können in einer gemeinsamen Warteschlange für die Produktion warten, wie in Abbildung 105 dargestellt. Die Priorität innerhalb der Warteschlange für die Produktion ist einfach. Wer zuerst kommt, malt zuerst, oder technisch ausgedrückt: FIFO. Der einzige Unterschied besteht darin, dass zurückkehrende leere CONWIP-Karten einen Fertigungsauftrag aus dem Rückstand zugewiesen bekommen, bevor sie der Produktionswarteschlange hinzugefügt werden.

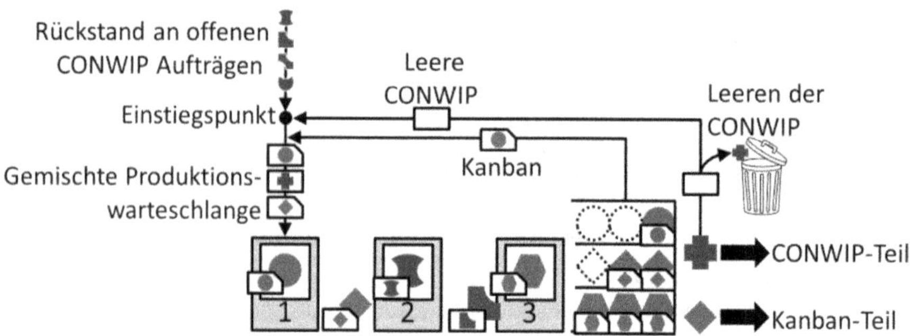

Abbildung 105: Beispiel für ein gemischtes Kanban-CONWIP-System mit einer einzigen Warteschlange (Bild: Roser)

Bei der Ermittlung der Anzahl der Kanbans für ein solches gemeinsames System müssen Sie ggf. die zusätzliche Wartezeit aufgrund von CONWIP-Karten in der Warteschlange für die Produktion berücksichtigen. Wenn Sie nur eine geringe Arbeitslast für CONWIP haben im Vergleich zu Kanban, kann dies vernachlässigbar sein. Wenn Sie jedoch viele CONWIP-Karten im Vergleich zu den Kanbans haben, kann die Auswirkung auf die Wiederbeschaffungszeit und damit auf die Bestandsgrenze erheblich sein.

6.2.4 Kanban-CONWIP-System mit getrennter Warteschlange

Es ist auch möglich ein gemischtes Kanban-CONWIP-System mit separaten Warteschlangen für die Produktion zu erstellen. Es gibt eine Warteschlange für Kanban und eine separate Warteschlange für CONWIP, wie in Abbildung 106 dargestellt. Da Sie nun zwei Warteschlangen haben, in denen Arbeit auf den ersten Prozess in der Schleife wartet, müssen Sie **eine klare Prioritätsregel für die Mitarbeiter definieren, wann sie welche Warteschlange verwenden sollen**. Sollen sie Kanban priorisieren? Sollen sie CONWIP priorisieren? Sollen sie zwischen Kanban und CONWIP abwechseln? Oder ist eine zufällige Auswahl in Ordnung?

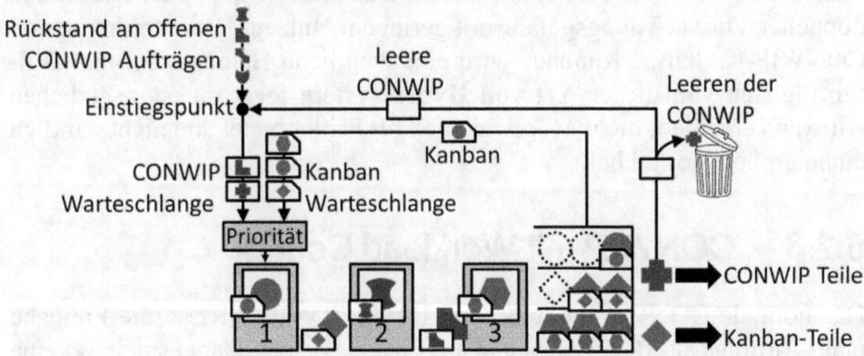

Abbildung 106: Beispiel für ein gemischtes Kanban-CONWIP-System mit getrennten Warteschlangen (Bild: Roser)

Es sind verschiedene Ansätze denkbar. **Wenn CONWIP nicht mehr als 20% bis 30% Ihrer Arbeitslast ausmacht, sollte der Mitarbeiter der CONWIP-Warteschlange immer Priorität einräumen**. Die Priorisierung von CONWIP-Karten gegenüber Kanbans ermöglicht **schnellere Durchlaufzeiten zum Kunden für Auftragsfertigungsprodukte**. Die zusätzliche Verzögerung für die Lagerfertigung-Kanbans kann leicht mit zusätzlichen Kanbans kompensiert werden. Diese separate Warteschlange wird empfohlen, wenn CONWIP nicht mehr als 30% Ihrer Arbeit ausmacht, da sie die Durchlaufzeit von CONWIP erheblich beschleunigt, während sie nur eine geringe Erhöhung des Bestands an Kanban erfordert.

Wenn CONWIP über 40% der Arbeitslast ausmacht, ist diese Priorisierung riskant. Wenn über 40% der Arbeitslast Vorrang vor anderen Aufträgen hat, müssen die anderen Aufträge möglicherweise lange warten, bevor sie bearbeitet werden. Es kann sein, dass Sie einen immer größeren Bestand and Kanban benötigen, um die lange Wartezeit der Kanbans zu überbrücken. In diesem Fall empfehle ich, nur eine einzige Warteschlange ohne Priorisierung zu verwenden, die sowohl Kanban als auch CONWIP in einer einfachen FIFO-Reihenfolge hat. Siehe Kapitel 5.4.2.1.5 und insbesondere Abbildung 78 für Details.

6.2.5 Kanban und CONWIP-Karten am gleichen Teil

In der akademischen Literatur gibt es auch eine andere Art von hybriden CONWIP-Kanbansystemen, bei denen sowohl eine CONWIP *als auch* eine Kanban mit demselben Teil verknüpft sind. In diesem Ansatz hat CONWIP eine große Schleife und Kanban hat kleinere Schleifen innerhalb von CON-WIP. Dies würde jedoch bedeuten, dass Sie jetzt *zwei* Karten an jedem Teil haben, eine CONWIP und eine Kanban. Das führt zu doppelter Arbeit und doppelter Verwechslungsgefahr mit geringem Nutzen. Die Zuordnung von CONWIP-Karten zu Kanbans wird eine ziemliche Herausforderung. **Halten Sie sich von dieser Art von Hybridsystem fern**, da es zusätzlichen Aufwand erfordert, mehr Möglichkeiten für Fehler bietet und nicht wirklich einen großen Vorteil hat.

6.2.6 CONWIP mit Workload Control

Das normale CONWIP erlaubt einer leeren CONWIP-Karte die Freigabe eines Auftrags aus dem Rückstand am Einstiegspunkt. Dabei spielt es keine Rolle, ob dieser Auftrag groß oder klein ist; für jede ankommende CON-WIP-Karte wird genau ein Auftrag freigegeben.

Anstelle einer Bestandsgrenze, welche durch eine Anzahl von Produkten oder Aufträgen repräsentiert wird, ist es jedoch möglich ein Limit für die Arbeitslast zu verwenden oder allgemein ein Limit für eine kontinuierliche Menge[48]. Ein System, das anhand der Arbeitslast steuert, wird auch im Deutschen mit dem englischen Begriff *Workload Control* bezeichnet. Wenn ein abgeschlossener Auftrag das System verlässt, kehrt nicht eine

---

[48] Matthias Thürer u. a., *On the meaning of ConWIP cards: an assessment by simulation, Journal of Industrial and Production Engineering* 36, Nr. 1 2019: 49–58.

leere CONWIP-Karte zurück, sondern die Information über die Menge der Arbeit, die das System gerade verlassen hat.

Diese Arbeitslast ist dann wieder für den nächsten Auftrag verfügbar. Die Arbeitslast wird vor dem Einstiegspunkt gesammelt. **Immer wenn die verfügbare Arbeitslast die nötige Arbeitsinhalt für den nächsten Auftrag im Rückstand übersteigt, wird dieser Auftrag freigegeben.** In diesem Fall wird die benötigte Arbeitslast aus dem Pool entnommen und dem in die Warteschlange für die Produktion freigegebenen Auftrag zugewiesen. Dies ist in Abbildung 107 visualisiert.

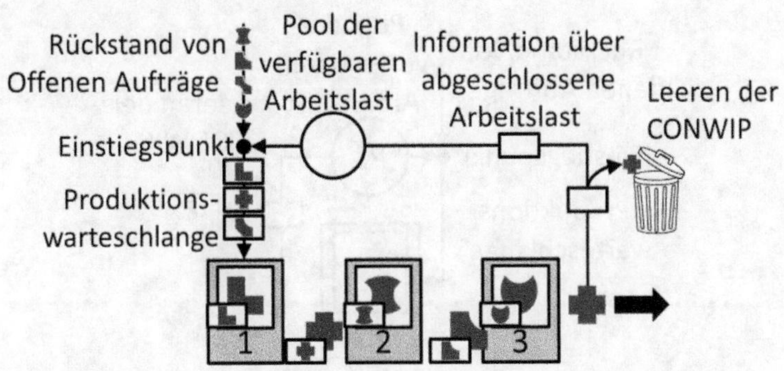

Abbildung 107: CONWIP mit Workload Control anstelle einer Bestandsgrenze (Bild: Roser)

Die Begrenzung der Arbeitslast ermöglicht eine feinere Steuerung des Arbeitsinhalts im System, was sinnvoll sein kann, wenn die offenen Aufträge im Arbeitsinhalt stark variieren. Es erfordert jedoch ein komplexeres System und ist in der Regel am besten digital zu realisieren – obwohl die Software-Implementierung auch viel Arbeit bedeutet. Ich würde trotzdem empfehlen, bei den konventionellen CONWIP-Karten zu bleiben, bei denen eine Karte einen Auftrag beliebiger Größe repräsentiert. Wenn Sie bereits ein solches System haben, können Sie eventuell eine Erweiterung auf die Arbeitslast in Betracht ziehen, aber beginnen Sie mit kleinen Schritten.

Es fühlt sich zwar viel genauer an, die Arbeitslast in die CONWIP-Schleife einzubeziehen. Allerdings wird es schnell unsauber, wenn es darum geht welche Arbeitslast zu verwenden ist. **Die Arbeitslast ist nicht die Summe aller Zykluszeiten!** Das würde die Arbeitslast für unkritische Prozesse, die viel freie Kapazität haben mit den Engpässen, die wenig freie Zeit haben vermischen. **Es ist auch nicht die Durchlaufzeit!**

Ich muss hier leider etwas tiefer in die Theorie einsteigen. Ein Produktionssystem hat einen Systemtakt (d. h. die durchschnittliche Zeit zwischen der Fertigstellung von zwei Produkten durch das System). Darin sind Verluste wie Störungen oder Materialmangel enthalten. Die Arbeitslast, die wir wollen, ist der „Takt" für ein einzelnes Produkt. In der Theorie ist das einfach, aber wie misst man ihn in der Realität? Er bezieht sich auf den Engpass, aber das hilft uns nur bedingt weiter. Ich möchte Ihnen einige Möglichkeiten zeigen.

Die Verwendung von *Workload Control* ist viel einfacher, wenn Ihre CONWIP-Schleife nur einen Prozess enthält. In diesem Fall ist dieser Prozess automatisch der Engpass, und **die Arbeitslast ist die erwartete Zeit, die dieser Auftrag diesen Prozess belegt, einschließlich der Verluste**. Dies ist in Abbildung 108 visualisiert.

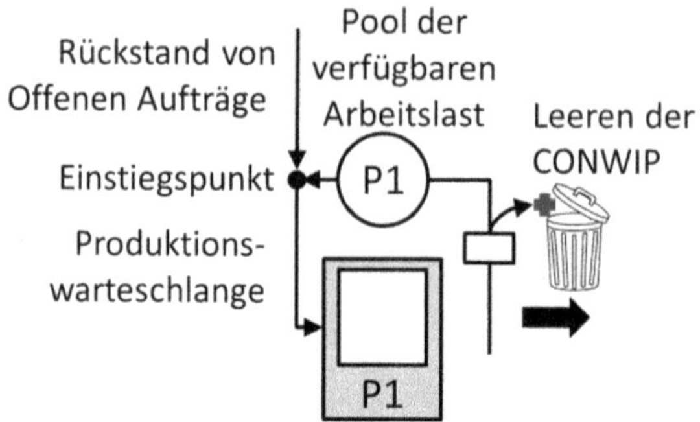

Abbildung 108: CONWIP für Workload Control mit einem einzigen Prozess muss auch nur diesen Prozess überwachen (Bild: Roser)

Falls der Prozess mehrere Teile gleichzeitig bearbeiten kann, müsste die anteilige Arbeitslast ermittelt werden, also die Antwort auf die Frage: Wie viel verzögert dieser Auftrag alle anderen Aufträge? Wenn zum Beispiel ein Härteofen 5 Stunden benötigt, aber 10 Teile gleichzeitig bearbeiten kann, dann ist die Arbeitslast für ein Teil nur 30 Minuten.

Wenn Sie mehrere Prozesse in der Schleife haben, wird es noch kniffliger. Sie können die **Zeit, die dieser Auftrag am Engpassprozess benötigt messen**, wie in Abbildung 109 visualisiert. Dieser Ansatz hat den Vorteil einer einfachen Berechnung ähnlich wie Abbildung 108. Der Nachteil ist, dass Sie nur einen einzigen Engpassprozess haben dürfen. In der Realität wandern die Engpässe jedoch oft, so dass dieser Ansatz weniger präzise ist – vorausgesetzt Sie kennen Ihren Engpassprozess überhaupt.

Ein wesentlich genauerer, aber noch umständlicherer Ansatz ist es, **die Arbeitslast für alle Prozesse in der Schleife separat zu überwachen**, wie in Abbildung 110 visualisiert. Das ist wahrscheinlich der präziseste Ansatz. Das Arbeitslastlimit wird separat auf alle Prozesse angewendet. Bitte beachten Sie, dass das Arbeitslastlimit nicht auf die Prozesse verteilt wird, sondern jeder Prozess das gleiche obere Arbeitslastlimit hat.

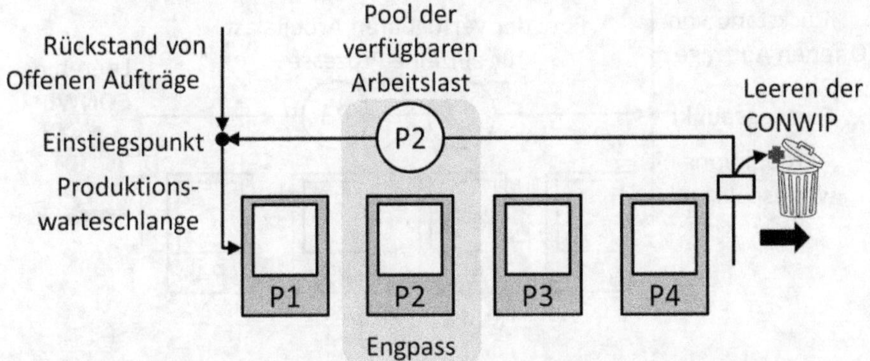

Abbildung 109: CONWIP für Workload Control kann nur den Engpass überwachen, wenn dieser bekannt ist und sich nicht verschiebt (Bild: Roser)

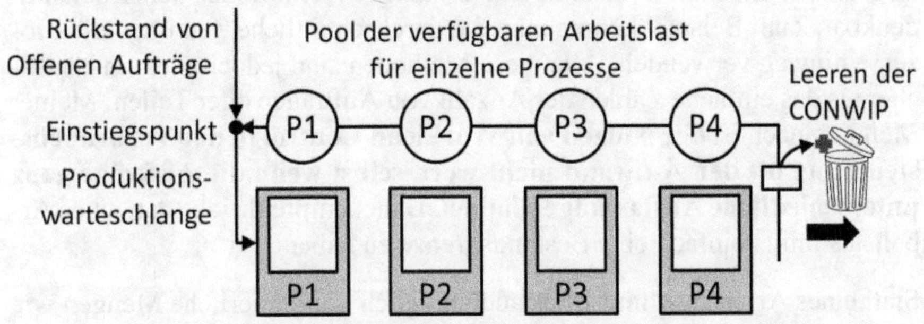

Abbildung 110: CONWIP für Workload Control kann auch alle Prozesse einzeln überwachen (Bild: Roser)

Ein Auftrag kann nur dann freigegeben werden, wenn alle erforderlichen Workload-Pools genügend freie Kapazität für diesen Auftrag haben. Auch wandernde Bottlenecks begrenzen die Freigabe neuer Aufträge am Einstiegspunkt. Achten Sie darauf, dass Sie die **Reihenfolge im Rückstand trotzdem einhalten!** Ein Auftrag sollte nicht einen anderen Auftrag überholen, nur weil dieser Auftrag zur verfügbare Arbeitslast passt.

Schließlich könnten Sie nur die Prozesse auswählen, die mögliche Engpässe darstellen (d. h. bei denen die Kapazität manchmal knapp sein kann). In diesem Fall **überwachen Sie nur die Arbeitslast dieser kritischen Prozesse**. Heraus kommt ein Kompromiss zwischen der Überwachung des (möglicherweise wandernden) Engpasses und der Überwachung aller Prozesse, was sehr viel Arbeit bedeutet. Dies wird in Abbildung 111 visualisiert.

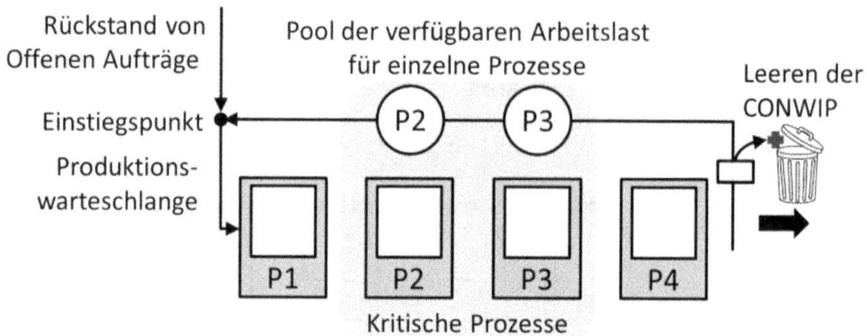

Abbildung 111: CONWIP für Workload Control könnte auch nur die Prozesse überwachen, bei denen die Kapazität kritisch ist (Bild: Roser)

Es sind im *Workload Control* noch viele andere Definitionen der Arbeitslast denkbar. Zum Beispiel könnte man die durchschnittliche Zeit über alle Prozesse hinweg verwenden. Alle diese Methoden sind jedoch viel umständlicher als das einfache Zählen der Anzahl von Aufträgen oder Teilen. Meiner Meinung nach ist **der Nutzen von Workload Control in der Verbrauchssteuerung oft den Aufwand nicht wert, selbst wenn die Aufträge ganz unterschiedliche Auslastungen haben.** Daher empfehle ich, statt eines Arbeitslastlimits einfach eine Bestandsgrenze zu haben.

Statt eines Arbeitslastlimit ist es auch möglich kontinuierliche Mengen wie Liter oder Kilogramm zu verwenden. Eine kontinuierliche Menge ist bei CONWIP-Karten in der Regel weniger sinnvoll. Die arbeitsbezogenen Informationen auf einer CONWIP-Karte werden entfernt, nachdem das Material das System verlassen hat. Sie würden nur die Informationen über die freigegebene Arbeitslast erhalten. Die Verwendung der Arbeitslast ist aber sehr generisch und kann auf jede Art von Folgeauftrag angewendet werden. Bei kontinuierlichen Mengen ist es jedoch nicht üblich, dass abgeschlossenes Material eines Typs die Produktion eines anderen Typs freigibt. Während also *Workload Control* für CONWIP üblich ist, werden kontinuierliche Produktionsmengen eher bei Kanban oder Bestellpunktsystemen gefunden.

Neben CONWIP gibt es weitere Verbrauchssteuerungen, die dieses Problem behandeln. Das auf Werkstattfertigungen spezialisierte POLCA vermeidet das Problem, indem es standardmäßig für jeden Prozess eine eigene Schleife vorsieht (siehe Kapitel 7 für Details). Die im Anhang beschriebene hypothetische Methode COBACABANA überwacht tatsächlich die Arbeitslast separat für jeden Prozess im System. Da COBACABANA rein papierbasiert ist, ist dies aber sehr aufwändig, vor allem für mehrere Prozesse (siehe Anhang C für Details). Es gibt tatsächlich eine große Menge an wissenschaftlicher Literatur zum Thema Workload Control, viel davon in deutscher Sprache[49,50,51,52,53,54].

6.3 Elemente

CONWIP-basierte Verbrauchssteuerungen sind den Kanban-basierten Verbrauchssteuerungen sehr ähnlich. Der grundlegende Unterschied besteht darin, dass sich der Inhalt der CONWIP-Karte jedes Mal ändert, wenn diese einen neuen Auftrag erhält. Die Unterscheidung liegt also vor allem im **Kartendesign**, dem **Leeren der Information auf der CONWIP-Karte**, dem **Rückstand an offenen Aufträgen** und dem **Einstiegspunkt**, an dem der Rückstand mit der Karte zusammengeführt wird. Die Abbildung 112 gibt Ihnen einen Überblick über die Elemente.

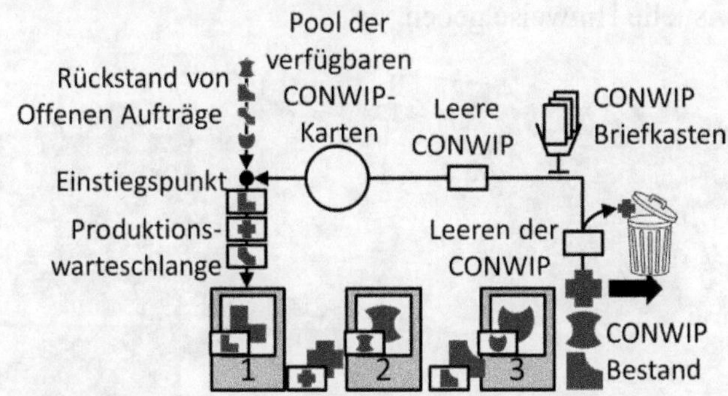

Abbildung 112: Elemente von CONWIP (Bild: Roser)

[49] Jan-Wilhelm Breithaupt, Martin Land, und Peter Nyhuis, *The workload control concept: theory and practical extensions of Load Oriented Order Release*, *Production Planning & Control* 13, Nr. 7 2002: 625–38.

[50] Bas Oosterman, Martin Land, und Gerard Gaalman, *The Influence of Shop Characteristics on Workload Control*, *International Journal of Production Economics* 68, Nr. 1 2000: 107–19.

[51] Lawrence D. Fredendall, Divesh Ojha, und J. Wayne Patterson, *Concerning the Theory of Workload Control*, *European Journal of Operational Research* 201, Nr. 1 2010: 99–111.

[52] Hans-Peter Wiendahl, *Die belastungsorientierte Fertigungssteuerung*, in *Fertigungssteuerung: Grundlagen und Systeme*, ed. Dietrich Adam, Schriften zur Unternehmensführung Wiesbaden: Gabler Verlag, 1992, 207–43.

[53] Hans-Peter Wiendahl, *Belastungsorientierte Fertigungssteuerung: Grundlagen - Verfahrensaufbau - Realisierung* München: Hanser, Carl, 1987.

[54] Peter Nyhuis und Hans-Peter Wiendahl, *Logistische Kennlinien: Grundlagen, Werkzeuge und Anwendungen*, 3. Aufl. Berlin Heidelberg Dordrecht London New York: Springer, 2012.

6.3.1 CONWIP-Karte

Eine CONWIP-Karte unterscheidet sich von einer Kanban, da sie zwei mögliche Zustände hat. Die CONWIP-Karte kann leer sein. In diesem Fall sind keine Informationen über ein Teil oder einen Auftrag angebracht. Die CONWIP-Karte kann aber auch mit einem zu produzierenden Teil oder Auftrag verbunden sein. In diesem Fall befinden sich Details zu diesem Auftrag auf oder in der CONWIP-Karte.

Häufig ist eine CONWIP-Karte eine leere Hülle, in die ein Auftrag am Einstiegspunkt eingesteckt werden kann. In der Regel handelt es sich dabei um Kunststoffhüllen, wie in Abbildung 113 gezeigt. Diese Plastikmappen haben oft mindestens eine transparente Seite, so dass die Informationen leicht zu sehen sind, ohne dass die Papiere entnommen werden müssen. Es ist möglich beide Seiten transparent zu machen, aber eine farbige Rückseite kann auch visuelle Hinweise geben.

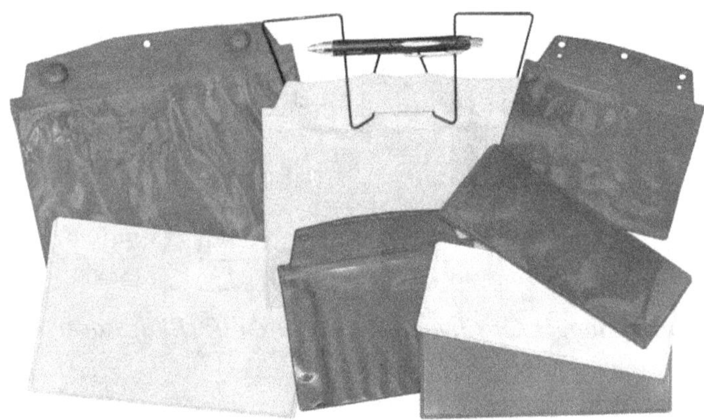

Abbildung 113: Auswahl an Mappen, die für CONWIP geeignet sind. Einige haben Drähte zum Aufhängen, andere haben eine magnetische Rückseite und wieder andere sind einfach nur Plastikmappen. Der Kugelschreiber dient dem Größenvergleich. (Bild: Roser, Beispielmappen von ORGATEX)

Sie könnten aber auch eine leere Kiste oder Palette verwenden, die die fertigen Artikel enthält. Die Teileinformationen werden am Einstiegspunkt an der Schachtel angebracht. Abbildung 114 zeigt eine Montagelinie, beider jede Karosserie auf einem Transportwagen steht. Es können nie mehr Karosserien bearbeitet werden, als Transportwagen vorhanden sind. Daher ist hier ein Wagen ebenfalls eine CONWIP-Karte. Sie könnten auch eine digitale Version einer CONWIP-Karte verwenden. Der Einfachheit halber und weil es in anderer Literatur so gehandhabt wird, werde ich das auch als CONWIP-Karte und nicht als CONWIP-Mappe bezeichnen.

Abbildung 114: Jeder Wagen für eine Karosserie wäre eine CON-WIP-Karte in dieser Fertigung von Sportwagen. (Bild: Brian Snelson unter der CC-BY 2.0 Lizenz)

Da sich die Informationen häufig ändern, ist es wichtig, dass der Inhalt der CONWIP-Karte leicht ausgetauscht werden kann. Solche Kunststoffmappen können unterschiedlich groß sein, von einer ganzen A4 Seite bis zur Größe einer Postkarte. Für kleinere Fälle kann das Papier gefaltet oder auf die entsprechende Größe zugeschnitten werden. Ähnlich wie bei Kanban können diese CONWIP-Mappen mit Löchern oder Haken zum Aufhängen versehen sein oder mit einer magnetischen Rückseite zur einfachen Befestigung am Teil oder am Werkstückträger aus Metall.

Auch eine leere CONWIP-Karte sollte die Information haben, wohin die Karte gehört. Sie könnten einen Aufkleber mit Informationen zur CONWIP-Karte (z. B. zu welcher Verbrauchssteuerungsschleife die Karte gehört) und einer Indexnummer der Karte hinzufügen. Auch einen Barcode könnte der Aufkleber enthalten.

Weitere Informationen werden am Einstiegspunkt hinzugefügt. Dieser hinzugefügte Inhalt für die CONWIP-Karte ist im Grunde ein Fertigungsauftrag. Er sollte alle notwendigen Details enthalten, **was zu produzieren ist, wie viel zu produzieren ist** und möglicherweise auch, **wie zu produzieren ist** und **welche Rohmaterialien** dafür benötigt werden. Zudem kann er auch **Informationen zum Endkunden**, das **Startdatum, Fristen, Meilensteine** oder sogar **Arbeitsanweisungen** enthalten. Wenn die Karte gefaltet ist, stellen Sie sicher, dass die wichtigsten Informationen auf der Vorderseite angezeigt werden und durch das transparente Fenster gut sichtbar sind.

6.3.2 Leeren von CONWIP-Karten

Wenn ein Teil das System verlässt, wird die CONWIP-Karte vom Teil entfernt. Zu diesem Zeitpunkt enthält die Karte noch die Informationen über das Teil oder den Auftrag, der gerade fertiggestellt wurde. Es ist nun erforderlich, die CONWIP-Karte zu leeren (d. h. die Informationen des Fertigungsauftrags zu entfernen).

In der Abbildung 112 wird dies vereinfacht dargestellt, indem die Informationen über den Auftrag in den Abfall geworfen werden. In der Realität werden diese Informationen jedoch nicht weggeschmissen, sondern an anderen Stellen verwendet oder archiviert (z. B. zur Verfolgung der Fertigstellung von Aufträgen, zur Weiterleitung an den Rückstand der nächsten CONWIP-Schleife oder allgemein zur Dokumentation der Arbeit). Unabhängig davon, was Sie mit den Informationen machen, muss die CONWIP-Karte geleert werden und darf nicht mehr mit einem Auftrag verknüpft sein. Die Ausnahme ist CONWIP für Workload Control, wofür die Karte noch die Informationen über die frei gewordene Arbeitslast behalten sollte, damit sie dem Pool der verfügbaren Arbeitslast wieder hinzugefügt werden kann.

6.3.3 CONWIP-Briefkasten

Der CONWIP-Briefkasten ist dem Kanbanbriefkasten in Kapitel 5.3.3 sehr ähnlich. Wenn es machbar ist, können Sie jede leere CONWIP-Karte sofort zum Einstiegspunkt bringen. Es kann jedoch unpraktisch sein, diesen Informationstransport sofort durchzuführen. In diesem Fall werden, ähnlich wie bei einem Kanbanbriefkasten, leere CONWIP-Karten gesammelt und periodisch zum Einstiegspunkt gebracht. Bei digitalen CONWIP-Karten werden die Karten gescannt. Hier kann es unter Umständen einfacher sein zu warten, bis mehrere Karten zusammen sind, bevor diese gescannt werden.

6.3.4 Pool der verfügbaren CONWIP-Karten

Im Idealfall wird jede leere CONWIP-Karte, die am Einstiegspunkt ankommt, sofort für den nächsten verfügbaren Auftrag verwendet. Wenn jedoch nicht genügend Aufträge vorhanden sind, kann der Rückstand an offenen Aufträgen leer sein. In diesem Fall muss die leere CONWIP-Karte vor dem Einstiegspunkt warten, bis der nächste Auftrag im Rückstand der offenen Aufträge verfügbar wird. Idealerweise sollte aber dieser Pool an verfügbaren CONWIP-Karten meistens leer sein.

Wenn Sie die CONWIP-Variante mit einem *Workload Limit* anstelle einer Bestandsgrenze verwenden, beinhaltet die leere CONWIP-Karte

Information zur frei gewordenen Arbeitslast. Diese Arbeitslast wird dem Pool der verfügbaren Arbeitslast hinzugefügt. Beachten Sie, dass dieser Pool aus separaten Pools für mehrere Prozesse bestehen kann, wie in Abbildung 110 dargestellt. Der nächste Auftrag im Rückstand der offenen Aufträge wird gestartet, wenn die verfügbare Arbeitslast im Pool ausreichend ist. In diesem Fall wird die erforderliche Arbeitslast aus dem Pool entfernt und der CONWIP-Karte für diesen Auftrag hinzugefügt.

Wenn die Arbeitslast für den nächsten Auftrag nicht ausreicht, dürfen Sie **nicht zu einem anderen Auftrag im Rückstand der offenen Aufträge springen**, auch wenn dieser Auftrag mit der verfügbaren Arbeitslast möglich wäre. Einen kleinen Auftrag vorzuziehen, würde die Wartezeit und damit auch die Durchlaufzeit von größeren Aufträgen drastisch erhöhen.

6.3.5 Rückstand an offenen Aufträgen

Der Rückstand an offenen Aufträgen ist eine Liste von offenen Aufträgen oder Bestellungen, die noch nicht durch eine CONWIP-Karte freigegeben worden sind. In der Regel handelt es sich dabei um eine Anzahl von Arbeitsaufträgen in gedruckter oder digitaler Form. Da sie am Einstiegspunkt in die CONWIP-Karte gesteckt werden, sollten diese Ausdrucke (eventuell gefaltet) in die CONWIP-Karte passen. Es hilft, wenn die wichtigen Informationen durch die durchsichtige Seite der CONWIP-Karte sichtbar sind. Heutzutage wird der Rückstand auch oft digital verwaltet, ebenso wie die CONWIP-Karte, aber ein Ausdruck des Auftrags ist immer noch häufig.

Dieser Rückstand an offenen Aufträgen wird **nach der Priorität sortiert**. Die dringendsten Aufträge werden bei einer freien CONWIP-Karte zuerst produziert – sofern das benötigte Material vorhanden ist. Bitte beachten Sie, dass für **jeden Auftrag im Rückstand das benötigte Material verfügbar sein** bzw. eine rechtzeitige Lieferung des Materials zu erwarten sein sollte. Es macht keinen Sinn die Produktion zu starten, wenn das Material nicht rechtzeitig kommt.

Jemand muss die Reihenfolge der Priorisierung im Rückstand festlegen. Jemand muss entscheiden, welcher Auftrag dringender ist als die anderen. Spearman et al. schlagen für diese Aufgabe die Mitarbeiter der Produktion und der Logistik vor. Ich würde es allgemeiner formulieren als die Leute, die die Dringlichkeit am besten beurteilen können. Das könnte z. B. ein Sachbearbeiter in der Produktionsplanung oder Produktionssteuerung sein oder ein Vorgesetzter in der Fertigung für die internen Versorgungslinien. In der modernen Fertigung wird die Reihenfolge wahrscheinlich in erster Linie auf den verfügbaren ERP-Daten basieren, kombiniert mit zusätzlichen Informationen per Telefon oder E-Mail.

Das entscheidende Element für die Reihenfolge ist normalerweise das **Fälligkeitsdatum des Auftrags**, wobei frühere Fälligkeitsdaten eine höhere Priorität als spätere Fälligkeitsdaten haben. Dies kann auch modifiziert werden, um den Arbeitsinhalt einzubeziehen. Ein Auftrag mit früherem Fälligkeitsdatum und wenig Arbeit könnte weniger dringend sein als ein Auftrag mit späterem Fälligkeitsdatum und viel Arbeitsinhalt[55].

Wenn Sie CONWIP implementieren, können Sie wahrscheinlich die gleichen Regeln für die Reihenfolge verwenden, die Sie vielleicht schon vor der Implementierung von CONWIP verwendet haben. Mitarbeiter mit einem guten Überblick der Prioritäten können bei der Reihenfolge helfen. Allerdings könne Personen, die lediglich glauben, sich gut auszukennen, diese Reihenfolge auch ernsthaft vermasseln.

Beachten Sie außerdem, dass **es nicht notwendig ist eine Reihenfolge für alle offenen Aufträge zu erstellen**. Wenn Sie oder jemand anderes den Rückstand sequenziert, müssen Sie **nur die dringendsten Aufträge sequenzieren, um die Zeit bis zur nächsten Sequenzierung zu überbrücken**. Oft wird die Sequenzierung zu Beginn eines Tages durchgeführt und es werden genügend Aufträge sequenziert, um das System bis zum nächsten Tag bzw. zur nächsten Sequenzierung zu beschäftigen.

Es besteht keine Notwendigkeit alle offenen Aufträge für die nächsten drei Wochen detailliert zu priorisieren, da diese Reihenfolge sich durchaus auch wieder ändern kann. In einer normalerweise sehr volatilen Umgebung wie einem Fertigungssystem kommen ständig zusätzliche Informationen hinzu. Kunden können mehr bestellen oder Aufträge stornieren. Auch die Materialverfügbarkeit kann sich ändern. Wenn Sie die Reihenfolge jedoch zu oft aktualisieren und ändern, können Sie das Chaos vergrößern. Stellen Sie außerdem sicher, dass die Reihenfolge wirklich auf den Anforderungen des Kunden basiert. Verhindern Sie, dass die Mitarbeiter einfach das Teil im Rückstand priorisieren, das ihnen am besten gefällt oder das ihnen eine bessere leistungsorientierte Vergütung verschafft.

Wenn Sie gedruckte Papierarbeitsaufträge innerhalb des Rückstands verwenden, achten Sie auf eine klare Reihenfolge. Sie könnten z. B. spezielle Plantafeln verwenden, wie in Abbildung 115 dargestellt. Es sind aber auch viele andere Systeme denkbar, wie z. B. magnetische CONWIP-Karten, die auf einer beschrifteten Blechtafel angeordnet sind.

---

[55] Matthias Thürer u. a., *On the backlog-sequencing decision for extending the applicability of ConWIP to high-variety contexts: an assessment by simulation, International Journal of Production Research* 55, Nr. 16 2017: 4695–4711.

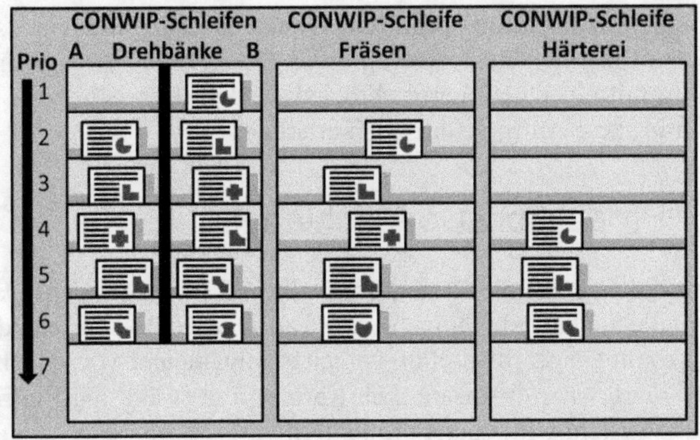

*Abbildung 115: Die Reihenfolge in einem CONWIP-Rückstand
sollte einfach zu verstehen sein (Bild: Roser)*

6.3.6 Einstiegspunkt

Der Einstiegspunkt (oder auf Englisch *System Entry Point*) ist der Punkt, an dem die leere CONWIP-Karte auf den Rückstand trifft. Immer wenn eine leere CONWIP-Karte eintrifft, wird der nächste Eintrag im Rückstand dieser CONWIP-Karte zugeordnet und in die Warteschlange für die Produktion freigegeben. Dieser Einstiegspunkt wird manchmal auch als *Matchmaking* bezeichnet.

In der Praxis bedeutet das in der Regel den ausgedruckten Fertigungsauftrag in die leere CONWIP-Hülle zu stecken. **Wenn keine leeren CONWIP-Karten verfügbar sind, müssen die Aufträge warten, bis eine CONWIP-Karte verfügbar ist. Wenn es keine verfügbaren Aufträge gibt, muss die CONWIP-Karte warten, bis ein Auftrag verfügbar ist.** Häufig steckt die Person, die die leeren CONWIP-Karten zum Einstiegspunkt bringt, auch die nächsten Aufträge aus dem Rückstand in die CONWIP-Karten.

Wenn Sie die **CONWIP-Variante mit Workload Control anstelle einer Bestandsgrenze verwenden**, dann benötigen Sie genügend verfügbare Arbeitslast für den ersten Auftrag im Rückstand, um diesen Auftrag freizugeben. Denken Sie daran, dass Sie separate Arbeitslast-Pools für mehrere Prozesse haben könnten. **Die verfügbare Arbeitslast in diesen Pools muss ausreichen, um die benötigte Arbeitslast für den Auftrag bei den jeweiligen Prozessen abzudecken**.

Wenn nicht genügend Arbeitslast vorhanden ist, müssen sowohl die CONWIP-Karten als auch die Aufträge im Rückstand warten, bis genügend Arbeitslast vorhanden ist. Wie bereits in Kapitel 6.3.4 erwähnt, sollten Sie **die**

Reihenfolge im Rückstand einhalten. Wenn die verfügbare Arbeitslast für den ersten Auftrag nicht ausreicht, springen Sie nicht zu einem nachfolgenden Auftrag mit einer geringeren Arbeitslast, denn das würde die Durchlaufzeit für größere Aufträge drastisch erhöhen.

6.3.7   Produktionswarteschlange

Die Warteschlange für die Produktion sollte FIFO verwenden. Das erste Teil, das in die Schlange hineingeht, sollte auch das erste Teil sein, das wieder herauskommt. Spearman et al. sprechen allgemeiner von einem *„First in System, First Served"*-Ansatz. Die Karte mit dem ältesten Eintrittszeitpunkt in das System wird zuerst produziert.

Spearman et al. schlagen vor, dass diese Regel befolgt werden muss, außer bei Nacharbeit. Die Annahme ist, dass Nacharbeit längst überfällig ist und deshalb auch in der Fertigung priorisiert werden muss. Meiner Meinung nach ist dies einer der Gründe FIFO zu ändern. Es kann jedoch auch andere geben.

Sie können auch ein Prioritätssystem einrichten. So ist es z. B. in der Regel sinnvoll der Auftragsfertigung Vorrang vor Lagerfertigung zu geben. Bei Auftragsfertigung kann das die Durchlaufzeit reduzieren, während es den Lagerbestand nur geringfügig erhöht. **Die Verkürzung der Durchlaufzeit für exotische Auftragsfertigung ist wahrscheinlich viel vorteilhafter als der leicht erhöhte Bestand für Lagerteile.** Trotzdem ist eine simple FIFO oft einfacher zu handhaben.

In jedem Fall sollten Sie dafür sorgen, dass kein Auftrag im System vergessen wird. Wenn es allein den Mitarbeitern überlassen wird, können die schwierigeren, unangenehmeren oder schlechter bezahlten Teile auf unbestimmte Zeit vergessen werden. Wenn Sie sich nicht sicher sind, welchen Priorisierungsansatz Sie für Ihr System verwenden sollten, nehmen Sie einfach eine FIFO.

Wenn Sie eine zusätzliche Sequenzierung wünschen, z. B. für eine Rüstreihenfolge, können Sie dies in der Warteschlange für die Produktion tun. Das kann einige CONWIP-Karten binden. Für diese verlängerte Wiederbeschaffungszeit benötigen Sie eventuell ein paar weitere CONWIP-Karten. Es ist aber auch möglich **die Sequenzierung bereits im Rückstand zu machen**. Hier müssen Sie diese Verzögerung nicht mit zusätzlichen CONWIP-Karten abdecken, da sie nicht Teil der Wiederbeschaffungszeit ist. Oftmals kann die Person, die den Rückstand erstellt oder den Einstiegspunkt verwaltet, ein Auge auf eine machbare Reihenfolge haben.

In jedem Fall können Sie Regeln für die Sequenzierung erstellen und durchsetzen oder die Sache den Mitarbeitern überlassen. In letzterem Fall laufen Sie Gefahr, dass die Mitarbeiter zuerst die Aufträge machen, welche ihnen am besten gefallen und nicht die dringendsten.

Es ist möglich eine einzige FIFO auch für gemischte Kanban-CONWIP-Systeme zu verwenden. Es ist aber auch möglich getrennte Warteschlangen für Kanban- und CONWIP-Karten zu haben. Im letzteren Fall muss für die Mitarbeiter eine klare Regel bestehen, welche dieser beiden FIFOs höhere Priorität hat. Siehe Kapitel 6.2.3 und 6.2.4 für Details.

6.3.8   CONWIP-Bestand

Ein Kanbansystem hat einen Supermarkt am Ende der Schleife. CONWIP hat ebenfalls einen Bestand am Ende. Da es sich jedoch um eine Auftragsfertigung handelt, nimmt der Kunde den fertigen Auftrag in der Regel sofort ab und Sie haben nur sehr wenig Bestand.

Ein Supermarkt hat idealerweise eine Linie für jeden Teiletyp, ähnlich wie bei vielen parallelen FIFOs mit einer FIFO für jeden Teiletyp. Für CONWIP ist das nicht notwendig, da sich selten mehr als ein identischer Auftrag im Fertigwarenbestand befindet.

Befinden sich mehrere identische Aufträge oder Teile im Fertigwarenlager, sollte der Auftrag mit der ältesten angebrachten CONWIP-Karte zuerst verschickt werden. In jedem Fall kehren die CONWIP-Karten, ähnlich wie bei Kanban, an den Anfang zurück, wenn die Aufträge das System verlassen haben.

6.4   CONWIP-Berechnung

Die Berechnung für die Anzahl der CONWIP-Karten ähnelt der Berechnung von Kanban, ist aber wesentlich einfacher und hat einige wichtige Unterschiede. Ich werde zunächst auf die grundlegenden Unterschiede eingehen, bevor ich die Berechnung der Anzahl der CONWIP-Karten für Fließfertigung im Detail zeige. Danach gehe ich auch auf die Berechnung für Werkstattfertigungen ein.

Ich werde auch erklären, wie man dies für CONWIP berechnet, die keine diskrete Bestandsgrenze haben, sondern stattdessen z. B. eine Arbeitslastgrenze oder ein Bestandslimit für eine kontinuierliche Menge wie Volumina oder Massen. Da CONWIP-Berechnungen aber ähnlich wie bei Kanban sehr unübersichtlich und ungenau sind, sind auch hier Schätzungen möglich.

6.4.1 Grundlagen

CONWIP im Speziellen oder die Auftragsfertigung im Allgemeinen hat ganz andere Ziele als Kanban oder Lagerfertigung. Bei Kanban, oder allgemein Lagerfertigung, ist das Ziel eine hohe Materialverfügbarkeit für den Kunden bei gleichzeitiger Vermeidung von Überbeständen. Bei CONWIP, oder generell Auftragsfertigung, muss der Kunde immer warten, und **das Ziel ist ein Kompromiss zwischen einer guten Auslastung und kurzen Durchlaufzeiten**. Es gibt bei Auftragsfertigung keine Produkte, die für den Fall vorgehalten wird, dass ein Kunde auftaucht. Stattdessen wird alles auftragsbezogen gefertigt. Außerdem verlassen die meisten Produkte die CONWIP-Schleife direkt nach der Fertigstellung, da der Kunde bereits auf die Produkte wartet.

Das Ziel ist also nicht eine gute Materialverfügbarkeit, sondern ein Kompromiss zwischen einer guten Auslastung des Systems und einer schnellen Durchlaufzeit. Beides wird durch die Bestandsgrenze im System und damit durch die Anzahl der CONWIP-Karten beeinflusst. Das Freigeben von zu vielen Aufträge in CONWIP erhöht den Bestand und damit die Durchlaufzeit, während zu wenige Aufträge die Auslastung verringern. Lassen Sie mich dies noch einmal zusammenfassen, da es sehr wichtig ist:

- Bei einer Lagerfertigung suchen wir den Kompromiss zwischen einer guten Materialverfügbarkeit und der Vermeidung von zu viel kostspieligem und trägem Bestand.
- Bei einer Auftragsfertigung suchen wir den Kompromiss zwischen einer guten Auslastung des Systems und einer schnellen Durchlaufzeit.

Aufgrund dieses fundamentalen Unterschieds benötigt man in der Regel viel weniger CONWIP-Karten als Kanbans für vergleichbare Systeme. **Bei der Kanbanberechnung mussten wir oft den Worst Case berücksichtigen und konservative Annahmen treffen. Bei CONWIP ist es völlig in Ordnung Durchschnittswerte zu verwenden und vielleicht noch ein kleines bisschen Sicherheit hinzuzufügen.** Das ergibt einen guten Kompromiss zwischen Auslastung und Durchlaufzeit.

Viele Führungskräfte in der Fertigung bevorzugen jedoch die Auslastung. *„Die Maschinen müssen laufen, wen kümmern schon die Bestände!"*. Bitte machen Sie diesen Fehler nicht. Versuchen Sie einen guten Kompromiss zwischen Auslastung und Lagerbestand zu finden. **Im Zweifelsfall entscheiden Sie sich für weniger CONWIP-Karten und geringere Bestände und damit schnellere Durchlaufzeiten.**

Die Unterschiede zwischen Lagerfertigung und Auftragsfertigung verändern die Formel zur Berechnung der Anzahl der CONWIP-Karten. Für

Kanban wollen wir eine hohe Materialverfügbarkeit auch unter widrigen Umständen wie Bedarfsspitzen, Störungen und anderen Schwankungen sicherstellen. Daher haben wir für Kanban konservative Worst-Case-Annahmen verwendet. Für CONWIP müssen wir nicht den schlimmsten Fall annehmen und können daher Schwankungen ignorieren. **Verwenden Sie daher für CONWIP Durchschnittswerte**, eventuell mit einem kleinen Stück Sicherheit.

Zweitens mussten wir die Anzahl der Kanbans für jeden Teiletyp separat berechnen, indem wir die teilespezifische Taktzeit und die teilespezifische Anzahl der Teile pro Kanban verwendeten. CONWIP ist nicht einem bestimmten Teiletyp zugeordnet, sondern ist eine generische Karte für *jede* Art von Auftrag. Außerdem ist es bei CONWIP nicht üblich einen identischen Auftrag zu wiederholen. Normalerweise ist hier jeder Auftrag anders. Daher müssen Sie **bei CONWIP nicht zwischen den Teiletypen unterscheiden**.

Schließlich, repräsentiert eine Kanban mehrere Teile desselben Typs, wohingegen eine CONWIP-Karte in der Regel generisch ist und normalerweise nur einen Auftrag repräsentiert. Daher müssen Sie für CONWIP **selten ein CONWIP-Äquivalent zur Anzahl der Teile pro Kanban betrachten**, da es normalerweise eine Karte pro Auftrag gibt. Wenn Sie jedoch ein ungewöhnliches CONWIP mit mehreren Aufträgen für eine Karte haben, müssen Sie dies wieder berücksichtigen. Insgesamt vereinfacht sich die Formel 15 aus der Kanbanberechnung in die Formel 22 für CONWIP.

$$NC_{CONWIP} = \frac{RT_\emptyset}{TT_{All}} + S = RT_\emptyset \cdot DF_{All} + S$$

Formel 22: Allgemeine Formel zur Berechnung der Anzahl der CONWIP-Karten

Die Variablen in der Formel 22 sind wie folgt, unter der Annahme, dass ein Auftrag gleich einer CONWIP-Karte ist:

DF_{All} Bedarfshäufigkeit über alle Teiletypen (Auftrag pro Zeit)
NC_{CONWIP} Anzahl der CONWIP-Karten (Anzahl Karten)
$RT_\emptyset$ Durchschnittliche Wiederbeschaffungszeit (Zeit)
S Sicherheitsfaktor (Anzahl Karten)
TT_{All} Kundentakt über alle Teiletypen (Zeit pro Auftrag)

Wenn das Bestandslimit Ihres CONWIP als Arbeitslast oder als eine kontinuierliche Größe wie Liter, Kilogramm oder Kubikmeter gemessen wird, wird die Formel wieder etwas kniffliger. Mehr dazu in Kapitel 6.4.6.

6.4.2   Kundentakt für CONWIP

Wir müssen auch den Kundentakt bestimmen. Bitte beachten Sie, dass der Kundentakt in Formel 22 nun in der durchschnittlichen Zeit zwischen Aufträgen gemessen werden müsste. Die Bedarfshäufigkeit würde in Aufträgen pro Zeit ermittelt werden.

Der Kundentakt entspricht in der Regel auch dem Linientakt, der bei CONWIP die durchschnittliche Zeit zwischen den Fertigstellungen eines Auftrags ist. Der Kehrwert wäre der Durchsatz, d. h. die durchschnittliche Anzahl der abgeschlossenen Aufträge pro Zeitperiode. Da CONWIP-Karten nicht zwischen verschiedenen Aufträgen oder Teiletypen unterscheiden, werden der Kundentakt, der Linientakt, die Bedarfshäufigkeit und der Durchsatz über alle Teiletypen hinweg berechnet, wie in Formel 23 und Formel 24 dargestellt. Dies unterscheidet sich von Kanban, wo der Takt oft individuell pro Teiletyp benötigt werden.

$$TT_{All} = \frac{TW}{D_{All}} = \frac{1}{DF_{All}}$$

Formel 23: Kundentakt über alle Teiletypen

$$TL_{All} = \frac{TW}{Q_{All}} = \frac{1}{TP_{All}} \approx TT_{All}$$

Formel 24: Linientakt über alle Teiletypen

Die Variablen für Formel 23 und Formel 24 sind wie folgt:

D_{All}	Bedarf an allen Teiletypen innerhalb eines Zeitraums (Aufträge)
DF_{All}	Bedarfshäufigkeit über alle Teiletypen (Auftrag pro Zeit)
Q_{All}	Quantität über alle Teilevarianten (Aufträge)
TL_{All}	Linientakt über alle Teiletypen (Zeit pro Auftrag)
TP_{All}	Durchsatz über alle Teiletypen (Aufträge pro Zeit)
TT_{All}	Kundentakt über alle Teiletypen (Zeit pro Auftrag)
TW	Arbeitszeit eines Systems (Zeit)

6.4.3   Wiederbeschaffungszeit für CONWIP

Die Wiederbeschaffungszeit für CONWIP unterscheidet sich von der Wiederbeschaffungszeit für Kanban. Sie ist die Zeit, die eine CONWIP-Karte vom Beginn der Produktion bis zum Wiedereintreffen der leeren CONWIP-Karte am Einstiegspunkt benötigt. Technisch gesehen wird bei CONWIP nicht der gleiche Teiletyp „wiederbeschafft", sondern der nächste Auftrag im Rückstand freigegeben. Aus Gründen der Konsistenz nennen wir dies aber trotzdem die Wiederbeschaffungszeit.

Diese Wiederbeschaffungszeit beinhaltet alle Informationstransport- und Wartezeiten für die Karten, die Bearbeitungszeiten in den verschiedenen Prozessen und das Warten zwischen den Prozessen. Sie beinhaltet auch das Warten mit den Fertigwaren, unter der Annahme, dass die meisten Teile kurz nach Fertigstellung das System verlassen. Sie ist in der Regel ein Durchschnittswert und enthält *keine* Schwankungen. Eine Übersicht über die Wiederbeschaffungszeit für CONWIP ist in Abbildung 116 dargestellt. Bitte beachten Sie den Unterschied zu Abbildung 75.

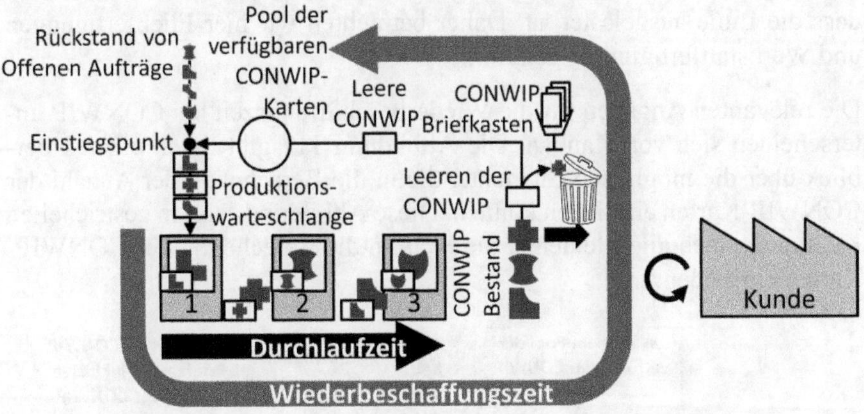

Abbildung 116: Die Wiederbeschaffungszeit für CONWIP (Bild: Roser)

CONWIP im Speziellen oder die Auftragsfertigung im Allgemeinen hat ganz andere Ziele als Kanban oder die Lagerfertigung. Bei Kanban bzw. generell bei der Lagerfertigung ist das Ziel eine hohe Materialverfügbarkeit für den Kunden. Daher haben wir bei der Wiederbeschaffungszeit für Kanban die Wartezeit von Kanbans im Supermarkt nicht berücksichtigt, da diese Karten bereits „bereit" für den Kunden sind.

Bei CONWIP, oder generell bei der Auftragsfertigung, muss der Kunde immer warten. Das Ziel ist vielmehr eine Kombination aus guter Auslastung und geringen Durchlaufzeiten. Daher sind bei CONWIP leere CONWIP-Karten oder CONWIP-Karten, die in der Warteschlange auf die Produktion warten, „bereit" für das System und werden nicht in die Wiederbeschaffungszeit eingerechnet. Bei Kanban ist der Supermarktbestand der Puffer gegen Schwankungen. Bei CONWIP sind die CONWIP-Karten im Pool oder in der Warteschlange für die Produktion der Puffer gegen Schwankungen.

Oder, anders ausgedrückt: **Das Ziel einer Lagerfertigung ist es, einen stetigen Fluss von Teilen für den Kunden bereitzustellen. Daher ignoriert die Wiederbeschaffungszeit den fertigen Bestand. Das Ziel einer Auftragsfertigung ist es, dem System einen stetigen Fluss von Arbeit zu liefern. Deshalb ignoriert die Wiederbeschaffungszeit die noch nicht begonnene Arbeit.**

6.4.4 CONWIP-Berechnung für Fließfertigungen

Die Bestimmung der Anzahl der CONWIP-Karten für Fließfertigungen ist viel einfacher als für Werkstattfertigungen. Sie brauchen nur so viele Karten, dass die Linie ausgelastet ist. Daher betrachten wir hier Fließfertigungen und Werkstattfertigungen getrennt.

Die relevanten Angaben für die Wiederbeschaffungszeit bei CONWIP unterscheiden sich von Kanban. Die Abbildung 117 gibt Ihnen einen Überblick über die möglichen Elemente, die in die Berechnung der Anzahl der CONWIP-Karten einfließen können. Diese Abbildung zeigt in gestrichelten Klammern auch alle Elemente, die *nicht* in die Berechnung der CONWIP-Karten einfließen.

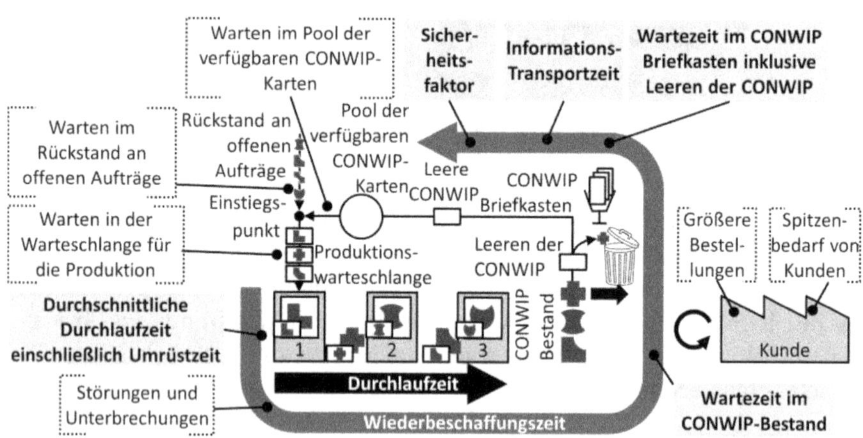

Abbildung 117: Die relevanten und (in gestrichelten Klammern) irrelevanten Elemente der Wiederbeschaffungszeit für CONWIP (Bild: Roser)

6.4.4.1 Elemente, die für CONWIP NICHT relevant sind

Betrachten wir zunächst die Elemente in Abbildung 117, die nicht relevant sind für die Berechnung der Anzahl CONWIP-Karten. Alle Schwankungen können ignoriert werden. Auf der Kundenseite ist zwar der durchschnittliche Kundentakt oder die Bedarfshäufigkeit immer noch relevant, aber der

Effekt von **Bedarfsspitzen** hat keinen Einfluss auf die Anzahl der CON-WIP-Karten. Ebenso haben **größere Bestellungen**, also die Bestellung mehrerer Aufträge auf einmal, keinen Einfluss auf die Anzahl der CON-WIP-Karten. Auf der Produktionsseite gehen **Störungen und Unterbrechungen** nur als Mittelwerte in die Durchlaufzeit ein, die Schwankungen müssen nicht berücksichtigt werden.

Da sich die Ziele von CONWIP und Kanban unterscheiden, beginnt und endet die Wiederbeschaffungszeit an anderen Stellen, wie in Abbildung 117 dargestellt. CONWIP puffert Arbeit für das System und nicht Teile für den Kunden, daher wird die Arbeit, die auf die Produktion wartet, nicht in die Wiederbeschaffungszeit einbezogen. Dies beinhaltet die **Wartezeit im Pool der verfügbaren CONWIP-Karten** und die **Wartezeit in der Warteschlange für die Produktion**[56]. Wenn Sie allerdings ein sehr seltenes gemischtes Kanban-CONWIP-System haben, das auch Kanban höher priorisiert als CONWIP, müssen Sie die Wartezeit aufgrund der Priorisierung von Kanban mit einbeziehen.

Der **Rückstand an offenen Aufträgen** ist vollständig außerhalb der CON-WIP-Schleife und damit nicht Teil der Wiederbeschaffungszeit, unabhängig davon, wie die Wiederbeschaffungszeit definiert ist.

6.4.4.2 Elemente der CONWIP-Berechnung

Hier finden Sie die Details zu den Elementen, die für die Berechnung der Wiederbeschaffungszeit für CONWIP-Karten relevant sind. Siehe Abbildung 117 für eine Veranschaulichung.

6.4.4.2.1 Durchschnittliche Durchlaufzeit inklusive Rüsten

Die Durchlaufzeit ist die Zeit, die ein durchschnittlicher Auftrag benötigt, um das Produktionssystem zu durchlaufen. Bitte beachten Sie, dass mit dem Durchschnitt hier der Mittelwert gemeint ist, nicht der Median. Ein paar Ausreißer von Aufträgen, die sehr lange brauchen, werden Ihren Median nicht verändern, aber definitiv den Mittelwert. Außerdem beinhaltet dieser Durchschnitt auch Rüsten, Störungen und alle anderen Verluste, die auftreten können.

Die Durchlaufzeit basiert auf der Anzahl der Aufträge im System. Diese Anzahl von Aufträgen könnte die aktuelle Anzahl von Aufträgen im System

---

[56] Um ehrlich zu sein, habe ich lange überlegt, ob ich die Zeit in der Warteschlange für die Produktion mit einbeziehen soll oder nicht. Ich habe mich schließlich entschieden, diese Zeit nicht in die Wiederbeschaffungszeit für Auftragsfertigung einzubeziehen, aber hier können Sie gerne auch anderer Meinung sein.

sein, die hoffentlich eine gute Darstellung der durchschnittlichen Anzahl von Aufträgen im System ist. Es könnte auch ein langfristiger Durchschnitt oder eine Schätzung sein. Wahrscheinlich ist es am besten, die durchschnittliche Anzahl von Aufträgen zu verwenden, die Sie im System haben **möchten**. Dividiert man die Anzahl der Aufträge, die man im System hat (oder haben möchte) durch den Kundentakt, erhält man die (gewünschte) Durchlaufzeit, wie in Formel 8 beschrieben.

6.4.4.2.2 Wartezeit im CONWIP-Bestand

Die Wiederbeschaffungszeit für die CONWIP-Berechnung kann auch die Zeit für fertige Teile beinhalten, die im Lager auf die Auslieferung an den Kunden warten – oft nur eine kurze Wartezeit. Diese Zeit sollte nur die Wartezeit beinhalten, während der die CONWIP-Karte noch dem Produkt zugeordnet ist. Wie wir später in Kapitel 6.7.1 sehen werden, gibt es verschiedene Möglichkeiten, wann die CONWIP-Karte zurückgegeben werden kann. Wenn Sie die Karte sofort bei Fertigstellung des Produktes zurückgeben, unabhängig davon, ob die Teile warten, dann würde die Wartezeit nicht berücksichtigt werden. **Wir sind an der Wartezeit der CONWIP-Karten interessiert, nicht an der Wartezeit der fertigen Aufträge.** Daher wird nur die Wartezeit von Aufträgen mit Karten berücksichtigt.

Aber auch wenn die Karten bis zum Versand an den Kunden am Auftrag hängen, ist die Wartezeit meist recht kurz. Der Kunde wartet höchstwahrscheinlich schon sehnsüchtig auf die Produkte und möchte nicht, dass die Artikel in Ihrem Lager herumliegen. Daher **kann die Wartezeit im CONWIP-Bestand meist vernachlässigt werden**. Nur wenn Sie häufig eine signifikante Anzahl von abgeschlossenen Aufträgen haben, die längere Zeit zusammen mit der CONWIP-Karte warten, sollten Sie diese Zeit mit einbeziehen. Das kommt häufig bei Maschinen oder Anlagen vor, bei denen Verzögerungen auf Kundenseite die Installation in die Länge ziehen.

6.4.4.2.3 Wartezeit im CONWIP-Briefkasten

Die Wartezeit im CONWIP-Briefkasten ähnelt der Wartezeit im Kanbanbriefkasten. Sie hängt vor allem davon ab, wie oft eine Person kommt und die CONWIP-Karten in den Pool der verfügbaren CONWIP-Karten oder zum Einstiegspunkt zurückbringt. Bei digitalen Karten würde es davon abhängen, wie oft die wartenden Karten gescannt werden. Wenn jede Stunde eine Person vorbeikommt, um die Karten zu transportieren oder zu scannen, dann würde die Wartezeit maximal eine Stunde betragen. Bitte beachten Sie, dass wir auch hier im Gegensatz zu Kanban den Durchschnitt und nicht den schlechtesten Fall verwenden. Bei einer stündlichen Abholung würde die durchschnittliche Wartezeit im CONWIP-Briefkasten also dreißig Minuten betragen.

Eine Kanban muss nur vom Teil entfernt werden. Eine CONWIP-Karte muss ebenfalls vom Auftrag abgenommen werden, zusätzlich müssen aber auch die Informationen des vorherigen Auftrags aus der CONWIP-Karte entfernt werden. Diese Zeit kann in der Wartezeit im CONWIP-Briefkasten enthalten sein. Allerdings ist die Zeit, die zum Leeren der Karten benötigt wird, normalerweise viel, viel kleiner als die Wiederbeschaffungszeit. Es macht also wahrscheinlich keinen großen Unterschied, ob Sie die Zeit für das Leeren der CONWIP-Karten ignorieren oder nicht.

6.4.4.2.4 Zeit für den Transport der Information

Ähnlich wie bei Kanban muss die CONWIP-Karte vom CONWIP Briefkasten zurück zum Einstiegspunkt transportiert werden. Bei digitalen Systemen liegt diese Informationstransportzeit in der Größenordnung von Millisekunden, und selbst bei physischen Karten beträgt sie selten mehr als ein paar Minuten. Daher **kann diese Informationstransportzeit, ähnlich wie bei Kanban, oft getrost vernachlässigt werden**.

6.4.4.2.5 Sicherheitsfaktor

Wir könnten einen Sicherheitsfaktor in die CONWIP-Berechnung einbauen. Ähnlich wie bei Kanban ist dies auch ein Komfortfaktor für Ihre Mitarbeiter, um deren Sorgen zu verringern. Da die CONWIP-Berechnung jedoch Durchschnittswerte und keine Worst-Case-Szenarien verwendet, müssen Sie keinen Sicherheitsfaktor hinzufügen. Das bloße Aufrunden auf die nächste Zahl ist oft ausreichend. In den meisten Fällen werden Sie die Anzahl der CONWIP-Karten später am laufenden System ohnehin anpassen. Die Sicherheit ist hier lediglich ein Wohlfühlfaktor für Ihre Leute und ansonsten unnötig. **Vermeiden Sie aber zu viel Sicherheit, da dies die Durchlaufzeit und den Bestand erhöht.**

6.4.4.2.6 Andere Elemente

Ähnlich wie bei Kanban kann Ihr System ungewöhnliche zusätzliche Elemente haben, die in die Wiederbeschaffungszeit für CONWIP-Karten einfließen würden. Das könnte z. B. die Wartezeit in gemischten Kanban-CONWIP-Systemen sein, in denen die Kanban Vorrang hat – obwohl es normalerweise umgekehrt ist. In diesem Fall sollte die zusätzliche Wartezeit für die CONWIP-Karten, die durch die Kanban verursacht wird, berücksichtigt werden. Die oben beschriebenen Elemente sollten jedoch für die meisten Fälle ausreichen. Denken Sie auch daran, dass Sie nicht an ungewöhnlichen Schwankungen interessiert sind, sondern nur an der durchschnittlichen Auswirkung auf das System.

6.4.4.3 Berechnen der Anzahl der CONWIP-Karten

Die hier gezeigten Elemente decken die meisten Fälle ab. Aber wenn Ihr CONWIP zusätzliche Verzögerungen aufweist, beziehen Sie diese bitte in die Berechnung ein. Die Tabelle 14 gibt Ihnen einen Überblick über die relevanten Elemente.

Gruppe	Element	Einheit	Normalerweise Relevant?	Variable
Wieder-beschaffungszeit	Durchlaufzeit	Zeit	Ja	LT
	Wartezeit im CONWIP-Bestand	Zeit	Nein	WI
	Wartezeit im CONWIP-Briefkasten	Zeit	Ja	WB
	Informations-transportzeit	Zeit	Selten	TI
Andere	Sicherheitsfaktor	Karten	Nein	S
	Andere Elemente	???	Nein	k. A.

Tabelle 14: Übersicht der Variablen, die zur Anzahl der CONWIP-Karten beitragen

Ähnlich wie bei Kanban müssen die oben gezeigten Elemente in eine Anzahl von Karten umgerechnet werden. Da alle Elemente mit Ausnahme des Sicherheitsfaktors als Zeit gemessen werden, würden Sie diese in eine Anzahl von CONWIP-Karten gemäß Formel 9 umrechnen, wobei eine CONWIP-Karte einen Auftrag darstellt. Der Sicherheitsfaktor kann anschließend addiert werden, wobei auch auf die nächstgrößere ganzzahlige Anzahl von CONWIP-Karten gerundet werden kann. Denken Sie daran, dass Sie für die Auftragsfertigung, wenn überhaupt, nur wenig Sicherheit benötigen. Die vollständige Formel zur Berechnung der Anzahl der CONWIP-Karten ist in Formel 25 dargestellt.

$$NC_{CONWIP} = \frac{LT + WI + WB + TI}{TT_{All}} + S$$

Formel 25: Die Formel zur Berechnung der Anzahl der CONWIP-Karten

Die Variablen für Formel 25 lauten wie folgt, unter der Annahme, dass ein Auftrag gleich einer CONWIP-Karte ist:

LT Durchlaufzeit (Zeit)
NC_{CONWIP} Anzahl der CONWIP-Karten (Anzahl Karten)

S   Sicherheitsfaktor (Anzahl Karten)
TI   Dauer für den Transport von Informationen (Zeit)
TT_{All} Kundentakt über alle Teiletypen (Zeit pro Auftrag)
WB   Wartezeit im CONWIP-Briefkasten (Zeit)
WI   Wartezeit im Bestand (Zeit)

Auch dies ist nur eine sehr grobe Schätzung und kann als Ausgangspunkt für die Auslegung eines neues CONWIP-Systems verwendet werden. Ähnlich wie bei Kanban ist es sehr robust. Machen Sie sich also nicht zu viele Gedanken über die Genauigkeit Ihrer Zahlen oder die Frage, ob Sie eine CONWIP-Karte mehr oder weniger haben sollten. In jedem Fall sollte die Anzahl der CONWIP-Karten im Laufe der Zeit angepasst werden.

6.4.4.4   Beispiel CONWIP-Fließfertigung

Lassen Sie uns eine Beispielrechnung durchführen. Ich werde Ihnen wieder zuerst alle Parameter und Informationen zum Beispiel geben. Danach werde ich Schritt für Schritt die Anzahl der CONWIP-Karten berechnen. Für ein besseres Verständnis können Sie zunächst versuchen, dies selbst zu berechnen, und dann Ihre Berechnungen mit der hier gegebenen Musterlösung vergleichen. Da es eine ganze Reihe von Annahmen geben wird, kann Ihr Ergebnis in Abhängigkeit von diesen Annahmen etwas von meinem abweichen. Versuchen Sie, diese Unterschiede zu verstehen und herauszufinden, ob sie auf unterschiedlichen Annahmen oder auf einem tatsächlichen Fehler beruhen.

6.4.4.4.1 Das Beispielsystem

Ähnlich wie bei der Beispielrechnung für Produktionskanban werden wir Spielzeugautos aus Holz produzieren, aber nun sind diese Autos alle individuell auf Kundenauftrag angefertigt. Beispiele für solche Autos sind in Abbildung 118 dargestellt.

Abbildung 118: Das CONWIP-Beispiel fertigt Spielzeugautos auf Kundenauftrag. (Bild: Roser)

Es besteht eine erwartete Nachfrage von 2000 Autos pro Monat. Die Fertigungslinie arbeitet 20 Tage pro Monat mit 7 Stunden pro Tag. Ausschuss und Nacharbeit sind vernachlässigbar. Die CONWIP-Fertigungslinie für Sonderanfertigungen ähnelt der Kanban-Fertigungslinie und ist in Abbildung 119 dargestellt. Der Unterschied besteht darin, dass alle Schritte aufgrund des hohen Individualisierungsgrads komplizierter und zeitaufwändiger sind. Die Puffer sind im Durchschnitt halb voll, allerdings mit starken Schwankungen. Außerdem möchte das Management die Durchlaufzeit um 30% reduzieren.

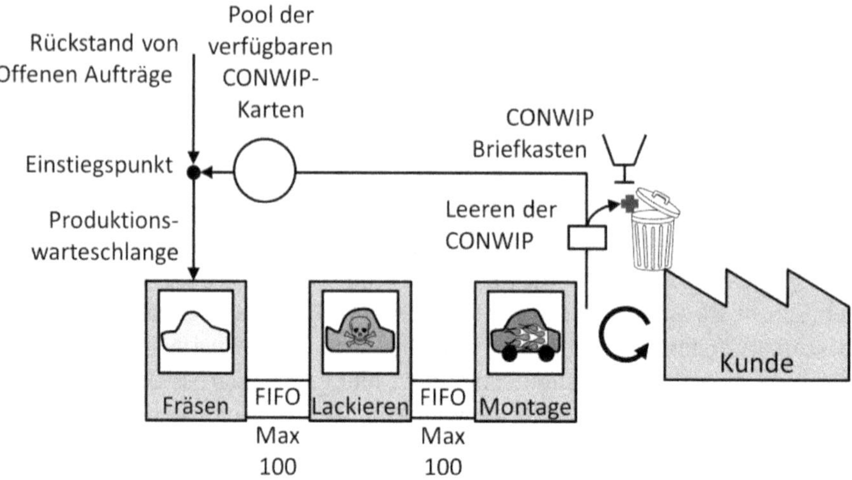

Abbildung 119: Wertstrom für das Beispiel der Auftragsfertigung
(Bild: Roser)

Alle fertigen Produkte werden sofort an den Kunden ausgeliefert. Die CONWIP-Karten werden alle zwei Stunden zurück zum Einstiegspunkt transportiert, was für den Vorarbeiter 2 Minuten Laufweg bedeutet.

6.4.4.4.2 Berechnung der Elemente

Ähnlich wie bei Kanban müssen wir mit dem Kundentakt beginnen. Der Bedarf beträgt 2000 Stück pro Monat, wobei ein Monat 20 Arbeitstage mit 7 Stunden pro Tag und 3600 Sekunden pro Stunde hat. Mit Formel 23 erhalten wir einen Kundentakt von 252 Sekunden pro Auto, wie in Formel 26 gezeigt.

$$\text{TT}_{\text{All}} = \frac{\text{TW}}{\text{D}_{\text{All}}} = \frac{20\text{d} \cdot 7\frac{\text{h}}{\text{d}} \cdot 3600\frac{\text{s}}{\text{h}}}{2000\ \text{Autos}} = \frac{504\,000\text{s}}{2000\ \text{Autos}} = 252\frac{\text{s}}{\text{Auto}}$$

Formel 26: Kundentakt für CONWIP-Beispiel

Die **Durchlaufzeit** basiert nun nicht mehr auf dem Worst-Case-Szenario. Wir gehen also nicht mehr davon aus, dass alle Puffer voll sind. Da sie im

Durchschnitt nur halb voll sind, haben wir im Durchschnitt 103 Autos in Produktion, 50 für jede FIFO und 1 in jedem Prozess. Die durchschnittliche Durchlaufzeit ergibt sich über 103 Autos multipliziert mit 252 Sekunden pro Auto, also 25 956 Sekunden oder 7 Stunden 13 Minuten. Das Management möchte jedoch die Durchlaufzeit um 30% reduzieren. Anstelle von 103 Autos im System sollen daher nun nur noch 72 Autos im System sein. Daraus ergibt sich eine Zieldurchlaufzeit von 18 169 Sekunden oder 5 Stunden und 3 Minuten. Dadurch verringert sich zwar die Auslastung etwas, aber das ist die verbesserte Durchlaufzeit wert. Wir verwenden nun die Soll-Durchlaufzeit für die nachfolgenden Berechnungen.

Da alle Produkte sofort versendet werden, können wir die **Wartezeit im CONWIP-Bestand** ignorieren. Die **Wartezeit im CONWIP-Briefkasten** richtet sich nach der Häufigkeit des Transports der CONWIP-Karten. Da die Karten alle zwei Stunden transportiert werden, wäre der schlimmste Fall eine zweistündige Wartezeit. Für CONWIP brauchen wir jedoch nicht die Worst-Case-Wartezeit, sondern nur den Durchschnitt. Bei einer Transportzeit alle zwei Stunden warten die Karten im Durchschnitt eine Stunde. Diese Verzögerung ist signifikant genug, um in die Berechnung einbezogen zu werden. Um die nachfolgenden Berechnungen zu vereinfachen, verwenden wir 3600 Sekunden anstelle von einer Stunde.

Die **Informationstransportzeit** beträgt 2 Minuten. Normalerweise könnten wir diese minimale Verzögerung ignorieren, aber aus didaktischen Gründen habe ich sie in die Berechnung einbezogen. Die Sicherheit werden wir später festlegen. Wir haben keine **weiteren Elemente**, die wir in die Berechnung der Anzahl der CONWIP-Karten einbeziehen wollen.

6.4.4.4.3 Ergebnisse der Beispielrechnung

Tabelle 15 zeigt eine Übersicht der Elemente für die Anzahl der CONWIP-Karten, die wir bisher ermittelt haben.

Element	Einheit	Wert	Variable
Durchlaufzeit	Sekunden	18 169	LT
Wartezeit im CONWIP-Bestand	Sekunden	0	WI
Wartezeit im CONWIP-Briefkasten	Stunden (Sekunden)	1 (3600)	WB
Informations-transportzeit	Minuten (Sekunden)	2 (120)	TI

Tabelle 15: Elemente für die Anzahl der CONWIP-Karten, Beispiel noch ohne Sicherheit

Setzt man diese Werte in die Formel 25, erhält man 86,9 CONWIP-Karten, wie in Formel 27 dargestellt – noch ohne Sicherheit. Wir sehen, dass die Durchlaufzeit den größten Einfluss auf die Anzahl der CONWIP-Karten hat.

$$NC_{CONWIP} = \frac{LT + WI + WB + TI}{TT_{All}} + S =$$

$$= \frac{18\ 169s + 0 + 3600s + 120s}{252\ \frac{s}{Auto}} + S =$$

$$= 86,9\ Autos + S = 86,9\ CONWIP\ cards + S$$

Formel 27: Die Anzahl der CONWIP-Karten für das Beispiel, noch ohne Sicherheit

Bezüglich des Sicherheitsfaktor sind wir sehr flexibel. Vielleicht brauchen wir auch gar keinen. Ich würde sogar problemlos auf 86 Karten abrunden. Die Mitarbeiter in der Fertigung sind jedoch möglicherweise skeptischer und möchten einen Sicherheitsfaktor haben. Nach einiger Diskussion einigte sich die Gruppe auf insgesamt 90 CONWIP-Karten, denn *„alle mögen runde Zahlen"*. Bitte beachten Sie, dass Sie die gewünschte Durchlaufzeit wahrscheinlich nicht genau treffen werden. Passen Sie die Anzahl der CONWIP-Karten nach oben oder unten an, um die Durchlaufzeit – aber auch die Auslastung – zu verändern.

6.4.5 CONWIP-Berechnung für Werkstattfertigungen

Die obige CONWIP-Berechnung für eine Fließfertigung war relativ einfach. Für eine Werkstattfertigung wird es etwas schwieriger. Werkstattfertigungen sind von Natur aus viel chaotischer. Während die CONWIP-Berechnungen für Fließfertigungen im Prinzip auch für Werkstattfertigungen zutreffen, ist es in der Realität schwieriger. Da die Aufträge unterschiedliche Abfolgen von verschiedenen Prozessen haben können, hat ein Auftrag, der viel Zeit an einem Prozess belegt, möglicherweise keinen Einfluss auf einen anderen Auftrag, der diesen Prozess gar nicht nutzt. Ebenso können die Durchlaufzeiten für Aufträge stark schwanken, da einige Aufträge andere Aufträge aufgrund ihrer Prozessreihenfolge oder des Produktionsplans überholen können.

Insgesamt gelten Formel 22 und Formel 25 immer noch, aber die Berechnung der Wiederbeschaffungszeit ist viel kniffliger. Wir müssen uns nun um Schwankungen in der Werkstattfertigung aufgrund der unterschiedlichen Prozessabläufe kümmern, da diese Schwankungen die Wiederbeschaffungszeit insgesamt vergrößern. Sie zu ignorieren kann zu einer unerwünschten niedrigeren Auslastung führen. Das Einbeziehen von Schwankungen führt jedoch in der Regel zu größeren Beständen in den Werkstattfertigungen, was wiederum zu längeren Durchlaufzeiten führt. Wenn Sie also diese längeren Durchlaufzeit für den CONWIP verwenden, werden die Schwankungen automatisch mitberücksichtigt. Alternativ könnten Sie auch den Sicherheitsfaktor erhöhen. In beiden Fällen werden zusätzliche CONWIP-Karten benötigt, um die erhöhten Schwankungen in den Werkstattfertigungen aufgrund des unterschiedlichen Materialflusses abzudecken. In jedem Fall empfehle ich dringend, die Anzahl der CONWIP-Karten auf Basis der Beobachtungen des laufenden Systems anzupassen, insbesondere für Werkstattfertigungen.

6.4.6 CONWIP-Berechnung für Workload Control

CONWIP kann auch für *Workload Control* angepasst werden. Die durch eine zurückkehrende CONWIP-Karte verfügbare Arbeitslast geht in den Pool mit der verfügbaren Arbeitslast ein, wie in Abbildung 107 dargestellt. Sobald die verfügbare Arbeitslast für den ersten Auftrag im Rückstand der offenen Aufträge ausreicht, wird die Arbeitslast dem Auftrag zugewiesen und der Auftrag wird in die Warteschlange für die Produktion freigegeben.

Theoretisch würde dies auch für andere kontinuierliche Mengen wie Volumen oder Massen funktionieren. Allerdings sind diese oft produktspezifisch. Solche Lagerfertigungen sind jedoch besser für Kanban oder Bestellpunktsysteme geeignet.

6.4.6.1 Workload Control Berechnung

Um das diskrete Limit für die Anzahl der Teile oder Aufträge zu bestimmen, haben wir Formel 25 verwendet. Die gleiche Formel funktioniert auch für *Workload Control* mit geringfügigen Änderungen, wie in Formel 28 gezeigt. Anstelle einer Anzahl von CONWIP-Karten berechnen wir die maximale Arbeitslast im System, was eine Zeiteinheit ist.

$$WL_{Max} = LT + WI + WB + TI + S$$

Formel 28: Die Formel zur Berechnung der CONWIP-Grenze als Arbeitslast

Die Variablen für die Formel 28 sind wie folgt:

LT   Durchlaufzeit (Zeit)
S   Sicherheitsfaktor (Zeit)

TI	Dauer für den Transport von Informationen (Zeit)
WB	Wartezeit im CONWIP-Briefkasten (Zeit)
WI	Wartezeit im Bestand (Zeit)
WL_{Max}	Maximale Arbeitslast (Zeit)

Der Hauptunterschied zu Formel 25 ist das Fehlen des Kundentakts. Der Kundentakt aus Formel 25 war in Zeit pro Auftrag angegeben. Bei der neuen Formel 28 wäre es die Zeit pro Arbeitslast gewesen. Es ist vielleicht einfacher, es als den Kehrwert, also den Durchsatz, zu verstehen. Anstelle von Aufträgen pro Arbeitszeit messen wir eine Arbeitslast pro Arbeitszeit. Das System arbeitet jedoch immer genau eine Stunde pro Arbeitsstunde, daher ist der Durchsatz mittels Arbeitslast immer eins. Bei korrekter Berechnung **hat dieser Arbeitslast-Durchsatz also immer einen Wert von eins ohne Einheiten.** Sein Kehrwert, **das Äquivalent des Kundentakts, wäre ebenfalls eins**, da wir für jede Stunde Arbeitslast eine Arbeitsstunde haben. Daher würden alle Wiederbeschaffungszeiten einfach durch eins geteilt werden, was wir in Formel 28 einfach weggelassen haben.

Das Ergebnis ist nicht eine Anzahl von CONWIP-Karten, sondern ein Limit, welches in Arbeitslast gemessen wird. Wenn eine CONWIP-Karte am Einstiegspunkt mit einem Auftrag zusammengeführt wird, wird die Arbeitslast des Auftrags der CONWIP-Karte zugewiesen. Wenn diese Karte nach dem Umlauf zurückkehrt, wird die Arbeitslast dem Pool der verfügbaren Arbeitslast wieder hinzugefügt. Eine CONWIP-Karte steht also nicht mehr für eine feste Menge, sondern ist so angepasst, dass sie genau die Arbeitslast des aktuellen Auftrags repräsentiert, dem sie zugeordnet ist.

6.4.6.2 Workload Control für einzelne Aufträge

Die Herausforderung besteht nun darin, den Arbeitsaufwand für einen Auftrag im Rückstand der offenen Aufträge zu bestimmen. Die Auslastung eines Auftrags ist NICHT seine Durchlaufzeit! Es ist auch nicht die Summe aller Zykluszeiten. Stattdessen ist es die **erwartete durchschnittliche Zeit, die ein Auftrag für einen Prozess benötigt**. Diese muss die durchschnittlichen Verzögerungen und Verluste beinhalten, sollte aber keine Worst-Case-Verzögerungen umfassen. Wenn Sie Worst-Case-Szenarien verwenden, werden Sie weniger Aufträge im System haben und Ihre Auslastung kann darunter leiden.

Wenn Sie nur einen einzigen Prozess in der Schleife haben, überwachen Sie nur die Arbeitslast an diesem Prozess. Wenn Sie mehrere Prozesse in der Schleife haben, können Sie entweder nur den Engpass überwachen – vorausgesetzt, Sie kennen ihn tatsächlich und er wandert nicht mit der Zeit – oder Sie können alle Prozesse separat überwachen. Wenn Sie nicht genau wissen, wo Ihre Engpässe sind und Sie nicht alle Prozesse separat überwachen wollen, können Sie auch nur die Prozesse überwachen, bei denen Sie die Kapazität für kritisch halten (siehe Kapitel 6.2.6 für weitere Details).

Manchmal verfügen Sie über diese Informationen auf Grundlage historischer Daten. In anderen Fällen haben Sie vielleicht Arbeitszeiten berechnet, z. B. auf Basis von *Methods-Time Measurement* (MTM). Stellen Sie sicher, dass dies die durchschnittlich erwartete Verzögerung und andere Verluste einschließt. Wenn Sie beides nicht haben, müsste eine Person, die mit den Prozessen in der Fertigung vertraut ist, eine Schätzung vornehmen. Machen Sie sich nicht zu viele Gedanken über die Genauigkeit, da Verbrauchssteuerungen im Allgemeinen robust gegenüber einigen Abweichungen sind.

6.4.6.3 Beispiel CONWIP Workload Control Berechnung

Für die Beispielrechnung des oberen Arbeitslastlimit für CONWIP verwenden wir das gleiche Beispiel wie in Kapitel 6.4.4.4.

6.4.6.3.1 Zielarbeitslast

Die **Soll-Durchlaufzeit** betrug 18 169 Sekunden, und die **Wartezeit im CONWIP-Briefkasten** betrug 3600 Sekunden. Wir haben die **Wartezeit im CONWIP-Bestand** ignoriert. Die **Informationstransportzeit** betrug 120 Sekunden und könnte ebenfalls ignoriert werden, wir beziehen sie aber aus didaktischen Gründen mit ein. Eine Übersicht der Daten finden Sie in Tabelle 16. Die Gesamtwiederbeschaffungszeit beträgt also 21 769,2 Sekunden, wie in Formel 29 dargestellt. Dies ist auch unsere Zielarbeitslast im System ohne Sicherheit.

Element	Einheit	Wert	Variable
Durchlaufzeit	Sekunden	18 169	LT
Wartezeit im CONWIP-Bestand	Sekunden	0	WI
Wartezeit im CONWIP- Briefkasten	Sekunden	3600	WB
Informationstransportzeit	Sekunden	120	TI

Tabelle 16: Elemente für das CONWIP-Workload-Beispiel, noch ohne Sicherheit

$$WL_{Max} = LT + WI + WB + TI + S =$$

$$= 18\,169s + 0 + 3600s + 120s + S = 21\,889s + S$$

Formel 29: Die Formel zur Berechnung des Arbeitslastlimit für das CONWIP Workload Control Beispiel

Das endgültige Arbeitslastlimit einschließlich des Sicherheitsfaktors könnte einfach auf 22 000 Sekunden aufgerundet werden. Mit der gleichen Logik hätten wir den Wert aber auch auf 21 600 Sekunden abrunden können, was genau 6 Stunden entspricht. Denken Sie daran, dass wir bei der Berechnung von Verbrauchssteuerungen für Auftragsfertigungen keine Sicherheit benötigen. Nehmen Sie was am besten zu Ihrem System passt. Für die nachfolgenden Berechnungen verwenden wir ein Arbeitslastlimit von 22 000 Sekunden.

6.4.6.3.2 Arbeitslast für den Engpass begrenzen

Der schwierigere Teil ist zu entscheiden, welches Auto wie viel Arbeitslast hat. Wir müssten die Arbeitslast jedes Autos bei jedem Prozess bestimmen. Dabei handelt es sich um die erwartete Zeit, die das Auto diesen Prozess belegt, einschließlich der durchschnittlichen (aber nicht der Worst-Case-) Verzögerung.

Tabelle 17 zeigt eine Sequenzierung von Aufträgen mit der Arbeitslast für die einzelnen Prozesse. Der Durchschnitt dieser Arbeitslasten ist ebenfalls in der letzten Zeile dargestellt. Einige Kunden möchten ein unlackiertes Spielzeugauto haben, in diesem Fall ist die Zeit für das Lackieren gleich null.

	Auftrags Nummer	Fräsen (s)	Lackieren (s)	Montage (s)
Demnächst abgeschlossen	224	180	440	300
	225	320	0	200
	226	200	350	210
	...	...	...	...
Warten im Rückstand	308	300	310	200
	309	245	0	280
	310	200	370	120
	311	180	440	300
Durchschnitt		**240**	**250**	**210**

Tabelle 17: Arbeitsinhalte für verschiedene Autos im Workload Control Beispiel

Einige Autos sind bereits in Arbeit. Das nächste Auto, das fertiggestellt wird, ist Auftrag 224. Andere Autos warten noch im Rückstand von offenen Aufträgen auf die Freigabe für die Fertigung. Das nächste Auto, welches bei verfügbarer Kapazität freigegeben wird, ist Auftrag Nr. 308. Dies ist auch in der Abbildung 120 visualisiert.

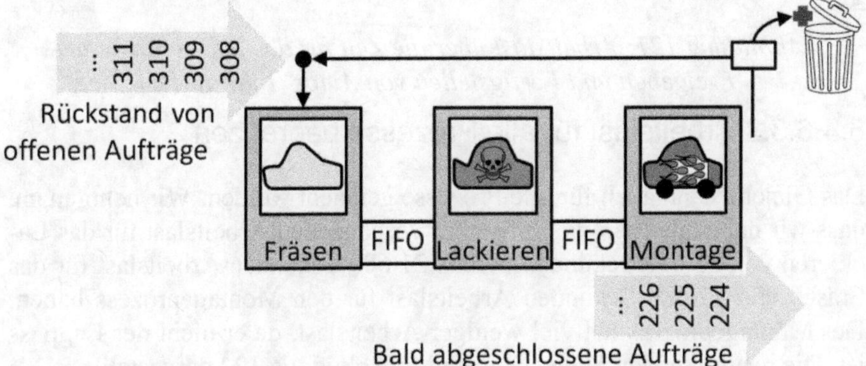

Abbildung 120: Liste der Fahrzeuge, die im Rückstand sind bzw. kurz vor der Fertigstellung stehen für das Workload Control CONWIP Beispiel. (Bild: Roser)

Für die Berechnung nehmen wir an, dass der Lackierprozess der Engpass ist und berechnen nur die Arbeitslast für diesen Engpass. Dies ist einfacher als die Berechnung der Arbeitslast für alle Prozesse, was ich Ihnen anschließend zeigen werde.

Nehmen wir an, die aktuelle Arbeitslast im System für das Lackieren beträgt bereits 21 660 Sekunden und wir haben eine verfügbare Arbeitslast von 340 Sekunden am Engpassprozess des Lackierens. Wir können Auftrag #308 starten, der 310 Sekunden an Arbeitslast benötigt und die Arbeitslast auf 21 970 Sekunden erhöht. Wir können auch Auftrag #309 starten, da dieser keine Lackierzeit benötigt. Wir können jedoch Auftrag #310 noch nicht starten, da wir jetzt nur noch 30 Sekunden freie Arbeitslast haben, aber 370 Sekunden zur Freigabe benötigen.

Erst nach der Fertigstellung des Auftrags #224 werden weitere 440 Sekunden Arbeitslast freigegeben und wir können Auftrag #310 starten. Danach haben wir eine Arbeitslast für den Lackierprozess von 21 900 Sekunden. Die verfügbare Arbeitslast von 100 Sekunden reicht nicht aus, um den Auftrag #311 zu starten. Daran ändert auch die Fertigstellung von Auftrag #225 nichts, da dieser Wagen keine Lackierarbeit hatte. Erst nach der Fertigstellung von Auftrag #226 haben wir wieder genug verfügbare Arbeitslast für den Auftrag #311, wie in der Abbildung 121 dargestellt.

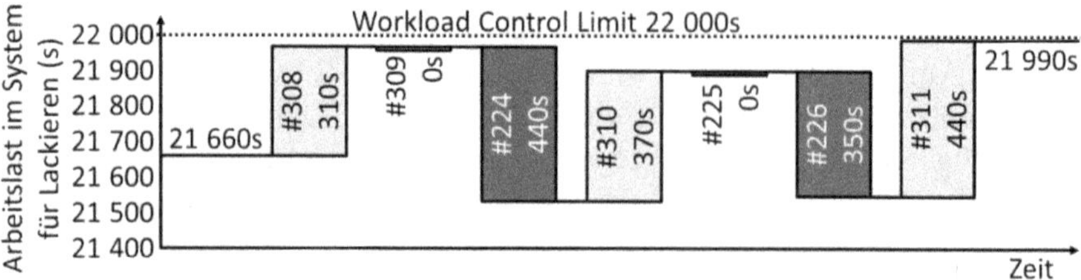

Abbildung 121: Arbeitslast über die Zeit für das Lackieren beim Freigeben und Fertigstellen von Autos (Bild: Roser)

6.4.6.3.3 Arbeitslast für alle Prozesse begrenzen

Das Gleiche kann auch für alle Prozesse gemacht werden. Wir nehmen an, dass wir neben der bereits im System vorhandenen Arbeitslast für das Lackieren von 21 660 Sekunden bereits 21 680 Sekunden Arbeitslast für das Fräsen und 17 680 Sekunden Arbeitslast für den Montageprozess haben. Der Montageprozess hat viel weniger Arbeitslast, da er nicht der Engpass ist. Die resultierenden Sequenzen sind in Abbildung 122 dargestellt.

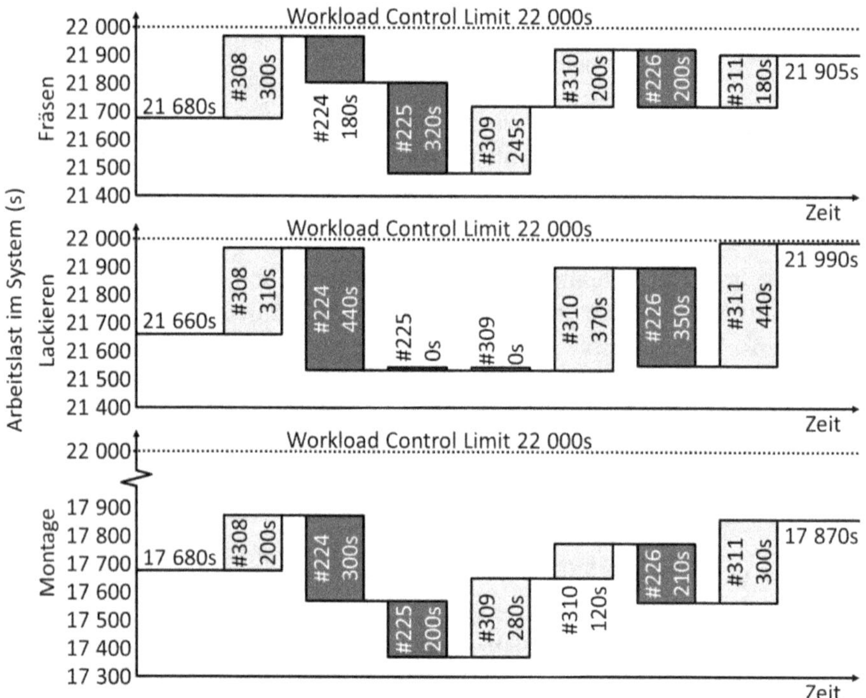

Abbildung 122: Arbeitslast über die Zeit für alle Prozesse beim Freigeben und Fertigstellen von Autos (Bild: Roser)

Bitte beachten Sie den leichten Unterschied in der Reihenfolge. Wenn Sie nur den Engpass betrachten würden, wie in Abbildung 121, könnte Auftrag

#309 direkt nach Auftrag #308 gestartet werden. Wenn wir jedoch alle Prozesse betrachten, hat das Fräsen nicht genug freie Arbeitslast, um Auftrag #309 direkt nach Auftrag #308 zu starten. Die vorherigen Aufträge #224 und #225 müssen zuerst fertiggestellt werden, bevor genügend freie Arbeitslast für das Fräsen verfügbar ist und Auftrag #309 freigegeben werden kann.

Beachten Sie in Abbildung 122 auch, dass die Montage nie auch nur in die Nähe des Arbeitslastlimits kommt. Daher könnten Sie sich dafür entscheiden, die Arbeitslast des Montageprozesses nicht zu überwachen, was den Verwaltungsaufwand vereinfacht. Wenn Sie ein ERP-System verwenden, ist der zusätzliche Überwachungsaufwand natürlich vernachlässigbar.

6.4.7   Die Alternative: CONWIP-Schätzung

Ähnlich wie bei der Kanbanberechnung können Sie auch die Anzahl der CONWIP-Karten durch eine Schätzung ermitteln. Setzen Sie einfach so viele CONWIP-Karten ein, dass es reibungslos läuft. Passen Sie diese dann nach Bedarf an. Wenn Sie sich bei der Schätzung unsicher sind, verwenden Sie die CONWIP-Formel als Richtlinie und schätzen Sie die verschiedenen Werte.

Wenn Sie wiederholt Probleme mit geringer Auslastung aufgrund unzureichender Karten haben, erhöhen Sie die Anzahl der Karten. Wenn Ihre Durchlaufzeit zu lang ist, reduzieren Sie die Anzahl der CONWIP-Karten oder erhöhen Sie die Produktionskapazität. Wiederholen Sie dies, bis Sie einen guten Kompromiss zwischen Auslastung und Durchlaufzeit für Ihr System gefunden haben. Vergessen Sie nicht, ihn von Zeit zu Zeit zu überprüfen, insbesondere wenn sich Ihr System ändert (z. B. aufgrund von Saisonalität, neuen Maschinen, neuen Produkten oder sonstigen Änderungen). Diese Methode funktioniert sowohl für Fließfertigung als auch für Werkstattfertigung.

6.5   Vorteile

Der große Vorteil von CONWIP ist die Eignung für die Auftragsfertigung. Ein weiterer Vorteil für den Bestand wird behauptet, aber da bin ich skeptisch.

6.5.1 Der große Vorteil: Auftragsfertigung

Kanban funktioniert gut für die Lagerfertigung. Da jede Karte fest für einen Teiletyp ist, füllen die Karten immer diesen Teiletyp auf. Das funktioniert natürlich nur, wenn es eine kontinuierliche Nachfrage für diesen bestimmten Teiletyp gibt.

Wenn Sie hingegen auftragsbezogen produzieren, funktioniert eine Kanban einfach nicht. Wenn jedes Produkt, das Sie herstellen, einzigartig ist, dann bräuchten Sie eine eindeutige Kanban für jedes Produkt. Da Kanbans aber immer nur für einen Teiletyp stehen, wird das schwierig.

Bei CONWIP hingegen ist der CONWIP-Karte standardmäßig kein Teiletyp zugeordnet. Der CONWIP-Karte wird ein Teiletyp oder Auftrag (temporär) zugewiesen, auch wenn das Teil nur einmal produziert wird. **CONWIP ist daher gut für die Auftragsfertigung geeignet.** Sie können mit CONWIP auch eine Lagerfertigung erzwingen, indem Sie den Rückstand entsprechend verwalten, aber das wäre dem Kanbansystem unterlegen. Für die Auftragsfertigung jedoch ist CONWIP der richtige Weg.

6.5.2 (Angeblich) weniger Lagerbestand als bei Kanban

Mark Spearman behauptete, dass CONWIP weniger Bestand habe als Kanban, da „in einem Kanbansystem generell WIP [...] vor dem Engpass anfallen wird [...]. In einem CONWIP-System wird sich der WIP tendenziell am Engpass sammeln". Ich schätze Hopp und Spearman sehr (z. B. für ihr exzellentes Buch *Factory Physics*[57] und dessen Update, *Factory Physics for Managers: How Leaders Improve Performance in a Post-Lean Six Sigma World*[58]). Allerdings kann ich hier ihrer Logik nicht folgen, obwohl Engpässe eines meiner zentralen Forschungsthemen sind. Daher sehe ich das anders.

Wenn ich es richtig verstanden habe, ist diese Bestandsreduzierung darauf zurückzuführen, dass CONWIP eine große Schleife hat, während Kanban oft mehrere Schleifen hintereinander hat. Einer meiner Masterstudenten, Denis Wiesse, hat dies im Detail analysiert. Er fand heraus, dass eine große

---

[57] Wallace J. Hopp und Mark L. Spearman, *Factory Physics*, 3. Aufl. New York, NY: Waveland, 2011.

[58] Edward S. Pound, Jeffrey H. Bell, und Mark L. Spearman, *Factory Physics for Managers: How Leaders Improve Performance in a Post-Lean Six Sigma World* New York: McGraw-Hill Education Ltd., 2014.

Schleife in der Tat etwas weniger Lagerbestand für die gleiche Liefererfüllung erfordert[59]. Ich glaube jedoch[60], dass das nur ein kleiner Vorteil ist und andere Gründe für das Aufteilen einer großen Schleife in mehrere kleine Schleifen wichtiger sein könnten. CONWIP kann je nach Situation ebenfalls von mehreren kleineren Schleifen profitieren. Mehr dazu in Kapitel 11.

Es gibt jedoch in der Tat für CONWIP einen geringeren Bestand, da CONWIP die meisten Schwankungen ignoriert. Dieser geringere Bestand ist jedoch ein allgemeiner Unterschied zwischen Lagerfertigung (die eine hohe Liefererfüllung oder Materialverfügbarkeit anstrebt) und Auftragsfertigung (die einen guten Kompromiss zwischen Auslastung und Durchlaufzeit anstrebt) und nicht spezifisch für CONWIP.

6.6 Nachteile

CONWIP hat auch ein paar Nachteile, aber ich glaube, dass diese alle vertretbar sind. CONWIP ist sehr gut für die Auftragsfertigung geeignet. Es gibt aus meiner Sicht keinen großen Nachteil, der gegen CONWIP spricht.

6.6.1 Verwaltet die Produktionsreihenfolge nicht automatisch

Kanban verwaltet automatisch Ihre Produktionsreihenfolge. Wenn Sie genügend Kanbans von jedem Teiletyp haben, dann füllt das Kanbansystem automatisch nach, was benötigt wird. Die Reihenfolge kann eine einfache FIFO sein oder eine kompliziertere Sequenzierung.

CONWIP hingegen benötigt zusätzlichen Input für die Sequenzierung des Rückstands an offenen Aufträgen. Das funktioniert normalerweise, wenn die Leute, die den Rückstand organisieren wissen, was sie tun. Das ist jedoch nicht immer der Fall. **Eine schlechte Sequenzierung des Rückstands kann sowohl Ihre Prozessauslastung als auch Ihre Durchlaufzeit und**

---

[59] Denis Wiesse, *Analyse des Umlaufbestandes von Verbrauchssteuerungen in Abhängigkeit von der Nutzung von Supermärkten und FiFo-Strecken* Master Thesis, Karlsruhe, Germany, Karlsruhe University of Applied Sciences, 2015.

[60] Christoph Roser, *Supermarket vs. FiFo – What Requires Less Inventory?*, in *Collected Blog Posts of AllAboutLean.Com 2016*, Collected Blog Posts of AllAboutLean.Com 4 Offenbach, Germany: AllAboutLean.com Publishing, 2020, 82–88.

damit Ihre Kundenzufriedenheit durcheinanderbringen. Insgesamt halte ich das Risiko jedoch für vertretbar und beherrschbar.

Die Reihenfolge richtet sich in der Regel nach den Fälligkeitsterminen, oft unter Berücksichtigung des Arbeitsaufwands. In der Industrie werden mehrere unterschiedliche Methoden verwendet. **Wenn Ihr aktueller Sequenzierungsansatz funktioniert, behalten Sie ihn für CONWIP bei.** Achten Sie auf Unterbrechungen und Verzögerungen in Ihren Systemen. Seien Sie sich auch des Risikos bewusst, dass menschliche Entscheidungen die Dinge durcheinanderbringen können.

6.6.2　Begrenzung der Menge anstatt Zeit

CONWIP – und damit auch Kanban – verwenden normalerweise eine Anzahl an Teilen oder Aufträgen, um die Bestandsgrenze zu definieren. Das funktioniert gut, wenn alle Teile eine ähnliche Arbeitslast haben. Wenn die Teile jedoch sehr unterschiedliche Arbeitslasten haben, dann haben 500 *„einfache"* Teile eine völlig andere Arbeitslast für das Produktionssystem als 500 *„aufwändige"* Teile. Auch dieses Problem teilen sowohl Kanban als auch CONWIP in ihrer üblichen Form. Es ist jedoch möglich CONWIP so anzupassen, dass die Arbeitslast anstelle der Anzahl der Aufträge verwendet wird. Sie ersetzen die Bestandsgrenze durch eine Begrenzung der Arbeitslast, sprich: *Workload Control*. Unterschätzen Sie aber nicht den zusätzlichen Aufwand! Fragen Sie sich, ob der Nutzen hier den Aufwand wert ist.

6.6.3　Ein (bisschen) mehr Arbeit

Der CONWIP-Ansatz beinhaltet eine separate Sequenzierung des Rückstands und seinen Abgleich mit den CONWIP-Karten. Das ist natürlich ein Mehraufwand, den das Kanbansystem nicht hat und der weitere Fehlerquellen möglich macht. Andererseits können Sie Kanban nicht verwenden, wenn Sie viele Einzelanfertigungen oder exotische Teile haben. In diesem Fall ist CONWIP trotz seines größeren organisatorischen Aufwands eine gute Lösung.

6.7　Häufig gestellte Fragen

6.7.1　Wann soll die CONWIP-Karte zurück?

Wann genau sollten Sie die CONWIP-Karte vom Auftrag entfernen und zurückschicken? Gute Frage. Die Literatur ist sich darüber nicht ganz einig.

Es gibt zwei Möglichkeiten: Die Karte kann entfernt werden, wenn der Auftrag zum nächsten Prozess oder Kunden weitergeleitet wird oder sobald der letzte Prozess abgeschlossen ist. Beides ist in Abbildung 123 visualisiert.

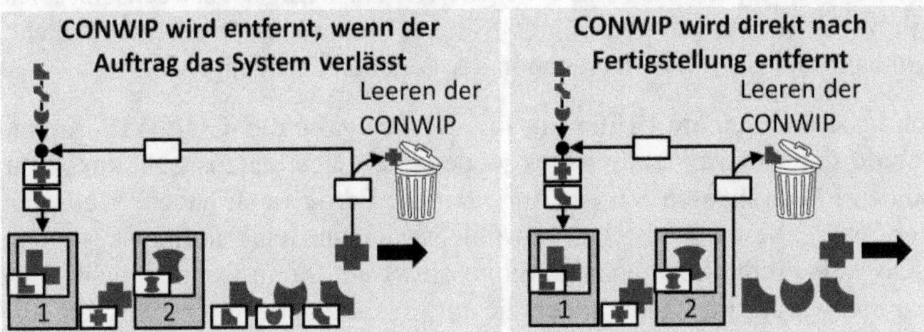

Abbildung 123: Zwei Optionen, wann eine CONWIP-Karte entfernt werden kann: Wenn der Auftrag das System verlässt oder wenn das Teil fertig ist. (Bild: Roser)

Spearman schreibt: „Wenn der Behälter am Ende der Linie benutzt wird, wird die Karte entfernt und an den Anfang zurückgeschickt". Andere sagen, dass die Karte zurückgeschickt werden soll, sobald der letzte Prozess beendet ist. Beides sind praktikable Ansätze.

Das Ziel von Kanban ist es, immer genügend Bestand im Supermarkt zu haben. Die Kanban wird erst zurückgeschickt, wenn das Teil den Supermarkt verlässt. Dadurch wird eine Überproduktion verhindert. Das Ziel von CONWIP ist anders. Hier soll ein guter Kompromiss zwischen der Auslastung der Prozesse und der Durchlaufzeit erreicht werden. Die Begrenzung der Anzahl der CONWIP-Karten dient weniger der Reduzierung des Fertigwarenbestands, sondern vielmehr der Vermeidung einer Überfüllung des Produktionssystems. Da es sich bei der Produktion um eine Auftragsfertigung handelt, wartet der Kunde wahrscheinlich bereits auf das Produkt, so dass es normalerweise nur einen geringen Fertigwarenbestand gibt. Daher ist es sinnvoll **die CONWIP-Karte zurückzuschicken, sobald der Auftrag fertiggestellt ist**. Andernfalls kann es vorkommen, dass angesammelte Fertigwaren CONWIP-Karten binden und nicht mehr genügend neue Aufträge für die Produktionswarteschlange freigegeben werden, weil nicht genügend CONWIP-Karten zum Einstiegspunkt zurückkehren.

Es ist aber **auch möglich die CONWIP-Karte am Auftrag zu belassen, bis dieser das System tatsächlich verlässt**. In den meisten Fällen wird das fertige Produkt ohnehin kurz nach der Fertigstellung das System verlassen, da der Kunde bereits sehnsüchtig wartet. Im Falle einer Anhäufung von Fertigwaren kann das Problem dadurch entschärft werden, dass ein paar zusätzliche CONWIP-Karten im System vorhanden sind.

Der Vorteil dieses zweiten Ansatzes ist, dass es sich um die **gleiche Regel wie bei Kanban** handelt. Entfernen Sie die Karte, bevor das Teil oder der Auftrag das System verlassen. Wenn die Regeln für Kanban und CONWIP gleich sind, werden die Mitarbeiter die Regeln weniger verwechseln. Dies gilt vor allem für ein gemischtes System, aber auch für unterschiedliche Kanban- und CONWIP-Systeme in der gleichen Fertigung.

Ich habe eine **leichte Präferenz für die Freigabe der CONWIP-Karte, sobald der Auftrag fertig ist**, es sei denn der Lagerplatz ist sehr knapp. In beiden Fällen müssen Sie ein Auge auf die Fertigwaren haben. Wenn Ihr Fertigwarenbestand ansteigt, obwohl es sich um eine auftragsbezogene CONWIP-Produktion handelt, stimmt etwas mit Ihrem Kunden nicht. Prüfen Sie, warum Ihr Kunde Ihnen die auftragsbezogenen Produkte nicht abnimmt und lösen Sie dann dieses Problem.

6.7.2   Wann soll die Fertigung produzieren?

Eine Frage, die manchmal gestellt wird ist, wann eine CONWIP-Fertigung produzieren soll. Die Antwort ist ähnlich wie bei anderen Fertigungen und hängt nicht vom Steuerungssystem (CONWIP, Kanban, ERP, etc.) ab. Die Produktionskapazität der Fertigung sollte so weit wie möglich mit der Kundennachfrage übereinstimmen. Wenn Ihre Kundennachfrage nicht so hoch ist, können Sie die Fertigung weniger laufen lassen (weniger Schichten, Tage oder Stunden). Wenn Ihre Kundennachfrage die Kapazität der Fertigung übersteigt, sollte die Fertigung so lange wie möglich laufen (und trotzdem noch Zeit für Wartung und Rüsten usw. lassen), auch wenn Sie die Nachfrage nicht erfüllen können.

In jedem Fall sollte die Fertigung stehen bleiben, wenn keine Nachfrage besteht (d. h. wenn keine Kundenaufträge vorliegen). Eine Besonderheit bei der Auftragsfertigung ist auch der Fall, dass der erste Artikel im Rückstand erst weit in der Zukunft fällig ist. In diesem Fall sollten Sie die Fertigung ebenfalls stoppen. Wenn Sie z. B. bereits alle Aufträge für die nächsten vier Wochen produziert haben, müssen Sie dann wirklich mit Aufträgen für fünf Wochen in der Zukunft beginnen? Abhängig von Ihrem System kann eine zu weit in der Zukunft liegende Produktion Ihren Fertigwarenbestand erhöhen und damit die Kosten steigern.

6.7.3   Funktioniert es für Werkstattfertigungen?

Kanban funktioniert gut für Fließfertigungen, in denen der Materialfluss klar definiert ist. Kanban ist schwieriger für Werkstattfertigungen, in denen der Materialfluss oft unregelmäßig ist. Was CONWIP betrifft, so behaupten

Spearman et al., dass CONWIP nicht für Werkstattfertigungen funktioniert. Ich bin hier anderer Meinung. Ich glaube, dass **CONWIP auch für Werkstattfertigungen funktioniert**, obwohl die Anwendung für Fließfertigungen natürlich viel einfacher ist.

Unabhängig davon, ob es sich um eine Fließfertigung oder eine Werkstattfertigung handelt, müssen Sie sicherstellen, dass alle Aufträge beim Verlassen des Systems ihre CONWIP-Karte zurückschicken. Ebenso müssen alle offenen Aufträge im Rückstand auf eine neue CONWIP-Karte warten.

Da auf den CONWIP-Karten ein Eintrittszeitpunkt vermerkt sein kann, weiß jeder Prozess in der Werkstattfertigung, welches wartende Teil das älteste ist. **Bei jedem Prozess sollte das nächste zu produzierende Teil dasjenige mit dem ältesten Zeitpunkt am Einstiegspunkt sein**, nicht das Teil, das zuerst bei diesem speziellen Prozess angekommen ist. Dies erhöht die Wahrscheinlichkeit, dass Sie Ihre Termine einhalten können. Es ist also viel wahrscheinlicher, dass alle Produkte ähnliche Durchlaufzeiten durch das gesamte System haben. Schließlich sorgt eine ausgeglichene Durchlaufzeit für einen insgesamt reibungsloseren Ablauf. Außerdem erhöht sich die Wahrscheinlichkeit, dass der Kunde seine Produkte pünktlich erhält.

Es müssen eventuell mehr CONWIP-Karten vorhanden sein, damit der Werkstattfertigung die Arbeit nicht ausgeht. Aufgrund von Netzeffekten im Materialfluss kann es vorkommen, dass bei Werkstattfertigungen weder der Bestand noch die Auslastung der einzelnen Prozesse gleichmäßig verteilt sind. Abhängig vom variablen Produktmix ändert sich der am stärksten ausgelastete Prozess (der Engpass). Zusätzliche CONWIP-Karten puffern diese Änderungen und erhöhen den Durchsatz, allerdings auf Kosten von zusätzlichem Bestand und erhöhter Durchlaufzeit. Finden Sie einen Kompromiss zwischen Durchlaufzeit und Nutzungsgrad. Insgesamt werden in einer Werkstattfertigung etwas mehr Karten als in einer Fließfertigung nötig sein für einen reibungslosen Ablauf. Schließlich ist, wie bei jeder anderen Werkstattfertigung auch, das Steuern der Prozessreihenfolge und der Prozessauslastung eine Herausforderung. Dennoch funktioniert CONWIP auch für Werkstattfertigungen.

6.7.4 Wie sollte ich mit abgebrochenen Aufträgen umgehen?

In einigen sehr seltenen Fällen kann es vorkommen, dass ein bereits zur Produktion freigegebener Auftrag storniert wird. Vielleicht ist der Kunde in Konkurs gegangen. Vielleicht haben sich die Gesetze geändert und das Produkt ist nicht mehr legal. Hoffentlich kommt das nicht allzu oft vor, aber es kann passieren. In diesem Fall wird der Auftrag storniert, unbenutzte Teile werden ins Lager zurückgebracht und bereits fertiggestellte Komponenten werden möglicherweise auseinandergenommen. Die CONWIP-Karte geht zurück in den Pool der verfügbaren CONWIP-Karten

6.7.5 Kann ich CONWIP für die Lagerfertigung verwenden?

Theoretisch ist es möglich, CONWIP auch für die Lagerfertigung zu verwenden. Allerdings gibt es einige Probleme mit diesem Ansatz.

Bei der Lagerfertigung mit Kanban oder Bestellpunktsystemen wird der Bestand für jeden Teiletyp separat überwacht. Jedes Teil hat seine eigenen Bestandslimits. Dies ist eigentlich der große Vorteil von Verbrauchssteuerung in der Lagerfertigung: Sie können jeden Teiletyp individuell behandeln, und jeder Teiletyp hat seine eigene individuelle Bestandsgrenze in der Verbrauchssteuerung.

Für eine Auftragsfertigung ist jedoch jeder Auftrag anders. Daher ist es sehr umständlich, hier unterschiedliche Bestandslimits zu haben. In den meisten Fällen ist es viel einfacher ein kombiniertes Bestandslimit für alle Teile zu haben, weshalb der Bestand (oder die Arbeitslast) für alle Teiletypen zusammen begrenzt wird.

Wenn Sie **CONWIP mit separaten Limits für jedes Teil in der Lagerfertigung** verwenden, dann ist CONWIP identisch mit Kanban, aber mit zusätzlichem Verwaltungsaufwand für das Entfernen oder Hinzufügen der Informationen. Daher ist es für die Lagerfertigung besser, Kanban anstelle von CONWIP zu verwenden.

Wenn Sie bei **CONWIP für eine Lagerfertigung nur eine gemeinsame Bestandsgrenze für alle Teiletypen haben**, dann besteht die Gefahr, dass es für einen Teiletyp eine Überproduktion gibt, wodurch die verfügbaren CONWIP-Karten für die anderen Teiletypen nicht mehr zur Verfügung stehen. Sie müssten die Prioritäten in der Produktionswarteschlange sehr sorgfältig planen, um einen Überbestand an einigen Teilen zu vermeiden. Im schlimmsten Fall könnten Sie mit einem Lager voller veralteter Teile enden, welche alle CONWIP-Karten belegen und dadurch alle anderen Aufträge aufgrund eines Mangels an CONWIP-Karten blockieren. Das ist kein theoretisches Beispiel, sondern ist schon vorgekommen. **Verwenden Sie niemals kombinierte Bestandslimits für verschiedene Teile der Lagerfertigung!** Daher ist CONWIP auch äußerst schlecht für ein kombiniertes Bestandslimit für Lagerfertigung geeignet.

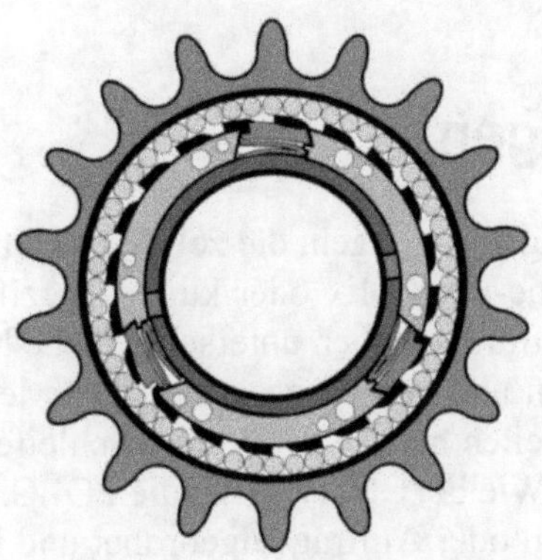

Kapitel 7
POLCA

POLCA steht für *„paired-cell overlapping loops of cards with authorization"*, was auf Deutsch ungefähr so viel bedeutet wie: „Paarweise überlappende Schleifen von Karten mit Berechtigung". POLCA wurde von Rajan Suri um 1990 entwickelt. Es ist für die Low-Volume-High-Mix-Produktion bei Werkstattfertigungen und Fertigungszellen konzipiert. Es gibt für Werkstattfertigungen zwar leider keine perfekte Lösung, aber CONWIP und POLCA sind oft gut genug. Es hängt sehr von den Besonderheiten Ihres Systems ab, ob POLCA oder CONWIP besser ist, und selbst das ist im Voraus schwer zu bestimmen. Daher ist POLCA eine valide Option zur Steuerung von Werkstattfertigungen.

Bitte glauben Sie mir, ich habe mir diese Entscheidung nicht leicht gemacht und habe meine Meinung ein paar Mal geändert. Ich glaube jedoch, dass POLCA funktionieren kann. Wenn Sie sich für POLCA entscheiden, empfehle ich das Buch von Rajan Suri von 2018 *The Practitioner's Guide to POLCA*[61]. Es enthält mehr Informationen und Updates im Vergleich zu

---

[61] Rajan Suri, *The Practitioner's Guide to POLCA: The Production Control System for High-Mix, Low-Volume and Custom Products* Productivity Press, 2018.

seinem Buch von 1998[62]. Zudem enthält es Details für den Entwurf und die Implementierung von POLCA. Aber lassen Sie mich Ihnen zunächst erklären, wie POLCA funktioniert[63].

7.1 Grundlagen

POLCA ist für Auftragsfertigungen, die zellulare Fertigung oder Inselfertigung von Low-Volume-High-Mix oder kundenspezifischen Teilen konzipiert. Verschiedene Aufträge haben unterschiedliche Materialflüsse von einem Prozess zu einem anderen Prozess. Zwischen jedem möglichen Paar von Prozessen oder Zellen baut POLCA eine Schleife auf, die einer CON-WIP-Schleife ähnelt. Wie bei CONWIP ist die POLCA-Karte nur temporär einem bestimmten Teil oder Auftrag zugeordnet und ist auf dem Rückweg leer. Wie das Wort *Overlapping* schon andeutet, **sind diese Schleifen überlappend**. Anders als bei CONWIP **hat jedes mögliche Paar von Prozessen eine eigene POLCA-Schleife**.

Ein einfaches Beispiel ist in Abbildung 124 dargestellt. Ein Produkt innerhalb einer größeren Werkstattfertigung bewegt sich von Prozess M1 zu M2. Danach geht es zu M3. Es gibt eine POLCA-Schleife zwischen den Prozessen M1 und M2 und eine weitere Schleife zwischen den Prozessen M2 und M3. Wenn das Produkt von M1 zu M2 kommt, hat es die POLCA-Karte der Schleife M1-M2 an sich. Der Prozess M2 kann jedoch nur dann seine Arbeit aufnehmen, wenn zwei Bedingungen erfüllt sind. Diese Bedingungen und der dazugehörige Entscheidungsprozess werden von Suri als *Decision Time* (auf Deutsch so viel wie „Entscheidungszeit") bezeichnet und in Kapitel 7.3.4 näher erläutert.

Der aktuelle Prozess benötigt vor dem Start der Bearbeitung eine freie POLCA-Karte eines nachfolgenden Prozesses: Ganz ähnlich wie bei CONWIP kann der Prozess M2 die Arbeit nicht ohne eine freie POLCA-Karte beginnen. Diese POLCA-Karte muss von einem nachfolgenden Prozess stammen, zu dem der Auftrag als nächstes gehen würde. In unserem Beispiel in Abbildung 124 würde der Auftrag als nächstes zum Prozess M3 gehen und bräuchte daher eine freie POLCA der M2-M3-Schleife am Prozess M2. Es gibt auch Situationen, in denen mehr als ein Folgeprozess möglich ist. Zum Beispiel könnte der Auftrag als nächstes auf einem von drei identischen Prozessen bearbeitet werden. In diesem Fall benötigt der Prozess M2 eine freie POLCA-Karte von einem dieser möglichen Prozesse.

---

[62] Rajan Suri, *Quick Response Manufacturing: A Companywide Approach to Reducing Lead Times* Portland, Oregon, USA: Taylor & Francis Inc., 1998.
[63] Vielen Dank an Rajan Suri für sein Feedback zu diesem Kapitel über POLCA.

Das Zuordnen einer Karte zum Auftrag definiert den entsprechenden Folgeprozess.

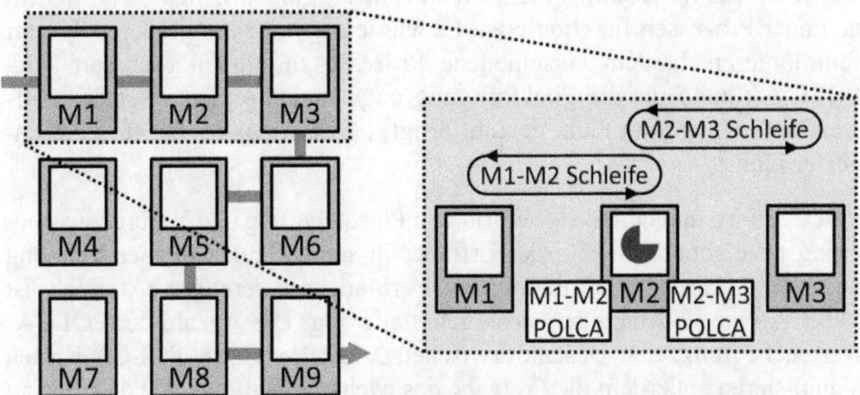

Abbildung 124: Darstellung der Überlappung von zwei POLCA-Schleifen über drei Prozesse innerhalb einer Werkstattfertigung (Bild: Roser)

Der Auftrag kann am aktuellen Prozess erst nach Ablauf des Auftragsfreigabetermin für diesen Auftrag und diesen Prozess erfolgen: Alle Aufträge, die die Werkstattfertigung durchlaufen, haben einen Auftragsfreigabetermin für jeden Prozess. Ein Teil kann nicht früher als der Auftragsfreigabetermin bearbeitet werden. Der Auftragsfreigabetermin wird in der Regel mit einer ERP-Software ermittelt. Das Ziel ist es sicherzustellen, dass das Produkt vor dem Fälligkeitsdatum des Kunden fertiggestellt wird. Es soll aber auch nicht wochenlang unfertig herumliegen bevor der Kunde es braucht. Die Ermittlung des Auftragsfreigabetermins ist typischerweise mit vielen Unsicherheiten und erheblichen Zeitpuffern verbunden.

Wenn das Produkt an M2 fertig ist, geht die POLCA-Karte M1-M2 zurück zu M1, um die Verarbeitung des nächsten Produkts an M1 zu ermöglichen. Die Karte M2-M3 geht mit dem Produkt zur Verarbeitung am Prozess M3. Jede POLCA-Schleife kann mehrere POLCA-Karten haben.

Sie benötigen eine POLCA-Schleife zwischen jedem Paar von Prozessen und für jede Richtung, in der Material fließen kann. Wenn z. B. Material von einer Fräsmaschine zu einer Drehmaschine fließen kann, benötigen Sie eine POLCA-Schleife. Wenn Teile auch in umgekehrter Richtung von der Drehmaschine zum Fräsen fließen können, benötigen Sie eine zweite POLCA-Schleife für die andere Richtung. Alle erwarteten Materialflüsse zwischen zwei Prozessen müssen eine POLCA-Schleife haben.

In der ursprünglichen Literatur[64] wird angenommen, dass POLCA nur mit Fertigungszellen funktioniert. Wie in der neueren Literatur beschrieben[65], würde es aber für jede allgemeine Werkstattfertigung mit mehreren Maschinen oder Prozessen funktionieren. Es würde sogar für ein größeres System funktionieren, in dem verschiedene Prozesse zusammen gruppiert sind. POLCA könnte für die Fließfertigung angewandt werden, aber der Aufwand ist hier absolut nicht gerechtfertigt. POLCA passt nicht für eine Lagerfertigung.

POLCA wird manchmal als Hybrid von Plansteuerung und Verbrauchssteuerung bezeichnet. Obwohl der Erfinder in seinem Buch meiner Meinung nach eine falsche Definition von Verbrauchssteuerung verwendet, ist POLCA eine vollständige Verbrauchssteuerung. Die Anzahl der POLCA-Karten begrenzt den Bestand zwischen zwei Prozessen. POLCA-Karten signalisieren außerdem die Freigabe des nächsten Auftrags. Da das System sowohl eine Begrenzung des Bestands als auch ein anschließendes Signal zur Freigabe des nächsten Auftrags hat, handelt es sich um eine Verbrauchssteuerung.

7.2 Varianten

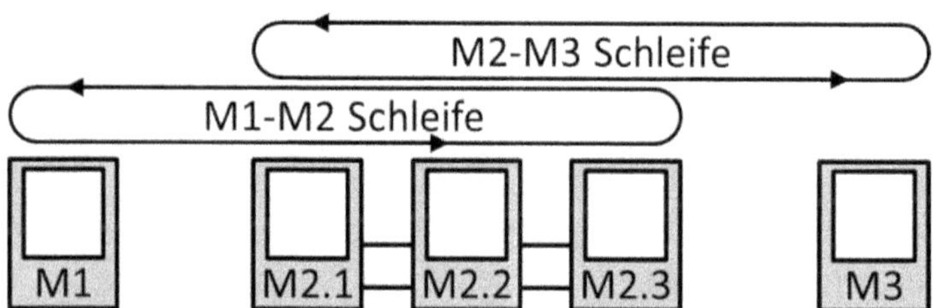

Abbildung 125: Überlappende POLCA-Schleifen mit teilweiser Fließfertigung (Bild: Roser)

Für POLCA gibt es meines Wissens keine Varianten. Es ist jedoch möglich, kleine Segmente mit einem linearen Materialfluss ähnlich einer Fließfertigung innerhalb der POLCA-Schleifen einzubinden. Ein Beispiel ist in Abbildung 125 visualisiert, wobei der Prozess M2 eigentlich eine kleine Fließfertigung mit drei Teilprozessen M2.1, M2.2 und M2.3 ist, die über FIFO verbunden sind. Ähnliche Beispiele lassen sich auch mit nichtlinearen

---

[64] Rajan Suri, *Quick Response Manufacturing: A Companywide Approach to Reducing Lead Times* Portland, Oregon, USA: Taylor & Francis Inc., 1998.
[65] Rajan Suri, *The Practitioner's Guide to POLCA: The Production Control System for High-Mix, Low-Volume and Custom Products* Productivity Press, 2018.

Gruppen von Prozessen durchführen, wobei der Materialfluss des Teils durch diese Prozessgruppe koordiniert werden muss.

7.3 Elemente

Ein System, das POLCA verwendet, benötigt drei Elemente zur Steuerung: POLCA-Karten, einen Rückstand an offenen Aufträgen und eine Übersicht über die Auftragsfreigabetermine.

7.3.1 POLCA-Karte

Ähnlich wie bei CONWIP gibt es POLCA-Karten. Es werden nur wenige Informationen auf einer POLCA-Karte benötigt. Am wichtigsten sind der **Quellprozess** und der **Zielprozess**. Für das Management ist es hilfreich, die **Indexnummer der Karte** in der Schleife und die **Gesamtzahl der Karten** in der Schleife zu kennen. Ein **Barcode** kann ebenso hilfreich sein wie eine Farbcodierung. Ein Beispiel ist in Abbildung 126 dargestellt. Es ist möglich die POLCA-Karte als Hülle oder Umschlag ähnlich wie bei CONWIP zu gestalten, so dass sie Informationen zum aktuellen Auftrag wie z. B. den Fertigungsauftrag oder technische Zeichnungen enthalten kann. Alternativ ist es möglich die POLCA-Karte an den Fertigungsauftrag zu pinnen oder zu klammern, solange die Karte gut sichtbar ist.

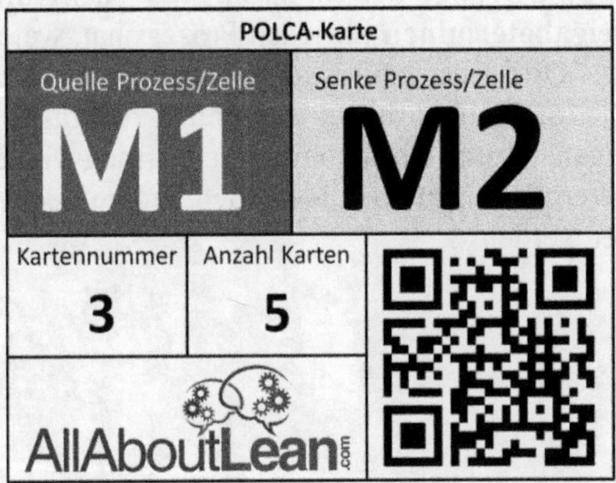

Abbildung 126: Beispiel für eine POLCA-Karte (Bild: Roser)

Bitte beachten Sie, dass diese Karte einen Auftrag darstellt, der eventuell mehr als nur ein Teil ist. Eine POLCA-Karte kann auch für Chargen von Material verwendet werden. Wenn Ihre Chargen jedoch zu groß werden, sollten Sie mehrere POLCA-Karten einsetzen.

Bei größeren Systemen kann es besser sein, diese Karten virtuell in einem ERP- oder ähnlichen Computersystem zu implementieren. Ein Computer überwacht dann sowohl die Karten als auch die Auftragsfreigabetermine. Allerdings wird das System dadurch weniger visuell und anfälliger für Computerprobleme.

7.3.2 Der Rückstand an offenen Aufträgen

Am Anfang jeder POLCA-Schleife steht ein Rückstand an offenen Aufträgen[66]. Jede Schleife und damit jeder Prozess hat seinen eigenen Rückstand. Dieser Rückstand beinhaltet teilweise abgeschlossene Aufträge aus vorherigen Prozessen inklusive der POLCA-Karte der vorherigen Schleife. Er enthält auch Aufträge, für die dieser Prozess der erste Prozess in der Reihenfolge ist. Diese haben noch keine POLCA-Karte. Sie können also sowohl Aufträge mit als auch ohne POLCA-Karten im Rückstand finden.

Abgesehen davon, dass einige Aufträge POLCA Karten haben, ist dies ähnlich wie der Rückstand der offenen Aufträge in CONWIP. Für diese offenen Aufträge sollte das benötigte **Material** vorhanden sein oder es sollte erwartet werden, dass das Material rechtzeitig während der Produktion eintrifft. Ähnlich wie bei CONWIP sollten Sie **den Rückstand priorisieren**. Insbesondere die Aufträge, deren Arbeitslast die Zeit bis zur nächsten Priorisierung abdeckt, sollten eine klare, priorisierte Reihenfolge haben.

Der Unterschied zu CONWIP besteht darin, dass jeder Auftrag eine Folge von **Auftragsfreigabeterminen** für jeden Prozess hat, welche der Auftrag durchlaufen muss. Oft ist der Auftragsfreigabetermin auch die Priorität für den Rückstand der offenen Aufträge. Ein offener Auftrag mit einem früheren Auftragsfreigabetermin hat automatisch Vorrang vor einem späteren Auftragsfreigabetermin. Es können aber auch andere Sequenzierungsprioritäten verwendet werden[67].

---

[66] In der Originalliteratur werden diese als Liste der offenen Aufträge bezeichnet, aber ich habe sie hier aus Gründen der Konsistenz mit anderen Pull-Systemen umbenannt.

[67] Matthias Thürer, Nuno O. Fernandes, und Mark Stevenson, *Material Flow Control in High-Variety Make-to-Order Shops: Combining COBACABANA and POLCA, Production and Operations Management* 29, Nr. 9 2020: 2138–52.

7.3.3 Der Auftragsfreigabetermin

Der Auftragsfreigabetermin[68] ist ein Datum und ggf. eine Uhrzeit für jeden Prozess eines Auftrags. Der Auftrag kann nicht früher als zu diesem Auftragsfreigabetermin gestartet werden. Tabelle 18 zeigt ein Beispiel für die Auftragsfreigabe eines Auftrags mit sechs Prozessschritten. Der erste Prozess kann frühestens am 19. Januar starten. Alle sechs Prozesse in der Reihenfolge haben ihre eigenen Auftragsfreigabetermine.

Auftragsfreigabe Auftrag #4711		
#	Prozess	Datum
1	Schneiden	19.01
2	Fräsen	20.01
3	Drehen	21.01
4	Härten	23.01
5	Beschichtung	26.01
6	Endmontage	28.01
Lieferdatum Kunde 03.02		

Tabelle 18: Beispiel für eine POLCA Auftragsfreigabedatenfolge

Die Berechnung des Auftragsfreigabetermin zielt darauf ab, jede Position so freizugeben, dass der Auftrag rechtzeitig für das Lieferdatum zum Kunden fertig wird. Gleichzeitig sollte der Freigabetermin nicht zu früh sein, um zu vermeiden, dass überschüssige fertige und halbfertige Aufträge das System verstopfen. Eine solche Berechnung in einer typischen Werkstattfertigung ist in der Regel mit großen Unsicherheiten behaftet, weshalb es ratsam ist vorsichtig zu sein und sich im Zweifelsfall für einen früheren Termin zu entscheiden. Daher **enthalten die Auftragsfreigabetermine in der Regel Zeitpuffer**.

Bitte beachten Sie, dass nicht jeder Prozess einen Worst-Case-Zeitpuffer benötigt. Es ist unwahrscheinlich, dass jeder Prozess auf ein Worst-Case-Szenario trifft. Beachten Sie aber bitte auch, dass die Verantwortlichen oft dazu neigen, auf Nachfrage eine Worst-Case-Dauer anzugeben. Es hilft zu verdeutlichen, dass es sich dabei nicht um Fristen, sondern um Startzeiten handelt. Außerdem ist es oft sinnvoll einen größeren Zeitpuffer am Ende zu haben, statt vieler kleiner Zeitpuffer dazwischen.

Die Berechnung der Auftragsfreigabetermine für eine größere Anzahl von Aufträgen mit mehreren Prozessen kann zeitaufwändig sein. In einer

---

[68] In der Originalliteratur wird dies als Auftragsfreigabedatum bezeichnet, wird hier aber aus Gründen der Konsistenz umbenannt.

modernen Fertigung erfolgt sie oft über ein übergreifendes ERP-System, was allerdings das Risiko von unentdeckten Fehlern innerhalb des Systems beinhaltet.

7.3.4   Decision Time

Der Mitarbeiter am Prozess muss entscheiden, ob und welches Teil als nächstes bearbeitet werden soll. Suri nennt dies die *Decision Time*, auf Deutsch so viel wie „Entscheidungszeit". Diese Regeln sind auch im Flussdiagramm in Abbildung 127 dargestellt und werden im Folgenden erläutert.

- Zu Beginn sollte der Mitarbeiter **den Rückstand auf verfügbare offene Aufträge für die Zelle oder Maschine des Mitarbeiters prüfen, bei der der Auftragsfreigabetermin vergangen ist.** Wenn es keine offenen Aufträge mehr gibt, sollte der Mitarbeiter Arbeit an einem anderen Prozess oder einer anderen Zelle finden. Ein Mangel an offenen Aufträgen kann auch bedeuten, dass ein Vorgesetzter dem Mitarbeiter eine neue Aufgabe zuweist. Der Vorgesetzte entscheidet auch, wann der Mitarbeiter wieder mit dem ursprünglichen Prozess beauftragt wird. Neben der eigentlichen Arbeit am Prozess können auch andere mögliche Arbeiten wie Schulungen, die Verbesserung der Anlage (Wartung, Reinigung, Behebung kleinerer Probleme, Rüstoptimierung...) etc. durchgeführt werden.
- Der Mitarbeiter **nimmt den verfügbaren Auftrag mit der höchsten Priorität**.
- Der Mitarbeiter **prüft, ob vom nachfolgenden Prozess die richtige POLCA-Karte vorhanden ist**, die den Start des Auftrags ermöglicht oder ob es der letzte Prozess der Arbeitsreihenfolge für diesen Auftrag ist. Wenn nicht, wiederholt der Mitarbeiter den Vorgang mit dem nächsten offenen Auftrag im Rückstand. Beachten Sie, dass der letzte Prozess in der Arbeitsreihenfolge keinen Folgeprozess hat und auch ohne nachfolgende POLCA-Karte gestartet werden kann.
- Der Mitarbeiter **prüft, ob das erforderliche Material zum Starten des Auftrags vorhanden ist**. Wenn Material fehlt, wiederholt der Mitarbeiter den Vorgang mit dem nächsten offenen Auftrag im Rückstand.
- Nachdem der Mitarbeiter einen machbaren und zulässigen Auftrag gefunden hat, **fügt er die nachfolgende POLCA-Karte an den Auftrag an**. Auch hier ist die Ausnahme der letzte Prozess in der Arbeitsreihenfolge, welcher ohne nachfolgende POLCA-Karte gestartet werden kann.
- Als nächstes **bearbeitet der Mitarbeiter den Auftrag**.

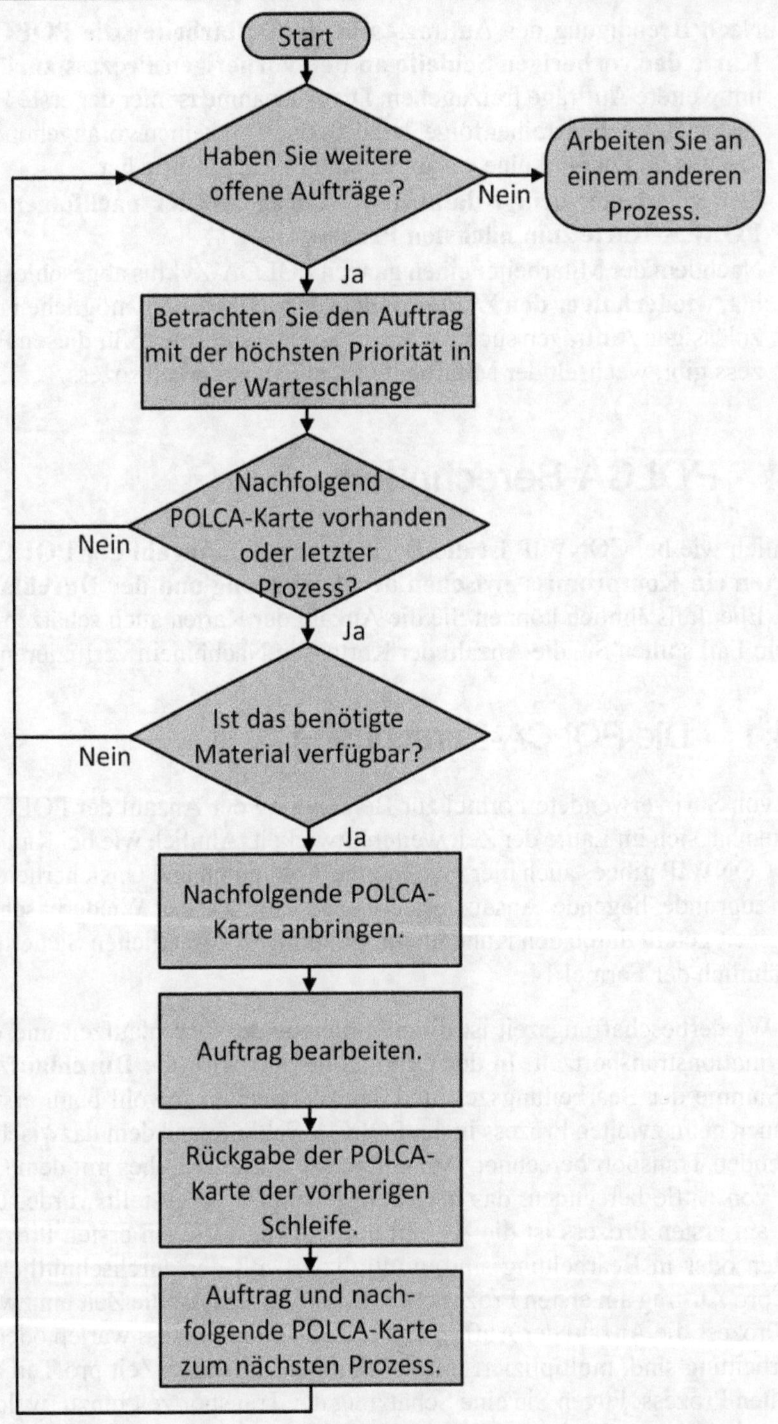

Abbildung 127: Abfolge der Regeln für POLCA „Decision Time" (Bild: Roser)

- Nach Beendigung des Auftrags **gibt der Mitarbeiter die POLCA-Karte der vorherigen Schleife an den vorherigen Prozess zurück**, um weitere Aufträge freizugeben. Die Ausnahme ist hier der erste Prozess in der Arbeitsreihenfolge, bei dem das Teil keinen vorangehenden Prozess und damit keine vorangehende POLCA-Karte hat.
- Der Mitarbeiter **bringt dann den Auftrag mit der nachfolgenden POLCA-Karte zum nächsten Prozess**.
- Nachdem der Mitarbeiter einen ganzen POLCA-Zyklus abgeschlossen hat, **wiederholt er den Zyklus**, indem er nach weiteren möglichen und zulässigen Aufträgen sucht. Wenn es keine Arbeit mehr für diesen Prozess gibt, wechselt der Mitarbeiter zu einem anderen Prozess.

7.4 POLCA-Berechnung

Ähnlich wie bei CONWIP **ist die Berechnung der Anzahl der POLCA-Karten ein Kompromiss zwischen der Auslastung und der Durchlaufzeit**. Ebenfalls ähnlich können Sie die Anzahl der Karten auch schätzen. In jedem Fall sollten Sie die Anzahl der Karten im Nachhinein verifizieren.

7.4.1 Die POLCA-Berechnung

Die von Suri verwendete Formel zur Berechnung der Anzahl der POLCA-Karten hat sich im Laufe der Zeit weiterentwickelt. Ähnlich wie bei Kanban und CONWIP gibt es auch hier eine Menge Annahmen und Unsicherheiten. Der zugrunde liegende Ansatz basiert ebenfalls auf der Wiederbeschaffungszeit geteilt durch den Kundentakt, mit einigen zusätzlichen Sicherheiten ähnlich der Formel 14.

Die Wiederbeschaffungszeit ist die Summe aus der Durchlaufzeit und der Informationstransportzeit. In der Originalliteratur wird die **Durchlaufzeit** als Summe der Bearbeitungszeit und der Wartezeiten sowohl beim ersten als auch beim zweiten Prozess in der POLCA-Schleife und dem dazwischen liegenden Transport berechnet. Am einfachsten lässt sich dies mit dem Gesetz von Little berechnen, das bereits in Formel 8 vorgestellt wurde. Die Zeit am ersten Prozess ist die Anzahl der Aufträge, die am ersten Prozess warten oder in Bearbeitung sind, multipliziert mit der durchschnittlichen Zeit pro Auftrag am ersten Prozess (Taktzeit). Ähnlich ist die Zeit am zweiten Prozess die Anzahl der Aufträge, die am zweiten Prozess warten oder in Bearbeitung sind, multipliziert mit der durchschnittlichen Zeit pro Teil am zweiten Prozess. Fügen Sie eine Schätzung der Transportzeit hinzu, welche wahrscheinlich viel schneller ist als die Bearbeitungszeiten, und Sie erhalten die Durchlaufzeit.

Die **Informationstransportzeit** ist die Zeit, die die POLCA-Karte benötigt, um vom zweiten Prozess zum ersten Prozess zurückzukehren. Diese Zeit beinhaltet auch organisatorische Verzögerungen. Sowohl die Durchlaufzeit als auch die Informationstransportzeit werden in Zeiteinheiten gemessen.

Der **Sicherheitsfaktor** wird als Anzahl von Karten addiert. Oft handelt es sich einfach um eine Aufrundung der Anzahl an Karten basierend auf der Wiederbeschaffungszeit geteilt durch den Kundentakt. Beachten Sie, dass Sie im Gegensatz zu Verbrauchssteuerungen für die Lagerfertigung wie Kanban, bei Verbrauchssteuerungen für die Auftragsfertigung wie POLCA oder CONWIP wesentlich weniger Sicherheit benötigen. Ähnlich wie bei anderen Berechnungen kann es bestimmte Situationen in Ihrem Produktionssystem geben, die zu zusätzliche Verzögerungen der Wiederbeschaffungszeit führen. In diesem Fall müssten Sie diese **anderen Elemente** in die Berechnung einbeziehen. Denken Sie daran, dass bei Auftragsfertigungen **die Durchschnittswerte relevant sind und nicht die Extreme**. Außerdem können Sie alles, was im Vergleich zu den anderen Elementen unbedeutend ist, einfach ignorieren.

Tabelle 19 fasst die Elemente für die POLCA-Berechnung zusammen. Die Formel für die POLCA-Berechnung ist in Formel 30 dargestellt. Die Anzahl der POLCA-Karten ist gleich der Summe der Durchlaufzeit und der Informationstransportzeit geteilt durch die Taktzeit über alle Teile, zuzüglich einer gewissen Sicherheit:

Gruppe	Element	Einheit	Normalerweise relevant?	Variable
Wiederbe-schaffungszeit	Durchlaufzeit	Zeit	Ja	LT
	Informations-Transportzeit	Zeit	Vielleicht	TI
Andere	Sicherheitsfaktor	Karten	Nein	S
	Andere Elemente	???	Nein	k. A.

Tabelle 19: Übersicht der Elemente, die zur Anzahl der POLCA-Karten beitragen

$$NC_{POLCA} = \frac{LT + TI}{TT_{All}} + S$$

Formel 30: Berechnen der Anzahl der POLCA-Karten

Die Variablen für die Formel 30 sind wie folgt, unter der Annahme, dass ein Auftrag eine POLCA-Karte darstellt:

LT   Durchlaufzeit (Zeit)

NC$_{POLCA}$ Anzahl der POLCA-Karten (Anzahl Karten)
S   Sicherheitsfaktor (Anzahl Karten)
TI   Dauer für den Transport von Informationen (Zeit)
TT$_{All}$ Kundentakt über alle Teiletypen (Zeit pro Auftrag)

7.4.2   Wie wichtig ist diese Formel?

Vielleicht überlegen Sie sich gerade, wie Sie dies für Ihren Fall berechnen können. Machen Sie sich nicht zu viele Gedanken darüber. Ich denke zwar, dass die Formel nicht falsch ist, aber eine gute Schätzung wird ähnlich funktionieren.

Die Formel basiert auf den aktuellen Durchlaufzeiten. Die zugrunde liegende Annahme ist, dass das aktuelle System ein funktionierendes System ist – auch wenn es vielleicht nicht so gut ist, wie Sie es sich wünschen. **Wenn Sie Ihre Berechnungen auf ein funktionierendes System stützen, erhalten Sie daher wahrscheinlich eine funktionierende Anzahl von POLCA-Karten.** Ein Kompromiss zwischen Durchlaufzeit und Nutzungsgrad ist wahrscheinlich irgendwie automatisch durch Ihre Leute passiert, die das System erstellt haben. Daher ist die POLCA-Berechnung wahrscheinlich nicht schlechter als das, was Sie derzeit ohnehin haben. Und Rajan Suri macht sehr deutlich (und ich stimme ihm zu), dass diese Berechnung nur eine erste Zahl ist, die am laufenden System verfeinert werden muss. Nichtsdestotrotz ziehe ich es vor, die Anzahl der POLCA-Karten zu schätzen.

7.4.3   Beispiel für die POLCA-Berechnung

Dieses Beispiel ist lose an das Beispiel von Suri angelehnt[69]. Es betrachtet eine einzelne Schleife mit zwei Prozessen, P1 und P2, welche Teil einer größeren Reihenfolge von Schleifen sind, wie in Abbildung 128 dargestellt. Der erste Prozess P1 hat im Durchschnitt eine Durchlaufzeit von 24 Stunden, der zweite Prozess von 8 Stunden, wobei es allerdings erhebliche Schwankungen gibt. Der Transport zwischen den Prozessen P1 und P2 dauert im Mittel 2 Stunden, ebenfalls mit Schwankungen. Der Rücktransport der freien POLCA-Karten erfolgt alle 4 Stunden. Der erwartete Bedarf liegt bei 40 Aufträgen pro Monat mit 20 Arbeitstagen pro Monat und 8 Stunden pro Tag.

---

[69] Rajan Suri, *The Practitioner's Guide to POLCA: The Production Control System for High-Mix, Low-Volume and Custom Products* Productivity Press, 2018.

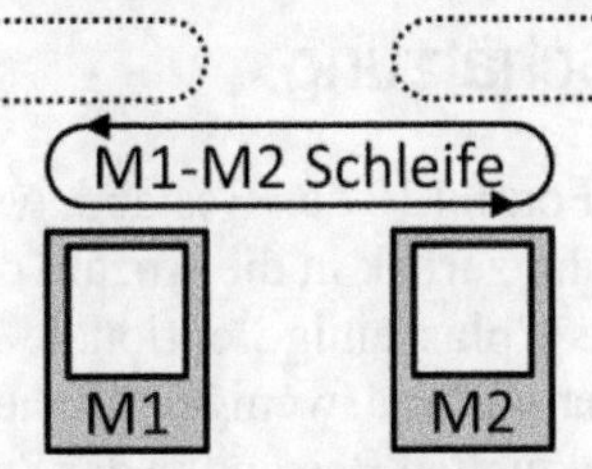

Abbildung 128: Beispielschleife für die Berechnung von POLCA-Karten (Bild: Roser)

Auf dieser Basis können wir den **Kundentakt** berechnen. Zwanzig Tage pro Monat mit 8 Stunden pro Tag ergeben 160 Arbeitsstunden pro Monat. Da wir Stunden als Basis für die nachfolgende Berechnung verwenden werden, behalten wir diese Einheit auch in Stunden bei. Dividiert man 160 Stunden durch 40 Aufträge, ergibt sich ein Kundentakt von 4 Stunden pro Auftrag. Die **Durchlaufzeit** ist einfach die Summe der einzelnen Durchlaufzeiten von 24 Stunden für Prozess A und 8 Stunden für Prozess B, plus 2 Stunden für den Materialtransport. Dies ergibt eine Gesamtdurchlaufzeit von 34 Stunden. Die **Informationstransportzeit** würde im ungünstigsten Fall 4 Stunden betragen, aber die durchschnittliche Informationstransportzeit ist 2 Stunden. Eine Übersicht über diese Daten finden Sie in Tabelle 20.

Element	Einheit	Wert	Variable
Durchlaufzeit	Stunden	34	LT
Informations-Transportzeit	Stunden	2	TI

Tabelle 20: Elemente für das Beispiel der POLCA-Berechnung, noch ohne Sicherheit

Dividiert man die Summe dieser Zeiten von 36 Stunden durch den Kundentakt, erhält man genau neun POLCA-Karten plus Sicherheit, wie in Formel 31 dargestellt. Wir könnten eine Sicherheit hinzufügen und auf zehn POLCA-Karten aufrunden, aber wir können es genauso gut bei neun Karten belassen, um eine bessere Gesamtdurchlaufzeit des Systems zu erhalten.

$$NC_{POLCA} = \frac{LT + TI}{TT_{All}} + S = \frac{34h + 2h}{4\,\frac{h}{Auftrag}} + S = 9{,}0 + S$$

Formel 31: Beispiel für die Berechnung der Anzahl der POLCA-Karten für eine Schleife

7.4.4 POLCA-Schätzung

Wie oben erklärt, nimmt Formel 30 den Bestand, wandelt ihn in eine Durchlaufzeit um und wandelt ihn zurück in die Anzahl der POLCA-Karten (eine Darstellung des Bestands), plus einige optionale Sicherheits- und Transportfaktoren. Eine alternative und weniger mathematische Herangehensweise ist es, einfach den aktuellen Bestand in der Schleife zu betrachten und ihn in eine Anzahl von POLCA-Karten umzuwandeln. Wenn eine POLCA-Karte ein Produkt repräsentiert, dann haben Sie eine POLCA-Karte pro Produkt.

Sie können die Zahl gerne anpassen, wenn sie Ihnen oder jemandem, der mit der Produktion vertraut ist zweifelhaft vorkommt. **Im Zweifelsfall sollten Sie die niedrigere Zahl wählen**, da die Fertigung gerne Sicherheit in einem großen Bestand sucht und dabei die schädlichen Auswirkungen auf die Durchlaufzeit ignoriert. Die Schlanke Produktion versucht immer, Sie in Richtung von weniger Beständen und kürzeren Durchlaufzeiten zu bewegen. Zusammenfassend lässt sich sagen, dass Sie sich nicht zu viele Gedanken über die genaue Anzahl der POLCA-Karten machen sollten. Probieren Sie sie lieber aus und passen Sie sie an, je nachdem, was Sie in Ihrem System beobachten.

7.5 Vorteile

POLCA funktioniert in der Industrie und hat ein paar Vorteile für Werkstattfertigungen. Dennoch denke ich, dass auch CONWIP eine starke Alternative ist.

7.5.1 Begrenzt den Bestand

POLCA ist gut für die Steuerung des Bestands. Alle Prozesse (Zellen, Maschinen, etc.) sind über Schleifen mit einer begrenzten Anzahl von POLCA-Karten verbunden. Daher können sie einen übermäßigen Bestand zwischen zwei Zellen verhindern. Wenn ein Prozess aufgrund fehlender POLCA-Karten in einer Richtung blockiert ist, kann er die freie Kapazität nutzen, um Produkte für einen anderen nachfolgenden Prozess mit verfügbaren freien POLCA-Karten herzustellen. Diese umpriorisierung ermöglicht eine bessere und auch zeitgerechtere Nutzung der Auslastung der verschiedenen Prozesse. Durch die Reduzierung der Bestände verringert sich auch die Gesamtdurchlaufzeit.

Eine CONWIP-Schleife könnte die gesamte Werkstattfertigung beinhalten. In diesem Fall kann sich aber immer noch Bestand in einigen Bereichen anzusammeln, während andere leerlaufen. POLCA definiert den Bestand entlang jedes möglichen Schritts im Wertstrom und erlaubt daher eine feinere Abstimmung des Bestands. Allerdings können Sie mit kleineren Schleifen bei CONWIP einen ähnlichen Effekt erzielen.

7.5.2 Hat Kapazität für alle vorgelagerten Prozesse

Sie könnten den Bestand für einen Prozess auch mit einer einfachen FIFO vor den Prozessen begrenzen. In diesem Fall kann jedoch ein einzelner sehr beschäftigter vorgelagerter Prozess andere weniger beschäftigte vorgelagerte Prozesse blockieren, indem er diese FIFO auffüllt und verhindert, dass andere Prozesse an die Reihe kommen. Bei den individuellen und überlappenden Schleifen für jeweils zwei verbundene Prozesse kommt jeder liefernde Prozess zum Zuge. Mit anderen Worten, jeder vorgelagerte Prozess hat die Chance, den Auftrag an den nachgelagerten Prozess weiterzuleiten. Die verfügbare Kapazität im nachgelagerten Prozess wird nicht von einem einzelnen vorgelagerten Prozess in Beschlag genommen.

7.5.3 Vermeidet Blockaden und unterstützt Kommunikation

Anders als bei CONWIP überlappen sich die POLCA-Schleifen, wie in Abbildung 124 dargestellt. Immer wenn ein Teil in einem Prozess oder einer Zelle bearbeitet wird, sollten zwei POLCA-Karten daran angebracht sein, mit Ausnahme des ersten und letzten Prozesses in der Arbeitsreihenfolge eines Auftrags.

Diese Überlappung hat zwei Hauptvorteile und einen kleinen Nachteil. Erstens hilft diese Überlappung bei der Kommunikation zwischen den Mitarbeitern verschiedener Prozesse. Sie vermeidet das „Über-den-Zaun-werfen" von Aufträgen und Problemen. Es wird ein sozialer Kontakt zwischen den Mitarbeitern dieser Prozesse aufgebaut. Die Mitarbeiter haben dadurch auch ein tieferes Verständnis für die Interaktion zwischen den Prozessen. Sie können sich gegenseitig aushelfen, wenn ein Prozess anfängt mit Aufträgen zu verstopfen. Es erhöht auch die Hilfsbereitschaft unter den Mitarbeitern. Diese Verbesserung der Kommunikation war bei der Entwicklung von POLCA eigentlich gar nicht vorgesehen, aber zahlreiche Mitarbeiter gaben Rückmeldung, dass es sehr hilfreich war und die Zusammenarbeit verbessert hat.

Zweitens vermeidet es das Blockieren, das sonst in Werkstattfertigungen ein häufiges Problem ist. Nehmen wir ein einfaches Beispiel mit drei Prozessen, wie in Abbildung 129 dargestellt. Einmal ohne Überlappung, wie es mit CONWIP gemacht würde, und einmal mit Überlappung bei POLCA. Es gibt zwei Teiletypen, Kreissegmente und Kreuze. Der Prozess M1 bearbeitet beide Prozesse. Danach teilt sich der Pfad auf, wobei die Kreissegmente zu M2 und die Kreuze zu M3 gehen.

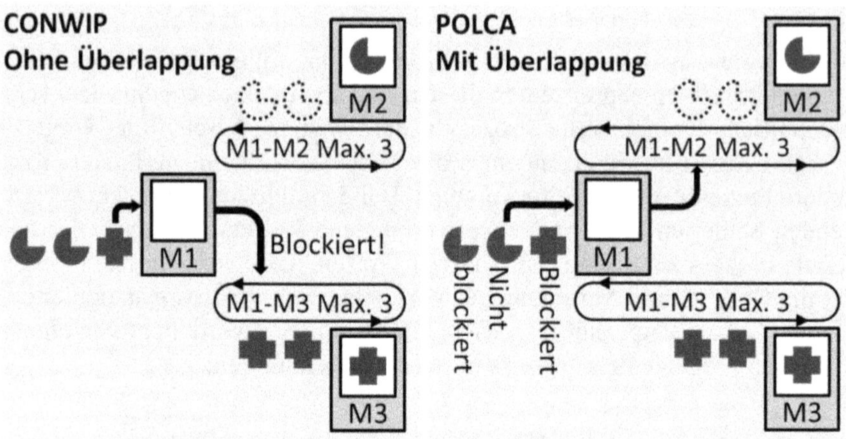

Abbildung 129: Vergleich von CONWIP ohne Überlappung und POLCA mit Überlappung (Bild: Roser)

Nehmen Sie an, dass es ein Problem an M3 gibt. Die gesamte CONWIP-Schleife bei M3 ist voll mit Kreuzen. Ohne die Überlappung würde M1 das nicht wissen und das nächste Teil in der Reihe verarbeiten, welches zufällig auch ein Kreuz ist. Danach könnte er das Kreuz aber nicht mehr an M3 weitergeben, und M1 wäre blockiert wodurch auch M2 leerläuft, wie in der Abbildung 129 links dargestellt. In der Realität führt so etwas oft zu einer chaotischen Verschiebung von Aufträgen, um die Prozesse wieder in Gang zu bringen, was zusätzlichen Verwaltungsaufwand erfordert.

POLCA vermeidet das durch die Überlappung. Nehmen Sie die gleiche Situation an, aber diesmal mit einer Überlappung, wie rechts in Abbildung 129 dargestellt. Vor dem Start der Bearbeitung eines Kreuzes müsste M1 prüfen, ob eine POLCA-Karte für den Folgeprozess verfügbar ist. Da bei M1 keine M1-M3-Karte für ein Kreuz verfügbar ist, würde der Prozess M1 das nächste Teil prüfen. Für das Kreissegment ist eine M1-M2-Karte verfügbar, daher wird dieses Teil abgearbeitet. Durch diese Überlappung werden also bei Werkstattfertigungen das allzu häufigen Blockieren und das daraus resultierende Chaos vermieden.

Eine kleine Sorge von mir ist, dass es etwas verwirrend sein kann, wenn manchmal zwei Karten (während der Bearbeitung) und manchmal nur eine Karte (wenn nicht bearbeitet wird) am Teil angebracht sind. Insgesamt ist die Überlappung jedoch vorteilhaft für den Materialfluss in den Werkstätten.

7.6 Nachteile

Es gibt ein paar Probleme mit POLCA. Keines davon ist aber ein Ausschusskriterium, zumindest nicht für alle Produktionssysteme. Und viele dieser Probleme sind auch bei anderen Methoden zur Verwaltung von Werkstattfertigungen vorhanden.

7.6.1 Etwas aufwändig

Das Verfahren mit seinen mehrfach überlappenden Schleifen von POLCA-Karten kann komplex sein. Die POLCA-Schleifen müssen jeden möglichen Weg abdecken, den ein Produkt nehmen kann. Wenn es von einem Prozess zu einem anderen geht, brauchen Sie eine Schleife. Wenn es zurückgeht, braucht man eine zweite Schleife. Im Extremfall bräuchte es zwei Schleifen zwischen jeder möglichen Prozesskombination. Die Abbildung 130 zeigt ein Beispiel mit allen dreißig möglichen Schleifen für sechs Prozesse.

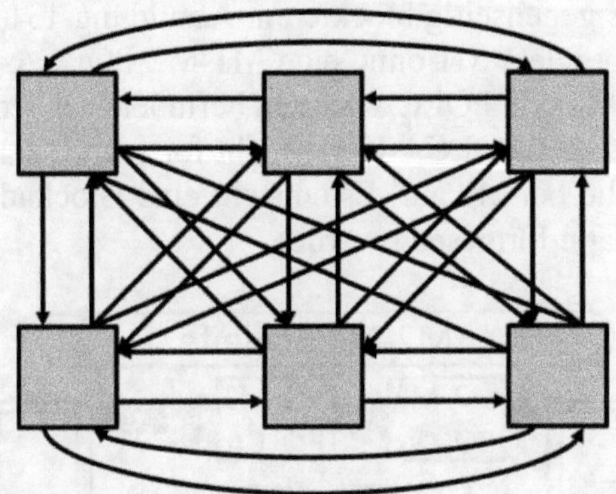

Abbildung 130: Alle dreißig möglichen POLCA-Schleifen für sechs Prozesse (Bild: Roser)

In der Praxis scheint dies jedoch überschaubar zu sein, und reale Systeme haben meist viel weniger Schleifen als das theoretische Maximum. Auf jeden Fall gibt es zahlreiche Berichte aus der Industrie, dass POLCA funktioniert.

7.6.2 Genauigkeit des Auftragsfreigabetermin

Eine Anforderung von POLCA ist, dass jeder Auftrag für jeden Prozess in der Prozessreihenfolge einen Auftragsfreigabetermin hat (und mehr, wenn der Auftrag an einem Prozess zweimal bearbeitet wird).

Das ist sehr schwierig zu berechnen. Ich habe mehrfach mit Werkstattfertigungen gearbeitet und es als herausfordernd empfunden den Auftragsfreigabetermin für den ersten Prozess zu bestimmen, geschweige denn für jeden Prozess entlang der Arbeitsreihenfolge. Werkstattfertigungen sind bekanntermaßen schwer zu planen und leiden sehr unter dem Schmetterlingseffekt, bei dem ein kleines zufälliges Ereignis eine große Auswirkung haben kann. Andererseits haben alle Steuerungssysteme in Werkstattfertigungen ähnliche Probleme, so dass es auch kein großes Handicap ist. Es hängt davon ab, wie viel Aufwand Sie betreiben müssen, um die Auftragsfreigabetermine zu ermitteln und diese an die entsprechenden Mitarbeiter weiterzuleiten. Unabhängig vom Ansatz ist es in der Industrie üblich für Liefertermine großzügigen Zeitpuffer einzuplanen.

7.6.3 Mögliches Blockieren

POLCA kann in einigen seltenen Fällen eine Blockierung verursachen, bei der eine Kombination von Aufträgen und POLCA-Karten dazu führen kann, dass sich Prozesse gegenseitig blockieren. Abbildung 131 zeigt ein vereinfachtes Beispiel, bei dem M1 ohne eine M1-M2 POLCA-Karte nicht fortfahren kann. Alle M1-M2 POLCA-Karten befinden sich jedoch an M2, welches ohne eine M2-M1 POLCA-Karte nicht fortfahren kann. Diese Karten halten sich aber alle bei M1 auf. Es entsteht eine Blockade und keiner der beiden Prozesse kann fortgesetzt werden.

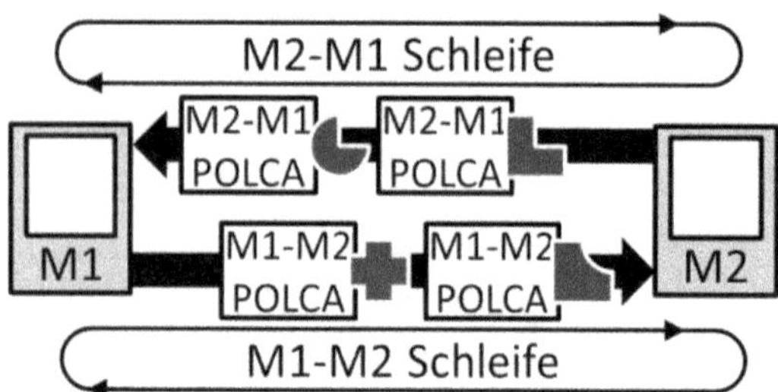

Abbildung 131: Unwahrscheinliches, aber theoretisch mögliches Beispiel für eine Blockade in POLCA (Bild: Roser)

Es scheint aber sehr selten zu sein, dass so etwas passiert. Es kann nur passieren, wenn die POLCA-Schleifen einen Kreis bilden, wie im Bild oben von M1 zu M2 und zurück zu M1. Laut Suri ist das nur in Simulationen passiert, aber noch nicht in der Realität. Suri entwickelte auch eine Lösung mit einer „Zykluskarte". Dabei handelt es sich nicht um eine normale POLCA-Karte, die hin und her geht, sondern um eine Karte, die immer vorwärts entlang der Prozesse geht. Details dazu finden Sie in Kapitel 6: *„Preventing Gridlock When Loops Form Cycles"* in *The Practitioner's Guide to POLCA*[70].

7.6.4 Überlastung oder Unterlastung

POLCA versucht, die Arbeitslast innerhalb des Produktionssystems auszugleichen und die Überlastung eines Prozesses zu verhindern – ein erstrebenswertes Ziel. Es sind jedoch leicht Situationen vorstellbar, in denen dies scheitert. Nehmen Sie das in Abbildung 132 gezeigte Beispiel. Vier Prozesse (M1-M4) speisen zwei andere Prozesse (M5 und M6). Folglich können sowohl M5 als auch M6 Arbeit von mehreren Prozessen erhalten.

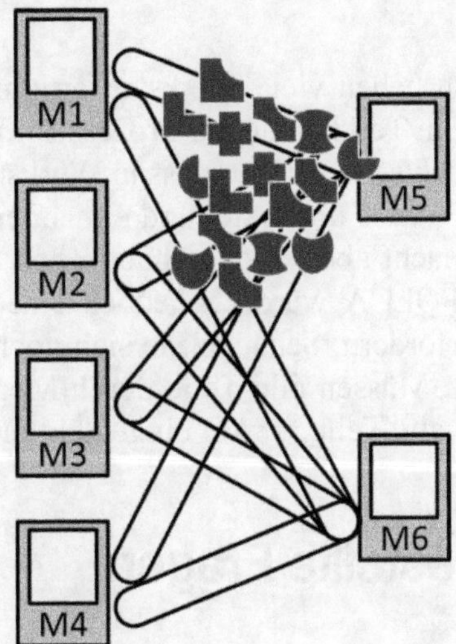

Abbildung 132: Mögliche Überlastung eines Prozesses bei POLCA (Bild: Roser)

Es ist möglich, dass es vorübergehend viel Arbeit für M5 und keine für M6 gibt. Folglich wäre M5 überlastet und M6 wäre im Leerlauf. Der tatsächliche maximale Bestand in jeder Schleife wäre durch die POLCA-Karte begrenzt, aber mehrere Schleifen mit jeweils einer Anzahl von POLCA-Karten können sich zu einer großen Menge Material summieren. Im Beispiel

---

[70] Rajan Suri, *The Practitioner's Guide to POLCA: The Production Control System for High-Mix, Low-Volume and Custom Products* Productivity Press, 2018.

kommen vier Schleifen mit jeweils fünf POLCA-Karten an M5 an, so dass insgesamt zwanzig Produkte an M5 zur Produktion anstehen. Zur gleichen Zeit würde M6 leerlaufen. Während die Produktionsplanung darauf abzielt, solche Situationen zu vermeiden, können kurzfristige Schwankungen dennoch einen derartigen Effekt verursachen.

Das ist zwar ein extremes Beispiel, aber ähnliche Situationen sind durchaus möglich. Sie können jedoch auch bei anderen Fertigungssteuerungssystemen auftreten. Auch hier gilt: Jede Art von Planung in einer Werkstattfertigung ist schwierig und fehleranfällig.

7.6.5 Reduzierte Flexibilität

POLCA verlangt für jeden Prozess, den der Auftrag durchlaufen muss, einen Auftragsfreigabetermin. Das bedeutet in der Regel, dass die Produktionsreihenfolge im Voraus festgelegt werden muss. Das reduziert die Flexibilität.

Meiner Erfahrung nach haben viele Werkstattfertigungen alternative Prozesse zur Verfügung. Ein Teil könnte auf Prozess 1 *oder* Prozess 2 bearbeitet werden. Ich habe auch schon erlebt, dass in Werkstattfertigungen umgeleitet wird, wenn ein Prozess überlastet und ein anderer verfügbar ist. Das ist zwar nicht ideal, macht aber in den chaotischen Werkstattfertigungen manchmal Sinn. Bei POLCA würde es jedoch eine Neuberechnung und neue Sequenzierung erfordern. Schauen Sie sich noch einmal das Beispiel aus Abbildung 132 an. Müssen alle Teile durch M5 gehen? Oder hat ein Systemfehler lediglich alle Teile für M5 eingeplant und keine für M6?

7.7 Häufig gestellte Fragen

7.7.1 Was ist mit dem ersten Prozess in der Reihenfolge?

Ein Teil in einem Prozess hat immer zwei POLCA-Karten angebracht, eine aus der Verbrauchssteuerungsschleife vom vorhergehenden Prozess und eine aus der Schleife zum nachfolgenden Prozess. Die einzigen Ausnahmen sind der erste und der letzte Prozess in der Arbeitsreihenfolge. Der erste Prozess in einer Arbeitsreihenfolge benötigt einen gültigen offenen Auftrag (d. h. einen Auftrag, für den das benötigte Material bereitsteht oder erwartet wird, dass es rechtzeitig bereitstehen wird), dessen Auftragsfreigabetermin abgelaufen ist. Außerdem benötigt er eine POLCA-Karte aus der Schleife zum zweiten Prozess. Daher kann der erste Prozess einen Auftrag bearbeiten, auch wenn nur eine POLCA-Karte der nachgelagerten Schleife angebracht ist, aber keine von der (nicht vorhandenen) vorgelagerten Schleife. Dies ist in Abbildung 133 ganz links dargestellt.

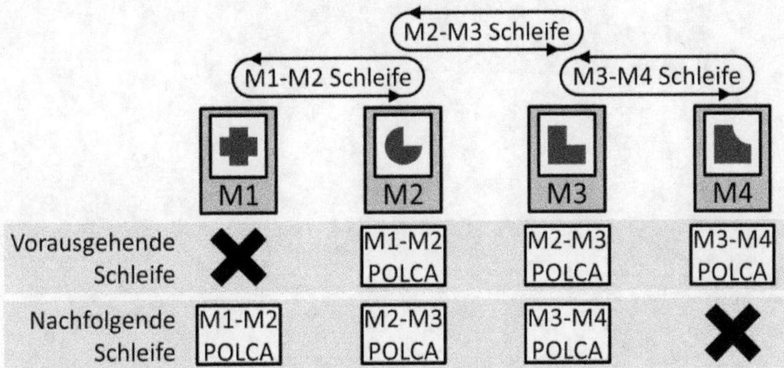

Abbildung 133: Der erste Prozess und der letzte Prozess in einem POLCA-Arbeitsreihenfolge benötigen nur eine POLCA-Karte zum Arbeiten. (Bild: Roser)

7.7.2 Was ist mit dem letzten Prozess in der Reihenfolge?

Ähnlich wie der erste Prozess speist der letzte Prozess in der Reihenfolge nicht in eine weitere POLCA-Schleife ein. Daher ist dem Auftrag nur eine POLCA-Karte aus der vorangegangenen Schleife zugeordnet.

Da das System eine Werkstattfertigung ist, können der erste und der letzte Prozess für jeden Auftrag unterschiedlich sein. Normalerweise beginnen und enden nicht alle Aufträge am gleichen Prozess. Daher haben Prozesse zwar normalerweise zwei POLCA-Karten für jeden zu bearbeitenden Auftrag, aber gelegentlich auch nur eine, wenn es der erste oder letzte Prozess in der Arbeitsreihenfolge für diesen Auftrag ist. Ein Beispiel für einen letzten Prozess ist auch in Abbildung 133 ganz rechts dargestellt.

Kapitel 8

Bestellpunktsysteme

Bestellpunktsysteme sind eine weitere Möglichkeit, eine Verbrauchssteuerung zu etablieren. Jetzt sind Sie vielleicht überrascht. Sie haben eventuell schon einmal von einem Bestellpunktsystem gehört, aber vermutlich noch nie im Zusammenhang mit der Schlanken Produktion. Bestellpunktsysteme sind nicht wirklich Teil des konventionellen Werkzeugkastens der Schlanken Produktion, sind aber trotzdem Verbrauchssteuerungen. Sie sind besonders nützlich für die Bestellung von Lagerteilen, aber nicht geeignet für auftragsbezogene Bestellungen. Das System bestellt Material nach, um eine Bestandsgrenze zu erreichen. Die Nachbestellung erfolgt entweder periodisch mit einem Bestellrhythmussystem oder – besser – wenn der Bestand ein Minimum erreicht mit einem Bestellpunktsystem. Auf Englisch sind diese als *Reorder Point* oder *Reorder Period* bekannt.

8.1 Grundlagen

Ein Bestellpunktsystem ist einfach. Sie überwachen Ihren Bestand separat für jeden Teiletyp. **Immer wenn Ihr Bestand für einen Teiletyp unter eine Untergrenze (den Bestellpunkt) fällt, bestellen Sie nach, um den Bestand wieder bis zum Maximum (das Bestandslimit) aufzufüllen.**

Der Bestellpunkt wird manchmal auch als *Minimum, Sicherheitspuffer* oder *Meldebestand* bezeichnet. Bitte verwechseln Sie dieses Minimum nicht mit dem ähnlich benannten Minimum in einem Supermarkt, wie in Kapitel 5.3.2.2 beschrieben. Der Mindestbestand bei einem Supermarkt für Kanban führt zu Eskalationen, um einen Fehlbestand zu verhindern. Daher sollte dieses Minimum im Supermarkt nur selten erreicht werden. Der Bestellpunkt wird aber regelmäßig erreicht. Sie wollen nicht bei jeder Bestellung eskalieren müssen. Stattdessen wollen Sie ohne Hetze mit den normalen Bestellvorgängen bestellen.

Der Bestellpunkt sollte Ihnen also zuverlässig genug Zeit zum Nachbestellen geben. Wenn Ihre Lieferzeit gleich null ist, könnten Sie den Bestellpunkt theoretisch auch auf null Teile setzen. In der Realität gibt es jedoch Verzögerungen zwischen der Bestellung und der Auslieferung. Der Bestellpunkt muss daher größer sein als null. Ein idealisiertes System ohne Lieferverzögerung, aber dennoch mit einem Bestellpunkt größer null ist in Abbildung 134 dargestellt.

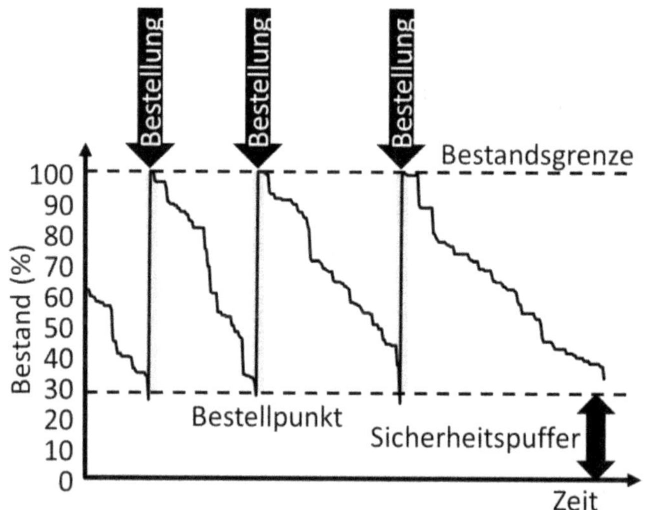

Abbildung 134: Bestand über die Zeit für ein vereinfachtes Bestellpunktsystem ohne Verzögerung bei der Lieferung einer Bestellung (Bild: Roser)

Da jedoch in den meisten Fällen Ihre Lieferzeit *nicht* null ist, wäre es klug, nachzubestellen, bevor Ihnen das Material ausgeht. Deshalb ist der Bestellpunkt normalerweise nicht null. Diese Verzögerung wird in Abbildung 135 dargestellt. Der tatsächliche Bestand in diesem Beispiel ist manchmal fast leer. Für meinen Geschmack wäre das zu knapp und ich würde den Bestellpunkt etwas erhöhen.

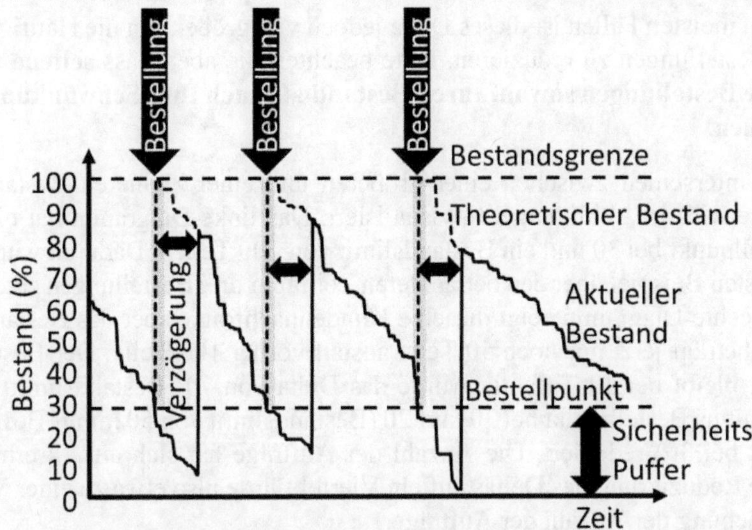

*Abbildung 135: Bestand über die Zeit für ein Bestellpunktsystem
mit einer Lieferverzögerung (Bild: Roser)*

Der theoretische Bestand ist die Summe aus bereits verfügbarem Material und nachbestelltem, aber noch nicht geliefertem Material. Diesen theoretischen Bestand müssen Sie überwachen. Wenn dieser theoretische Bestand unter den Bestellpunkt fällt, wird eine Bestellung ausgelöst. Während des Lieferverzugs kann der tatsächliche Bestand noch weiter sinken. Bestellen Sie jedoch nicht noch mehr, nur weil Ihr physischer Bestand unter dem Bestellpunkt liegt. Andernfalls erhalten Sie wenig später mehrere Bestellungen und Ihr Bestand überschreitet das Bestandslimit. Nur **die Summe aus dem physisch verfügbaren Bestand und dem bestellten, aber noch nicht eingetroffenen Bestand ist relevant**.

Das Bestellpunktsystem ähnelt stark einer Dreieckskanban, wie in Kapitel 5.2.3 beschrieben. Sie bestellen nur nach, wenn Sie den Bestellpunkt erreichen. **Der Bestellpunkt basiert auf dem maximalen erwarteten Verbrauch während der längsten erwarteten Zeitspanne zwischen der Bestellung und der Verfügbarkeit der bestellten Artikel.**

Das Delta zwischen dem Bestellpunkt und der Bestandsgrenze hängt davon ab, wie oft Sie bestellen möchten oder wie viele Artikel Sie auf einmal bestellen möchten. Dieses Delta könnte auch null sein. In diesem Fall bestellen Sie jedes Mal ein Teil, sobald ein Teil verbraucht wird. Die Bestandsgrenze ist identisch mit dem Bestellpunkt. Jedes Mal, wenn Sie ein Teil bestellen, fallen Sie unter Ihren Bestellpunkt und bestellen ein Teil zum Erreichen der Bestandsgrenze. Dieses System verhält sich nun wie ein Kanbansystem.

In den meisten Fällen ist dieses Delta jedoch viel größer, um die Häufigkeit der Bestellungen zu reduzieren. Bitte beachten Sie aber, dass **seltene und große Bestellungen sowohl Ihren Bestand als auch Ihre Schwankungen erhöhen**.

Der Unterschied zwischen einer größeren und einer kleineren Bestandsgrenze wird in Abbildung 136 visualisiert. Das linke Diagramm hat einen Bestellpunkt bei 30 und ein Bestandslimit von 100 Teilen. Dadurch wurden im ersten Beispiel über den betrachteten Zeitraum drei Bestellungen erzeugt. Das rechte Diagramm zeigt dieselbe Kundennachfrage, aber das Bestandslimit beträgt jetzt nur noch 50 Teile anstatt vorher 100 Teile. Der Bestellpunkt bleibt bei 30. Effektiv wurde das Delta von 70 (Bestandslimit von 100 minus Bestellpunkt bei 30) auf 20 (Bestandslimit von 50 minus Bestellpunkt bei 30) reduziert. Die Anzahl der Aufträge hat sich auf 12 erhöht. Diese Reduzierung des Deltas auf ein Viertel führte also etwa zu einer Vervierfachung der Anzahl der Aufträge.

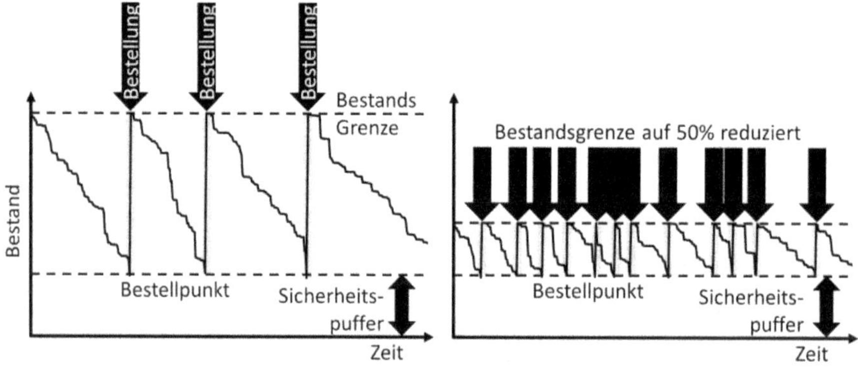

Abbildung 136: Bestand über die Zeit für eine große und eine kleine Bestandsgrenze (Bild: Roser)

Allgemeiner ausgedrückt, **führt eine Verringerung des Deltas zwischen dem Bestellpunkt und der Bestandsgrenze zu einer proportionalen Erhöhung der Anzahl der Bestellungen und einer Verringerung des Bestands**.

Meldebestände werden häufig für den Einkauf oder die Logistik verwendet. Sie können aber auch in der Fertigung eingesetzt werden, insbesondere bei Systemen mit großen Umrüstzeiten und großen Losgrößen. In anderen Fertigungssystemen hingegen sind häufige und kleine Bestellungen besser, um für die Produktion kleinere Losgrößen zu haben und das System besser zu Nivellieren.

8.2 Varianten

Es gibt einige Varianten des Bestellpunktsystems. Das ursprüngliche Bestellpunktsystem ist in der Regel das Beste, obwohl ein Bestellrhythmussystem auch verwendet werden kann, falls Sie regelmäßiger bestellen möchten.

8.2.1 Bestellrhythmussysteme

Es ist möglich, periodisch in fixen Intervallen zu bestellen. Mit Bestellpunkten füllen Sie bei Erreichen des Bestellpunkts Ihren Bestand bis zum Bestandslimit wieder auf. **Bei Bestellrhythmussystemen bestellen Sie in festen Bestellintervallen nach**, wie in Abbildung 137 dargestellt.

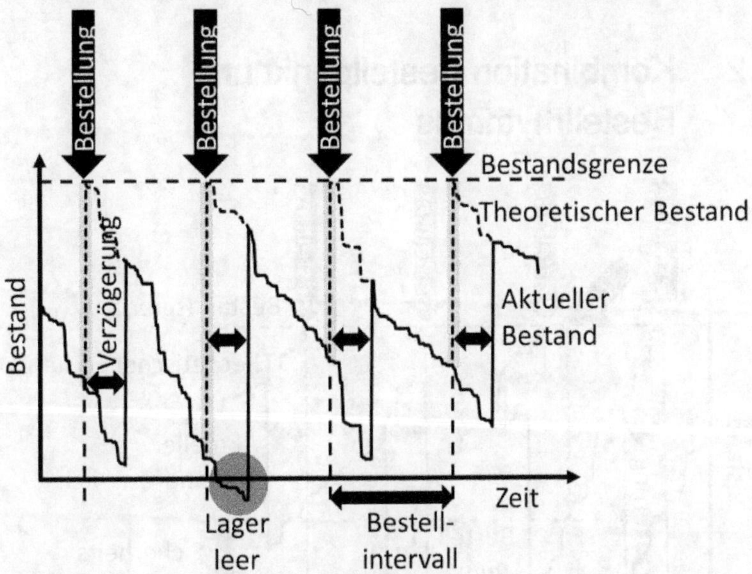

Abbildung 137: Lagerbestand über die Zeit für ein Bestellrhythmussystem. Nach der zweiten Bestellung gab es einen Fehlbestand. (Bild: Roser)

Sie bestellen z. B. jeden Dienstag so viele Teile, dass Ihr Bestand wieder bis zum Bestandslimit aufgefüllt wird. Dadurch wird das Bestellen einfacher und regelmäßiger. Es ist einfacher, Ihre Bestellvorgänge zu verwalten, da Sie Ihre Bestellungen für verschiedene Teiletypen über die Zeit verteilen können. Mit anderen Worten, montags bestellen Sie alle Teile der Kategorie A, dienstags bestellen Sie die Kategorie B nach, usw.

Bitte verwechseln Sie diesen Vorteil nicht mit der menschlichen Tendenz, lieber am Ende der Woche, des Monats oder des Jahres zu bestellen. Wenn jeder dies tut, führt das wiederum zu Problemen bei den Lieferanten. Bei einigen Lieferanten ist es bekannt, dass die Kundenbestellungen immer am Monatsende ihren Höhepunkt erreichen, was eine Schlanke Produktion erschwert.

Bestellpunktsysteme können immer eine ähnliche Menge bestellen. Bestellrhythmussysteme haben **bei jeder Bestellung eine andere Menge.** Bestellrhythmussysteme erfordern auch **höhere Bestandsgrenzen und damit einen höheren Bestand**, um das Risiko von Fehlbeständen zu reduzieren, was trotzdem nicht komplett vermieden werden kann. Wenn die Nachfrage innerhalb einer Bestellperiode den Bestand übersteigt, gehen Ihnen die Bestände aus. So ein Leerlaufen geschah auch nach der zweiten Bestellung in Abbildung 137. Bestellpunktsysteme reagieren schneller. Mit Bestellrhythmussystemen reagieren Sie nur in vorgegebenen, festen Bestellintervallen. Daher sind Bestellpunktsysteme in der Regel der intelligentere Ansatz.

8.2.2 Kombination Bestellpunkt und Bestellrhythmus

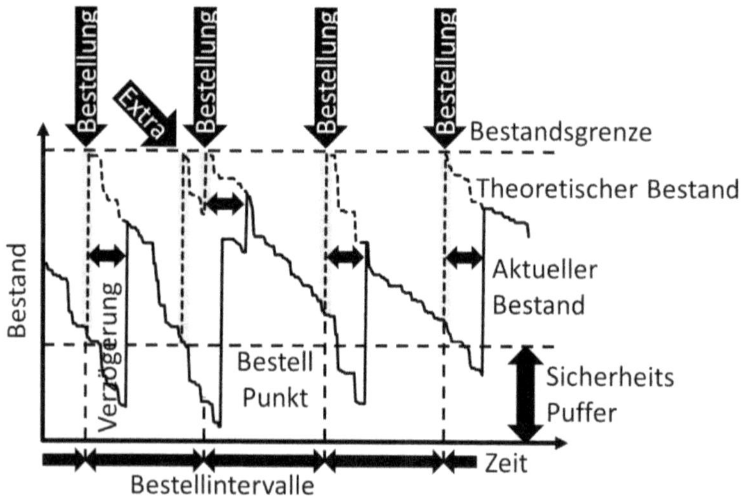

Abbildung 138: Bestand über die Zeit für eine Kombination aus Bestellpunkt und Bestellrhythmus. Es gibt eine zusätzliche Bestellung zwischen der ersten und der zweiten Periode aufgrund des Erreichens des Bestellpunkts. (Bild: Roser)

Es ist möglich, den Bestellpunkt und den Bestellrhythmus in einem System zu kombinieren. Die meisten Bestellungen würden dem Ansatz des Bestellrhythmus' folgen und regelmäßig stattfinden. Nur wenn ein übermäßiger Bedarf dazu führt, dass der theoretische Bestand den Bestellpunkt erreicht, wird eine zusätzliche Bestellung nach der Bestellpunktmethode erstellt, wie in Abbildung 138 dargestellt.

Damit haben Sie immer noch den (marginalen) Vorteil der regelmäßigen Bestellungen des Bestellrhythmus, mit der zusätzlichen Absicherung des Bestellpunkts, wenn der Kunde mehr als üblich bestellt. Meiner Meinung nach ist der Nutzen jedoch den zusätzlichen Aufwand nicht wert.

8.2.3 Feste Zeit, feste Mengen (keine Verbrauchssteuerung!)

Der Vollständigkeit halber möchte ich noch auf eine weitere Variante hinweisen, die mit Bestellpunktsystemen verbunden ist. Bei dieser Methode bestellen Sie **in festen Bestellintervallen**, ähnlich wie beim Bestellrhythmus, aber Sie **bestellen immer die gleiche Menge** ähnlich wie beim Bestellpunkt. Egal, ob der Kunde viel oder wenig bestellt hat, Sie bestellen in jedem Intervall die gleiche Menge, wie in Abbildung 139 dargestellt. **Das ist sehr unflexibel und damit ein ganz schlechtes System! Es ist auch keine Verbrauchssteuerung, da der Bestand mit der Zeit sehr groß werden oder auf null schrumpfen kann. Ich rate Ihnen dringend von dieser Methode ab!**

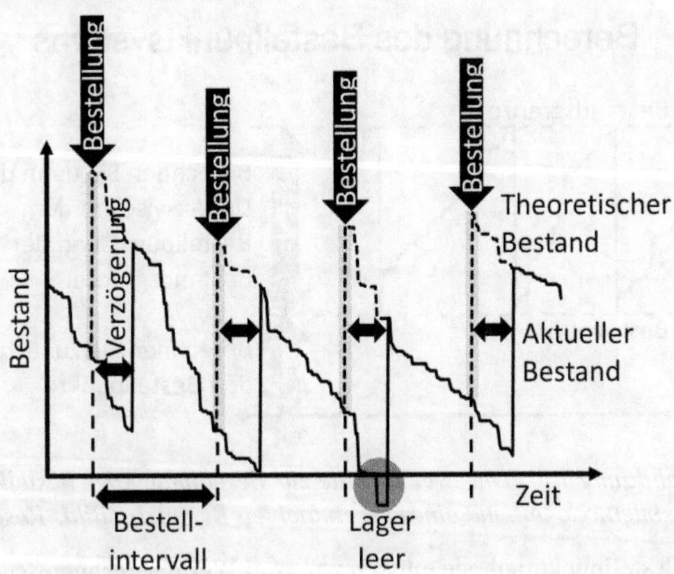

Abbildung 139: Bestand über die Zeit für einen Ansatz mit fester Zeit und fester Menge. Ich rate Ihnen dringend davon ab, dies zu verwenden! (Bild: Roser)

8.3 Elemente

Die Bestellpunktsysteme haben nur wenige Elemente, die festgelegt werden müssen. Sie müssen Ihre **Bestandsgrenze** (den maximalen Bestand) festlegen. Sie müssen Ihren **Bestellpunkt** (den Mindestbestand) für das Bestellpunktsystem festlegen. Und wenn Sie sich für eine Methode entscheiden, die einen Bestellrhythmus verwendet, müssen Sie das **Bestellintervall** festlegen.

Ansonsten haben Sie nur Ihre normalen Bestände und Bestellvorgänge, die nachverfolgt werden müssen. ERP-Systeme sind sehr gut geeignet, um bei solchen Aufgaben zu helfen. Wenn Sie dem ERP-System ausreichend vertrauen, können Sie sogar automatisch nachbestellen.

8.4 Berechnung von Bestellpunktsystemen

Für ein Bestellpunktsystem müssen wir den Bestellpunkt und die Bestandsgrenze berechnen. Beim weniger empfohlenen Bestellrhythmussystem müssen Sie sich zusätzlich zur Bestandsgrenze für ein Bestellintervall entscheiden. Die zugrunde liegenden Ansätze sind eigentlich sehr ähnlich.

8.4.1 Berechnung des Bestellpunktsystems

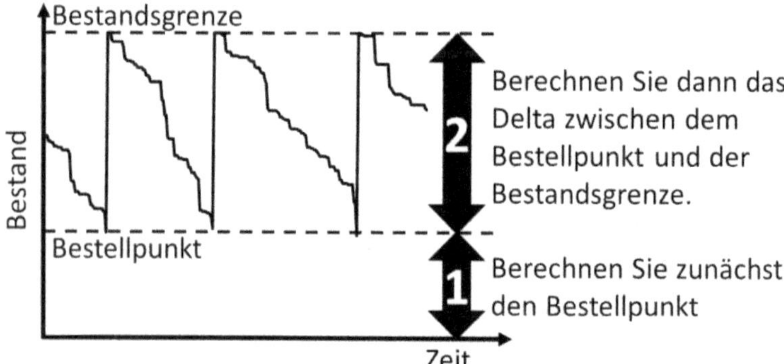

Abbildung 140: Die zwei Schritte zur Berechnung der Bestellpunktmethode anhand eines vereinfachten Beispiels (Bild: Roser)

Bei der Bestellpunktmethode müssen wir zwei Werte berechnen. Zuerst berechnen wir den **Bestellpunkt**, auch bekannt als Mindestbestand oder seltener auch als Sicherheitspuffer. Im zweiten Schritt berechnen wir das **Delta** zwischen dem Bestellpunkt und der Bestandsgrenze. Kombiniert ergibt dies die Bestandsgrenze, wie in Abbildung 140 dargestellt. Diese Berechnung des Bestellpunktes verwendet viele ähnliche Elemente wie die Berechnung der Produktions- oder Transportkanban. Genauso wie die Berechnung der Produktionskanban ist die Berechnung des Bestellpunkts nur eine Schätzung.

8.4.1.1 Elemente

Für die Berechnung der Bestellpunktmethode benötigen wir eine Reihe von Elementen. Diese ähneln den Elementen von Kanban, wie in Tabelle 2 für Produktionssysteme und Tabelle 3 für Transport und Einkauf gezeigt. Siehe auch Kapitel 5.3 mit der Beschreibung dieser Elemente in der Kanbanberechnung für weitere Details. Die meisten dieser Elemente sind für die Wiederbeschaffungszeit relevant. Die Wiederbeschaffungszeit für den Bestellpunkt oder Bestellrhythmus ist die Zeitspanne zwischen dem Erreichen des Bestellpunkts und der Verfügbarkeit der wiederbestellten Artikel. **Die Wiederbeschaffungszeit ist die Summe aus der Informationstransportzeit und der Durchlaufzeit**. Beachten Sie, dass auch eine Verzögerung bei der Erstellung einer Bestellung in die Informationstransportzeit einbezogen werden muss.

Für die **Durchlaufzeit** sind alle Verzögerungen bis zur Verfügbarkeit der Artikel einzubeziehen. Diese Verzögerung kann das Warten auf die Erstellung einer LKW-Ladung und das Warten in der Warteschlange für den Versand beinhalten. Wenn Sie jedoch bei einem Lieferanten bestellen, sehen Sie möglicherweise nur die Gesamtdurchlaufzeit, ähnlich wie bei einer Transportkanban. Ein wichtiger Hinweis: Nur weil der LKW mit der Ware durch Ihre Werkspforte fährt, heißt das noch lange nicht, dass die Ware auch verfügbar ist. Bis die Ware wirklich zur Verfügung steht, sind oft noch weitere Schritte wie das Einbuchen, Entladen, Qualitätskontrolle, Einlagern etc. nötig.

Zusätzlich müssen Sie Schwankungen einbeziehen. Da Bestellpunktsysteme für *Ship-to-Stock* und manchmal auch für Lagerfertigung verwendet werden, besteht in der Regel eine hohe Erwartung an die Materialverfügbarkeit. Sie sollten daher nicht nur **normalerweise**, sondern möglichst **immer** Material auf Lager haben. Deshalb müssen wir die Schwankungen mit einbeziehen. Wir müssten **Unterbrechungen und Störungen** im Bestell- und Versandprozess abdecken. Was ist die schlimmste zusätzliche Verzögerung, die wir zwischen der Bestellung von Artikeln und der Verfügbarkeit dieser Artikel noch abdecken wollen? Diese Verzögerung wird in der Regel als zusätzliche Zeit zur Wiederbeschaffungszeit geschätzt.

Auf der Kundenseite müssen auch die **größeren Bestellungen** in die Berechnung einbezogen werden. Es kann auch allgemein ein höherer Bedarf als erwartet auftreten, die **Bedarfsspitzen**. Wie bei Kanban sind die

Bedarfsspitzen die Differenz zwischen dem durchschnittlichen und dem maximalen Bedarf innerhalb der Wiederbeschaffungszeit. Auch dieser Spitzenbedarf wird am besten als Menge gemessen. Wenn es sich um eine saisonale Bedarfsspitze handelt, können Sie den Bestellpunkt auch nur vorübergehend ändern, anstatt das ganze Jahr über einen zusätzlichen Sicherheitsbestand bereitzuhalten.

Ähnlich wie bei anderen Berechnungen kann es einen **Sicherheitsfaktor** geben. Wenn Ihre Wiederbeschaffungszeit konservativ geschätzt ist und größere Schwankungen abdeckt, benötigen Sie möglicherweise nur einen kleineren Sicherheitsfaktor und umgekehrt. Letztendlich kann Ihr System auch ungewöhnliche **andere Elemente** haben, welche entweder die Wiederbeschaffungszeit oder die Schwankungen erhöhen. Diese müssen Sie möglicherweise auch einbeziehen. Die in Tabelle 21 aufgeführten Elemente reichen jedoch in der Regel für fast alle Bestellpunktsysteme aus.

Gruppe	Element	Einheit	In der Regel teilespezifisch	Normalerweise relevant?	Variable
Wiederbeschaffungszeit	Information Transportzeit	Zeit	Vielleicht	Vielleicht	TI
	Durchlaufzeit	Zeit	Vielleicht	Ja	LT
	Störungen und Unterbrechungen	Zeit	Vielleicht	Ja	BD
Kunde	Größere Bestellungen	Menge	Ja	Ja	PD
	Bedarfsspitzen	Menge	Ja	Ja	OS
Andere	Sicherheitsfaktor	Menge	Ja	Ja	S
	Andere Elemente	???	???	Nein	k. A.

Tabelle 21: Übersicht der Variablen, die zum Bestellpunkt beitragen

8.4.1.2 Berechnung Bestellpunkt

Bei Bestellpunktsystemen beginnen wir mit dem Mindestbestand, dem Bestellpunkt. Bei welchem Bestandsniveau sollen wir nachbestellen? Der Bestellpunkt sollte so groß sein, dass Ihnen auch bei etwas Lieferverzug und gleichzeitig höherem Bedarf das Material nicht ausgeht. **Der Bestellpunkt hängt also von der Kundennachfrage und der Wiederbeschaffungszeit**

ab. Beide variieren über die Zeit und **es ist sehr empfehlenswert konservative Werte zu verwenden und diese Schwankungen einzubeziehen**.

Alle Zeiten aus Tabelle 21 müssen in eine Menge umgerechnet werden. Diese Mengen werden dann einfach aufsummiert. Wir addieren die Informationsflusszeit mit der Durchlaufzeit und der Zeit für Störungen und Unterbrechungen. Diese Zeit rechnen wir in eine Menge um, indem wir sie durch den Kundentakt dividieren.

Der Kundentakt unterscheidet sich jedoch leicht vom Kundentakt von Produktionssystemen. Bei Produktionssystemen betrachtet der Kundentakt nur die Zeiträume, in denen das System tatsächlich läuft, und man teilt die Arbeitszeit durch den Bedarf, der innerhalb dieser Arbeitszeit produziert werden muss. Die Beschaffung und Logistik können jedoch andere Arbeitszeiten haben als Produktionssysteme. Sie könnten die Arbeitszeit des Wareneingangs verwenden oder auch einen 24-Stunden-Rund-um-die-Uhr-Ansatz. Achten Sie darauf, dass Sie in der gesamten Berechnung eine einheitliche Arbeitszeit verwenden.

Als Nächstes addieren wir die größte erwartete Bestellung für diesen Teiletyp minus eins und die Bedarfsspitzen des Kunden. Zusammen mit ein wenig Sicherheit erhalten wir den Bestellpunkt oder den Mindestbestand, bei dem eine Nachbestellung ausgelöst wird. Die gesamte Formel ist in Formel 32 dargestellt. Wenn Sie in Verpackungseinheiten von mehreren Artikeln bestellen, ist es nicht unbedingt notwendig, aber oft hilfreich, den Bestellpunkt auf ein Vielfaches dieser Verpackungseinheit zu runden.

$$I_{Min,n} = \frac{TI + LT + BD}{TT_n} + \left(OS_{Max,n} - 1\right) + PD_n + S$$

Formel 32: Berechnen des Bestellpunkts

Die Variablen für die Formel 32 sind wie folgt:

BD	Zeit zur Abdeckung von Unterbrechungen und Störungen (Zeit)
$I_{Min,n}$	Mindestbestand oder Bestellpunkt für Teiletyp n (Menge)
LT	Durchlaufzeit (Zeit)
$OS_{Max,n}$	Größte erwartete Bestellmenge für Teiletyp n (Menge)
PD_n	Bedarfsspitzen für Teiletyp n (Menge)
S	Sicherheitsfaktor (Menge)
TI	Dauer für den Transport von Informationen (Zeit)
TT_n	Kundentakt für Teiletyp n (Zeit pro Menge)

Der Bestellpunkt sollte groß genug sein, dass es unwahrscheinlich ist, dass Ihnen die Teile ausgehen, selbst wenn eine höhere Nachfrage zur gleichen Zeit wie eine langsamere Lieferung eintritt. **Versuchen Sie aber**

bitte nicht alle Eventualitäten abzudecken. Wenn Sie wirklich auf alle Eventualitäten vorbereitet sein wollen, wäre Ihr Bestellpunkt und damit Ihr Lagerbestand unendlich groß.

Überlegen Sie, welche Situationen Sie abdecken wollen und wann es besser ist leerzulaufen. Wenn Sie sich bei der Berechnung für konservative Werte bei der Kundennachfrage und Lieferverzögerung entscheiden, benötigen Sie wahrscheinlich keinen großen Sicherheitsfaktor. Wenn andererseits sowohl der Kundentakt als auch die Lieferzeiten Durchschnittswerte sind, sollten Sie einen großen Sicherheitsfaktor hinzufügen, um die Wahrscheinlichkeit von Fehlbeständen zu reduzieren.

Normalerweise mache ich gerne Schätzungen bei der Berechnung von Verbrauchssteuerungen. Für den Bestellpunkt haben Sie jedoch in der Regel ein besseres Verständnis für die Wiederbeschaffungszeit und deren Fluktuationen. Daher kann eine Berechnung hier besser sein als eine Schätzung.

8.4.1.3   Bestandsgrenze gemäß der klassischen Losformel

Als Nächstes betrachten wir die Bestandsgrenze. Wir berechnen die Bestandsgrenze nicht direkt, sondern das Delta zwischen dem Bestellpunkt und der Bestandsgrenze, wie in Abbildung 140 visualisiert. Dieses Delta ist normalerweise die Bestellmenge. Es bestimmt auch die Häufigkeit von Bestellungen. Dieses Delta wird von der Kundennachfrage, der Bestellhäufigkeit und der gewünschten Bestandsgrenze beeinflusst. **Es steht in keinem Zusammenhang mit der Wiederbeschaffungszeit.**

Unter der Annahme, dass die Kundennachfrage gegeben ist, können Sie einen Kompromiss zwischen der Anzahl der Bestellungen und dem Bestand eingehen. **Je häufiger Sie bestellen, desto kleiner ist Ihr Delta und desto niedriger ist Ihr Bestand. Wenn Sie weniger häufig bestellen wollen, steigen Ihr Delta und damit Ihr Bestand.**

Für die Berechnung des Bestellpunkts oben haben wir konservative Werte verwendet, einschließlich Schwankungen. **Für die Delta-Berechnung nehmen wir nur die Durchschnittswerte.** Das Schöne an der Bestellpunktmethode ist, dass wir bei höheren Bedarfen automatisch häufiger bestellen. Wenn der Bedarf niedriger ist, bestellen wir automatisch weniger. Es besteht also **absolut keine Notwendigkeit Schwankungen, Worst-Case-Szenarien oder einen Sicherheitsfaktor für das Delta zur Bestandsgrenze einzubeziehen**.

Der traditionelle Weg dafür in der Kostenrechnung ist die klassische Losformel, oder auf Englisch *Economic Order Quantity*, oft als *EOQ* abgekürzt. Diese ist in Formel 33 dargestellt. Die Formel geht davon aus, dass man bei der typischen Zickzack-Kurve des Bestandsverlaufs im Durchschnitt die

Hälfte der Bestellmenge auf Lager hat. Die Bestellmenge (das Delta) ist ein Kompromiss zwischen den Kosten der Bestellung und den Kosten des Lagerbestands.

$$I_{\Delta,n} = \sqrt{\frac{2 \cdot CO_n}{TT_n \cdot HC_n}}$$

Formel 33: Die klassische Losformel

Die Variablen für Formel 33 und Formel 34 sind wie folgt:

CO_n Kosten für einen Bestellvorgang von Teiletyp n (monetär)

HC_n Lagerkosten für ein Teil vom Typ n für einen Zeitraum (monetär pro Zeit und Menge)

$I_{Max,n}$ Maximalbestand oder Bestandsgrenze von Teiletyp n (Menge)

$I_{Min,n}$ Mindestbestand oder Bestellpunkt für Teiletyp n (Menge)

$I_{\Delta,n}$ Deltabestand des Teiletyps n (Menge)

TT_n Kundentakt für Teiletyp n (Zeit pro Menge)

Die Formel selbst ist gut und vom mathematischen Standpunkt aus sogar schön. Das Problem sind die Daten, die in die Formel eingehen. **Die traditionelle Kostenrechnung unterschätzt die Bestandskosten in der Regel erheblich.** Sie verwendet einfach die Kosten für das gebundene Kapital und eventuell auch die Lagerkosten. Dabei werden alle anderen Faktoren ignoriert, bei denen der Bestand Probleme bereiten kann. Artikel können veralten. Oder Sie finden einen systematischen Defekt und müssen den gesamten Bestand reparieren oder wegschmeißen. Es wird auch länger dauern einen Defekt zu finden, da es bei mehr Bestand länger dauert, bis die nachfolgenden Prozesse ein Problem bemerken können. Es gibt viele Faktoren, die von der Kostenrechnung zwar nicht gut berechnet werden können, welche die Kosten für die Lagerhaltung aber trotzdem in die Höhe treiben. **Daher gibt die Formel für die klassische Losformel oft viel zu große Werte für die Bestellmenge an.**

Abhängig von Ihrer Situation kann Sie Ihr Lagerbestand leicht zwischen 30% und 65% des Lagerwertes pro Jahr kosten[71]. Wenn Sie diese klassische Losformel dennoch verwenden wollen, empfehle ich Ihnen, **die Lagerkosten aus der Kostenrechnung mit drei zu multiplizieren**, bevor Sie diese in die klassische Losformel einsetzen!

---

[71] Helen Richardson, *Control your costs–then cut them, Transportation & Distribution* 36, Nr. 12 1995: 94.

Wenn Sie in Verpackungseinheiten von mehreren Artikeln bestellen, ist es sehr empfehlenswert das Delta auf ein Vielfaches Ihrer Verpackungseinheiten zu runden. Nachdem wir den Bestellpunkt in Formel 32 und das Delta in Formel 33 berechnet haben, summieren wir diese einfach auf, um unsere Bestandsgrenze zu erhalten, wie in Formel 34 dargestellt.

$$I_{Max,n} = I_{Min,n} + I_{\Delta,n}$$

Formel 34: Die Bestandsgrenze für die Bestellpunktmethode

8.4.1.4 Schätzung der Bestandsgrenze

Wie bei Kanban und CONWIP bin ich allgemein bei Verbrauchssteuerungen ein Fan von Schätzwerten. Das können Sie auch hier für das Delta zwischen Bestellpunkt und Bestandsgrenze tun. Ziel ist es, das Delta so weit wie möglich zu reduzieren, indem man die Anzahl der Bestellungen erhöht. Wenn es anfängt weh zu tun, dann gehen Sie wieder ein kleines Stück zurück. Wie oft trauen Sie sich zu bestellen ohne Ihren Einkauf zu überlasten? Einmal pro Woche pro Artikel? Zweimal pro Woche pro Artikel?

Versuchen Sie daher so oft wie möglich zu bestellen. Sie können auch verschiedene Teile unterschiedlich behandeln. Nicht alle Teile müssen die maximale Anzahl von Bestellungen haben. Bei manchen Teilen kann es sinnvoll sein seltener zu bestellen und stattdessen dafür bei anderen Teilen noch häufiger zu bestellen. Besonders interessant sind **große Artikel, teure Artikel oder Artikel mit häufigen Qualitätsproblemen**. Diese wollen Sie so oft wie möglich bestellen, um weniger Platz zu beanspruchen, weniger Kapital zu binden und Probleme schneller zu finden. Auf der anderen Seite können **kleine, billige und problemlose Teile** weniger häufig bestellt werden, um Ihrem Einkauf etwas Luft zum Atmen zu geben. Bestellen Sie einmal im Monat einen Eimer Schrauben anstatt alle drei Tage eine Handvoll, aber bestellen Sie die teuren und großen Motorblöcke dafür häufiger und in kleinen Mengen.

8.4.1.5 Beispiel Bestellpunkt

Für die Beispielrechnung eines Bestellpunktsystems verwenden wir das gleiche Beispiel wie für die Transportkanban in Kapitel 5.4.3. Die Logistik ist in diesem Beispiel jedoch etwas anders. Ich werde wieder zuerst die Daten zusammenfassen und dann berechnen. So können Sie die Werte zunächst selbst berechnen und mit meinen Ergebnissen vergleichen. Da wir wieder Annahmen haben, können Ihre Werte etwas anders aussehen als meine. Versuchen Sie diese Unterschiede zu verstehen und daraus zu lernen.

8.4.1.5.1 Das Beispielsystem

Wir bestellen wieder Räder für unsere Produktion von Holzspielzeugautos in den Farben gelb, rot und blau. Wir bestellen Räder in Schachteln zu 40 Stück. Die Tabelle 22 zeigt wieder die Übersicht mit dem erwarteten monatlichen Bedarf sowie die Bedarfsspitzen für alle Farben. Defekte und Ausschuss sind klein genug und können vernachlässigt werden.

Farbe	Erwarteter monatlicher Bedarf (Räder)	Bedarfsspitzen (Räder)
Rot	40 000	1300
Blau	16 000	680
Gelb	800	70
Gesamt	56 800	k. A.

Tabelle 22: Übersicht der Daten für die Beispielberechnung des Bestellpunkts

Informationen für neue Bestellungen werden digital übermittelt. Allerdings kann der Papierkram im Vorfeld bis zu fünf Stunden dauern. Lastwagen des Lieferanten können jederzeit fahren, auch an Wochenenden. Es dauert etwa vier Tage, bis eine Bestellung ausgeliefert wird. Aufgrund früherer Erfahrungen will das Management bis zu drei zusätzliche Tage Verzögerung einkalkulieren.

Zusätzlich informiert Sie die Buchhaltung, dass die Kosten für eine Bestellung 25 € betragen, unabhängig von der Farbe der Räder. Darüber hinaus werden die Lagerkosten für ein Rad mit 0,30 € pro Rad und Jahr veranschlagt, basierend auf den Kapitalkosten und den Lagerkosten. Diese sind ebenfalls unabhängig von der Farbe des Rades. Der Lieferant versendet die Räder in Schachteln mit 40 Rädern einer Farbe.

8.4.1.5.2 Berechnung des Bestellpunkt

Auf der Basis dieser Daten berechnen wir zunächst den **Kundentakt**. Bitte beachten Sie, dass LKWs jederzeit fahren können und wir nun die gesamte Zeit betrachten, nicht nur die Arbeitsstunden. Wir gehen davon aus, dass ein Monat im Durchschnitt 30 Tage mit 24 Stunden hat, was 2 592 000 Sekunden pro Monat bedeuten würde. Dividiert man diese Zeit durch den Bedarf, erhält man den Kundentakt, wie in Tabelle 23 dargestellt. Bitte beachten Sie den Unterschied zum Kundentakt in Tabelle 11, der auf einer Arbeitszeit mit nur einer Schicht basierte.

Farbe	Erwarteter monatlicher Bedarf (Räder)	Kundentakt (s/Rad)
Rot	40 000	64,8
Blau	16 000	162,0
Gelb	800	3240
Gesamt	56 800	45,6

Tabelle 23: Kundentakte für das Beispiel Bestellpunkt

Die **Informationstransportzeit** beträgt im ungünstigsten Fall fünf Stunden für die Erstellung der (digitalen) Papiere. Die **Durchlaufzeit** ist bereits mit vier Tagen angegeben und muss nicht anhand ihrer einzelnen Elemente wie dem Warten auf LKW-Ladung o. ä. konstruiert werden. Weitere drei Tage werden für **Störungen und Unterbrechungen** benötigt. Die **Bedarfsspitzen** sind eine vom Teiletyp abhängige Menge, wie in Tabelle 22 angegeben. Da wir unsere eigenen Montagelinien beliefern, haben wir keine **großen Kundenbestellungen**. Unsere größte Bestellung ist ein Karton mit 40 Rädern. Wir könnten diese großen Kundenbestellungen daher ignorieren, da sie im Vergleich zu den anderen Werten unbedeutend sind. Aber für didaktische Zwecke habe ich sie in der Berechnung belassen. Es gibt auch keine **anderen Elemente**, die diese Wiederbeschaffungszeit und ihre Schwankungen beeinflussen würden. Eine Übersicht über diese Werte ist in Tabelle 24 dargestellt.

Element	Einheit	Rote Räder	Blaue Räder	Gelbe Räder	Variable
Information Transportzeit	Stunden (Sekunden)	5 (18 000)	5 (18 000)	5 (18 000)	TI
Durchlaufzeit	Tage (Sekunden)	4 (345 600)	4 (345 600)	4 (345 600)	LT
Störungen und Unterbrechungen	Tage (Sekunden)	3 (259 200)	3 (259 200)	3 (259 200)	BD
Größere Bestellungen	Räder	1300	680	70	PD
Bedarfsspitzen	Räder	40	40	40	OS
Andere Elemente	???	k. A.	k. A.	k. A.	k. A.

Tabelle 24: Übersicht der Variablen, die zum Bestellpunkt und zur Bestandsgrenze beitragen

Jetzt können wir den Bestellpunkt berechnen. Achten Sie darauf, dass Sie sowohl für die Zeiten als auch für den Kundentakt die gleiche Zeiteinheit verwenden. Die Beispielrechnung für die roten Räder ist in Formel 35 dargestellt. Die Übersicht für alle Räder finden Sie in Tabelle 25. Die Sicherheit ist hier einfach eine großzügige Aufrundung, allerdings mit einer anteilig etwas größeren Sicherheit für die exotischeren gelben Räder. Wir haben auch darauf geachtet, dass der Bestellpunkt ein Vielfaches von 40 ist, da wir Räder in Kartons zu 40 Stück bestellen.

$$I_{Min,Rot} = \frac{TI + LT + BD}{TT_{Rot}} + (OS_{Max,Rot} - 1) + PD_{Rot} + S =$$

$$= \frac{18\,000s + 345\,600s + 259\,200s}{64{,}8\,\frac{s}{Rad}} +$$

$$+(40\ \text{Räder} - 1\ \text{Rad}) + 1300\ \text{Räder} + S =$$

$$= 10\,950\ \text{Räder} + S$$

Formel 35: Berechnen des Bestellpunkts für rote Räder

Farbe	Bestellpunkt ohne Sicherheit (Räder)	Sicherheit (Räder)	Bestellpunkt mit Sicherheit (Räder)	Sicherheit (Prozent)
Rot	10 950	570	11 520	4,9%
Blau	4563	437	5000	8,7%
Gelb	301	59	360	16,3%

Tabelle 25: Beispiel-Bestellpunkt mit und ohne Sicherheit

8.4.1.5.3 Berechnung der Bestandsgrenze

Um die Bestandsgrenze zu berechnen, müssen wir zunächst das Delta zur Bestandsgrenze ermitteln. Wir wissen, dass die Kosten für eine Bestellung 25 € betragen und die Lagerkosten 0,30 € pro Rad und Jahr, unabhängig von der Farbe. Wir könnten nun die klassische Losformel verwenden, um die (angeblich ideale) Bestellmenge, d. h. das Delta zu berechnen. Der Kundentakt basiert immer noch auf einem „Rund-um-die-Uhr"-Ansatz. Achten Sie darauf, dass Sie entweder die Lagerkosten in € pro Sekunde oder den Kundentakt in Jahre pro Stück umrechnen, um die Einheiten nicht durcheinander zu bringen. Die Berechnung ist für das rote Rad in Formel 36, und die Übersicht für alle Farben in Tabelle 26 dargestellt. Sie müssten die Ergebnisse auch auf ein Vielfaches von 40 anpassen, da wir Kartons mit 40 Rädern bestellen.

$$I_{\Delta,\text{Rot}} = \sqrt{\frac{2 \cdot \text{CO}_{\text{Rot}}}{\text{TT}_{\text{Rot}} \cdot \text{HC}_{\text{Rot}}}} =$$

$$= \sqrt{\frac{2 \cdot \text{€}25 \cdot 31\,536\,000\,\dfrac{\text{s}}{\text{Jahr}}}{64{,}8\,\dfrac{\text{s}}{\text{Rad}} \cdot 0{,}3\,\dfrac{\text{€}}{\text{Rad} \cdot \text{Jahr}}}} = 9006\ \text{Räder}$$

Formel 36: Die Formel für die klassische Losformel am Beispiel der roten Räder

Farbe	Delta nach der Klassischen Losformel (Räder)	Bestellungen pro Jahr
Rot	9006	53,3
Blau	5696	33,7
Gelb	1274	7,5

Tabelle 26: Das Delta nach der klassischen Losformel, noch ohne Anpassungen für eine Verpackungseinheit von 40 Rädern. Die Tabelle zeigt auch die erwartete Anzahl der Bestellungen pro Jahr.

Die von der Buchhaltung angegebenen Lagerkosten beinhalten jedoch nur die Lager- und Kapitalkosten. Viele weitere Kosten, die durch den Überbestand verursacht werden, bleiben unberücksichtigt. Daher empfehle ich **die Lagerkosten mit drei zu multiplizieren**. In diesem Fall würde die klassische Losformel wie in Tabelle 27 dargestellt aussehen. Das Delta reduziert sich auf fast die Hälfte, während sich die Anzahl der Bestellungen verdoppelt. Beachten Sie, dass Sie auch hier das Delta auf ein Vielfaches von 40 anpassen müssten.

Farbe	Delta nach der Angepassten Klassischen Losformel (Räder)	Bestellungen pro Jahr
Rot	5200	92,3
Blau	3289	58,4
Gelb	735	13,1

Tabelle 27: Das Delta nach der angepassten klassische Losformel mit verdreifachten Lagerkosten, noch ohne Anpassungen für eine Verpackungseinheit von 40 Rädern

Alternativ könnten Sie auch einfach festlegen, wie viele Bestellungen Sie innerhalb eines Jahres tätigen wollen. Nehmen wir an, Sie möchten pro Jahr 100 Bestellungen für rote Räder, 60 für blaue Räder und 20 für gelbe Räder ausführen. Das Delta wäre dann der Jahresbedarf geteilt durch die Anzahl der Bestellungen pro Jahr, wie in Tabelle 28 dargestellt. Zufälligerweise sind hier alle Deltas bereits ein Vielfaches von 40.

Farbe	Bestellungen pro Jahr	Delta (Räder)
Rot	100	4800
Blau	60	3200
Gelb	20	480

Tabelle 28: Delta basierend auf einer definierten Anzahl von Bestellungen pro Jahr

Mein Rat ist, dass egal welchen Ansatz Sie verwenden, Sie das kleinere Delta (d. h. eine häufigere Bestellung) nehmen sollten. **Fügen Sie keine Sicherheit zu diesem Delta oder zur Bestandsgrenze hinzu!** Wenn überhaupt, passen Sie das Delta nach unten an. Passen Sie ggf. das Delta an die Verpackungsgröße an, die Ihnen der Lieferant anbietet. In unserem Beispiel sollte das Delta durch 40 teilbar sein, da wir Räder in Schachteln mit 40 Stück bestellen.

Für die Berechnung der Bestandsgrenze verwenden wir das Delta basierend auf einer definierten Anzahl von Bestellungen pro Jahr aus Tabelle 28. Da unser Lieferant die Räder in Kisten zu 40 Stück liefert und die Ergebnisse in Tabelle 28 alle durch 40 teilbar sind, können wir diese Werte ohne Anpassungen verwenden. Die Übersicht über die Bestellpunkte, die Deltas und die Bestandsgrenzen finden Sie in Tabelle 29.

Farbe	Bestellpunkt (Räder)	Delta (Räder)	Bestandsgrenze (Räder)
Rot	11 520	4800	16 320
Blau	5000	3200	8200
Gelb	360	480	840

Tabelle 29: Ergebnisübersicht der Beispielrechnung für den Bestellpunkt

8.4.2 Berechnung des Bestellrhythmussystems

Die Berechnung des Bestellrhythmus wird nur benötigt, wenn Sie diesen auch verwenden, wovon ich abraten würde. Die Bestandsgrenze muss sowohl den **Bedarf während des Bestellintervalls** als auch den **Bedarf während der Wiederbeschaffungszeit** abdecken. **Beides sollte eine konservative Schätzung inklusive Schwankungen sein.** Hinzu kommt noch ein zusätzlicher **Sicherheitsfaktor.** Daher ist die resultierende Bestandsgrenze in der Regel größer als bei der Bestellpunktmethode für eine ähnliche

Anzahl von Bestellungen pro Jahr. Eine Visualisierung ist in Abbildung 141 dargestellt.

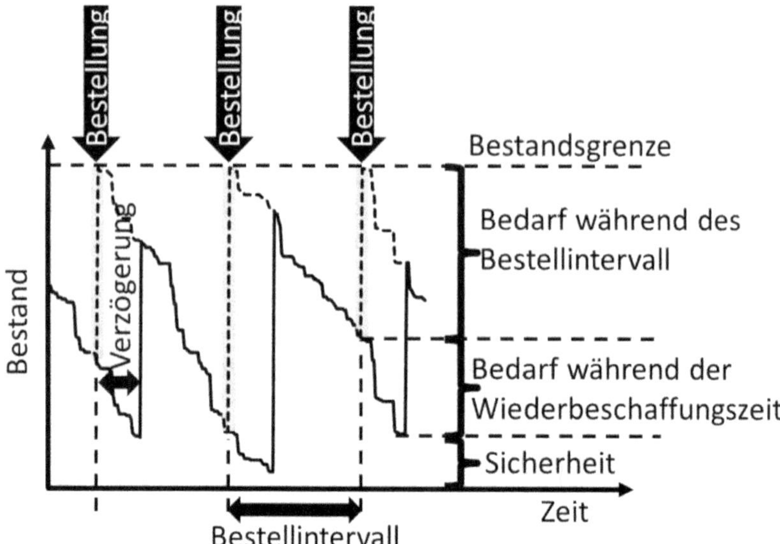

Abbildung 141: Darstellung der Elemente, die zur Bestandsgrenze für den Bestellrhythmus beitragen. Bitte beachten Sie, dass es sich hierbei nur um eine momentane Ansicht der schwankenden Werte handelt. (Bild: Roser)

8.4.2.1 Elemente des Bestellrhythmussystems

Die Berechnung des Bestellrhythmussystem hat sehr ähnliche Elemente wie die Berechnung des Bestellpunkts. Die Wiederbeschaffungszeit setzt sich aus der **Informationstransportzeit** und der **Durchlaufzeit** zusammen. In ähnlicher Weise müssen wir **Unterbrechungen und Störungen** abdecken.

Auf der Kundenseite müssen wir die Schwankungen aufgrund von **Bedarfsspitzen** und **großen Bestellungen** berücksichtigen. Für Kanban und die Bestellpunktmethode haben wir dies auf die Wiederbeschaffungszeit angewendet. Für den Bestellrhythmus müssen wir dies jedoch **zusätzlich auch für das Bestellintervall** tun. Da das Bestellintervall fix ist, können wir bei einem höheren Bedarf nicht häufiger bestellen, sondern benötigen zusätzliche Bestände, um diesen zu decken. Da die Bedarfsspitzen nun einen längeren Zeitraum abdecken müssen, ist **der Spitzenbedarf in der Regel größer als bei der Bestellpunktmethode**. Das kann einen erheblichen Unterschied für die Bestandsgrenze ausmachen.

Wir müssen auch das **Bestellintervall** festlegen, also die Dauer zwischen den Bestellungen. Die Bestandsgrenze muss genügend Bestand haben, um

den Bedarf des Kunden während dieses **Bestellintervalls *und* der Wiederbeschaffungszeit** zu decken – **einschließlich Schwankungen**. Sie wählen
aus, wie oft Sie bestellen möchten und ermitteln den Worst-Case-Bedarf für
den gesamten Zeitraum des Bestellintervall und der Wiederbeschaffungszeit.

Sie könnten auch die klassische Losformel aus Formel 33 verwenden, um
eine (vermeintlich ideale) Bestellmenge zu bestimmen – aber stellen Sie
sicher, dass Sie realistische Lagerkosten haben. Oder Sie könnten einfach
das kürzeste Bestellintervall / die häufigste Bestellung / den kleinsten Bestand nehmen, mit dem Sie beim Einkauf durchkommen. Unabhängig davon, welchen Ansatz Sie verwenden, müssen Sie **ein Bestellintervall definieren**.

Wir haben darüber hinaus unseren üblichen **Sicherheitsfaktor**. Die Übersicht in Tabelle 30 listet auch die selten benötigten **anderen Elemente** für
ungewöhnliche System auf.

Gruppe	Element	Einheit	In der Regel teile-spezifisch?	Normaler-weise Relevant?	Variable
Wiederbe-schaffungszeit	Information Transportzeit	Zeit	Vielleicht	Nein	TI
	Durchlaufzeit	Zeit	Vielleicht	Ja	LT
	Störungen und Unterbrechungen	Zeit	Vielleicht	Ja	BD
Andere Kunde	Größere Bestellungen	Menge	Ja	Ja	OS
	Bedarfsspitzen	Menge	Ja	Ja	PD
	Sicherheitsfaktor	Menge	Ja	Ja	S
	Bestellintervall	Zeit	Ja	Ja	RP
	Andere Elemente	???	???	Nein	k. A.

*Tabelle 30: Übersicht der Variablen, die zur Bestandsgrenze für
den Bestellrhythmus beitragen*

8.4.2.2 Berechnung der Bestandsgrenze

Die Bestandsgrenze ergibt sich aus der Summe der Elemente aus Tabelle
30. Die Informationstransportzeit, die Durchlaufzeit, das Bestellintervall
und die Zeit für Unterbrechungen und Störungen werden addiert und mit
Hilfe des Kundentakts in eine Menge umgerechnet. Außerdem addieren wir
die größte Bestellung minus eins, die Bedarfsspitzen und eine Sicherheit,
wie in Formel 37 dargestellt.

$$I_{Max,n} = \frac{TI + LT + BD + RP_n}{TT_n} + (OS_{Max,n} - 1) + PD_n + S$$

Formel 37: Berechnung der Nachbestellfrist

Die Variablen in der Formel 37 sind wie folgt:

BD	Zeit zur Abdeckung von Unterbrechungen und Störungen (Zeit)
$I_{Max,n}$	Maximalbestand oder Bestandsgrenze von Teiletyp n (Menge)
LT	Durchlaufzeit (Zeit)
$OS_{Max,n}$	Größte erwartete Bestellmenge für Teiletyp n (Menge)
PD_n	Bedarfsspitzen für Teiletyp n (Menge)
RP_n	Bestellintervall für Teiletyp n (Zeit)
S	Sicherheitsfaktor (Menge)
TI	Dauer für den Transport von Informationen (Zeit)
TT_n	Kundentakt für Teiletyp n (Zeit pro Menge)

Vergleichen Sie Formel 37 mit Formel 32. Das wichtigste neue Element ist das Bestellintervall. Beachten Sie aber auch, dass **die Bedarfsspitzen größer sind als bei der Bestellpunktmethode**, da diese nun zusätzlich zur Wiederbeschaffungszeit auch das Bestellintervall abdecken müssen.

Mit Formel 37 können Sie jetzt das Verhalten von Bestellintervall und Bestellmenge vergleichen, um hier einen guten Kompromiss zwischen dem Bestand und der Anzahl der Bestellungen zu erzielen.

8.4.2.3 Beispiel Bestellrhythmus

Farbe	Erwarteter monatlicher Bedarf (Räder)	Bestellintervall (Tage)	Bestellungen pro Jahr	Kundentakt (Sekunden/ Rad)	Bedarfsspitzen (Räder)
Rot	40 000	4	91,3	64,8	2600
Blau	16 000	6	60,8	162,0	1400
Gelb	800	18	20,3	3240	200

Tabelle 31: Daten für die Beispielrechnung Bestellrhythmus

Zu Vergleichszwecken verwenden wir dasselbe Beispiel wie bei der Bestellpunktmethode oben. Zum weiteren Vergleich verwenden wir Bestellintervalle, die uns ungefähr die gleiche Anzahl von Bestellungen pro Jahr liefern wie bei der Bestellpunktmethode in Tabelle 28. Da wir nun aber auch die Schwankungen während der Bestellperiode abdecken müssen, **ist der Spitzenbedarf im Vergleich zur Bestellpunktmethode wesentlich**

größer. Dadurch wird der Gesamtbestand deutlich erhöht. Die Tabelle 31 zeigt auch nochmals den erwarteten Bedarf und den Kundentakt, identisch wie beim Bestellrhythmus.

Die Berechnung der meisten Elemente ist ebenfalls identisch mit dem Bestellpunkt. Für Details schauen Sie sich das Beispiel für den Bestellpunkt an. Allerdings sind die Bedarfsspitzen größer als bei der Bestellpunktmethode, da diese nun auch das Bestellintervall abdecken müssen. Auch das Bestellintervall ist ein neues Element im Vergleich zum Bestellpunk. Eine Übersicht finden Sie in Tabelle 32.

Element	Einheit	Rote Räder	Blaue Räder	Gelbe Räder	Variable
Information Transportzeit	Stunden (Sekunden)	5 (18 000)	5 (18 000)	5 (18 000)	TI
Durchlaufzeit	Tage (Sekunden)	4 (345 600)	4 (345 600)	4 (345 600)	LT
Störungen und Unterbrechungen	Tage (Sekunden)	3 (259 200)	3 (259 200)	3 (259 200)	BD
Größere Bestellungen	Räder	40	40	40	OS
Bedarfsspitzen	Räder	2600	1400	200	PD
Bestellintervall	Tage (Sekunden)	4 (345 600)	6 (518 400)	18 (1 555 200)	RP
Andere Elemente	???	k. A.	k. A.	k. A.	k. A.

Tabelle 32: Übersicht der Variablen für das Beispiel des Bestellrhythmus

Mit diesen Werten können wir nun die Bestandsgrenze berechnen, wie in Formel 38 für die roten Räder dargestellt. Achten Sie darauf, die Einheiten nicht zu verwechseln.

Tabelle 33 zeigt die Übersicht der Bestandsgrenzen ohne die Sicherheit. Ich habe etwas Sicherheitsbestand hinzugefügt, um die endgültige Bestandsgrenze zu erhalten. Da wir Räder in Schachteln mit 40 Stück bestellen, ist die Bestandsgrenze am besten ein Vielfaches von 40. Weil ein Bestellrhythmussystem viel empfindlicher auf Schwankungen reagiert, hätte ich noch wesentlich mehr Sicherheit hinzufügen können. Aber selbst mit diesem kleinen Sicherheitsbetrag sind alle Bestandsgrenzen beim Bestellrhythmus größer als die Bestandsgrenzen des Bestellpunkts.

$$I_{Max,Rot} = \frac{TI + LT + BD + RP_{Rot}}{TT_{Rot}} + \left(OS_{Max,Rot} - 1\right) + PD_{Rot} + S =$$

$$= \frac{18\,000s + 345\,600s + 259\,200s + 345\,600s}{64{,}8\,\frac{s}{Rad}} +$$

$$+(40\text{ Räder} - 1\text{ Rad}) + 2\,600\text{ Räder} + S = 17\,583\text{ Räder} + S$$

Formel 38: Beispiel für die Berechnung der Bestandsgrenze für die roten Räder beim Bestellrhythmussystem

Farbe	Bestandsgrenze ohne Sicherheit (Räder)	Sicherheit (Räder)	Bestandsgrenze mit Sicherheit (Räder)	Sicherheit (Prozent)
Rot	17 583	817	18 400	4,4%
Blau	8483	717	9200	7,8%
Gelb	911	169	1080	15,6%

Tabelle 33: Ergebnisse für die Beispielberechnung des Bestellrhythmus

In diesem Beispiel sind die Bestandsgrenzen viel größer als die Bestandsgrenzen beim Bestellpunktsystem, selbst bei einem wahrscheinlich zu kleinen Sicherheitspuffer für das Bestellrhythmussystem. Für die Rennerprodukte der roten und blauen Räder haben wir etwa 12% mehr Teile als für den Bestellpunkt. Für die exotischen gelben Räder benötigen wir fast 30% mehr Bestand. Eine Übersicht zeigt die Tabelle 34.

Farbe	Bestellpunkt Bestandsgrenze mit Sicherheit (Räder)	Bestellrhythmus Bestandsgrenze mit Sicherheit (Räder)	Differenz (Prozent)
Rot	16 320	18 400	12,7%
Blau	8200	9200	12,2%
Gelb	840	1080	28,6%

Tabelle 34: Vergleich der Ergebnisse der Bestandsgrenze von Bestellpunkt und Bestellrhythmus für das Beispiel

Der Unterschied besteht darin, dass beim Bestellpunkt nur die Schwankungen der Wiederbeschaffungszeit durch den Bestand gepuffert werden müssen. Die Schwankungen in der Zeit zwischen den Bestellungen werden beim Bestellpunktverfahren einfach durch das Anpassen der Zeit zwischen den Bestellungen entkoppelt. Das Bestellrhythmusverfahren hingegen hat ein festes Bestellintervall, so dass auch die Schwankungen in diesem Bestellintervall abgedeckt werden müssen. Diese zusätzlichen Schwankungen führen zu einem größeren Bestand oder einem höheren Risiko von Fehlmaterial oder beidem. Deswegen **bevorzuge ich eindeutig den Bestellpunkt gegenüber dem Bestellrhythmus**.

8.4.3 Kombination von Bestellpunkt und -rhythmus

Wenn Sie sich gegen meinen Rat für ein System entscheiden, das den Bestellpunkt und Bestellrhythmus kombiniert, gelten die entsprechenden Berechnungen oben immer noch. Allerdings sollten das Zeitintervall für die Bestellung und die Bestandsgrenze so eingestellt sein, dass Sie den Bestellpunkt normalerweise nicht erreichen. Wenn Ihr kombiniertes System den Bestellpunkt häufig erreicht, verlieren Sie den (geringen) Vorteil eines Bestellpunktsystems, haben aber trotzdem den zusätzlichen Aufwand des Bestellrhythmus. Daher sollten Sie bei der Berechnung der Bestellperiode einen sehr großzügigen Sicherheitsfaktor einkalkulieren. Diese zusätzliche Sicherheit würde Ihren Bestand noch weiter erhöhen. Und nochmal: **Vermeiden Sie, wenn möglich, ein solches kombiniertes System.**

8.5 Vorteile

Der Vorteil dieses Systems ist einfach. Im Vergleich zu einem Kanbansystem bestellen Sie in der Regel viel seltener. Daher haben Sie viel **weniger Bestellaufwand**. Natürlich hängt das von den von Ihnen gewählten Werten für den Bestellpunkt und die Bestandsgrenze ab. Sie können auch ein Bestellpunktsystem aufsetzen, das ein ähnliches Verhalten wie ein Kanbansystem zeigt.

Ein weiterer Vorteil ist, dass es ein **relativ einfaches System** ist. Sie brauchen weder einen Kanbanbriefkasten noch müssen Sie Kanbans drucken, Kanbans transportieren, eine Sequenzierung erstellen und all die anderen Dinge, die für Kanban, CONWIP oder POLCA benötigt werden. Sie überwachen einfach den Bestand und bestellen bei Erreichen des Bestellpunktes oder des Bestellintervalls. Dieses Vorgehen ist gut für ERP-Systeme geeignet.

8.6 Nachteile

Es gibt ein paar Nachteile des Bestellpunkts und verwandter Methoden. **All diese Nachteile können jedoch durch eine Anpassung der Bestandsgrenze nach unten und eine häufigere Bestellung abgeschwächt werden.**

8.6.1 Möglicherweise größerer Bestand

Bestellpunktsysteme bestellen seltener. Dieser reduzierte Bestellaufwand hat seinen Preis. Vor allem kann er **den Bestand erhöhen**. Die Erhöhung hängt von der Häufigkeit der Bestellungen bzw. dem Delta zwischen dem Bestellpunkt und der Bestandsgrenze ab. Im Extremfall können Sie auch Ihre Bestandsgrenze auf den Bestellpunkt setzen (d. h. ein Delta von null annehmen). Dann bestellen Sie jedes Mal nach, sobald ein Teil verbraucht ist. In diesem Fall würde das System ähnlich wie ein Kanbansystem mit einer Losgröße von einem Teil funktionieren. **Wenn Sie jedoch weniger häufig bestellen, steigt Ihr Bestand.**

Dieser erhöhte Bestand verursacht mehrere Folgeprobleme. Sie haben die **Lagerhaltungskosten**. Sie haben die **erhöhte Durchlaufzeit** bis ein Teil verwendet wird. Teile können altern oder verschmutzen usw. Im Endeffekt haben wir alle Nachteile von großen Beständen.

8.6.2 Möglicherweise langsamerer Informationsfluss

Da Sie mit der Bestellung warten bis der Bestellpunkt erreicht wird, **verlangsamen Sie auch den Informationsfluss**. Bei Kanban wird bei jeder verbrauchten Kanban wiederbeschafft, somit wird die Information über den Bedarf des Kunden schnell weitergeleitet. Bei Bestellpunktsystemen hingegen liegt die Information zur Wiederbeschaffung so lange herum, bis der Bestellpunkt (oder das Bestellintervall) erreicht ist. Erst dann wird die Information weitergeleitet.

8.6.3 Möglicherweise erhöhte Fluktuationen

Das System kann auch **die Fluktuation erhöhen**. Angenommen Sie haben einen perfekten Kunden ohne Schwankungen, der wie ein Uhrwerk ein Teil pro Takt bestellt. Wenn Sie aber ein Bestellpunktsystem mit großer Bestandsgrenze haben, bekommt Ihr Lieferant ein viel stärker schwankendes Signal. Vier Tage lang keine Bestellungen – und dann alles auf einmal. Daher können Bestellpunktsysteme die Schwankungen erhöhen, wenn die Bestellmenge groß oder die Bestellung selten ist. Das ist das Gegenteil einer Nivellierung. **All diese Nachteile können durch eine Anpassung der Bestandsgrenze nach unten reduziert werden.**

8.7 Häufig gestellte Fragen

8.7.1 Wann sollte ich Bestellpunktsysteme verwenden?

Da der Bestand im Bestellpunktsystem immer nur mit dem gleichen Teil aufgefüllt wird, eignet er sich nur für die **Lagerfertigung** oder **Lagerbestellungen**. Er eignet sich überhaupt nicht für Auftragsfertigung oder Auftragsbestellung. Eine häufige Anwendung ist *Ship-to-Stock* von Standardartikeln. Bestellpunktsysteme erhöhen die Fluktuation in der Wertschöpfungskette. Daher eignen sie sich am besten für Situationen, in denen eine erhöhte Fluktuation akzeptabel oder sogar gewünscht ist. Nehmen Sie zum Beispiel Schreibwaren. Ihre Bestellung von 500 blauen Stiften zur gleichen Zeit wird Ihren Bürolieferanten wahrscheinlich nicht in Schwierigkeiten bringen, da er diese ohnehin zu Tausenden auf Lager hat.

Aufgrund des „Aufschaukelns" der Bestellmenge ist es in der Regel nicht empfehlenswert, Produktionssysteme mit kleinen Losgrößen über einen Bestellpunkt zu steuern, es sei denn Ihr Bestellpunktsystem hat ebenfalls eine kleine Bestellmenge (d. h. ein kleines Delta zwischen Bestellpunkt und Bestandsgrenze). Wenn Ihr Bestellpunktsystem den Informationsfluss verlangsamt und den Bedarf in große Bestellungen *zusammenklumpt*, hat Ihr lieferndes Produktionssystem nun zusätzlichen Aufwand, um seine Produktion wieder zu nivellieren und diese Klumpen an großen Bestellungen wieder klein zu kriegen. Dieses Problem kann jedoch durch kleinere und häufigere Bestellungen vermieden werden.

Ausnahmen sind Produktionssysteme, die von sich aus große Losgrößen benötigen, meist aufgrund großer Umrüstzeiten. Solche Systeme wollen eigentlich große Aufträge, um die verlorene Zeit für das Rüsten zu reduzieren. In diesem Fall sollte das Delta zwischen dem Bestellpunkt und der Bestandsgrenze der gewünschten Losgröße für dieses Teil entsprechen. Berücksichtigen Sie dennoch zunächst eine Reduzierung der Umrüstzeit, gefolgt von einer Reduzierung der Losgröße.

Da Bestellpunktsysteme in der Regel auch Computersysteme verwenden, ist es hilfreich, wenn Ihr Bestand und Ihre Bestellungen digital nachverfolgt werden. Bestellpunktsysteme können auch den Bestand erhöhen, wenn Sie selten bestellen. Das ist nicht gut, besonders bei großen, teuren oder störanfälligen Artikeln. Aber auch hier können Sie Bestellpunktsysteme verwenden, solange Sie häufig genug bestellen. **Je häufiger Sie bestellen, desto geringer ist Ihr Bestand.**

8.7.2 Welches Bestellpunktsystem sollte ich verwenden?

Hier habe ich **eine klare Präferenz für den Bestellpunkt**. Dieses System passt sich flexibel an Änderungen im Bedarf an, indem es die Häufigkeit der Bestellungen angleicht. Sie können zwar auch Bestellrhythmussysteme verwenden, wenn Sie unbedingt möchten, aber für mich ist das eine klare zweite Wahl. Vermeiden Sie kombinierte Systeme. Halten Sie sich auf jeden Fall vom System mit fester Zeit und fester Menge fern, denn das ist schrecklich – und nicht einmal eine Verbrauchssteuerung.

8.7.3 Was ist, wenn ich ständig Stock-Outs habe?

Wenn Ihnen regelmäßig der Bestand ausgeht, wie in Abbildung 142 gezeigt, dann ist Ihr Bestellpunkt zu niedrig. Erhöhen Sie Ihren Bestellpunkt (und über das Delta dementsprechend auch die Bestandsgrenze). Alternativ sollten Sie herausfinden, warum die Wiederbeschaffungszeit so groß ist und im nächsten Schritt die Wiederbeschaffungszeit oder deren Schwankungen reduzieren. Letzteres ist natürlich schwieriger und zeitaufwändiger. Beide Ansätze funktionieren auch für Bestellrhythmussysteme, wobei Sie bei diesen auch die Häufigkeit der Bestellungen erhöhen und das Bestellintervall reduzieren können.

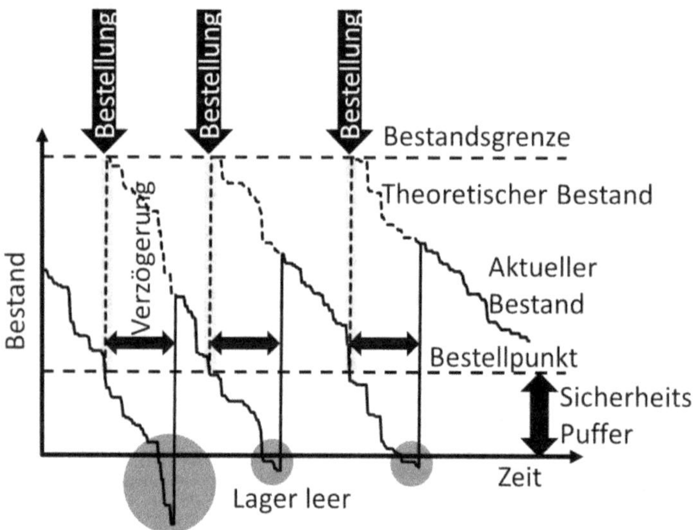

Abbildung 142: Bestellsystem mit zu kleinem Bestellpunkt und dadurch verursachte Materialmangel. (Bild: Roser)

8.7.4 Kann ich die Summe aller meiner Teiletypen überwachen?

Definitiv *nicht*! **Sie müssen alle Teiletypen separat berechnen und überwachen.** Nur dann wissen Sie, welchen Teiletyp Sie bestellen müssen. Auf keinen Fall können Sie die Berechnung des Bestellpunkts und der Bestandsgrenze nur für die Summe Ihres gesamten Bestandes durchführen, während Sie die Teilevielfalt ignorieren. Das wird nicht funktionieren! Ihnen werden die einen Teiletypen ausgehen, während Sie von anderen viel zu viel haben.

8.7.5 Soll ich am Bestellpunkt nachbestellen oder darunter?

Es gibt zwei Möglichkeiten. Sie können nachbestellen, sobald Ihr Bestand den Bestellpunkt erreicht (Bestand $\leq$ Bestellpunkt) oder Sie können nachbestellen, wenn er unter den Bestellpunkt sinkt (Bestand < Bestellpunkt). In der Regel macht das nur einen geringen Unterschied für die Berechnung des Bestellpunkts und der Bestandsgrenze. Ich empfehle die Bestellung bei Erreichen des Bestellpunkts, da dies für die Mitarbeiter intuitiver und auch robuster ist, falls die beiden Optionen verwechselt werden. Aber beides ist absolut machbar.

Kapitel 9

Drum-Buffer-Rope

Drum-Buffer-Rope (oder kurz DBR) hat seinen Ursprung in dem berühmten Buch von Goldratt, *The Goal*[72], obwohl es seinen Namen erst später in *The Race*[73] erhielt. Auf Deutsch übersetzt würde dieser Ansatz Trommel-Puffer-Seil heißen, aber der Englische Begriff *Drum-Buffer-Rope* ist hier üblich. In *The Goal* gelingt Goldratt das unwahrscheinliche Unterfangen, ein Managementbuch mit einem Liebesroman zu verbinden. Als Liebesroman ist die Geschichte mittelmäßig. Als Managementbuch ist es eine nette Sammlung von allgemeinen Weisheiten und guten Vorschlägen. In der Kombination war es ein Bestseller, da es ein sehr leicht lesbares Management-Buch ist. Wenn Sie jedoch einen guten Roman zur Fertigungssteuerung suchen, ist meiner Meinung nach *The Gold Mine: A Novel of Lean Turnaround*[74] von Freddy und Michael Ballé ein viel besseres Buch (auf Deutsch als „*The Gold Mine – Die Geschichte eines gelungenen Lean Turnarounds: Ein*

---

[72] Eliyahu M. Goldratt und Jeff Cox, *The Goal: A Process of Ongoing Improvement*, 2. Aufl. North River Press, 1992.

[73] Eliyahu M. Goldratt und Robert E. Fox, *The Race* Croton-on-Hudson, New York, USA: North River Press Inc., 1986.

[74] Freddy Balle und Michael Balle, *The Gold Mine: A Novel of Lean Turnaround* Brookline, Massachusetts, USA: Lean Enterprises Institute Inc., 2005.

Roman"[75] erhältlich). Wenn Sie eine detaillierte technische Erklärung von Drum-Buffer-Rope und der zugrundeliegenden *Theorie of Constraints* suchen, empfehle ich *Goldratts Theory of Constraints*[76] oder das *Theory of Constraints Handbook*[77], obwohl Letzteres keine leichte Lektüre ist.

9.1 Grundlagen

Drum-Buffer-Rope hat viele Ähnlichkeiten mit CONWIP, wobei **der Engpass bei Drum-Buffer-Rope eine zentrale Rolle einnimmt**. Drum-Buffer-Rope wird am besten für die Auftragsfertigung verwendet. Es kann auch für die Lagerfertigung angewendet werden, ist dort aber weniger empfehlenswert. Die Grundelemente sind in Abbildung 143 dargestellt.

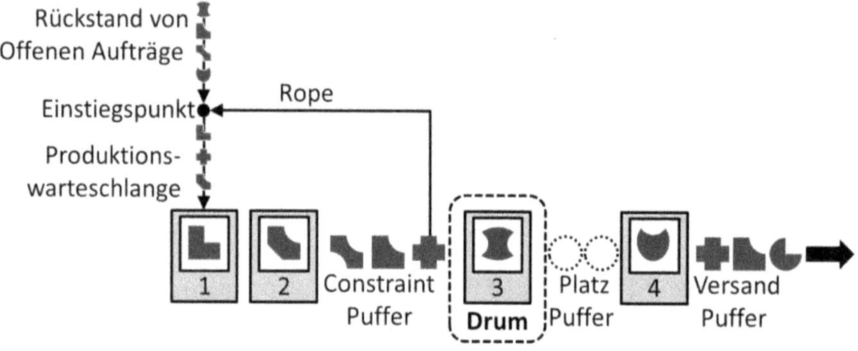

Abbildung 143: Beispiel für Drum-Buffer-Rope (Bild: Roser)

Im ursprünglichen Beispiel für Drum-Buffer-Rope in *The Goal* ging es darum, wie der Protagonist des Buchs einen Pfadfinderausflug organisiert. Das Kernproblem war, wie man eine Gruppe Pfadfinder zusammenhält, die mit unterschiedlichen Geschwindigkeiten laufen. Die erste Lösung war, den langsamsten Pfadfinder, Herbie, an die Spitze zu setzen und allen anderen zu verbieten ihn zu überholen. Außerdem machte man Herbies Rucksack leichter, damit er schneller laufen konnte.

---

[75] Freddy Balle und Michael Balle, *The Gold Mine – Die Geschichte eines gelungenen Lean Turnarounds: Ein Roman*, trans. Gerhard Moser München: Carl Hanser Verlag GmbH & Co. KG, 2016.

[76] H. William Dettmer, *Goldratt's Theory of Constraints: A Systems Approach to Continuous Improvement* Milwaukee, Wisconsin, USA: McGraw-Hill Professional, 1998.

[77] James F. Cox und John G. Schleier, *Theory of Constraints Handbook* McGraw-Hill Professional, 2010.

Später stellte sich heraus, dass es für Herbie besser wäre nicht ganz vorne zu laufen. Daher wurde ein Seil (auf Englisch *Rope*) vom ersten Pfadfinder in der Reihe zu Herbie gespannt. Dadurch konnten die Pfadfinder vor Herbie nicht schneller laufen als er und sich daher auch nicht entfernen. Den Personen hinter Herbie wurde ebenfalls untersagt ihn zu überholen. Das ist in Abbildung 144 dargestellt.

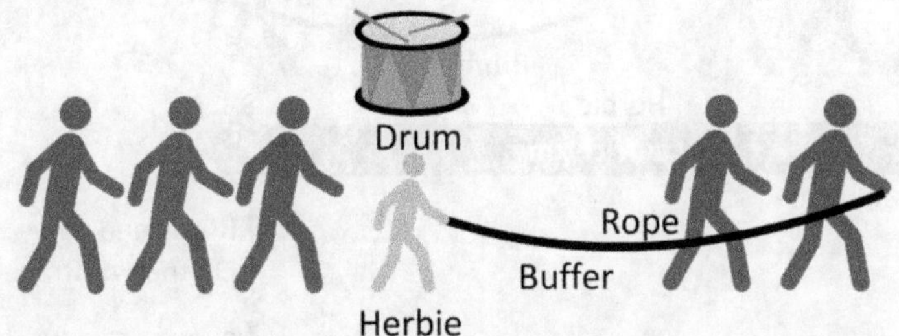

Abbildung 144: Das ursprüngliche Drum-Buffer-Rope-Beispiel in The Goal (Bild: Roser)

Wenn man die Pfadfinder als Analogie für eine Fabrik nimmt, entsteht Drum-Buffer-Rope. Die *Drum* ist der Engpass, der die Gesamtgeschwindigkeit des Systems bestimmt, denn es kann nicht schneller laufen als die *Drum*.

Die *Drum* ist die langsamste Person. Die *Rope* reicht bis zur ersten Person in der Reihe, welche daher auch nicht schneller laufen kann als die Drum. Der *Buffer* ist der freie Raum zwischen der Drum und der nächsten Person vor ihm. Dadurch kann der Engpass weiterlaufen, auch wenn die nächste Person vorübergehend langsamer wird, z. B., um ihre Schnürsenkel zu binden.

Das mag für Menschen funktionieren, aber es braucht schon eine gehörige Portion Fantasie, um diese Version von Drum-Buffer-Rope auf Fertigungssysteme zu übertragen. Sie müssen bedenken, dass die Menschen in diesem Beispiel die Prozesse sind, nicht die Teile. Die Teile sind eigentlich der Weg, der abgelaufen wird. In der Abbildung 144 laufen die Personen von links nach rechts, aber der Weg (die Teile) würde sich von rechts nach links bewegen. Daher sieht der Materialfluss eher wie in Abbildung 145 aus.

Lassen sie uns Abbildung 145 drehen, so dass der Materialfluss von links nach rechts geht, wie es beim Darstellen von Wertströmen üblich ist. Das ist in Abbildung 146 dargestellt. In der Fertigung ist die *Drum* immer noch der Engpass. Der *Buffer* ist das Material vor dem Engpass und muss dafür sorgen, dass die Drum nie leerläuft. Die *Rope* ist ein Signal oder eine Information vom Buffer vor dem Engpass zum Anfang der Linie. Wenn die Drum Teile verarbeitet, bewegt sich Material aus dem Puffer nach vorne.

Das ist die Information, den nächsten Auftrag im Rückstand der offenen Aufträge für die Warteschlange für die Produktion freizugeben.

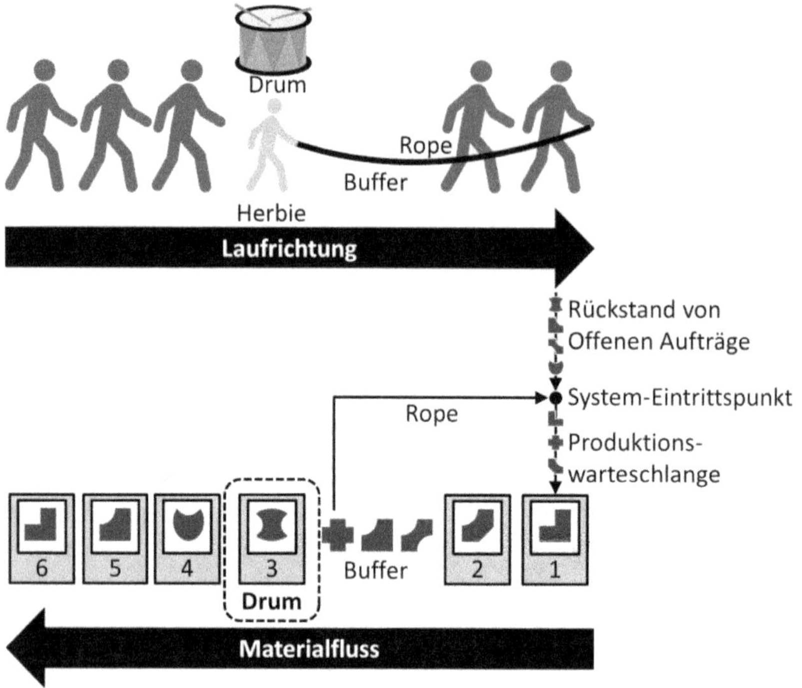

Abbildung 145: Das ursprüngliche Beispiel Drum-Buffer-Rope übertragen auf einen Materialfluss in der Fertigung (Bild: Roser)

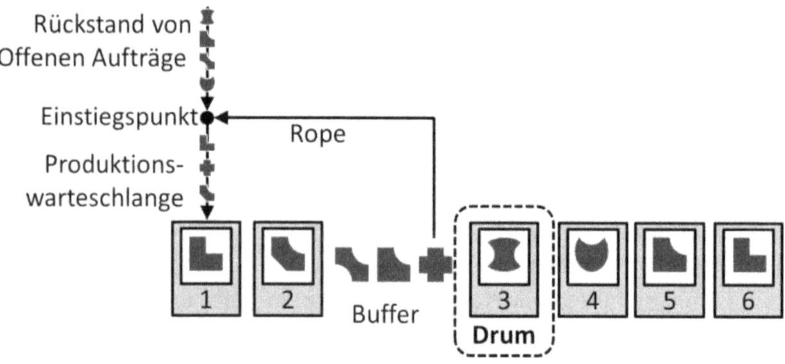

Abbildung 146: Drum-Buffer-Rope mit einem Materialfluss von links nach rechts, die Gegenrichtung des Personenbeispiels (Bild: Roser)

Signal, wenn Material entnommen wird... Information zur Freigabe des nächsten Auftrags... So etwas Ähnliches haben wir schon einmal gehört: CONWIP! Ja, Drum-Buffer-Rope ist ähnlich wie CONWIP, wobei hier der letzte Bestand vor dem Engpass liegt. Immer wenn ein Teil aus dem Bestand entnommen wird, wird über die Rope ein Signal an den Anfang der Linie gesendet. Dieses Signal gibt den nächsten Auftrag in der Warteschlange für die Produktion frei. Drum-Buffer-Rope in Abbildung 146 ist CONWIP in Abbildung 147 sehr ähnlich, obwohl Drum-Buffer-Rope nur die Prozesse vor dem Engpass verwaltet. Der Engpass selbst und die nachfolgenden Prozesse werden nicht mehr durch Verbrauchssteuerung geregelt. Das grundsätzliche Problem mit Drum-Buffer-Rope ist dieser Bezug auf den Engpass, welcher immer an der gleichen Stelle sein muss. In der Realität wandern jedoch die meisten Engpässe!

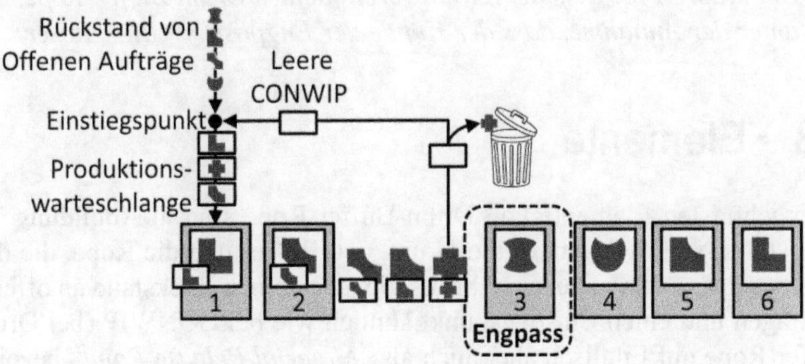

Abbildung 147: Äquivalent von CONWIP für Drum-Buffer-Rope
(Bild: Roser)

9.2 Varianten

Ich kenne nur eine Variante von Drum-Buffer-Rope. Diese Variante heißt **vereinfachtes Drum-Buffer-Rope** (oder auf Englisch *Simplified Drum-Buffer-Rope*) und ist dem normalen Drum-Buffer-Rope sehr ähnlich. Der Schlüssel zur Vereinfachung ist die Annahme, dass der Kunde immer der größte Engpass und damit die Drum ist. Die Annahme ist, dass Ihr System im Durchschnitt immer genügend Kapazität hat, um die Nachfrage zu befriedigen. Die Rope erstreckt sich dann über die gesamte Länge des Systems, wie in Abbildung 148 dargestellt.

Dieses vereinfachte Drum-Buffer-Rope kann das Problem mit dem wandernden Engpass lösen, solange der Kunde immer der Engpass ist. Es hat jedoch die gleichen Nachteile wie das normale Drum-Buffer-Rope, da es davon ausgeht, dass der Engpass fix ist −was er aber nur selten ist. Außerdem ist es riskant nur eine große Schleife über den gesamten Wertstrom zu machen. Ich finde es oft einfacher ihn in mehrere kleine CONWIP-Schleifen aufzuteilen, wie in Kapitel 11 beschrieben.

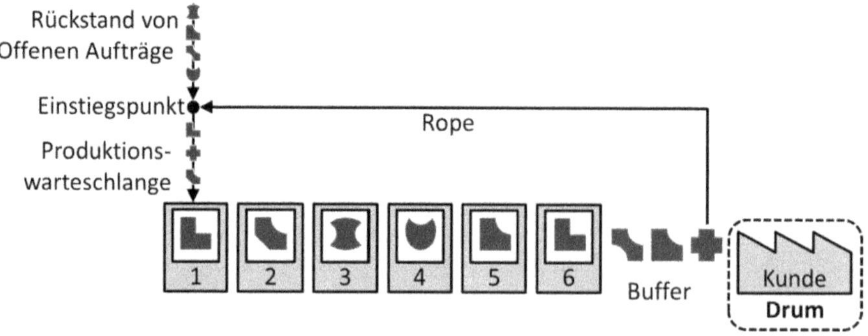

Abbildung 148: Beispiel für ein vereinfachtes Drum-Buffer-Rope, unter der Annahme, dass der Kunde der Engpass ist (Bild: Roser)

9.3 Elemente

Die wichtigsten Elemente von Drum-Buffer-Rope sind in Abbildung 143 dargestellt. Natürlich gibt es die Drum, den Buffer und die Rope, die dem System seinen Namen geben. Aber es gibt auch einen Rückstand an offenen Aufträgen und einen Einstiegspunkt ähnlich wie bei CONWIP (bei Drum-Buffer-Rope auf Englisch aber auch als *„Material Release Point"* bezeichnet).

9.3.1 Drum (Trommel)

Die Drum ist der Engpass im System (d. h. der Prozess, der den Materialfluss am meisten ausbremst). Das klingt einfach genug. Allerdings gibt es dabei zwei Probleme. Erstens: Wo ist Ihr Engpass? **Es ist einfach, wenn der Engpass immer an der gleichen Stelle ist. Leider wandert der Engpass in der Realität fast immer**. Das bringt uns zu unserem zweiten Problem: Was tun bei wandernden Engpässen? Lassen Sie uns zunächst Engpässe definieren: Engpässe sind Prozesse, die den Durchsatz des Gesamtsystems begrenzen. Je größer der Einfluss, desto größer ist der Engpass[78].

Wandernde Engpässe zu finden ist knifflig. Da dies eines meiner Forschungsgebiete ist, habe ich zwei Methoden entwickelt, die tatsächlich funktionieren und in der Industrie eingesetzt werden. Die **Active Period**

---

[78] Christoph Roser u. a., *Bottleneck Prediction Using the Active Period Method in Combination with Buffer Inventories*, in *Proceedings of the International Conference on the Advances in Production Management System* International Conference on the Advances in Production Management System, Hamburg, Germany, 2017.

Methode betrachtet für Prozesse die Zeitspanne zwischen Wartezeiten (blockierte oder leergelaufene Prozesse). Der Prozess mit der längsten aktiven Periode ist der aktuelle Engpass. Dieser kann sich auch im Laufe der Zeit ändern[79]. Diese Active Period Methode ist sehr genau, erfordert aber eine Menge Daten.

Die zweite Methode ist der **Bottleneck Walk**, welcher immer noch genau ist, aber nur sehr wenige Daten benötigt. In der Tat kann er ohne Mathematik oder Stoppuhr durchgeführt werden, indem man einfach die Linie beobachtet. Ein Prozess, der auf Material wartet, zeigt in Richtung eines flussaufwärts gelegenen Engpasses. Ein Prozess, der blockiert ist, deutet auf einen nachgelagerten Engpass hin. In ähnlicher Weise weisen relativ volle Bestände auf einen Engpass flussabwärts und relativ leere Bestände auf einen Engpass flussaufwärts hin. Mit genügend solchen Hinweisen werden Sie den Engpass finden[80].

Es bleibt das Problem, dass die **wandernden Engpässe ein häufiges Verschieben der Drum erfordern würden**. Dieses Wandern würde eine häufige Änderung des Layouts des Informationsflusses für Drum-Buffer-Rope zur Folge haben. Ich glaube nicht, dass das machbar ist. Goldratt behauptet einfach, dass es kein Problem sei, aber hier glaube ich ihm leider nicht.

9.3.2   Buffer (Puffer)

Es gibt eigentlich drei relevante Puffer. Zunächst gibt es den Puffer vor der Drum. Dieser wird im Englischen **Constraints Buffer** (sinngemäß Bottleneck Puffer) genannt, da er den Bottleneck vor dem Leerlaufen schützt. Da dieser Puffer normalerweise voll ist, wird er auch als *Time Buffer* (auf Deutsch „Zeitpuffer") bezeichnet, da er zur Durchlaufzeit des Systems beiträgt.

Zweitens gibt es den Puffer nach der Drum. Dieser wird als **Space Buffer** (sinngemäß „Platz-Puffer") bezeichnet, da er normalerweise leer ist. Einige

---

[79] Christoph Roser, *Mathematically Accurate Bottleneck Detection 1 – The Average Active Period Method*, in *Collected Blog Posts of AllAboutLean.Com 2014*, Collected Blog Posts of AllAboutLean.Com 2 Offenbach, Germany: AllAboutLean.com Publishing, 2020, 133–36.

[80] Christoph Roser, *The Bottleneck Walk – Practical Bottleneck Detection Part 1*, in *Collected Blog Posts of AllAboutLean.Com 2014*, Collected Blog Posts of AllAboutLean.Com 2 Offenbach, Germany: AllAboutLean.com Publishing, 2020, 142–48.

Quellen lassen diesen Puffer weg, aber er Puffer verhindert, dass die Drum durch nachgeschaltete Prozesse blockiert wird.

Schließlich gibt es noch den Puffer vor dem Kunden. Dieser wird als **Versandpuffer** (oder auf Englisch *Shipping Buffer*) bezeichnet. Dieser Puffer puffert auch gegen Störungen im Materialfluss. Alle Puffer tun das, was Puffer normalerweise tun und entkoppeln Schwankungen. Die Platzierung der Puffer vor und nach der Drum schützt vor allem die Drum (den Bottleneck). Ich würde jedoch auch empfehlen, kleinere Puffer in Ihrer gesamten Wertschöpfungskette hinzuzufügen, um sich vor kleineren Störungen an anderen Stellen zu schützen. Ansonsten können sich diese zu einer größeren Störung aufbauen, welche der Constraints Buffer und Space Buffer nicht mehr bewältigen kann.

9.3.3 Rope (Seil)

Die Rope ist das Signal zur Steuerung des Materialflusses. Das Prinzip ist Kanban oder CONWIP sehr ähnlich, nur dass es nicht eine Menge überwacht, sondern den **Arbeitsinhalt**. Es ist viel einfacher die Menge zu überwachen, aber die Überwachung des Arbeitsinhalts ist genauer. Meiner Meinung nach ist der Nutzen jedoch nicht sehr groß und der Aufwand beträchtlich, daher entscheide ich mich meist für die Begrenzung einer Menge, d. h. für die Bestandsgrenze.

Wie auch immer, die Rope ist ein oft digitales System, das den aktuell zwischen dem Anfang des Systems und der Drum vorhandenen Arbeitsinhalt überwacht. Immer wenn ein abgeschlossener Auftrag den Bestand vor der Drum (den Constraints Buffer) verlässt, wird der entsprechende Arbeitsinhalt für weitere Aufträge verfügbar. Das System fügt den wieder verfügbaren Arbeitsinhalt zu seinem Pool an verfügbarem Arbeitsinhalt hinzu. Wenn der verfügbare Arbeitsinhalt im Pool für den nächsten offenen Auftrag im Rückstand der offenen Aufträge ausreicht, dann wird dieser Auftrag für die Produktion freigegeben. Als solches ist es dem CONWIP mit Workload Control, wie in Kapitel 6.2.6 gezeigt, sehr ähnlich.

9.3.4 Rückstand an offenen Aufträgen

Der Rückstand an offenen Aufträgen ist eine priorisierte Liste von Aufträgen, die auf Produktionskapazität warten. In seiner Funktion ist er praktisch identisch mit dem Rückstand offener Aufträge für CONWIP, wie in Kapitel 6.3.4 beschrieben, einschließlich seiner Priorisierung. Hinzu kommt lediglich, dass der Arbeitsinhalt für die offenen Aufträge bekannt sein muss, damit dieser mit dem verfügbaren Arbeitsinhalt abgeglichen werden kann.

Wenn Sie Drum-Buffer-Rope für die Lagerfertigung verwenden, müssen Sie die Arbeitsinhalte für die verschiedenen Teiletypen separat überwachen. Daher ist Drum-Buffer-Rope für die Auftragsfertigung einfacher.

9.3.5 Einstiegspunkt

Der Einstiegspunkt bei Drum-Buffer-Rope ist dem Einstiegspunkt in CON-WIP, wie in Kapitel 6.3.6 beschrieben, sehr ähnlich. Hier wird die Entscheidung getroffen, einen Auftrag für die Produktion freizugeben. Der Auftrag sollte alle benötigten Materialien haben oder die Materialien sollten rechtzeitig eintreffen. **Der erste Auftrag in der Warteschlange wird freigegeben, sobald die verfügbare freie Arbeitskapazität die für den Auftrag benötigte Arbeitskapazität übersteigt.** Mit der Freigabe wird die benötigte Arbeitskapazität aus der freien Kapazität entnommen und diesem Auftrag zugewiesen. Nach Beendigung des Auftrags wird diese Arbeitskapazität wieder frei.

9.4 Drum-Buffer-Rope-Berechnung

Drum-Buffer-Rope hat ähnliche Ziele wie CONWIP. Es will das **System gut ausgelastet halten, aber gleichzeitig die Durchlaufzeit kurzhalten**. Daher ist die Mathematik dahinter ähnlich wie bei CONWIP in Kapitel 6.4. Der Hauptunterschied besteht darin, dass man nicht die Anzahl der Aufträge begrenzt, sondern die Auslastung des Systems. Ähnlich wie bei CONWIP empfehle ich auch hier eher eine Schätzung vorzunehmen als eine detaillierte mathematische Berechnung anzustellen.

9.5 Vorteile

Wie alle Verbrauchssteuerungen **begrenzt Drum-Buffer-Rope den Bestand** oder genaugenommen den Arbeitsinhalt und verhindert damit eine Überlastung des Systems. Diese Begrenzung wird mit einem **Signal zur Freigabe des nächsten Auftrags** kombiniert. Als solches ist das System eine Verbrauchssteuerung wie Kanban oder CONWIP, und damit ist Drum-Buffer-Rope auch der traditionellen Plansteuerung überlegen, zumindest für den Teil des Wertstroms, der durch die Rope abgedeckt wird.

Eine weitere gute Sache am Drum-Buffer-Rope ist, dass **es die Arbeit im System nicht als eine Stückzahl misst, sondern als Arbeitslast**. Je nachdem, wie viele Arbeitsstunden im System sind, kann die Rope ein anderes

Teil im System freigeben. Im Vergleich dazu zählt Kanban oder CONWIP meist nur Stücke.

Meiner Meinung nach ist das Zählen von Teilen in Ordnung, wenn die Teile ähnlich aufwändig sind, so wie es in der Massenproduktion meist der Fall ist. Andererseits kann eine Begrenzung des Arbeitsaufwands vorteilhaft sein, wenn die zu produzierenden Teile sehr unterschiedliche Arbeitsinhalte haben. Dies ist häufig in einer Werkstattfertigung der Fall. Allerdings ist damit auch die Anwendung schwieriger, da man den Arbeitsinhalt für jedes Produkt ermitteln muss, statt sie nur zu zählen. In jedem Fall können Kanban und CONWIP bei Bedarf auch für ein Messen der Arbeitslast angepasst werden, was dann zu den gleichen Vorteilen und der gleichen Komplexität wie bei Drum-Buffer-Rope führt.

9.6 Nachteile

Drum-Buffer-Rope hat meiner Meinung nach einige Nachteile. Sofern Sie es nicht bereits erfolgreich einsetzen, würde ich Ihnen Drum-Buffer-Rope nicht empfehlen.

9.6.1 Engpass muss fix und bekannt sein

Eine der wichtigsten zugrunde liegenden Annahmen von Drum-Buffer-Rope ist die **Annahme eines festen Engpasses,** kombiniert mit einer zweiten Annahme, dass **die Position des Engpasses bekannt ist.** Meiner Erfahrung nach ist es oft schwierig den Engpass zu finden. Selbst wenn Sie den Engpass korrekt identifiziert haben, wandert er häufig zwischen verschiedenen Prozessen. Wenn der Engpass wandert, dann ist die Drum zu verschiedenen Zeiten an unterschiedlichen Positionen. Das gesamte Drum-Buffer-Rope müsste jedes Mal, wenn der Engpass wandert, neu berechnet und eingerichtet werden, wie in Abbildung 149 illustriert. Bei häufig wechselnden Engpässen ist das natürlich nicht machbar.

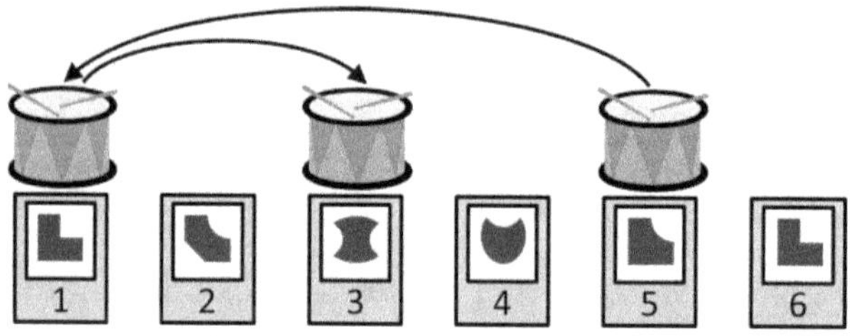

Abbildung 149: Das Wandern von Engpässen würde die Drum im Drum-Buffer-Rope regelmäßig verschieben. (Bild: Roser)

Goldratt behauptete, dass dies seiner Erfahrung nach in der Praxis kein Problem darstellte. Allerdings war Goldratt oft mit seinen Behauptungen und deren Beweisen nicht so stringent. Es gibt viele Zweifel an der Leistungsfähigkeit seiner Methoden[81,82,83,84,85].

Nach meiner Erfahrung sind wandernde Engpässe in den meisten Fertigungssystemen nicht die Ausnahme, sondern die Regel. Einfach anzunehmen, dass der Engpass fix ist, führt zu Problemen. Auch bietet die Theory of Constraints keinen guten Ansatz, um den Engpass zu finden. Zudem führt eine Vergrößerung des Puffers zu weniger Wandern von Engpässen, aber auch zu einem größeren Bestand, was wiederum eine Menge anderer unangenehmer Nebeneffekte mit sich bringt.

9.6.2 Kann die Blockierung des Engpasses ignorieren

Drum-Buffer-Rope setzt explizit einen Puffer vor die Drum, um ein Leerlaufen zu verhindern (d. h. der Buffer verhindert, dass der Drum das Material ausgeht). Viele Quellen lassen jedoch die Möglichkeit völlig außer Acht, dass **die Drum durch einen nachgeschalteten Prozess blockiert werden kann**. Dieses Blockieren würde ebenfalls zu einem Stillstand am Engpass führen. Obwohl der Puffer nach dem Engpass normalerweise leer ist, müssen Sie den Platz bereitstellen, falls ein nachgelagerter Prozess Probleme macht und den Engpass blockiert. Wenn Sie Drum-Buffer-Rope verwenden, vergessen Sie den Space-Buffer nicht und stellen Sie sicher, dass auch nach dem Engpass ausreichend Puffer vorhanden ist.

---

[81] Alexandre Linhares, *Theory of Constraints and the Combinatorial Complexity of the Product-Mix Decision*, International Journal of Production Economics, Modelling and Control of Productive Systems: Concepts and Applications, 121, Nr. 1 2009: 121–29.

[82] Dan Trietsch, *Why a Critical Path by Any Other Name Would Smell Less Sweet? Towards a Holistic Approach to PERT/CPM*, Project Management Journal 36 2005: 27–36.

[83] Christoph Roser, *„Faster, Better, Cheaper" in the History of Manufacturing: From the Stone Age to Lean Manufacturing and Beyond*, 1. Aufl. Productivity Press, 2016.

[84] Dan Trietsch, *From Management by Constraints (MBC) to Management by Criticalities (MBC II)*, Human Systems Management 24 2005: 105–15.

[85] Adam Lazarski, *Limitations of the Theory of Constraints and Goldratt concept in optimizing project portfolios*, Akademia Controllingu, 2010.

9.6.3 Verbrauchssteuerung nur für einen Teil des Wertstroms

Drum-Buffer-Rope kontrolliert nicht nur den Puffer vor der Drum, sondern auch den gesamten Bestand im System bis zum Engpass. **Der Wertstrom nach dem Engpass wird jedoch wenig oder gar nicht berücksichtigt.** Damit ist nicht nur der Puffer unmittelbar danach gemeint, sondern die gesamte Wertschöpfungskette bis zum Kunden. Der Bestand ist nach der Drum nicht begrenzt und kann – obwohl er in der Regel leer ist – unter den falschen Umständen trotzdem zu einer Überproduktion führen. In Kombination mit wandernden Engpässen ist es durchaus möglich, dass der nachgelagerte Bestand zumindest zeitweise außer Kontrolle gerät.

9.6.4 Nur eine Verbrauchssteuerungsschleife

Drum-Buffer-Rope hat **nur eine Verbrauchssteuerungsschleife zwischen dem Engpass und dem ersten Prozess.** Es gibt jedoch viele gute Gründe, warum Sie mehr als eine Schleife verwenden könnten, wie z. B. Unterschiede in der Zykluszeit, Zusammenführen oder Aufteilen von Materialflüssen oder Systemgrenzen (siehe Kapitel 11 für Details).

Insgesamt hat sich gezeigt, dass Drum-Buffer-Rope schlechter abschneidet als andere Verbrauchssteuerungen[86,87]. Kanban oder CONWIP sind im Vergleich zum Drum-Buffer-Rope flexibler und besser zu steuern[88].

9.7 Häufig gestellte Fragen

9.7.1 Sollen Sie Drum-Buffer-Rope verwenden?

Sehr gute Frage. Ich persönlich finde **Drum-Buffer-Rope schlechter als Kanban oder CONWIP,** auch wenn es die tatsächliche Arbeitslast misst

---

[86] Mabel Qiu, Lawrence Fredendall, und Zhiwei Zhu, *TOC or LP?*, *Manufacturing Engineer* 81, Nr. 4 2002: 190–95.

[87] Dan Trietsch, *From Management by Constraints (MBC) to Management by Criticalities (MBC II)*, *Human Systems Management* 24 2005: 105–15.

[88] Alexandre Linhares, *Theory of Constraints and the Combinatorial Complexity of the Product-Mix Decision*, *International Journal of Production Economics, Modelling and Control of Productive Systems: Concepts and Applications*, 121, Nr. 1 2009: 121–29.

und nicht nur die Menge. Allerdings ist die Beschränkung auf den Engpass sehr restriktiv, vor allem bei wandernden Engpässen – und meiner Erfahrung nach haben fast alle Produktionssysteme wandernde Engpässe.

Andererseits wird Drum-Buffer-Rope als Teil der Theory of Constraints in der Industrie eingesetzt. Viele Nutzer behaupten, dass es ihnen wirklich geholfen und die Leistung ihres Produktionssystems verbessert hat. Daher lautet meine Empfehlung: **Wenn Sie bereits Drum-Buffer-Rope verwenden und es für Sie funktioniert, verwenden Sie es weiter!** Ignorieren Sie jedoch die Einschränkung, nur eine Schleife zu haben, die zudem vor dem Engpass endet, da dies die Leistung des Systems deutlich verringert. **Wenn Sie (noch) kein Drum-Buffer-Rope verwenden, nehmen Sie lieber Kanban oder CONWIP**, die einfacher sind und bei richtiger Implementierung besser funktionieren.

9.7.2   Kann ich meinen Engpass fixieren?

Ein Problem von Drum-Buffer-Rope ist der wandernde Engpass. Theoretisch könnte man ihn vermeiden, indem man einen Prozess hat, der deutlich langsamer ist als die anderen. Das würde diesen Prozess dazu zwingen fast immer der Engpass zu sein. So wäre wiederum Drum-Buffer-Rope einfacher, da der Engpass nicht mehr wandert.

Allerdings würde dieses Vorgehen auch große Ineffizienzen erzeugen. Die Prozesse vor dem Engpass müssten immer auf den Engpass warten, bevor sie ihr Material weiterbewegen könnten. Die Prozesse nach dem Engpass müssten immer auf den Engpass warten, um Material zu erhalten. Insgesamt würde die Linie absichtlich schlecht abgetaktet sein, mit viel Wartezeit der Prozesse – ganz abgesehen vom übertrieben großen Engpass. **Ich würde sehr zögern, absichtlich ein so schlecht abgetaktetes Produktionssystem zu schaffen, das viel Verschwendung mit sich bringt.**

Es mag Ausnahmen geben, bei denen der Engpass die größte und teuerste Maschine ist und das Management Wert auf die Nutzung dieser teuren Ausrüstung legt. Gängige Beispiele sind Papierfabriken oder Gießereien, in denen die riesige zentrale Anlage oft jeden anderen Prozess in den Schatten stellt, sowohl was die Größe als auch das Investment angeht. Aber bei den meisten Anlagen bin ich der Meinung, dass bei der Erzwingung eines großen Engpasses die Medizin schlimmer ist als die Krankheit.

9.7.3   Ist es wirklich eine Verbrauchssteuerung?

Ich habe Drum-Buffer-Rope als Verbrauchssteuerung aufgeführt. Das ist in gewisser Weise richtig. Statt den Bestand zu begrenzen, begrenzt es den

Arbeitsinhalt, was den gleichen Effekt hat. Die Kombination mit einem Signal zur Freigabe des nächsten Auftrags macht Drum-Buffer-Rope zur Verbrauchssteuerung. Die Verbrauchssteuerungsschleife erstreckt sich meist jedoch nur vom Engpass (der Drum) flussaufwärts. Alle Prozesse, die der Drum nachgelagert sind, haben keine Bestandsgrenze mehr. Daher ist Drum-Buffer-Rope nur vor der Drum eine Verbrauchssteuerung.

Nach der Drum ist es eine Plansteuerung, bei der sich Material ansammeln kann. Wenn die Drum wirklich der Engpass ist, ist das unwahrscheinlich, da alle dem Engpass nachgelagerten Prozesse ohnehin immer aufgrund des Engpasses leerlaufen. Wandernde Engpässe oder Änderungen im System, die nicht durch ein Verschieben der Drum angepasst werden, können jedoch zu Materialansammlungen nach der der Drum führen. Daher ist Drum-Buffer-Rope nur in Teilen eine Verbrauchssteuerung, da der Arbeitsinhalt nur vor der Drum wirklich begrenzt ist.

Kapitel 10
Verbrauchssteuerungen außerhalb von Fertigungen

Dieses Buch hat einen besonderen Fokus auf Verbrauchssteuerungen für die Fertigung und Logistik. **Verbrauchssteuerungen sind jedoch nicht auf die Fertigung beschränkt.** Es gibt noch viele weitere Systeme, in denen Verbrauchssteuerungen angewandt werden können, wie z. B. das Gesundheitswesen, die Verwaltung, die Forschung und Entwicklung und viele mehr. Dieses Kapitel soll Ihnen Anregungen geben, wie Sie Verbrauchssteuerungen auch in Bereichen außerhalb der Fertigung anwenden können.

Alle nicht-produzierenden Systeme, die Materialien benötigen, können zur Beschaffung von Material Verbrauchssteuerungen verwenden. Jede Art von Kanban- oder Bestellpunktmethode ist gut geeignet, um Ihre regelmäßig benötigten Materialien nachzubestellen. Lediglich auftragsbezogenes Material wird nicht durch Verbrauchssteuerungen gesteuert, sondern nur nach Bedarf bestellt, ähnlich wie bei Fertigungssystemen.

In diesem Kapitel finden Sie einige Ideen und Beispiele, wie Verbrauchssteuerung in verschiedenen Bereichen aussehen könnte. Diese Abschnitte über andere Bereiche können für Sie hilfreich sein und Sie zu Lösungsideen für ähnliche Probleme in ganz unterschiedlichen Branchen inspirieren.

10.1 Gesundheitswesen

Der Material- und Patientenfluss in Krankenhäusern kann durch Verbrauchssteuerungen gesteuert werden. Wie in Kapitel 2.2 erwähnt, ist Verbrauchssteuerung eine Begrenzung der Anzahl von Artikeln oder Patienten im System, kombiniert mit einem Signal für Wiederbeschaffung oder Freigabe.

10.1.1 Artikel für den einmaligen Gebrauch

Die Verbrauchsmaterialien, die Sie regelmäßig für das Gesundheitswesen benötigen – Medikamente, Verbände, Schutzausrüstung, Tücher, Desinfektionsmittel, Einweginstrumente und vieles mehr – lassen sich einfach mit Kanban oder einem Bestellpunktsystem verwalten. Die Verteilung von Artikeln aus einem zentralen Lager an die verschiedenen Abteilungen kann mit Transportkanban über Milk-Runs erfolgen. Seien Sie aber besonders vorsichtig mit der Sicherheitsmarge, da ein Fehlbestand bei einem kritischen Medikament schwerwiegende Konsequenzen verursachen kann. Hier gilt es wieder ein Kompromiss zu finden zwischen den Kosten für den Bestand und den Folgen von Fehlbeständen, wobei die Konsequenzen potenziell tödlich sein können.

10.1.2 Vorbereitete Artikel

Auch im Gesundheitswesen gibt es produzierende Prozesse ähnlich der Fertigung. Einige Medikamente und andere Artikel werden auf Anfrage für den Patienten vorbereitet. Manche Ärzte haben gerne ihr individuelles Operationsbesteck für den Operationssaal, welches im Vorfeld zusammengestellt wird. Andere Instrumente müssen zwischen den Einsätzen sterilisiert werden. Solche Artikel könnten auf Lager oder auf Bestellung vorbereitet werden. Auch hier können herkömmliche Verbrauchssteuerungen für Lager- und Auftragsfertigung eingesetzt werden. Abhängig von den Konsequenzen eines fehlenden Artikels sollten Sie **bei Lagerfertigung darauf achten, dass die Verfügbarkeit eventuell wichtiger ist als die Kosten für den Bestand**. Gleichermaßen sollte **bei Auftragsfertigung die Durchlaufzeit höher priorisiert werden als die Auslastung**.

10.1.3 Mehrfach verwendbare Artikel

Im Gesundheitswesen gibt es auch ungewöhnliche Prozesse, bei denen das Produkt in einer Schleife umläuft. Einige Instrumente sind wiederverwendbar, müssen aber nach jedem Gebrauch sterilisiert, gereinigt, verpackt, neu aufgeladen oder anderweitig aufbereitet werden. Dabei kann es sich um chirurgische Instrumente, Endoskope, Bettlaken, Beatmungsgeräte oder viele andere Mehrwegprodukte handeln. Diese haben den Vorteil, dass sie automatisch eine Verbrauchssteuerung darstellen. Die Bestandsgrenze innerhalb dieser Verbrauchssteuerung ist... Trommelwirbel... die Anzahl der Artikel in der Schleife. **Die Anzahl der Arterienklemmen, die Sie haben, ist die Anzahl der Arterienklemmen, die Sie haben.** Der Artikel selbst ist quasi eine Kanban. Ein zusätzlicher Vorteil ist, dass solche **mehrfach verwendbaren Artikel in der Regel auf Lager sind**, was ihre Verwaltung erleichtert.

Allerdings kann die Auslegung der Verbrauchssteuerungsschleife etwas schwierig sein. Nehmen wir wieder die Arterienklemme. Sie haben vielleicht eine zentrale Sterilisationsabteilung mit einem Autoklav, welche die verschiedenen Bereiche (z. B. Operationssäle) Ihres Krankenhauses versorgt. Eine sterilisierte Klemme ist das Äquivalent zu einem Teil mit einer angebrachten Kanban, und eine verschmutzte Klemme ist eine Kanban, die zurückkommt und die Wiederbeschaffung (in diesem Beispiel die Reinigung und Sterilisierung) startet.

Es sind verschiedene Ansätze möglich. Sie könnten separate Schleifen sowohl für die Sterilisation als auch für die verschiedenen Operationssäle einrichten. Damit das funktioniert, dürften Sie jedoch nur sterilisierte Klemmen im Austausch gegen eine zurückgegebene gebrauchte Klemme ausgeben, was unpraktisch ist. Dieses nicht so gute Beispiel ist in Abbildung 150 visualisiert.

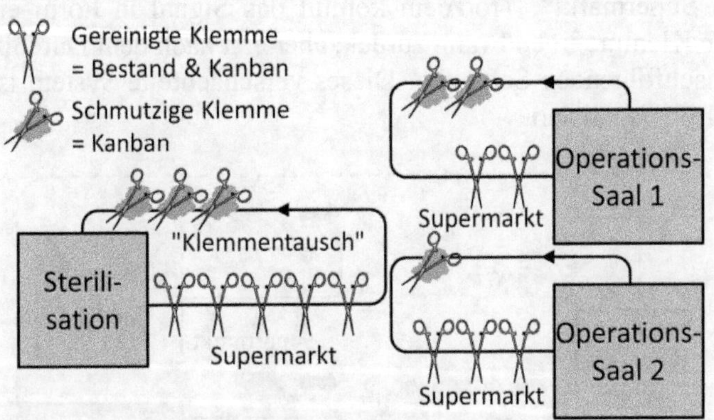

Abbildung 150: Ungünstiges Beispiel einer Versorgung mit Klemmen mit separaten Schleifen für alle Abteilungen (Bild: Roser)

Eine andere, ebenfalls ungünstige Möglichkeit wäre es, für jede Zielabteilung komplett separate Schleifen zu haben, wie in Abbildung 151 visualisiert. Aber auch diese Lösung ist nicht gut, da jede Klemme jetzt nur noch einer Abteilung zugeordnet ist - das ist sehr unflexibel.

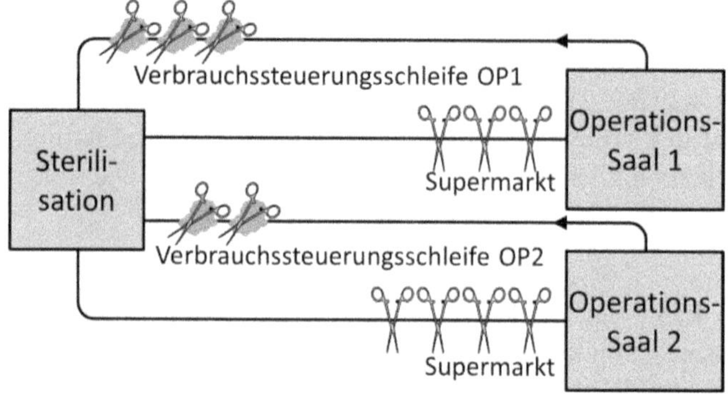

Abbildung 151: Ungünstiges Beispiel einer Versorgung mit Klemmen mit separaten Schleifen für die Operationssäle (Bild: Roser)

Der wahrscheinlich beste Ansatz sind verschachtelte Schleifen. Jede Abteilung hat ihre eigene Schleife, einschließlich eines eigenen Supermarkts, ähnlich wie bei einer Transportkanban. Diese Schleife sollte eine Obergrenze an Klemmen haben, welche eine gute Verfügbarkeit gewährleisten kann. Die Sterilisationsabteilung selbst hat keine explizite Schleife. Alle Klemmen, die zurückgegeben werden, werden sterilisiert und einem Bestand an einsatzbereiten Klemmen hinzugefügt. Dieser Bestand ist jedoch *kein* Supermarkt. Wenn eine Klemme entfernt wird, erzeugt das kein Signal zum Auffüllen. Ohne ein Signal ist es also kein Supermarkt, sondern nur „fast ein Supermarkt". Trotzdem kommt das Signal in Form einer verbrauchten Klemme irgendwann zurück, aber erst nach dem Durchlaufen einer der nachfolgenden Schleifen. Dieses verschachtelte System ist in Abbildung 152 visualisiert.

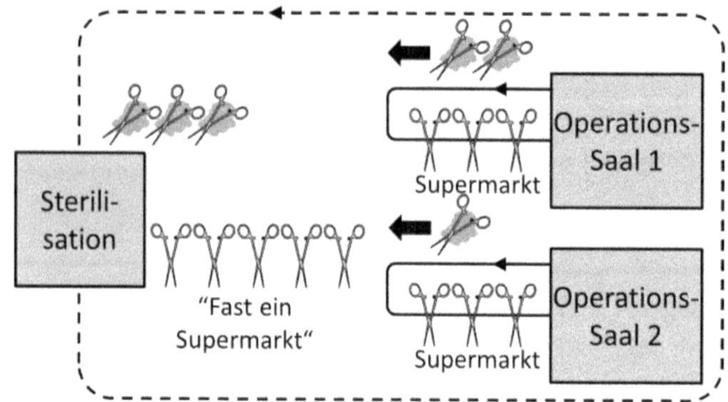

Abbildung 152: Machbares Beispiel einer Versorgung mit Klemmen mit verschachtelten Schleifen (Bild: Roser)

Dennoch ist das System durch die Gesamtzahl der Klemmen begrenzt. Es hat auch ein Signal zum Nachfüllen, obwohl es etwas unkonventionell ist. Folglich handelt es sich um eine Verbrauchssteuerung. Zwischen der Sterilisation und allen Endkunden ist die Bestandsgrenze die Anzahl der Klemmen. Jede verschmutzte Klemme, die zurückkommt, ist ein Signal die Klemme zu reinigen und wieder auf den Einsatz vorzubereiten.

Außerdem ist es aus organisatorischen Gründen sinnvoll, dass die Operationssäle ihren Supermarktbestand immer bis zum Maximum auffüllen, unabhängig davon, wie viele Klemmen verbraucht wurden. Immer wenn eine Klemme aus dem Supermarkt entnommen wird, sollte dieser mit einer frischen Klemme wieder aufgefüllt werden. Dies könnte z. B. durch Transportkanban mit Hilfe eines Milk Runs geschehen.

Insgesamt muss der Bestand innerhalb der Verbrauchssteuerungsschleife begrenzt sein. Außerdem muss es ein Signal zum Auffüllen geben. Andernfalls kann sich an bestimmten Stellen Material ansammeln, während an anderen Stellen keine Artikel mehr vorhanden sind.

Stellen Sie sicher, dass genügend Klemmen vorhanden sind, um alle Supermärkte zu füllen, einschließlich der benutzten Klemmen auf dem Rückweg und den Klemmen, die aktuell sterilisiert werden. Sowohl die Supermärkte im Operationssaal als auch die Gesamtzahl der Klemmen müssen definiert werden. Sie müssen auch gelegentlich die Anzahl der Klemmen im System überprüfen, um zu sehen, ob welche fehlen. Das ist vergleichbar mit der Prüfung auf fehlende Kanbans, wie in Kapitel 13.1 erläutert.

10.1.4 Patienten

Patienten in Krankenhäusern stellen aus Prozesssteuerungs-Perspektive eine besondere Herausforderung dar: Sie sind sowohl „Produkt" als auch „Kunde". Effektiv handelt es sich eher um eine Dienstleistung, bei der Patienten von medizinischem Personal behandelt werden. Es gibt mehrere Komplikationen bei Verbrauchssteuerungen für Patienten. **Es ist oft schwierig, die Anzahl der ankommenden Patienten zu begrenzen.** Das ist der Hauptfaktor, der die Verbrauchssteuerung für Patienten schwierig macht, wie in Kapitel 2.6.1 beschrieben.

Zweitens: **Während Teile kein Problem damit haben auf unbestimmte Zeit zu warten, sind Patienten viel weniger geduldig – in der Regel aus gutem Grund.** Lässt man sie zu lange warten, werden sie sich beschweren, ihr Gesundheitszustand kann sich verschlechtern, ja sie können sogar sterben. Wenn Sie sie für einen zweiten Termin einbestellen, kommen sie eventuell nicht. Mehrere separate Termine anstelle eines einzigen Termins können eine unangemessene Belastung für den Patienten darstellen und erhöhen gleichzeitig die Anforderungen an die Pünktlichkeit.

Dennoch kann auch hier Verbrauchssteuerung eingesetzt werden. Sie müssen den Fluss der eingehenden Patienten vom Rest des Systems entkoppeln. In der Tat lassen Sie (einige) Ihrer Patienten warten. Allerdings können nicht alle Patienten warten. Sie müssen Ihre Patienten je nach Dringlichkeit priorisieren. Für die Fertigung empfehle ich nicht mehr als zwei Prioritätsebenen (*dringend* und *normal*). Das Gesundheitswesen ist hier eine Ausnahme und benötigt in der Regel mehrere Prioritätsstufen. Die Bezeichnung dieser Abstufung ist seit der Corona-Pandemie allseits bekannt: Man nennt sie Triage, von französisch *trier*, was trennen oder auswählen bedeutet. Abbildung 153 zeigt ein Beispiel für eine solche Triage mit vier Stufen – andere Krankenhäuser verwenden möglicherweise eine andere Anzahl oder Definition der Stufen[89].

	1 Rot Reanimation 0 min	2 Orange Dringend 15 min	3 Gelb Eilt 60 min	4 Grün Nicht Eilig 180 min
Atmung	Atmung Blockiert Stridor	Verengte Atemwege		
SpO2 Sauerstoffsättigung	< 80	80-89	90-94	≥ 95
Atemfrequenz	<8 oder >35	31-35	26-30	8-25
Herzfrequenz	>130	<40 oder 121-130	40-49 od. 111-120	50-110
Blutdruck systolisch	<80	80-89		
Glasgow- Koma-Score	<8	9-13	14	15
Temperatur		<32 oder >40	32-34 oder 38.1-40	34.1-38

Abbildung 153: Triage-Priorisierungssystem im Krankenhaus mit klaren Standards und mehreren Prioritätsebenen. Basierend auf Barfod et al[90]. Bitte nutzen Sie die Originalquelle für medizinische Zwecke! (Bild: Roser)

Eine weitere Komplikation bei den meisten Gesundheitsdienstleistern ist, dass die **Patienten – ähnlich wie in einer Werkstattfertigung – durch das System „fließen"**. Einige Anbieter von Gesundheitsdienstleistungen

---

[89] Das führt unweigerlich zu Beschwerden von Karen's, dass sie *„jetzt schon über zwei Stunden mit ihrer Migräne wartet, während der Typ, der gerade reinkam und überall Körperflüssigkeiten auf den Boden sabbert, sofort behandelt wird!"*

[90] Charlotte Barfod u. a., *Abnormal vital signs are strong predictors for intensive care unit admission and in-hospital mortality in adults triaged in the emergency department - a prospective cohort study, Scandinavian Journal of Trauma, Resuscitation and Emergency Medicine* 20, Nr. 1 2012: 28.

mögen eher einer Fließfertigung ähneln, insbesondere wenn sie sich auf eine bestimmte Art von Behandlung spezialisiert haben, wie Augenlasern oder kosmetische Chirurgie. Aber besonders bei größeren Krankenhäusern bewegen sich die Patienten mit wenig Konsistenz zwischen verschiedenen Abteilungen innerhalb eines Krankenhauses. Ein Beispiel ist in Abbildung 154 dargestellt.

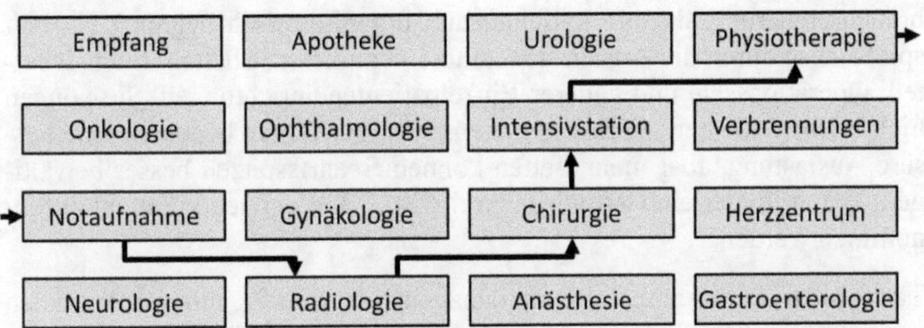

Abbildung 154: Beispielhafter Weg eines Patienten durch die verschiedenen Abteilungen eines Krankenhauses. Dies ist quasi eine Werkstattfertigung. (Bild: Roser)

Außerdem ist der Weg eines Patienten durch das Krankenhaus oft schwer im Voraus zu planen. Eine ähnliche Unsicherheit besteht hinsichtlich der Zeit, die ein Patient in den einzelnen Abteilungen verbleibt. Je nach Diagnose können verschiedene Abteilungen für diesen Patienten hinzukommen oder aus dem Terminplan entfernt werden. Im schlimmsten Fall werden durch den Tod alle geplanten Termine storniert, aber die Leichenhalle bekommt einen Kunden hinzu.

Darüber hinaus **sind Patienten immer das Äquivalent einer Auftragsfertigung.** Es ist fast ein Klischee zu sagen: *„Jeder Patient ist anders"* – aber es ist wahr. Selbst bei einem hohen Spezialisierungsgrad, den viele Ärzte heutzutage haben, machen die vielen unterschiedlichen Einflussfaktoren, die bei einem Patienten zusammenkommen, etwa Alter, Gewicht, Geschlecht, Krankengeschichte usw., eine standardisierte Behandlung schwierig. Man kann schließlich nicht ein paar Blinddarmoperationen im Voraus durchführen, nur damit man eine auf Lager hat, wenn ein Patient ankommt.

Und nicht zuletzt sind Mitarbeiter in der Fertigung (einigermaßen) daran gewöhnt Anweisungen „von oben" zu befolgen. Nicht so in der Medizin. **Ärzte haben oft eine sehr explizite Meinung darüber, wie das Krankenhaus geführt werden sollte.** Wenn man „Halbgötter in Weiß" herumkommandiert, ist Ärger vorprogrammiert. Es ist viel aufwändiger sie zu überzeugen. Zum Beispiel ist die Zuteilung von begrenzten Ressourcen wie Operationssälen oft viel mehr eine politische Machtfrage als eine Frage der sachlichen Bedürfnisse. Einige Krankenhäuser hatten Erfolg damit, das

Management des Patientenflusses strikt von der medizinischen Behandlung zu trennen. Der Patientenfluss wird nach dem Verbrauchssteuerungs-Prinzip geregelt, und die medizinische Behandlung ist das, was der Arzt für am besten hält.

Die Bewältigung all dieser Probleme macht das Patientenmanagement zu einer Herausforderung. In einigen Fällen haben Sie eine automatische Verbrauchssteuerung, da Ihre Patientenzahl organisatorisch begrenzt ist, beispielsweise durch die Anzahl der Räume, Krankenhausbetten, Intensivbetten, Operationssäle und anderer Einzelpatienteneinrichtungen. Sie können nicht mehr Patienten als Betten haben. Weniger Betten bedeuten eine bessere Auslastung, aber mehr Betten können Bedarfsspitzen besser bewältigen. Wann immer ein Bett wieder frei wird, kann ein neuer Patient aufgenommen werden.

Tatsächlich ist ein gutes „Bettenmanagement" wichtig, um den Patienten die richtigen Plätzen zuzuweisen. Dass ein Patient auf der falschen Station landet, kommt häufiger vor, als Krankenhäuser zugeben möchten. Ich habe einmal in einem japanischen Krankenhaus eine Nacht lang ein Zimmer mit neun älteren Frauen geteilt, einfach weil man auf meinem Aufnahmeformular irrtümlich das falsche Geschlecht angekreuzt hatte. Der Irrtum klärte sich zwar schnell auf, als die Pflegerinnen mich sahen, allerdings war da der Schlafraum für die Männer bereits voll. Ich fand es lediglich kurios im Frauenschlafsaal zu übernachten, aber für die neun älteren japanischen Damen war es vielleicht nicht ideal.

Anders als bei der stationären Versorgung warten Ihre Patienten bei der ambulanten Versorgung zu Hause oder in Wartezimmern. Es gibt für den Gesundheitsdienstleister nicht wirklich eine Grenze, wie viele Patienten zu Hause auf einen Termin warten können. Dadurch entstehen oft sehr lange Vorlaufzeiten auf Kosten von Zeit und Leid für den Patienten. Eine Verkürzung der Durchlaufzeit würde das Leiden verringern und die Gesundheit der Patienten verbessern, aber dann müsste ein Arzt ja vielleicht mal 30 Minuten warten…

Insgesamt ist die Terminierung von Patientenbehandlungen eine schwierige Aufgabe, ähnlich wie die Terminierung von Werkstattfertigungen, jedoch mit zusätzlichen Komplikationen. Es gibt reichlich Literatur zum Thema Gesundheitswesen, die den Rahmen dieses Buchs sprengen würde[91,92]. Etwa

---

[91] Mark Graban, *Lean Hospitals: Improving Quality, Patient Safety, and Employee Engagement*, 2. Aufl. New York, USA: Productivity Press, 2011.

[92] Marc Baker, Ian Taylor, und Alan Mitchell, *Making Hospitals Work: How to Improve Patient Care While Saving Everyone's Time and Hospitals' Resources*, 1. Aufl. Lean Enterprise Academy Limited, 2011.

die Erfolgsgeschichte von Virginia Mason Medical in Seattle, Washington, USA, hat mir sehr gefallen[93].

10.2 Projektmanagement und Entwicklung

Auch das Projektmanagement profitiert von der Schlanken Produktion. In der Softwareentwicklung ist die Agile Softwareentwicklung eine beliebte Methode, die sich stark mit den Ideen der Schlanken Produktion überschneidet. Zur schlanken Produktentwicklung gehören oft Methoden wie *„Design for Manufacturing and Assembly"* (DFMA, sinngemäß „Produktentwicklung für Fertigung und Montage").

Projekte werden im Allgemeinen **auftragsbezogen gefertigt**, oft ähnlich einer Werkstattfertigung. Wie bei allen Auftragsfertigungen **ist die Anzahl der Projekte ein Kompromiss zwischen der Durchlaufzeit und der Auslastung**. Es gibt jedoch ein paar Unterschiede zwischen der Fertigung von Teilen und der Entwicklung von Projekten.

In der Fertigung kann immer nur ein Prozess an einem Teil arbeiten. In der Entwicklung hingegen **können mehrere Entwickler oder Programmierer gleichzeitig an demselben Projekt arbeiten**, oft an verschiedenen Teilkomponenten, Teilprogrammen oder Teilaspekten des Projekts. Während die Entwickler auf Informationen zu einem Projekt warten, arbeiten sie oft an einem anderen Projekt.

Ein weiterer Unterschied ist, dass in der Fertigung die Auslastung mit dem Bestand ansteigt. Eine hundertprozentige Auslastung würde theoretisch einen unendlichen Bestand erfordern. **Beim Projektmanagement werden sowohl die Durchlaufzeit als auch die Auslastung schlechter, wenn es zu viele Projekte gibt**. Entwickler und andere für das Projekt relevante Personen müssen sich normalerweise mit ihren Kollegen abstimmen. Bei der industriellen Produktentwicklung sind oft Maschinenbauingenieure, Elektroingenieure und Informatiker am selben Projekt beteiligt. Je nach Produkt benötigen Sie auch Chemiker, Biologen, Mathematiker und andere, die ihre Expertise in die Entwicklung einbringen. In ähnlicher Weise sind bei der Softwareentwicklung oft viele verschiedene Programmierer, Software-Ingenieure und -Architekten beteiligt.

---

[93] Charles Kenney und Donald M. Berwick, *Transforming Health Care: Virginia Mason Medical Center's Pursuit of the Perfect Patient Experience*, 1. Aufl. Boca Raton, Florida, USA: CRC Press, 2010.

Die involvierten Personen müssen sich koordinieren, was Zeit kostet. **Je mehr Projekte ein Entwickler hat, desto mehr Zeit wird für die Koordination benötigt.** Ich habe Abteilungen gesehen, in denen Entwickler für zehn Projekte oder mehr zuständig waren. Nach all den Koordinationsmeetings blieb fast keine Zeit mehr für die eigentliche Entwicklung. Die Entwickler konzentrierten sich folgerichtig auf die ein oder zwei Projekte, die ihnen am wichtigsten erschienen und ließen den Rest links liegen (auch wenn sie das ihrem Management gegenüber diplomatischer kommunizierten). Da acht von zehn Projekten gar nicht bearbeitet wurden, ging die Durchlaufzeit durch die Decke, während der tatsächliche produktive Output litt.

Daher müssen Sie die **Anzahl der Projekte für eine Person** sorgfältig festlegen, um das Beste aus Ihren Projektteams herauszuholen. Bedenken Sie, dass **viele Projekte oft von einigen wenigen Schlüsselpersonen abhängen, die dann wiederum eine sehr hohe Projektauslastung haben werden**. Die ideale Anzahl von Projekten für eine Person ist Gegenstand vieler Diskussionen. Oft werden etwa drei gleichzeitige Projekte für eine Person als gutes Arbeitspensum angesehen, obwohl dies stark von Ihrer Situation abhängt.

In ähnlicher Weise sollte auch die **Gesamtzahl der in Entwicklung befindlichen Projekte** begrenzt sein. Die Anzahl der Projekte hängt von der Anzahl Ihrer Mitarbeiter ab und davon, in wie vielen Projekten sie gleichzeitig arbeiten können. Das ist sehr ähnlich wie bei CONWIP. Sie können die Gesamtzahl der Projekte begrenzen oder Sie können die Arbeitslast dieser Projekte begrenzen. Im letzteren Fall würde ein kleineres Projekt, das weniger Mitarbeiter benötigt, eine geringere Anforderung an die Entwicklungskapazität stellen. Es ist aber eine Abschätzung des Arbeitsaufwands erforderlich. Oft ist es am einfachsten die Anzahl der gleichzeitigen Projekte zu begrenzen.

Sie können auch die Anzahl der Projekte für verschiedene Phasen des Entwicklungsprozesses überwachen und begrenzen. Zum Beispiel bewegt sich die Softwareentwicklung oft von der Planung über die Analyse, das Design, die Entwicklung und das Testen bis zur Implementierung. Bei der Produktentwicklung geht es oft vom Screening der Ideen über die Konzeptanalyse bis hin zur Entwicklung und zum Testen und Erproben. Wenn Sie in der Entwicklung arbeiten, haben Sie sicherlich den Gesamtprozess in ähnliche Teilschritte unterteilt.

Die Abbildung 155 zeigt ein fiktives Beispiel für eine einfache Tafel zur Verfolgung und Begrenzung der Anzahl gleichzeitiger Projekte in verschiedenen Phasen der Produktentwicklung. Ein Projekt kann nur dann vorankommen, wenn ein Platz im nächsten Schritt verfügbar ist. Der Rückstand der offenen Projekte wird priorisiert, das Projekt mit der höchsten Priorität landet auf dem ersten verfügbaren Platz.

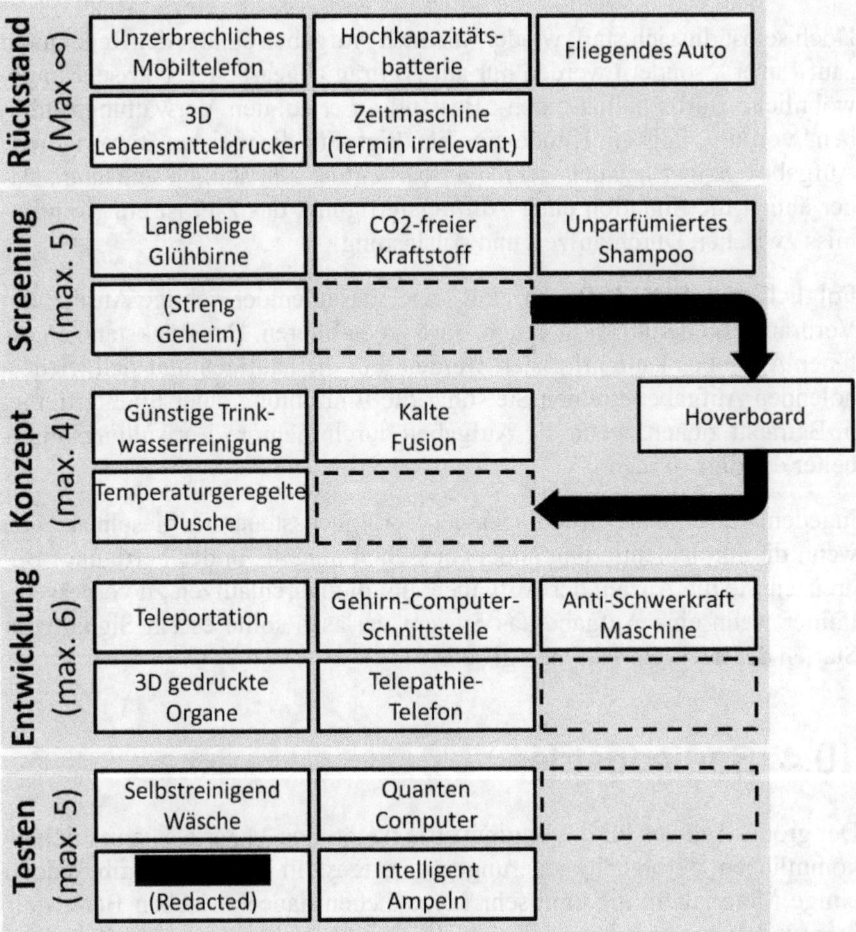

Abbildung 155: Beispiel für ein fiktives einfaches Board, das die Anzahl der Entwicklungsprojekte über verschiedene Stufen hinweg verfolgt (Bild: Roser)

10.3 Verwaltung

Verwaltung kann viele verschiedene Aspekte haben. Sie könnten sich sehr stark wiederholende Aufgaben mit wenigen Variationen haben oder Sie könnten hoch spezialisierte Aufgaben haben, bei denen jede neue Aufgabe ganz anders als die vorherige ist. Ähnlich wie in der Fertigung gibt es bei vielen administrativen Prozessen wahrscheinlich ein Spektrum, das von hochgradig repetitiven Aufgaben bis hin zu exotischen Aufgaben reicht. Die exotischen Aufgaben sind wahrscheinlich viel seltener als die sich stark wiederholenden Aufgaben.

Doch selbst die sich stark wiederholenden Aufgaben sind in der Regel nicht „auf Lager", sondern werden nur auf Auftrag abgearbeitet. Nur sehr ungewöhnliche Büros halten einen „Bestand an erledigten Verwaltungsaufgaben" vorrätig, falls ein Kunde eine benötigt. Für die meisten Büros ist jede Aufgabe einzigartig, auch wenn die Bearbeitung sehr ähnlich sein kann. Daher ähnelt die Situation einer Auftragsfertigung, das Ziel ist ein Kompromiss zwischen Durchlaufzeit und Auslastung.

Folglich wäre CONWIP oder eine seine Varianten der richtige Ansatz, um Verbrauchssteuerungen in einem Büro zu etablieren. Der Rückstand an offenen Aufgaben kann priorisiert werden. Für die häufigen und sich wiederholenden Aufgaben können Sie sogar die Einrichtung einer Fließfertigung in Betracht ziehen, wenn die Aufgaben durch mehrere Verwaltungsmitarbeiter erledigt werden.

In jedem Fall sind die Grundlagen der Verbrauchssteuerung dieselben, auch wenn die Implementierung anders aussehen mag als in der Fertigung. Begrenzen Sie die Anzahl der Aufgaben, um die Durchlaufzeit zu verbessern. Immer wenn eine Aufgabe das System verlässt, sollte es ein Signal zum Starten der nächsten Aufgabe geben.

10.4 Bauindustrie

Der größte Teil des für die Bauindustrie benötigten Materials kann mit herkömmlichen Verbrauchssteuerungen bereitgestellt werden. Es gibt jedoch einige Materialien, die eine sehr kurze Lebensdauer zwischen Bereitstellung und Verbrauch haben. Beispiele sind heißer Asphalt oder Beton im Betonmischer. Warten Sie zu lange, wird der Asphalt kalt oder der Beton beginnt zu erstarren.

Nehmen wir das Beispiel des heißen Asphalts. Sie können leicht eine Verbrauchssteuerung mit Muldenkippern (eine Variante eines LKWs) einrichten, die heißen Asphalt vom Asphaltwerk zur Baustelle liefern. Die Anzahl der Kanbans wäre die Anzahl der Muldenkipper in der Schleife. Man benötigt für eine gute Verfügbarkeit des Asphalts ausreichend Muldenkipper, damit dem Asphaltfertiger, der den Asphalt in die Straße einbaut, nicht das Material ausgeht. Effektiv stellt ein Muldenkipper eine Kanban für eine Muldenkipper-Ladung heißen Asphalts dar.

Die Anzahl der Muldenkipper ist abhängig von der Wiederbeschaffungszeit. Je länger die Fahrt, desto mehr Muldenkipper benötigen Sie. Damit sollen auch Schwankungen abgedeckt werden. Da diese Schwankungen jedoch sowohl auf der Hin- als auch auf der Rückfahrt auftreten, kann es sein, dass mehrere Muldenkipper vor dem Asphaltfertiger warten und der Asphalt dabei abkühlt. Wenn die Muldenkipper zu lange warten, ist der Asphalt nicht mehr heiß genug und muss zum Wiederaufheizen zurück ins Werk. Diese Situation ist in Abbildung 156 dargestellt.

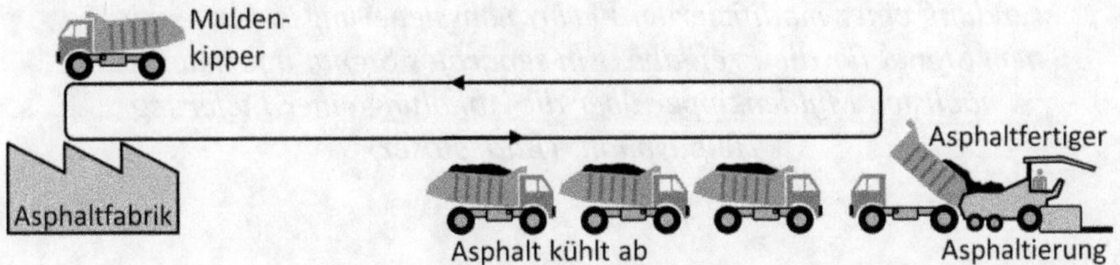

Abbildung 156: Beispiel für die Versorgung mit Asphalt in einer herkömmlichen Verbrauchssteuerungsschleife. Der Asphalt kühlt ab, während er darauf wartet verwendet zu werden. (Bild: Roser)

Eine kleine Änderung an dieser Asphalt-Verbrauchssteuerung wäre ein zusätzliches Signal. Die Muldenkipper warten nicht mit Asphalt vor dem Asphaltfertiger. Stattdessen warten die leeren Muldenkipper vor dem Asphaltwerk. Vom Asphaltfertiger kommt ein Signal zur Freigabe des nächsten Muldenkippers. Dieser Muldenkipper füllt sich mit Asphalt und transportiert ihn zum Asphaltfertiger. Das Signal muss früh genug erfolgen, damit der Muldenkipper auch bei Schwankungen genug Zeit hat, um Asphalt zu laden und zum Ziel zu fahren. Dadurch warten die meisten Muldenkipper leer, und nur wenige Muldenkipper werden mit heißem Asphalt warten. Da es weniger Muldenkipper mit Asphalt gibt, hat der Asphalt weniger Zeit abzukühlen, wie in Abbildung 157 visualisiert. Ähnliche Systeme kann man sich leicht für Betonmischfahrzeuge vorstellen.

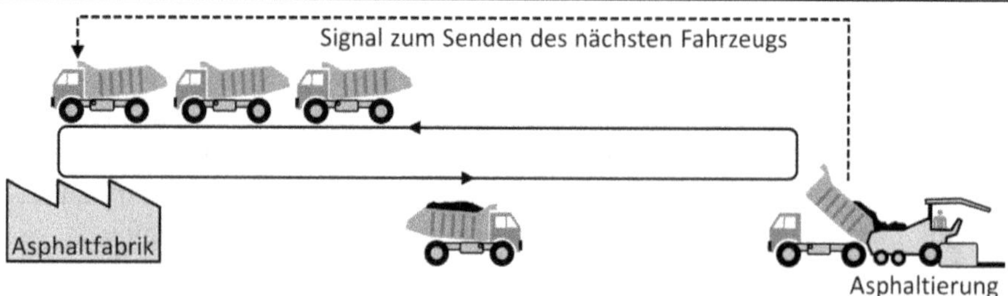

Abbildung 157: Beispiel für die Versorgung mit Asphalt unter Verwendung einer modifizierten Verbrauchssteuerungsschleife mit einem Signal für die Freigabe. Ein separates Signal informiert den nächsten Muldenkipper über die Abholung einer Lieferung Heißasphalt. (Bild: Roser)

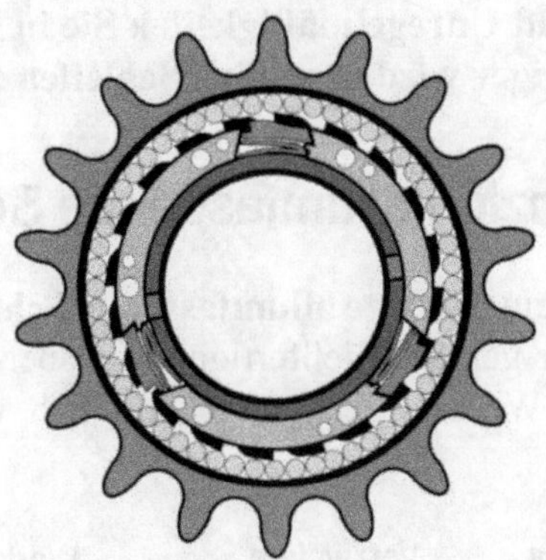

Kapitel 11

Layout der Verbrauchssteuerung

Die Verbrauchssteuerung erzeugt eine Rückkopplungsschleife von der Entnahme eines Artikels oder Auftrags zurück zum Anfang, wo neue Artikel produziert oder bestellt oder Aufträge freigegeben werden. Der Abgang eines Artikels erzeugt ein Signal zum Auffüllen oder zum Starten des nächsten Auftrags. Der Bestand innerhalb dieser Schleifen ist begrenzt. Zusammengenommen ergibt sich daraus eine Verbrauchssteuerung. Eine Schlüsselfrage für Verbrauchssteuerung ist die Reichweite dieser Schleifen. **Wo sollen Ihre Schleifen beginnen und enden?** Sollten Sie eine große Schleife in mehrere kleineren Schleifen aufteilen? Sollten Sie kleinere Schleifen zusammenfassen?

11.1 Größe der Schleifen

Eine wichtige Unterscheidung für Ihren Schleife ist, ob Sie eine **Fließfertigung** (viel einfacher), eine verzweigte Fließfertigung (etwas schwieriger) oder eine Werkstattfertigung (viel schwieriger) haben. Es gibt auch viele Zwischenstufen, bei denen Teile Ihres Systems Fließfertigungen sind und andere eher eine chaotischere Werkstattfertigung repräsentieren. Das kann sogar für verschiedene Produkte unterschiedlich sein. Einige Produkte fließen entlang einer Fließfertigung. Andere Produkte können Teile der

Fließfertigung überspringen. Andere können vorübergehend zu einem Prozess außerhalb der Fließfertigung gehen oder sogar zurückgehen, um an einem früheren Prozess in der Fließfertigung erneut verarbeitet zu werden. **Je mehr Ausnahmen und Unregelmäßigkeiten Sie in Ihrem Materialfluss haben, desto schwieriger wird es schöne Schleifen zu bilden.**

11.1.1 Eine einzige allumfassende Schleife

Es ist immer möglich eine **einzige allumfassende Schleife** zu erstellen. Das ist am einfachsten für gerade Fließfertigungen, aber auch für verzweigte Fließfertigungen oder Werkstattfertigungen möglich, wie in Abbildung 158 gezeigt.

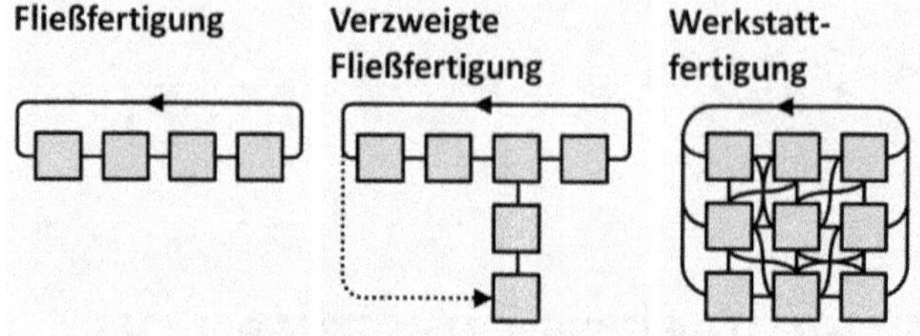

Abbildung 158: Illustration einer Fließfertigung, einer verzweigten Fließfertigung und einer Werkstattfertigung mit einer einzigen Verbrauchssteuerungsschleife (Bild: Roser)

Wenn in der Fließfertigung Materialien aus verschiedenen Vorfertigungen zusammenfließen (z. B. wenn das Produkt Unterkomponenten benötigt), dann müsste die Verbrauchssteuerung auch die Produktion oder den Versand dieser Unterkomponenten veranlassen. Immer wenn ein Material oder ein Auftrag das System verlassen, muss die Information zum Auffüllen nicht nur an den Anfang der primären Fließfertigung gehen, sondern auch an den Anfang jeder Vorfertigung, welche in die primäre Fließfertigung einspeist. Der Beginn der Arbeit an der Vorfertigung kann zeitlich so festgelegt werden, dass er zur gleichen Zeit, später oder sogar früher als die Arbeit an der primären Fließfertigung beginnt. Sie müssen nur sicherstellen, dass die Teile verfügbar sind, wenn sie benötigt werden.

Ein bekanntes Beispiel ist die Herstellung von Sitzen für Autos, wobei in den meisten Fällen ein Sitz explizit für ein spezielles Auto gefertigt wird. Die Bestellung eines Autos muss nicht nur die Produktion des Autos, sondern auch die Produktion der Sitze starten. Außerdem muss der Sitz *Just-in-Sequence* eintreffen, um Verwechslungen zu vermeiden. Wenn eine Lieferung *Just-in-Sequence* nicht möglich ist, muss der Pufferbestand zwischen dem letzten Prozess der Vorfertigung und dem nächsten Prozess der Hauptlinie die Reihenfolge der Auftragsfertigung nachjustieren können.

Handelt es sich bei dem System um eine Werkstattfertigung, dann ist der Materialfluss für verschiedene Produkte unterschiedlich, die endgültige Route ist möglicherweise nicht einmal im Voraus bekannt. Auch hier ist es möglich eine einzige allumfassende Schleife zu haben. Immer wenn ein Auftrag die Werkstattfertigung verlässt, kann ein neuer Auftrag gestartet werden. Dieses System würde jedoch zusätzliche Informationen über den Weg eines Produkts benötigen (d. h., die Prozessreihenfolge für jeden Auftrag muss im Voraus bekannt sein oder während der Bearbeitung ermittelt werden).

11.1.2 Schleifen für verschiedene Segmente

Es ist auch möglich **Schleifen für verschiedene Segmente** oder Gruppen von Prozessen zu erstellen. Die Herausforderung besteht hier darin, den Übergang von einer Schleife zur nächsten Schleife zu verwalten. Das Ende der vorangegangenen Schleife ist nun der Anfang für die nächste Schleife, wie in Abbildung 159 visualisiert.

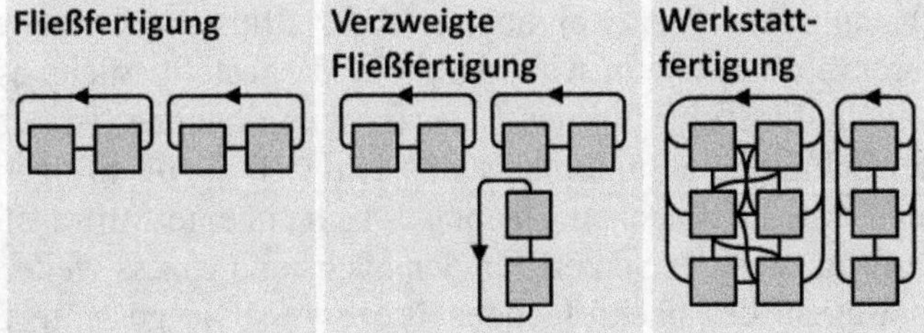

Abbildung 159: Illustration einer Fließfertigung, einer verzweigten Fließfertigung und einer Werkstattfertigung mit verschiedenen kleineren Segmenten von Verbrauchssteuerungsschleifen (Bild: Roser)

Das bedeutet zusätzliche Arbeit, die Sie nur unternehmen sollten, wenn es einen triftigen Grund dafür gibt. Im nächsten Abschnitt 11.2 finden Sie weitere Informationen darüber, wo Sie die Aufteilung in verschiedene Schleifen vornehmen können. Insbesondere bei Werkstattfertigungen kann es schwierig sein eine gute Stelle zur Unterteilung in Segmente zu finden.

11.1.3 Schleifen für einzelne Prozesse

Schließlich können Sie **für jeden einzelnen Prozess separate Schleifen** haben. Das ist die komplexeste Lösung, die den größten Aufwand für das Einrichten und Instandhalten erfordert. Andererseits erhalten Sie damit die genaueste Steuerung der individuellen Auslastung der Prozesse und können die Reihenfolge häufig neu priorisieren. Die in Kapitel 7 vorgestellte

POLCA-Methode verwendet tatsächlich standardmäßig diese Art von Schleifen. Abbildung 160 zeigt Beispiele für individuelle Schleifen.

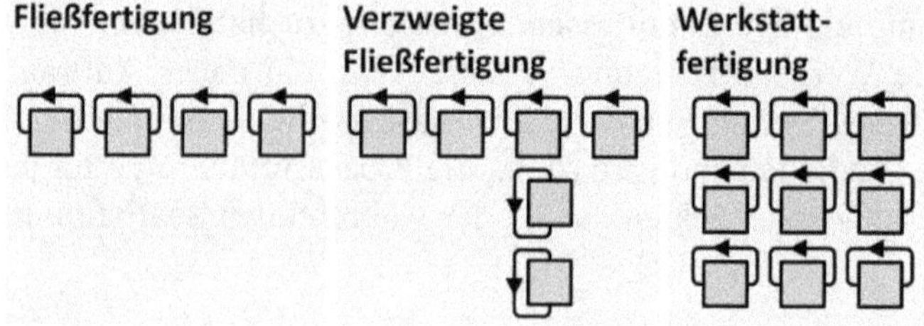

Abbildung 160: Illustration einer Fließfertigung, einer verzweigten Fließfertigung und einer Werkstattfertigung mit individuellen Verbrauchssteuerungsschleifen für jeden Prozess (Bild: Roser)

11.1.4 Eine Schleife vor Verzweigung im Materialfluss

Am einfachsten ist eine Verzweigung im Materialfluss nach einer einzelnen Schleife durchführbar, wie in Abbildung 161 dargestellt. Wenn es sich um eine Verbrauchssteuerung für eine Lagerfertigung handelt, ist der Bestand am Ende der Schleife ein Supermarkt, aus dem sich die nachfolgenden Prozesse nehmen, was sie brauchen. Handelt es sich um eine Auftragsfertigung, wird der Auftrag nach der Schleife an den nächsten Prozess weitergegeben, gemäß den Regeln des nachfolgenden Prozesses. Die gesamte Bestandsgrenze sollte in den Puffer passen, um eine Blockierung zu vermeiden.

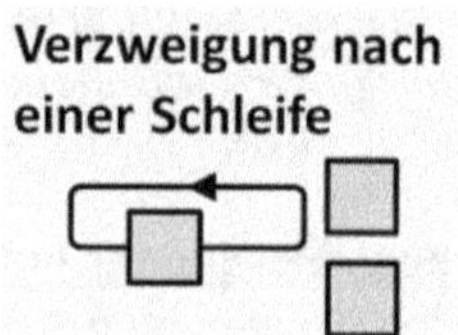

Abbildung 161: Illustration einer Verzweigung nach einer einzelnen Schleife (Bild: Roser)

11.1.5 Mehrere Schleifen vor Verzweigung im Materialfluss

Eine andere Möglichkeit besteht darin für jede Richtung, die der Materialfluss in einer Verzweigung nehmen kann, separate Schleifen zu erstellen, wie in der Abbildung 162 für zwei aufeinanderfolgende Prozesse dargestellt.

Die Anzahl der Schleifen nimmt mit der Anzahl der Prozesse zu. Dies ist der Standardansatz von POLCA.

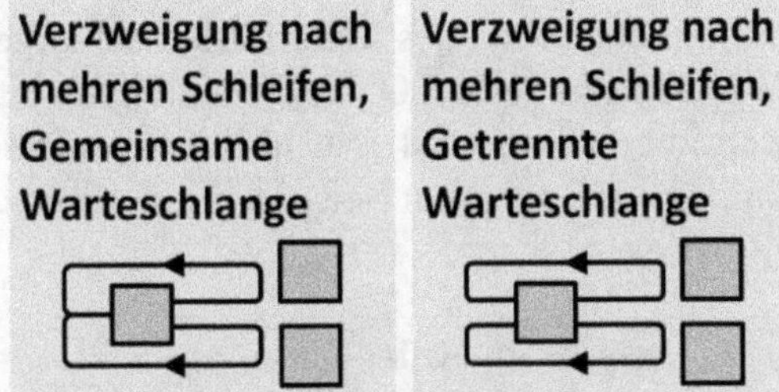

Abbildung 162: Illustration einer Verzweigung mit mehreren Schleifen sowohl für eine gemeinsame Warteschlange für die Produktion als auch für separate Warteschlangen für die Produktion (Bild: Roser)

Damit das funktioniert, **muss der gesamte Bestand bzw. das Arbeitslastlimit jeder Schleife in den Bestand am Ende der jeweiligen Schleife passen**. Andernfalls kann eine volle Schleife in eine Richtung den ersten Prozess blockieren. Auch die Reihenfolge der Karten, die zum ersten Prozess zurückkehren, muss berücksichtigt werden. Da es Karten gibt, die aus mehreren Schleifen zurückkommen, **muss der erste Prozess entscheiden, welche Karte zuerst verarbeitet werden soll**.

Die zurückkehrenden Informationen aus verschiedenen Schleifen könnten in eine kombinierte Warteschlange für die Produktion auf einer First-Come-First-Serve-Basis gehen, wie in Abbildung 162 links dargestellt. Sie könnten auch separate Warteschlangen für die Produktion für jede Schleife haben, wie in Abbildung 162 rechts dargestellt. In diesem Fall benötigt der erste Prozess einen klaren Standard, wann welche Warteschlange bedient werden soll. Es sollte darauf geachtet werden, dass bei der Verzweigung der Schleife das Material in die richtige Richtung bewegt wird. Achten Sie darauf, dass die Informationen zur jeweiligen Schleife auf den Karten gut sichtbar sind.

Selbst wenn es mehrere Prozesse innerhalb der Schleife gibt, **ist eine solche Verzweigung in mehreren Schleifen eventuell einfacher als eine Verzweigung in einer einzelnen Schleife. Andererseits erhöht eine Verzweigung in mehreren Schleifen die Anzahl Ihrer Schleifen drastisch.** Es wird von der Situation in Ihrem System abhängen, ob es besser ist weniger, aber kompliziertere Schleifen oder mehr, aber einfachere Schleifen zu haben. **Verwenden Sie im Zweifelsfall nur eine Schleife.**

11.1.6 Separate Schleifen für jeden möglichen Pfad

In der Literatur wird insbesondere für CONWIP manchmal eine separate Schleife für jeden möglichen Pfad des Materialflusses vorgeschlagen. Dies wird als m-CONWIP für „multiple CONWIP-Schleifen" bezeichnet[94]. Das ist zwar akademisch interessant, wird aber in der Realität schnell sehr unübersichtlich. Abbildung 163 zeigt ein Beispiel mit drei verschiedenen Routings durch neun Prozesse.

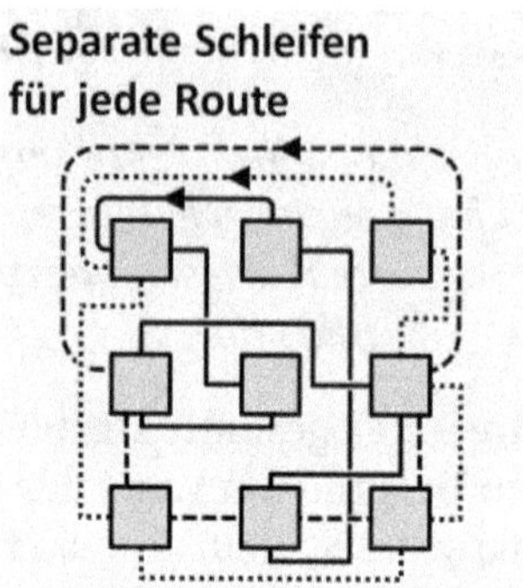

Abbildung 163: Beispiel einer Werkstattfertigung mit drei separaten Schleifen durch neun Prozesse für die möglichen Routings (Bild: Roser)

Auch mit nur drei verschiedenen Routings würde dieses Vorgehen bereits unübersichtlich werden und schwierig zu verwalten. Die Mitarbeiter müssten ständig darauf achten, dass jede Karte auf der vorgesehenen Route bleibt, was verwirrend ist. Es sind häufige Fehler zu erwarten. **Ich rate von einer solchen Art des Routings mit separaten Schleifen ab**. Sie mag für eine kleine Anzahl von Routen brauchbar sein, wie z. B. bei der in Abbildung 162 gezeigten Multischleifen-Verzweigung. Vermeiden Sie so etwas aber, wenn es komplex wird. Leider wird es oft schnell komplex. POLCA verwendet für jeden möglichen Pfad separate Schleifen, aber eine Schleife deckt immer nur zwei Prozesse ab.

11.1.7 Kombinationen von seriellen Schleifen

Es ist möglich verschiedene Arten der Verbrauchssteuerung (und wenn es sich nicht vermeiden lässt, sogar Plansteuerung) für Ihren Wertstrom zu

---

[94] Remco Germs und Jan Riezebos, *Workload balancing capability of pull systems in MTO production, International Journal of Production Research* 48, Nr. 8 2010: 2345–60.

kombinieren. Eine oder mehrere Kanbanschleifen, die in Supermärkte einspeisen, können leicht eine oder mehrere CONWIP-Schleifen versorgen. Ähnliches kann auch mit vielen anderen Verbrauchssteuerungs-Methoden gemacht werden. Ein Beispiel ist in Abbildung 164 dargestellt.

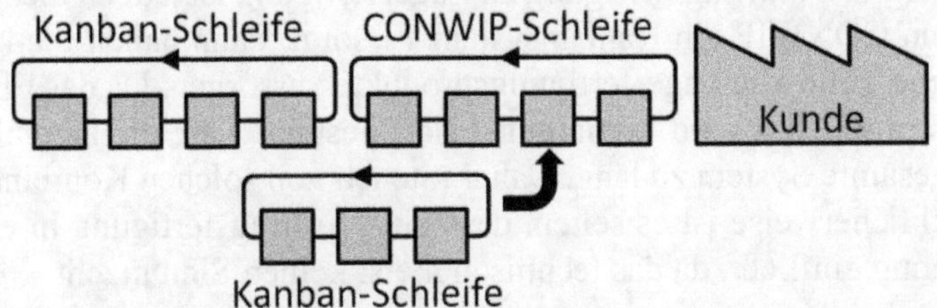

Abbildung 164: Abfolge von Kanban- und CONWIP-Schleifen (Bild: Roser)

Abbildung 165 gibt Ihnen einen Überblick über die möglichen Kombinationen. Welche Variante der Verbrauchssteuerung (oder Plansteuerung) kann welche anderen Variante der Verbrauchssteuerung (oder Plansteuerung) befüllen? Es gibt eine Menge Kompatibilität, mit nur wenigen Einschränkungen.

🙂 Gut
😐 Möglich
☹ Schlecht

Lieferndes System		Empfangendes System								
		Kanban								
		Dreieck	Zwei-Behälter	Produktion	Transport	CONWIP	POLCA	Bestellpunkt	Drum-Puffer-Rope	Plansteuerung
Kanban	Dreieck	Gut	Gut	Gut	Gut	Gut	Gut	Gut	Gut	Möglich
	Zwei-Behälter	Gut	Gut	Gut	Gut	Gut	Gut	Gut	Gut	Möglich
	Produktion	Möglich	Möglich	Gut	Gut	Gut	Gut	Möglich	Gut	Möglich
	Transport	Gut	Gut	Gut	Gut	Gut	Gut	Gut	Gut	Möglich
CONWIP		Schlecht	Schlecht	Schlecht	Schlecht	Gut	Gut	Schlecht	Schlecht	Möglich
POLCA		Schlecht	Schlecht	Schlecht	Schlecht	Gut	Gut	Schlecht	Schlecht	Möglich
Bestellpunkt		Gut	Gut	Gut	Gut	Gut	Gut	Gut	Gut	Möglich
Drum-Puffer-Rope		Schlecht	Schlecht	Schlecht	Schlecht	Gut	Gut	Schlecht	Möglich	Möglich
Plansteuerung		Möglich	Möglich	Möglich	Möglich	Möglich	Möglich	Möglich	Möglich	Möglich

Abbildung 165: Mögliche Kombinationen von sequenziellen Verbrauchssteuerungen (Bild: Roser)

Vermeiden Sie Übergänge von Auftragsfertigung zu Lagerfertigung. Systeme, die für die Lagerfertigung geeignet sind, wie z. B. Kanban oder Bestellpunktsysteme, können problemlos in Systeme einfließen, die für die Auftragsfertigung geeignet sind, wie CONWIP oder POLCA. Der umgekehrte Weg von Auftragsfertigung zu Lagerfertigung ist jedoch nicht geeignet. Wenn CONWIP ein Kanbansystem versorgt, dann haben Sie kundenspezifische Teile, die Lagerfertigungsprodukte versorgen. Da das Einzelteil nur dann produziert wird, wenn ein Bedarf besteht, wäre die Durchlaufzeit für das gesamte System zu lang. Daher rate ich von solchen Kombinationen ab. Glücklicherweise ist es selten, dass eine Auftragsfertigung in eine Lagerfertigung einfließt, da das technisch meist keinen Sinn macht.

Eine zweite, kleinere Einschränkung versucht **unregelmäßige große Bestellungen für ein vorgeschaltetes System zu vermeiden, das für die Produktion kleiner Mengen eingerichtet ist.** Insbesondere bei Bestellpunktsystemen kann es zu großen Bestellungen kommen, um den gesamten Bestand wieder auf das Zielniveau aufzufüllen, aber auch bei Dreieckskanban und Zwei-Behälter-Kanban kann die Nachfrage in größere Aufträge zusammengefasst werden.

Diese Systeme übermitteln die Information über ihren Bedarf erst, wenn sie den Mindestbestand erreicht haben. Sobald sie den Mindestbestand erreicht haben, wird alles gleichzeitig angefordert. Es ist möglich ein lieferndes System zu haben, das für häufige kleine Mengen gut funktioniert. Wenn jetzt das empfangende System seltene und große Aufträge hat, kommt das liefernde System und damit das gesamte System in Probleme. Das wäre das Gegenteil der Nivellierung. Sie benötigen einen zusätzlichen Bestand, um diese Schwankungen zu entkoppeln. Daher kann es hier besser sein, Verbrauchssteuerungen mit kleinen Bestellungen als empfangende Systeme zu haben.

Insgesamt kann es zur Vermeidung von großen Pufferbeständen besser sein, nach einem ersten Kanbansystem statt eines Bestellpunktsystems ein weiteres Kanbansystem zu haben. Wenn jedoch das Delta zwischen dem Bestellpunkt und der Bestandsgrenze des empfangenden Bestellpunktsystems klein genug ist, kann auch das funktionieren.

Schließlich **sind alle Kombinationen, die Plansteuerung beinhalten, als neutral gekennzeichnet,** da Verbrauchssteuerung fast immer der Plansteuerung überlegen ist. Es ist möglich eine Plansteuerung-Verbrauchssteuerung-Kombination in beide Richtungen zu haben, wenn sie sorgfältig implementiert wird. Plansteuerung-Verbrauchssteuerung-Grenzen können auftreten, wenn die Umstellung von Plansteuerung auf Verbrauchssteuerung noch nicht den gesamten Wertstrom transformiert hat oder wenn einige Segmente Ihres Wertstroms für die Verbrauchssteuerung ungeeignet sind, wie in Kapitel 2.5 beschrieben. Bevorzugen Sie dennoch soweit möglich Verbrauchssteuerungen und sehen Sie Plansteuerungen als eine vorübergehende Zwischenlösung, die sie später auch in eine Verbrauchssteuerung umwandeln wollen. Solche Kombinationen entlang serieller Schleifen können sowohl von Plansteuerung zu Verbrauchssteuerung als auch von Verbrauchssteuerung zu Plansteuerung umgesetzt werden.

11.1.8 Überlappende und überschneidende Schleifen

Es ist möglich, dass sich **Schleifen verschiedener Typen überlappen**. Wenn Sie dies vorhaben, sollten Sie insbesondere Kombinationen von Kanban und CONWIP in Betracht ziehen, wie in Abbildung 166 dargestellt. Wie in Kapitel 6.2.1 erläutert, lassen sich Kanban und CONWIP gut in der gleichen Schleife kombinieren. Wichtig ist, dass **jeder Teiletyp eindeutig nur einer Schleife zugeordnet ist**, egal wo im Wertstrom er sich befindet. Wenn es eine Unklarheit gibt, zu welcher Schleife ein Teil im System gehört, dann wird es zu Fehlern und Problemen kommen. Es ist zudem wichtig, dass es immer einen **klaren Standard für jeden Prozess dahingehend gibt, welches Teil priorisiert wird**. Idealerweise muss der erste Prozess einen solchen Standard haben, um zu entscheiden, welche Schleife zu bedienen ist. Alle nachfolgenden Prozesse arbeiten lediglich in FIFO-Reihenfolge. (siehe Kapitel 6.2.3 und 6.2.4 für weitere Details). Vermeiden Sie aufgrund der unterschiedlichen Steuerungsansätze Kombinationen wie Drum-Buffer-Rope, POLCA und Bestellpunktsysteme.

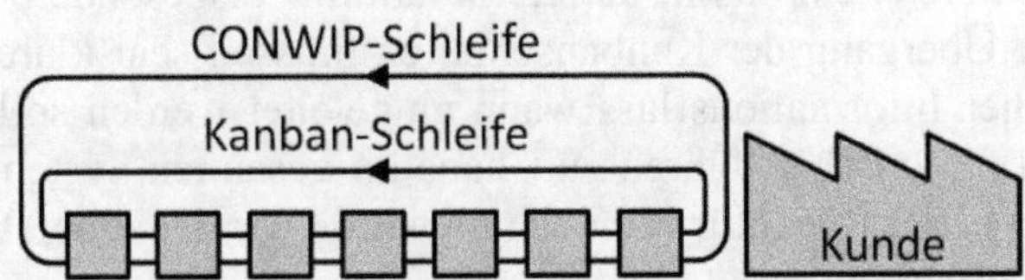

Abbildung 166: Beispiel für eine CONWIP-Schleife, die mit einer Kanbanschleife überlappt (Bild: Roser)

Ein weiterer oft genannter Ansatz ist eine **Kombination aus Plansteuerung und Verbrauchssteuerung** innerhalb desselben Segments des Wertstroms. Einige Teile, oft die Lagerfertigungsartikel, werden mit einer Bestandsgrenze über eine Verbrauchssteuerung gesteuert. Andere Teile, in der Regel die auftragsbezogenen Artikel, werden einfach in das System geschoben, wenn sie benötigt werden.

Ein Beispiel für eine solches hybride Plansteuerung-Verbrauchssteuerung mit Kanban ist in Abbildung 167 dargestellt. Das ist möglich, aber ich finde es problematisch. **Es kann funktionieren, wenn der Anteil der**

Plansteuerungs-Artikel deutlich kleiner ist als der Anteil der Verbrauchssteuerungs-Artikel. Selbst dann besteht aber die Gefahr, dass eine vorrübergehende hohe Nachfrage nach Plansteuerungs-Artikeln zu Verzögerungen und Lieferengpässen bei Verbrauchssteuerungs-Artikeln führt. Aufgrund der enthaltenen Plansteuerung kann auch der Gesamtbestand im Segment aus dem Ruder laufen, wenn zu viel gleichzeitig in das System geschoben wird. Ich würde es vielmehr vorziehen auch die Plansteuerungs-Artikel mit CONWIP oder einer anderen Verbrauchssteuerung zu steuern.

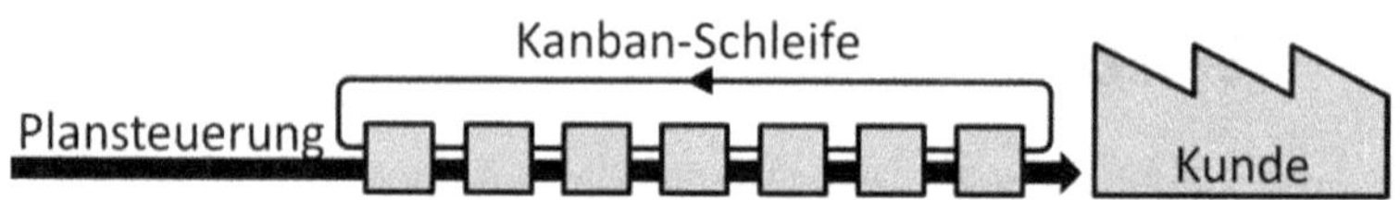

Abbildung 167: Beispiel für eine nicht empfohlene hybride Mischung aus Plansteuerung und Verbrauchssteuerung mit Kanban (Bild: Roser)

Es ist auch möglich, aber komplizierter, **überlappende Schleifen unterschiedlicher Größe zu** haben. Die Abbildung 168 zeigt ein mögliches Beispiel, bei dem sich zwei Kanbanschleifen für Lagerfertigungsartikel mit einer einzigen CONWIP-Schleife für Auftragsproduktionsartikel überschneiden. Es können hier jeweils zwei mögliche Aufträge oder Teile auf einen Prozess warten, einer von jeder Schleife. Es ist wichtig, dass es immer einen **klaren Standard für jeden Prozess dahingehend gibt, welches Teil priorisiert wird**. Zum Beispiel könnte die Regel für die vorderen Prozesse in der Abbildung 168 sein, dass CONWIP-Teile immer bevorzugt werden. Alle anderen Prozesse können dem FIFO-Prinzip folgen und einfach das nächste Teil herstellen, das in der Reihe anfällt. Insbesondere die beiden Prozesse am Übergang der Kanbanschleifen müssen sehr klare Vorgaben haben, welcher Informationsfluss wann eingeleitet werden soll. Fehler in diesem Informationsfluss führen zu Chaos im gesamten System. Ich halte dieses Risiko in der Regel für zu hoch und würde **von einer solchen Schleifenstruktur abraten**.

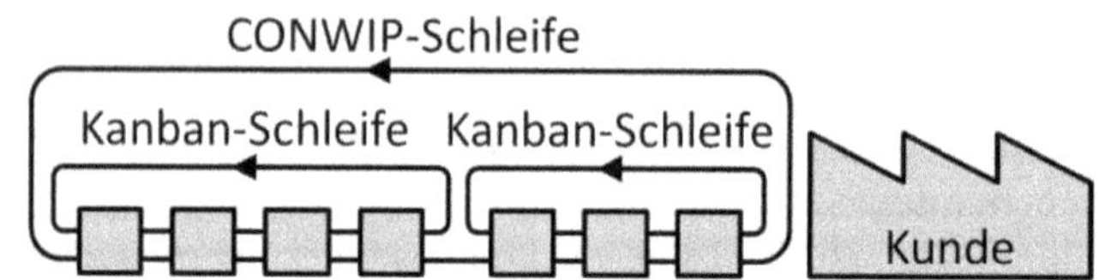

Abbildung 168: Machbares, aber nicht empfohlenes Beispiel für eine CONWIP-Schleife, die zwei Kanbanschleifen beinhaltet (Bild: Roser)

Abbildung 169 zeigt ein Beispiel, das auf den ersten Blick sehr ähnlich zu Abbildung 168 ist, aber viel mehr Probleme bei der Implementierung bereitet. Die CONWIP-Schleife beginnt einen Prozess später als die Kanbanschleife. Woher kommt das CONWIP-Material? Wenn es aus dem Kanban-Material kommt, dann werden die Kanbans irgendwo in Schleifenmitte aus der Schleife genommen, was nicht gut ist. Selbst wenn Sie eine gute Materialversorgung haben, ist es ein zusätzlicher Aufwand beim zweiten Prozess zu entscheiden, welches Teil hergestellt werden soll.

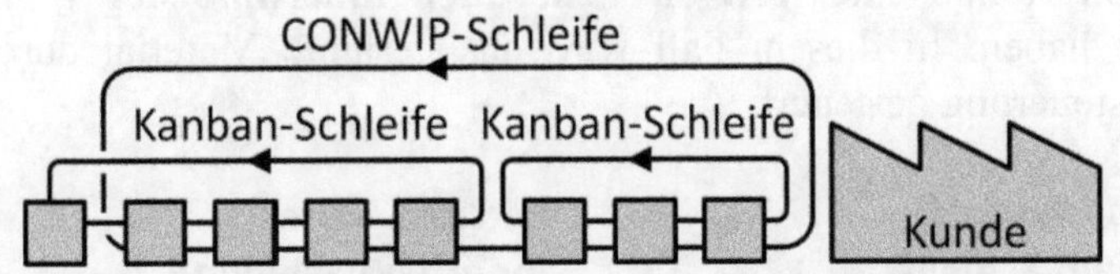

Abbildung 169: Schlechtes Beispiel einer CONWIP-Schleife, die sich teilweise mit zwei Kanbanschleifen überlappt und schneidet (Bild: Roser)

Zusammenfassend empfehle ich, **überlappende Schleifen unterschiedlicher Größe zu vermeiden**, wie in Abbildung 168 dargestellt. Dadurch wird eine potenzielle Quelle für Mehrdeutigkeit und Fehler reduziert. Ich empfehle, **sich überschneidende Schleifen unbedingt zu vermeiden**, wie in Abbildung 169 dargestellt. Es ist am einfachsten, wenn die Schleifen für alle Teile am gleichen Prozess oder Bestand beginnen und auch am gleichen Prozess oder Bestand enden. In Kapitel 11.2 werde ich näher darauf eingehen, wann der Wertstrom in verschiedene Verbrauchssteuerungsschleifen unterteilt werden sollte. **Überlappende Schleifen gleicher Größe sind aber durchaus machbar**, wie in Abbildung 166 dargestellt.

Vermeiden Sie bitte auch Kombinationen von Plansteuerung und Verbrauchssteuerung innerhalb der gleichen Schleife. Das Hauptmerkmal und der Vorteil von Verbrauchssteuerung ist die Begrenzung des Bestandes innerhalb der Verbrauchssteuerungsschleife, einschließlich eines Signals zum Nachfüllen. Wenn eine überlappende Plansteuerung ungehindert Material in die Verbrauchssteuerungsschleife schieben kann, haben Sie am Ende keine teilweise Verbrauchssteuerung, sondern nur eine Plansteuerung. Das Plansteuerungs-Element kann die Verbrauchssteuerungsschleife mit Material vollstopfen, bis die Verbrauchssteuerung ihren Vorteil des begrenzten Bestands verliert. **Versuchen Sie Kombinationen aus Verbrauchssteuerung und Plansteuerung innerhalb der gleichen Schleife zu vermeiden.**

11.1.9 Schnittstelle zwischen zwei Schleifen

Bezüglich der Übergabe des Materials an der Schnittstelle zwischen zwei Schleifen gibt es zwei Möglichkeiten, die in Abbildung 170 visualisiert sind.

Sie könnten **fertige Teile aus der vorherigen Schleife nehmen**. Die Information zur Wiederbeschaffung wird zurückgesendet, sobald das Teil am letzten Prozess der Schleife fertiggestellt ist. Das wird manchmal im Englischen als *Push Gap* bezeichnet (was so viel wie „Plansteuerungs-Lücke" bedeutet), da das dazwischen liegende Material nicht mehr durch Verbrauchssteuerung gesteuert wird. Es ist an dieser Stelle also eine Plansteuerung. Sie können die **fertigen Teile auch innerhalb der vorherigen Schleife** haben. In diesem Fall wird das gesamte Material durch Verbrauchssteuerung gesteuert.

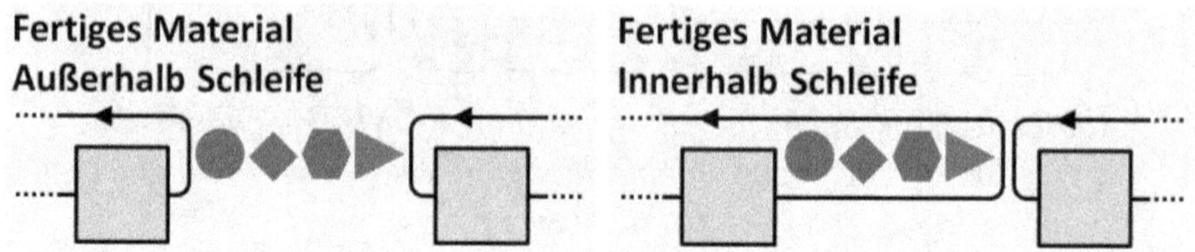

Abbildung 170: Fertiges Material kann sich außerhalb oder innerhalb der Schleife befinden. Letzteres ist in der Regel besser. (Bild: Roser)

Wir müssen hier zwischen Lagerfertigung und Auftragsfertigung unterscheiden. Die Lagerfertigung steuert den Fertigwarenbestand innerhalb der Schleife. **Daher ist es für die Lagerfertigung wichtig, fertige Teile innerhalb der Verbrauchssteuerungsschleifen zu halten, bis sie in die nächste Schleife eingehen.** Die Informationen der Verbrauchssteuerungsschleifen bleiben mit den Teilen in der Schleife verbunden. Sie werden erst dann entfernt und zurückgeschickt, wenn der nachfolgende Prozess oder der Kunde das Teil tatsächlich übernimmt. Im schlimmsten Fall wird die Karte entfernt, wenn das Teil verschrottet oder demontiert wird. Teile für die Lagerfertigung sollten sich immer in einer Schleife befinden. Andernfalls riskieren Sie eine Überproduktion und haben keine Verbrauchssteuerung mehr, sondern eine Plansteuerung. Material zwischen zwei Schleifen könnte sich aufbauen, so dass Sie die Vorteile der Verbrauchssteuerung verlieren würden.

Handelt es sich um eine Auftragsfertigung wie CONWIP, dann sind beide Optionen möglich. Das Ziel der Auftragsfertigung ist nicht die Materialverfügbarkeit, sondern ein Kompromiss zwischen Auslastung und Bestand. Hier können wir in der Regel davon ausgehen, dass der Kunde die Produkte so schnell wie möglich haben möchte und sich ohnehin nicht viel Material ansammelt. Aber selbst dann ist es eventuell sicherer, das gesamte Material im Kreislauf zu halten (siehe auch Kapitel 6.7.1 zu dieser Frage für CONWIP).

11.2 Trennen von Schleifen

Normalerweise sind gute Schlanke Produktionssysteme in verschiedene Verbrauchssteuerungsschleifen unterteilt. Das macht das System überschaubarer und kann auch die Reaktionsgeschwindigkeit verbessern. Die große Frage ist jedoch: Wo teilt man den Wertstrom in einzelne Schleifen auf? Abbildung 171 zeigt beispielhaft die vier Möglichkeiten für drei Prozesse.

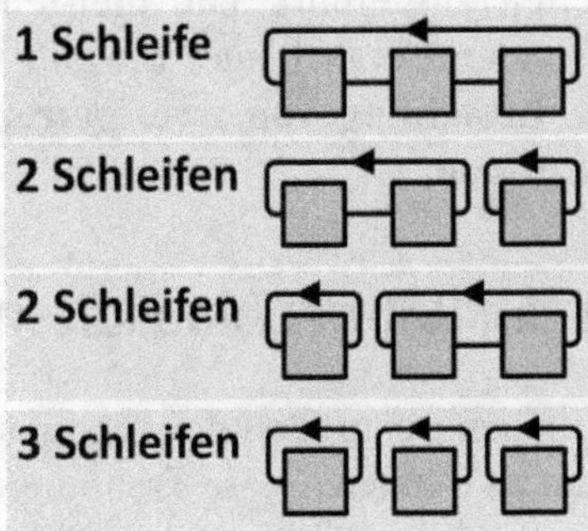

Abbildung 171: Vier Möglichkeiten, um ein System mit drei Prozessen in verschiedene Schleifen aufzuteilen (Bild: Roser)

Grundsätzlich haben Sie zwischen zwei Prozessen immer zwei Möglichkeiten. Es könnte ein Übergang von einer Schleife zur nächsten sein, wenn die Prozesse zu verschiedenen Schleifen gehören. Bei Lagerfertigung befände sich hier ein Supermarkt. Beide Prozesse können aber auch in der gleichen Schleife sein. In diesem Fall sollte es lediglich ein Bestand mit begrenztem Platz sein, idealerweise eine FIFO. Für das Beispiel in Abbildung 171 können Sie eine einzige große Schleife über alle drei Prozesse machen, die Prozesse in zwei Schleifen aufteilen oder sogar die Prozesse in drei separate Schleifen mit einer Schleife für jeden Prozess aufsplitten.

Allgemein gilt: **Verwenden Sie eine FIFO, wenn kein Grund dagegen spricht**. Eine FIFO ist viel einfacher zu steuern und zu verwalten. Die Einrichtung einer Verbrauchssteuerungsschleife erfordert in der Regel mehr Arbeit, sowohl zur Implementierung als auch während der Nutzung. Verwenden Sie daher standardmäßig eine FIFO, sofern es keinen guten Grund dagegen gibt.

Bei Toyota heißt das *„flow where you can, pull where you can't"*, auf Deutsch etwa: *„Materialfluss wo es geht, Verbrauchssteuerung wo nicht"*. Das ist allerdings etwas verwirrend, denn das Material fließt ja auch innerhalb einer Verbrauchssteuerung. Mit „Verbrauchssteuerung" meint Toyota hier einen Supermarkt im Fall von Kanban oder – allgemeiner – eine Unterbrechung zwischen Verbrauchssteuerungsschleifen. Das Material

„fließt" also zwischen Supermärkten oder allgemeiner von Anfang bis Ende einer Schleife. Der Supermarkt steuert die Verbrauchssteuerung. Das ist etwas ungewöhnlich formuliert, die Botschaft ist jedoch gut. Verwenden Sie FIFO („*Flow*" oder Materialfluss), wo immer Sie können und trennen Sie Schleifen („*Pull*" oder Verbrauchssteuerung), wo es nicht geht.

Machen Sie daher Ihre Verbrauchssteuerungsschleifen so groß wie möglich, es sei denn es gibt einen Grund, der dagegenspricht. Im Folgenden sind meine Gründe für die Trennung eines Systems in zwei Verbrauchssteuerungsschleifen aufgeführt. Die meisten dieser Gründe sind kein absolutes Muss, sondern Vorschläge. Sie müssen immer **zwischen dem Aufwand für die Erstellung von zwei getrennten Schleifen und dem Nutzen daraus abwägen**.

11.2.1 Trennen bei unterschiedlichen Losgrößen

Es kann bei unterschiedlichen Losgrößen notwendig sein den Materialfluss in verschiedene Schleifen zu trennen. Diese Trennung kann vermieden werden, indem einfach dieselbe Losgröße im gesamten Wertstrom verwendet wird. Manchmal benötigen Prozesse jedoch entweder unbedingt eine bestimmte Losgröße oder profitieren zumindest von einer bestimmten Losgröße. Zum Beispiel passt in einen Ofen nur eine bestimmte Anzahl von Teilen oder eine zeitaufwändige Umrüstung profitiert von größeren Losgrößen. Wenn die Prozesse in Ihrem Wertstrom unterschiedliche Losgrößenanforderungen haben, kann es notwendig sein diesen in verschiedene Verbrauchssteuerungsschleifen zu trennen.

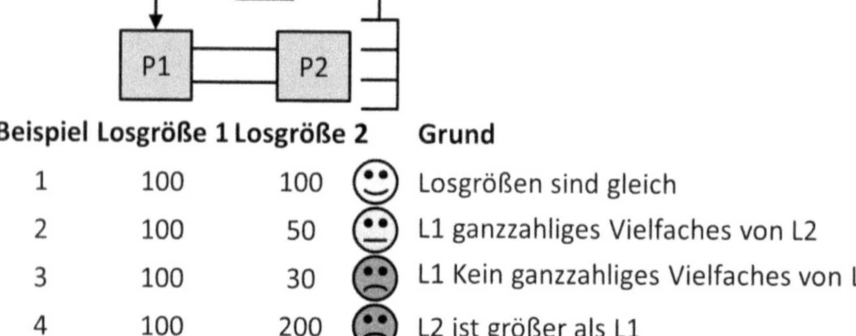

Beispiel	Losgröße 1	Losgröße 2		Grund
1	100	100	😊	Losgrößen sind gleich
2	100	50	😐	L1 ganzzahliges Vielfaches von L2
3	100	30	☹	L1 Kein ganzzahliges Vielfaches von L2
4	100	200	☹	L2 ist größer als L1

Abbildung 172: Beispiel für Prozesse mit unterschiedlichen Losgrößen (Bild: Roser)

Meines Wissens ist das die einzige Situation, in der das Trennen einer Schleife absolut notwendig sein kann. Alle anderen Gründe sind nur Empfehlungen mit unterschiedlicher Wichtigkeit. Abbildung 172 zeigt ein paar

Beispiele unterschiedlicher Losgrößen für eine einfache Verbrauchssteuerungsschleife mit zwei Prozessen.

Wenn die **Losgrößen gleich sind,** wie in Beispiel 1 in Abbildung 172, gibt es überhaupt kein Problem. Es ist nicht notwendig das System in separate Verbrauchssteuerungsschleifen aufzuteilen, denn die ideale Losgrößensituation ist gegeben.

Wenn die **vorherige Losgröße ein ganzzahliges Vielfaches der nachfolgenden Losgröße ist**, dann ist das auch kein Problem. Beispiel 2 in Abbildung 172 hat eine Losgröße von 100 bei P1, was genau zwei Lose von 50 bei P2 ausmacht. Tatsächlich wird P2 gezwungen die gleiche Losgröße wie P1 zu haben, indem zwei Lose zu je 50 wiederholt werden.

Wenn die **vorherige Losgröße** *kein* **ganzzahliges Vielfaches der nachfolgenden Losgröße ist**, dann haben Sie möglicherweise ein Problem. Beispiel 3 in der Abbildung 172 zeigt eine solche Situation, in der P1 eine Losgröße von 100 und P2 eine Losgröße von 30 hat. Sie können die vorherige Losgröße nicht mehr in eine ganzzahlige Anzahl von nachfolgenden Losgrößen aufteilen, wie in Beispiel 2. Wenn Sie für P2 jedes Mal genau eine Losgröße von 30 verwenden müssen, dann bleiben entweder 10 Teile bei P2 unvollständig oder eine Losgröße von P2 ist um 20 Teile zu klein. Wenn die **Losgrößen fest sind** und Sie die Teile in der FIFO nicht neu anordnen wollen, dann ist die einzige Möglichkeit, drei Lose an P1 (300 Teile) gefolgt von 10 Losen an P2 (ebenfalls 300 Teile) zu haben. Anders verhält es sich jedoch, wenn die **Losgrößen nicht fest, sondern nur ein Minimum sind**. Wenn die Losgröße an P2 nicht genau 30, sondern flexibel *mindestens 30* ist, würde ein Los von 100 für P2 funktionieren, da es mehr als 30 Teile hat.

Wenn schließlich die **nachfolgende Losgröße größer ist als die vorherige**, dann besteht die Gefahr, dass beim nachfolgenden Prozess kein vollständiges Los fertiggestellt wird. In Beispiel 4 in Abbildung 172 kann P1 100 Teile fertigstellen, aber P2 benötigt 200 Teile für ein vollständiges Los. Daher kann P2 zu kurz kommen, da P1 bereits andere Teile produziert. Sie müssten dann immer zwei Lose bei P1 herstellen, um die Losgrößenanforderung bei P2 zu erfüllen.

Versuchen Sie insgesamt **die gleiche Losgröße für eine Charge über die gesamte Schleife beizubehalten**. Das Ändern von Losgrößen innerhalb einer Schleife ist immer mühsam. In jedem Fall kann diese Regel leicht umgangen werden, indem man identische Losgrößen für alle Prozesse festlegt. Insgesamt ist dies in der Fertigung selten ein Problem.

Das bedeutet nicht, dass alle Produkttypen die gleiche Losgröße haben müssen. Es gilt nicht einmal für verschiedene Chargen desselben Produkts. **Vermeiden Sie aber die Losgröße für eine Charge innerhalb einer**

Verbrauchssteuerungsschleife zu ändern. Sie können zum Beispiel leicht ein System haben, in dem Ihr High-Runner-Produkt A eine Losgröße von 100 in der gesamten Verbrauchssteuerungsschleife hat, aber ein exotisches Produkt C nur eine Losgröße von 30. Sie können sogar eine Losgröße von 100 für Produkt A haben und später eine andere Charge desselben Produkts A mit einer Losgröße von 80. Das ist kein Problem und wird in vielen Produktionssystemen üblicherweise gemacht. Es wird nur dann p problematisch, wenn Sie eine Losgröße von 100 für Produkt A haben, die sich irgendwann innerhalb der gleichen Verbrauchssteuerungsschleife auf 80 für eben diese Charge ändert.

11.2.2 Trennen vor dem Kunden

In beinahe allen Fällen wird dringend empfohlen eine Verbrauchssteuerungsschleife vor dem Kunden zu beenden. Mit anderen Worten: Der letzte Prozess oder Bestand in Ihrer Organisation sollte auch das Ende der letzten Verbrauchssteuerungsschleife sein, wie in Abbildung 173 dargestellt. Andernfalls würde sich die Verbrauchssteuerungsschleife bis zu Ihrem Kunden erstrecken, was bedeutet, dass die Informationen zum Starten der nächsten Arbeit in Ihrer Verbrauchssteuerungsschleife auch durch Ihren Kunden fließen müssten.

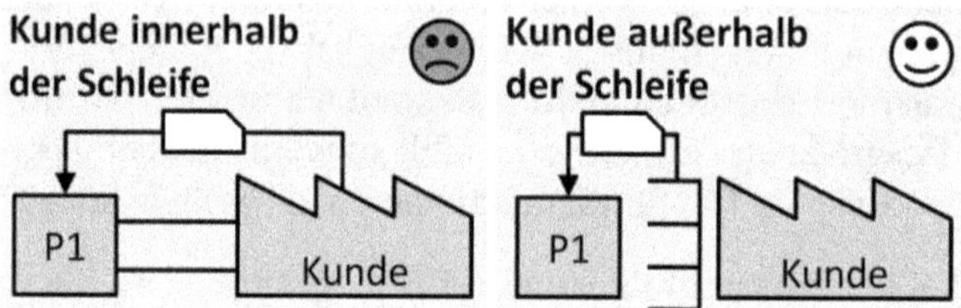

Abbildung 173: Beispiel für Verbrauchssteuerungsschleifen mit dem Kunden innerhalb und außerhalb der Schleife (Bild: Roser)

Wenn die Schleife bis zum Kunden geht, müsste der Kunde auch Ihre Wiederbeschaffung initiieren. Das ist nicht immer einfach. Der Kunde würde auch den letzten Bestand Ihrer Verbrauchssteuerungsschleifen kontrollieren. Normalerweise betreut der liefernde Prozess den Supermarkt. Wenn der Supermarkt beim Kunden ist, wird das schwierig. Können Sie den Bestand bei Ihrem Kunden kontrollieren? Kontrolliert der Kunde Ihren Produktionsprozess? Der Kunde muss Ihnen eine Rückmeldung geben, wenn die Teile die Verbrauchssteuerungsschleife bei ihm verlassen. Das ist knifflig. Wenn der Kunde vergisst Ihnen die Informationen weiterzugeben, sinkt Ihre Systemauslastung, Ihre Durchlaufzeit kann sich verlängern, Ihnen kann der Bestand ausgehen, und letztendlich fehlt dem Kunden das Material. **Insgesamt ist es empfehlenswert Ihre Verbrauchssteuerungsschleifen vor dem**

Kunden zu trennen. Ähnliches gilt auch, wenn Sie der Kunde für Ihre Lieferanten sind.

Es gibt ein paar Ausnahmen. Sie können eine Transportkanban oder ein Bestellpunktsystem zwischen dem Lieferanten und dem Kunden verwenden. In diesem Fall wird der Kreislauf vom Kunden gesteuert (d. h. der Kunde steuert die Lieferungen oder Bestellungen). Es ist aber unüblich, dass der Kunde die Produktion steuert! Bei einer Produktion *Just-in-Sequence* ist es aber möglich, dass der Kunde die letzte Schleife der Produktion kontrolliert. Das gängige Beispiel sind wieder die Lieferanten von Sitzen für die Automobilindustrie, deren Produkte normalerweise *Just-in-Sequence* für die Montagelinie ankommen.

Auch wenn Sie eine Transportkanban oder eine Just-in-Sequence-Schleife zwischen dem Lieferanten und dem Kunden haben, sollte die Verantwortung für diese Schleife nur in einer Hand liegen. Zum Beispiel könnte der Kunde eine Transportkanban verwenden, um Artikel bei Ihnen zu bestellen. Wenn Sie eine Transportkanban erhalten, schicken Sie ihn mit den Teilen zurück. Die Schleife wird jedoch vom Kunden verwaltet, Ihre letzte Schleife sollte dort enden, wo die Transportkanban des Kunden beginnt. Bei einem lieferantengesteuerten Bestand (auf Englisch oft *Vendor Managed Inventory* oder *Supplier Managed Inventory*) würde der Lieferant die Schleife verwalten.

11.2.3 Trennen vor dem Aufteilen des Materialflusses

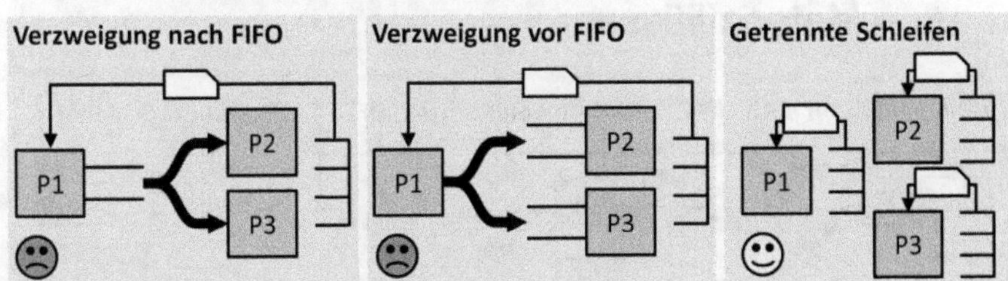

Abbildung 174: Beispiele für die Verzweigung von Materialflüssen
(Bild: Roser)

Ein weiterer möglicher Grund den Materialfluss mit separaten Verbrauchssteuerungsschleifen zu trennen, ist ein sich teilender Materialfluss. Wenn einige Teile in eine Richtung und andere in eine andere Richtung gehen, kann die Verwendung von zwei Schleifen für Sie einfacher sein. Drei mögliche Situationen sind in Abbildung 174 dargestellt, wobei die Verzweigung entweder nach der FIFO oder vor der FIFO sein kann oder insgesamt separate Schleifen verwendet werden können.

Eine solche Verzweigung kann innerhalb der gleichen Verbrauchssteuerungsschleife verwaltet werden. Das gilt insbesondere dann, wenn beide nachfolgenden Richtungen jedes Teil verarbeiten können. Wenn ein Teil, das in Abbildung 174 P1 verlässt, entweder von P2 oder von P3 verarbeitet werden könnte, dann können Sie dieselbe Verbrauchssteuerungsschleife verwenden, obwohl Ihre Reihenfolge danach möglicherweise nicht mehr FIFO ist. In diesem Fall wäre eine Verzweigung nach der FIFO einfacher.

Wenn das Teil jedoch nur einen der nachfolgenden Pfade durchlaufen muss, aber nicht den anderen, dann kann eine einzige Schleife problematisch sein. Nehmen Sie in Abbildung 174 an, dass ein Teil zu P2 und ein anderes Teil zu P3 gehen muss. Sie müssten hierzu möglicherweise die FIFO-Reihenfolge neu anordnen. Selbst bei einer perfekten Reihenfolge von Teiletypen in der FIFO kann es sein, dass ein nachfolgender Prozess aus anderen Gründen warten muss, was den anderen Prozess blockieren würde. Die FIFO-Reihenfolge neu anzuordnen ist möglich, aber ich rate normalerweise davon ab. Hier ist es viel besser getrennte Schleifen zu haben. Die nachfolgenden Verbrauchssteuerungsschleifen holen sich das benötigte Teil einfach aus dem Bestand am Ende der vorhergehenden Schleife (siehe Kapitel 4.6.2 für weitere Details). Insgesamt kann es einfacher sein getrennte Schleifen zu verwenden (siehe auch Kapitel 11.1.5).

11.2.4 Trennen vor dem Zusammenführen von Materialflüssen

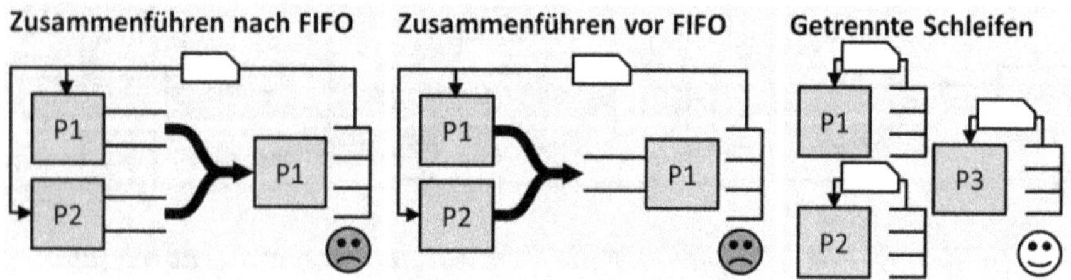

Abbildung 175: Beispiele für das Zusammenführen von Materialflüssen innerhalb einer Verbrauchssteuerungsschleife oder für separate Schleifen (Bild: Roser)

In ähnlicher Weise kann die Verwendung separater Schleifen auch beim Zusammenführen von Materialflüssen hilfreich sein. Diese Situation wird oft mit der Verzweigung von Materialflüssen kombiniert, bei der sich das

Material in parallele Prozesse aufteilt und dann wieder zusammenkommt. Abbildung 175 zeigt Beispiele mit einer oder mehreren Schleifen.

Es gibt hier ein paar Möglichkeiten. **Setzt der nachfolgende Prozess ein Produkt aus Komponenten der beiden (oder von mehreren) vorangegangenen Prozesse zusammen?** Wenn es sich nur um eine große Schleife handelt, ist eine Produktion *Just-in-Sequence* erforderlich, um sicherzustellen, dass bei einem Produktwechsel keine Verwechslungen auftreten. Wenn es separate Verbrauchssteuerungsschleifen gibt, ist eine Produktion *Just-in-Sequence* nicht erforderlich. Stattdessen holt sich der nachfolgende Prozess das benötigte Material aus den Beständen der vorangegangenen Prozesse. Daher können separate Schleifen einfacher sein.

Bearbeitet der nachfolgende Prozess Teile aus den vorangegangenen Prozessen einzeln? In diesem Fall ist die Reihenfolge relevant. Im Beispiel in Abbildung 175 müssen die Reihenfolge der Teile von P1 und die Reihenfolge der Teile von P2 zu einer Reihenfolge der Teile für P3 zusammengeführt werden. Wenn man das den Mitarbeitern von P3 überlässt, können sie möglicherweise Teile aus einem Prozess gegenüber dem anderen bevorzugen. Vielleicht sind einige Teile näher gelegen oder einfacher zu bearbeiten, vielleicht ist es auch Gewohnheit, aber es führt zu einem ungleichmäßigen Teileverbrauch. Wenn Sie eine Regel zur abwechselnden Verwendung von Teilen aus P1 und P2 haben, kann dies auch außer Kontrolle geraten, wenn auf lange Sicht ein vorhergehender Prozess schneller ist als der andere. Es kann am besten sein, immer Teile aus dem vorhergehenden Prozess mit den am meisten fertiggestellten Teilen zu nehmen, aber selbst dann können Sie Probleme bekommen.

Dennoch ist es möglich Teile aus den vorangegangenen Prozessen einzeln zu verarbeiten. Toyota verwendet zum Beispiel zwei zusammenführende FIFOs für den Einbau von Sitzen ins Auto. Immer wenn ein Auto vom Fließband kommt, müssen die passende Sitze am Ende der jeweiligen FIFOs sein. Bei Toyota gibt es einfach zu viele Sitzvarianten, um einen Supermarkt zu rechtfertigen. **Aber in vielen anderen Fällen kann es einfacher sein das System in separate Verbrauchssteuerungsschleifen aufzuteilen.**

11.2.5 Trennen bei sehr unterschiedlichen Zykluszeiten

Ein Trennen in Schleifen ist auch möglich, wenn zwei Prozesse sehr unterschiedliche Zykluszeiten haben. Die Kopplung von Prozessen mit unterschiedlichen Zykluszeiten über eine FIFO führt zu einer großen Wartezeit für den schnelleren Prozess. Würde man den Prozess hingegen entkoppeln, könnte der schnellere Prozess in der Zwischenzeit an anderen Produkten für andere Prozesse arbeiten. Alternativ könnte der schnellere Prozess in weniger Schichten arbeiten. Wenn es also in Ordnung ist, dass der schnellere Prozess viele kurze Leerlaufzeiten hat, dann kann er sich in der gleichen Verbrauchssteuerungsschleife befinden. Das ist bei automatischen Prozessen üblich, sollte aber bei manuellen Prozessen vermieden werden.

11.2.6 Trennen bei verschiedenen Arbeitszeiten

Ähnlich wie bei unterschiedlichen Zykluszeiten ist es möglich den Materialfluss für Prozesse mit unterschiedlichen Schichtmustern oder Arbeitszeiten zu entkoppeln. Wenn z. B. ein Prozess eine Schicht pro Tag arbeitet und der andere Prozess zwei Schichten, dann **kann ein Trennen der Schleifen die Sache einfacher machen**. In jedem Fall muss zwischen den Prozessen genügend Material oder freier Platz vorhanden sein, um beiden ein kontinuierliches Arbeiten zu ermöglichen. Das Material wird unabhängig davon benötigt, ob Sie eine oder zwei Schleifen verwenden.

Der Vorteil von zwei Schleifen ist jedoch die Flexibilität. Wenn in der zweiten Schicht Probleme auftauchen, kann ein Supermarkt auch anderes Material liefern. Eine FIFO hingegen ist auf die FIFO-Reihenfolge festgelegt – es sei denn Sie setzen das FIFO-Prinzip manuell außer Kraft und entnehmen bei Bedarf Teile aus der Mitte der FIFOs. Insgesamt kann eine Trennung der Schleife Ihnen hier mehr Flexibilität geben als eine FIFO.

11.2.7 Trennen vor Variantenbildung

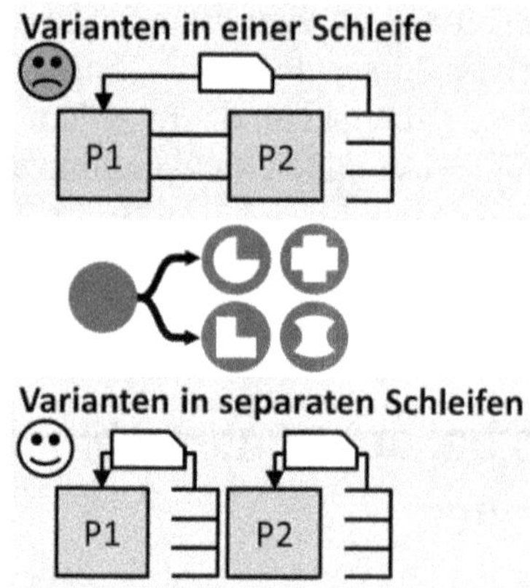

Abbildung 176: Beispiel für die Erzeugung von 4 Varianten am zweiten Prozess aus einem Rohteil am ersten Prozess, entweder in der gleichen Schleife oder in getrennten Schleifen (Bild: Roser)

Ein Trennen der Verbrauchssteuerungsschleifen kann auch dann sinnvoll sein, wenn der nachfolgende Prozess unterschiedliche Varianten des Produkts erzeugt. Das ist in der Industrie häufig der Fall, insbesondere bei einem Wechsel von Lagerteilen in ein auftragsbezogenes Produkt. Im Beispiel in Abbildung 176 stellt der erste Prozess Standardrohlinge her. Der zweite Prozess macht aus diesen Rohlingen verschiedene Varianten.

Bei einer FIFO weiß der Prozess durch die ankommenden Teile, was er produzieren soll. Bei der Differenzierung in Varianten ist jedoch eine zusätzliche Information nötig. Bei einer großen Schleife muss diese Information von Anfang an den generischen Teilen zugeordnet sein. Diese Information muss auch vom Beginn der Verbrauchssteuerungsschleife bis zum eigentlichen Prozess, in dem die Variantenbildung stattfindet, mitgeführt werden. Somit sind alle Teile in der Verbrauchssteuerungsschleife bereits von Anfang an für eine bestimmte Variante vorgesehen, obwohl der erste Prozess diese Information gar nicht benötigt.

Das ist machbar, aber besonders für die Lagerfertigung kann ein Supermarkt hier die einfachere Option sein. **Eine Trennung der Verbrauchssteuerungsschleifen vermeidet den Aufwand der Übermittlung zusätzlicher Informationen entlang der FIFO. Außerdem haben Sie die Flexibilität aus einem generischen Teil im Supermarkt eine beliebige Variante zu produzieren.** Sie müssen ein Teil nicht schon lange im Voraus einer Produktvariante zuordnen. Dies ermöglicht eine spätere Entscheidung, eine kürzere Durchlaufzeit für den Kundenauftrag und damit mehr Flexibilität.

11.2.8 Trennen bei großem Abstand zwischen Prozessen

FIFO funktioniert sehr gut bei Prozessen in unmittelbarer räumlicher Nähe zueinander. Bei größeren Entfernungen erfordert es jedoch mehr Aufwand, die FIFO-Sequenz einzuhalten und zu wissen, was als Nächstes aus der FIFO kommt. **Daher kann es bei größeren Entfernungen besser sein getrennte Schleifen zu verwenden. Bei der Produktion sollte der Supermarkt am Ende der Produktionsschleife liegen**, der Kunde oder der verbrauchende Prozess holt das Material am Supermarkt ab. Das erleichtert das visuelle Management bei den liefernden Prozessen und reduziert die Durchlaufzeit.

Bei größeren Entfernungen kann es sogar sinnvoll sein zwischen zwei Schleifen eine dritte Schleife nur für die Logistik einzufügen. Bei Kanban wäre das eine weitere Transportkanban anstelle einer Produktionskanban. Diese Beispiele sind in Abbildung 177 visualisiert. Bei der

Auftragsfertigung ist das weniger üblich, die kundenspezifischen Teile werden einfach an den Bestimmungsort versandt.

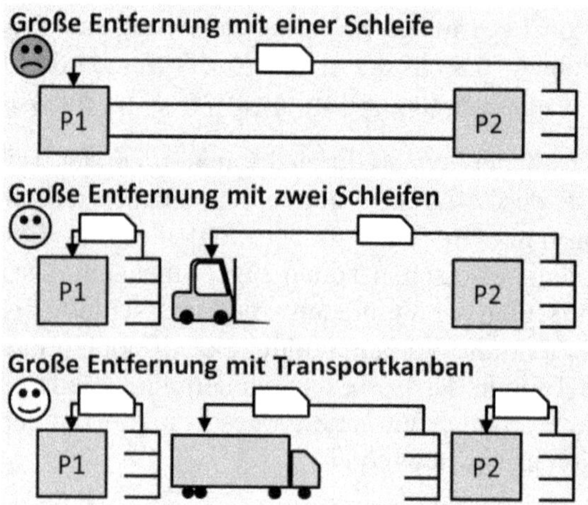

Abbildung 177: Beispiel für eine einzelne Schleife über eine lange Strecke, die in zwei oder sogar drei Schleifen mit einer Transportkanban dazwischen getrennt werden kann. (Bild: Roser)

Bei sehr großen Entfernungen kann es sogar möglich sein **eine Sequenz von Verbrauchssteuerungsschleifen der Logistik zu haben**. Sie könnten eine Transportkanban vom Lieferanten in China zum Zentrallager in den USA verwenden. Sie nutzen eine zweite Transportkanban vom Zentrallager zum Warenlager im Werk. Die dritte Transportkanban geht vom Warenlager zu dem kleinen Supermarkt, der letztendlich die Produktionslinie versorgt.

Zugegeben, man kann eine FIFO auch über größere Entfernungen machen, aber nach meiner Erfahrung verkompliziert das oft die Sache. Je größer die Entfernung ist, desto komplizierter wird eine lange FIFO. Wenn Sie Teile von einem Ende des Werks zum anderen transportieren, ist FIFO vielleicht noch machbar. Wenn Sie jedoch Teile aus China in die USA importieren, empfehle ich dringend, keine FIFO zu verwenden.

Neben dem Aufwand, der für FIFO über längere Strecken nötig ist, ist auch die für den Transport benötigte Zeit ein wichtiger Faktor. Mit getrennten Schleifen bleiben Sie flexibler als mit einer FIFO. Zudem können Sie in den folgenden Prozessen leicht von einem Produkt zum nächsten wechseln.

11.2.9 Trennen, um Platz zu sparen

Ein weiterer möglicher Grund eine Schleife zu trennen, ist die Platzersparnis. Daes ist in der Fertigung üblich, insbesondere bei Montageprozessen mit viel Material. Fertigungsprozesse können effizienter arbeiten, wenn sie dicht beieinander liegen. Dadurch gibt es oft nur wenig Platz zwischen und um die Prozesse herum. Besonders bei Montageprozessen werden viele verschiedene Teile benötigt. Um den wertvollen Platz um die Fertigungsprozesse herum zu sparen, können Sie eine separate Verbrauchssteuerungsschleife zwischen einem Zentrallager – in dem der Platz weniger wertvoll ist als in der Fertigung – und den Fertigungsprozessen einrichten. Oft wird eine Transportkanban über einen Milk-Run eingerichtet, um die Materialmenge und damit den Platzbedarf um die Montageprozesse zu reduzieren.

11.2.10 Trennen für Flexibilität

Je größer die Spannweite einer Schleife ist, desto weniger Schleifen müssen Sie verwalten. Eine große Spannweite erhöht jedoch auch die Durchlaufzeit. Es dauert länger vom Zeitpunkt des Signals zum Nachfüllen bis zur Rückkehr des fertigen Produkts.

Wenn Sie also ein System benötigen, das schnell reagiert, kann es besser sein die Schleifen nicht zu groß zu machen. Vor allem bei der Lagerfertigung, die in eine Auftragsfertigung einfließt, können kleinere Schleifen schneller auf eine sich ändernde Kundennachfrage reagieren. Das kann besonders wichtig sein, wenn Sie viele Exotenprodukte haben, die Sie nicht auf Lager halten, sondern nur nach Bedarf produzieren und ist vor allem für die letzte Schleife relevant.

11.2.11 Trennen bei unterschiedlichen Zuständigkeitsbereichen

Der letzte Grund eine Schleife in zwei Teile zu trennen, anstatt sie mit einer FIFO zu verbinden, ist ein Wechsel der Zuständigkeiten. Wenn der Materialfluss eine Abteilung verlässt und in eine andere Abteilung eintritt, kann das Trennen von Schleifen die Dinge einfacher machen.

Rein logisch aus Sicht des Material- und Informationsflusses wäre das nicht notwendig. Wenn jedoch Menschen beteiligt sind, ist nicht immer alles logisch. Eine Trennung der Verbrauchssteuerungsschleifen hilft die Verantwortlichkeiten besser zu trennen. Das hat nichts mit harten Fakten zu tun, wohl aber mit Themen wie *„mein Bereich"* und *„deine Schuld"*.

Wenn es FIFO über Abteilungsgrenzen hinweg gibt, besteht die Gefahr, dass die erste Abteilung Material einfach „über die Wand wirft" und die zweite Abteilung ebenso nachlässig Informationen zurückwirft. Beides wird dem Gesamtablauf Ihres Systems nicht helfen. Beide Seiten geben sich möglicherweise gegenseitig die Schuld an Problemen und werden erhebliche Zeit, Energie und Ressourcen aufwenden, um zu zeigen, dass die andere Seite schuld ist.

Eine Trennung der Schleifen kann diese Systeme stärker voneinander abkoppeln und klare Verantwortlichkeiten zuweisen. Noch einmal: Aus rein logischer Sicht mag das nicht notwendig sein, aber ich habe viele Werke gesehen, in denen solche Schuldzuweisungen ein fester Teil der Firmenkultur waren. Beurteilen Sie selbst, ob dieser Faktor bei Ihnen relevant sein könnte.

11.3 Auswirkung auf den Lagerbestand

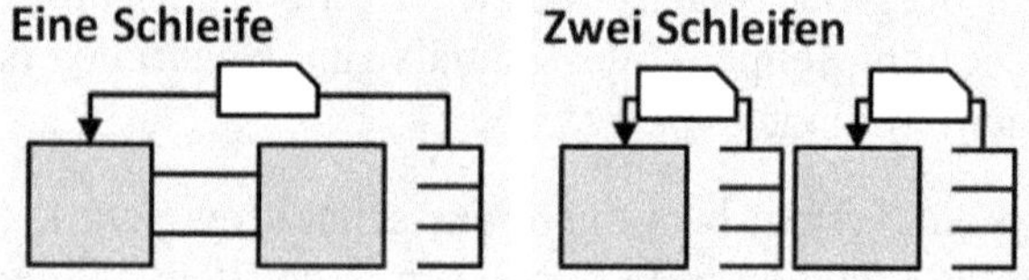

Abbildung 178: Zwei Prozesse, die entweder mit einer großen Schleife oder zwei kleineren Schleifen gesteuert werden (Bild: Roser)

Mein Masterstudent Denis Wiesse hat eine detaillierte vergleichende Analyse von Supermärkten und FIFO und der Auswirkung auf den Bestand und die Liefererfüllung durchgeführt[95]. Wir haben ein einfaches Kanbansystem mit zwei Prozessen[96]verglichen, bei denen entweder eine Kanbanschleife mit einer FIFO oder zwei Kanbanschleifen mit einem Supermarkt zwischen den beiden Prozessen verwendet werden (siehe Abbildung 178). Wir

---

[95] Denis Wiesse, *Analyse des Umlaufbestandes von Verbrauchssteuerungen in Abhängigkeit von der Nutzung von Supermärkten und FiFo-Strecken* Master Thesis, Karlsruhe, Germany, Karlsruhe University of Applied Sciences, 2015.

[96] Denis Wiesse und Christoph Roser, *Supermarkets vs. FIFO Lanes – A Comparison of Work-in-Process Inventories and Delivery Performance*, in *Proceedings of the International Conference on the Advances in Production Management System* International Conference on the Advances in Production Management System, Iguassu Falls, Brazil, 2016.

wollten herausfinden, welches System weniger Kanban und damit weniger Bestand für die gleiche Liefererfüllung benötigt.

Das System wurde für viele verschiedene Zykluszeiten und Auslastungen getestet. Wir haben das System auch für unterschiedliche Anzahlen von Kanbans und FIFO-Kapazitäten verglichen. Wir haben sogar verschiedene Zufallsverteilungen verwendet, um zu sehen, ob sich hier auch ein Effekt zeigt. Aus den Daten, die wir in Tausenden von Simulationen gesammelt haben, haben wir immer nach der besten Kombination aus Bestand und Liefererfüllung gesucht. Abbildung 179 zeigt Ihnen die bestmöglichen Kompromisse zwischen Bestand und Liefererfüllung für dieses Beispiel, sowohl für ein System mit einer Schleife als auch für zwei Schleifen.

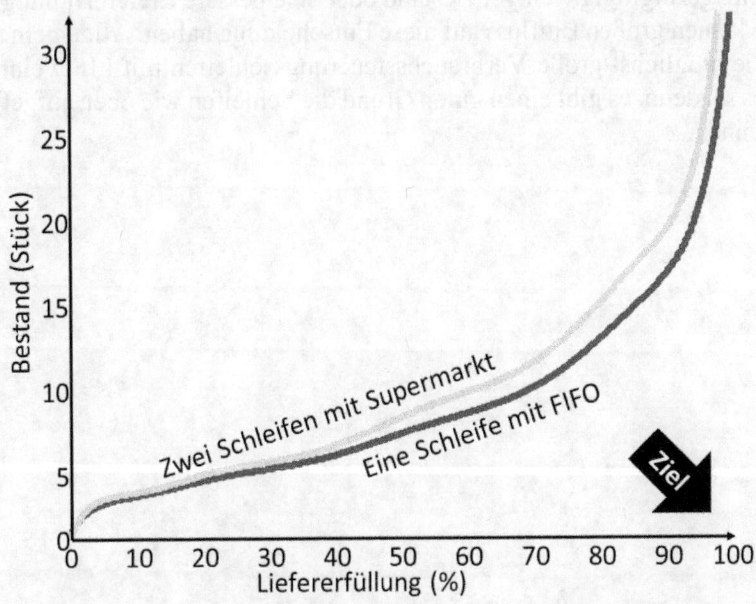

Abbildung 179: Vergleich des minimalen Bestands und der Liefererfüllung für eine Schleife und zwei Schleifen (Bild: Roser, basierend auf Daten von Wiesse)

Diese beiden Linien liegen dicht beieinander. Wiesse berechnete auch Konfidenzintervalle und führte statistische Hypothesentests durch. Er wies nach, dass dieser Unterschied nicht nur eine zufällige Fluktuation ist. Der Unterschied ist statistisch signifikant für Liefererfüllungen über 50% – und das ist der normale Bereich für die meisten Fabriken.

Unabhängig davon, welches System wir simuliert haben, waren die Ergebnisse sehr ähnlich. In allen Fällen benötigte eine Schleife etwas weniger Bestand als zwei Schleifen für die gleiche Liefererfüllung. Oder andersherum, bei gleicher Anzahl von Kanbans war die Liefererfüllung in

Systemen mit einer Schleife immer etwas besser. Unsere Schlussfolgerung ist also, dass **eine einzelne größere Schleife für die gleiche Liefererfüllung weniger Bestand benötigt als mehrere kleinere Schleifen**, wenn alle anderen Dinge gleich sind. Allerdings ist dieser Unterschied für geringere Liefererfüllungen unbedeutend. Bei höheren Liefererfüllungen kann der Bestandsunterschied relevanter sein.

In einer einzigen größeren Schleife häuft sich der Bestand im Supermarkt, was zu einem unausgewogenen und unausgeglichenen Bestand führt. Der wichtigste Punkt ist immer noch der Vergleich des Aufwands für die Einrichtung und Pflege von zwei Verbrauchssteuerungsschleifen mit dem Vorteil der Aufteilung in zwei Schleifen. Der Vorteil, dass eine einzelne Schleife geringfügig weniger Bestand oder eine bessere Liefererfüllung hat, sollte keinen großen Einfluss auf diese Entscheidung haben. Allgemein sollten Sie möglichst große Verbrauchssteuerungsschleifen mit FIFO einrichten, es sei denn, es gibt einen guten Grund die Schleifen wie oben aufgeführt zu trennen.

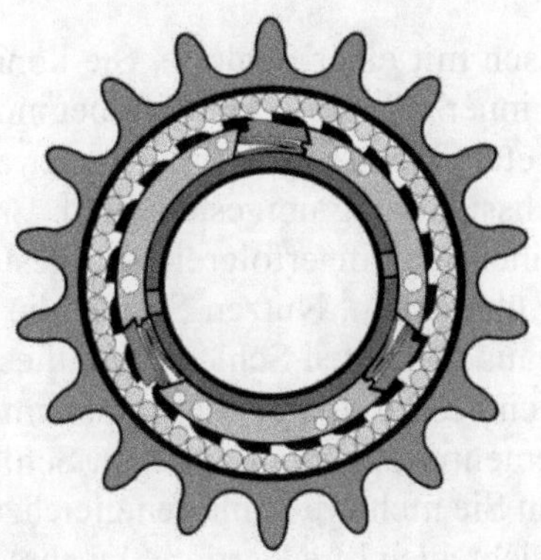

Kapitel 12
Implementieren von Verbrauchssteuerungen

Es ist viel einfacher eine Verbrauchssteuerung auf dem Papier zu entwerfen, als diese tatsächlich in der Fertigung zu implementieren. In diesem Kapitel gehe ich auf die Schritte ein, die für die Implementierung von Verbrauchssteuerungen erforderlich sind. Der größte Teil der folgenden Erklärung wird für allgemeine Verbrauchssteuerungen gelten. Bitte beachten Sie jedoch, dass vieles auch von der Art der Verbrauchssteuerung abhängt. Wenn ich z. B. über das Hinzufügen von Karten spreche, dann gilt das nicht für Bestellpunktsysteme, die keine Karten haben. Wenn Ihnen einer der folgenden Vorschläge seltsam vorkommt, benutzen Sie Ihren gesunden Menschenverstand und passen Sie ihn an.

12.1 Das große Ganze—wo soll man anfangen?

Es ist wahrscheinlich, dass Sie für mehr als einen Wertstrom verantwortlich sind. Selbst wenn es nur ein Wertstrom ist, kann dieser länger sein als das, was Sie mit einer Verbrauchssteuerungsschleife abdecken wollen. Wie wir im vorherigen Kapitel besprochen haben, können Sie Ihr System in mehrere

Verbrauchssteuerungsschleifen aufteilen. **Versuchen Sie nicht alle Verbrauchssteuerungsschleifen auf einmal zu implementieren**, denn das birgt ein hohes Risiko für Probleme.

Beginnen Sie stattdessen mit einer Schleife. Sie könnten sogar mit einem einzelnen Produkttyp innerhalb einer Schleife beginnen. Der Nutzen wird jedoch erst dann eintreten, wenn die Mehrheit oder alle Teiletypen in der Schleife auf Verbrauchssteuerung umgestellt sind. Erst wenn Sie alle Produkttypen innerhalb einer Schleife erfolgreich umgestellt haben, sollten Sie zur nächsten Schleife übergehen. Nutzen Sie für die zweite Implementierung die Erfahrungen aus der ersten Schleife, um diese noch besser zu machen. Bei der Schlanken Produktion geht es meist um viele kleine Schritte, unter denen die Implementierung einer einzigen Schleife bereits eine Herausforderung ist. Wenn Sie mehrere Schleifen gleichzeitig implementieren, werden Sie (und vielleicht auch Ihre Karriere?) wahrscheinlich ins Stolpern kommen. **Implementieren Sie daher immer nur eine Schleife auf einmal!**

Die Fragen sind jetzt: Wo sollen Sie anfangen? Welche Schleife sollte zuerst implementiert werden? Hierzu gibt es verschiedene Denkansätze. Sie können **mit der am einfachsten zu implementierenden Verbrauchssteuerungsschleife beginnen**. Mit einer einfachen Schleife sind die Erfolgschancen viel größer. Das gibt Ihnen und Ihren Mitarbeitern eine wertvolle Lernerfahrung und Ihren Mitarbeitern außerdem die Zuversicht, dass dieser neue Lean-Trend des oberen Managements zur Abwechslung tatsächlich einmal funktionieren könnte! Gerade zu Trainingszwecken erstelle ich gerne ein Kanbansystem für die Kaffee-Ecke oder das Büromaterial. Mit Dreiecks- oder Zwei-Behälter-Kanban können Sie Ihre Mitarbeiter in einer risikofreien Umgebung mit Kanban vertraut machen. Die Kaffeeecke ist dabei eher für Anfänger geeignet, und wenn Sie auch Ihren Chef beeindrucken wollen, sollten Sie eine einfache Verbrauchssteuerungsschleife im relevanten Wertstrom wählen. **Fließfertigungen sind einfacher als Werkstattfertigungen. Wenige Varianten sind einfacher als eine große Anzahl von Varianten. Stabile Systeme sind einfacher als chaotische Systeme. Schleifen über eine kürzere Distanz sind einfacher als Schleifen über eine lange Distanz. Schließlich sind Bestellpunktsysteme einfacher als andere.**

Ein zweiter Ansatz wäre, **die Verbrauchssteuerungsschleife mit dem größten Nutzen zuerst zu implementieren**. Welche Verbrauchssteuerungsschleife würde Ihrer Firma den größten Nutzen bringen? Wo generieren Sie den größten Wert? Wo fehlt am häufigsten Material? Implementieren Sie die Verbrauchssteuerungsschleife dort, um die Materialverfügbarkeit zu verbessern. Wo herrscht das größte Steuerungs-Chaos? Implementieren Sie die Verbrauchssteuerungsschleife in dem chaotischsten Segment, um die Effizienz zu verbessern. Das ist für Ihre Fertigung am vorteilhaftesten, kann aber auch eine größere Herausforderung darstellen.

Schließlich gibt es den Ansatz **die Verbrauchssteuerungsschleife mit der größten Management-Aufmerksamkeit zuerst zu implementieren**. Das ist oft die Endmontage. Der Scheinwerfer des Managements strahlt in der Regel mehr auf eine Linie als auf andere, oft ist das die hochwertige Endmontage. Diese Fertigung zu verbessern wird wahrscheinlich die Aufmerksamkeit des Managements auf sich ziehen und kann für Ihre Karriere hilfreich sein – wenn die Verbrauchssteuerung funktioniert. Ich will damit nicht sagen, dass dies das wichtigste Kriterium ist, aber es kann ein kluger Karriereschritt sein. Meine Erfahrung ist, dass Endmontagen in der Regel zu den ersten gehören, die auf Verbrauchssteuerung umgestellt werden. Auch bei anderen Arten von Verbesserungsprojekten sind Endmontagen oft ganz vorne mit dabei.

Fassen wir kurz zusammen: Sie sollten eine Verbrauchssteuerung implementieren, **die einfach ist, große Vorteile hat und die Aufmerksamkeit des Managements auf sich zieht**. Vielleicht haben Sie eine mögliche Schleife, die alle Kriterien erfüllt. Es ist jedoch wahrscheinlicher, dass Sie keine Schleife haben, die alle drei Kriterien erfüllt. Machen Sie Kompromisse und wählen Sie eine Schleife aus, die Ihren Anforderungen am besten entspricht. Allerdings würde ich zumindest am Anfang definitiv die Finger von den schwierig zu implementierenden Verbrauchssteuerungsschleifen lassen. Wenn Sie mit Ihrer ersten Verbrauchssteuerungsschleife scheitern, werden sowohl die Mitarbeiter als auch Ihre Führungskräfte unzufrieden sein, und alle nachfolgenden Änderungen werden schwieriger.

12.2 Vorbereitung

Bevor Sie Ihre Verbrauchssteuerung implementieren, sollten Sie festlegen, welche Art von Verbrauchssteuerung Sie wollen. Dies war der Schwerpunkt der vorherigen Kapitel in diesem Buch. Entscheiden Sie, welche Art von Verbrauchssteuerungen Sie haben wollen und wo die Verbrauchssteuerungsschleifen beginnen und enden sollen. Das könnte ein Wertstromdesign des neuen Systems sein, oder ein Update des Material- und Informationsflusses für ein bestehendes System.

Führen Sie die erforderlichen Berechnungen oder Schätzungen durch. Für Kanban wäre es die Anzahl der Kanbans, ähnlich für CONWIP, POLCA und Drum-Buffer-Rope. Bei Meldebeständen wären es der Bestellpunkt und die Bestandsgrenze.

Wenn Sie Kanban oder andere Karten verwenden, definieren Sie, wie diese Karten aussehen sollen. Sind sie aus Papier? Sind sie digital? Welche Informationen kommen auf die Karten und wohin? In welcher Art von Hülle wird die Papierkarte aufbewahrt? Welche Art von Behälter nutzen Sie, wenn die Kanban auf einen Behälter angebracht wird? Wenn es ein digitales System ist, prüfen Sie, was das System bereits kann und wo Sie einen Programmierer benötigen.

Der gesamte Prozess sollte **mit Zustimmung und Unterstützung der Mitarbeiter erfolgen, die die Verbrauchssteuerung später tatsächlich nutzen**. Je mehr Sie die Mitarbeiter in der Fertigung oder Logistik von Anfang an einbeziehen, desto mehr können diese ihr Wissen und ihre Erfahrungen in das System einbringen. Das bedeutet auch, dass sie das neue System mit größerer Wahrscheinlichkeit akzeptieren werden. Und es bedeutet, dass das System mit größerer Wahrscheinlichkeit überhaupt funktionieren wird. Wenn die Belegschaft eine neue Idee ablehnt, wird es sehr schwierig sein sie gegen deren Widerstand umzusetzen.

Die folgende Anleitung geht davon aus, dass Sie bereits ein Produktionssystem haben, da das für die Mehrheit der Implementierung von Verbrauchssteuerungen der Fall zu sein scheint. Wenn Sie sich jedoch in einer „Greenfield-Situation" befinden und es noch kein Produktionssystem gibt, werden viele der folgenden Aufgaben schwieriger, müssen aber trotzdem erledigt werden.

12.3 Zeitplanung

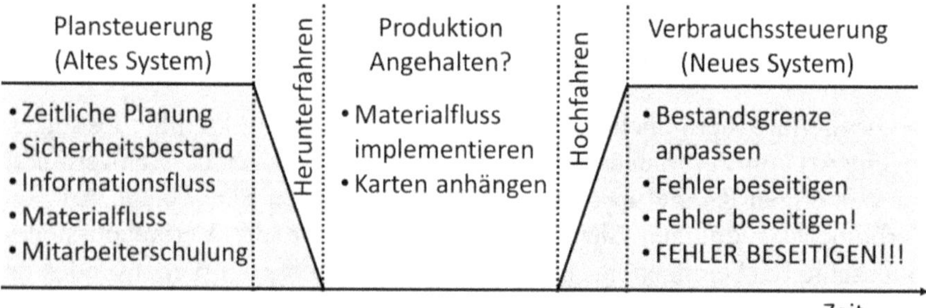

Abbildung 180: Mögliche Reihenfolge für die Implementierung einer Verbrauchssteuerung. Minimieren Sie den Produktionsstopp während der Implementierung. (Bild: Roser)

Sie sollten über den Zeitplan nachdenken. Es gibt einige Aufgaben, die Sie vorab erledigen können, während das alte System noch läuft. Einige andere Aufgaben können erst erledigt werden, nachdem das neue System wieder gestartet ist. Und schließlich können einige Aufgaben nur erledigt werden, wenn das System angehalten wird. Sie wollen den Stillstand Ihres Produktionssystems so gering wie möglich halten. Ähnlich wie beim Umrüsten sollten Sie versuchen, so viel wie möglich vorher und nachher zu erledigen und den eigentlichen Stopp auf ein Minimum zu beschränken. Dies ist in Abbildung 180 schematisch dargestellt.

Ein guter Ansatz ist es, den Produktionsstopp zur Implementierung der Verbrauchssteuerung für einen Zeitraum zu planen, in dem das System entweder wenig ausgelastet ist oder ohnehin komplett ruht, beispielsweise am Wochenende oder in einer Nachtschicht. Wenn Sie mehr Geduld haben, könnten Sie den Stopp auch für eine saisonale Periode mit geringer Nachfrage einplanen, in der Sie ohnehin nicht viel Material benötigen. Wenn Sie z. B. Eiscreme herstellen, sollten Sie nicht während der heißesten Tage im Sommer am System herumbasteln! Je nach Ihrer Beziehung zum Kunden können Sie den Kunden auch über die vorübergehende Unterbrechung der Produktion informieren.

12.4 Sicherheitsbestände und Kapazität für die Umstellung

Je nach Umfang Ihrer Änderungen kann die Implementierung Ihrer Verbrauchssteuerung die Produktion vorübergehend unterbrechen. Zum Beispiel müssen Sie wahrscheinlich die Produktion anhalten, um die Karten am Bestand zu befestigen. Wenn etwas schief geht, benötigen Sie möglicherweise mehr Zeit als erwartet. Versuchen Sie die negativen Auswirkungen des Stillstands abzumildern und den Kunden weiterhin mit den bestellten Artikeln zu beliefern.

Bei der Lagerfertigung besteht die gängigste Methode zur Abdeckung einer bevorstehenden Störung darin, vor der Implementierung **einen Pufferbestand aufzubauen**, um Fehlbestände zu vermeiden. Der zusätzliche Pufferbestand sollte die erwartete Ausfallzeit der Anlage mit einer gewissen Sicherheit abdecken. Dieser Pufferbestand sollte zusätzlich zu Ihrem normalen Bestand angelegt werden, da Ihnen sonst, wenn das System wieder in Betrieb genommen wird, die Teile ausgehen. Möglicherweise müssen Sie die Artikel an anderer Stelle lagern, um für die Installation eines Supermarkts oder einer FIFO Platz zu schaffen.

Etwas schwieriger ist es bei Auftragsfertigungen, da diese nicht im Voraus bevorratet werden können. Manchmal kann es möglich sein **zusätzliche Kapazität für ähnliche Prozesse oder andere parallele Linien zur Verfügung zu stellen**, um damit um den stillgelegten Teil des Systems herum zu produzieren. Im schlimmsten Fall kann es zu einer Verzögerung der Lieferungen kommen. Versuchen Sie die Stillstände kurz zu halten.

12.5 Informationsfluss

Sehen wir uns den Informationsfluss in der Verbrauchssteuerungsschleife genauer an. Der Informationsfluss aller Verbrauchssteuerungen ist ein Signal für die Wiederbeschaffung, egal ob es sich dabei um den Fluss physischer oder digitaler Karten handelt oder die digitale Seite eines Bestellpunktsystems. Je nach gewählter Verbrauchssteuerung kann der Informationsfluss sehr unterschiedlich aussehen.

12.5.1 Die Karten

Wenn Sie eine Art von Karten haben, wie Kanban- oder CONWIP-Karten, bereiten Sie diese vorher vor. Drucken Sie die benötigten Karten aus und stecken Sie sie in ihre Hüllen oder bereiten Sie sie für die Befestigung an den Boxen vor.

Expertentipp: Drucken Sie ein paar Karten mehr aus und legen Sie sie beiseite. Wenn Sie aus irgendeinem Grund zu wenige Karten für Ihr System veranschlagt haben, können Sie einfach ein paar mehr Karten aus der Schublade ziehen und in Umlauf bringen. Sie benötigen eventuell auch für den Hochlauf zusätzliche Karten, wenn Sie mehr Material als Karten haben, wie in Kapitel 12.9.2 gezeigt.

12.5.2 Das digitale System

Wenn Sie ein digitales System verwenden, dann muss auch dieses vorbereitet werden. In den meisten Fällen wird das bestehende ERP-System um die benötigten Werkzeuge für die Verbrauchssteuerung erweitert. Die meisten ERP-Systeme können digitale Kanban und Bestellpunktsysteme erstellen, und manche können auch CONWIP. POLCA und Drum-Buffer-Rope sind weniger verbreitet.

Viele dieser digitalen Verbrauchssteuerungen haben trotzdem eine gedruckte Karte oder einen Fertigungsauftrag. Der Informationsfluss aus dem ERP-System auf das Papier sollte funktionieren. Haben Sie Drucker? Brauchen Sie mehr Drucker? Das Gleiche gilt für den Informationsfluss vom Papier zurück ins ERP-System. Oft geht es dabei um Barcodes, 2D-Codes oder RFID-Chips. Verfügen Sie über die notwendigen Scanner? Arbeiten diese nahtlos mit Ihrem System zusammen?

Wenn Sie Glück haben, ist eine Lösung von der Stange verfügbar oder bereits Teil Ihres Softwarepakets. Wenn Sie weniger Glück haben, müssen Sie Ihre Programmierer einbeziehen. Planen Sie in jedem Fall ausreichend Zeit für digitale Änderungen ein. **Das muss gründlich getestet werden!** Die Bücher sind voll von Unternehmen, die eine Änderung ihres ERP-Systems verpatzt und jede Menge Geld verloren haben oder sogar in Konkurs gingen.

12.5.3 Informationsfluss flussaufwärts

Bereiten Sie den Informationsfluss flussaufwärts zum Anfang der Schleife vor. Dieser führt vom Fertigwarenlager oder Supermarkt zurück zum ersten Prozess, wie in Abbildung 181 dargestellt. Im einfachsten Fall ist es schlicht eine Karte, die physisch zurück zum Anfang getragen wird und die nächste Produktion startet. Es kann aber auch eine Box oder ein anderer Behälter sein – oder ein digitaler Informationsfluss.

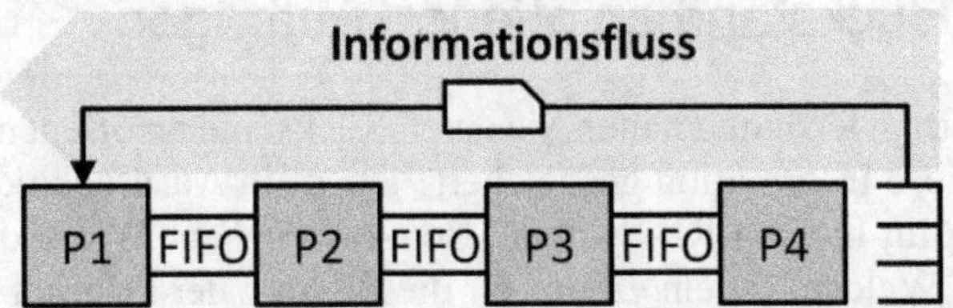

Abbildung 181: Der Informationsfluss in einer Verbrauchssteuerung ist der Fluss der Karten. (Bild: Roser)

Wenn Teile aus dem Fertigwarenbestand entnommen werden, muss die Karte zurück zum Anfang der Schleife gehen. Gehen Sie den Weg, den die Karten zurück zur Quelle gehen würden. Fügen Sie noch keine Karten hinzu; das werden wir später tun. Stellen Sie sich die folgenden Fragen:

Wer würde die Karte vom dem Produkt entfernen und wann? Wo würden die Karten aufbewahrt werden, bis sie abgeholt und zurückgebracht werden? Bei Kanban wäre das der Kanbanbriefkasten. Gibt es einen Scan oder anderen digitalen Prozess? Wer würde dies tun? Welche Art von Hardware und Software wird benötigt? Wenn sie bereits vorhanden ist, funktioniert diese? Wer würde die Karten zurückbringen? Wie oft würde das geschehen? Wo würden die Karten abgegeben werden? Ist es für den ersten Prozess klar, welche Karte zuerst verwendet werden soll? Der letzte Punkt ist besonders wichtig, wenn Sie Verbrauchssteuerungen mit mehr als einer Warteschlange vor dem Prozess haben.

Laufen Sie diesen Informationsfluss ein paar Mal vor Ort ab und betrachten Sie ihn im Detail. Beziehen Sie die Mitarbeiter in der Fertigung mit ein. Wenn es sich um größere Entfernungen handelt, wie z. B. bei

Transporten zwischen Werken oder Kontinenten, besuchen Sie nach Möglichkeit beide Endpunkte. Machen Sie es so visuell und „idiotensicher"[97] wie möglich.

12.5.4 Sequenzierung

Bei der Lagerfertigung, insbesondere bei Kanbansystemen, können die ankommenden Karten sequenziert werden. Sie können Losgrößen erstellen oder für das Rüsten optimieren oder andere Gründe für die Sequenzierung haben. Wer macht das? Wo? Und wie? Wie lauten die Regeln und Standards? Können Sie es visuell darstellen? Brauchen Sie ein Karten-Sortierbrett, wie in Abbildung 73 gezeigt? Benötigen Sie andere Hardware oder Software? **Beziehen Sie die Mitarbeiter in die Entwicklung des Sequenzierungsstandards ein.**

12.5.5 Rückstand an offenen Aufträgen

Bei der Auftragsfertigung haben Sie einen Rückstand an offenen Aufträgen. Wie wird diese Information gespeichert? Ist es ein Ausdruck oder ein digitaler Eintrag in Ihrem ERP-System? Bei Ausdrucken: Wie ordnen Sie die Papiere an? Welche Regeln gibt es für die Bildung der Priorität der offenen Aufträge? Wer trifft diese Entscheidungen und erstellt die Sequenz? Wie oft? Wie viel muss im Detail sequenziert werden, bis die Sequenz das nächste Mal aktualisiert wird? Woher wissen Sie, ob das Material verfügbar ist oder rechtzeitig eintrifft? Was machen Sie mit Aufträgen, bei denen Material fehlt?

12.5.6 Einstiegspunkt

Ein Rückstand an offenen Aufträgen hat in der Regel einen Einstiegspunkt. Wer bearbeitet die eintreffenden Karten oder Informationen und gibt einen Auftrag in die Warteschlange für die Produktion frei? Wann? Wie werden die Informationen aus der Verbrauchssteuerung und die Details des Auftrags zusammengeführt? Legen Sie alles in eine Plastikhülle? Haben Sie genügend Mappen? Auch hier gilt: Machen Sie es visuell und leicht verständlich. **Beziehen Sie die Mitarbeiter in die Entwicklung der Rückstand-Regeln mit ein.**

---

[97] Oder, um politisch korrekt zu sein, „Fehlersicher". Man möchte ja niemanden als Idiot bezeichnen!

12.5.7 Produktionswarteschlange

Sowohl bei der Lagerfertigung als auch bei der Auftragsfertigung gibt es eine Warteschlange mit Aufträgen, die auf die Produktion wartet. Wie organisieren Sie die Produktionswarteschlange? In ihrer einfachsten Form könnte es eine FIFO sein. Der Auftrag, der am längsten auf die Produktion wartet (der erste in der Schlange), sollte zuerst bearbeitet werden. Wie sieht das in der Realität aus? Wie ordnen Sie die Informationen an? Ist leicht zu erkennen, welcher Auftrag als erster in der Schlange steht?

Wenn Sie ein komplexeres Priorisierungssystem mit zwei Warteschlangen für die Produktion im Sinn haben: Wie sind diese organisiert? Wer macht das? Ist es für die Mitarbeiter klar, welcher der beiden Aufträge an der Spitze der beiden Warteschlangen zuerst kommen muss? Was ist der Standard für die Priorisierung? Oft haben die Aufträge der Auftragsfertigung eine eigene Warteschlange und werden gegenüber den Lagerfertigungsaufträgen in der anderen Produktionswarteschlange priorisiert. Auch hier sollten Sie das **visuelle Management so weit wie möglich nutzen** und **die Mitarbeiter einbeziehen**.

12.5.8 Informationsfluss flussabwärts

Gehen Sie nun den Weg vom Beginn der Produktion oder des Transports zurück zum Supermarkt oder Fertigbestand. Das ist in erster Linie der Materialfluss, aber jeder Materialfluss ist auch ein Informationsfluss, wie in Abbildung 182 dargestellt.

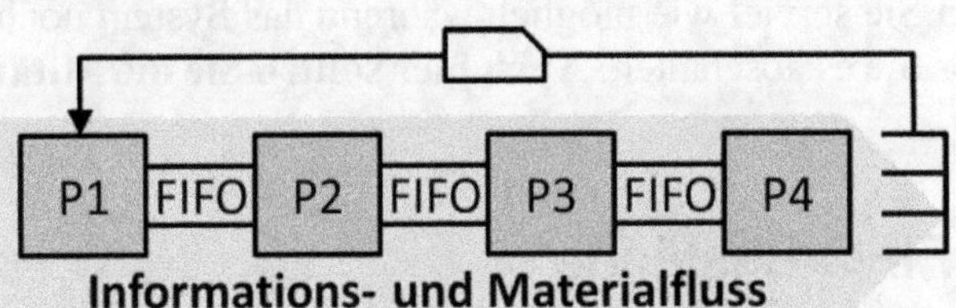

Abbildung 182: Der Material- und Informationsfluss in einer Verbrauchssteuerung ist der Fluss der Karten zusammen mit dem Material. (Bild: Roser)

Wie verbleiben die Informationen beim Material? Befestigen Sie die Karte oder die Information am Teil selbst oder am Werkstückträger? Liegt sie in Papierform oder in digitaler Form vor? Wenn es sich bei den Informationen um eine Box oder einen Behälter handelt, wie wird dieser flussabwärts transportiert?

Auch hier fügen wir noch keine Karten hinzu, sondern sehen lediglich, wie sich die Karte entlang der Linie bewegen würde. Die Karte soll dabei immer am Teil bleiben. Ist das möglich? Wenn das Teil z. B. durch einen Glühofen mit 900°C geht, wird die Papierkarte das nicht überstehen. Dasselbe gilt für Beschichtungsprozesse, wenn die Karte am Teil befestigt ist.

Wer bringt wann und wo die Karte am Teil an? Müssen Sie die Karte für einige Prozesse vom Teil entfernen? Wenn Sie die Karte während der Bearbeitung entfernen müssen, wo wird sie dann angebracht? Von wem? Wer legt sie zurück und wann? Wie gehen Sie mit Nacharbeit und Ausschuss um?

Sie sehen, es gibt eine Menge kleiner Details, um die man sich kümmern muss. Ich empfehle dringend, **dies zusammen mit den Mitarbeitern zu tun**, sowohl für die Informationsfluss als auch den Materialfluss. Wenn es sich um längere Strecken handelt, wie z. B. bei Transporten zwischen Werken oder Kontinenten, besuchen Sie nach Möglichkeit beide Endpunkte. Machen Sie es so visuell und narrensicher wie nur möglich.

12.6 Materialfluss

Ähnlich wie der Informationsfluss muss auch der Materialfluss vorbereitet werden. Wenn Sie bereits produzieren, dann haben Sie schon einen Materialfluss. Dieser muss eventuell optimiert werden. Einige der Anpassungen können bei laufendem System vorgenommen werden. Für andere müssen Sie aber eventuell das System abschalten, z. B., um eine FIFO zu installieren. Machen Sie so viel wie möglich während das System noch normal arbeitet, bevor Sie es abschalten. **Auch hier sollten Sie die Mitarbeiter einbeziehen.**

12.6.1 FIFO-Bestände

Abhängig von Ihrem Plan können Sie einige normale Bestände zwischen den Prozessen in FIFO-Bestände umwandeln. Manchmal gibt es vielleicht schon eine FIFO, manchmal aber auch nicht. Schauen Sie sich die Orte an, an denen Sie sie einführen wollen. Was ist notwendig, um die FIFO zu implementieren? Wie können Sie sie narrensicher machen, so dass sie wirklich eine FIFO-Reihenfolge beibehält? Brauchen Sie Rollenbahnen? Wie begrenzen Sie den Platz, damit die Mitarbeiter die FIFO nicht überfüllen? Gibt es eine digitale Überwachung der FIFO-Menge?

12.6.2 Der Supermarkt

Wenn Sie auf Lager produzieren, benötigen Sie möglicherweise Supermärkte. Der Supermarkt muss in Abhängigkeit von der Art und Menge der gelagerten Behälter eingerichtet werden. Idealerweise sollte der Supermarkt in der Lage sein, alle Produkte für alle im Umlauf befindlichen Kanbans aufzunehmen. Wenn Sie wirklich wenig Platz haben, können Sie für einige Rennerprodukte vielleicht mit weniger Platz auskommen. In diesem Fall brauchen Sie jedoch einen Plan, wohin Sie das Material bringen, wenn der Supermarkt tatsächlich voll ist (siehe Kapitel 5.7.3 für Details).

Wenn die Behältergröße es zulässt, sollten Sie Rollbahnen in Betracht ziehen, wie in Kapitel 5.3.2.3 beschrieben. Sie geben das Material auf einer Seite ein, dann rollt oder gleitet es nach unten zum anderen Ende. Auf diese Weise ist FIFO für einen Supermarkt sehr einfach zu erstellen.

Vielleicht müssen Sie Regale oder Transportgerät besorgen, um einen Supermarkt einzurichten. Es gibt viele Details, die notwendig sind. Passt das Lager zum Material? Passt es in den vorhandenen Platz? Brauchen Sie einen elektrischen Anschluss? Ist das Lager für das Gewicht zugelassen? Sind die Fluchtwege noch zugänglich? Die Liste ist endlos, und die oben genannten Fragen sind nur Beispiele dafür, was Sie beachten müssen. Ziehen Sie unbedingt Kollegen hinzu, die sich mit solchen Fragen auskennen, sowohl technisch als auch rechtlich. Wenn Sie Regale für den Supermarkt bereits vorrätig haben, installieren Sie sie direkt, denn es ist am einfachsten bereits vorhandene Regale wiederzuverwenden. Ansonsten müssen Sie die Regale erst bestellen und die Lieferfristen entsprechend einplanen.

Es ist auch möglich mit Ihrem ERP-System einen virtuellen Supermarkt zu erstellen. Der Computer überwacht alle Artikel in Ihrem „normalen" Lager und lagert sie nach einer virtuellen FIFO-Reihenfolge aus. Auch das muss installiert und getestet werden. Stellen Sie sicher, dass **jede Entnahme von Material einen Informationsfluss auslöst, um den Artikel wieder aufzufüllen oder den nächsten Auftrag im System freizugeben.** Es sollte kein Material entnommen werden, ohne einen Informationsfluss auszulösen.

12.6.3 Nicht-Supermarkt-Bestände

Besonders bei Auftragsfertigung haben Sie möglicherweise Bestände, die weder FIFO noch Supermarkt sind. Schauen Sie sich auch diese Bestände an. Sind sie der Aufgabe gewachsen? Sind sie gut visualisiert? Können Sie die Materialien schnell wiederfinden? Es ist möglich, dass der aktuelle Bestand auch innerhalb einer Verbrauchssteuerung funktioniert, aber überprüfen Sie dies vorher.

12.7 Schulung der Mitarbeiter

Alle Mitarbeiter, die die neue Verbrauchssteuerung verwenden, müssen hierzu geschult werden. Die Schulungsphase sollte vor der Umstellung zur Verbrauchssteuerung begonnen werden, kann aber auch danach abgeschlossen werden. Es ist einfacher die Mitarbeiter weiterzubilden, wenn das System schon eingerichtet ist. Lassen Sie jedoch einige Mitarbeiter bereits vor dem Start des Systems schulen, damit die Produktion nach dem Start der neuen Verbrauchssteuerung reibungslos läuft.

Wenn Sie bereits ein Tool zur Verfolgung von Fähigkeiten haben, wie z. B. eine Qualifikationsmatrix, aktualisieren Sie die Matrix entsprechend. In jedem Fall müssen Sie den Überblick behalten, wen Sie bereits eingelernt haben und wer noch geschult werden muss. Schulen Sie zumindest einige Mitarbeiter so gut, dass sie andere einlernen können. Insbesondere Mitarbeiter, die bei der Entwicklung und Implementierung der Verbrauchssteuerung dabei waren, sind hier besonders gut geeignet. Vergessen Sie nicht auch die Nachtschicht zu schulen oder Mitarbeiter, die im Urlaub oder krank waren.

Ein häufiger Fehler von Mitarbeitern ist es, bei fehlenden Aufträgen nach Arbeit für ihren Prozess zu suchen. Das sollte nicht passieren! **Wenn dem Prozess keine Arbeit zugewiesen ist, muss der Prozess anhalten.** Die Mitarbeiter zögern in der Regel mit dem Anhalten und arbeiten möglicherweise an Produkten ohne entsprechende Karten, nur um beschäftigt zu sein. Das ist Überproduktion! Tun Sie das nicht. Wenn den Mitarbeitern die Teile ausgehen, sollten sie einen Vorarbeiter oder eine Führungskraft kontaktieren. Je nach Situation können die Mitarbeiter vorübergehend einem anderen Arbeitsplatz zugewiesen werden, bis wieder Arbeit verfügbar ist. Auch hier gilt: **Keine Produktion ohne eine ordnungsgemäße Freigabe der Verbrauchssteuerung, wie z. B. durch eine Kanban- oder CONWIP-Karte.**

12.8 Probleme mit der Materialversorgung beheben

Eine Verbrauchssteuerung setzt eine gute Verfügbarkeit der benötigten Materialien voraus. Die Verbrauchssteuerung wird unter der Annahme eingerichtet, dass das für die Produktion benötigte Material verfügbar ist. Wenn das liefernde System bereits eine funktionierende Verbrauchssteuerung ist, dann ist die Materialverfügbarkeit hoffentlich gut.

Wenn das Material jedoch von einer Plansteuerung geliefert wird, **müssen Sie sicherstellen, dass eine gute Verfügbarkeit des für die Produktion benötigten Materials gegeben ist.** Das kann besonders knifflig sein, wenn ein zentrales System Plansteuerung für die gesamte Wertschöpfungskette verwendet, und nun ein Segment auf Verbrauchssteuerung umgestellt wird. Je nach verwendeter Software kann es schwierig sein eine nahtlose Integration zwischen Plansteuerung und Verbrauchssteuerung zu erreichen.

12.9 Die Umstellung auf Verbrauchssteuerung

Nun sind wir bereit für die eigentliche Umstellung auf die Verbrauchssteuerung. Jetzt kann es an der Zeit sein, das System zu stoppen. Gehen Sie durch das System und bringen Sie die richtige Karte an jedem Teil im System an, einschließlich der Teile im Supermarkt oder im Fertigwarenlager. Bringen Sie an jedem Teil eine Karte an. Wenn Sie Boxen oder andere Behälter als Karten verwenden, stellen Sie sicher, dass sich alle Artikel in einem solchen richtig beschrifteten Behälter befinden. Ähnlich verhält es sich, wenn Sie ein digitales System verwenden: Erstellen Sie die digitale Verknüpfung zwischen der digitalen Karte und den Teilen im System. **Das geschieht am besten, wenn die Prozesse gestoppt sind.** Andernfalls könnten Sie ein Teil ohne Karte übersehen, das aus einem noch mit Karten zu versehendem Bereich in einen anderen Bereich transportiert wird, in dem Sie die Karten bereits angebracht haben.

Manchmal kann es notwendig sein die Karten während eines laufenden Prozesses anzubringen. In diesem Fall ist es einfacher, wenn Sie vom Fertigwarenlager ausgehend gegen den Materialfluss gehen. Auf diese Weise kommt das Material auf Sie zu, und die Wahrscheinlichkeit, dass Sie ein Teil übersehen, ist geringer. Dennoch ist es einfacher, wenn der Prozess angehalten ist.

Befestigen Sie die Karten auf dem Material. Nun gibt es drei Möglichkeiten: In einer perfekten Welt haben Sie genau so viele Karten wie für alle Teile in der Schleife nötig sind. Es sind weder Teile ohne Karten noch Karten ohne Teile übrig. Wahrscheinlicher ist jedoch ein Missverhältnis zwischen der Anzahl der Karten und dem Bestand. Der einfachere Fall ist, dass Sie mehr Karten als Material haben. Wenn Sie mehr Material als Karten haben, wird es etwas kniffliger.

12.9.1 Mehr Karten als Material

Wenn nach dem Anbringen einer Karte an jedem Teil noch Karten übrig sind, legen Sie diese in die Schleife, als ob sie gerade aus dem Fertigwarenlager zurückgekommen wären. Für die **Lagerfertigung** können sie ggf. vor der Sequenzierung hinzugefügt werden, wie in Abbildung 183 gezeigt, oder direkt in die Warteschlange für die Produktion, wenn keine Sequenzierung oder Losgrößenbildung stattfinden.

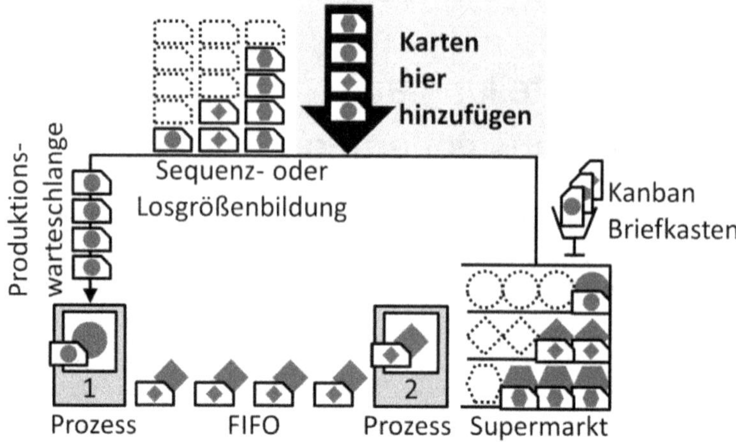

Abbildung 183: Visualisierung einer Umstellung mit mehr Karten als Material (Bild: Roser)

Die Reihenfolge der Karten oder Losgrößen sollte gemischt sein, anstatt große „Klumpen" von identischen Karten zu haben. So eine Mischung ist dem Muster des One-Piece-Flow-Nivellierens sehr ähnlich, wie in Abbildung 184 visualisiert. Größere Losgrößen würden ein etwas anderes Muster erzeugen, aber auch hier sollte die Reihenfolge der Lose gut gemischt sein.

Abbildung 184: Visualisierungsbeispiel einer guten und einer schlechten Reihenfolge für übrige Karten (Bild: Roser)

Bei einer komplett neuen und leeren Anlage ohne jegliches Material werden alle Karten nach diesem Muster gemischt. Fügen Sie diese Karten vor dem Sequenzierungsprozess hinzu. Sie können (optional) eine temporäre Priorität erstellen, welche Karten aus dem Supermarkt Vorrang vor Karten aus der noch nicht produzierten Anfangssequenz einräumt. Auf diese Weise folgt Ihre Produktion noch genauer der Nachfrage. Aber auch das ist optional.

Bei Auftragsfertigung werden die Karten vor dem Einstiegspunkt hinzugefügt. Da die Karten noch nicht dem Material zugeordnet sind, ist die Reihenfolge der Karten nicht relevant.

Angenommen, Sie haben Lagerfertigungskarten, die auf die Sequenzierung warten, oder Auftragsfertigungskarten, die auf den Einstiegspunkt warten. In diesem Fall sollten Sie so viel Sequenzierung wie möglich gemäß den Sequenzierungsregeln erstellen oder den Karten so viele Aufträge aus dem Rückstand an offenen Aufträgen wie möglich zuweisen. Schieben Sie also so viele Karten in die Warteschlange für die Produktion, wie es die Regeln erlauben.

12.9.2 Mehr Material als Karten

Wenn Sie nach dem Anbringen aller Karten noch Material übrighaben, dann haben Sie mehr Material als Karten – was etwas aufwändiger ist. Sie haben mehr Material, als Ihr System nach den Regeln Ihrer Verbrauchssteuerung haben sollte. In einer Verbrauchssteuerung muss jedoch jedem Material eine (digitale oder physische) Karte zugeordnet sein. Daher benötigen Sie mehr (temporäre) „Extra-Karten". Verwenden Sie diese zusätzlichen Karten für Material, für das nach dem Anbringen aller regulären Karten keine normalen Karten mehr übrig waren, so wie in Abbildung 185 dargestellt.

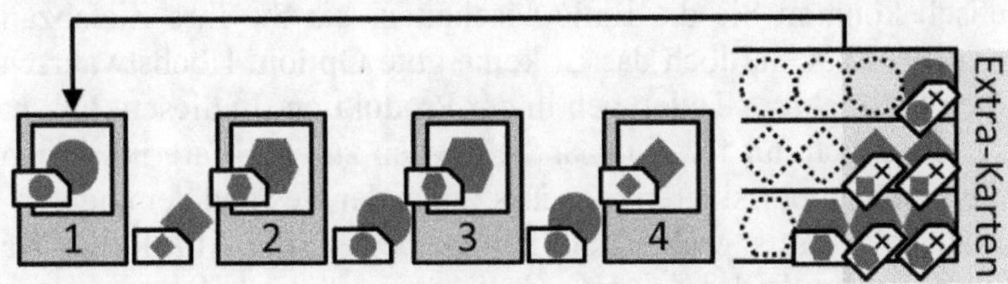

Abbildung 185: Visualisierung eines Hochlaufs, bei dem mehr Material vorhanden ist als Karten und daher zusätzliche Karten verwendet werden, die mit einem „ + " gekennzeichnet sind (Bild: Roser)

Dadurch wird Ihre ursprünglich geplante Bestandsgrenze überschritten. Das ist für die vorübergehende Umstellung auf Verbrauchssteuerung in Ordnung. Achten Sie aber darauf die „Extra-Karten" zu kennzeichnen. Profi-Tipp: Wenn Sie die zusätzlichen Karten an Material im Supermarkt oder gegen Ende der Schleife anbringen, können diese viel schneller wieder aus dem System entnommen werden, sobald Material den Supermarkt verlässt.

Da nun das gesamte Material mit Karten versorgt ist, bauen Sie die zusätzlichen Karten im Laufe der Zeit zum Erreichen der Bestandsgrenze wieder ab. Immer wenn der Kunde ein Teil aus dem Fertigwarenbestand entnimmt, erhalten Sie eine Karte ohne Material. Handelt es sich um eine „normale" Karte, geht diese auch normal weiter. Eine „Extra-Karte" wird aus dem System entfernt. Im Laufe der Zeit werden alle zusätzlichen Karten aus den Produkten eliminiert, so dass am Ende nur noch die Sollanzahl an Karten vorhanden ist, wie in Abbildung 186 visualisiert.

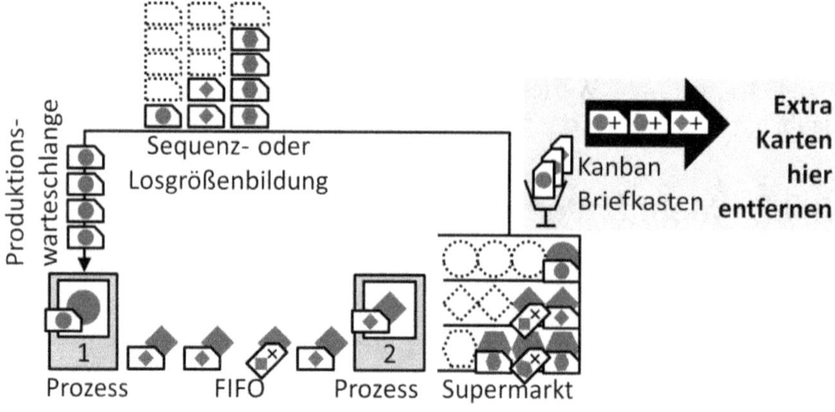

Abbildung 186: Beispiel für zusätzliche Karten, die mit einem „ + “ markiert sind und nach dem Supermarkt entfernt werden (Bild: Roser)

Theoretisch könnten Sie die Linie abschalten, bis Sie Ihre Zielanzahl an Karten erreicht haben, doch das ist keine gute Option. Höchstwahrscheinlich haben Sie mehrere Teiletypen in der Produktion. In diesem Fall haben Sie wahrscheinlich nur für ein paar Teiletypen zu viel Material. Wenn Sie die Linie abschalten, riskieren Sie, dass Ihnen der Bestand der anderen Teiletypen ausgeht. Es ist wahrscheinlich am besten, die Anzahl der Karten schrittweise im Laufe der Zeit zu reduzieren, anstatt alle Karten so schnell wie möglich abzubauen.

Wichtig ist, **die zusätzliche Karte nur dann herauszunehmen, wenn sie nicht an einem Teil befestigt und nicht bereits in eine Losgröße oder eine andere Sequenzierung eingeordnet ist**. Andernfalls führt das Entfernen der Karte später zu Problemen. Wenn Sie die „zusätzlichen" Karten markiert oder beschriftet haben, können Sie sie leichter identifizieren.

12.10 Fehlersuche und PDCA

Wenn Sie Ihr System zum Anbringen der Teile ausgeschaltet haben, kann es jetzt wieder neu gestartet werden. Stellen Sie sicher, dass die Mitarbeiter wissen, was sie mit den neuen Karten in Ihrer neuen Verbrauchssteuerung tun sollen.

Wunderbar! Jetzt ist Ihr System in Betrieb und die Karten sind im Umlauf. Das bedeutet, dass Sie wahrscheinlich schon mehr als die Hälfte geschafft haben. Die zweite Hälfte des Fehlersuchens, Anpassens, Überprüfens und Verifizierens wird nur leider allzu oft vergessen.

Nur weil das System läuft, heißt das noch lange nicht, dass es auch reibungslos läuft. Es gibt noch **viel mehr Arbeit, um Fehler zu beseitigen, Macken zu beheben und kleinere Hürden zu überwinden**. Dies wird den Unterschied zwischen einem mittelmäßigen und einem guten System ausmachen – aber es wird eine Menge Zeit und Energie kosten. **Sprechen Sie häufig mit den Mitarbeitern** und sehen Sie, wo sie Probleme haben. Manche Beschwerden gibt es, weil die Mitarbeiter sich noch nicht an ein neues System gewöhnt haben (niemand mag Veränderungen). Helfen Sie hier den Mitarbeitern bei der gedanklichen Umstellung. Andere Rückmeldungen weisen auf tatsächliche Probleme hin. Versuchen Sie diese zu beheben.

Vergewissern Sie sich, dass die Mitarbeiter den neuen Standard der Verbrauchssteuerung einhalten. Wenn sie vom neuen Standard abweichen, finden Sie heraus, ob die Mitarbeiter falsch liegen oder ob der Standard fehlerhaft ist. Wenn der Standard fehlerhaft ist, verbessern Sie den ihn, bis Sie einen guten, robusten Standard für Ihre Verbrauchssteuerung haben. Wenn die Mitarbeiter an der alten Methode festhalten, müssen Sie sie vom neuen Standard überzeugen. Wenn Sie die Mitarbeiter von Anfang an mit einbeziehen, haben Sie hier deutlich bessere Chancen.

Es ist selten, aber möglich, dass die Implementierung der Verbrauchssteuerung die Prozesse selbst beeinflusst, was ggf. zu Qualitätsproblemen führen könnte. Beispielsweise könnte das Teil aufgrund einer kürzeren Wartezeit zwischen den Prozessen beim nächsten Prozess heißer ankommen als zuvor oder ein Klebstoff ist noch nicht ausgehärtet, usw. Führen Sie bei Bedarf einige Qualitätsprüfungen durch, um sicherzustellen, dass die Qualität weiterhin ihren Erwartungen entspricht.

Aber das Hauptaugenmerk liegt auf der korrekten Funktion der Verbrauchssteuerung. Fließen die Karten so, wie Sie sie haben wollen? Gibt es irgendwelche wie auch immer gearteten Probleme? Insgesamt hilft Ihnen die Fehlersuche auch beim *Check* und *Act* des Plan-Do-Check-Act-Zyklus (PDCA, wie in Abbildung 187 dargestellt). Er wird manchmal auch als „Planen – Umsetzen – Überprüfen – Handeln" bezeichnet. Diese Fehlersuche prüft, ob das System tatsächlich funktioniert und ob es (hoffentlich) besser ist als das vorherige. **Gehen Sie nicht davon aus, dass es automatisch besser sein muss als vorher, nur weil Sie etwas geändert haben!**

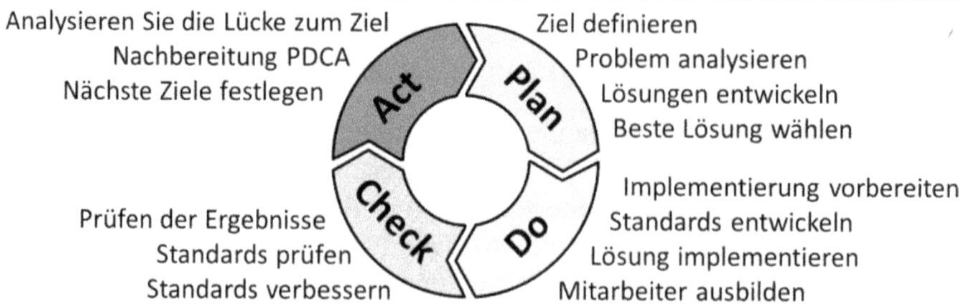

Abbildung 187: Der PDCA-Zyklus (Bild: Roser)

Nur zur Auffrischung: PDCA ist eines der Schlüsselelemente in der Schlanken Produktion oder überhaupt für jede Art von Verbesserungsprozess. Es ist der wichtigste Rahmen für jede Art von Veränderung. ***Plan*** steht für die Planung dessen, was Sie tun wollen. ***Do*** ist dann das tatsächliche Tun und Umsetzen – und der Fokus dieses Kapitels zur Implementierung.

Viele Menschen glauben, dass sie nun fertig sind und vergessen den Teil *Check* und *Act* völlig. ***Check*** ist die Prüfung, ob tatsächlich alles so funktioniert wie beabsichtigt. Wurden die Ziele erreicht? Prüfen Sie nicht nur direkt nach der Implementierung, ob alles gut läuft, sondern z. B. auch einen Monat später. Sie werden überrascht sein, wie schnell sich ein schön durchdachtes System „versandet", vorausgesetzt es hat überhaupt je funktioniert. *Act* ist die Suche nach Abhilfemaßnahmen, wenn das neue System nicht wie erwartet funktioniert. Finden Sie heraus, warum es nicht (oder nicht mehr) funktioniert und beheben Sie die Probleme. **Wenn Sie die Schritte *Check* und *Act* des PDCA auslassen, kann all Ihre harte Arbeit umsonst gewesen sein – und das Ergebnis ist vielleicht sogar noch schlechter als zuvor.**

Kapitel 13

Wartung der Verbrauchssteuerung

Die Wartung einer Verbrauchssteuerung besteht hauptsächlich aus zwei Elementen. Regelmäßige **Überprüfung auf verlorene Karten** und periodische **Aktualisierung der Bestandsgrenze**. Die Überprüfung auf verlorene Karten ist bei digitalen Systemen einfacher, da Sie lediglich auf Karten prüfen, welche seit einiger Zeit nicht mehr bewegt worden sind. Bei Bestellpunktsystemen ist es sogar noch einfacher, da Sie überhaupt keine Karten haben und nur gelegentlich Ihren Bestellpunkt und Ihre Bestandsgrenze anpassen müssen.

13.1 Prüfen auf verlorene Karten

Der Verlust von Karten – egal ob digital oder physisch – ist eine ständige Sorge für jede Verbrauchssteuerung mit Ausnahme von Bestellpunktsystemen. Wenn die Karte verloren geht, schrumpft die Bestandsgrenze in der Verbrauchssteuerungsschleife. Irgendwann reicht der Bestand möglicherweise nicht mehr aus, um die Wiederbeschaffungszeit zu decken. Bei Lagerfertigung kann das zu Fehlbeständen und unzufriedenen Kunden führen. Bei Auftragsfertigung können eine geringere Auslastung Ihres Systems und unzufriedene Chefs die Folgen sein, auch wenn sich die Durchlaufzeit verbessert.

Auch bei größter Sorgfalt werden Sie gelegentlich Karten verlieren. Der Verlust von einer von zwei Karten ist normalerweise kein großes Problem, da Verbrauchssteuerungen normalerweise recht robust sind. Wenn Sie jedoch mehrere Karten verlieren, führt dies zu Problemen in Ihrer Verbrauchssteuerung, wie in Abbildung 188 dargestellt. Der Verlust einer einzelnen Karte kann auch dann zu Problemen führen, wenn Sie nur sehr wenige Karten für diesen Teiletyp haben, wie z. B. bei einer Zwei-Behälter-Kanban. Prüfen Sie daher ab und zu, ob die Anzahl der Karten im System noch der Anzahl der Karten entspricht, die Sie im System haben möchten.

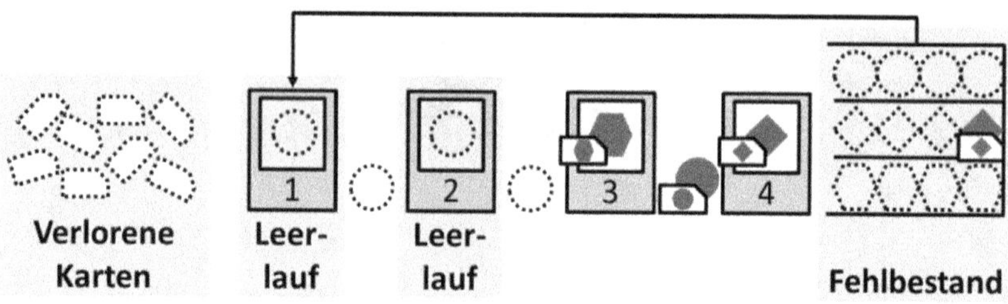

Abbildung 188: Zu viele verlorene Karten machen sowohl Ihre Fertigung als auch Ihre Kunden unglücklich. (Bild: Roser)

Wenn Toyota nach verlorenen Karten sucht, prüfen die Experten manchmal sogar die Reihenfolge der Karten im System. Wenn die Kanbans für einen Teiletyp anfangs in der Reihenfolge 1-2-3-4 waren, später aber eine Reihenfolge von 1-4-2-3 haben, dann muss etwas mit FIFO schiefgegangen sein. An diesem Punkt kann Toyota anfangen nach der Ursache für diese Änderung der Reihenfolge zu suchen. Allerdings ist das wahrscheinlich zu detailliert für die meisten Produktionssysteme außerhalb von Toyota.

13.1.1 Reduzieren von Kartenverlusten

Sie können die Wahrscheinlichkeit, dass Karten verloren gehen, durch verschiedene Maßnahmen verringern. Eine Möglichkeit ist ein **robustes Design**. Ein einfaches Blatt Papier wird schnell beschädigt und/oder geht verloren. Die Karte sollte sich mindestens in einer stabilen Plastikhülle befinden. Robuster sind Metallkarten oder Boxen oder andere Behälter, an denen eine Karte befestigt ist (siehe Kapitel 5.3.1.1 für Details).

Ein kurioser Fall von fehlenden Karten ist mir in einem nordeuropäischen Werk passiert, in dem im Winter immer wieder Karten verloren gingen. Wie sich herausstellte, waren die Plastikhüllen dieser Karten gut geeignet, um Eis von der Windschutzscheibe von Autos zu kratzen. Eine einfache Zackenschere beendete das Problem des Kartenverlusts im Winter. Die resultierenden Karten sahen ähnlich aus wie die rechte Karte in Abbildung 189.

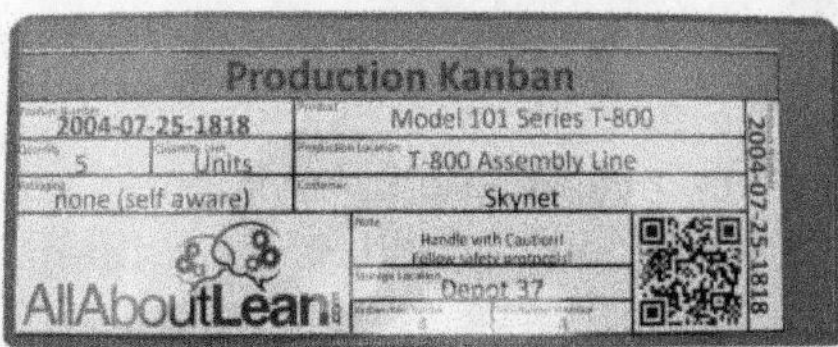

Abbildung 189: Eine Karte mit Zickzackkanten ist ein schlechter Eiskratzer. (Bild: Roser)

Es hilft auch das System **robust und visuell** zu gestalten. Gibt es eine klar definierte Stelle, an der die Karten am Material befestigt sind? Sind sie gut befestigt oder besteht die Gefahr, dass sie beim Transport abfallen? Bei größeren Eisenteilen hatte ich z. B. guten Erfolg mit Magnetkarten, die einfach an das Teil gehängt wurden. Gibt es einen definierten Platz oder muss der Mitarbeiter eventuell um größere Teile herumgehen, um die Karten zu finden? Haben Sie klar gekennzeichnete Kartenboxen am Anfang und Ende der Produktion? Haben Sie ein visuelles Management, das zeigt, wie viele Karten sich wo befinden? Ihre Verbrauchssteuerung muss robust sein, um die Wahrscheinlichkeit eines Kartenverlusts zu verringern.

Sie müssen **Ihre Mitarbeiter schulen**, damit diese die Bedeutung der Karten kennen und verstehen. Die Karten müssen als wichtige Informationen für Ihre Produktion behandelt werden. Tatsächlich kommt das Wort *Kanban* vom japanischen Wort für das Schild über einem Geschäft, wobei das Schild nicht nur eine Beschriftung ist, sondern auch die Ehre des Geschäfts repräsentiert. Nicht nur die Mitarbeiter, die regelmäßig mit Karten umgehen, müssen darüber Bescheid wissen. Auch andere, die vielleicht irgendwann einmal mit den Karten in Kontakt kommen, sollten informiert sein.

13.1.2 Digitale Karten

Für zumindest teilweise digitale Systeme ist die Überprüfung auf verlorene Karten viel einfacher. Das gilt sowohl für Systeme, die jedes Mal eine neue Einwegkarte drucken als auch für Systeme, bei denen eine wiederverwendbare Karte mindestens einmal bei jedem Umlauf in der Schleife gescannt oder in einen Computer eingegeben wird. Und natürlich gilt das auch für voll digitale Systeme ohne irgendwelche Ausdrucke. In jedem Fall ist es in der Regel einfach zu überprüfen, wann eine Karte zuletzt verwendet oder gedruckt wurde.

Wenn der Zeitstempel der letzten Verwendung einer Karte viel älter ist als die Zeitstempel anderer vergleichbarer Karten, dann ist die Wahrscheinlichkeit hoch, dass diese Karte irgendwo verloren gegangen ist. Schauen Sie, ob Sie diese bestimmte Karte finden können. Wenn Sie die Karte nicht finden, könnten Sie den Status der Karte digital auf „verfügbar" zurücksetzen.

Wenn jedoch die alte Karte aus irgendeinem Grund wieder auftaucht, haben Sie möglicherweise zwei identische Karten im System. Es kann einfacher sein, die Karten ungültig zu machen und eine neue Karte im System zu erzeugen. Die genaue Lösung hängt von den Optionen ab, die Sie in Ihrem ERP-System haben.

13.1.3 Physische Karten

Wenn Sie kein digitales System haben, sondern nur physische Karten, dann wird die Suche nach verlorenen Karten etwas zeitaufwändiger sein. Sie drucken eine Liste mit allen Karten in der Schleife aus. Gehen Sie dann die gesamte Verbrauchssteuerungsschleife durch, sehen Sie sich alle Karten in der Schleife an. Streichen Sie die gefundenen von Ihrer Liste. Dazu gehören Karten an Teilen, im Kanbanbriefkasten, in der Losgrößenbildung oder Sequenzierung, in der Warteschlange für die Produktion und an den Prozessen, an denen die Teile gerade bearbeitet werden. Überprüfen Sie auch die Nacharbeitsplätze und den Schreibtisch des Vorabreiters.

Es ist viel einfacher, wenn Sie beim physischen Prüfen von Karten gegen den Material- und Informationsfluss gehen. In diesem Fall fließen die Karten auf Sie zu. Es ist weniger wahrscheinlich, dass Sie eine Karte übersehen, weil sie sich von Ihnen wegbewegt hat. Viel schwieriger ist es in einer Werkstattfertigung, wo der Fluss nicht standardisiert ist. In diesem Fall ist es vielleicht am besten zu prüfen, wenn die Produktion gestoppt ist und sich weder Material noch Karten bewegen, eventuell während einer Freischicht oder am Wochenende.

Prüfen Sie anschließend, welche Karten Sie nicht gefunden haben. Diese fehlen höchstwahrscheinlich. Drucken Sie entsprechend neue Karten aus, um die tatsächliche Anzahl der verfügbaren Karten wieder auf den Sollwert zu bringen. Es ist möglich, dass Sie bei der Überprüfung eine Karte übersehen haben und eine „fehlende" Karte in Wirklichkeit gar nicht fehlt. Wenn Sie eine neue Karte für die „nicht tatsächlich fehlende" Karte gedruckt haben, haben Sie möglicherweise eine Karte mehr in der Schleife als geplant. Das ist kein großes Problem, solange Sie die Karten unterscheiden können (z. B. durch eine eindeutige Kartenidentifikationsnummer). Verbrauchssteuerungen sind sehr robust, eine Karte mehr oder weniger als vorgesehen macht das System normalerweise nicht kaputt. Außerdem fällt Ihnen eine zusätzliche Karte vielleicht bei der nächsten Suche nach verlorenen Karten auf.

Bei einfachen, kurzen Schleifen kann Ihre „Karte" auch ein bloßer Gegenstand sein, z. B. eine farbige Unterlegscheibe oder ein farbiger Ball. Da diese Objekte im Gegensatz zu Papierkarten selten eine eigene Nummer haben, können Sie diese „Karten" nicht wirklich unterscheiden. Zählen Sie in dem Fall die Anzahl der „Karten" für jeden Typ und vergleichen Sie sie mit der erwarteten Anzahl. Wenn Ihre Zählung und Ihr Zielzustand voneinander abweichen, passen Sie die Anzahl der Objekte entsprechend an.

13.1.4 Häufigkeit der Checks

Es gibt keine einfache Antwort darauf, wie oft Sie die Anzahl der Karten überprüfen sollten. Sie sollten sie auf jeden Fall überprüfen, wenn die Leute in der Fertigung Sie auf ein Problem mit zu wenigen Karten hinweisen. Ansonsten hängt Ihre Überprüfung davon ab, wie schnell die Karten abhandenkommen – was Sie natürlich erst wissen, **nachdem** Sie es überprüft haben. Für ein ERP-System könnten Sie eine automatische Prüfung einrichten, die seit längerem ungenutzte Karten kennzeichnet. Ein einfacher Blick auf die Anzahl der ungenutzten Karten im Laufe der Zeit zeigt Ihnen, wie viele fehlen.

Bei physischen Karten müssen Sie ein Gefühl dafür bekommen, wie oft eine Prüfung sinnvoll ist. Wenn Sie bereits andere Verbrauchssteuerungen haben, wissen Sie vielleicht, wie schnell Karten verschwinden. Diese Erfahrungswerte können Sie auch für die neue Verbrauchssteuerung nutzen. Bei einer komplett neuen Verbrauchssteuerung würde ich nach der Implementierung aber etwas häufiger kontrollieren, um zu sehen, ob die Leute mit den Karten richtig umgehen können. Verwenden Sie visuelles Management und fügen Sie einen Kalender oder Zeitplan in die Besprechungsecke der Gruppe ein, die für diese Überprüfungen zuständig ist. So können Sie nachverfolgen, ob die Prüfungen für verlorene Karten stattgefunden haben.

Denken Sie daran, dass der Verlust einer Karte in der Regel kein Problem darstellt (es sei denn, es gibt sowieso nur eine oder zwei Karten). Daher wird eine einzelne fehlende Karte das System wahrscheinlich nicht stören. Handeln Sie aber, bevor viele fehlende Karten dies tun.

13.2 Anpassen der Bestandsgrenze

Der zweite wichtige Schritt zur Wartung Ihrer Verbrauchssteuerung ist die regelmäßige Anpassung der Bestandsgrenze. Bei den meisten Systemen wäre dies die Anzahl der Karten. Bei Bestellpunktsystemen ohne Karten müssten Sie den Bestellpunkt und die Bestandsgrenze anpassen. In jedem Fall müssten Sie die Berechnung neu durchführen oder Ihre Schätzung Ihrer Verbrauchssteuerung gelegentlich anpassen. Letzteres ist oft praktischer, da Sie ja schon das System beobachten können.

13.2.1 Wann wird angepasst?

Eine Anpassung der Anzahl an Karten ist nötig, wenn sich das zugrunde liegende Verhalten Ihrer Verbrauchssteuerung ändert. Ändert sich Ihre Kundennachfrage z. B. aufgrund von Saisonalität? Gab es eine Änderung von Gesetzen? Wurde die Welt gerade von einer globalen Pandemie heimgesucht? Hat die Regierung eine grenzüberschreitende Steueränderung vorgenommen? Gab es eine Änderung der Wiederbeschaffungszeit (z. B. durch eine neue Maschine oder eine andere Losgröße)? Haben Sie ein neues Produkt eingeführt oder ein älteres Produkt auslaufen lassen?

Immer wenn sich die Grundlage für Ihre Berechnung oder Schätzung der Bestandsgrenze ändert, sollten Sie die Anzahl an Karten entsprechend anpassen. Es ist hilfreich, wenn Sie einige dieser Änderungen im Voraus kennen. Saisonalität überrascht einen erfahrenen Produktionsleiter selten. Änderungen an der Linie oder dem Produktportfolio geschehen auch meist nicht ohne Vorankündigung.

Sie sollten die Anzahl auch anpassen, wenn Ihre Verbrauchssteuerung in Schieflage gerät. Bei der Lagerfertigung müssen Sie die Anzahl Karten prüfen, wenn die Liefererfüllung schlechter wird. In ähnlicher Weise sollten Sie bei der Auftragsfertigung die Anzahl der Karten aktualisieren, wenn die Auslastung oder die Durchlaufzeit nicht mehr zufriedenstellend ist. Die Mitarbeiter in der Fertigung oder die Verkäufer melden sich auch oft, wenn etwas nicht mehr in Ordnung ist. Ein verärgerter Anruf Ihres Kunden wegen fehlender Produkte kann zu einer Anpassung der Kartenanzahl führen. Wichtig: **Nicht alle Probleme sind auf eine falsche Kartenanzahl zurückzuführen.** Wenn z. B. Ihr Lieferant Sie hängen lässt, werden Ihre Liefererfüllung, Ihr Bestand und Ihre Auslastung sinken. Das Problem liegt aber nicht an der Anzahl der Karten, und mehr Karten helfen hier leider nicht. Wenn das Problem jedoch die Anzahl der Karten ist, dann passen Sie diese bitte an.

Schließlich **können Sie vorsorglich regelmäßig die Anzahl der Karten überprüfen.** Werfen Sie hin und wieder einen Blick auf Ihre Verbrauchssteuerung, um sicherzustellen, dass diese noch gut funktioniert. Das gilt insbesondere für neu eingerichtete Systeme, bei denen Ihre Bestandsberechnung oder Schätzung der Kartenanzahl mit einer großen Unsicherheit behaftet ist. Leider ist es in der Industrie oft üblich, diese Pflege zu ignorieren, bis ein Problem da ist. Aber wäre es nicht schön, einmal ein Problem zu vermeiden, bevor Sie einen verärgerten Anruf vom Kunden erhalten?

Wenn Ihr System auf Lager produziert oder versendet oder generell eine Karte fest einem bestimmten Produkt zugeordnet ist, müssen Sie die Anzahl an Karten **für alle Teile separat prüfen**. Sie können nicht die Gesamtzahl der Karten über alle Teile hinweg betrachten, sondern müssen die Karten für jeden einzelnen Teiletyp separat checken.

13.2.2 Lagerfertigung: Überwachen der Liefererfüllung

Bei der Lagerfertigung besteht eine einfache Möglichkeit zur Beurteilung des Systems darin, die Bestände im Fertigwarenlager – in der Regel den Supermarkt – über die Zeit hinweg zu überwachen. Der wichtigste Indikator ist die **Liefererfüllung** oder alternativ der **Prozentsatz der Zeit, in der Ihr Supermarkt leer ist. Dieser Prozentsatz ist ein guter Schätzwert für Ihre Liefererfüllung.**

Beachten Sie jedoch, dass das Verhalten des Bestands über die Zeit für den Supermarkt je nach Ihrem Systemverhalten sehr unterschiedlich aussehen kann. Die Wiederbeschaffungszeit bestimmt insbesondere, welcher Anteil Ihrer Produkte sich im Supermarkt befindet und welcher Anteil gerade wiederbeschafft wird. Je länger die Wiederbeschaffungszeit ist, desto mehr Produkte werden aktuell in der Verbrauchssteuerungsschleife wiederbeschafft und desto weniger Produkte befinden sich im Supermarkt. In Kapitel 5.7.3 finden Sie eine genauere Beschreibung der Supermarkt-Füllstände.

Nehmen Sie zum Beispiel die beiden Graphen in Abbildung 190, die den Supermarktfüllstand über die Zeit für zwei verschiedene Systeme zeigen. Beide Systeme haben eine **sehr gute Liefererfüllung von etwa 99%**. Das System im oberen Diagramm hat jedoch nur einen einzigen Prozess in der Schleife. Daher ist die Wiederbeschaffungszeit recht kurz. Der Supermarkt erreicht häufig die Bestandsgrenze.

Die untere Grafik hat ebenfalls eine Liefererfüllung von etwa 99%. Die Schleife umfasst jedoch ein System mit vielen Prozessen und Beständen, was zu einer langen Wiederbeschaffungszeit führt. Obwohl die Liefererfüllung ebenfalls 99% beträgt, befindet sich zu jedem Zeitpunkt höchstens die Hälfte der Teile im Supermarkt. Das jeweilige Histogramm dieser Supermarktbestände ist ebenfalls rechts in Abbildung 190 dargestellt. Bitte beachten Sie, dass die Prozentsätze für das Histogramm in diesem und den folgenden Diagrammen unterschiedlich skaliert sind, aber die Summe aller Balken immer 100% beträgt. Auch der unterste Balken im Histogramm für den leeren Bestand sieht oft so aus, als würde er eine unverhältnismäßig große Fläche abdecken, was aber nur an der gedruckten Breite des Balkens liegt.

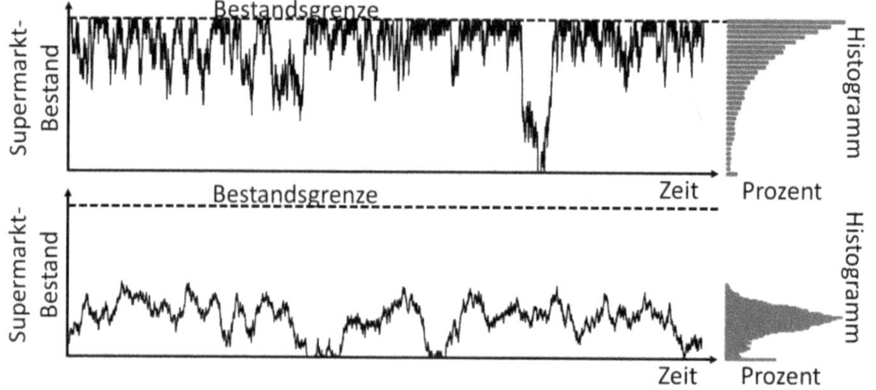

Abbildung 190: Verhalten des Supermarktbestands über die Zeit für ein Produkt in einer guten Verbrauchssteuerung mit 99% Liefererfüllung. Oben ist ein System mit kurzer Wiederbeschaffungszeit, unten ein System mit langer Wiederbeschaffungszeit abgebildet. (Bild: Roser)

Abbildung 191 zeigt den Supermarktbestand für vergleichbare Systeme mit einer **mittelmäßigen Liefererfüllung von nur 90%.** Beide Supermärkte laufen häufiger leer. Auch hier hat das obere System eine kurze Wiederbeschaffungszeit und das untere System eine lange Wiederbeschaffungszeit.

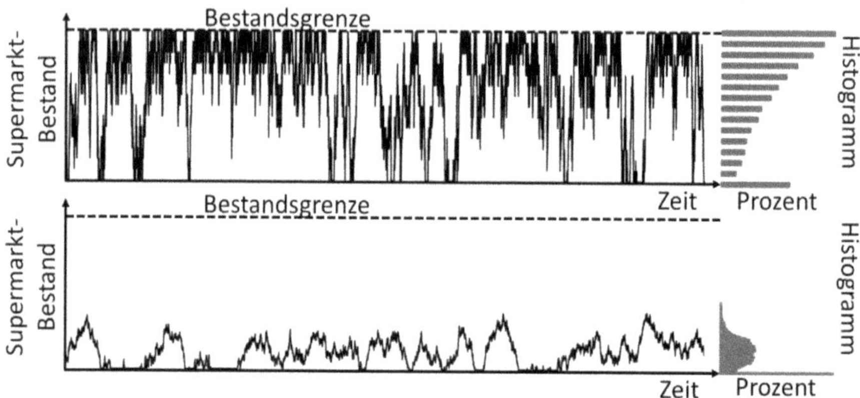

Abbildung 191: Verhalten des Supermarktbestands über die Zeit für ein Produkt in einer mittelmäßigen Verbrauchssteuerung mit 90% Liefererfüllung. Oben ist ein System mit kurzer Wiederbeschaffungszeit zu sehen, unten ein System mit langer Wiederbeschaffungszeit. (Bild: Roser)

Abbildung 192 zeigt wiederum vergleichbare Systeme, diesmal mit **einer unterdurchschnittlichen Liefererfüllung von nur noch etwa 80%.** Beide Supermärkte laufen noch häufiger leer. Allerdings ist im oberen System mit der kurzen Wiederbeschaffungszeit der Supermarkt häufig auch komplett voll, während das untere System mit der langen Wiederbeschaffungszeit nie auch nur 50% der Bestandsgrenze im Supermarkt erreicht.

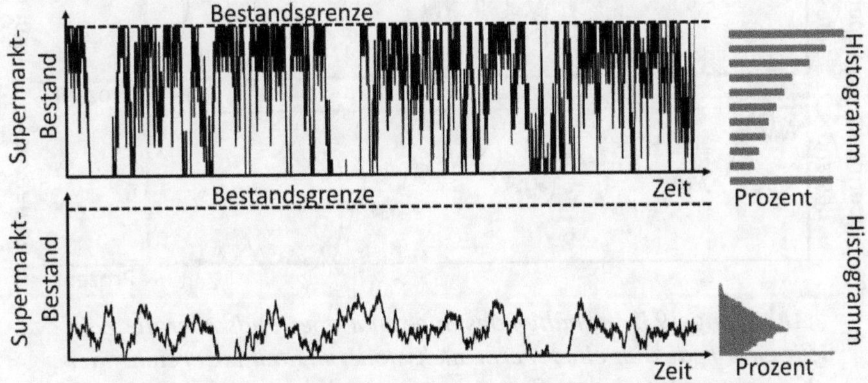

Abbildung 192: Verhalten des Supermarktbestands über die Zeit für ein Produkt in einer minderwertigen Verbrauchssteuerung mit nur 80% Liefererfüllung. Oben ist ein System mit kurzer Wiederbeschaffungszeit abgebildet, unten ein System mit langer Wiederbeschaffungszeit. (Bild: Roser)

Bitte beachten Sie, wie ähnlich die Diagramme in Abbildung 190, Abbildung 191 und Abbildung 192 für die jeweiligen Systeme sind. Es kann schwierig sein die Kurven abzuschätzen. Wenn Sie die Liefererfüllung oder die Häufigkeit eines leeren Supermarkts berechnen, erhalten Sie ein viel besseres Bild von Ihrem Systemverhalten.

Die Abbildung 193 zeigt wieder den Bestand der beiden Beispielsysteme. In diesem Fall hat das System jedoch **nicht genügend Kapazität**, um die Kundennachfrage zu befriedigen. Wenn die Produktionskapazität (oder Transportkapazität) nicht ausreichend ist, kann auch eine gute Verbrauchssteuerung nicht helfen. Würden die Kunden unbegrenzt auf ihre Teile warten, würde die Liefererfüllung mit der Zeit gegen null gehen. In der unteren Grafik ist so ein Trend zu erkennen, da das System mit einem fast vollen Supermarkt gestartet ist. Eine anhaltend niedrige Liefererfüllung kann auf eine zu kleine Bestandsgrenze, unzureichende Produktionskapazität oder auf Materialmangel zurückzuführen sein. Mehr Karten helfen nur, wenn eine zu niedrige Bestandsgrenze tatsächlich die Ursache für die schlechte Liefererfüllung ist. Sie müssen die Kernursache des Problems ermitteln, um zu sehen, welche Lösungen helfen könnten.

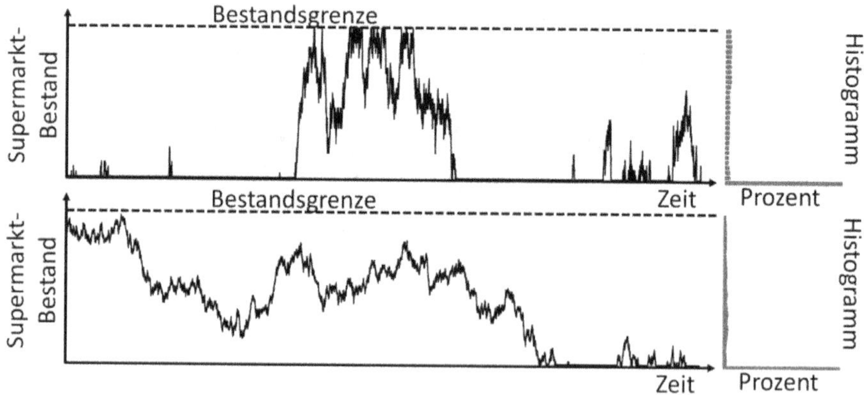

Abbildung 193: Verhalten des Supermarktbestands über die Zeit für ein Produkt in einer Verbrauchssteuerung mit unzureichender Kapazität. Oben ist ein System mit kurzer Wiederbeschaffungszeit zu sehen, unten ein System mit langer Wiederbeschaffungszeit. (Bild: Roser)

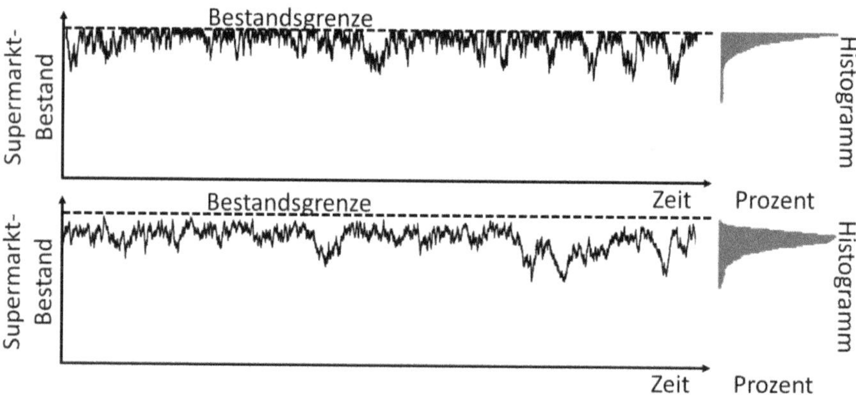

Abbildung 194: Verhalten des Supermarktbestands über die Zeit für ein Produkt in einer Verbrauchssteuerung mit einer viel zu großen Bestandsgrenze. Oben ist ein System mit kurzer Wiederbeschaffungszeit abgebildet, unten ein System mit langer Wiederbeschaffungszeit. (Bild: Roser)

Schließlich zeigt die Abbildung 194 zwei Systeme, bei denen **die Bestandsgrenze viel zu groß ist**. Das System mit der kurzen Wiederbeschaffungszeit ist immer an oder nahe der oberen Grenze. Der Supermarkt fällt nie unter 80% Füllstand. In ähnlicher Weise fällt auch das zweite System mit der langen Wiederbeschaffungszeit nie unter 60% der Bestandsgrenze. Allerdings erreicht es aufgrund der langen Wiederbeschaffungszeit auch nie 100% Füllstand. In beiden Fällen ist die Liefererfüllung 100%, aber die Bestandsgrenze ist viel zu groß. Wahrscheinlich könnten Sie die Bestandsgrenze in beiden Fällen mit geringem Risiko um 60% senken und so alle mit dem Bestand verbundenen Kosten und negativen Effekte reduzieren.

Durch diese Beobachtung der Supermarktbestände, insbesondere der Liefererfüllung oder der Häufigkeit von Fehlbeständen, können Sie Ihre Bestandsgrenze anpassen. Indem Sie Ihr reales System mit realen Daten beobachten, können Sie all diese groben Schätzungen in der Kanbanformel vermeiden. Wenn Ihre Liefererfüllung unzureichend ist, können Sie die Bestandsgrenze erhöhen – wenn die Ursache nicht in unzureichender Kapazität oder Materialmangel liegt. Wenn Ihre Liefererfüllung besser ist als erforderlich, können Sie die Bestandsgrenze senken. Seien Sie sich aber bewusst, dass es je nach Wiederbeschaffungszeitpunkt genauso normal sein kann, nie alle Teile im Supermarkt zu haben oder häufig alle Teile zu haben.

13.2.3 Lagerfertigung: Vorhersage der Liefererfüllung

Die Überwachung des Supermarktbestands über die Zeit kann Ihnen bei der Entscheidung zum Erhöhen oder Senken der Bestandsgrenze helfen. Der Prozentsatz der Zeit, in der der Supermarkt nicht leer ist, ist oft eine gute Einschätzung der Liefererfüllung.

Eine sorgfältige Analyse der Supermarktdaten ermöglicht auch eine Vorhersage der Liefererfüllung bei einer Reduzierung der Bestandsgrenze. Sie benötigen ein Histogramm, wie oft wie viele Artikel für einen bestimmten Teiletyp im Supermarkt waren.

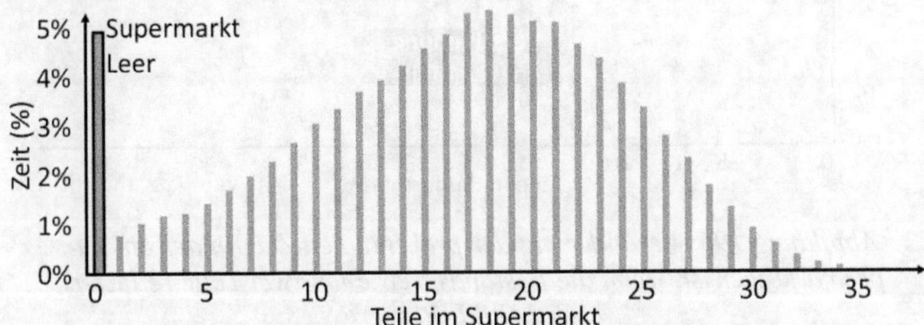

Abbildung 195: Histogramm eines Beispielsupermarkts mit einer Liefererfüllung von 95,02% (Bild: Roser)

Abbildung 195 zeigt ein Histogramm eines beispielhaften Supermarktbestands. Die Daten basieren auf einer Simulation. Der Supermarkt war zu 4,95% der Zeit leer, hatte zu 0,79% der Zeit genau ein Teil, zu 1,02% der Zeit zwei Teile und so weiter. Die Liefererfüllung des Systems betrug 95,02%. Das bedeutet, dass 100% - 95,02% = 4,98% der Kunden auf ihre

Teile warten mussten. Dies korreliert sehr gut mit dem Prozentsatz des leeren Supermarkts von 4,95%, was eine Liefererfüllung von 100% - 4,95% = 95,05% vorhersagen würde.

Dieses Histogramm kann nun verwendet werden, um die Liefererfüllung eines Systems mit einer niedrigeren Bestandsgrenze vorherzusagen. Nehmen wir an, wir wollen die Bestandsgrenze um zwei Teile senken. Anhand dieses Histogramms können wir den Prozentsatz vorhersagen, zu dem der Supermarkt leer ist. Wir addieren den Prozentsatz der Zeit, in der der Supermarkt genau ein oder zwei Teile hatte, zu dem Prozentsatz der Zeit, in der der Supermarkt leer war. Dies ist in Abbildung 196 dargestellt.

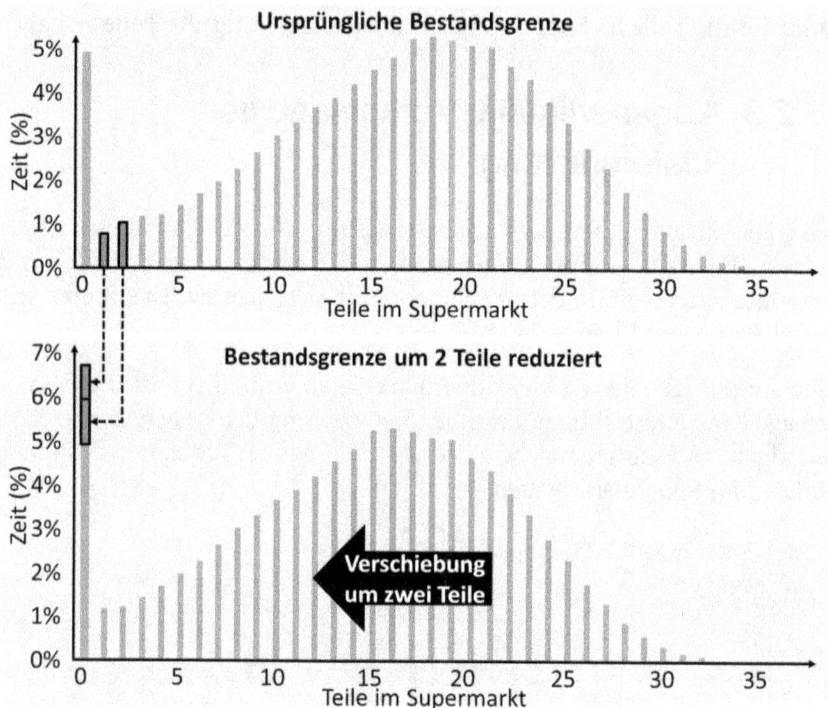

Abbildung 196: Veränderung der prozentualen Zeit, in der ein Supermarkt leer ist, wenn die Bestandsgrenze um zwei Teile reduziert wird (Bild: Roser)

In diesem Beispiel beträgt der vorhergesagte Prozentsatz der Zeit, in der der Supermarkt leer ist, nun 4,95% + 0,79% + 1,02% = 6,76%. Das wiederum sagt eine Liefererfüllung von 100% - 6,76% = 93,24% voraus. Die tatsächlich gemessene Liefererfüllung war mit 93,21% fast identisch. In der

Realität wird der Fehler aufgrund des zufälligen Verhaltens des Systems allerdings etwas größer sein[98].

Ich habe diese Methode für eine ganze Reihe von verschiedenen Szenarien getestet. Die Abbildung 197 zeigt ein repräsentatives Beispiel, in dem sowohl die gemessene als auch die vorhergesagte Liefererfüllung für eine große Bandbreite von Bestandsgrenzen dargestellt ist. Für die Vorhersage habe ich Daten aus einer einzigen Simulation mit einem viel zu hohen Lagerbestand verwendet. Diese Überfüllung mit Kanban führte zu einer ursprünglichen Liefererfüllung von 100%. Der Punkt auf der rechten Seite der Abbildung 197 zeigt diese ursprüngliche Simulation. Auf Grundlage dieser Daten habe ich die Liefererfüllung für jede Bestandsgrenze bis hinunter zu einem einzelnen Teil vorhergesagt.

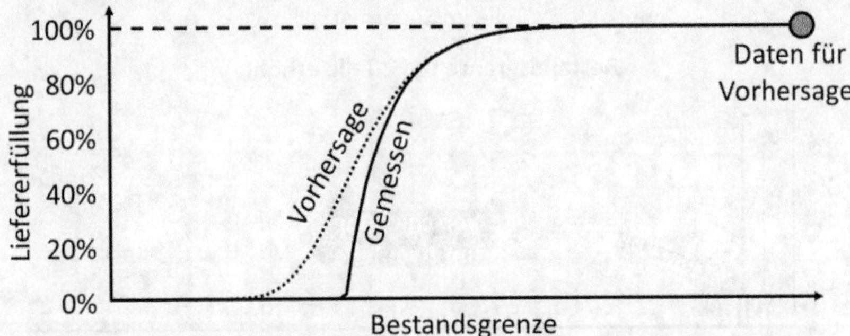

Abbildung 197: Vergleich der vorhergesagten Liefererfüllung basierend auf einem einzelnen Datenpunkt mit der tatsächlichen Liefererfüllung (Bild: Roser)

Insgesamt ist die Vorhersage sehr genau. Besonders bei Liefererfüllungen über 50% überschneiden sich die Linien meist. Bei mittelmäßigen Liefererfüllungen gibt es einen größeren Fehler, bevor sich die Linien bei Liefererfüllungen nahe null wieder treffen. Die Vorhersage der zukünftigen Liefererfüllung nach einer Reduzierung der Bestandsgrenze ist also recht gut möglich, insbesondere für Liefererfüllungen über 50%. Für eine solche Analyse benötigen Sie ein Histogramm der Supermarktfüllstände. Beachten Sie aber, dass die Vorhersage für niedrige Liefererfüllungen nicht genau ist.

---

[98] Um die Genauigkeit zu verbessern, wurde bei der Simulation derselbe Startwert für den Zufallszahlengenerator verwendet (d. h. die gleichen Zufallszahlen für jede Simulation). Dadurch wurde die Zufälligkeit zwischen verschiedenen Simulationsläufen „eliminiert". Natürlich werden in der Realität die Zufallsereignisse im Laufe der Zeit immer unterschiedlich sein. Daher wird die tatsächlich gemessene Liefererfüllung von der Vorhersage etwas mehr abweichen.

Die Vorhersage der Auswirkung der Reduzierung einer Bestandsgrenze ist mathematisch einfach. Die Vorhersage der Auswirkung einer Erhöhung der Bestandsgrenze ist jedoch komplizierter. Das zugrunde liegende Prinzip ist in Abbildung 198 dargestellt.

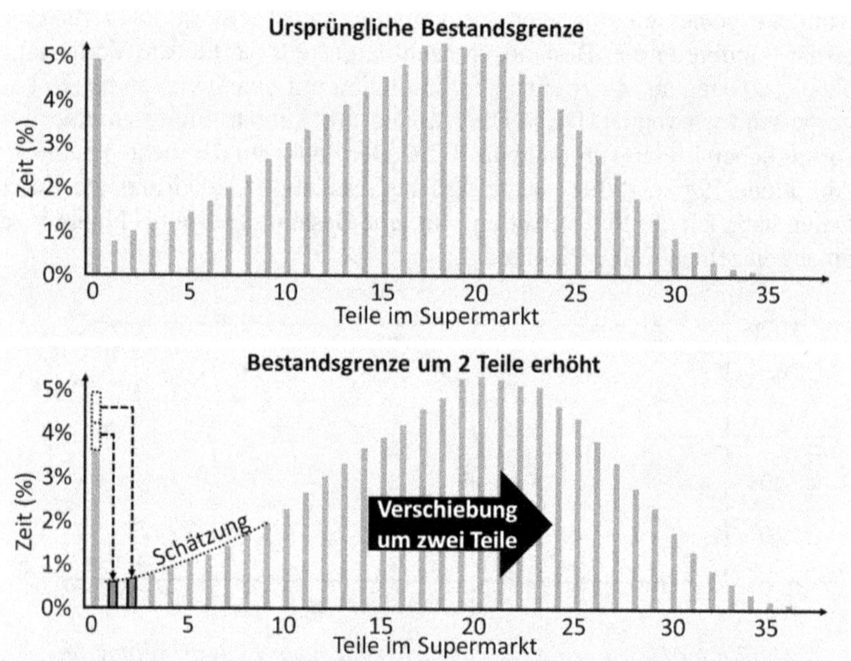

Abbildung 198: Änderung der prozentualen Zeit, in der ein Supermarkt leer ist, wenn die Bestandsgrenze um zwei Teile erhöht wird (Bild: Roser)

Sie verschieben das Histogramm um die gewünschte Anzahl von Teilen nach rechts, mit Ausnahme des Balkens für den leeren Bestand. Nun fügen Sie weitere Balken hinzu, um die Lücke zu füllen. Die Höhe dieser hinzugefügten Balken wird von der Höhe des Balkens für den leeren Bestand abgezogen. Die Abbildung 198 zeigt dies für eine Erhöhung der Bestandsgrenze um zwei Teile. Es gibt jedoch keine einfache mathematische Methode, um dies zu erreichen. Sie könnten entweder eine kniffflige Kurvenanpassung durchführen oder... meine Empfehlung: „Pi mal Daumen" schätzen!

Ich habe auch für die Erhöhung der Bestandsgrenze in Abbildung 198 „Pi mal Daumen" geschätzt. Ich habe geschätzt, dass bei zwei zusätzlichen Teilen in 0,7% der Zeit genau zwei Teile im Supermarkt sind und in 0,65% der Zeit genau ein Teil, wobei alles andere um zwei Teile nach rechts verschoben wird. Mit diesen zwei zusätzlichen Teilen wird der Supermarkt also 0,7% + 0,65% = 1,35% der Zeit zusätzlich nicht mehr leer sein. Damit reduziert sich der Prozentsatz der Zeit, in der der Supermarkt leer ist, von 4,95% auf etwa 3,6%. Dies entspräche einer Liefererfüllung von 100 - 3,6% = 96,4%. Die tatsächliche in der Simulation gemessene Liefererfüllung war mit 96,46% fast identisch. Bei größeren Erhöhungen der Bestandsgrenze kann eine „Pi-mal-Daumen-Schätzung" jedoch schwierig werden. Aber insgesamt **bietet das Histogramm des Supermarktbestands ein einfaches Werkzeug, um zukünftige Liefererfüllungen vorherzusagen**.

Allerdings geht das obige Modell von einem unveränderten System aus. Wenn Unternehmen jedoch die Bestände ausgehen, dann werden in der Realität Gegenmaßnahmen gestartet. Das verändert natürlich das Histogramm des Supermarktbestands und kann zu etwas anderen Ergebnissen führen als die theoretische Vorhersage. Dennoch ist dieser Ansatz für eine erste Schätzung gut geeignet.

13.2.4 Auftragsfertigung: Auslastung und Durchlaufzeit

Die Überwachung des Bestands im Supermarkt ist eine einfache Möglichkeit, den Zustand Ihrer Verbrauchssteuerung bei Lagerfertigung zu beurteilen. Leider funktioniert dies nicht bei der Auftragsfertigung, da Sie in der Regel nicht wirklich viel Bestand haben. Es gibt auch Signale, aber die sind unschärfer. Sie müssen die **Auslastung Ihres Systems** überwachen. Sind Ihre Prozesse und Mitarbeiter ausgelastet? Wenn sich Ihre Mitarbeiter über zu wenig Arbeit beklagen, dann kann ein Mangel an Karten (CONWIP, POLCA, etc.) einer der möglichen Gründe dafür sein. Andere mögliche Gründe sind z. B. Materialmangel oder einfach eine chaotische Organisation. Wenn ein Mangel an Karten tatsächlich der Grund für die mangelnde Auslastung ist, können Sie die Anzahl an Karten und damit den Bestand im System erhöhen.

Die **Durchlaufzeit** ist ebenfalls relevant, allerdings in die andere Richtung. Wenn Ihre Durchlaufzeit zu lang ist, haben Sie möglicherweise zu viele Karten im System. Entfernen Sie ggf. einige Karten, um den Bestand und damit auch die Durchlaufzeit zu reduzieren.

Zu wenig Arbeit bedeutet also zu wenig Karten, und eine zu hohe Durchlaufzeit bedeutet zu viele Karten. Aber die Signale sind nicht so eindeutig wie bei der Überwachung des Bestands in einem Supermarkt. Es ist durchaus möglich, dass sich Ihre Mitarbeiter über zu wenig Arbeit beschweren, während Ihre Kunden gleichzeitig über eine zu hohe Durchlaufzeit klagen. Aber Sie können nicht gleichzeitig die Anzahl der Karten erhöhen und reduzieren. Gehen Sie nach bestem Wissen und Gewissen vor und machen

Sie einen vernünftigen Kompromiss. Es ist oft unmöglich, alle glücklich zu machen.

13.2.5 Wie viel anpassen?

Um die Bestandsgrenze zu ermitteln, können Sie die in den entsprechenden Kapiteln angegebenen Berechnungen nutzen. Alle diese Berechnungen sind jedoch nur grobe Schätzungen. Wenn Sie eine bestehende Verbrauchssteuerung beobachten, dann haben Sie bereits viel bessere Daten als die Annahmen in Ihren Berechnungen – Sie haben nämlich Daten von Ihrem realen System.

Anstatt an der Berechnung herumzudoktoren, aktualisieren Sie lieber Ihre Schätzung. Wenn Sie das Gefühl haben, dass Sie zu viele Karten haben, entfernen Sie einige. Wenn Sie das Gefühl haben, dass es zu wenige sind, fügen Sie einige hinzu. Verwenden Sie Ihre aktuelle Situation in Ihrem realen System als Ausgangspunkt.

Schätzen Sie auch, wie viel Sie ändern möchten. Machen Sie sich nicht zu viele Gedanken über eine hohe Präzision, da eine Verbrauchssteuerung in der Regel recht robust gegenüber kleinen Abweichungen vom Ideal ist. **Im Zweifelsfall sollten Sie aber kleine Schritte machen.** Fügen Sie ein paar Kanbans hinzu oder entfernen Sie diese und sehen Sie, wie sich das System verändert. Wenn Sie denken, dass Sie noch mehr hinzufügen oder entfernen können, tun Sie das. Wenn es sich herausstellt, dass Sie zu viel hinzugefügt oder entnommen haben, machen Sie wieder einen kleinen Schritt in die andere Richtung. Kapitel 13.2.3 zeigt auch eine (mathematisch nicht allzu komplizierte) Methode zur Abschätzung der Liefererfüllung für die Lagerfertigung auf Basis eines Histogramms des Supermarkts.

Und noch einmal: **Versuchen Sie nicht, alle Eventualitäten abzudecken.** Das ist nicht möglich und wird nur zu immer größeren Beständen führen. Versuchen Sie stattdessen eine gute Materialverfügbarkeit für die Lagerfertigung bzw. eine gute Durchlaufzeit und Auslastung für die Auftragsfertigung beizubehalten. Wenn ein gelegentliches Problem auftaucht, versuchen Sie die Ursache der Schwankung zu beseitigen, anstatt diese einfach mit noch mehr Bestand zu entkoppeln.

13.2.6 Hinzufügen von Karten

Abhängig von Ihren Berechnungen oder Schätzungen möchten Sie eventuell Karten zum System hinzufügen. Das ist sehr ähnlich wie die Umstellung in Kapitel 12.9.1. Sie bereiten die zusätzlichen physischen Karten vor oder passen die Anzahl der Karten in Ihrem ERP-System an. Diese Karten werden dann in die Schleife eingefügt.

Bei Lagerfertigungen werden die Karten vor der Losgrößenbildung oder der Sequenzierung hinzugefügt, wie in Abbildung 199 dargestellt. Während für leere Karten bei der Auftragsfertigung keine bestimmte Reihenfolge erforderlich ist, ist die Sequenz für Karten bei der Lagerfertigung relevant. Wie in Abbildung 184 dargestellt, sollten Sie die Karten gut mischen. Wenn zu viele Karten desselben Typs hintereinander folgen, kann dies zu einem Ungleichgewicht im Produktionssystem führen. Das gilt insbesondere dann, wenn es keine Sequenzierung gibt und die Karten direkt in die Warteschlange für die Produktion gelangen. Ähnlich verhält es sich, wenn Sie viele Karten hinzufügen: Ihr System ist möglicherweise eine lange Zeit mit den neuen Karten beschäftigt und kann die anderen Produkte nicht produzieren. Bei größeren Änderungen können Sie die Karten auch nach und nach hinzufügen.

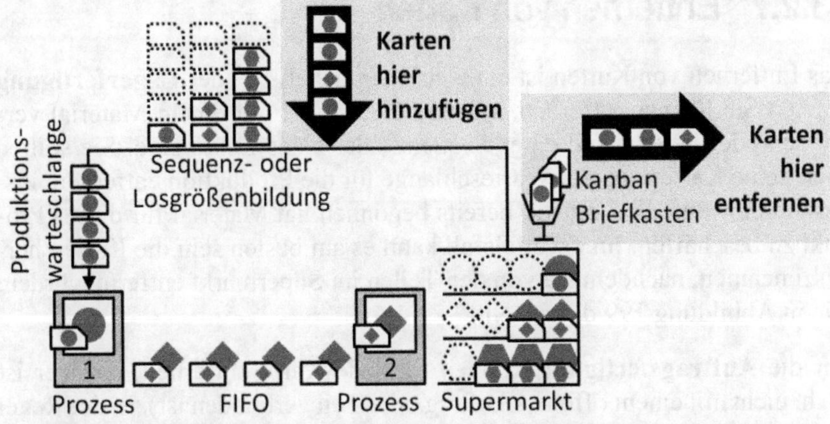

Abbildung 199: Bei Verbrauchssteuerungen für die Lagerfertigung fügen Sie Karten vor der Sequenzierung oder Losgrößenbildung hinzu und entfernen sie nach dem Supermarkt. (Bild: Roser)

Bei Auftragsfertigung werden die Karten einfach vor dem Einstiegspunkt hinzugefügt. Anders als bei der Lagerfertigung ist es kein Problem, eine große Anzahl von Karten gleichzeitig hinzuzufügen. Da die Karten alle leer sind, ist keine Reihenfolge für das Hinzufügen der Karten erforderlich, wie in Abbildung 200 dargestellt.

Bei Bestellpunktsystemen erhöhen Sie einfach den Bestellpunkt und/oder die Bestandsgrenze. Wenn Ihr aktueller Bestand einschließlich der bereits bestellten Artikel jetzt unter den Bestellpunkt fällt, geben Sie einen Auftrag zum Auffüllen bis zur Bestandsgrenze aus.

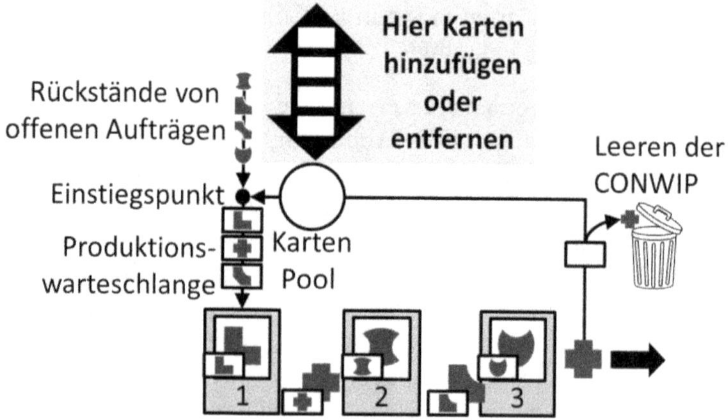

Abbildung 200: Bei Auftragsfertigung fügen Sie Karten vor dem Einstiegspunkt hinzu oder entfernen sie. (Bild: Roser)

13.2.7 Entfernen von Karten

Das Entfernen von Karten ist ein wenig einfacher. Bei der **Lagerfertigung** können Sie Karten entfernen, solange diese nicht mit einem Material verbunden oder bereits Teil einer Sequenz oder eines Loses sind. Sie sollten auch keine Karten aus der Warteschlange für die Produktion entfernen, insbesondere wenn die Logistik bereits begonnen hat Material für dieses Produkt zu beschaffen. Im Zweifelsfall kann es am besten sein die Karten herauszunehmen, nachdem sie von den Teilen im Supermarkt entfernt wurden, wie in Abbildung 199 dargestellt.

Für die **Auftragsfertigung** können Sie jede Karte entfernen, die leer ist (d. h. nicht mit einem offenen Auftrag oder Teil verbunden ist). In der Regel ist es am einfachsten diese aus dem Pool der verfügbaren Karten vor dem Einstiegspunkt zu entfernen, wie in Abbildung 200 dargestellt.

Bei Bestellpunktsystemen senken Sie einfach den Bestellpunkt und/oder die Bestandsgrenze. Wenn Ihr Bestand jetzt über der Bestandsgrenze liegt, warten Sie einfach, bis der normale Verbrauch die Bestandsgrenze und später dann den Bestellpunkt erreicht hat und bestellen dann nach.

Seien Sie bitte vorsichtig, wenn Sie viele Karten gleichzeitig entnehmen, denn dann kann es sein, dass Ihr Prozess aufgrund eines Mangels an ankommenden Karten keine Arbeit mehr hat. Möglicherweise müssen Sie entweder weniger Arbeitszeit für Ihr System einplanen oder die Karten nach und nach entfernen. Unabhängig davon, ob Sie Karten hinzufügen oder entfernen, **sind mehrere kleine Änderungen in der Regel besser als eine große mit ungewissem Ausgang**.

Kapitel 14

Zusammenfassung

Verbrauchssteuerungen sind eines der mächtigsten Werkzeuge für die Schlanke Produktion. Sie helfen Ihnen bei der Auftragsfertigung einen guten Kompromiss zwischen Durchlaufzeit und Auslastung zu finden. Sie helfen Ihnen bei der Lagerfertigung einen guten Kompromiss zwischen Materialverfügbarkeit und Bestand zu finden. **Die Verbrauchssteuerung ist jedoch nur ein Werkzeug und wie bei jedem Werkzeug kommt es darauf an, wie gut man es einsetzt.**

Verbrauchssteuerung sollte Teil einer umfassenden Kaizen-Strategie zur kontinuierlichen Verbesserung sein. Eine solche Verbesserung sollte **immer mit einem Problem beginnen, das Sie lösen wollen**. Das kann entweder ein schwieriges Problem sein, das Ihrem Werk viel Ärger bereitet oder ein kleines Problem, das schnell und einfach zu lösen ist und auch die Arbeitsmoral und die Akzeptanz in Bezug auf die Schlanke Produktion erhöhen kann. Es sollte nicht nur ein zufällig gefundenes Problem sein. Sie haben wahrscheinlich nicht genug Zeit, um alle Probleme in Ihrer Fertigung zu lösen. Also holen Sie das Beste aus Ihrer verfügbaren Zeit und Energie heraus. **Konzentrieren Sie sich auf die Probleme, die Ihnen die größte Verbesserung für den investierten Aufwand bringen.**

Zweitens sollte es sich auch um **ein echtes Problem** handeln, **das entweder die Sicherheit, die Qualität, die Kosten oder die Zeit beeinflusst.**

Gelegentlich sagen mir Manager ihr Problem sei, dass sie „keine Kanban haben". Nein, keine Kanban zu haben ist kein Problem; Kanban zu haben auch nicht. Kanbans – und eine Verbrauchssteuerung im Allgemeinen – sind eine Lösung für Probleme in Bezug auf Durchlaufzeiten, Liefertreue oder Kosten. Fangen Sie also nicht damit an einfach nur Kanban haben zu wollen, denn eine andere Verbrauchssteuerung könnte vielleicht eine noch bessere Lösung sein. Vielleicht ist die Organisation Ihrer Produktion nicht einmal Ihr größtes Problem.

Ich kann es nicht genug betonen: **Beginnen Sie immer mit einem Problem und arbeiten Sie sich von dort aus zu einer Lösung vor.** Sie könnten sogar mehrere Lösungen konzipieren und dann die beste auswählen. Verbrauchssteuerungen können Ihnen über Berechnungen zeigen, welche Aspekte den größten Einfluss auf die Anzahl der Karten oder die Bestandsgrenze haben. Wenn Sie den Bestand oder die Durchlaufzeit reduzieren wollen, gibt Ihnen diese Rechnung wertvolle Hinweise, wo Sie sich verbessern müssen.

Außerdem sind Sie nach der Implementierung einer Lösung noch nicht fertig. **Vergessen Sie nicht die Schritte *Check* und *Act* von PDCA.** Prüfen Sie nach der Implementierung gründlich, ob das System tatsächlich funktioniert. Funktioniert es auch noch fünf Monate später? Wenn es nicht gut genug funktioniert, finden Sie heraus, warum. Ermitteln Sie zuerst die Kernursachen, warum es nicht (gut genug) funktioniert und finden Sie dann heraus, wie Sie das Ergebnis verbessern können (siehe Kapitel 12.10 für Details). Der PDCA ist eine kontinuierliche Abfolge von Schleifen bis zur Erreichung Ihres Ziels, wie in Abbildung 201 dargestellt.

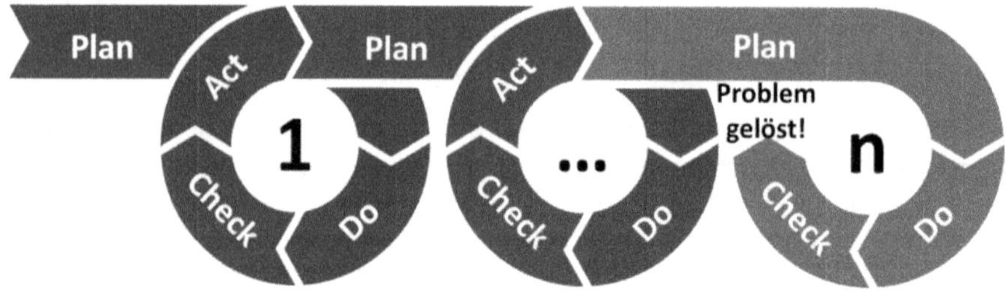

Abbildung 201: Der PDCA umfasst eine Reihe von Verbesserungszyklen bis zur wirklichen Lösung des Problems. Danach wird das nächste Problem in Angriff genommen. (Bild: Roser)

Praktisch alle Unternehmen machen Verbesserungsprojekte. Aber **exzellente Unternehmen verbessern sich in die richtige Richtung, stellen das tatsächliche Erreichen der Ergebnisse sicher und arbeiten so lange in dieselbe Richtung, bis sie schließlich eine zufriedenstellende Leistung erreicht haben.** Zum Beispiel war die Reduzierung der Umrüstzeit von

Presswerkzeugen bei Toyota, besser bekannt als *Single Minute Exchange of Die* (SMED), eine kontinuierliche Anstrengung. Über drei Jahrzehnte hinweg reduzierten die Experten bei Toyota die Umrüstzeit von acht Stunden auf weniger als zehn Minuten. Es gab eine **kontinuierliche Unterstützung durch mehrere Generationen von Führungskräften, die das gleiche Problem über dreißig Jahre lang in die gleiche Richtung verbessert haben.** Das ist leider in den meisten westlichen Unternehmen eine Seltenheit.

Um die Erfolgschancen für Ihr Unternehmen zu verbessern, sollten Sie die relevanten Probleme herausgreifen, eine gute Lösung auswählen und dann sicherstellen, dass die Lösung tatsächlich wie vorgesehen funktioniert, bevor Sie zum nächsten Problem übergehen.

Ich hoffe aufrichtig, dass dieses Buch Ihnen dabei hilft, indem es Ihnen einen gründlichen und praktischen Überblick über die verschiedenen Herausforderungen und Möglichkeiten von Verbrauchssteuerungen gibt. Und jetzt **legen Sie los, arbeiten Sie an Ihren Problemen und optimieren Sie Ihr Unternehmen!**

Anhang A
Variablen

Diese Liste enthält alle Variablen, die in diesem Buch verwendet werden. Zu jedem Eintrag gibt es auch eine kurze Beschreibung. In Klammern gebe ich die dazugehörige Einheit an, die üblicherweise mit der Variable verwendet wird. Eine Zeit kann z. B. in Tagen, Stunden, Minuten oder Sekunden gemessen werden. Achten Sie darauf, dass Sie die Einheit so auswählen, dass alle Einheiten in einer Formel kompatibel sind. Mischen Sie zum Beispiel nicht Stunden und Sekunden in derselben Formel. Bitte beachten Sie auch, dass viele Variablen für Lagerfertigung und Auftragsfertigung leicht unterschiedlich ermittelt werden. Die Durchlaufzeit LT enthält z. B. konservative Werte für Lagerfertigungen, aber nur Durchschnitte für Auftragsfertigungen.

BD	Zeit zur Abdeckung von Unterbrechungen und Störungen (Zeit)
CO	Kosten für einen Bestellvorgang (monetär)
CO_n	Kosten für einen Bestellvorgang von Teiletyp n (monetär)
D	Bedarf innerhalb eines Zeitraums (Menge oder Auftrag)
D_n	Bedarf an Teiletyp n innerhalb eines Zeitraums (Menge)
D_{All}	Bedarf an allen Teiletypen innerhalb eines Zeitraums (Menge)
DF	Bedarfshäufigkeit (Menge oder Auftrag pro Zeit)
DF_n	Bedarfshäufigkeit für Teiletyp n (Menge pro Zeit)
DF_{All}	Bedarfshäufigkeit über alle Teiletypen (Menge pro Zeit)
HC	Lagerkosten für ein Teil für einen Zeitraum (monetär pro Zeit und Menge)
HC_n	Lagerkosten für ein Teil vom Typ n für einen Zeitraum (monetär pro Zeit und Menge)
I	Bestand allgemein (Menge)
$I_{Max,n}$	Maximalbestand oder Bestandsgrenze von Teiletyp n (Menge)
$I_{Min,n}$	Mindestbestand oder Bestellpunkt für Teiletyp n (Menge)
$I_{\Delta,n}$	Deltabestand des Teiletyps n (Menge)
KL	Losgröße als Anzahl Kanbans (Anzahl Karten)
KL_n	Losgröße als Anzahl Kanbans für Teiletyp n (Anzahl Karten)
LT	Durchlaufzeit (Zeit)
m	Anzahl aller Teiletypen in der Verbrauchssteuerungsschleife (ohne Einheit)
n	Generischer Verweis auf einen Teiletyp (ohne Einheit)
NC_{CONWIP}	Anzahl der CONWIP-Karten (Anzahl Karten)
NC_{Kanban}	Anzahl der Kanbans (Anzahl Karten)
$NC_{Kanban,n}$	Anzahl der Kanbans für Teiletyp n (Anzahl Karten)
NC_{POLCA}	Anzahl der POLCA-Karten (Anzahl Karten)

NPC_n	Anzahl der Teile pro Kanban für Teiletyp n (Menge pro Karte)
OS	Bestellmenge (Menge)
$OS_{Max,n}$	Größte erwartete Bestellmenge für Teiletyp n (Menge)
PD	Bedarfsspitzen (Menge)
PD_n	Bedarfsspitzen für Teiletyp n (Menge)
PT	Summe aller Prozesszeiten (Zeit)
PT_n	Summe aller Prozesszeiten für Teiletyp n (Zeit)
Q	Quantität allgemein (Menge)
Q_n	Produzierte gute Menge von Teiletyp n (Menge)
Q_{All}	Quantität über alle Teilevarianten (Menge oder Aufträge)
RP	Wiederbestellzeit (Zeit)
RP_n	Wiederbestellzeit für Teiletyp n (Zeit)
RT	Wiederbeschaffungszeit (Zeit)
RT_n	Wiederbeschaffungszeit für Teiletyp n (Zeit)
$RT_{Max,n}$	Maximal berücksichtigte Wiederbeschaffungszeit für Teiletyp n (Zeit)
$RT_\emptyset$	Durchschnittliche Wiederbeschaffungszeit (Zeit)
$RT_{\emptyset,n}$	Durchschnittliche Wiederbeschaffungszeit für Teiletyp n (Zeit)
S	Sicherheitsfaktor (Menge, Anzahl Karten oder Zeit je nach Verwendung)
T	Dauer allgemein (Zeit)
TI	Dauer für den Transport von Informationen (Zeit)
TI_n	Dauer für den Transport von Informationen des Teiletyp n (Zeit)
TL	Linientakt (Zeit pro Menge oder Auftrag)
TL_n	Linientakt für Teiletyp n (Zeit pro Menge)
TL_{All}	Linientakt über alle Teiletypen (Zeit pro Menge oder Auftrag)
TP	Durchsatz (Menge pro Zeit)
TP_n	Durchsatz für Teiletyp n (Menge pro Zeit)
TP_{All}	Durchsatz über alle Teiletypen (Menge oder Aufträge pro Zeit)
TT	Kundentakt (Zeit pro Menge)
TT_n	Kundentakt für Teiletyp n (Zeit pro Menge)
TT_{All}	Kundentakt über alle Teiletypen (Zeit pro Menge oder Auftrag)
TW	Arbeitszeit eines Systems (Zeit)
TWT	Summe aller Transport- und Wartezeiten (Zeit)
TWT_n	Summe aller Transport- und Wartezeiten für Teiletyp n (Zeit)
WB	Wartezeit im (Kanban, CONWIP, etc.) Briefkasten (Zeit)
WI	Wartezeit im Bestand (Zeit)
WL	Arbeitslast (Zeit)
WL_{Max}	Maximale Arbeitslast (Zeit)
WP	Wartezeit in der Warteschlange für die Produktion (Zeit)
WP_n	Wartezeit in der Warteschlange für die Produktion für Teiletyp n (Zeit)
WQ	Wartezeit für die Sequenzierung (Zeit)

WQ_n   Wartezeit für die Sequenzierung von Teiletyp n (Zeit)
WS   Wartezeit in der Warteschlange für den Versand (Zeit)
WT   Wartezeit für das Erstellen Wagenladung (Zeit)
α Sicherheitsfaktor (Prozent)

Wertstromsymbole

Eine Wertstromanalyse (auf Englisch *Value Stream Mapping* oder *VSM*) ist eine gängige Methode, um den Material- und Informationsfluss auf eine einigermaßen standardisierte Weise zu beschreiben. Innerhalb dieses Buches verwende ich oft Schaubilder, um Verbrauchssteuerungen zu erklären. Hierbei benutze ich manchmal Wertstromsymbole. Die meisten dieser Symbole sind leicht zu erraten. Trotzdem gebe ich Ihnen hier eine kurze Einführung in die in diesem Buch verwendeten Wertstromsymbole, allerdings unter der Annahme, dass die meisten Leser zumindest grundlegende Kenntnisse der Wertstromanalyse haben. Für einen tieferen Einblick schauen Sie bitte in meine Blog-Beiträge[99,100,101,102,103] oder in die relevante Literatur[104]. Abbildung 202 zeigt Beispiele für die wichtigsten Wertstromsymbole.

---

[99] Christoph Roser, *When to Do Value Stream Maps (and When Not!)*, in *Collected Blog Posts of AllAboutLean.Com 2015*, Collected Blog Posts of AllAboutLean.Com 3 Offenbach, Germany: AllAboutLean.com Publishing, 2020, 212–19.

[100] Christoph Roser, *Overview of Value Stream Mapping Symbols*, in *Collected Blog Posts of AllAboutLean.Com 2015*, Collected Blog Posts of AllAboutLean.Com 3 Offenbach, Germany: AllAboutLean.com Publishing, 2020, 220–28.

[101] Christoph Roser, *Basics of Value Stream Maps*, in *Collected Blog Posts of AllAboutLean.Com 2015*, Collected Blog Posts of AllAboutLean.Com 3 Offenbach, Germany: AllAboutLean.com Publishing, 2020, 229–36.

[102] Christoph Roser, *Practical Tips for Value Stream Mapping*, in *Collected Blog Posts of AllAboutLean.Com 2015*, Collected Blog Posts of AllAboutLean.Com 3 Offenbach, Germany: AllAboutLean.com Publishing, 2020, 237–44.

[103] Christoph Roser, *Value Stream Mapping – Why to Start at the Customer Side*, in *Collected Blog Posts of AllAboutLean.Com 2013*, Collected Blog Posts of AllAboutLean.Com 1 Offenbach, Germany: AllAboutLean.com Publishing, 2020, 92–97.

[104] Mike Rother und John Shook, *Learning to See: Value-Stream Mapping to Create Value and Eliminate Muda: Value Stream Mapping to Add Value and Eliminate Muda* Lean Enterprise Institute, 1999.

Abbildung 202: Beispiele für die wichtigsten Symbole der Wertstromanalyse (Bild: Roser)

Am wichtigsten ist wahrscheinlich der **Prozess**, ein einfacher Kasten, der aber oft noch zusätzliche Daten enthält. Ein Fabrik-Symbol wird für **Kunden** oder **Lieferanten** verwendet. Ein Computersymbol steht für das **ERP-System**. Der **Mitarbeiter** wird durch ein menschliches Symbol in Draufsicht dargestellt. Ein Dreieck steht für **Bestand** im Allgemeinen, aber *nicht* für einen FIFO- oder Supermarktbestand (d. h. nicht für ein Bestand, der durch eine Verbrauchssteuerung verwaltet wird). Der Bestand kann die Anzahl der Teile anzeigen, die bei der Erstellung der Wertstromanalyse gezählt wurden. Verschiedene kleine Symbole für den Transport umfassen einen **Milk Run**, einen **Gabelstapler** und einen **LKW**. Ein **Supermarkt** wird durch eine offene Box mit drei Fahrspuren symbolisiert. Ein einfacher Pfeil stellt den **Informationsfluss** dar, gelegentlich mit einem Zickzack für den digitalen Informationsfluss. Ein komplexerer gestreifter Pfeil stellt einen **Materialfluss mittels Plansteuerung** dar. Eine **FIFO** ist ebenfalls mit einem Symbol versehen, oft mit der maximalen Kapazität. Eine Kanban wird durch ein Quadrat mit einer fehlenden Ecke dargestellt. Ein **Kanbanbriefkasten** (manchmal auch „Kanbanbox") wird symbolisiert durch einen kleinen Ständer für Kanbans.

Diese Symbole können zu größeren Wertstromanalysen kombiniert werden, wie z. B. in Abbildung 203 dargestellt. Die Wertstromanalyse wirkt oft wie ein starrer Standard, obwohl sie es gar nicht. Es gibt noch mehr Symbole, als hier aufgelistet sind. Diese Vielfalt wird dadurch verstärkt, dass es keinen festen Kanon von anerkannten Symbolen für die Wertstromanalyse gibt. Viele Organisationen verwenden leicht unterschiedliche Symbole für den gleichen Zweck oder nutzen das gleiche Symbol mit unterschiedlichen Definitionen. Wenn Sie eine Wertstromanalyse erstellen, ist es nicht das primäre Ziel den Symbolen buchstabengetreu zu folgen. **Das Ziel ist vielmehr**

eine Darstellung des Material- und Informationsflusses, die Ihnen und Ihrem Team bei der Verbesserung des Systems hilft. Erfinden Sie eigene Symbole und passen andere nach Bedarf an. Versuchen Sie aber auch, die Anzahl der neuen Symbole nicht zu übertreiben.

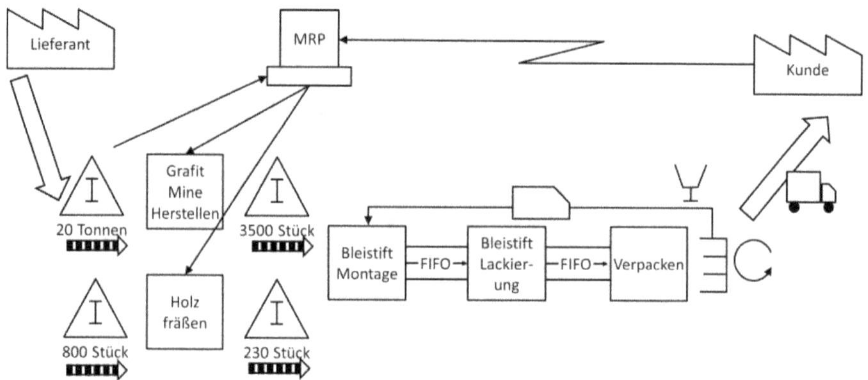

Abbildung 203: Beispiel für eine Wertstromanalyse (Bild: Roser)

Anhang C
COBACABANA

Die Copacabana ist ein sehr schöner Strand in Rio de Janeiro. Etwas anders geschrieben, nämlich „COBACABANA", ist damit eine Verbrauchssteuerungssteuerung gemeint. COBACABANA steht für die englischen Begriffe *Control of Balance by Card-Based Navigation* (manchmal auch als COBA abgekürzt), was so viel heißt wie „Steuerung des Gleichgewichts durch kartenbasierte Lenkung".

COBACABANA wurde von Martin Land entwickelt und von Matthias Thürer verbessert[105,106,107,108]. Das System will bei der Verwaltung von Werkstattfertigungen helfen, insbesondere bei der Aufgabe die Prozesse auszulasten, ohne gleichzeitig einen Prozess zu überlasten oder einen anderen leerlaufen zu lassen. Werkstattfertigungen zu steuern ist eine Herausforderung, an der sich viele versucht haben, nur wenige allerdings mit Erfolg. COBACABANA tut das nur mit Papierkarten – einer großen Menge Papierkarten, um genau zu sein, was die Methode ein wenig komplex macht. Meines Wissens gibt es noch keine reale Implementierung von COBACABANA. Daher habe ich die Methode nicht in den Hauptteil dieses Buches aufgenommen, sondern in den Anhang, mehr aus akademischem Interesse. Die Verwendung dieser Methode erfolgt auf eigenes Risiko.

C.1 Grundlagen

COBACABANA unterteilt den Ablauf einer Kundenbestellung in zwei Schritte, wie in Abbildung 204 dargestellt. Der erste Schritt ist die

---

[105] Matthias Thürer, Mark Stevenson, und Charles W. Protzman, *COBACABANA (Control of Balance by Card Based Navigation): An alternative to kanban in the pure flow shop?*, International Journal of Production Economics 166 2015: 143–51.

[106] Matthias Thürer, *Card-Based Control Systems for a Lean Work Design: The Fundamentals of Kanban, ConWIP, POLCA, and COBACABANA* Productivity Press, 2017.

[107] Martin Land, *Cobacabana (control of balance by card-based navigation): A card-based system for job shop control*, International Journal of Production Economics 117 2009: 97–103.

[108] Matthias Thürer, Nuno O. Fernandes, und Mark Stevenson, *Material Flow Control in High-Variety Make-to-Order Shops: Combining COBACABANA and POLCA*, Production and Operations Management 29, Nr. 9 2020: 2138–52.

Auftragsannahme. Die Auftragsannahme überwacht die Arbeitslast der angenommenen Aufträge im Rückstand der offenen Aufträge. Immer wenn ein neuer Kundenauftrag eintrifft, prüft die Auftragsannahme, wie viel Arbeit dieser Auftrag für die verschiedenen Prozesse darstellt und wie viel Arbeit sich bereits im Rückstand der offenen Aufträge befindet. Dieses Vorgehen wird verwendet, um machbare Fälligkeitstermine abzuschätzen, wobei der Fälligkeitstermin die Summe aus der Arbeitslast in der Auftragsannahme plus der Arbeitslast in der Auftragsfreigabe plus einer gewissen Sicherheit ist.

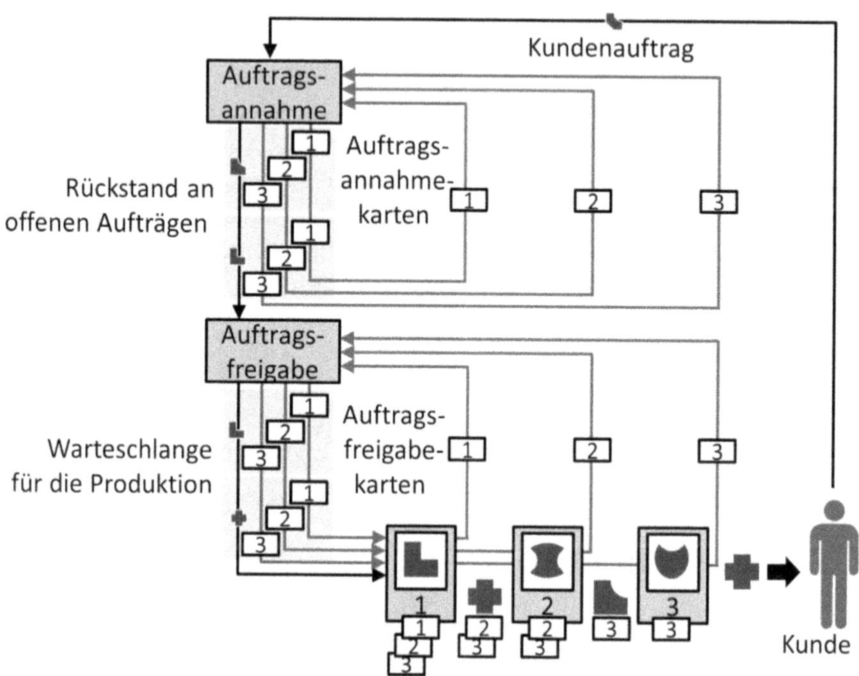

Abbildung 204: Übersicht über den Informationsfluss in COBACABANA (Bild: Roser)

Ein Auftrag wird angenommen, indem eine **Auftragsannahmekarte**, die die Arbeitslast repräsentiert, an den Auftrag angebracht wird. Für jeden Vorgang des Auftrags wird mindestens eine Karte angebracht. Wenn der Auftrag im nächsten Schritt für die Produktion freigegeben wird, kehren diese Karten an die Auftragsannahme zurück.

Ein zweiter, ähnlicher Schritt ist die **Auftragsfreigabe**. Auch dieser überwacht die Arbeitslast im System für jeden Prozess. Allerdings begrenzt die Auftragsfreigabe die Arbeitslast. Ein Auftrag wird erst dann freigegeben, wenn genügend freie Kapazität vorhanden ist. Immer wenn genügend freie Kapazität für alle benötigten Prozesse da ist, wird der offene Auftrag aus dem Rückstand in die Warteschlange für die Produktion freigegeben. **Auftragsfreigabekarten,** die die Arbeitslast für jeden Prozess des Auftrags darstellen, werden an den Auftrag angebracht. Nachdem ein Prozess seine Arbeit beendet hat, werden die entsprechenden Auftragsfreigabekarten für diesen Prozess zurückgegeben.

Eine Plansteuerung würde diese offenen Aufträge einfach in der Fabrik freigeben. Eine Verbrauchssteuerung hingegen steuert und begrenzt die Menge der Arbeit in der Fertigung. COBACABANA ist eine Verbrauchssteuerung, da die Gesamtanzahl der Arbeit im Produktionssystem durch die Auftragsfreigabekarten begrenzt wird. Ein zusätzlicher Rückstand an offenen Aufträgen kann theoretisch durch die Auftragsannahmekarte begrenzt werden, obwohl dies nicht empfohlen wird. Wie Sie wahrscheinlich in der Abbildung 204 sehen können, ist COBACABANA komplizierter als CONWIP oder POLCA.

C.2 Varianten

Seit der Vorstellung der Methode von Land im Jahr 2009 wurde diese mehrfach angepasst. Obwohl sie noch immer den gleichen Namen hat, handelt es sich aktuell eher um COBACABANA 2.0 (oder sogar 3.0).

Normalerweise verwendet COBACABANA Karten in Standardgröße, die ähnliche Arbeitslasten repräsentieren. Zum Beispiel könnte jede Auftragsfreigabekarte zwei Stunden Arbeit repräsentieren. Wenn der Auftrag sechs Stunden dauert, werden drei Karten an den Auftrag angebracht. Um eine inflationär große Anzahl von Karten für unterschiedliche Aufträge zu vermeiden, empfiehlt Thürer, nur eine **einzige benutzerdefinierte Karte pro Auftrag und Arbeitsstation** zu verwenden, deren Größe (d. h. Länge) die Arbeitslast für diese Station repräsentiert. Das reduziert die Anzahl der Karten erheblich, erfordert aber für jeden Auftrag das Zuschneiden von Karten in Sondergröße.

Es hat sich aber herausgestellt, dass das Schneiden von Karten umständlich ist. Eine weitere Variante empfiehlt nun **Karten in verschiedenen Standardgrößen.** Hier scheint es, dass drei Größen (klein, mittel und groß) in Bezug auf die Genauigkeit gut genug sind. Sie wählen einfach für jeden Prozess die Karte aus, deren Größe am besten zu Ihrer Arbeitsbelastung passt und fügen sie dem akzeptierten oder freigegebenen Auftrag hinzu, wie in Abbildung 205 visualisiert.

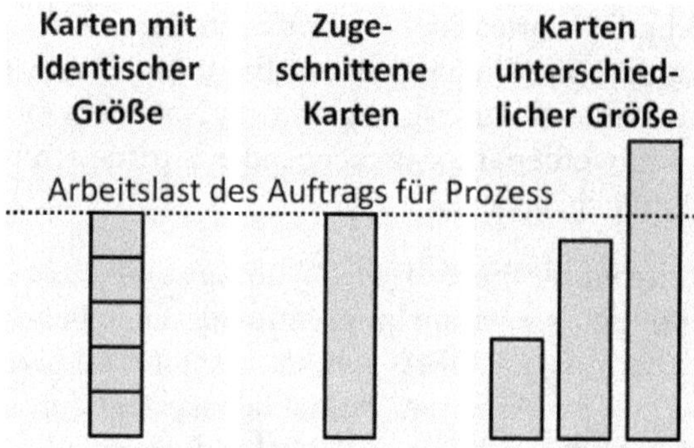

Abbildung 205: Darstellung der Arbeitslast in COBACABANA unter Verwendung von Karten gleicher Größe (der ursprüngliche Ansatz), individuell zugeschnittener Karten und Karten mit unterschiedlichen Standardgrößen (Bild: Roser)

In einer weiteren Modifikation von COBACABANA wird eine einzelne **Poolkarte** pro offenem Auftrag im Rückstand der offenen Aufträge angelegt. Die Annahmekarten von oben werden an den Verkäufer gegeben. Anhand der Höhe des Stapels der Annahmekarten kann der Verkäufer abschätzen, wie lang die Verzögerung der Aufträge im Rückstand sein wird. Die Poolkarte verbleibt bei dem offenen Auftrag.

Auf der Fertigungsseite wurde den Auftragsfreigabekarten eine **Produktionskarte** hinzugefügt. Die Freigabekarte wird auf die richtige Größe zugeschnitten und verbleibt beim Planer. Die Höhe des Stapels der Freigabekarten stellt die Arbeitsbelastung dar. Neue Aufträge werden nur dann freigegeben, wenn im Stapel genügend Platz dafür vorhanden ist. Die Produktionskarte wandert mit dem Auftrag zum Prozesse. Nach Erledigung kehrt die Produktionskarte zum Planer zurück, der dann auch die Freigabekarte wieder in den Stapel freigibt.

In der Literatur wird eine Verwendung dieser Karten zur **Schätzung eines Lieferdatums** auf der Grundlage der Daten aus dem Rückstand offener Aufträge beschrieben. Dem liegt die Annahme zugrunde, dass die Durchlaufzeit in der Fertigung relativ stabil ist. Abhängig von der Anzahl der Auftragsfreigabekarten vor einem Auftrag könnte das Fälligkeitsdatum geschätzt werden. Das ist jedoch, wie alles bei COBACABANA, eine theoretische Idee und noch nicht in der Realität getestet. Aufgrund der sehr chaotischen Natur von Werkstattfertigungen bin ich ein wenig skeptisch, wie gut dieser Ansatz funktioniert.

Es gibt auch Varianten, welche den Auftragsannahmeprozess und den Auftragsfreigabeprozess modifiziert haben. In der ursprünglichen Version, die im nächsten Unterkapitel erläutert wird, stellt eine Karte im

Auftragsannahmeprozess oder Auftragsfreigabeprozess die verfügbare Kapazität dar, und der leere Platz steht für die belegte Kapazität (siehe Abbildung 206 und Abbildung 207). Im Jahr 2014 wurde dies umgedreht, so dass die **Karten die verfügbare Kapazität repräsentieren**, während der leere Platz die belegte Kapazität darstellt. Für diesen Ansatz benötigen Sie jedoch jede Karte zweimal, einmal für die Auftragsannahme oder die Auftragsfreigabe und zum zweiten Mal, um mit dem eigentlichen Auftrag in die Fertigung zu gehen. Das erhöht die ohnehin schon große Anzahl von Karten noch weiter.

C.3 Elemente

Die beiden Hauptelemente von COBACABANA sind der Auftragsannahmestapel für den Prozess der Auftragsannahme und der Auftragsfreigabestapel für den Prozess der Auftragsfreigabe. Für den Umgang mit den Karten werden sicher noch weitere Elemente benötigt, die aber in der Originalliteratur nicht näher beschrieben sind. Diese wären wahrscheinlich sehr ähnlich zur Handhabung von Kanban- und CONWIP-Karten.

C.3.1 Die Auftragsannahme

Ein Kunde gibt einen Auftrag. Dieser Auftrag muss von verschiedenen Prozessen innerhalb des Systems bearbeitet werden. Die für diesen Auftrag benötigte Zeit wird für jeden Prozess geschätzt. Angenommen, ein Auftrag würde sechs Stunden für das Fräsen, acht Stunden für das Härten und vier Stunden für das Schleifen benötigen. Dieser Auftrag geht zunächst in den **Rückstand der offenen Aufträge**, bevor er für die Produktion freigegeben wird.

Um den Überblick über die Auslastung zu behalten, hat jeder Prozess einen Satz von **Auftragsannahmekarten**, die eine bestimmte Auslastung repräsentieren. Verfügbare Karten stellen verfügbare Kapazität dar, während Karten, die an einen Auftrag angebracht sind, gebundene Kapazität darstellen. Dies ist in Abbildung 206 dargestellt. In diesem Beispiel steht jede Karte für zwei Stunden Arbeit. Es gibt bereits offene Aufträge im Rückstand, die zehn Stunden Fräsen entsprechen. Daher wurden fünf Karten für das Fräsen, die zehn Stunden Arbeit repräsentieren, entfernt. In ähnlicher Weise enthalten die offenen Aufträge bereits achtzehn Stunden Härten und acht Stunden Schleifen, daher wurden bereits neun Karten für Härten und vier für Schleifen entfernt. Zur einfacheren Visualisierung hat jeder Prozess in der Abbildung 206 seine eigene Farbe.

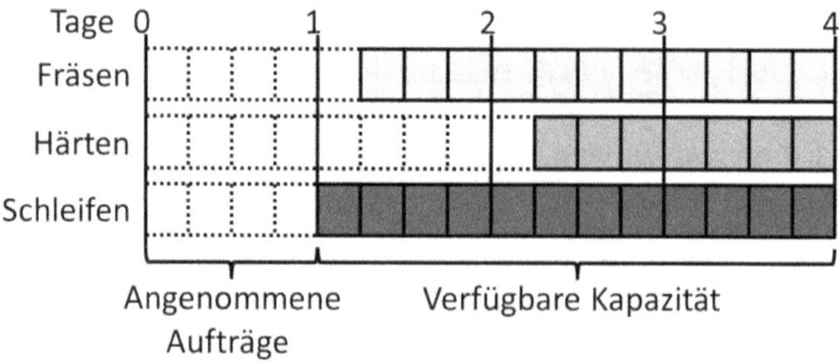

Abbildung 206: COBACABANA-Annahmestapel vor der Annahme eines neuen Auftrags (Bild: Roser)

Mit dem neuen Auftrag benötigen wir weitere sechs Stunden für das Fräsen, acht Stunden für das Härten und vier Stunden für das Schleifen. Daher entfernen wir drei Karten (sechs Stunden) beim Fräsen, vier Karten (acht Stunden) beim Härten und zwei Karten (vier Stunden) beim Schleifen. Diese neun Karten werden an den offenen Auftrag im Rückstand angebracht, wie in Abbildung 207 dargestellt.

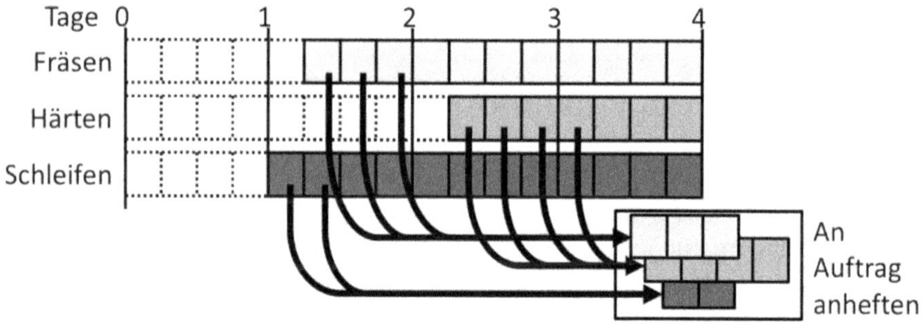

Abbildung 207: COBACABANA entnimmt Auftragsannahmekarten vom Annahmestapel bei der Annahme eines neuen Auftrags (Bild: Roser)

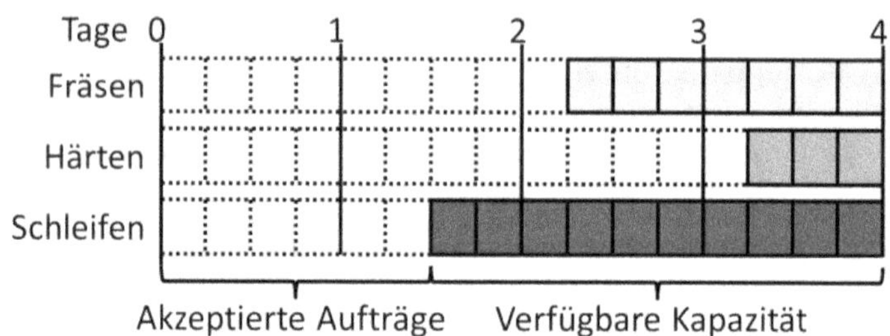

Abbildung 208: COBACABANA-Annahmestapel nach Annahme eines neuen Auftrags (Bild: Roser)

Danach sollte der Abnahmekartenstapel wie in Abbildung 208 aussehen. So hat der Mitarbeiter immer einen guten Überblick über die dem Kunden bereits zugesagte Arbeit, welche aber noch nicht freigegeben ist.

C.3.2 Die Auftragsfreigabe

Ein ähnliches Verfahren wird für die Freigabe der Aufträge verwendet. Das Rückgrat einer jeden Verbrauchssteuerung ist es, die Arbeit im System zu begrenzen. Während die meisten Verbrauchssteuerungen lediglich die Anzahl der Aufträge zählen, misst COBACABANA tatsächlich die Arbeitslast. Aufträge werden nur dann aus dem Rückstand an offenen Aufträgen in die Warteschlange für die Produktion freigegeben, wenn die Prozesse genügend Kapazität haben, um die Arbeitslast zu bewältigen. Der Ansatz ähnelt dem oben beschriebenen Rückstand der offenen Aufträge. Die Karten werden hier **Auftragsfreigabekarten** genannt. Die Gesamtzahl der Karten stellt die maximale Menge an Arbeit dar, die gleichzeitig in das System eingegeben werden kann.

Ein Beispiel ist in Abbildung 209 dargestellt. Jede Karte steht für eine bestimmte Menge an Arbeit. In diesem Beispiel entspricht jede Karte einem Arbeitsaufwand von zwei Stunden (obwohl der ursprüngliche Autor 1% der maximalen Arbeitslast vorgeschlagen hatte – in dem Fall würden Sie am Ende aber hundert Karten für jeden Prozess haben).

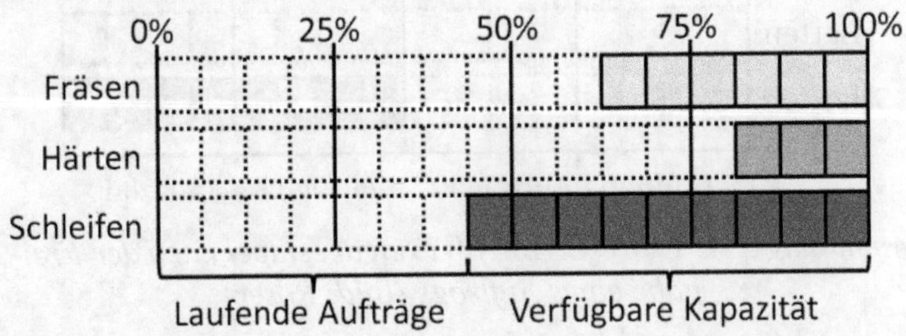

Abbildung 209: COBACABANA-Freigabestapel vor der Freigabe eines Auftrags zur Produktion (Bild: Roser)

Bei der Freigabe eines Auftrags aus dem Rückstand an offenen Aufträgen gehen die Auftragsannahmekarten zurück in die Auftragsannahme. Die Auftragsfreigabekarten werden aus dem Freigabestapel entfernt und an den offenen Auftrag angebracht. Sie müssen genügend Freigabekarten haben, um den Auftrag freizugeben, sonst muss er im Rückstand der offenen Aufträge warten. Die Aufträge werden in der Reihenfolge des geplanten Freigabedatum freigegeben, in der Hoffnung, dass der dringendste Auftrag als nächster in die Fertigung kommt.

In unserem Beispiel hatten wir gerade noch genug Karten zum Härten, um den Auftrag an die Fertigung freizugeben, wie in Abbildung 210 dargestellt. Der Freigabestapel danach ist in Abbildung 211 zu sehen. Die Auftragsfreigabe hat also immer einen guten Überblick über die aktuelle Auslastung der einzelnen Stationen, allerdings wieder um den Preis von recht vielen Karten. Sobald der Auftrag abgeschlossen ist, gehen die Freigabekarten zurück in den Freigabestapel, um für die nächsten freizugebenden Aufträge zur Verfügung zu stehen.

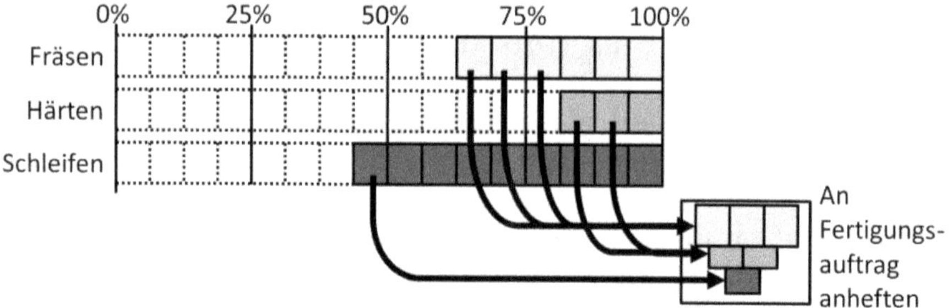

Abbildung 210: COBACABANA beim Entfernen von Auftragsfreigabekarten aus dem Freigabestapel während der Freigabe eines Auftrags aus dem Rückstand für die Produktion (Bild: Roser)

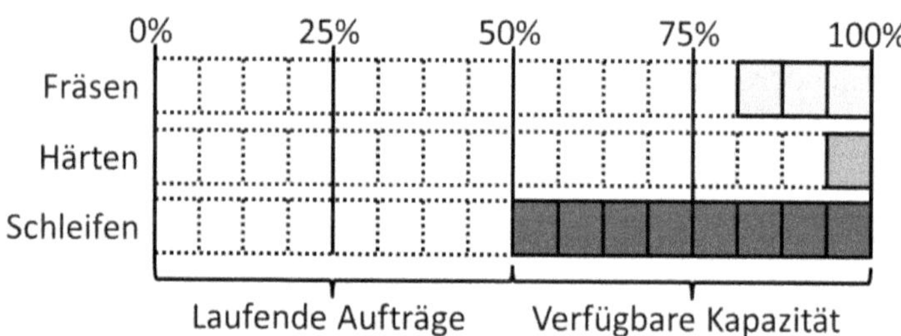

Abbildung 211: COBACABANA-Freigabestapel nach der Freigabe eines Auftrags (Bild: Roser)

C.4 COBACABANA-Berechnung

In der Originalliteratur finden sich keine Angaben zur Berechnung der Anzahl der Auftragsfreigabekarten. Ähnlich wie bei CONWIP ist das Ziel der Auftragsfreigabekarten, das System gut ausgelastet zu halten ohne es zu überfüllen und die Durchlaufzeit zu erhöhen. Das ist schwierig zu berechnen, eine Schätzung ist wahrscheinlich besser. Beachten Sie auch, dass aufgrund der unterschiedlichen Auslastung der verschiedenen Aufträge für die unterschiedlichen   Prozesse   möglicherweise   nicht   alle

Auftragsfreigabekarten zu einem bestimmten Zeitpunkt im System sind, obwohl ein Rückstand an offenen Aufträgen besteht.

Die Anzahl der Auftragsannahmekarten ist kein Limit, sondern dient der Abschätzung der Lieferzeit. Sie brauchen die Auftragsannahmekarten daher nicht zu berechnen, sondern halten einfach genügend davon bereit und fügen weitere hinzu, wenn Sie keine mehr haben.

C.5 Vorteile

Der große Vorteil von COBACABANA ist, dass alles auf Karten basiert. Daher ist das System sehr visuell und leicht zu überschauen. Es ist auch viel einfacher anzupassen oder zu verbessern als ein computerbasiertes System, das immer Programmierer benötigt – die hoffentlich gut im Programmieren sind, aber oft wenig von den Bedürfnissen der Fertigung verstehen.

Mir gefällt der Fokus auf ein rein papierbasiertes System ohne ein komplexes ERP-System. In diesem Aspekt ist COBACABANA ziemlich einzigartig. Es ist die einzige rein papierbasierte Methode, die ich kenne, welche die Arbeitslast in Werkstattfertigungen verwaltet. Zu diesem Thema scheint es einen kontinuierlichen Strom von Veröffentlichungen zu geben, hauptsächlich von Thürer. Vielleicht wird es in Zukunft weitere Updates und Änderungen geben, um das System einfacher zu machen.

C.6 Nachteile

Insgesamt ist der Ansatz bisher **eher theoretisch**, auch wenn einer der Miterfinder, Professor Thürer, einen deutschen Meistertitel und viel Praxiserfahrung hat. Jedenfalls gibt es meines Wissens noch keine funktionierende Anwendung in der Praxis. Es sind auch noch nicht alle Macken und Probleme der Methode vollständig ausgemerzt, obwohl laufend an Verbesserungen geforscht wird.

Die **Anzahl der Karten (bzw. der Zuschnitt von benutzerdefinierten Kartengrößen) und deren Komplexität** stellen für mich ein Problem dar. Allerdings gibt es meiner Meinung nach keine guten *und* einfachen Lösungen für die Steuerung von Werkstattfertigungen. COBACABANA verwendet viel mehr Karten als andere Verbrauchssteuerungen, was eine Implementierung in der realen Welt zu einer Herausforderung macht.

C.7 Häufig gestellte Fragen

C.7.1 Kann man das digital machen?

Theoretisch sollte es möglich sein COBACABANA digital zu implementieren. Allerdings haben die Autoren COBACABANA mit dem expliziten Ziel entwickelt, ein kartenbasiertes System zu schaffen. Doch auch dies ist bisher nur eine Theorie ohne reale Umsetzung. Wenn Sie sich also für COBACABANA entscheiden, sollten Sie es auch digital umsetzen können – obwohl der Implementierungsaufwand aufgrund der fehlenden COBACABANA-Software vermutlich sehr hoch sein wird.

C.7.2 Kann man die Lieferzeit abschätzen?

Nach Ansicht der Autoren kann COBACABANA zur Abschätzung der Lieferzeit verwendet werden[109]. Basierend auf der Anzahl der Auftragsannahmekarten und Auftragsfreigabekarten wird die Durchlaufzeit und damit die Lieferzeit geschätzt. Das Problem ist, dass diese Karten für jeden Prozess im System separat existieren und zu einer gemeinsamen Durchlaufzeit konsolidiert werden müssten. Ohnehin ist diese Schätzung der Lieferzeit, wie die gesamte COBACABANA-Methode, eine theoretische Annahme und noch nicht in der Industrie validiert.

---

[109] Matthias Thürer, *Card-Based Control Systems for a Lean Work Design: The Fundamentals of Kanban, ConWIP, POLCA, and COBACABANA* Productivity Press, 2017.

Empfohlene Literatur

Es gibt zahlreiche Bücher zum Thema Schlanke Produktion, Verbrauchssteuerung, Kanban und andere verwandte Themen. Hier sind verschiedene deutsche und englische Quellen, die meiner Meinung nach lesenswert sind (ohne Anspruch auf Vollständigkeit). Wenn Sie meinen Schreibstil mögen, kann ich Ihnen auch meinen Blog *AllAboutLean.com* unter https://www.allaboutlean.com/ empfehlen – obwohl Sie das vielleicht schon anhand der vielen Verweise auf meine eigenen Blog-Beiträge erraten haben.

D.1 Deutsch

Balle, Freddy, Michael Balle. *The Gold Mine – Die Geschichte Eines Gelungenen Lean Turnarounds: Ein Roman*. Übersetzt von Gerhard Moser. München: Carl Hanser Verlag GmbH & Co. KG, 2016. ISBN 978-3-446-44739-4. (Gute fiktive Erzählung einer Schlanken Transformation. Ursprünglicher englischer Titel „*The Gold Mine: A Novel of Lean Turnaround*")

Furukawa-Caspary, Mari. *Lean auf gut Deutsch: Band 1 Einführung und Bestandsaufnahme*. 1. Aufl. Norderstedt: Books on Demand, 2016. ISBN 978-3-7412-3684-6.

Furukawa-Caspary, Mari. *Lean auf gut Deutsch: Band 2: Zielsetzung und Just-in-Time*. 1. Aufl. Norderstedt: Books on Demand, 2018. ISBN 978-3-7460-9992-7.

Furukawa-Caspary, Mari. *Lean auf gut Deutsch: Band 3 Just-in-Time. Teil 2 Der Zeitbegriff*. 1. Aufl. Books on Demand, 2018. ISBN 978-3-7481-0785-9.

Lödding, Hermann. *Verfahren der Fertigungssteuerung: Grundlagen, Beschreibung, Konfiguration*. 3. Aufl. 2016. Berlin Heidelberg, Germany: Springer Vieweg, 2016. ISBN 978-3-662-48458-6. (Etwas akademisch, aber sehr gründlich. Ursprünglicher englischer Titel „*Handbook of Manufacturing Control: Fundamentals, description, configuration*")

Thürer, Matthias. *Kartenbasierte Steuerungssysteme für eine schlanke Arbeitsgestaltung: Grundwissen Kanban, ConWIP, POLCA und COBACABANA*. Springer Gabler, 2016, ISBN 978-3-658-12507-3 (Guter Überblick über Verbrauchssteuerungen, die Papierkarten anstelle von digitalen ERP-Systemen verwenden, mit einem

Schwerpunkt auf COBACABANA. Ursprünglicher englischer Titel „*Card-Based Control Systems for a Lean Work Design: The Fundamentals of Kanban, Conwip, Polca, and Cobacabana*")

D.2 Englisch

Baudin, Michel. *Working with Machines: The Nuts and Bolts of Lean Operations with Jidoka*. 1. Auflage. New York: Productivity Press, 2007. ISBN 978-1-56327-329-2. (Sehr praxisnaher und leicht zu lesender Autor. Zwei weitere seiner Bücher finden Sie unten).

Baudin, Michel. *Lean Assembly: The Nuts and Bolts of Making Assembly Operations Flow*. 1. Auflage. New York: Productivity Press, 2002. ISBN 978-1-56327-263-9.

Baudin, Michel. *Lean Logistics: The Nuts and Bolts of Delivering Materials and Goods*. New York, USA: Taylor & Francis, 2005. ISBN 978-1-56327-296-7.

Dettmer, H. William. *Goldratt's Theory of Constraints: A Systems Approach to Continuous Improvement*. Milwaukee, Wisconsin, USA: McGraw-Hill Professional, 1998. ISBN 978-0-87389-370-1.

Suri, Rajan. *Quick Response Manufacturing: A Companywide Approach to Reducing Lead Times*. Portland, Oregon, USA: Taylor & Francis Inc., 1998. ISBN 978-1-56327-201-1. (Erstes Buch zu POLCA. Für ein weiteres, neueres Buch desselben Autors siehe unten).

Suri, Rajan. *The Practitioner's Guide to POLCA: The Production Control System for High-Mix, Low-Volume and Custom Products*. Productivity Press, 2018. ISBN 978-1-138-21064-6. (DAS Buch zu POLCA)

Bibliografie

Ich erkläre viele der Techniken und Grundlagen der Schlanken Produktion ausführlich in meinem Blog *AllAboutLean.com*. Daher verweise ich häufig auf meinen Blog für weitere Details, die den Rahmen dieses Buches sprengen würden. Ich trage auch durch meine eigene Forschung zusammen mit meinen Studierenden zum besseren Verständnis der Schlanken Produktion bei.

Baker, Marc, Ian Taylor, und Alan Mitchell. *Making Hospitals Work: How to Improve Patient Care While Saving Everyone's Time and Hospitals' Resources*. 1. Aufl. Lean Enterprise Academy Limited, 2011. ISBN 978-0-9551473-2-6.

Balle, Freddy, und Michael Balle. *The Gold Mine – Die Geschichte Eines Gelungenen Lean Turnarounds: Ein Roman*. Übersetzt von Gerhard Moser. München: Carl Hanser Verlag GmbH & Co. KG, 2016. ISBN 978-3-446-44739-4.

Balle, Freddy, und Michael Balle. *The Gold Mine: A Novel of Lean Turnaround*. Brookline, Massachusetts, USA: Lean Enterprises Institute Inc., 2005. ISBN 978-0-9743225-6-8.

Barfod, Charlotte, Marlene Mauson Pankoke Lauritzen, Jakob Klim Danker, György Sölétormos, Jakob Lundager Forberg, Peter Anthony Berlac, Freddy Lippert, Lars Hyldborg Lundstrøm, Kristian Antonsen, und Kai Henrik Wiborg Lange. *Abnormal vital signs are strong predictors for intensive care unit admission and in-hospital mortality in adults triaged in the emergency department - a prospective cohort study*. Scandinavian Journal of Trauma, Resuscitation and Emergency Medicine 20, Nr. 1, 2012 : 28.

Breithaupt, Jan-Wilhelm, Martin Land, und Peter Nyhuis. *The workload control concept: theory and practical extensions of Load Oriented Order Release*. Production Planning & Control 13, Nr. 7, 2002 : 625–38.

Chen, Hong, Murray Z. Frank, und Owen Q. Wu. *What Actually Happened to the Inventories of American Companies Between 1981 and 2000? Management Science*, 2005.

Cox, James F., und John G. Schleier. *Theory of Constraints Handbook*. McGraw-Hill Professional, 2010. ISBN 0-07-166554-4.

Dettmer, H. William. *Goldratt's Theory of Constraints: A Systems Approach to Continuous Improvement*. Milwaukee, Wisconsin,

USA: McGraw-Hill Professional, 1998. ISBN 978-0-87389-370-1.

Duenyas, Izak. *A Simple Release Policy for Networks of Queues with Controllable Inputs*. Operations Research 42, Nr. 6, 1994 : 1162–71.

Fredendall, Lawrence D., Divesh Ojha, und J. Wayne Patterson. *Concerning the Theory of Workload Control. European Journal of Operational Research* 201, Nr. 1, 2010 : 99–111.

Germs, Remco, und Jan Riezebos. *Workload balancing capability of pull systems in MTO production. International Journal of Production Research* 48, Nr. 8, 2010 : 2345–60.

Goldratt, Eliyahu M., und Jeff Cox. *The Goal: A Process of Ongoing Improvement*. 2. Aufl. North River Press, 1992. ISBN 0-88427-178-1.

Goldratt, Eliyahu M., und Robert E. Fox. *The Race*. Croton-on-Hudson, New York, USA: North River Press Inc., 1986. ISBN 978-0-88427-062-1.

Graban, Mark. *Lean Hospitals: Improving Quality, Patient Safety, and Employee Engagement*. 2. Aufl. New York, USA: Productivity Press, 2011. ISBN 978-1-4398-7043-3.

Hopp, Wallace J., und Mark L. Spearman. *Factory Physics*. 3. Aufl. New York, NY: Waveland, 2011. ISBN 978-1-57766-739-1.

Hopp, Wallace J., und Mark L. Spearman. *To Pull or Not to Pull: What Is the Question? Manufacturing & Service Operations Management* 6, Nr. 2, 2004 : 133–48.

Jäger, Yannic. *Einfluss von Priorisierung auf das Verhalten eines Produktionssystems*. Master Thesis, Karlsruhe University of Applied Sciences, 2017.

Jäger, Yannic, und Christoph Roser. *Effect of Prioritization on the Waiting Time. In Proceedings of the International Conference on the Advances in Production Management System*. Seoul, Korea, 2018.

Kenney, Charles, und Donald M. Berwick. *Transforming Health Care: Virginia Mason Medical Center's Pursuit of the Perfect Patient Experience*. 1. Aufl. Boca Raton, Florida, USA: CRC Press, 2010. ISBN 978-1-56327-375-9.

Land, Martin. *Cobacabana (control of balance by card-based navigation): A card-based system for job shop control. International Journal of Production Economics* 117, 2009 : 97–103.

Lazarski, Adam. *Limitations of the Theory of Constraints and Goldratt concept in optimizing project portfolios. Akademia Controllingu*, 2010. https://www.akademiacontrollingu.pl/article/limitations-of-the-theory-of-constraints-and-goldratt-concept-in-optimizing-project-portfolios/.

Linhares, Alexandre. *Theory of Constraints and the Combinatorial Complexity of the Product-Mix Decision. International Journal of Production Economics*, Modelling and Control of Productive Systems: Concepts and Applications, 121, Nr. 1, 2009 : 121–29.

Little, John D. C. *A Proof for the Queuing Formula: $L = \lambda W$. Operations Research* 9, Nr. 3, 1961 : 383–87.

Nyhuis, Peter, und Hans-Peter Wiendahl. *Logistische Kennlinien: Grundlagen, Werkzeuge und Anwendungen*. 3. Aufl. Berlin Heidelberg Dordrecht London New York: Springer, 2012. ISBN 978-3-540-92838-6.

Oosterman, Bas, Martin Land, und Gerard Gaalman. *The Influence of Shop Characteristics on Workload Control. International Journal of Production Economics* 68, Nr. 1, 2000 : 107–19.

Pound, Edward S., Jeffrey H. Bell, und Mark L. Spearman. *Factory Physics for Managers: How Leaders Improve Performance in a Post-Lean Six Sigma World*. New York: McGraw-Hill Education Ltd., 2014. ISBN 978-0-07-182250-3.

Qiu, Mabel, Lawrence Fredendall, und Zhiwei Zhu. *TOC or LP? Manufacturing Engineer* 81, Nr. 4, 2002 : 190–95.

Richardson, Helen. *Control your costs–then cut them. Transportation & Distribution* 36, Nr. 12, 1995 : 94.

Roser, Christoph. *An Introduction to Capacity Leveling*. In *Collected Blog Posts of AllAboutLean.Com 2014*, 281–86. Collected Blog Posts of AllAboutLean.Com 2. Offenbach, Germany: AllAboutLean Publishing, 2020. ISBN 978-3-96382-010-6.

Roser, Christoph. *Basics of Value Stream Maps*. In *Collected Blog Posts of AllAboutLean.Com 2015*, 229–36. Collected Blog Posts of AllAboutLean.Com 3. Offenbach, Germany: AllAboutLean Publishing, 2020. ISBN 978-3-96382-013-7.

Roser, Christoph. *Bottleneck Management Part 1 – Introduction and Utilization*. In *Collected Blog Posts of AllAboutLean.Com 2014*, 246–51. Collected Blog Posts of AllAboutLean.Com 2. Offenbach, Germany: AllAboutLean Publishing, 2020. ISBN 978-3-96382-010-6.

Roser, Christoph. *Calculating the Material for Your Milk Run*. In *Collected Blog Posts of AllAboutLean.Com 2018*, 268–72. Collected Blog Posts of AllAboutLean.Com 6. Offenbach, Germany: AllAboutLean Publishing, 2020. ISBN 978-3-96382-022-9.

Roser, Christoph. *Changeover Sequencing – Part 1*. In *Collected Blog Posts of AllAboutLean.Com 2017*, 149–54. Collected Blog Posts of AllAboutLean.Com 5. Offenbach, Germany: AllAboutLean Publishing, 2020. ISBN 978-3-96382-019-9.

Roser, Christoph. *Determining the Size of Your FiFo Lane – The FiFo Formula*. In *Collected Blog Posts of AllAboutLean.Com 2014*, 185–91. Collected Blog Posts of AllAboutLean.Com 2. Offenbach, Germany: AllAboutLean Publishing, 2020. ISBN 978-3-96382-010-6.

Roser, Christoph. *Effect of Prioritization on Waiting Times*. In *Collected Blog Posts of AllAboutLean.Com 2018*, 113–20. Collected Blog Posts of AllAboutLean.Com 6. Offenbach, Germany: AllAboutLean Publishing, 2020. ISBN 978-3-96382-022-9.

Roser, Christoph. *External Milk Runs*. In *Collected Blog Posts of AllAboutLean.Com 2018*, 286–93. Collected Blog Posts of AllAboutLean.Com 6. Offenbach, Germany: AllAboutLean Publishing, 2020. ISBN 978-3-96382-022-9.

Roser, Christoph. *„Faster, Better, Cheaper" in the History of Manufacturing: From the Stone Age to Lean Manufacturing and Beyond*. 1. Aufl. Productivity Press, 2016. ISBN 978-1-4987-5630-3.

Roser, Christoph. *How to Determine Your Lot Size – Part 1*. In *Collected Blog Posts of AllAboutLean.Com 2017*, 12–16. Collected Blog Posts of AllAboutLean.Com 5. Offenbach, Germany: AllAboutLean Publishing, 2020. ISBN 978-3-96382-019-9.

Roser, Christoph. *How to Prioritize Your Work Orders – Basics*. In *Collected Blog Posts of AllAboutLean.Com 2016*, 156–59. Collected Blog Posts of AllAboutLean.Com 4. Offenbach, Germany: AllAboutLean Publishing, 2020. ISBN 978-3-96382-016-8.

Roser, Christoph. *Introduction to One-Piece Flow Leveling – Part 1 Theory*. In *Collected Blog Posts of AllAboutLean.Com 2015*, 1–5. Collected Blog Posts of AllAboutLean.Com 3. Offenbach, Germany: AllAboutLean Publishing, 2020. ISBN 978-3-96382-013-7.

Roser, Christoph. *Mathematically Accurate Bottleneck Detection 1 – The Average Active Period Method*. In *Collected Blog Posts of AllAboutLean.Com 2014*, 133–36. Collected Blog Posts of

AllAboutLean.Com 2. Offenbach, Germany: AllAboutLean Publishing, 2020. ISBN 978-3-96382-010-6.

Roser, Christoph. *Mixed Model Sequencing – Basic Example Introduction.* In *Collected Blog Posts of AllAboutLean.Com 2019*, 143–47. Collected Blog Posts of AllAboutLean.Com 7. Offenbach, Germany: AllAboutLean Publishing, 2020. ISBN 978-3-96382-025-0.

Roser, Christoph. *Mixed Model Sequencing – Complex Example Introduction.* In *Collected Blog Posts of AllAboutLean.Com 2019*, 159–64. Collected Blog Posts of AllAboutLean.Com 7. Offenbach, Germany: AllAboutLean Publishing, 2020. ISBN 978-3-96382-025-0.

Roser, Christoph. *Mixed Model Sequencing – Introduction.* In *Collected Blog Posts of AllAboutLean.Com 2019*, 128–32. Collected Blog Posts of AllAboutLean.Com 7. Offenbach, Germany: AllAboutLean Publishing, 2020. ISBN 978-3-96382-025-0.

Roser, Christoph. *Mixed Model Sequencing – Summary.* In *Collected Blog Posts of AllAboutLean.Com 2019*, 189–93. Collected Blog Posts of AllAboutLean.Com 7. Offenbach, Germany: AllAboutLean Publishing, 2020. ISBN 978-3-96382-025-0.

Roser, Christoph. *Overview of Value Stream Mapping Symbols.* In *Collected Blog Posts of AllAboutLean.Com 2015*, 220–28. Collected Blog Posts of AllAboutLean.Com 3. Offenbach, Germany: AllAboutLean Publishing, 2020. ISBN 978-3-96382-013-7.

Roser, Christoph. *Practical Tips for Value Stream Mapping.* In *Collected Blog Posts of AllAboutLean.Com 2015*, 237–44. Collected Blog Posts of AllAboutLean.Com 3. Offenbach, Germany: AllAboutLean Publishing, 2020. ISBN 978-3-96382-013-7.

Roser, Christoph. *Supermarket vs. FiFo – What Requires Less Inventory?* In *Collected Blog Posts of AllAboutLean.Com 2016*, 82–88. Collected Blog Posts of AllAboutLean.Com 4. Offenbach, Germany: AllAboutLean Publishing, 2020. ISBN 978-3-96382-016-8.

Roser, Christoph. *The Bottleneck Walk – Practical Bottleneck Detection Part 1.* In *Collected Blog Posts of AllAboutLean.Com 2014*, 142–48. Collected Blog Posts of AllAboutLean.Com 2. Offenbach, Germany: AllAboutLean Publishing, 2020. ISBN 978-3-96382-010-6.

Roser, Christoph. *The FiFo Calculator – Determining the Size of Your Buffers.* In *Collected Blog Posts of AllAboutLean.Com 2014*, 209–12. Collected Blog Posts of AllAboutLean.Com 2. Offenbach, Germany: AllAboutLean Publishing, 2020. ISBN 978-3-96382-010-6.

Roser, Christoph. *Theory of Every Part Every Interval (EPEI) Leveling & Heijunka*. In *Collected Blog Posts of AllAboutLean.Com 2014*, 287–92. Collected Blog Posts of AllAboutLean.Com 2. Offenbach, Germany: AllAboutLean Publishing, 2020. ISBN 978-3-96382-010-6.

Roser, Christoph. *Toyota's and Denso's Relentless Quest for Lot Size One*. In *Collected Blog Posts of AllAboutLean.Com 2016*, 250–55. Collected Blog Posts of AllAboutLean.Com 4. Offenbach, Germany: AllAboutLean Publishing, 2020. ISBN 978-3-96382-016-8.

Roser, Christoph. *Value Stream Mapping – Why to Start at the Customer Side*. In *Collected Blog Posts of AllAboutLean.Com 2013*, 92–97. Collected Blog Posts of AllAboutLean.Com 1. Offenbach, Germany: AllAboutLean Publishing, 2020. ISBN 978-3-96382-007-6.

Roser, Christoph. *When to Do Value Stream Maps (and When Not!)*. In *Collected Blog Posts of AllAboutLean.Com 2015*, 212–19. Collected Blog Posts of AllAboutLean.Com 3. Offenbach, Germany: AllAboutLean Publishing, 2020. ISBN 978-3-96382-013-7.

Roser, Christoph, Kai Lorentzen, David Lenze, Jochen Deuse, Ferdinand Klenner, Ralph Richter, Jacqueline Schmitt, und Peter Willats. *Bottleneck Prediction Using the Active Period Method in Combination with Buffer Inventories*. In *Proceedings of the International Conference on the Advances in Production Management System*. Hamburg, Germany, 2017.

Rother, Mike, und John Shook. *Learning to See: Value-Stream Mapping to Create Value and Eliminate Muda: Value Stream Mapping to Add Value and Eliminate Muda*. Lean Enterprise Institute, 1999. ISBN 0-9667843-0-8.

Sato, Masaaki. *The Toyota Leaders: An Executive Guide*. New York: Vertical, 2008. ISBN 1-934287-23-7.

Shimokawa, Koichi, Takahiro Fujimoto, Brian Miller, und John Shook. *The Birth of Lean*. Cambridge, Massachusetts: Lean Enterprise Institute, Inc., 2009. ISBN 1-934109-22-3.

Spearman, Mark L., David L. Woodruff, und Wallace J. Hopp. *CONWIP: a pull alternative to kanban*. International Journal of Production Research 28, Nr. 5, 1990 : 879–94.

Suri, Rajan. *Quick Response Manufacturing: A Companywide Approach to Reducing Lead Times*. Portland, Oregon, USA: Taylor & Francis Inc., 1998. ISBN 978-1-56327-201-1.

Suri, Rajan. *The Practitioner's Guide to POLCA: The Production Control System for High-Mix, Low-Volume and Custom Products*. Productivity Press, 2018. ISBN 978-1-138-21064-6.

Terlep, Sharon, und Annie Gasparro. *Why Are There Still Not Enough Paper Towels? Wall Street Journal*, 2020, Abschn. US. https://www.wsj.com/articles/why-arent-there-enough-paper-towels-11598020793.

The Economist. *Supple Supplies - Businesses Are Proving Quite Resilient to the Pandemic | Briefing. The Economist*, 2020. https://www.economist.com/briefing/2020/05/16/businesses-are-proving-quite-resilient-to-the-pandemic.

Thürer, Matthias. *Card-Based Control Systems for a Lean Work Design: The Fundamentals of Kanban, ConWIP, POLCA, and COBACABANA*. Productivity Press, 2017. ISBN 978-1-138-43790-6.

Thürer, Matthias, Nuno O. Fernandes, und Mark Stevenson. *Material Flow Control in High-Variety Make-to-Order Shops: Combining COBACABANA and POLCA. Production and Operations Management* 29, Nr. 9, 2020 : 2138–52.

Thürer, Matthias, Nuno O. Fernandes, Mark Stevenson, und Ting Qu. *On the backlog-sequencing decision for extending the applicability of ConWIP to high-variety contexts: an assessment by simulation. International Journal of Production Research* 55, Nr. 16, 2017 : 4695–4711.

Thürer, Matthias, Nuno O. Fernandes, Nick Ziengs, und Mark Stevenson. *On the meaning of ConWIP cards: an assessment by simulation. Journal of Industrial and Production Engineering* 36, Nr. 1, 2019 : 49–58.

Thürer, Matthias, Mark Stevenson, und Charles W. Protzman. *COBACABANA (Control of Balance by Card Based Navigation): An alternative to kanban in the pure flow shop? International Journal of Production Economics* 166, 2015 : 143–51.

Trietsch, Dan. *From Management by Constraints (MBC) to Management by Criticalities (MBC II). Human Systems Management* 24, 2005 : 105–15.

Trietsch, Dan. *Why a Critical Path by Any Other Name Would Smell Less Sweet? Towards a Holistic Approach to PERT/CPM. Project Management Journal* 36, 2005 : 27–36.

Wiendahl, Hans-Peter. *Belastungsorientierte Fertigungssteuerung: Grundlagen - Verfahrensaufbau - Realisierung.* München: Hanser, Carl, 1987. ISBN 978-3-446-14592-4.

Wiendahl, Hans-Peter. *Die belastungsorientierte Fertigungssteuerung.* In *Fertigungssteuerung: Grundlagen und Systeme,* herausgegeben von Dietrich Adam, 207–43. Schriften zur Unternehmensführung. Wiesbaden: Gabler Verlag, 1992. ISBN 978-3-322-89141-9.

Wiesse, Denis. *Analyse des Umlaufbestandes von Verbrauchssteuerungen in Abhängigkeit von der Nutzung von Supermärkten und FiFo-Strecken.* Master Thesis, Karlsruhe University of Applied Sciences, 2015.

Wiesse, Denis, und Christoph Roser. *Supermarkets vs. FIFO Lanes – A Comparison of Work-in-Process Inventories and Delivery Performance.* In *Proceedings of the International Conference on the Advances in Production Management System.* Iguassu Falls, Brazil, 2016.

Womack, James P. *The Machine That Changed the World: Based on the Massachusetts Institute of Technology 5-Million-Dollar 5-Year Study on the Future of the Automobile.* New York: Rawson Associates, 1990. ISBN 0-89256-350-8.

Bildnachweis

Die meisten Bilder und Illustrationen in diesem Buch sind aus meiner eigenen Hand. Im Folgenden finden Sie die Angaben zu den Lizenzen und Quellen der Bilder von anderen. Einige von ihnen sind unter einer Creative-Commons-Lizenz verfügbar. Ich unterstütze diese Lizenz, indem ich auch die meisten Bilder auf meinem Blog unter einer Creative-Commons-Lizenz freigebe. Außerdem habe ich ausgewählte Bilder von mir auf Wikimedia hochgeladen. Creative-Commons-Lizenzen erfordern einen Link auf die Quelle und die Lizenz. Die Links zu den verschiedenen Lizenzen sind im Folgenden aufgeführt, die Bilder und ihre Quellen weiter unten. Weitere Informationen über die Creative Commons und ihre Lizenzen finden Sie unter https://creativecommons.org/.

- CC-BY 3.0: https://creativecommons.org/licenses/by/3.0/deed.de
- CC-BY 2.0: https://creativecommons.org/licenses/by/2.0/deed.de
- CC-BY-SA 3.0: https://creativecommons.org/licenses/by-sa/3.0/deed.de

Hier finden Sie die Liste der Abbildungen, die teilweise oder vollständig von anderen Autoren stammen, einschließlich Angaben zur Quelle und zur Lizenz. Besonderen Dank an die Autoren, die Bilder frei zur Verfügung gestellt haben!

- Chapter Art basierend auf dem Fahrradkugellager aus der Encyclopedia Britannica von 1911, Band 3, S. 916. Original, Gemeinfrei, neu gezeichnet als Vektorgrafik von Roser.
- Abbildung 2 von unbekanntem Autor, Gemeinfrei, verfügbar unter http://digitalcollections.sjlibrary.org/cdm/ref/collection/arbuckle/id/266
- Abbildung 3 von Clarence Saunders, Gemeinfrei, verfügbar unter https://commons.wikimedia.org/wiki/File:Piggly_Wiggly_store,_1918.png
- Abbildung 5 von David Falconer, Gemeinfrei, verfügbar unter https://commons.wikimedia.org/wiki/file:„no_gas"_signs_were_a_common_sight_in_oregon_during_the_fall_of_1973._this_station_on_the_coast_was_open_for_any..._-_nara_-_555415.jpg
- Abbildung 32 von Peabody Energy, Inc. lizenziert unter der CC-BY 3.0-Lizenz, verfügbar unter https://commons.wikimedia.org/wiki/File:Coal_Stockpiles_at_Kayenta_Mine.png
- Abbildung 34 von mulderphoto mit Genehmigung von BigStock

Über den Autor

Abbildung 212: Christoph Roser (Bild: Schönwälder)

Prof. Dr. Christoph Roser ist Experte für Schlanke Produktion und Professor für Produktionswirtschaft an der Hochschule Karlsruhe. Er studierte Automatisierungstechnik an der Fachhochschule Ulm und promovierte in Maschinenbau zum Thema Flexibles Design an der University of Massachusetts, Amherst, Massachusetts, USA.

Danach arbeitete er fünf Jahre bei den **Toyota Central Research and Development Laboratories** in Nagoya, Japan, wo er das Toyota-Produktionssystem untersuchte und Methoden zur Engpasserkennung entwickelte. Nach Toyota wechselte er zu **McKinsey & Company** in München, wo er sich auf die Schlanke Produktion spezialisierte und zahlreiche Projekte in allen Segmenten der Industrie vorantrieb. Bevor er Professor wurde, arbeitete er für die **Robert Bosch GmbH**, Deutschland. Dort war er zunächst Experte für die Umsetzung, Forschung und Ausbildung in der Schlanken Produktion. Später setzte er sein Fachwissen als Leiter Fertigungssteuerung im Geschäftsbereich **Bosch Thermotechnik** ein. Im Jahr 2013 wurde er zum Professor für Produktionswirtschaft an die **Hochschule Karlsruhe** berufen, um seine Forschung und Lehre zum Thema Schlanke Produktion fortzusetzen.

Im Laufe seiner Karriere arbeitete Dr. Roser in fast zweihundert verschiedenen Betrieben an Projekten der Schlanken Produktion, unter anderem in der Automobilindustrie, im Maschinenbau, bei Solarzellen und Gasturbinen, in der Chipfertigung, der Papierherstellung und der Logistik, bei Elektrowerkzeugen und Weißer Ware, in der Heizungs- und Verpackungsindustrie, in der Lebensmittelverarbeitung und in der Sicherheitstechnik, im Finanzwesen und in vielen anderen Bereichen.

Er ist preisgekrönter Autor von mehr als fünfzig akademischen Veröffentlichungen und hat diverse Bücher geschrieben, unter anderem ein Buch zur Geschichte der Produktion[110]. Neben Forschung, Lehre, Vorträgen und Beratung zur Schlanken Produktion interessiert er sich sehr für verschiedene Ansätze zur Fertigungsorganisation, sowohl historisch als auch aktuell. Er bloggt über seine Erfahrungen und Forschungen auf AllAboutLean.com.

---

[110] Christoph Roser, *„Faster, Better, Cheaper" in the History of Manufacturing: From the Stone Age to Lean Manufacturing and Beyond*, 1. Aufl. Productivity Press, 2016.

Und jetzt legen Sie los und optimieren Sie Ihr Unternehmen!